PHYSICAL CONSTANTS (SI UNITS)

Absolute zero of temperature	$-273.2°C$
Avogadro's number, N_A	6.022×10^{23} mol^{-1}
Base of natural logarithms, e	2.718
Boltzmann's constant, k	1.381×10^{-23} J K^{-1}
Charge on electron	1.602×10^{-19} C
Faraday's constant, F	9.649×10^{4} C mol^{-1}
Gas constant, R	8.314 J mol^{-1} K^{-1}
Magnetic moment of electron	9.274×10^{-24} A m^{-2}
Permittivity of vacuum, ε_0	8.854×10^{-12} F m^{-1}
Planck's constant, h	6.626×10^{-34} J s
Rest mass of electron	9.110×10^{-31} kg
Rest mass of neutron	1.675×10^{-27} kg
Rest mass of proton	1.673×10^{-27} kg
Unified atomic mass constant	1.661×10^{-27} kg
Velocity of light in vacuum	2.998×10^{8} m s^{-1}
Volume of perfect gas at STP (i.e., at 0°C; and under one atmosphere pressure, or 1.013×10^5 N m^{-2})	22.4×10^{-3} m^3 mol^{-1} (approximate)

CONVERSION OF UNITS – GENERAL

Angle	1 rad	= 57.30°
Density	1 g cm^{-3}	= 1 Mg m^{-3}
Diffusion Coefficient	1 cm^2 s^{-1}	= 10^{-4} m^2 s^{-1}
Dynamic Viscosity	1 P	= 0.1 N m^{-2} s
Force	1 kgf 1 lbf 1 dyn	= 9.807 N = 4.448 N = 10^{-5} N
Length	1 mile 1 foot 1 inch 1 Å	= 1.609 km = 304.8 mm = 25.4 mm = 0.1 nm
Mass	1 ton (long) 1 tonne 1 ton (short) 1 flask (Hg) 1 lb mass 1 troy oz 1 avoirdupois oz 1 carat	= 1.017 Mg = 1.000 Mg = 0.908 Mg = 34.50 kg = 0.454 kg = 31.103 g = 28.35 g = 0.20 g
Stress Intensity	1 ksi $\sqrt{\text{in}}$	= 1.10 MN m$^{-3/2}$
Surface Energy	1 erg cm^{-2}	= 1 mJ m^{-2}
Temperature	1°F 32°F corresponds to 0°C	= 0.556 K
Volume	1 UK gallon 1 US gallon 1 liter	= 4.546×10^{-3} m^3 = 3.785×10^{-3} m^3 = 10^{-3} m^3

Engineering Materials 1

An Introduction to Properties, Applications and Design

공업재료 제5판

재료 물성치, 응용, 설계

Engineering Materials 1

Fifth Edition

by David R. H. Jones, Michael F. Ashby

공업재료 제5판

재료 물성치, 응용, 설계

인 쇄: 2024년 3월 8일 초판 1쇄
발 행: 2024년 3월 15일 초판 1쇄

역 자: 신영의 · 김도석 · 김민석 · 이동주
정승부 · 정재필 · 정창열
발행인: 송 준
발행처: 도서출판 홍릉
주 소: 01093 서울시 강북구 인수봉로 50길 10
등 록: 1976년 10월 21일 제5-66호

전 화: 02-999-2274~5, 903-7037
팩 스: 02-905-6729
e-mail: hongpub@hongpub.co.kr
http://www.hongpub.co.kr
ISBN: 979-11-5600-176-8(93550)

정 가: 35,000원

낙장 및 파본은 구입처나 본사에서 교환하여 드립니다.

Engineering Materials 1

공업재료

제 5 판

재료 물성치, 응용, 설계

David R. H. Jones · Michael F. Ashby 지음

신영의 · 김도석 · 김민석 · 이동주
정승부 · 정재필 · 정창열 공역

An Introduction to Properties, Applications and Design

ELSEVIER

도서출판 홍릉

역자소개

신영의 중앙대학교 기계공학부 명예교수

김도석 유한대학교 기계공학과 교수

김민석 가천대학교 신소재공학과 교수

이동주 영남대학교 기계공학부 명예교수

정승부 성균관대학교 신소재공학부 교수

정재필 서울시립대학교 신소재공학과 교수

정창열 동국대학교 에너지전기공학과 교수

저자서문

공업재료 1의 5판을 준비하면서, 나는 일부 중요한 변화들과 추가점들을 반영하였지만, 책의 본질적인 특성을 바꾸지 않으려고 노력하였다. 3개의 새로운 chapter들을 추가하였다. Chapter 7은 탄성 변형의 적용들에 있어서 짧은 소개를 다룬다. 그리고, 3차원에서의 응력과 변형률을 보여주기 위한 텐서 표기에 대한 간략한 개요와 함께 보의 굽힘, 좌굴과 진동의 본질들을 다룬다. 이것은 추후에 등장하는 적절한 사례 연구들을 다룰 때, 새로운 개념을 만나게 되는 독자들로 하여금 과부하가 걸리는 것을 피하기 위해서 별도로 구할 수 있는 결과들을 얻기에 유용하다. Chapter 31, 32는 열 물성치들에 대하여 새롭게 구성하였고, 그들의 적용들에 관한 사례 연구들을 포함하였다.

더 많은 부분에 새로운 예제들과 수행 예제들을 상당 수 추가하였고, 문제점이 있는 일부 예제들을 줄였다. 해답들은 각 chapter 마다 예제들의 끝에 위치시켰다. 예제들을 어려움 정도의 다른 범주로 나누는 대신에, 교재를 통하여 신중하게 수행하는 모든 독자들로 하여금 모두가 같은 수준으로(합리적으로) 예제들을 수행 할 수 있도록 노력하였다. 이것은 많은 경우들에 있어서, 예제들, 해답들 또는 수행 예제들에 있어서 부가적인 정보를 제공한다는 것을 의미한다.

4판에서처럼, 새로운 수행 예제들은 “수렴”에서 “발산”까지 이른다 - 웨이블 생존 가능성 계산 또는 피로 균열-성장 방정식의 적분을 수행하는 것과 같은 까다로운 것에서부터 침목을 재생 플라스틱으로 대체하는 사례 연구 또는 목재 의자와 밴치들이 왜 금속으로 만들어진 것 보다 앉기에 편한지까지 이른다.(일부 공공 장소에서 좌석을 제공하는 사람들이 피할 수 없는 분명한 사실이다)

세계의 대부분의 나라에서 SI 단위를 사용하지만, 영국 단위들은 여전히 미국에서 공학적인 목적으로 광범위하게 사용되고 있다(그리고, 그들은 여전히 해양과 항공 지도에서 전 세계적으로 사용도고 있다). 따라서, 공학에 있어서 영국 단위를 사용한 새로운 수행 예제들을 다루었으며, 두 단위 체계에 대한 변환도 다루었다.

재료들은 모든 공학 분야에서 그들 없이는 어떠한 것도 만들어질 수 없고, 또한 수행될 수 없는 중요한 위치를 차지한다. 도전은 항상 실제 구조물들, 구성품들 또는 장치들에 재료들을 적용함에 있어서 재료들의 특성들에 대한 연관된 지식들을 통합시키는 것이다. 그것은 구조물들, 기계들과 같은 공학의 서로 다른 영역들을 이해할 수 있도록 돕는다. 따라서, 진정한 협력은 최적 설계와 최소 위기로 이끌 수 있다. 현대 항공 엔진은 가장 훌륭한 사례들 중 하나이고, 우주 왕복선 추진체에 있는 결합부는 가장 나쁜 사례들 중 하나이다. 훌륭함에서 끔찍함(또는 전혀 설계되지 않은) 사이 그 중간에 설계의 모든 것이 있다. 항상 호기심 있고, 인식하며, 방심하지 않는 재료 공학자들에게는 세상은 매우 흥미로운 장소이다.

David Jones

감사의 글

사진들을 재사용할 수 있도록 허락해주신 저자들과 출판사 관계자분들께 감사를 표합니다. 개별적인 그림 캡션에도 적절한 감사를 표합니다. 별도의 저작권 표시가 없다면 모든 사진들은 Dr. Jones의 것으로 봅니다.

역자서문

자동차, 항공기, 전기, 전자, 통신 분야의 급속한 발전과 더불어 의료기기, 우주왕복선에 이르기까지 첨단 기술의 급속한 발달에 따라서 사용되는 공업 재료 분야도 다양하고 폭넓게 발전되어 왔다. 또한 4차 산업 시대에는 다양한 산업 분야들의 융합이 중요해진 만큼 공업 재료들 또한 더욱 더 중요해졌다. 이 책은 이러한 공업 재료 분야에 대하여 기본적인 이해부터 실제 적용 사례뿐만 아니라 올바른 재료의 선정을 위해 고려해야할 사항들을 배울 수 있도록 구성되어 있다.

공학의 범위가 넓어지고 새로운 영역이 계속해서 등장함에 따라서 공업 재료에 대한 이해가 더욱 더 커지고 있는 실정이다. 또한 재료마다의 물성이 다르고 이종재료의 구성이 많아짐에 따라 재료의 적절한 선정은 매우 중요하게 되었다. 이 책은 재료의 물성과 구성한계를 폭넓게 소개하고 있으며, 모두 33장으로 구성되어 있고, 각 장마다 실질적인 사례 연구와 수행 예제들을 다룰 수 있도록 구성되어 있다. 따라서, 이 책을 통하여 공학에서 재료의 중요성을 배우고 설계에 적용할 수 있는 지식을 배울 수 있기를 바란다.

원서의 취지를 살릴 수 있도록 구성하였으며, 번역 과정에서 원저자의 뜻이 잘 전달될 수 있도록 노력하였다. 전문 용어를 알기 쉬운 용어로 번역하고, 문장도 이해하기 쉽도록 구성하였으나, 번역과정에서 이해가 어려운 부분이나 오류가 있어 독자들부터 지적을 받으면 검토하여 수정보완하도록 하겠다.

끝으로 본 교재가 재료를 공부하는 독자 여러분에게 유익하게 활용되기를 바라며, 미흡한 부분은 지속적으로 수정 보완할 계획이다. 본 교재를 출간하기 위하여 애써준 홍릉과학출판사 관계자 여러분께 감사를 드린다.

2024년 2월
역자 씀

CONTENTS

차례

공업재료

PART A 가격 및 유용성

PART B 탄성계수

PART C 항복강도, 인장강도 및 연성

PART E 피로 파괴

PART F 크립 변형과 파괴

PART G 산화와 부식

공업재료

CHAPTER 01 공업재료와 재료특성

CHAPTER 01

공업재료와 재료특성

1.1 개요

공학분야에서 선택하여 사용할 수 있는 재료가 50,000여 종류가 있다고 알려져 있다. 어떤 구조물이나 장치의 설계를 하기 위하여 선택 가능한 많은 재료들 중에서 목적에 맞는 적절한 재료를 선정하는 것은 중요한 문제이다. 실제로 재료의 부적절한 선정은 엄청난 재앙을 일으키곤 하였다. 제2차 세계대전 당시 용접으로 제작된 상선이 강철과 용접부위의 파괴인성이 매우 낮음으로 인하여 바다에서 항해 도중에 반으로 절단되어 침몰하는 사고로 많은 피해가 발생하였다. 좀 더 최근의 예로는 피로강도의 문제로 인하여 3척의 우주선을 잃고 마는 사고가 있었다.

사실 우리는 열악하게 설계되고 만들어진 플라스틱 제품들을 많이 접하고 있다. 이는 설계자들이 고분자재료가 낮은 강도를 갖고 있다는 사실을 참작하지 않았기 때문이다. [표 1.1]에서 재료를 선정할 경우 설계자가 고려하여만 하는 대부분의 재료의 특성을 정리하였다. 이들 재료의 특성들은 독자들에게 아직 생소할 것이다. 본 장에서 이 특성들을 예제를 통하여 소개하고자 한다. 이 특성들의 이해가 재료에 대한 공부의 첫 번째 과정이 될 것이다. 이 첫 번째 과정에서 [표 1.2]와 [그림 1.1]에서 보여주듯이 재료의 종류를 접할 수 있다.

일반적으로 다른 어떤 종류의 고체재료보다도 금속과 금속합금의 공업재료가 널리 사용되고 있다. 그러나 점차로 고분자재료가 금속재료를 대체해 나가고 있다. 이는 고분자재료들의 특성을 조합할 수 있기 때문이다. 요즘에는 더욱 효율적인 엔진, 더 날카로운 칼과 적은 마찰의 베어링 등을 만들 수 있는 신종 세라믹이 세계적으로 각광을 받으며 개발되고 있다. 공학자들은 이들 재료들의 최상의 특성들을 조합하여 유리섬유와 같은 복합재료를 만들어 낼 수 있다. 오늘날의 재료과학자의 창조적이고 혁신적인 신기술 및 신재료의 연구에도 불구하고 목재나 가죽과 같은 천연재료를 무시할 수는 없을 것이다. 본 장에서는 설계자가 필요한 특성을 고려하여 어떻게 재료를 선정하는지에 대한 예를 보여줄 것이다.

▎표 1.1 ▎ 재료특성의 분류

분류(Class)	특성(Property)
경제와 환경(Economic and environmental)	가격과 유용성(Price and availability) 재생력(Recyclability) 지속 가능성(Sustainability) 탄소 이력(Carbon footprint)
일반 성질(General physical)	밀도(Density)
기계적(Mechanical)	탄성계수(Modulus) 항복 인장 강도(Yield and tensile strength) 경도(Hardness) 파괴 인성(Fracture toughness) 피로 강도(Fatigue strength) 크리프 강도(Creep strength) 진동감쇠(Damping)
열적(Thermal)	열전도(Thermal conductivity) 비열(Specific heat) 열팽창계수(Thermal expansion coefficient)
전기적과 자기적(Electrical and magnetic)	저항력(Resistivity) 유전율(Dielectric constant) 투자율(Magnetic permeability)
환경 상호작용(Environmental interaction)	산화작용(Oxidation) 부식(Corrosion) 마모(Wear)
생산적(Production)	단순 생산(Ease of manufacture) 접합(Joining) 마무리(Finishing)
미적(Aesthetic)	색상(Color) 질감(Texture) 느낌(Feel)

▎표 1.2 ▎ 재료의 종류

분류(Class)	특성(Property)
금속과 합금(Metals and alloys)	철과 강철(Iron and steels) 알루미늄과 합금(Aluminum and alloys) 구리와 합금(Copper and alloys) 니켈과 합금(Nickel and alloys) 티타늄과 합금(Titanium and alloys)
고분자(Polymers)	폴리에틸렌(PE) (Polyethylene(PE)) 폴리메타크릴산 메틸 (Polymethylmethacrylate, 아크릴과 PMMA) 나일론 또는 폴리아미드(PA) (Nylon or polyamide(PA)) 폴리스티렌(PS) (Polystyrene(PS))

표 1.2 ▌ 재료의 종류(계속)

분류(Class)	특성(Property)
고분자(Polymers)	폴리우레탄(PU) (Polyurethane(PU)) 폴리염화비닐(PVC) (Polyvinylchloride(PVC)) 폴리에틸렌 테레프탈레이트(PET) (Polyethylene terephthalate(PET)) 폴리에틸더 케톤(PEEK) (Polyethylether ketone(PEEK)) 에폭시 수지(EP) (Epoxies(EP)) 자연고무와 같은 탄성중합체(NR) (Elastomers, such as natural rubber(NR))
세라믹과 유리(Ceramics and glasses)*	알루미나(Al_2O_3, 금강사, 사파이어) Alumina(Al_2O_3, emery, sapphire) 마그네시아(MgO) (Magnesia(MgO)) 실리카(SiO_2) 유리와 규산염 (Silica(SiO_2) glasses and silicates) 탄화 규소(SiC) (Silicon carbide(SiC)) 질화 규소(Si_3N_4) (Silicon nitride(Si_3N_4)) 시멘트와 콘크리트(Cement and concrete)
복합재료(Composites)	섬유유리(GFRP) (Fiberglass(GFRP)) 탄소섬유복합재료(CFRP) (Carbon-fiber reinforced polymers(CFRP)) 충전된 고분자(Filled polymers) 서멧(Cermets)
자연적 물질(Natural materials)	나무(Wood) 가죽(Leather) 면/울/실크(Cotton/wool/silk) 뼈(Bone) 암석/바위/백악(Rock/stone/chalk) 돌/모래/골재(Flint/sand/aggregate)

* 세라믹은 무기의 비금속 결정체이다. 유리는 비결정고체이다. 대부분의 유리는 비금속체이지만, 요즘에는 유용한 특성을 가진 일부 금속성 유리가 사용되고 있다.

1.2 재료 선정의 예

일반적인 드라이버 [그림 1.2]는 탄소강으로 만들어진 날과 샤프트를 가지고 있다. 강철이 선정된 이유는 탄성계수 때문이다. 탄성계수는 재료가 탄성변형이나 굽힘을 견디는 정도를 말한다. 만약 폴리에틸렌과 같은 고분자재료를 이용하여 샤프트를 만들었다면 드라이버 사용 시 심하게 비틀렸을 것이다.

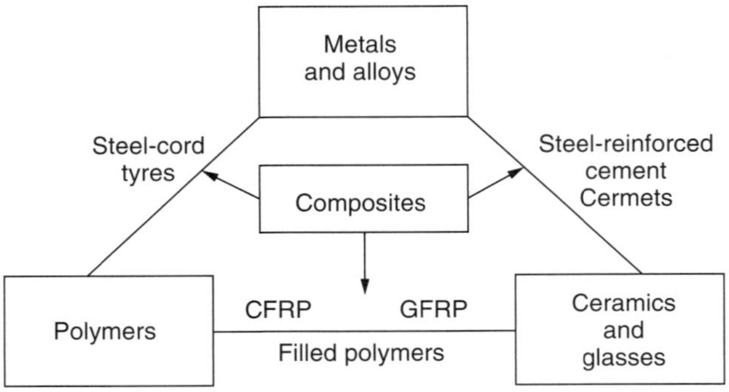

그림 1.1
무엇으로 만들어지는가를 고려한 공업재료의 분류

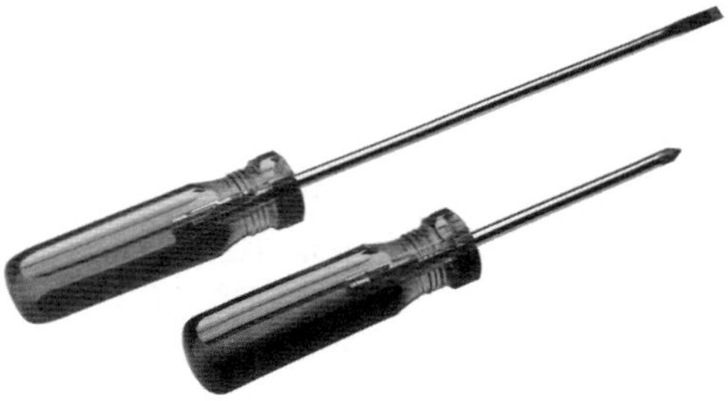

그림 1.2
강철 샤프트와 고분자재료(플라스틱) 손잡이로 이루어진 드라이버

높은 탄성계수는 재료의 선정에 있어서 중요한 기준 중의 하나이다. 그러나 이것만이 있는 것은 아니다. 드라이버 샤프트는 높은 항복강도를 가져야만 한다. 그렇지 않으면 드라이버를 심하게 돌렸을 경우 휘거나 비틀릴 것이다. 드라이버의 날은 높은 경도를 가져야만 한다. 그렇지 않으면 나사헤드에 의하여 드라이버 날이 심한 손상을 입게 될 것이다.

마지막으로 샤프트나 날의 재료는 앞에서 언급된 성질들을 만족해야 할뿐더러 파손에도 강해야 한다. 예를 들어 높은 탄성계수, 높은 항복강도, 높은 경도를 가지는 유리 같은 재료는 너무 깨지기 쉽기 때문에 드라이버를 만드는 재료로 적합하지 않다. 더 정확히 얘기하면 강철은 높은 파괴인성을 가지고 있는 반면 유리는 낮은 파괴인성을 가지고 있다.

드라이버의 손잡이는 고분자재료 혹은 플라스틱으로 만들어져 있다. 이 재료는 정확히 말하면 PMMA로 알려져 있는 폴리메틸메타크릴레이트(Polymethylmethacrylate)이며, 아크릴이라고도 알려져 있다. 손잡이의 단면은 샤프트의 단면과 상대적으로 많이 크기 때문에 그 부분의 탄성계수가 상대적으로 덜 중요하다. 손잡이를 잡기 쉽고 마찰계수도 높은 고무를 이용하여 만들 수도 있지만 이럴 경우 고무의 탄성계수가 너무 낮아지기 때문에 손잡이의 제작재료로 고무는 적합하지 않다. 물론, 전통적으로 공구의 손잡이를 천연 고분자재료인 목재를 이용하여 만들어 왔다. 연간 목재의 사용량을 고려하여 보면 목재도 아직까지 단연 최고로 중요한 고분자재료이다.

점차 목재를 PMMA가 대치하고 있는데, 그 이유는 PMMA가 열에 무척 소프트해지고 따라서 금형을 이용하여 성형을 쉽게 할 수 있다. 다시 말해서 PMMA가 제조 용이성이 상당히 좋다고 말할 수 있다. 심미적인 이유에서 볼 때 PMMA의 외관, 감촉, 느낌 등이 좋으며 밀도가 낮아서 드라이버가 불필요하게 무거워지지 않는다. 마지막으로 PMMA는 가격이 저렴하여 적당한 가격으로 드라이버의 제작이 가능하다.

두 번째 예로 대형 항공기용으로 사용되는 터보팬 제트엔진([그림 1.3])의 제작재료의 선정에 관하여 고려하여 본다. 항공기의 추력을 얻기 위하여 공기는 터보팬에 의하여 엔진에 유입된다. 압축 블레이드에 의하여 공기가 압축되고 연료와 혼합되어 엔진 연소실에서 연소된다. 팽창된 가스는 터빈 블레이드를 구동하고 이는 터보팬과 압축 블레이드에 동력을 전달하며 최후에는 엔진 뒤쪽으로 방출되어 추력을 얻는다.

터보팬 블레이드는 티타늄 합금으로 만들어져 있다. 이것은 충분히 강한 탄성계수, 항복강도와 파괴인성을 가지고 있는 재료이다. 그러나 이 재료는 피로(빠른 속도로 요동치는 하중에 의하여 발생)에도 견디어야 하며, 표면마모(빗방울부터 큰 조류까지 모든 것이 부딪치는 것에 대한 마모)와 부식(항공기가 바다 위를 이륙하여 비행할 경우 소금이 분무되어 엔진 내로 들어오기 때문에 중요함)에 대한 내성이 있어야 한다. 마지막으로 재료의 밀도는 다음의 확실한 이유로 인하여 매우 중요한 인자가 된다. 엔진의 무게가 무거우면 무거울수록 항공기가 실을 수 있는 무게가 줄어든다. 중량을 줄이려는 노력 중에는 티타늄의 밀도에 반도 안 되는 밀도를 가진 탄소섬유강화 플라스틱(CFRP)으로 블레이드를 만드는 것이 시도된다. 그러나 탄소섬유강화 플라스틱(CFRP)으로 터보팬 블레이드를 만들기에는 너무 약하다. 비행 중에 새가 부

그림 1.3
항공기용 제트엔진의 터보팬 단면

뒷칠 경우 탄소섬유강화 플라스틱으로 제작된 터보팬 블레이드는 쉽게 파괴되어 버리기 때문이다. 이러한 문제는 터보팬의 앞쪽 언저리를 금속재로 클래딩(Cladding) 처리하는 것으로 해결될 수 있다.

엔진에서 가장 고온이 발생하는 부위인 터빈 블레이드는 만족시켜야 하는 재료의 물성치들이 더 많이 요구된다. 경제적인 면에서 볼 때 연료는 가능한 높은 온도에서 연소되어야 한다. 첫 번째 줄의 엔진블레이드는 약 950°C의 온도에서 작동하는데, 이때 크리프(creep)와 산화에 견디어야 한다. 화학적 구조가 복잡한 니켈합금이 이 극도로 엄격한 요구조건을 충족시킬 수 있는 재료로 사용된다. 이 니켈합금은 현재 발전하고 있는 첨단 재료공학기술의 예의 하나이다.

다소 다른 재료의 조건을 요구하는 경우 중에 하나의 예가 내연기관의 점화플러그이다. 점화플러그의 전극은 열피로(급격한 온도의 변화에 의하여 발생), 마모(스파크 부식에 의하여 발생), 엔진 실린더 상부에 있는 고온의 연소가스에 의한 산화와 부식을 견디어야 한다. 텅스텐 합금은 상기의 요구조건을 만족시킬 수 있는 재료로서 점화플러그의 전극을 제작하는 데 사용된다.

중앙전극 주위의 절연을 위하여 사용되는 재료는 비금속재료 사용의 좋은 예이다. 이 경우 알루미나 혹은 세라믹이 사용된다. 이들이 사용되는 이유는 전기적 절연성도 좋지만 열피로에 대한 내성과 부식과 산화에 대한 내성이 좋기 때문이다.

비금속재료의 사용은 소비재산업에서 급속도로 증가하고 있다. 다음 예는 항해용 보트([그림 1.5])로 전통적인 재료인 강철, 목재, 목화 등이 고분자재료, 인공복합재료와 섬유재료로 광범위하게 대체되는지를 보여준다. 전형적인 항해용 보트는 단일성형에 의하여 제작된 GFRP로 선체가 구성되어 있다. GFRP는 강철과 목재와는 달리 좋은 외관을 가지고 있으며 녹이나 해충에 의한 손상이 없다. 돛대는 알루미늄합금으로 제작되는데, 이것은 요구되는 강도를 만족시키면서 목재보다 알루미늄합금이 더 가볍게 제작이 가능하다. 첨단기술로 제작되는 돛대는 탄소섬유나 붕소섬유로 강화된 합금(인공복합재료)으로 만들어진다. 예전에는 천연목화섬유로 제작되던 돛은 고분자 나일론, 폴리에스터 등으로 제작된다. 천연목화섬유로 제작되던 로프도 역시 고분자재료로 대치되었다. 마지막으로 PVC같은 고분자재료는 방현재(防舷材),

그림 1.4
텅스텐 전극과 세라믹 몸체로 이루어진 가솔린엔진의 점화플러그

그림 1.5
복합재료(GFRP) 선체, 알루미늄합금 돛대와 인공 플라스틱섬유로 만든 돛으로 제작된 항해용 보트

방한용 재킷, 부력백 보트커버 등을 제작할 때 광범위하게 사용된다. 지금까지 고려한 재료 중에 3가지 인공복합재료가 있다. 유리섬유강화 플라스틱(GFRP), 훨씬 더 고가인 탄소섬유강화 플라스틱(CFRP), 아직도 더 고가인 붕소섬유강화(BFRP)이다. 복합재료의 범위는 매우 크고 점차로 더 확대되어 가고 있다. 앞으로 10년간 이 복합재료는 강철과 알루미늄의 전통적인 사용과 경쟁할 것이다.

지금까지 공업재료의 기계적 물리적 특성을 소개하였다. 그러나 종종 최우선으로 중요시되는 재료의 가격과 유용성에 대하여 아직까지 논의하지 않았다.

[표 1.3]은 개략적인 재료의 가격 분석 자료를 보여준다. 목재, 시멘트, 콘크리트와 구조용 강재 같은 큰 규모의 구조용 재료는 톤당 가격이 US$200~US$500사이이다. 니켈과 티타늄과 같이 구조용 재료로서 요구되는 모든 다른 재료특성들을 만족시키는 재료들도 있다. 그러나 그들은 가격적인 면에서 채택되지 않는다.

경중공업의 공정비용으로 추가적으로 가산되는 가격이 더 크다. 이 뜻은 재료선정에서 경제적 제약조건이 덜 심각하다는 의미이다. 생산 공정비용과 인건비가 포함된 것이 전체비용에서 훨씬 더 큰 비중을 차지한다. 경중공업에서 스테인리스강, 대부분의 알루미늄합금과 고

표 1.3 재료가격의 분석

사용 분류	재료	톤당 가격
기초 공사	나무, 콘크리트, 구조용강재	US$200~$500
중경 공학	항공, 자동차, 가전제품 등에 이용되는 금속, 합금 및 고분자	US$500~$30,000
특수 재료	터빈-블레이드 합금, 고급 복합 재료(CFRP, BFRP) 등등	US$30,000~$100,000
귀금속 등	사파이어 베어링, 실버접촉, 골드 초소형 회로, 공업용 다이아몬드 절삭과 연마 공구	US$100,000~$60m

분자재료는 톤당 가격이 US$500~US$30,000사이이다. 시장에서는 재료들 간의 경쟁은 매우 격렬하고, 창조적인 설계를 위한 가장 큰 여지가 존재한다는 뜻이다. 여기서 고분자재료와 복합재료는 기존의 금속재료와 직접적으로 경쟁하고 있으며, 새로운 구조의 세라믹 재료(탄화규소와 질화규소)는 특정응용분야에서 고분자재료와 복합재료와의 경쟁이 있을 것이다.

다음은 고성능 응용분야를 위하여 개발된 재료들이 있는데, 앞서 일부 언급하였다. 이것들은 니켈합금(터빈 블레이드), 텅스텐(점화플러그 전극)과 CFRP(탄소섬유강화 플라스틱)와 같은 특수복합재료이다. 이들 재료들의 가격범위는 톤당 US$30,000에서 US$100,000사이이다. 현재 활발하게 연구가 진행되고 있는 고성능 재료과학기술의 상황은 새로운 재료과학 발전에 주된 역할을 하면서 계속되고 있다. 뿐만 아니라 새로운 재료들과의 치열한 경쟁이 계속되고

그림 1.6
Cambridge, Queens' College에 있는 목재다리, 1749년에 William Etheridge의 설계로 건축되고 1902년에 재건

있는 실정이다.

마지막으로 귀금속과 보석으로 불리는 재료가 있는데 공학 분야에서 다음과 같은 응용을 위하여 널리 사용된다. 마이크로회로를 위한 금, 촉매로 이용되는 백금, 베어링을 위한 사파이어와 절삭공구를 위한 다이아몬드 등이 있다. 이들의 가격범위는 톤당 US$100,000으로부터 US$60m을 넘기도 한다.

가격과 유용성이 특별한 공정에서 어떻게 재료의 선정 영향을 끼치는가에 대한 예로서 수세기동안 캠브리지(Cambridge)에서 어떻게 재료를 선정하고 적응했는가의 변화를 고려하여 보자. Queens' Bridge([그림 1.6])의 사진과 같이 150년전 혹은 그보다 더 훨씬 전부터 목재는 다리건설에 일반적으로 쓰이던 재료였다. 목재는 가격도 저렴하고 고품질의 건축용 목재를 자연림에서부터 많은 양을 채취할 수 있다. Clare Bridge([그림 1.7])에서 보여주듯이 석재도 역시 널리 쓰였다.

18세기쯤에는 상대적으로 낮은 조립비용에 의하여 Magdalene Bridge([그림 1.8])와 같은 많은 주물다리가 건설되었다.

19세기 후반 금속재료의 발전은 대형 연철다리의 건설을 가능하게 해주었다(Fort 51 George 인도교, [그림 1.9]). 마지막으로 값싼 강화 콘크리트의 등장은 Garret Hostel Lane Bridge([그림 1.10])처럼 우아하고 튼튼한 구조물들의 건설을 가지고 왔다. 이러한 진화나 변화

그림 1.7
1640년에 건축되었고 Cambridge에서 남아있는 가장 오래된 다리인 Clare Bridge, 페스트가 창궐한 당시에 college로부터 탈출하는 길이였음

그림 1.8
고대 Saxon Bridge의 위치에 1823년에 건설된 Magdalene Bridge. 주물로 된 아치가 현재까지도 설계자가 고려한 것보다 훨씬 더 큰 하중에 견디었다. 다행히도 재복구가 되었다

그림 1.9
Fort St George Inn으로 편리하게 건너갈 수 있는 20세기 전형적인 연강(Mild steel)다리

그림 1.10
Garret Hostel Lane에 있는 강화 콘크리트의 인도교. 이 인도교에는 다음과 같이 새겨져 있다. "이 다리는 1960년 Trinity Hall의 신뢰받는 가족들에 의하여 지워지었다. 같은 해에 사망한 Jesus College 대학원생이었던 Timothy Guy Morgan이 설계하였다."

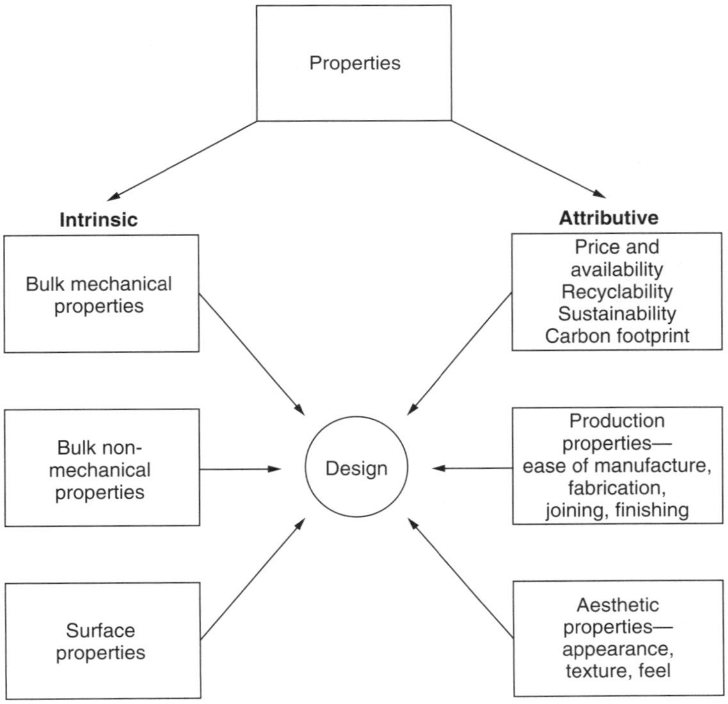

그림 1.11
공업재료의 특성이 제품설계 방법에 미치는 영향

는 유용성이 재료의 선정에 어떻게 영향을 미치는가를 확실히 보여주고 있다.

요즈음에는 서로 상대적으로 적은 가격 차이를 반영하듯이 목재, 강철과 강화 콘크리트가 구조물을 건설하는 데 서로 교환되면서 사용되고 있다. 이들 세 가지 재료 중에 어떤 것을 선정하는가에 대한 문제는 전적으로 건축가가 어떠한 종류의 건축물을 건설하고자 하는가에 달려있다.

공학적 설계는 여러 가지 많은 고려가 요구된다([그림 1.11]). 한 재료의 선정은 체적과 표면특성(강도 및 내부식성)의 특정한 기준을 만족시켜야만 한다. 그러나 가공이 용이하여야 하고 잠재적 수요자에게 마음에 들게 하여야 하며 다른 대체가능한 재료들과 경제적인 측면에서 경쟁하여야 한다. 마지막으로 재활용이 가능한지, 지속적으로 재료의 공급과 생산이 가능한지, 그리고 가능한 낮은 이산화탄소 발생이 가능한지를 고려하여야만 한다.

PART A

가격 및 유용성

CHAPTER 02 재료의 가격 및 유용성

CHAPTER 02

재료의 가격 및 유용성

2.1 개요

첫 번째 장에서는 설계자에 의하여 공업재료에 요구되는 특성의 범위와 이들 특성을 제공하는 재료의 범위를 소개하였다. 또한, 재료의 가격과 유용성이 주요하다는 사실과 특정한 공정을 위하여 가격과 유용성이 최우선적으로 고려하여야 할 요인이라는 사실을 보여주었다. 본 장에서는 이들의 경제적 특성을 좀 더 자세히 설명하고자 한다.

2.2 재료의 가격정보

[표 2.1]은 단위중량당 상대적인 가격으로 재료들을 정리하였다. 다이아몬드, 백금, 금 등이 가장 비싼 재료들로 표의 최상단에 위치하고 있고, 주철, 목재, 시멘트 등은 가장 저렴한 재료들로 표의 최하단에 위치한다. 재료의 선정에 있어서 이들 정보들이 당연히 중요하다. 그렇다면, 재료가격의 변동이나 그 가격을 조정하는 것이 무엇인가에 대한 정보는 어떻게 얻는 것인가를 고민할 필요가 있다. Financial Times(www.ft.com)나 Wall Street Journal(www.wsj.com) 같은 경제신문 등은 London Metal Exchange(www.lme.com)에서 거래되는 기본거래가를 제공한다. 따라서 잠재적 공급자들에게 반가공되거나 완전가공된 재료의 가격을 결정하는 데 가장 적합한 기준을 제공받는 셈이다.

[그림 2.1]은 구리와 고무, 이들 두 재료의 가격변동을 보여준다. 이들 재료의 가격변동은 공급부족이나 공급과잉에 따른 영향이 적다. 수요와 공급의 차이와 미래가치를 위한 투기에 의하여 가격변동이 발생한다. 가격을 미리 결정하는 선물계약을 통하여 회사의 재정적 타격을 조절할 수 있기는 하지만 공학자의 입장에서는 이런 가격변동을 예측하는 것은 쉽지 않다.

장기적인 가격변동은 또 다른 경우이다. 광석의 채취 및 운반에 소요되는 실제비용(설비투자, 인건비, 에너지비용)이나 공업재료로 가공하기 위한 원재료 공급과 공정의 비용이 장기적인 가격변동에 일부 영향을 준다. 인플레이션(Inflation)과 상승한 에너지비용 등이 확실히 가격을 상승시키고, 구리와 같이 추출이나 제련 등의 공정이 요구되는 재료는 광석의 고갈로 가격이 상승한다. 원광석이 점점 더 고갈되어 갈수록 광석을 분쇄하고 추출하고 농축시키는 비용이나 장비비용이 점점 더 상승하기 마련이다.

상품선물시장에서의 가격추측에 따라 증가할 수 있는 수요와 공급사이의 차이가 적기 때문이다. 선물시장의 변덕스러운 특성은 며칠의 기간에도 큰 가격의 변동을 야기하기도 하는데, 이것은 투기꾼들이 선물시장에 매력을 느끼는 이유 중에 하나이지만 공학자들은 이들의 변동을 예측하기 매우 어렵다. 정치적인 요인도 매우 중요한 요인 중의 하나이다. 1978년 코발트 부족현상은 세계최대 코발트 생산국가인 자이레의 광부들에 대한 게릴라 공격에 의한 것이었고, 1995년 알루미늄과 다이아몬드의 저가현상은 냉전말기 러시아로부터 이들 두 재료의 공급과잉이 일부 이유가 되었다.

장기적인 측면에서 재료들이 기본적으로 풍부한지와 부족현상이 발생할 가능성이 있는지를 아는 것이 매우 중요하다. 뿐만 아니라 재료에 대한 우리의 종속성의 정도가 어떻게 되는지를 아는 것도 매우 중요한 사항이다.

표 2.1 상대적 톤당 근사가격(연철=100)

Material	Relative price
백금(Platinum)	12m
공업용 다이아몬드(Diamonds, industrial)	10m
금(Gold)	9.6m
은(Silver)	290,000
탄소 섬유 강화 플라스틱(CFRP) (materials 70% of cost; fabrication 30% of cost)	20,000
코발트/텅스텐 카바이드 서멧(Cobalt/tungsten carbide cermets)	15,000
텅스텐(Tungsten)	5,000
코발트 합금(Cobalt alloys)	7,000
티타늄 합금(Titanium alloys)	2,000
니켈 합금(Nickel alloys)	6,000
폴리이미드(Polyimides)	8,000
실리콘 카바이드(파인 세라믹) (Silicon carbide(fine ceramic))	7,000
마그네슘 합금(Magnesium alloys)	1,000
나일론(Nylon)	1,500
폴리카보네이트(Polycarbonate)	1,000
아크릴(PMMA)	700
마그네시아, MgO(파인 세라믹) (Magnesia, MgO(fine ceramic))	3,000
알루미나, Al_2O_3(파인 세라믹) (Alumina, Al_2O_3(fine ceramic))	3,000
공구강(Tool steel)	500
유리 섬유 강화 플라스틱(GFRP) (materials 60% of cost; fabrication 40% of cost)	1,000
스테인리스 강(Stainless steels)	600
구리, 가공(시트, 튜브, 바) (Copper, worked(sheets, tubes, bars))	2,000
구리, 주괴(Copper, ingots)	2,000
알루미늄 합금, 가공(시트, 바) (Aluminum alloys, worked(sheet, bars))	650

표 2.1 상대적 톤당 근사가격(연철=100)(계속)

Material	Relative price
알루미늄 주괴(Aluminum ingots)	550
황동, 가공(시트, 튜브, 바) Brass, (worked(sheet, tubes, bars))	2,000
황동, 주괴(Brass, ingots)	2,000
에폭시(Epoxy)	1,000
폴리에스테르(Polyester)	500
유리(Glass)	400
고분자폼(Foamed polymers)	1,000
아연, 가공(시트, 튜브, 바) Zinc, (worked(sheet, tubes, bars))	550
아연, 주괴(Zinc, ingots)	450
납, 가공(바, 시트, 튜브) Lead, (worked(bars, sheet, tube))	650
납, 주괴(Lead, ingots)	550
자연 고무(Natural rubber)	300
폴리프로필렌(Polypropylene)	200
폴리에틸렌, 고밀도(Polyethylene, high density)	200
폴리스틸렌(Polystyrene)	250
단단한 나무(Hard woods)	250
폴리에틸렌, 저밀도(Polyethylene, low density)	200
폴리염화비닐(Polyvinyl chloride)	300
합판(Plywood)	150
저합금강(Low–alloy steels)	200
연강, 가공(각도, 시트, 바) (Mild steel, worked(angles, sheet, bars))	100
주철(Cast iron)	90
연재(Soft woods)	50
콘크리트, 보강된 기둥, 기둥, 판(Concrete, reinforced beams, columns, slabs)	50
연료유(Fuel oil)	190
시멘트(Cement)	20
석탄(Coal)	20

참고: 2011년 4월 연철가격 $500/ton

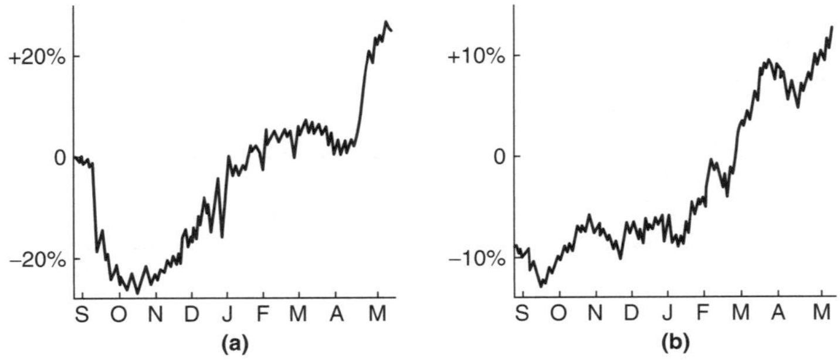

그림 2.1
구리(a)와 고무(b)의 대표적인 가격변동

2.3 재료의 이용패턴

하나의 산업화된 국가에서 재료가 사용되는 방법은 상당히 표준화되었다. 건설에서는 강철, 콘크리트와 목재가 소비되고, 일반 공업에서는 알루미늄과 강철이 소비되고, 전기도선 등에 구리가 소비되고, 일반제품들에는 고분자재료가 사용되는데 근사적으로 비슷한 비율의 소비가 있다. 금속재료들 중에서 강철이 월등히 가장 많은 양이 소비된다. 세계에서 생산되는 모든 금속재료 중에서 90%가 강철이 차지한다. 그러나 비금속재료, 목재와 콘크리트는 강철과 대적하고 있는데, 부피 면에서는 훨씬 더 큰 부피를 이들 재료가 차지하고 있다.

전체 수입비용의 20%가 공업재료에 사용된다. [표 2.2]는 이러한 비용의 집행이 어떻게 분배되고 있는지를 보여주고 있다. 철과 강철 등이 전체의 4분의 1을 차지하고 있다. 다음은 목재와 나무판재인데 중소규모의 건설에 널리 쓰인다. 4분의 1보다 좀 더 많은 비용이 구리, 은, 알루미늄과 니켈에 사용된다. 고무를 포함한 모든 종류의 고분자재료들이 10% 정도를 구성한다. 아연, 납, 주석, 텅스텐과 수은을 포함하여 고려한다면 전체비용의 99%를 재료의 수입에 지출한다. 따라서 우리는 여기에 나타나지 않은 재료의 영향은 무시할 수 있다.

표 2.2 공업재료, 원재료, 반가공 재료의 수입액 : 총비용에 대한 비율(%)

물질(Material)	Percentage
철과 강(Iron and steel)	27
나무와 재목(Wood and lumber)	21
구리(Copper)	13
플라스틱(Plastics)	9.7
은과 백금(Silver and platinum)	6.5
알루미늄(Aluminum)	5.4
고무(Rubber)	5.1
니켈(Nickel)	2.7
아연(Zinc)	2.4
납(Lead)	2.2
주석(Tin)	1.6
펄프(Pulp)/종이(paper)	1.1
유리(Glass)	0.8
텅스텐(Tungsten)	0.3
수은(Mercury)	0.2
그 밖의(Other)	1.0

2.4 유비쿼터스 재료

지구표면의 구성

이제는 우리가 무엇을 사용하며 무엇이 널리 유용한 재료인가까지를 살펴보자. 몇몇 공업재료는 지구의 해양이나 대기로부터 합성하여 얻어내는 경우가 있는데, 예를 들면, 마그네슘과 같은 것이 있다. 그러나 대부분은 지구의 표면으로부터 원광석을 채취하고 이들로부터 추출하고 합성하여 얻어낸다. 그렇다면 이들 재료는 얼마나 풍부하게 얼마나 널리 존재하는 것일까? 구리, 은, 텅스텐, 주석과 수은은 지구표면에 유용한 상태로 농축된 것들이 도대체 얼마나 존재하는 것일까? 이들 다섯 가지 광물들은 매우 희귀하다. 추출이 가능한 형태의 매장량이 상대적으로 적고 특정 지역에 집중되어 있다. 따라서 많은 국가 정부가 전략적인 차원에서 매우 중요하게 관리하고 비축하고 있다.

모든 재료가 희귀하게 존재하고 있는 상태는 아니다. [표 2.3]은 지구의 지표에 존재하는 일

표 2.3 각종 원소의 매장량

지각		바다		대기	
성분	Weight %	성분	Weight %	성분	Weight %
산소(Oxygen)	47	산소(Oxygen)	85	질소(Nitrogen)	79
실리콘(Silicon)	27	수소(Hydrogen)	10	산소(Oxygen)	19
알루미늄(Aluminum)	8	염소(Chlorine)	2	아르곤(Argon)	2
철(Iron)	5	소듐(Sodium)	1	이산화탄소에 포함된 탄소	0.04
칼슘(Calcium)	4	마그네슘(Magnesium)	0.1		
소듐(Sodium)	3	황(Sulphur)	0.1		
포타슘(Potassium)	3	칼슘(Calcium)	0.04		
마그네슘(Magnesium)	2	포타슘(Potassium)	0.04		
티타늄(Titanium)	0.4	브로민(Bromine)	0.007		
수소(Hydrogen)	0.1	탄소(Carbon)	0.002		
인(Phosphorus)	0.1				
망간(Manganese)	0.1				
플루오린(Fluorine)	0.06				
바륨(Barium)	0.04				
스트론튬(Strontium)	0.04				
황(Sulphur)	0.03				
탄소(Carbon)	0.02				

참고: 1km 깊이까지의 전체 지각의 무게 = 3×10^{21} kg, 바다전체무게 = 10^{20} kg, 대기무게 = 5×10^{18} kg

반적인 원소의 상대적인 양을 보여준다. 지구표면은 중량대비 47%가 산소로 이루어져 있다. 산소는 원소가 매우 크고 체적의 96%를 원자가 차지하고 있다. 지질학자들이 지구표면은 불순물이 미미하게 포함된 고체산소라고 말한다. 다음으로 많이 매장되어 있는 원소는 규소와 알루미늄인데, 가장 풍부하게 매장되어 있는 고체재료이며 우리에게 유용한 것은 규산염과 알루미노 규산염이다.

몇몇 금속체도 표에 보이는데, 그들 중 널리 사용되는 금속재료들 중에서 철과 알루미늄이 대표적으로 보인다. 이 표는 탄소까지 폭넓게 보여주고 있는데, 탄소는 가상적으로 모든 목재를 포함한 모든 고분자재료의 근간이 되기 때문이다. 종합적으로 보면 산소와 그의 화합물이 압도적으로 풍부한데, 예로 들면 사방으로 우리는 산화세라믹 혹은 그것을 만들 수 있는 원재료에 의하여 둘러싸여져 있다고 얘기할 수 있다.

몇몇 재료들은 광범위하게 널리 퍼져있는데 그중에서도 특히 철과 알루미늄이 널리 퍼져있다. 그러나 국부적인 농도가 낮아서 경제적으로 재료를 추출하기 힘든 경우가 자주 있다. 사실 고분자재료를 만드는 원재료는 현재 대부분의 다른 금속재료보다도 더욱 쉽게 얻을 수 있다. 지구에는 엄청난 양의 탄소가 매장되어 있고, 실제로 일 년 동안 채취하는 철보다 한 달 동안 채취하는 탄소의 양이 더 많으나,현재 우리는 그냥 단순히 탄소를 연소시키는 데 사용하고 있다. 그리고 고분자재료를 구성하는 두 번째 성분인 수소도 역시 많이 지구상에 많이 존재하는 원소 중의 하나이다. 몇몇 금속재료인 철, 알루미늄, 규소, 유리를 구성하는 성분들과 시멘트는 풍부하게 매장되어 있고 광범위하게 퍼져있다. 그러나 수은, 은, 텅스텐과 같은 원소들은 드물고 매우 국부적으로 위치하고 있어 현재의 사용패턴을 그대로 유지할 경우 이들 재료들은 매우 긴 시간 동안 유지되기 힘들 것이다.

2.5 기하급수적 증가와 배가 시간(DOUBLING-TIME)

백금과 같은 자원의 수명은 어떻게 계산할 것인가? 거의 모든 물질은 인구와 생활 수준이 기하급수적으로 증가하기 때문에 (그림 2.2), 백금도 시간에 따라 기하급수적인 속도로 소진된다. 여기에서 우리는 다음과 같이 분석한다. 현재 연간 톤당 소비율이 C이면 기하급수적 성장은 다음과 같이 나타낼 수 있다.

$$\frac{dC}{dt} = \frac{r}{100}C \tag{2.1}$$

여기서 일반적으로 다루는 작은 성장률(연간 1~5%)을 고려하면, r은 연간 성장률을 백분율로 정의한다.

시간 t_0에서의 소비율을 C_0라고 하면, 식 (2.1)을 다음과 같이 적분할 수 있다.

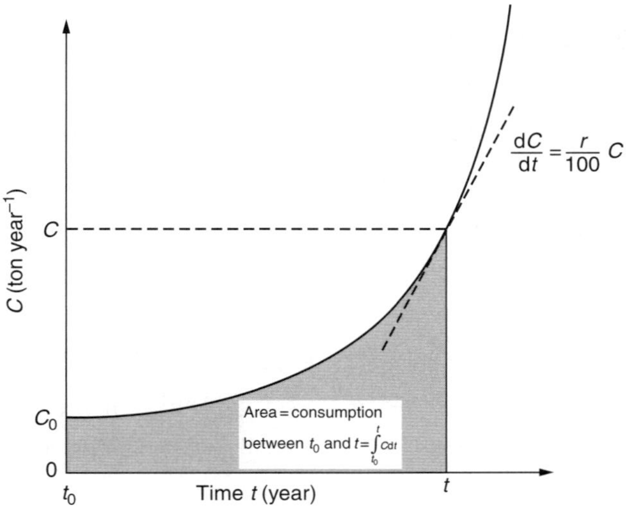

그림 2.2
재료 소비의 기하급수적 증가

$$\int_{C_0}^{C}\frac{\mathrm{d}C}{C}=\frac{r}{100}\int_{t_0}^{t}\mathrm{dt}$$
$$[\ln C]_{C_0}^{C}=\frac{r}{100}[t]_{t_0}^{t}$$
$$\ln C-\ln C_0=\frac{r}{100}(t-t_0)$$
$$\ln\left(\frac{C}{C_0}\right)=\frac{r(t-t_0)}{100}$$

Inverse natural logs를 이용하면 다음과 같은 결과를 얻을 수 있다.

$$C=C_0\exp\left\{\frac{r(t-t_0)}{100}\right\} \tag{2.2}$$

소비의 배가 시간 t_D는 $C/C_0 = 2$가 되도록 설정하여 $\left(\frac{C}{C_0}\right)=\frac{r(t-t_0)}{100}$의 방정식을 통하여 아래와 같이 구할 수 있다.

$$t_{\mathrm{D}}=\frac{100}{r}\ln 2\approx\frac{70}{r} \tag{2.3}$$

성장률이 2%인 경우에도 배가 시간은 35년이다. 4%인 경우에는 18년이다. 이 맥락에서 현재 중국과 같이 6%와 같은 성장률이 유지된다면 엄청난 경제규모가 될 수 있다는 무서운 상상이 가능하게 된다.

2.6 자원의 유용성

자원의 유용성은 그 자원이 생산량을 조절하거나 카르텔을 형성하여 행동을 취할 여지가 있는 한 국가나 몇몇 국가에 얼마나 집중되어 매장되어 있는가에 있다. 또한, 매장되어 있는 절대적인 양, 그것을 채취하기 위하여 요구되는 에너지 등도 자원의 유용성을 지배하는 요인이 된다. 자원 매장량과 요구 에너지량은 적당한 방법으로 연구가 가능하고 그의 영향력 또한 예상이 가능하다.

자원 수명의 계산은 자원 비축량과 자원 매장량 사이의 중요한 구별이 포함된다. 현재 자원 비축량은 현재가격과 현재의 기술로 유익하게 추출할 수 있는 매장량으로 알려져 있다. 이것은 원시매장량의 실제 크기와는 상관관계가 적다. 사실 이들 두 개의 요인은 개략적으로 비례관계가 아니다.

자원 매장량은 현재 비축량을 포함한다. 그러나 그것에는 다양한 외삽법(外插法) 기술로 추정이 가능하고 부지런한 탐사로 유용적으로 될 수 있는 모든 매장량이 포함된다. 또한, 자원 매장량은 현재 유익하게 채취할 수 없는 알려진 혹은 알려지지 않은 모든 매장량도 포함하지만, 높은 가격, 더 발전된 기술과 운송수단이 요구되기 때문에 미래에나 유용하게 될 매장량은 포함하지 않는다([그림 2.3]). 자원 비축량은 은행에 저축하여 놓은 돈과 같다.

자원 매장량은 당신이 당신의 인생에서 벌 수 있는 전체 예상소득과 비교될 수 있다. 따라서 자원 매장량은 자원 비축량보다 훨씬 더 큰 규모이나 덜 확실하고 그것을 얻기 위하여 아마도 무척 열심히 일을 하여야 할 것이다. 자원 매장량은 유용한 전체 재료의 실제적인 양이

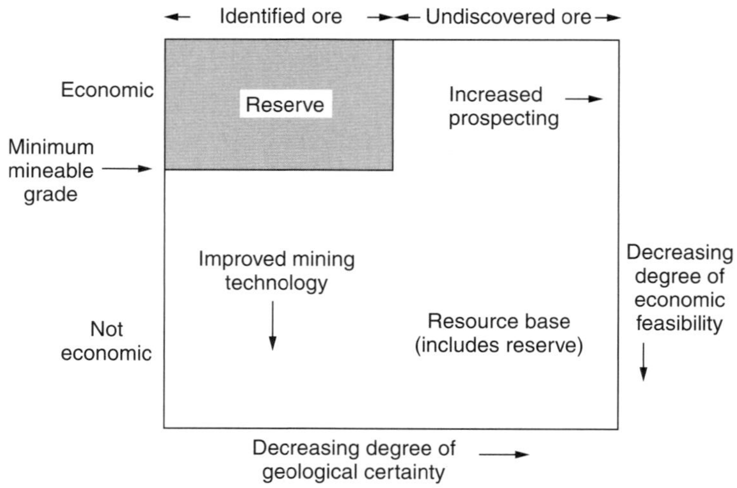

그림 2.3
McElvey 도표로 표현한 자원 비축량과 자원 매장량 사이의 구분

다. 자원 매장량은 거의 항상 자원 비축량보다는 훨씬 더 크지만, 지구물리학적 데이터와 경제적인 반영이 부족하여 자원 매장량의 계산은 매우 불확실하다.

비록 자원 매장량이 얼마나 되는지 불확실하지만 얼마나 오랫동안 자원이 유용한지를 계산하는 것은 매우 중요한 일이다. 근사적인 계산은 자원 매장량의 크기를 계산하는 것도 포함되지만 지수함수식에 의하여 현재대비 자원 매장량이 반이 될 때까지 걸리는 시간도 근사적으로 계산이 가능하다. 이것을 반감기(Half-life)라고 하는데, 매우 중요한 치수이다. 많은 수의 중요한 재료들의 반감기가 우리세대에 놓여 있다. 은, 주석, 텅스텐, 아연, 납, 수은과 석유(고분자재료의 공급원료) 등 이러한 재료의 반감기는 40년에서 70년 사이이다. 다른 재료들(특히, 철, 알루미늄, 대부분의 세라믹과 유리를 만드는 원재료)은 엄청난 자원 매장량이 있어서 기하급수적으로 소비율이 증가하더라도 수백 년간은 충분히 사용할 수 있다.

재료를 추출하는 데 많은 에너지가 요구된다([표 2.4]). 구리와 같은 재료는 점점 더 부족해지고 있기 때문에 점점 더 농도가 낮은 원석에서 추출해야 한다. 이러한 현상은 구리를 생산하는 데 드는 톤당 에너지, 즉 원석을 채굴하는 데 드는 비용, 원석을 농축시키는 데 드는 비용 등 이들 에너지 비용이 급속도로 엄청나게 비싸지고 있다. [표 2.4]에서 보여주는 바와 같이 구리 채취에 드는 비용의 급격한 증가는 품질 좋은 구리원석이 현재 거의 다 채굴되고 있는 중이라는 사실을 보여주고 있다.

표 2.4 재료의 근사적 에너지량(GJ)

물질	에너지
알루미늄(Aluminum)	280
플라스틱(Plastics)	85–180
구리(Copper)	140, rising to 300
아연(Zinc)	68
강(Steel)	55
유리(Glass)	20
시멘트(Cement)	7
벽돌(Brick)	4
목재(Timber)	2.5–7
자갈(Gravel)	0.2
오일(Oil)	44
석탄(Coal)	29

2.7 미래

가까운 미래에 발생할 수 있는 공업재료의 부족현상을 우리는 어떻게 대처해야 하는가? 이것에 대한 해답은 하기에서 언급할 몇 가지 해결방법이 있다.

재료의 효율적 설계

현재의 많은 설계자들은 필요한 것보다 더 많은 양의 재료를 사용하거나 잠재적으로 부족할 가능성이 있는 재료를 사용하곤 한다. 종종 표면특성(낮은 마찰력, 높은 내부식성)이 요구되는 경우가 있는데, 이러한 특성을 만족시키는 재료를 필름형태로 만들어 훨씬 더 값싼 재료의 표면에 부착하여 사용하면 전체를 이러한 공급결핍이 발생할 재료로 만들지 않고 값싸고 풍부한 재료로 대치할 수 있다.

풍부한 재료로의 대체

설계자가 필요로 하는 것은 재료 그 자체가 아니라 재료가 가지고 있는 특성이다. 비록 상당한 비용(새로운 공정방법과 복합공정의 도입)이 요구되기는 하지만 가끔 더 쉽게 구할 수 있는 재료가 부족한 재료를 대신하는 경우가 있다. 이러한 경우의 예로는 건설에서 석재와 목재를 강철과 시멘트가 대체하는 경우, 파이프를 구리에서 고분자재료로 대체시키는 경우, 목재와 금속재로 된 가정용품이 고분자재료로 대체되는 경우, 그리고 전선류들이 구리에서 알루미늄으로 바뀌는 경우를 들 수 있다.

그러나 재료 대체의 경우 기술적인 한계가 없는 것은 아니다. 몇몇 재료는 쉽게 다른 재료로 대체되지 않는다. 촉매로 쓰이는 백금, 냉매로 사용되는 액체헬륨, 전자접지로 이용되는 은 등은 대체되지 않는다. 이들 재료는 중요하고 각자의 독특한 기능을 지니고 있어서 공업재료의 비타민과 같은 존재라고 얘기할 수 있다. 다른 예로는 전구의 필라멘트를 만드는 데 사용되는 텅스텐을 들 수 있는데, 텅스텐을 대체하기 위하여 완전히 새로운 기술의 개발이 요구되고 그것은 많은 시간이 걸릴 수도 있다. 이러한 재료의 대체의 증가는 다른 재료와 마찬가지로 공급의 한계가 있는 대체 재료의 수요를 증가시킨다. 다른 재료들을 플라스틱으로 대체하고자 하는 대규모의 경향은 현재 석유를 원자재로 플라스틱을 생산하기 때문에 결국 석유화학산업에 엄청난 부담을 안겨준다.

재료의 재활용

자원의 재활용은 새로운 것은 아니다. 고 건축물은 천년을 넘어서 재활용되고 있고 고철은 수세기를 넘어 재활용되고 있는데 이것들은 이미 주요한 산업이 되었다. 재활용은 노동집약적이기 때문에 재활용의 범위를 확대하는 데 문제가 있다.

2.8 결론

전체적으로 볼 때 재료 매장량의 문제는 에너지 자원문제만큼 심각하지는 않다. 목재같이 어떤 재료는 막대한 재료공급원이 있고 계속 만들어지고 있다. 그리고 다행스럽게도 이들은 주요 건축자재들이 포함되어 있다. 다른 재료들은 매장량이 적으나 그들이 사용되어 만들어지는 제품의 가격에 극단적인 영향 없이 재료의 가격이 대폭 상승할 수 있도록 종종 적은 양만 사용된다. 그러고 다른 몇몇 재료는 대체가 가능하다. 그러나 이러한 조정은 시간이 필요한데, 새로운 기술이 요구될 경우 25년 이상 필요하다. 또한, 자금 대출도 요구된다.

에너지비용의 증가는 앞으로 20년간 재료의 상대적인 가격에 변화를 가져다 줄 것이다. 따라서 설계자는 이들 변화를 알아차리고 가능한 한 효율적으로 재료를 이용할 수 있는 기회를 계속적으로 전망하여야 한다. 그러나 점차로 국가정부차원에서 자동차, 전자제품, 대형 가정용품 등을 대량 생산하는 생산업자들에게 재활용 재료들을 사용하도록 규제하고 있다. 이제 생산자는 제품의 전체 수명을 고려하여 설계하여야 한다. 예를 들면 핸드폰을 생산하여 2년간 잘 작동하고 쓰레기통에 들어가는 것으로 이젠 충분하지 않다. 핸드폰도 다음 세대에서 생산될 핸드폰에 재활용될 수 있도록 재활용할 수 있는 재료로 만들어진 부품이 손쉽게 분리될 수 있도록 설계되어야 한다.

환경적 충격

재료의 단순한 사용과 동시에 제품의 대량 생산업자들은 두 가지 환경적인 부담을 안고 있다. 첫 번째는 재료를 사용하면서 발생하는 폐기물의 양이다. 재활용이 불가능한 재료는 결국 폐기물 매립지로 가게 된다. 이것은 지하수의 오염원이 되고 이러한 현상이 계속되어서는 안 된다. 가까운 미래에 재활용 가능한 재료가 극적으로 엄청나게 증가하는 게 아니라면 많은 부분의 시골은 쓰레기더미로 덮일 것이다. 두 번째는 재료를 추출하고 가공하는 데 사용되는 에너지의 생산이다. 화석연료는 알다시피 유한한 자원이다. 화석연료의 연소는 지구온난화 현상과 심각한 관계가 있는 이산화탄소를 대기 중에 방출한다. 여러 국가의 정부는 이미 이산화탄소 방출에 대하여 탄소세를 제정하여 적용하고 있으며 이것은 전체적으로 에너지 비용의 증가를 야기시키고 있다.

WORKED EXAMPLE

이 사진은 영국 북웨일스에 위치한 페스티니옥 철도(Ffestiniog Railway)의 일부를 보여주고 있다. 철도는 1832년에 설립된 세계에서 가장 오래된 운영 중인 철도 회사 중 하나이며, 60 cm의

좁은 게이지로 13마일을 운행합니다. 슬레이트를 산의 정상에 위치한 채석장에서 Porthmadog 해안으로 운송하기 위해 건설된 이 기차는 지금은 붐비는 관광철도로, 진지한 철도 공학에 관심이 있는 누구나 방문할 만한 가치가 있다. http://www.ffestiniograilway.org.uk/

레일을 지지하는 타이(슬리퍼) 중 일부는 재활용 플라스틱으로 만들어졌다. 전통적인 타이 소재는 소프트우드(소나무 같은)나 하드우드(호주산 jarra 같은)인 나무이다. 나무는 습기 많은 기후에서 부패하기 쉽다(북 웨일스는 영국에서 가장 비가 많이 오는 곳 중 하나다). 그리고 수명은 대략 10년(소프트우드) 또는 20년(jarra)이다. "현대적인" 대안으로는 프레스 스틸(인접한 웨일스 고지대 철도에서 사용되는)이나 강화 콘크리트가 있다. 스틸은 녹이 스며들기까지 오랜 시간이 걸리며, 콘크리트는 기본적으로 무반응 상태이기 때문에 무기한으로 지속된다. 그러나 콘크리트는 매우 무거우며 스틸과 콘크리트 모두 비싸다. 이는 그들의 매우 높은 에너지/탄소 함량을 부분적으로 반영한다. 모든 결점에도 불구하고, 나무 타이는 지속 가능하며(나무를 대체하기 위해 식목이 이루어질 경우), 매우 낮은 에너지/탄소 함량을 가지고 있다(나무를 추출하고 가공하고 운송하는데 에너지/탄소가 필요하기 때문에 에너지/탄소 함량이 0은 아니다).

그렇다면 왜 재활용 플라스틱을 사용할까? 지난 50년 동안 식품 및 음료 포장(병, 카톤, 트레이 등)에 플라스틱 사용이 엄청나게 증가했으며, 대량의 원유와 에너지를 소비한다. 플라스틱 재료 자체는 지속 가능하지 않으며 매우 높은 에너지/탄소 함량을 가지고 있다. 오래된 플라스틱을 새 제품으로 재활용하는 것은 많은 이점이 있다. 원료를 보존하고, 플라스틱을 정렬하고, 다시 녹여 철도 타이와 같은 제품으로 만드는 것은 원유에서 새로운 플라스틱을 만드는 것보다 훨씬 적은 에너지를 필요로 하며(그리고 훨씬 적은 이산화탄소를 발생시킨다). 플라스틱 타이는 서비스에서도 장점이 있다. 썩지 않으며, 상당히 가벼우며, 철도 체결물을 위해 쉽게 드릴링할 수 있다. 그래서 우리가 다른 쓰레기통에 쓰레기를 분류해야 한다고 말할 때, 그 대신 폐기물 매립지로 가서 영원히 사라지는 것이 아니라 세계에서 가장 아름다운 국립공원 중 하나로 관광객을 운송하는 아름다운 좁은 레일 철도에 사용되는 플라스틱 병 중 일부가 될 수 있다는 것을 기억하시오. 그리고 도로에서도 그들을 멀리하게 한다.

EXAMPLES

2.1 a. Commodity A is currently consumed at the rate C_A tons per year, and commodity B at the rate C_B tons per year ($C_A > C_B$). If the two consumption rates are increasing exponentially to give growths in consumption after each year of r_A% and r_B%, respectively ($r_A < r_B$), derive an equation for the time, measured from the present day, before the annual consumption of B exceeds that of A.

b. The table shows figures for consumption and growth rates of steel, aluminum, and plastics. What are the doubling-times (in years) for consumption of these commodities?

c. Calculate the number of years before the consumption of (a) aluminum and (b) polymers would exceed that of steel, *if* exponential growth *continued*.

Material	Current Consumption (tons year^{-1})	Projected Growth Rate in Consumption (% year^{-1})
Iron and steel	3×10^8	2
Aluminum	4×10^7	3
Polymers	1×10^8	4

2.2 Discuss ways of conserving engineering materials, and the technical and social problems involved in implementing them.

2.3 a. Explain what is meant by *exponential growth* in the consumption of a material.

b. A material is consumed at C_0 ton year–1 in 2012. Consumption in 2012 is increasing at r% year^{-1}. If the resource base of the material is Q tons, and consumption continues to increase at r% year^{-1}, show that the resource will be half exhausted after a time, $t_{1/2}$, given by

$$t_{1/2} = \frac{100}{r}\ln\left\{\frac{rQ}{200\,C_0}+1\right\}$$

2.4 Discuss, giving specific examples, the factors that might cause a decrease in the rate of consumption of a potentially scarce material.

2.5 Traditionally, light bulbs used filaments made of thin tungsten wire heated to “white heat” by the electric current. Do some internet research to find out about (i) the advantages and disadvantages of tungsten filament bulbs, (ii) how tungsten is being replaced in light bulbs, (iii) the advantages and disadvantages of the replacement options.

ANSWERS

2.1 (a) Use the equation $\ln C - \ln C_0 = \frac{r}{100}(t - t_0)$, and set $t_0 = 0$. Then write it out twice, with subscripts A and B, to give

$$\ln C_A - \ln C_0 = \frac{r_A t}{100}$$
$$\ln C_B - \ln C_0 = \frac{r_B t}{100}$$

Subtract the second equation from the first to give

$$\ln\left(\frac{C_A}{C_B}\right) = \frac{(r_A - r_B)t}{100}$$

This gives:

$$t = \frac{100}{r_B - r_A}\ln\left(\frac{C_A}{C_B}\right)$$

(b) Use Equation (2.3). Doubling times: steel, 35 years; aluminum 23 years; plastics 18 years.

(c) Use the answer to part (a). If exponential growth continued, aluminum would overtake steel in 201 years; polymers would overtake steel in 55 years.

2.2 See Section 2.7.

2.3 (a) See Equation (2.2) and Figure 2.2.

(b) Use the relations $\frac{Q}{2} = \int_0^{t_{1/2}} C dt$ Cdt (see Figure 2.2) and $C = C_0 \exp\left\{\frac{rt}{100}\right\}$ (see Equation (2.2) to give

$$\frac{Q}{2} = \left[C_0 \frac{100}{r} \exp\left\{\frac{rt}{100}\right\}\right]_0^{t_{1/2}}$$
$$\frac{rQ}{200\,C_0} = \exp\left\{\frac{rt_{1/2}}{100}\right\} - 1$$
$$\frac{rQ}{200\,C_0} + 1 = \exp\left\{\frac{rt_{1/2}}{100}\right\}$$

Take natural logs, and rearrange, to get the final result.

2.4 See this chapter for discussion, with examples.

2.5 Answers could cover use of fluorescent tubes/bulbs, LEDs, power consumed, heat generated, fire risk, other environmental hazards, light spectrum emitted, bulb life, bulb cost.

PART B

탄성계수

CHAPTER 03

탄성계수

3.1 개요

우리가 다루는 다음의 재료특성은 탄성계수이다. 탄성계수는 재료가 탄성변형을 견디는 정도를 말한다. 탄성계수가 낮은 재료는 물렁물렁하고 잡아당기면 죽죽 늘어나고 누르면 쉽게 우그러진다. 반대로 높은 탄성계수를 가진 재료는 잡아당기거나 누를 경우 잘 늘어나지 않거나 잘 우그러지지 않는다. [그림 3.1]에서 보여주는 것과 같이 고무밴드는 쉽게 손으로 잡아서 늘릴 수 있지만 강철 막대기는 맨손으로 늘리는 게 거의 불가능하다. 고무가 번지점프에서 쓰이는 로프로 가장 이상적인 재료이지만 [그림 3.2]에 소개된 시드니 하버 브리지(Sydney Harbour Bridge)의 데크행거(Deck hangers)를 위한 재료로는 적합하지 않다. 당연히 이 다리는 강철로 만들어져 있지만 교각 전망대를 오르는 관광객이 탄성계수가 강하다고 강철로프를 안전로프로 사용하는 것은 정말로 멍청한 짓이다. 만약에 추락할 경우 낙하의 충격으로 말 그대로 두 동강이 날 수 있기 때문이다.

다양한 공업재료의 탄성계수를 자세히 살펴보기 전에 응력(Stress)과 변형률(Strain)을 먼저 정의하여야 한다.

그림 3.1
푸아(Poisson) 수축효과를 보여주는 늘어난 고무밴드

그림 3.2
시드니 하버 브리지(Sydney Harbour Bridge)의 데크행거(Deck hangers), 2010년 12월 19일 신년맞이 불꽃놀이 설치를 위해 오른쪽 비계(飛階)가 설치되어 있는 것에 주목할 것

3.2 응력의 정의

[그림 3.3(a)]가 보여주는 바와 같이 하중 F가 작용하는 재료의 한 육면체를 상상하자. 이 하중은 육면체를 통하여 전달되고 육면체의 바닥이 육면체를 받치고 있는 반대의 하중과 균형을 이룬다. 이 바닥을 크기는 같고 방향이 반대인 F라는 힘으로 대체할 수 있다. 이 반대의 힘은 원래의 평면과 평행인 단면의 전체에 작용하고 이때 이 육면체에 응력(Stress)이 작용하고 있는 상태라고 말한다. 이 응력의 세기 σ는 하중을 육면체의 면적으로 나누어 아래의 식과 같이 계산한다.

$$\sigma = \frac{F}{A} \tag{3.1}$$

면에 직각으로 작용하는 힘에 의하여 발생하는 응력을 인장응력(Tensile stress)이라고 한다.

[그림 3.3(b)]에 나타나 있는 것처럼 작용하는 힘이 직각으로 작용하지 않고 면과 임의의 각도를 이루고 작용한다고 가정하자. 이때 우리는 직각으로 작용하는 힘 F_t와 평행으로 작용하는 힘 F_S로 두 개의 힘의 분력을 계산할 수 있다. 직각방향의 분력은 인장응력을 발생시키고 아까와 마찬가지로 그 크기는 F_t/A이다.

다른 성분의 분력인 F_S도 육면체에 하중으로 작용하는데 이것을 전단(Shear)이라고 한다.

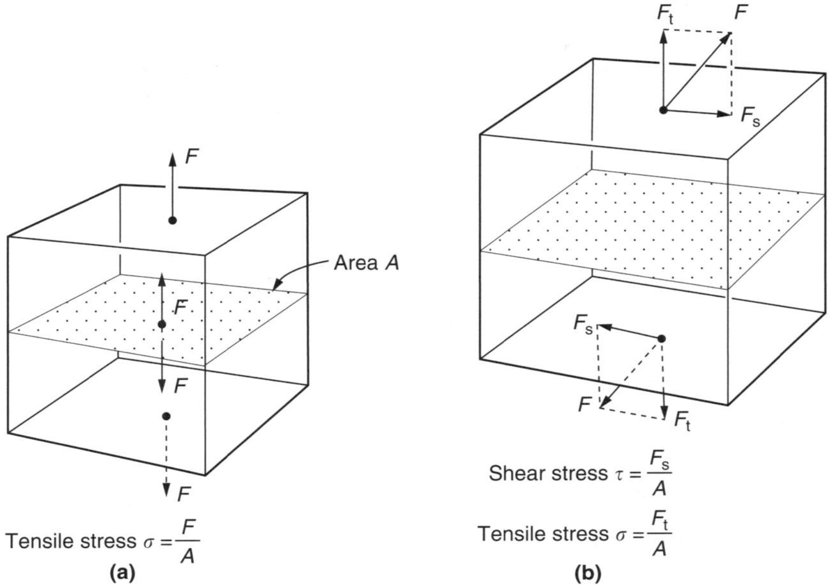

그림 3.3
평형상태에서 (a) 인장응력 σ와 (b) 전단응력 τ의 정의

블록면과 평행인 방향으로 작용하는 F_S에 의하여 발생하는 응력을 전단응력 τ라고 하고 아래의 식과 같이 정의한다.

$$\tau = \frac{F_s}{A} \tag{3.2}$$

응력의 크기는 항상 힘을 그 힘이 작용하는 면의 면적으로 나눈 크기와 같다는 사실이 중요한 점이다.

응력을 표현하는 방법

힘은 뉴턴(N)을 단위로 하고 응력은 제곱미터분의 뉴턴(N/m^2)을 단위로 한다. 그러나 응력은 주로 상대적으로 좀 더 새로운 SI 단위인 파스칼로 표현한다. 10 N/m^2은 10 Pa과 동일하다. 많은 공학적 응용에서 이 단위는 너무 작기 때문에 일반적인 응력의 단위는 제곱미터분의 메가뉴턴(MN/m^2) 혹은 메가파스칼(MPa) 혹은 제곱미터분의 기가뉴턴(GN/m^2) 혹은 기가파스칼(GPa)을 사용한다.

제곱미터분의 메가뉴턴(MN/m^2)은 제곱밀리미터분의 뉴턴(N/mm^2)과 동일하다. 예로 10 MN/m^2은 10 N/mm^2와 같다. 하지만 응력을 뉴턴의 가속도법칙($F = ma$)이 사용되는 진동 주파수 문제를 다룰 경우 기본 SI 단위인 N/m^2를, 질량이나 밀도는 kg이나 kg/m^3을 사용하여야 한다.

일반적인 응력의 상태

[그림 3.4]는 4가지의 응력을 받고 있는 일반적인 상태를 보여주고 있다. 가장 단순한 예는 단순인장 혹은 단순압축을 받고 있는 경우이다. (인장을 받는 긴 물체의 끝에 핀으로 연결하여

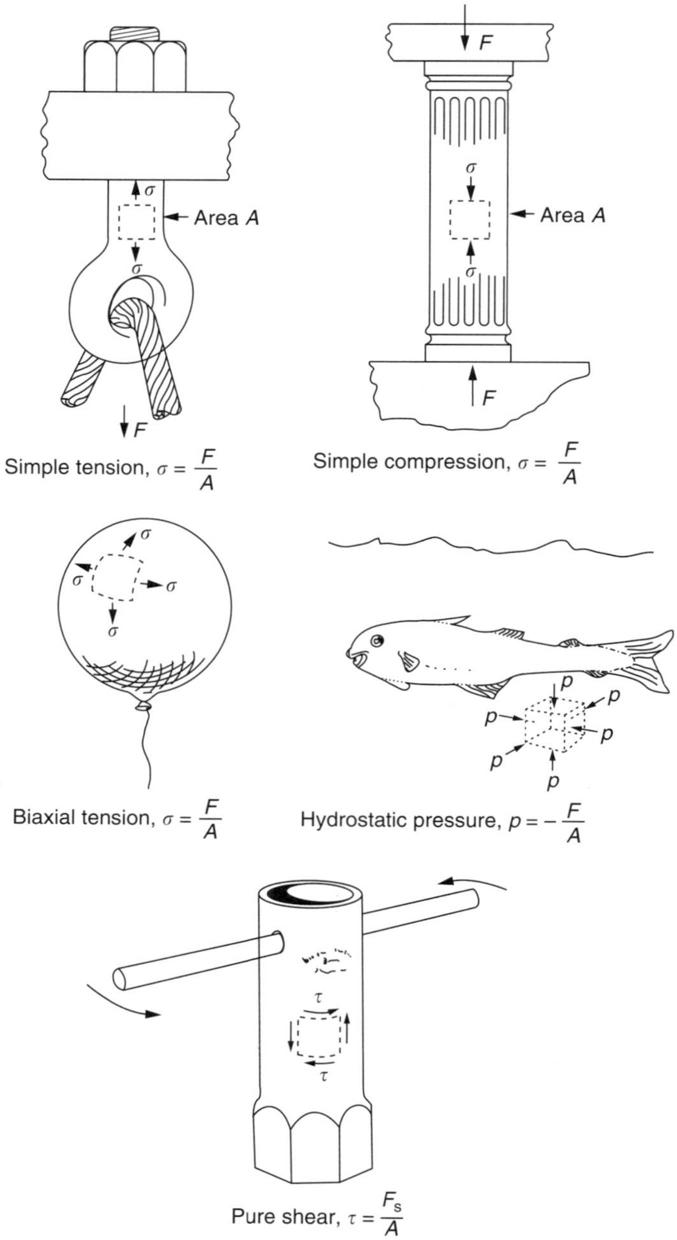

그림 3.4
응력을 받고 있는 일반적인 상태: 인장, 압축, 정수압과 전단

이것을 통하여 하중이 걸리는 경우와 기둥이 구조물을 떠받치고 있어서 압축을 받는 경우) 물론, 응력은 하중을 받고 있는 물체의 단면적으로 힘을 나눈 것이다. 두 번째 응력을 받는 상태는 2축 인장을 받는 상태이다. 풍선과 같이 구 형태의 용기는 내압이 작용하고 있다. 따라서 용기의 표면은 [그림 3.4]에서 보여주는 바와 같이 두 방향의 힘을 받게 된다. 이러한 상태를 2축 인장(Biaxial tension)이라 하고 명백히 두 개의 힘이 다르기 때문에 두 방향의 응력도 다르다. 세 번째 응력을 받는 상태는 정수압(Hydrostatic pressure) 상태이다. 이것은 지구표면 깊숙이 혹은 바다 깊숙이에서 어떤 물체의 모든 면에 압력이 작용하는 상태를 말한다.

그 전의 그림처럼 잡아당기는 힘이 작용할 때를 양(+)의 응력이라고 관습적으로 정의한다. 그러나 압력은 힘이 물체를 밀 때를 양(+)으로 정의하여 응력의 방향도 반대로 정의된다. 그 밖에 것들은 전과 동일하다. 응력의 정의처럼 작용면으로 힘을 나눈 것을 응력으로 정의한다. 마지막으로 고려하는 응력을 받는 상태는 순수 전단력이다. 튜브를 비틀 경우 튜브의 요소들은 순수한 전단만이 작용하게 된다. 전단응력(Shear stress)은 단순히 그것이 작용하는 면적으로 전단력을 나눈 것으로 정의한다.

3.3 변형률의 정의

재료는 응력에 대하여 변형으로 반응한다. 어떤 주어진 응력 하에서 강철같이 강한 재료는 미미한 변형만을 보인다. 폴리에틸렌 같은 연질의 재료는 변형이 훨씬 많이 발생한다. 재료의 탄성계수는 이러한 특성을 나타내는데, 이것을 고려하기에 앞서 변형률 그 자체를 정의하여야 한다.

인장응력을 받을 때 생기는 변형률은 인장변형률이라고 한다. [그림 3.5(a)]에서 보여주듯이 사각형의 변 l에 응력이 작용하며 인장응력과 평행한 방향으로 u만큼 늘어난다면 공칭인장변형률(Nominal tensile strain)은 다음과 같다.

$$\varepsilon_{\mathrm{n}} = \frac{u}{L} \tag{3.3}$$

이러한 형태의 변형이 있을 때 사각형은 보통 좀 더 얇아진다. 이렇게 안쪽으로 수축하는 양을 푸아송 비(Poisson's ratio) υ로 나타낸다. 이 푸아송의 비는 원래의 인장변형률과 안쪽으로 발생하는 변형률과의 음수비로 정의하고 아래의 식과 같다.

$$\upsilon = \frac{\text{측면방향 변형률}}{\text{인장 변형률}}$$

(Figure 3.1 shows the rubber band getting narrower when it is stretched—this is a good illustration of the Poisson's ratio effect. In fact, we know that the rubber band has been stretched

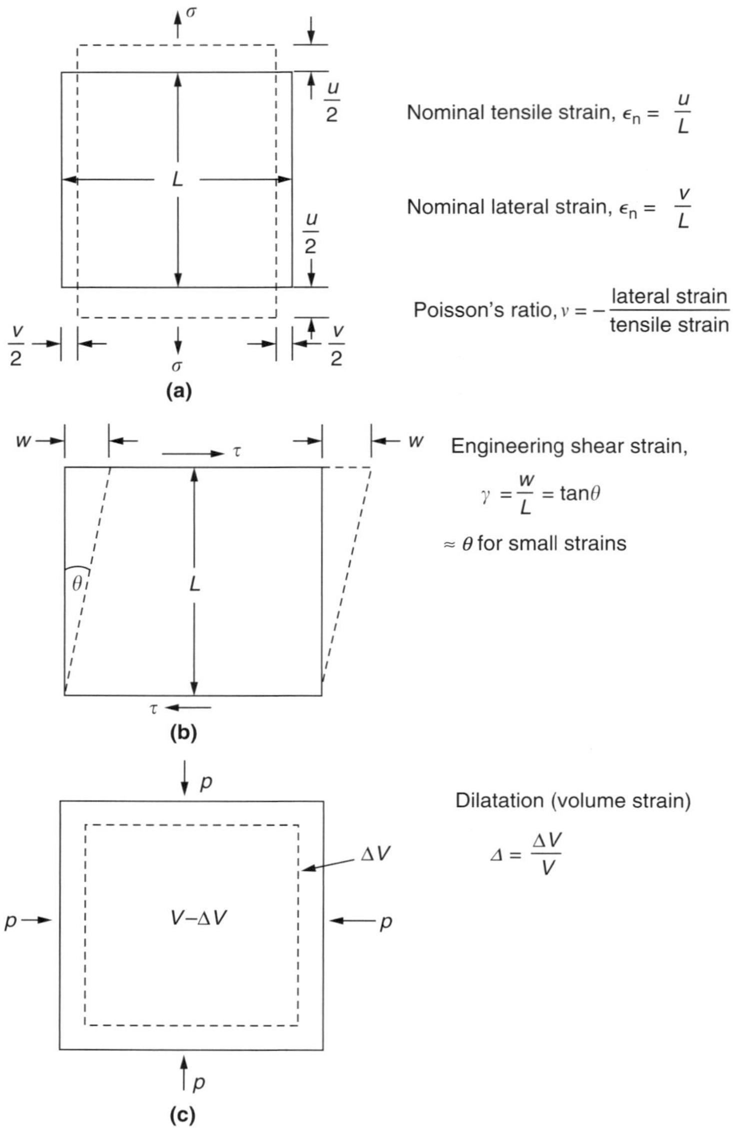

그림 3.5
인장변형률 ε_n, 전단변형률 ρ와 팽창률 Δ

because it has got narrower! What you can't of course see from Figure 3.1 is that the rubber band has also got thinner.)

전단응력은 전단변형률을 발생한다. 사각형의 옆으로 비스듬히 w만큼 전단이 발생하면 전단변형률은 다음과 같이 정의한다.

$$\gamma = \frac{w}{L} = \tan\theta \tag{3.4}$$

여기서 θ는 전단각이고, l은 사각형의 모서리 길이이다([그림 3.5(b)]). 탄성변형률은 대부분 항상 작은 양이기 때문에 근사적으로 아래와 같이 정의할 수 있다.

$$\gamma = \theta$$

마지막으로 정수압이 작용하여 부피가 변하는 것을 팽창([그림 3.5(c)])이라고 한다. 부피의 변화가 ΔV이고 사각형의 부피가 V라면 팽창률은 다음과 같이 정의한다.

$$\varDelta = \frac{\Delta V}{V} \tag{3.5}$$

변형률은 두 개의 길이 혹은 두 개의 부피의 비율이기 때문에 무차원이 된다.

3.4 Hooke의 법칙

우리는 이제 탄성계수를 정의할 수 있다. 탄성계수는 실험적 관찰을 통하여 나타난 현상을 표현한 Hooke의 법칙을 통하여 정의할 수 있는데 Hooke의 법칙은 변형률이 작고 응력과 거의 비례관계일 때 적용된다. 따라서 이것을 선형탄성이라고도 한다. 예를 들면 공칭인장변형률이 인장응력과 비례한다는 관계를 아래의 식이 표현한다.

$$\sigma = E\varepsilon_{\mathrm{n}} \tag{3.6}$$

여기서 E를 Young 계수라고 한다. 물론, 압축의 경우에도 동일한 관계가 성립한다. 같은 방법으로 전단변형률이 전단응력과 비례한다는 것을 아래의 식으로 표현한다.

$$\tau = G\gamma \tag{3.7}$$

여기서 G는 전단탄성계수라고 한다. 마지막으로 양(+)방향의 압력이 체적의 축소를 야기시키기 때문에 팽창의 음(−)이 압력과 비례한다는 관계를 아래의 식으로 표현한다.

$$p = -K\varDelta \tag{3.8}$$

여기서 K는 체적탄성계수(Bulk modulus)라고 한다. 변형률은 무차원수이기 때문에 탄성계수는 단위면적당 작용하는 힘(N/m^2)으로 응력의 단위와 같게 된다.

응력과 변형률의 선형적 관계는 응력을 받는 물체가 변형을 얼마나 일으키는지를 계산할 때 매우 편리하게 쓰이지만 대부분의 고체는 0.002 정도로 매우 작은 변형률 내에서 탄성적인 거동을 보인다는 사실을 기억하여야 한다. 그밖에 몇몇은 부러지거나 소성변형을 일으킨다. 이것에 대한 내용은 나중에 알아보도록 하자. 고무와 같이 몇몇의 재료는 4 혹은 5 정도의 매우 큰 변형률 내에서 탄성 거동을 보이긴 하지만 약 0.01의 변형률이 넘어갈 경우 더 이상 선형탄성적 거동을 보이지 않는다.

마지막으로 푸아송의 비는 인장 변형에 따른 측면 쪽의 수축변형률의 음(−)의 비로 정의하였다. 이 값도 역시 탄성적 상수로 결국 4개의 탄성적 상수 E, G, K와 υ를 정의하였다. 이들 탄성적 상수들의 데이터를 제공할 경우 보통 E값만을 제공한다. 많은 재료들은 근사적으로 아래의 관계가 성립된다.

$$K \approx E, \quad G \approx \frac{3}{8}E \quad \text{and} \quad \upsilon \approx 0.33 \tag{3.9}$$

몇몇 재료들은 상기의 식보다 더 복잡한 관계를 가지는 것도 존재한다.

3.5 Young 계수의 측정

Young의 계수는 어떻게 측정할지 알아보자. 이를 위하여 응력과 변형률은 매우 정밀한 방법으로 측정해야 한다. 금속의 경우 재료자체가 워낙 강하기 때문에 변형률을 매우 정밀한 방법으로 측정하거나 변형률을 충분히 증폭시켜서 측정해야 한다. 따라서 스트레인 게이지(Strain gauge)를 부착한 시험편에 인장력을 걸고 스트레인 게이지로부터 미세전기신호를 증폭하여 정밀한 변형률을 측정한다. 혹은 나중에 소개될 빔(Beam)에서 하중과 변형량의 관계를 수식으로 표현한 것을 기초로 하여 빔의 굽힘 하중실험으로도 변형률을 측정할 수 있다.

열가소성수지, 고무, 발포고분자재료와 같이 낮은 탄성계수를 갖는 물렁한 재료는 압축실험을 통하여 시험기기에서 직접 변형률을 읽을 수 있다. 하지만 어떤 실험기기 자체의 변형이 발생할 수 있으며 크리프(Creep)같은 비탄성변형의 다른 원인이 전혀 없다는 것에 주의하여야 한다. 이러한 재료들은 시험편의 변형비율이 종종 시험을 통하여 계산되는 탄성계수에 무시할 수 없는 영향을 미치기도 한다.

결국 재료의 음파속도를 측정할 수 있다. 종파(Longitudinal wave)의 속도는 다음의 식과 같다.

$$V_L = \left(\frac{E(1-\upsilon)}{\rho(1+\upsilon)(1-2\upsilon)} \right)^{1/2}$$

여기서 ρ는 재료의 밀도이다. 횡파(Shear wave 혹은 Transverse wave)의 속도는 다음의 식과 같다.

$$V_T = \left(\frac{G}{\rho}\right)^{1/2}$$

다음의 식은 푸아송 비를 나타낸다.

$$\upsilon = \frac{1-2(V_T/V_L)^2}{2-2(V_T/V_L)^2}$$

짧은 원기둥 모양의 어떤 재료 끝단에 전자펄스수신기를 장착하고 실험 횡파와 종파가 통과하는 속도를 측정한다. 전자적으로 아는 길이의 재료막대의 횡파와 종파의 비를 측정한다는 뜻이다. 이럴 경우 횡파속도와 종파속도를 알아낼 수 있다.

3.6 Young의 계수 데이터

이제는 실제적인 탄성계수의 값을 다룬다. [표 3.1]은 재료의 Young의 계수를 보여주고 있는데, 이들은 나중에 문제를 풀거나 특별한 공학적 응용에서 재료를 선정하는 데 사용된다. 다이아몬드는 Young의 계수가 가장 높은데 1,000 GPa이나 된다. 부드러운 고무와 발포 고분자재료가 가장 낮은 Young의 계수를 갖는데 0.001 GPa 정도가 된다.

물론, 젤리처럼 10^{-6} GPa 정도로 더 낮은 계수를 갖는 특별한 재료를 만들 수도 있다 실제적으로 공학적 응용에 사용되는 재료들은 $10^{-3} \sim 10^3$ GPa 정도로 10^6의 범위에 포함된다. 이 범위는 우리들이 공학적 응용을 위하여 선택할 수 있는 재료의 범위가 된다.

탄성계수의 전체적인 분포에 대한 더 나은 관점은 [그림 3.7]과 같은 막대그래프가 제공한다. 세라믹과 강철, 그래도 제일 연질로 고려되는 납조차도 이 범위 중에 상위권을 차지한다. 고분자재료와 천연고무는 훨씬 더 연질이여서 10의 수 제곱승 정도 아래에 위치한다. (예를 들면 폴리에틸렌, PVC, 폴리프로필렌) 복합재료는 고분자재료의 범위와 세라믹의 범위 사이에 넓게 존재한다.

탄성계수의 원래의 물리적 의미, 즉 왜 그런 값이 존재하는지, 고분자재료가 금속재료보다 왜 연질인지 그리고 우리는 그것에 대하여 무엇을 할 수 있는지 등등에 대한 해답을 얻기 위하여 우리는 재료의 구조와 원자 간의 결합을 지탱하여 주는 힘에 대하여 조사를 하여야 한다. 다음의 두 장에서는 이들을 조사하고 새로운 이해와 함께 탄성계수와 상기의 Young의 계수에 대한 막대그래프를 다시 다룰 것이다.

표 3.1 Young의 계수 *E*의 데이터

물질(Material)	E(Gm^{-2})
다이아몬드(Diamond)	1,000
탄화텅스텐, WC(Tungsten carbide, WC)	450–650
오스뮴(Osmium)	551
코발트/탄화텅스텐 서멧(Cobalt/tungsten carbide cermets)	400–530
티타늄, 지르코늄, 불화수소의 붕소화물(Borides of Ti, Zr, Hf)	450–500
탄화규소, SiC(Silicon carbide, SiC)	430–445
붕소(Boron)	441
텅스텐과 합금(Tungsten and alloys)	380–411
알루미나, Al_2O_3(Alumina, Al_2O_3)	385–392
산화베릴륨, BeO(Beryllia, BeO)	375–385
탄화티탄, TiC(Titanium carbide, TiC)	370–380
탄화탄탈, TaC(Tantalum carbide, TaC)	360–375
몰리브덴과 합금(Molybdenum and alloys)	320–365
탄화니오븀, NbC(Niobium carbide, NbC)	320–340
질화규소, Si_3N_4(Silicon nitride, Si_3N_4)	280–310
베릴륨과 합금(Beryllium and alloys)	290–318
크롬(Chromium)	285–290
마그네시아, MgO(Magnesia, MgO)	240–275
코발트와 합금(Cobalt and alloys)	200–248
지르코니아, ZrO_2(Zirconia, ZrO_2)	160–241
니켈(Nickel)	214
니켈합금(Nickel alloys)	130–234
탄소 섬유 강화 플라스틱(CFRP)	70–200
철(Iron)	196
철기 초합금(Iron–based super–alloys)	193–214
페라이트계 강, 저합금강(Ferritic steels, low–alloy steels)	196–207
스테인리스 오스테나이크계 강(Stainless austenitic steels)	190–200
연강(Mild steel)	200
주철(Cast irons)	170–190
탄탈럼과 합금(Tantalum and alloys)	150–186
백금(Platinum)	172
우라늄(Uranium)	172
붕소/탄소섬유에폭시 복합재(Boron/epoxy composites)	80–160
구리(Copper)	124
구리합금(Copper alloys)	120–150
물라이트(Mullite)	145
바나듐(Vanadium)	130
티타늄(Titanium)	116
티타늄 합금(Titanium alloys)	80–130
팔라듐(Palladium)	124
놋쇠와 청동(Brasses and bronzes)	103–124

표 3.1 Young의 계수 E의 데이터(계속)

물질(Material)	$E(\mathrm{Gm}^{-2})$
나이오븀과 합금(Niobium and alloys)	80–110
실리콘(Silicon)	107
지르코늄과 합금(Zirconium and alloys)	96
실리카유리, 산화규소, SiO_2(석영) (Silica glass, SiO_2(quartz))	94
아연과 합금(Zinc and alloys)	43–96
금(Gold)	82
방해석(대리석, 석회석) (Calcite(marble, limestone))	70–82
알루미늄(Aluminum)	69
알루미늄과 합금(Aluminum and alloys)	69–79
은(Silver)	76
소다유리(Soda glass)	69
할로겐화 알칼리(NaCl, LiF, etc.) (Alkali halides(NaCl, LiF, etc.))	15–68
화강암(서쪽 화강암) (Granite(Westerly granite))	62
주석과 합금(Tin and alloys)	41–53
콘크리트, 시멘트(Concrete, cement)	30–50
섬유유리(유리섬유/에폭시수지) (Fiberglass(glass–fiber/epoxy)	35–45
마그네슘과 합금(Magnesium and alloys)	41–45
유리섬유강화 플라스틱(GFRP)	7–45
방해석(대리석/석회석) (Calcite(marble/limestone))	31
흑연(Graphite)	27
셰일(함유셰일) (Shale(oil shale))	18
보통의 나무(Common woods), ∥ to grain	9–16
납과 합금(Lead and alloys)	16–18
알키드 수지(Alkyds)	14–17
얼음, 물(Ice, H_2O)	9.1
멜라민(Melamines)	6–7
폴리이미드(Polyimides)	3–5
폴리에스테르(Polyesters)	1.8–3.5
아크릴화(Acrylics)	1.6–3.4
나일론(Nylon)	2–4
폴리메타크릴산메틸(PMMA)	3.4
폴리스티렌(Polystyrene)	3–3.4
에폭시수지(Epoxies)	2.6–3
폴리카보네이트(Polycarbonate)	2.6
보통의 나무(Common woods), ⊥ to grain	0.6–1.0
폴리프로필렌(Polypropylene)	0.9
염화비닐수지(PVC)	0.2–0.8
폴리에틸렌, 고밀도(Polyethylene, high density)	0.7
폴리에틸렌, 저밀도(Polyethylene, low density)	0.2
고무(Rubbers)	0.01–0.1
코르크(Cork)	0.01–0.03
발포 중합체(Foamed polymers)	0.001–0.01

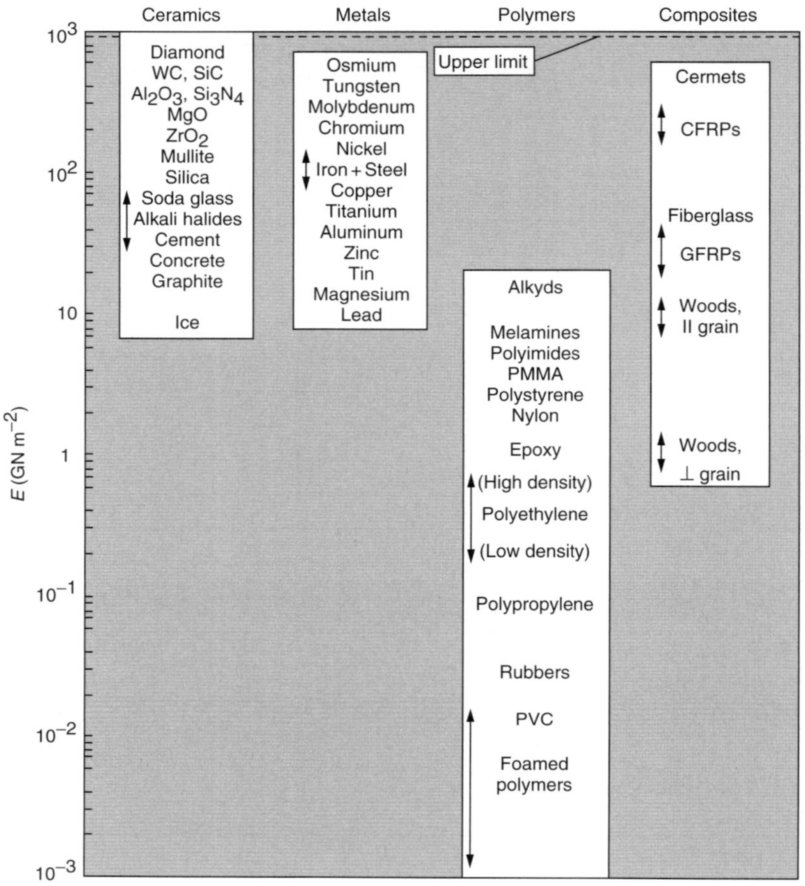

그림 3.6
Young의 계수 E 데이터의 막대그래프

WORKED EXAMPLES 1

3.2절에서 언급했듯이, SI 메트릭 시스템에서 응력(힘을 면적으로 나눈 값)의 기본 단위는 Nm^{-2} (제곱 미터당 뉴턴)이며, 이는 Pa(파스칼)로도 표기된다. 재료의 응력은 일반적으로 10^6 Nm^{-2} 또는 10^6 Pa 단위로 표시되며, 이는 MN m^{-2}(제곱 미터당 메가-뉴턴) 또는 MPa(메가-파스칼)로 표기된다.

SI가 채택되기 전에는 "mks"(meter-kilogram-second)의 구식 미터법 체계가 사용되었다. 이 체계에서 응력은 kg mm^{-2} (제곱 밀리미터당 킬로그램) 또는 kg cm^{-2}와 같은 관련 단위로 표시되었다. 킬로그램은 파리의 금고에 보관되어 있는 플래티늄 합금의 고립 덩어리로, 모든 킬로그램 단위는 이것에 걸쳐 추적된다. 이는 힘이 아닌 질량이다. 뉴턴은 이 플래티늄 덩어리에 작용할 때 (공기 저항이나 중력 효과가 없는 경우 - 원한다면 우주 공간에서) 1 m s^{-2}의 가속도를 유발하는 힘으로 정의된다. 뉴턴의 방정식 $F = ma$는 F, m 및 a에 대해 기본 SI 단위인 N, kg 및 m s^{-2}를 사용하는 경우 자동으로 올바른 숫자를 제공한다. (특히 기계 진동을 포함하는 문제에서는 제7장에서 볼 수 있듯이 특히 중요하다.)

이는 지구 표면에서 중력 가속도의 합의 약속된 "표준" 값인 9.807 (m s^{-2})의 마법 수로 우리를 이끈다. 그리고 만약 우리의 질량이 1 kg이 지구 표면에 놓인다면, 뉴턴의 방정식에 따라 $F = ma$가 적용되어 그 질량은 지구 중심으로 향하는 힘으로 당겨질 것이다. 여기서 F (뉴턴) = 1 (kg) × 9.807 (m s^{-2}) = 9.807 (뉴턴)이 된다

$$F \text{ (newtons)} = 1 \text{ (kg)} \times 9.807 \text{ (m s}^{-2}\text{)} = 9.807 \text{ (newtons)}$$

mks 체계에서 기본 힘 단위는 질량 단위가 아니라 kgf (킬로그램-힘)의 힘 단위이다. 이는 1 kg의 질량이 "표준" 중력 가속도 gs (9.807 m/s^2)에 의해 지구 표면으로 당겨지는 힘이다. 따라서 kg mm^{-2}로 인용된 응력 단위를 볼 때, 이는 항상 사실상 1 kgf mm^{-2}인 것을 의미한다. 여기서 1 kgf = 9.807 N이다. kg와 kgf를 구별하는 것에 대해 왜 이렇게 주의해야 하는지 궁금할 수 있다. 그러나 실제로는, 에베레스트 정상 (해수면 + 29,000피트)의 정상에 1 kg의 질량을 1 mm^2에 올려놓으면 지구 중심에서의 거리가 멀어짐에 따라 g의 값이 감소하기 때문에, 해수면에서보다 약간 더 작은 응력이 생성된다. 그리고 깊은 우주에서, 1 kg의 질량을 1 mm^2 위에 올려놓으면 (우주선이 일정한 속도로 이동하고 회전하지 않는다는 가정하에) 응력이 0이 된다.

동일한 이유로, 기본 "영국" 질량 단위인 파운드 (lb)의 경우, 항상 파운드-힘(lbf)으로 가정되며, 파운드 당 제곱 인치와 같은 응력 단위에서 사용된다(1 lbf = 4.448 N).

이 책의 표지 내부와 뒷면에 나와 있는 표는 힘, 질량, 길이, 응력/압력의 SI, mks 및 영국 단위 간의 변환을 제공한다. 이미 1 kgf = 9.807 N 및 1 lbf = 4.448 N임을 알아보았다. 다른 유도된 힘 단위(long tonf = 2240 lbf 및 short tonf = 2000 lbf)는 간단하게 따라온다. 1인치(inch) = 25.4 mm이며, 피트(12"), 야드 (36") 및 거리 마일(1760야드)의 다른 영국 단위는 간단하게 따라온다. 1 lbf in^{-2} = 6.89×10^{-2} MN m^{-2}, 1 kgf mm^{-2} = 9.81 MN m^{-2} 및 1 long tonf in^{-2} = 15.44 MN m^{-2}이다. 그러나 영국 단위만 사용하는 경우, 뉴턴의 방정식 $F = ma$가 포함된 모든 문제에서 매우 주의해야 한다. g = 32.175 ft s^{-2}이며 9.807 m s^{-2} 대신 ft s^{-2} 단위의 가속도를 입력해야한다.

WORKED EXAMPLES 2

압력을 이용할 때는, 메가 단위는 일반적으로 너무 크기 때문에 10^3(킬로)의 배수를 대신 사용

하여 kN m^{-2} (제곱 미터당 킬로 뉴턴) 또는 kPa(킬로 파스칼)의 단위를 사용한다. 이러한 10^3과 10^6의 배수는 SI 체계에서 "선호되는" 배수이다 (양의 또는 음의 정수 n이 있는 10^{3n}과 같은 모든 배수 또는 하위 배수도 해당된다). 다른 배수 또는 하위 배수도 허용되지만 사용이 권장되지는 않는다. 이는 압력 단위 "바(bar)"의 좋은 예다. 여기서 1바 = 10^{-1} 파스칼이다. 바가 "기본" SI 단위인 압력(N과 m)을 보여주지 않기 때문에 가속하는 유체 흐름을 분석할 때 문제가 될 수 있기 때문이다.

다양한 공학 분야 및 일상 생활에서는 여전히 선호되지 않는 미터법 단위와 영국 단위가 널리 사용된다. 예를 들어, 해상 및 항공 탐색의 세계적인 표준은 여전히 해리(이제 1852 미터 또는 지구 표면에서 1/60도의 위도에 해당) 및 "노트"(시속 1해리)를 사용한다. 또한 대부분의 세계에서 "표준" 철도 척도는 여전히 4' 8 1/2"(1435 mm에 해당)이다. 미국에서는 공학에서 여전히 톤, 파운드, 피트, 인치 및 "천 분의 일"(인치의 천분의 일)을 광범위하게 사용한다. 이러한 다양한 단위에 대해 어떻게 생각하든, 이들은 우리와 함께 오랜 시간 동안 유지될 것이므로, 이들에 대해 인식하고 이들 간의 변환 방법을 알아두는 것이 중요하다.

일상 생활에서의 예로, 많은 국가에서 타이어 압력은 바 또는 때로는 kPa로 표시되지만 미국과 영국에서는 제곱 인치당 파운드(psi)로 표시된다. 바는 (우연히도) 해수면에서 대기압과 거의 같기 때문에 좋은 단위이다. "표준" 대기압은 1.013바 또는 1013밀리바(mbar)이다. 선박에 라디오로 송출되는 날씨 예보는 "1,050 밀리바 이상 상승 중"과 같은 표현으로 좋은 날씨를 나타낼 수 있다. 자동차 타이어의 일반적인 압력은 2.0바이거나 이에 상응하는 SI 압력인 200 kPa 또는 30 psi일 수 있다. 사람들은 자신이 자란 단위에 익숙해지지만, psi를 사용하는 장점은 암시된 정확성이 1 psi 이내라는 것이다. 이것은 일반적인 압력 게이지 측정의 오차와도 같으며, 차량 조작에서 감지할 수 있는 압력 변화와도 같다. 2바는 쉽게 기억할 수 있지만 충분한 정확성을 위해 소수점 첫째 자리까지 표시해야 한다(예: 2.0, 2.1, 2.2). 그리고 200 kPa의 암시된 정확성(1 kPa)은 7배 정도 민감하다. 이러한 암시된 정확성 (너무 세밀하거나 너무 거칠거나 적당한 경우)는 특정 응용 프로그램에 가장 적합한 단위를 고려할 때 자주 간과되는 문제 중 하나이다.

다른 체계의 단위로의 단위 변환은 위험하고 비용이 많이 드는 일이다. 이것이 왜 그런지 살펴보려면 다음 예를 보면 된다:

https://en.wikipedia.org/wiki/Mars_Climate_Orbiter

이 우주 탐사선은 3억 2300만 달러의 비용이 들었는데 파운드와 뉴턴의 단위 차이 때문에 추락하게 되었다!

EXAMPLES

3.1 A steel bolt 12 mm in diameter carries a tensile load of 2 tonne (2 metric tons, or $2 \times 1{,}000$ kg). What is the stress in the bolt in MPa? (Use the conversion from kg to *N* given in the front cover table.)

3.2 A steel bolt 1/2" (0.5 inch) in diameter carries a tensile load of 2 long tons (2×240 lb). What is the stress in the bolt in (i) psi, (ii) MPa? (Use the relevant conversion factors given in the front and back cover tables.)

3.3 (Engineers in the US often find it convenient to express stress in units of "ksi," or kilo-pounds per square inch, where 1 ksi = 1,000 psi. In this case, the answer to Example 3.2(i) would be quoted as 22.8 ksi—rounding down from 22.816 to 22.8 gives sufficient accuracy for engineering purposes.)

A high-tensile steel bolt has a maximum working stress of 60 ksi. What is this stress in Nmm^{-2}? (Use the relevant conversion factors given in the front or back cover tables.)

3.4 Calculate the hydrostatic pressure (in tonne m^{-2}) at the bottom of a swimming pool 2 m deep. The density of water is approximately 1 gram per cubic centimeter (1 g cm^{-3}).

3.5 Referring to the box spanner in Figure 3.4, a torque of 90 lb-ft (pounds $\times$ feet) is applied to the handles. The tubular cross section of the spanner measures 1"(inch) diameter ($= 2r$) by 1/16" wall thickness ($= t$). Calculate the shear stress τ in the tube wall in MPa. (Use the relevant conversion factors given in the front and back cover tables.)

Hint: the reacting torque T in the tube cross section is given by $F_s \times r$, where F_s is the shear force in the tube cross section.

3.6 A metal rod 100 cm long is stretched in tension by 1 mm. What is the nominal tensile strain?

3.7 In Example 3.6, Poisson's ratio for the metal is 0.3. The initial diameter of the rod is 10 mm. Calculate the reduction in diameter when the rod is stretched.

3.8 A cube of polymer foam of side 10 cm is sheared as shown in Figure 3.5(b). The shear displacement w is 1 mm. Calculate the engineering shear strain.

3.9 A cube of closed-cell (waterproof) polymer foam of side 100mmis immersed in water to a given depth. The sides of the cube decrease by 1 mm as a result. Calculate the dilatation.

3.10 Young's modulus for steel is 200 GN m^{-2}. Calculate the tensile stress required to produce a tensile strain of 0.1%.

3.11 Calculate the shear stress required to produce a shear strain of 0.1% in steel.

3.12 With reference to Example 3.9, calculate the pressure (in units of bar) acting on the cube of foam at the given depth. Assume that Young's modulus for the foam is 0.005 GPa. Also

estimate the depth of the water. (Use the conversion from MNm^{-2} to bar given in the back cover table. Also use other relevant conversion factors given in the front cover table.)
Hint: see Example 3.4.

3.13 A cylindrical test piece of metal 5mmin diameter is loaded in tension to 600 kg. Strain gauges glued to the surface of the test piece register a strain of 0.00435 at this load. Calculate Young's modulus for the metal. Compare your value with the values for E in Table 3.1, and say what the metal is likely to be.

3.14 A strain gauge is glued on to the surface of an aluminum bridge girder. A heavy vehicle is then driven across the bridge, causing the strain gauge reading to increase by 0.0005. Calculate the change in stress caused by the vehicle.

3.15 In order to minimize mistakes when reading or recording small strains, strain gauge outputs are often given as "microstrain," or strain $\times 10^{-6}$. Rewrite the strain of 0.0005 as microstrain.

3.16 Explain why the units of strain are dimensionless. Use this to explain why the units of elastic moduli are stress units. Why are moduli usually given in GPa, whereas stress units are usually given in MPa?

3.17 Figure 3.1 shows that when you stretch a rubber band, it gets narrower. Why does this happen? Does the rubber band also get thinner? If so, why?

ANSWERS

3.1 173 MPa.

3.2 (i) 22,816 psi; (ii) 157 MPa.

3.3 414 N mm^{-2}.

3.4 2 tonne m^{-2}.

3.5 76 MPa.

3.6 1×10^{-3}, or 0.1 %.

3.7 0.003 mm, or 3 μm.

3.8 0.01, or 1%.

3.9 −0.03, or −3%.

3.10 200 MN m^{-2}.

3.11 75 MPa.

3.12 1.5 bar, 15.3 m.

3.13 69 GPa; aluminum (or one of its alloys).

3.14 34.5 MPa.

3.15 500 microstrain.

3.16 Because the elastic limit for many materials occurs at small strain (around 0.002 for most metals).

3.17 Because of Poisson's ratio—see Figure 3.5(a). Yes. Poisson's ratio again.

CHAPTER 04

원자결합

4.1 개요

Young의 계수 같은 재료의 특성 기원을 이해하기 위하여 우리는 재료를 원자 단위의 관점으로 다룰 필요가 있다. 아래의 두 가지 사항은 탄성계수에 영향을 미치는 데 특별히 중요하다.

1. 고체 내에서 하나의 원자와 바로 옆의 스프링처럼 작용하여 그들을 연결시키는 원자 간 결합의 힘(그림 4.1).
2. 원자들이 결합하여 충전되어 있는 방법과 잡아당기고 있는 각도(그림 4.2). 이것은 재료의 단위면적당 몇 개의 작은 스프링이 존재하는지를 결정함.

이 장에서는 스프링으로 모사되고 있는 원자들을 결합시키는 힘에 대하여 자세히 살핀다. 다음 장에서는 이들 원자가 어떠한 배열로 결합되어 있는지를 살핀다.

그림 4.1
스프링과 유사한 원자 간 결합

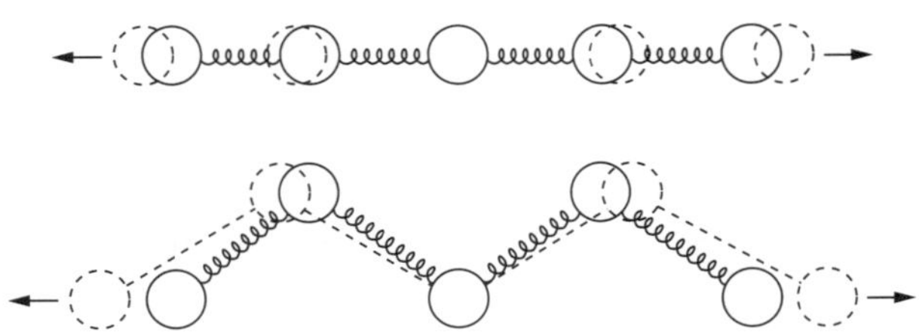

그림 4.2
원자충진과 결합각도

아래의 다양한 방법의 원자결합방식에 대한 내용도 포함한다.

1. 1차 결합: 이온결합(ionic bonds), 공유결합(covalent bonds) 혹은 금속결합(metallic bonds)을 말하며 상대적으로 강한 결합이다(일반적으로 용융점이 1,000 K에서 4,000 K 사이).
2. 2차 결합: 반데르발스(Van der Waals) 결합과 수소결합(Hydrogen bonds)을 말하며 상대적으로 약한 결합이다(일반적으로 용융점이 100 K에서 500 K 사이).

그러나 우리는 이들과 같이 서로 다른 원자결합방식을 나열할 때 실제로 원자들은 이러한 단순한 결합방식을 조합하여 여러 가지 방식이 혼재된 형태로 결합하고 있다는 사실을 잊어서는 안 된다.

4.2 1차 결합

세라믹과 금속은 전체적으로 1차 결합으로 이루어져 있다. 세라믹은 이온결합과 공유결합으로 구성되어 있고 금속은 금속결합과 공유결합으로 되어 있다. 이들의 결합은 강하고 따라서 높은 탄성계수를 가진다.

이온결합은 양(+)과 음(−)을 띠는 전하 사이에서 발생하는 가장 명확한 정전기력이다. 이것은 염화나트륨 내에서의 원자 간 결합으로 대표된다. 불화리튬 같은 알카리하리드, 마그네시아나 알루미나 같은 산화물, 수산화 탄산염 같은 시멘트의 구성물 등은 일부 혹은 전체가 이론결합으로 되어 있다.

우선 나트륨 원자를 다루도록 하자. 각자 한 개씩의 양(+)의 전기를 띠고 있는 11개의 양자핵과 전기적 힘을 갖지 않는 12개의 중성자를 각자 한 개씩의 음(−)의 전기를 띠고 있는 11개의 전자들로 둘러싸여 있다([그림 4.3]).

정전기력에 의하여 전자들은 양자핵에게 잡아당겨지는데 따라서 음(−)의 에너지를 가진다. 그러나 전자의 에너지가 모두 같지 않다. 양자핵으로부터 가장 멀리 떨어져 있는 전자들이 가장 높은 에너지(가장 적은 음(−)에너지)를 가진다. 나트륨 원자에서 가장 쉽게 제거할 수 있는 전자는 결국 가장 외곽이 있는 전자가 된다. 5.14 eV의 에너지를 사용하여 그 전자를 제거할 수 있다. 여기서 eV는 원자의 에너지를 다룰 때 일반적으로 1~10사이의 값으로 표현할 수 있기 때문에 편리하게 사용할 수 있는 단위이다. 1 eV는 1.6×10^{-19} 줄(Joule)과 같다. 이 전자는 4.02 eV의 에너지를 우리에게 돌려주면서 염소원자에서 전자의 빈자리로 이동할 수 있다. 따라서 우리는 5.14 eV − 4.02 eV = 1.12 eV의 일 U_i을 함으로써 격리된 Na^+와 Cl^-를 만들 수 있다.

지금까지 이온결합을 할 이온을 만들어야만 했고 이것은 별로 좋은 출발이 아닌듯했다. 그러나 (+)전하와 (−)전하는 서로를 끌어당기며 우리가 그들을 함께 데려다 놓으면 그 힘이 작

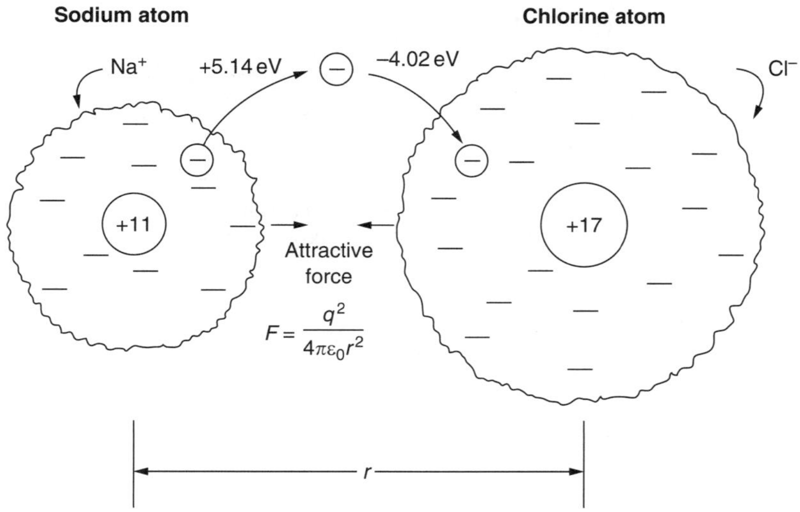

그림 4.3
이온결합의 구조 – 나트륨 원자와 염소 원자 사이에는 염화나트륨을 만든다

용한다. 이 힘은 간단히 두 개의 서로 다른 전하 사이에서 작용하는 힘으로 아래의 수식으로 표현된다.

$$F = q^2/4\pi\varepsilon_0 r^2 \quad (4.1)$$

여기서 q는 각각 전자의 전하량, ε_0는 진공에서의 유전율(誘電率), r은 전자 간의 거리이다. 따라서 거리 r까지 가지고 올 때 드는 에너지는 아래의 수식과 같다.

$$U = \int_r^\infty F\mathrm{d}r = q^2/4\pi\varepsilon_0 r \quad (4.2)$$

[그림 4.4]는 전형적인 이온결합을 위한 $r \approx 1$ nm에서 r이 감소할 때 한 쌍의 전자의 에너지가 어떻게 떨어지는지를 보여준다. 이때 우리는 첫 번째 위치에서 Na^+와 Cl^-의 형태로 빌려와 1.12 eV의 에너지를 제공하였다. $r < 1$ nm(1 nm $= 1^{-9}$ m)을 위하여 그것은 모두 이득이 되고 이온결합은 더욱 더 안정적이 된다.

왜 에너지를 더욱 더 방출하여 r이 무한적 감소하고 따라서 두 개의 이온이 결국 서로 결합하지 않는 것일까? 이온들이 서로 너무 가깝게 접근하면 전기적 에너지 분포가 서로 겹치게 되고 따라서 이것은 매우 큰 반발력을 야기한다. [그림 4.4]는 이 경우에 증가하는 잠재적 에너지를 보여준다. 확실히 이온결합은 꼭 $U(r)$ 곡선에서 최솟값의 경우에 가장 안정적이 되고 이것을 근사적으로 표현하면 아래의 수식과 같게 된다.

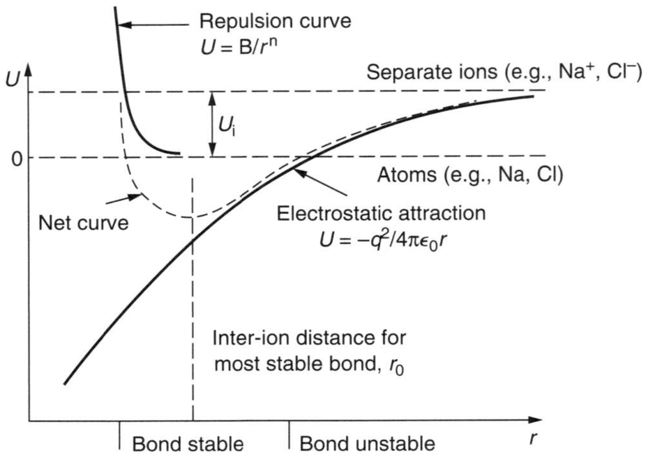

그림 4.4
에너지 관점에서 본 이온결합의 구성

$$U(r) = U_i - \underbrace{\frac{q^2}{4\pi\varepsilon_0 r}}_{\text{잡아당기는 힘 부분}} + \underbrace{\frac{B}{r^n}}_{\text{반발력 부분}} \qquad (4.3)$$

여기서 n은 대표적으로 약 12 정도인 큰 승수를 나타낸다.

우리는 얼마의 이온결합을 할 수 있는가? 각 이온의 전자들은 원자핵 주위의 복잡한 형태의 3차원적인 지역 혹은 궤도에 존재한다. 그러나 근사적인 수준에서 우리는 이온들이 구 형태를 취하고 있다고 가정하며, 따라서 서로 이온들은 결합시키는 방법에서 상당한 자유가 있다고 할 수 있다. 비록 반대부호의 이온결합에서 이온결합, 즉 결핍의 방향성(Lack directionality)은 전체적인 전하(+와 −)가 0이 되며 음이온에 의하여 양이온이 분리된다는 것을 확실하게 할 필요가 있다.

공유결합(Covalent bond)의 순수한 형태는 다이아몬드, 실리콘과 게르마늄에서 나타나는데 다이아몬드가 가장 큰 탄성계수를 가진다는 것과 같이 공유결합 재료들은 모두 큰 탄성계수를 가진다. 공유결합은 규산염 세라믹과 유리(돌, 도자기, 벽돌, 모든 일반유리, 시멘트 성분)에서 주된 결합 형태이며 고용융점을 갖는 금속(텅스텐, 몰리브덴, 탄탈 등)의 결합에 기여한다. 또한, 공유결합은 고분자재료에서 고분자 사슬을 따라 탄소원자들을 서로 연결할 때 나타나지만 고분자재료는 다른 여러 가지 결합이 있기 때문에 탄성계수도 작고 매우 연질의 재료가 된다.

공유결합의 가장 간단한 예는 수소분자이다. 두 개의 원자핵의 접근은 서로 공유한 새로운 전자의 궤도를 생성하고 2개의 전자가 이 안에 들어간다([그림 4.5]). 이 전자의 공유는 [그림 4.6]에서 보여주는 바와 같이 에너지의 감소를 가져오고 안정적인 결합을 만든다. 공유결합의

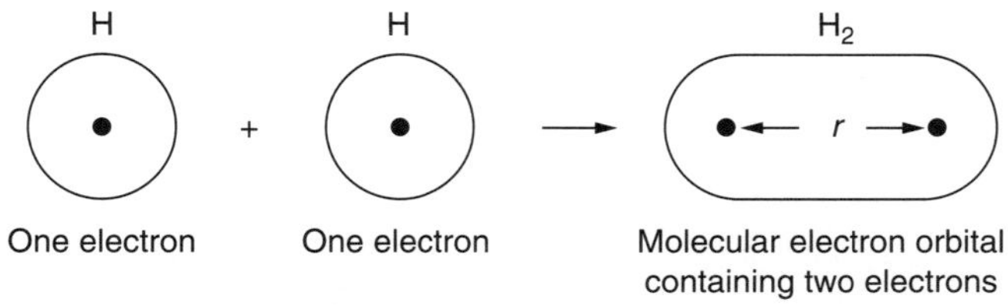

그림 4.5
두 개의 수소원자가 수소분자를 이루는 경우의 공유결합의 구성

에너지는 아래의 실험적 수식에 의하여 표현된다.

$$U = -\underbrace{\frac{A}{r^m}}_{\text{잡아당기는 힘 부분}} + \underbrace{\frac{B}{r^n}}_{\text{반발력 부분}} \quad (m < n) \tag{4.4}$$

수소는 공업재료로 사용하기가 어렵다. 공유결합의 더 적절한 예는 탄소의 여러 고체형태 중의 하나인 다이아몬드이다. 다이아몬드는 하나의 공업재료 그 이상이며 굴착기 날, 절삭공구, 연삭공구와 정밀베어링 등 폭 넓게 응용되고 있다. 여기서 공유되는 이온이 존재하는 구역은 [그림 4.7(a)]에서 보여주듯이 4면체이다. 이들 비대칭적인 형태의 공유전자 궤도는 [그림 4.7(b)]에서 보여주듯이 다이아몬드 내의 결합에서 매우 큰 방향성을 야기한다. 모든 공유결합은 원자들이 결정체(Crystal)의 형태로 배열하도록 영향을 미치는 방향성을 가진다. 이에 대한 자세한 내용은 다음 장에서 다룬다.

금속결합(Metallic bond)은 말 그대로 금속과 그의 합금에서 유일한 결합 형태는 아니지만 주된 결합 형태이다. 고체금속에서 (혹은 드물게 액체에서도) 가장 높은 에너지의 이온들은

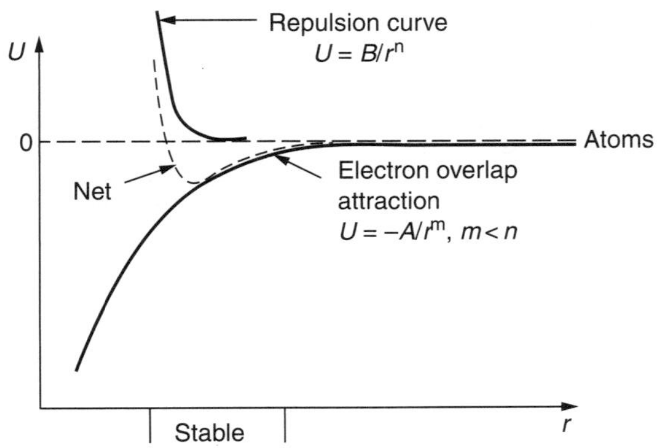

그림 4.6
에너지 관점에서 본 공유결합의 구성

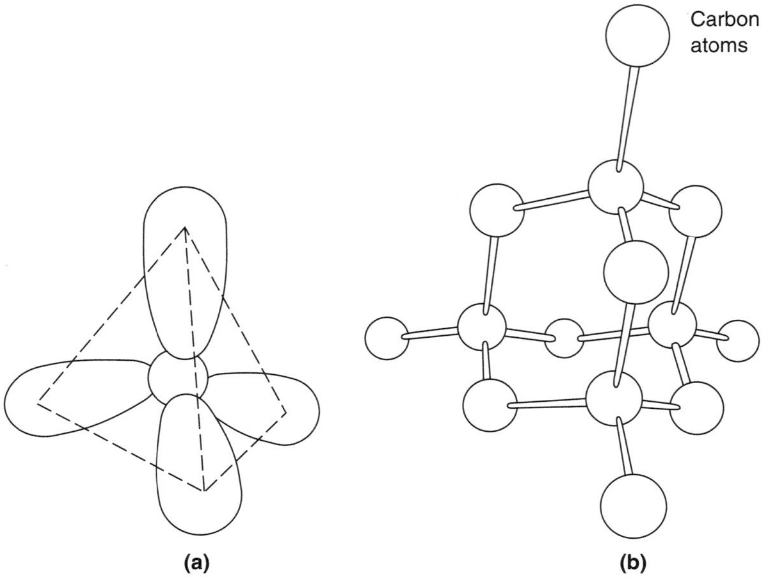

그림 4.7
다이아몬드에서의 방향성을 갖는 공유결합

원래의 원자를 떠나려하고 이들이 특별히 어떤 이온들에 부착되지 않고 자유로이 떠도는 전자들의 '바다'를 이룬다([그림 4.8]). 이것은 식 (4.4)와 [그림 4.6]에 잘 나타나 있는 공유결합 에너지 곡선과 매우 유사한 에너지 곡선을 보여준다.

전자들은 용이한 운동은 금속에게 높은 전기 전도율을 제공한다. 금속결합은 방향성이 없어서 금속이온들이 단순한 형태로 배열하고 고밀도의 구조를 가지며 녹 상자에 베어링 구슬을 넣고 흔들어 내려놓은 것과 유사하다.

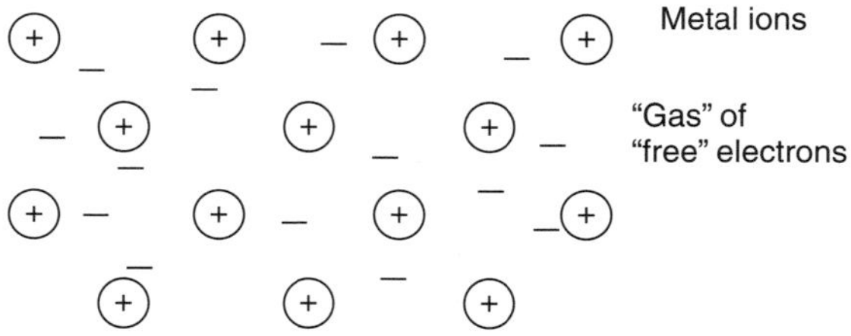

그림 4.8
금속 내에서의 금속결합

4.3 2차 결합

1차 결합보다 매우 약하지만 2차 결합도 매우 중요하다. 이 결합은 폴리에틸렌과 다른 고분자 재료의 분자들의 연결을 이루며 이 연결이 그들을 고체로 만들어 준다. 2차 결합이 없다면 물은 80°C에서 끓을 것이며 우리가 알고 있는 지구위의 생명은 더 이상 존재하지 않을 것이다.

반데르발스(Van der Waals) 결합은 전하를 띠지 않는 원자들 사이의 쌍극자 힘(Dipolar attraction)을 표현한다. 원자위의 전기전하는 운동 중에 있는데 전자들은 달이 지구주위를 공전하듯이 전기를 띤 작은 방울로 간주된다. 전자는 구대칭을 갖는데 핵과 상대적으로 어떤 순간에 비대칭이 된다. 이 효과는 파도를 일으키는 것과 유사하다. 이런 순간적인 분포는 쌍극자 모멘트(Dipole moment)를 갖는데 이 모멘트는 두 개의 쌍극자가 당기며 원자핵 주위에 생기는 모멘트와 같다([그림 4.6]).

쌍극자들은 에너지가 $1/r^6$에 따라 변하며 서로 당긴다. 반데르발스(Van der Waals) 결합의 에너지는 아래의 형태를 가진다.

$$U = -\underbrace{\frac{A}{r^6}}_{\text{잡아당기는 힘 부분}} + \underbrace{\frac{B}{r^n}}_{\text{반발력 부분}} \quad (n \approx 12) \tag{4.5}$$

좋은 예로는 액화질소를 들 수 있는데 대기압 하에서 −198°C에서 공유결합된 질소분자들이 반데르발스 결합으로 서로 붙들고 있으면서 액체 상태로 유지한다. 액화질소를 상온에서 바닥에 뿌릴 때 발생하는 열적 동요는 반데르발스 결합을 깨기에 충분히 강하기 때문에 이 결합은 매우 약하다. 그러나 이 결합 없이는 대부분의 기체를 도달할 수 있는 온도에서 액화하는 것이 불가능할 것이고 따라서 대기 중에서 산업용 기체를 분리시킬 수 없을 것이다.

수소결합은 상온에서 물을 액체 상태로 유지하도록 하며 고분자 사슬을 연결하여 고체형

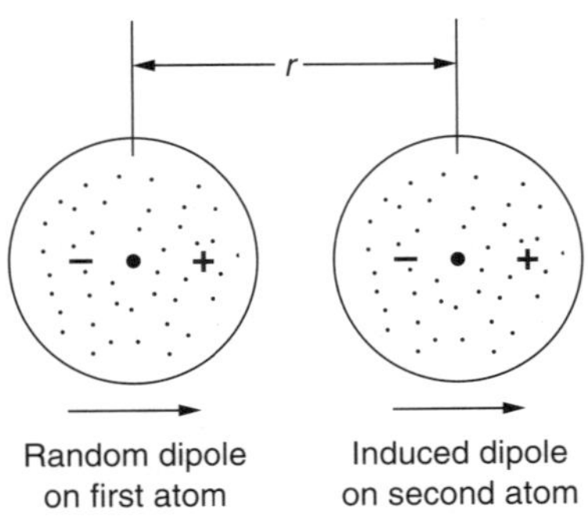

그림 4.9
쌍극자 모멘트의 분포에 의하여 서로 결합된 반데르발스 결합

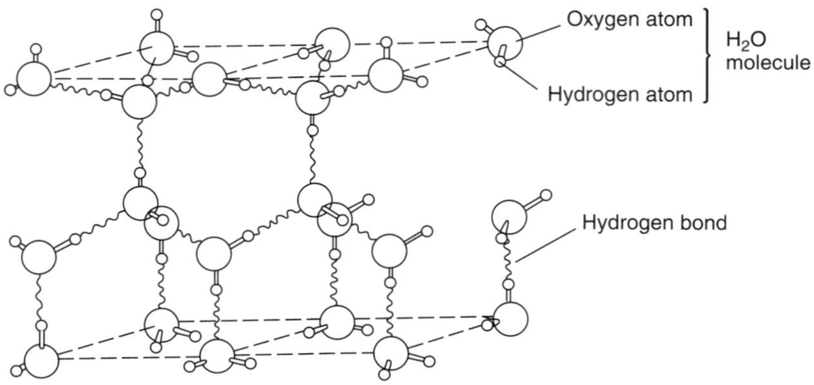

그림 4.10
수소결합을 보여주는 일반적인 얼음 내에서의 H_2O 분자배열, 수소결합은 얼음이 물보다 밀도가 낮게 되도록 분자들 간의 거리를 띄어 놓는다

태의 고분자재료를 만든다. 얼음은 수소결합을 하고 있다([그림 4.10]). 각각의 수소원자는 접하고 있는 산소원자와 그의 전하를 공유한다. 수소는 공유를 통하여 잃은 부분을 위하여 양(+)전하를 획득한다. 산소는 공유를 통하여 원래보다 더 많은 전자를 보유하여 음(−)전하를 띠게 된다. 양(+)전하를 띤 수소원자는 근처의 산소이온 사이에 다리처럼 결합을 만든다. 이것은 전하의 재분포가 각각의 H_2O 분자에 H_2O 쌍극자들을 끌어당기는 쌍극자 모멘트를 만들어 주기 때문이다.

4.4 물질의 응축 상태

이들 1차 결합과 2차 결합은 기체 상태에서 액체, 고체 상태로 물질이 응축하게 한다. 원자들의 결합상태와 구조를 구별하는 서로 다른 5가지의 물질의 응축상태를 [표 4.1]에 구분하여 보

표 4.1 물질의 응축 상태

상태(State)	Bonds		Moduli	
	Molten	Solid	K	G and E
1. 액체	*		Large	Zero
2. 액정	*		Large	Some nonzero but very small
3. 고무	*(secondary)	*(primary)	Large	Small($E \approx K$)
4. 유리		*	Large	Large($E \approx K$)
5. 결정체		*	Large	Large($E \approx K$)

여준다. 일반적인 액체에서 결합은 용융상태이고 이런 이유 때문에 액체는 압축에 견디고, 전단은 견디지 못한다. 체적탄성계수 K는 분자들이 근접하고 있기 때문에 기체보다 훨씬 크지만 전단탄성계수 G는 0이 된다. [표 4.1]에 정리된 물질의 다른 상태들은 그들의 결합상태(용융 대 고체)와 결합구조(결정 대 비결정)로 구분된다. 이들 차이는 체적탄성계수와 전단탄성계수의 상대적 크기를 반영한다. 액체 상태에 더 가까울수록 G/K의 비율은 점점 더 작아진다.

4.5 원자 간의 힘

원자 간의 다양한 결합 형태나 그들의 잠재적 에너지 곡선들의 형태를 알아보았다. 이제는 원자 간에 작용하는 힘에 대하여 조사한다. $U(r)$ 곡선을 가지고 r 만큼 떨어진 어떤 원자 간에 작용하는 힘 F를 아래의 관계로부터 찾아낼 수 있다.

$$F = \frac{dU}{dr} \tag{4.6}$$

[그림 4.11]은 전형적인 에너지/거리의 곡선에서 구한 방법에서처럼 구한 힘/거리의 관계를 보여주는 곡선을 보여준다. 이 방법을 아래처럼 정리할 수 있다.

1. 힘 F는 균형점 $r = r_0$에서 0이다. 그러나 $(r - r_0)$거리만큼 원자들이 당기면 반발력이 생긴다. 모든 재료의 인장과 압축 모두에서 이 작은 반발력은 $(r - r_0)$거리에 비례한다.
2. 결합의 강성 S는 아래와 같이 주어진다.

$$S = \frac{dF}{dr} = \frac{d^2U}{dr^2} \tag{4.7}$$

약간 잡아당겨질 때 S는 상수이고 아래와 같다.

$$S_0 = \left(\frac{d^2U}{dr^2}\right)_{r=r_0} \tag{4.8}$$

따라서 결합은 선형 탄성적인 거동을 보이며 이것은 Hooke의 법칙의 물리적 기원이 된다.

결론적으로, 다양한 결합 형태에 대한 에너지/거리의 곡선을 기초로 한 결합강성의 개념은 탄성계수의 근본을 설명하는 데 다소 거리가 있다. 그러나 우리는 우리가 탄성계수에 대한 실험적 자료를 설명하기 전에 각 원자결합이 재료의 전체를 어떻게 형성하는지를 밝힐 필요가 있다. 우리가 언급하였던 결합의 성질은 공업재료에 있어서 원자의 충전율에 영향을 미친다. 이것은 다음 장의 주제이다.

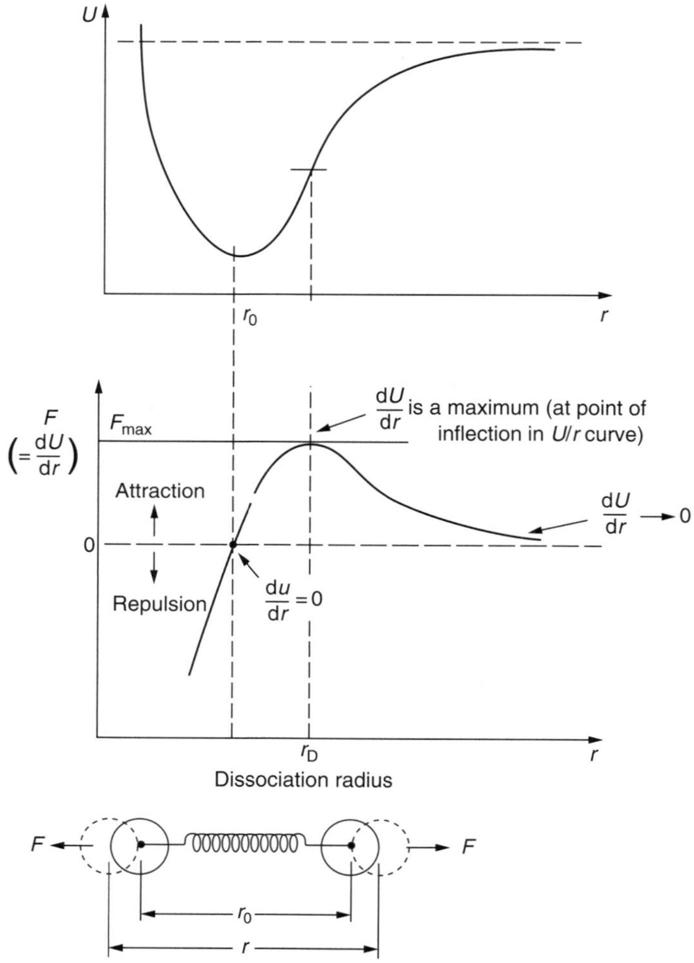

그림 4.11
에너지-거리 곡선(상단), 식 (4.6)을 미분하면 힘-거리 곡선(중앙)이 구해진다

EXAMPLES

4.1 The potential energy U of two atoms, a distance r apart, is

$$U=-\frac{A}{r^m}+\frac{B}{r^n}, \quad m=2, \quad n=10$$

Given that the atoms form a stable molecule at a separation of 0.3 nm with an energy of -4 eV, calculate A and B. Use Figure 4.11 when working out your answer. Note that 1 eV (1 electron volt) is equal to 1.60×10^{-19} J (joules)—see the conversion tables inside the back cover.

4.2 Referring to Example 4.1, find the critical separation distance required to break the molecule (the "dissociation radius", r_D).

4.3 Referring to Example 4.1, find the force required to break the molecule ("F_{max}").

4.4 The potential energy U of a pair of atoms in a solid can be written as

$$U = -\frac{A}{r^m} + \frac{B}{r^n}$$

where r is the separation of the atoms, and A, B, m, and n are positive constants. Indicate the physical significance of the two terms in this equation.

4.5 The table below gives the Young's modulus, E, the atomic volume, Ω, and the melting temperature, T_M, for a number of metals. If

$$E \approx \frac{CkT_M}{\Omega}$$

(where k is Boltzmann's constant and C is a dimensionless constant), calculate the value of the constant C for each metal. Hence find an arithmetic mean of C for these metals.

Be careful with the units—use the basic SI units of N, m, and J (= N m), and remember that $k = 1.381 \times 10^{-23}$ J K^{-1} (see table inside front cover).

4.6 Referring to Example 4.5, use the equation, with the average, C to calculate the approximate Young's modulus of (a) diamond and (b) ice. Compare these with the experimental values of 1.0×10^{12} N m^{-2} and 7.7×10^{9} N m^{-2}, respectively.

Material	$\Omega \times 10^{29}$(m^3)	T_M(k)	E(GN m^{-2})
Nickel	1.09	1,726	214
Copper	1.18	1,356	124
Silver	1.71	1,234	76
Aluminum	1.66	933	69
Lead	3.03	600	14
Iron	1.18	1,753	196
Vanadium	1.40	2,173	130
Chromium	1.20	2,163	289
Niobium	1.80	2,741	100
Molybdenum	1.53	2,883	360
Tantalum	1.80	3,271	180
Tungsten	1.59	3,683	406

Data for ice and for diamond.

Ice	Diamond
$\Omega = 3.27\times10^{-29}$ m^3	$\Omega = 5.68 \times 10^{-30}$ m^3
$T_M = 273$ K	$T_M = 4200$ K
$E = 7.7 \times 10^9$ N m^{-2}	$E = 1.0 \times 1012$ N m^{-2}

4.7 Starting with Equation (4.3), show that the value of the constant B for an ionic bond is given by

$$B=\frac{q^2 r_0^{n-1}}{4\pi n\varepsilon_0}$$

4.8 Referring to Example 4.7, show that, for an ionic bond, the stiffness S_0 for small displacements from the equilibrium separation is given by

$$S_0=\frac{\alpha q^2}{4\pi\varepsilon_0 r_0^3}$$

where $\alpha = (n - 1)$.

4.9 How does the type of bonding in metals explain the following?

a. Atoms in solid metals tend to pack into simple high-density structures.

b. Most metals have a comparatively high electrical conductivity.

4.10 How does the nature of the bonding in ice explain the fact that ice is less dense than water?

4.11 How does the shape of the energy-distance curve between atoms explain the linear elastic behavior of many materials?

ANSWERS

4.1 From Figure 4.11, $r = r_0 = 0.3$ nm, $U = U_0 = -4$ eV, and $dU/dr = 0$. $m = 2$, and $n = 10$.

$$\frac{dU}{dr}=\frac{mA}{r^{m+1}}-\frac{nB}{r^{n+1}}=0$$

$$B=\frac{m}{n}r_0^{n-m}A$$

$$U_0=-\frac{A}{r_0^m}+\frac{1}{r_0^n}\times\frac{m}{n}r_0^{n-m}A=-\frac{A}{r_0^m}\left(1-\frac{m}{n}\right)$$

$$-4\,\text{eV}=-\frac{A}{0.3^2\ \text{nm}^2}\left(1-\frac{2}{10}\right)=-\frac{A}{0.3^2\ \text{nm}^2}\left(\frac{4}{5}\right)$$

$$A=\left(\frac{5}{4}\right)\times 4\,\text{eV}\times 0.09\,\text{nm}^2=0.45\,\text{eV nm}^2=\underline{7.2\times10^{-20}\ \text{J nm}^2}$$

$$B = \frac{2}{10} \times 0.3^{10-2}\ \text{nm}^{10-2} A = \frac{1}{5} \times 0.3^8\ \text{nm}^8\ \times 7.2 \times 10^{-20}\ \text{J nm}^2$$
$$= \underline{9.4 \times 10^{-25}\ \text{J nm}^{10}}$$

4.2 From Figure 4.11, F is a maximum when $d^2U/dr^2 = 0$

$$\frac{d^2U}{dr^2} = -\frac{m(m+1)A}{r^{m+2}} + \frac{n(n+1)B}{r^{n+2}} = 0$$

$$r = r_D = \left(\frac{B}{A} \times \frac{n}{m} \times \frac{n+1}{m+1}\right)^{1/(n-m)} = \left(\frac{n+1}{m+1}\right)^{1/(n-m)} r_0 = \left(\frac{11}{3}\right)^{1/8} \times 0.3\ \text{nm} = \underline{0.352\ \text{nm}}$$

4.3 From Figure 4.11

$$F = \frac{dU}{dr} = \frac{mA}{r^{m+1}}\left(1 - \frac{r_0^{n-m}}{r^{n-m}}\right)$$

$$F_{max} = \left.\frac{dU}{dr}\right)_{0.352} = \frac{2 \times 0.45\ \text{eV nm}^2}{0.352^3\ \text{nm}^3}\left(1 - \frac{0.3^8}{0.352^8}\right) = 14.9\ \text{eV nm}^{-1}$$
$$= \frac{14.9 \times 1.602 \times 10^{-19}}{10^{-9}}\ \text{J m}^{-1} = \underline{2.39 \times 10^{-9}\ \text{N}}$$

4.4 See Equation (4.4).

4.5 Sample calculation of C for nickel.

$$C \approx \frac{E\Omega}{kT_M} = \frac{214 \times 10^9\ \text{N m}^{-2} \times 1.09 \times 10^{-29}\ \text{m}^3}{1.381 \times 10^{-23}\ \text{J K}^{-1} \times 1726\ \text{K}} = \frac{214 \times 10^9\ \text{N m} \times 1.09 \times 10^{-29}}{1.381 \times 10^{-23}\ \text{J} \times 1726}$$
$$= \frac{214 \times 10^9 \times 1.09 \times 10^{-29}}{1.381 \times 10^{-23} \times 1726} = \frac{214 \times 10^3 \times 1.09}{1.381 \times 1726} = 98$$

Values of C for all the metals listed are Ni = 98, Cu = 78, Ag = 76, Al = 89, Pb = 51, Fe = 96, V = 61, Cr = 116, Nb = 48, Mo = 138, Ta = 72, W = 127. Mean value = 88.

4.6 E values are calculated from the equation

$E \approx \frac{88kT_M}{\Omega}$, using the basic SI units of N, m and J (= N m) for the variables, and $k = 1.381 \times 10^{-23}\ \text{J K}^{-1}$. The answers are diamond = $9.0 \times 10^{11}\ \text{Nm}^{-2}$, ice = $1.0 \times 10^{10}\ \text{N m}^{-2}$.

4.7 From Equation (4.3)

$$\frac{dU}{dr} = \frac{q^2}{4\pi\varepsilon_0 r^2} - \frac{nB}{r^{n+1}}$$

$$\left.\frac{dU}{dr}\right)_{r_0} = 0 \text{ gives } \frac{q^2}{4\pi\varepsilon_0 r_0^2} = \frac{nB}{r_0^{n+1}}, \text{and } B = \frac{q^2 r_0^{n-1}}{4\pi n\varepsilon_0}$$

4.8

$$\frac{\mathrm{d}U}{\mathrm{d}r}=\frac{q^2}{4\pi\varepsilon_0 r^2}-\frac{nB}{r^{n+1}}=\frac{q^2}{4\pi\varepsilon_0 r^2}-\frac{q^2 r_0^{n-1}}{4\pi\varepsilon_0 r^{n+1}}$$

$$\frac{\mathrm{d}^2 U}{\mathrm{d}r^2}=-\frac{2q^2}{4\pi\varepsilon_0 r^3}+\frac{q^2(n+1)r_0^{n-1}}{4\pi\varepsilon_0 r^{n+2}}$$

From Equation (4.8)

$$S_0=-\frac{2q^2}{4\pi\varepsilon_0 r_0^3}+\frac{q^2(n+1)}{4\pi\varepsilon_0 r_0^3}=\frac{\alpha q^2}{4\pi\varepsilon_0 r_0^3}$$

4.9 See Section 4.2, last paragraph.

4.10 See Figure 4.10.

4.11 See Section 4.5.

CHAPTER 05

고체 내에서의 원자배열

5.1 개요

이전 장에서는 고체의 강성을 이해하는 첫 번째 단계로서 원자 간의 결합의 강성을 조사하였다. 그러나 결합 강성 하나로 고체의 강성을 모두 설명하지 않는다. 원자들의 배열 혹은 적층되어 있는 형태도 역시 중요하다. 본 장에서는 몇몇 대표적인 공업재료의 원자들이 어떻게 배열되어 있고 적층되어 있는지를 조사한다.

5.2 결정 내에서의 원자배열

모든 금속재료와 세라믹 등과 같은 많은 공업재료들은 전체가 원자배열이 규칙적이고, 반복적이고, 3차원적인 패턴을 갖는 작은 결정들(crystals) 혹은 입자들(grains)로 이루어져 있다. 입자들은 서로 붙어있으며 추후에 설명할 내용인 입계(grain boundary)에서 만나있다. 각각의 결정들을 조사하고 이해하는 데 가장 좋은 가정으로 원자를 딱딱한 구로 간주한다. 이 가정은 앞서 언급한 바와 같이 매우 편리하지만 상당히 단순화시킨 것이다. 더 단순화하기 위하여 당장은 원자를 크기가 하나인 구로 가정하고, 재료가 순수하다고 가정하며 또한 비방향성 결합을 한다고 가정하자. 따라서 우리는 원자들을 기하학적 제한조건만을 고려한 형태의 배열을 할 수 있다. 이 조건을 만족하는 좋은 예로 순수한 구리를 들 수 있다. 원자의 3차원적 배열패턴을 구성하기 위하여 개념적으로 좀 더 쉽게 아래의 사항으로 시작한다.

(1) 원자평면(atomic plane)에서 2차원적으로 원자를 배열한다.
(2) 결정이 되도록 이 평면들을 적층한다.

5.3 조밀구조와 결정에너지

우리가 어떻게 평면에서 원자를 배열하는지 예를 [그림 5.1]에서 보여준다. 이것은 당구대에서 스누커(Snooker) 게임을 하기 전에 당구공을 정렬하는 것과 동일하다. 이 당구공들은 당구대 위에서 가능한 적은 공간을 차지하도록 삼각형의 형태로 배열된다. 이런 형태의 평면을 조밀(Close-packed)평면이라 부르고 여기에는 당구공들이 서로 접촉되어있는 점들을 따라서 세 가지 조밀방향이 포함되어 있다. 그림은 단지 작은 지역의 조밀평면만을 보여주고 있다. 이러한 원자의 배열은 규칙으로 반복되는 2차원패턴(Regularly repeating 2-dimensional pattern)으로 공들이 배열되어 있다고 한다.

우리는 어떻게 조밀평면에 두 번째 평면을 적층할 것인가? [그림 5.1]에서 보여 주듯이 원자들이 만나는 부분의 움푹한 곳이 다음 층의 원자평면을 위한 자리가 된다.

원자들을 교차하여 떨어뜨림으로써 동일한 배열패턴을 갖고 원자의 원자평면 위에 자리하는 원자의 두 번째 조밀평면을 생성할 수 있다. 추가로 세 번째, 네 번째 등등 우리가 상당한 크기의 결정조각을 얻을 때까지 이 적층을 계속할 수 있고 이것을 3차원 상에서 규칙적으로

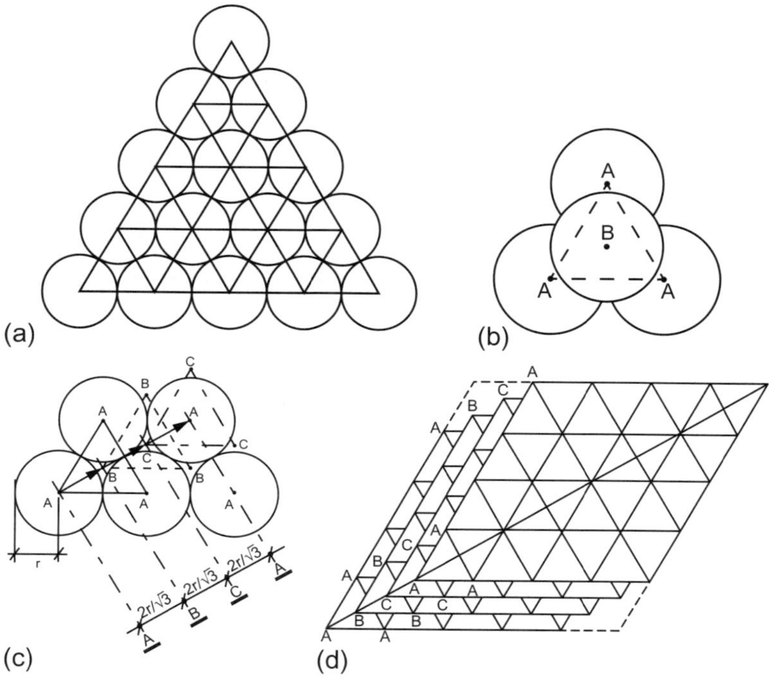

그림 5.1
(a) 조밀평면층(Close-packed layer)을 형성하기 위해 원자들을 배치한다. (b) 세 개의 원자가 접하는 조밀평면층의 오목한 부분은 다음 층의 원자에 이상적인 "자리"을 제공한다. 이를 네 개의 테니스 공으로 직접 시도해 보시오. (c) 3차원 결정을 형성하기 위해 서로에게 가까이 있는 조밀평면층을 쌓는다. 첫 번째 층을 "A층"이라고 부른다. 그런 다음 A층의 오목한 부분에 B층의 원자를 배치한다. 그런 다음 B층의 오목한 부분에 C층의 원자를 배치한다. 이렇게 하면 마지막 원자가 처음 A층의 원자 위에 수직으로 위치하게 된다. 이와 같은 방식으로 계속하여 ABCABC... 층을 생성하여 3차원 조밀평면을 결정을 형성할 수 있다. (d) ABCABC층을 쌓기 위한 또 다른 방법

반복되는 원자패턴(Regularly repeating pattern of atoms in three dimension)이라고 할 수 있다. 많은 고체금속의 원자배열구조가 이 방법과 동일하게 되어 있다.

이것이 외관상으로 보기엔 단순하게 보이지만 실제로 복잡하다. 하나의 원자조밀평면에 다른 평면을 적층하는 방법에는 서로 다른 두 개의 가능한 방법이 있다. [그림 5.1]에서의 방법대로 적층순서를 따라가면 네 번째 원자평면이 적층될 때, 비록 두 개의 중간에 긴 원자평면이 있지만 원래의 원자평면위에 동일한 원자평면이 놓이게 된다. 따라서 우리는 ABCABC의 순서를 따라서 전과 같이 적층을 한다.

[그림 5.2]에서는 적층하는 다른 방법을 보여주는데, 이 방법은 첫 번째 평면과 동일한 평면이 세 번째 적층할 때 나타난다. 이 방법은 ABAB의 순서를 따른다. 이들 두 개의 다른 원자평면의 적층방법은 두 개의 서로 다른 3차원적 원자배열구조를 만드는데, 이것은 면심입방구조(Face-centered cubic, f.c.c.)와 조밀육방구조(Close-packed hexagonal, c.p.h.)이다. 많은 일반 금속들(Al, Cu와 Ni)은 f.c.c.구조이며 많은 다른 금속들(Mg, Zn과 Ti)은 c.p.h.구조이다.

그렇다면 마그네슘은 조밀육방(c.p.h.)구조인데 왜 알루미늄은 면심입방(f.c.c.)구조일까요? 그것은 면심입방(f.c.c.)구조가 알루미늄 결정에 가장 적은 에너지를 주고 조밀육방(c.p.h.)구조는 마그네슘 결정에 가장 적은 에너지를 주기 때문이다.

일반적으로 재료는 가장 적은 에너지를 주는 결정구조를 가진다. 비록 결정구조이여야 하고 3차원적으로 반복되는 패턴의 어떤 종류이여야 하지만 이 구조는 반드시 조밀구조나 기하학적으로 매우 단순한 구조이여야 하는 것은 아니다.

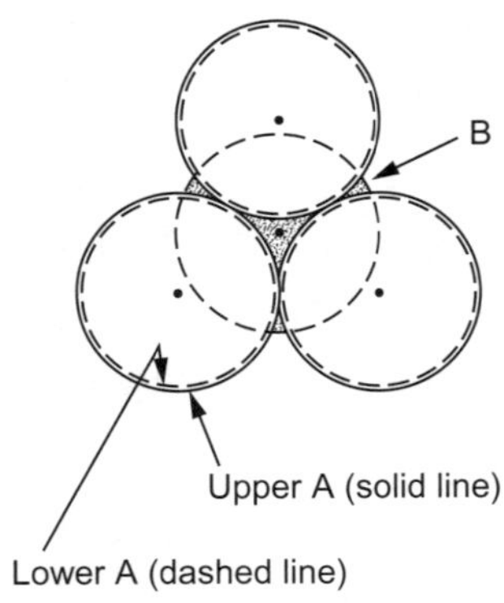

그림 5.2
안적인 ABAB층 쌓기 순서. 이 유형의 구조는 close-packed hexagonal 구조(c.p.h)로 불린다. 그림 5.1(b)와 비교해 보시오. 두 번째 A층이 B층 위에 배치된다. 두 번째 A층의 원자는 첫 번째 A층의 원자 위에 수직으로 위치하지만, B층의 원자는 두 개의 A층을 분리시키고 있다. B원자들은 첫 번째 A층의 윗 표면의 오목한 부분과 두 번째 A층의 아랫 표면의 오목한 부분에 위치해 있다. 원자 평면의 기하학적인 모습은 그림 5.1(d)와 같으며, 먼저 A에서 B로 대각선을 따라 이동한 다음, B에서 A로 다시 대각선을 따라 이동한다. 이러한 이동은 ABABAB....을 형성하기 위해 반복된다.

이 두 가지 다른 원자배열구조들 사이에 에너지의 차이가 종종 미미할 경우가 있다. 이러한 이유로 인하여 어떤 특정 온도에서 가장 적은 에너지를 주는 원자배열구조가 다른 온도에서는 그렇지 않을 수도 있다. 주석은 충분히 차가워지면 결정구조가 변하고 이 변화를 통하여 매우 취약한 성질을 가진다. 나폴레옹군대의 코트단추가 주석합금이었는데, 러시아의 맹렬한 추위에 이들 단추가 떨어진 일이 있다. 스코트(Scott)의 남극점 탐험에서 주석합금으로 된 파라핀 통이 새는 바람에 비참한 결과를 초래한 경우도 있다. 코발트는 450°C를 기준으로 그보다 낮은 온도에서는 c.p.h.구조이다가 높은 온도에서는 f.c.c.구조로 바뀐다. 더 중요한 사실로 순수한 철은 911°C 이하에서는 체심입방(Body-centered cubic, b.c.c)구조이다가 높은 온도에서는 f.c.c.구조로 바뀌는데, 강철의 열처리에 있어서 매우 중요한 변화이다.

5.4 결정학(結晶學, crystallography)

우리는 아직까지 ABCABC 순서가 f.c.c.구조라고 불리거나 ABAB 순서가 c.p.h.구조라고 불리는지에 대한 이유를 설명하지 않았다. 더군다나 알루미나와 같은 세라믹 성분의 원자배열구조처럼 더 복잡한 형태의 원자배열구조의 형태에 대하여 설명하지 않았다. f.c.c.구조와 c.p.h구조 사이의 기하학적 차이의 설명이나 복잡한 결정구조를 구성하기 위한 개념적인 노력을 쉽게 하기 위하여 적절한 묘사 기술방법이 필요하다. 결정학(結晶學, Crystallography)의 방법은 이러한 기술방법을 제공하고 또한 결정구조를 표현하는 필수적인 속기법을 제공한다.

f.c.c.구조를 예로 들어 결정학적 방법에 의한 접근의 예를 들어본다. [그림 5.3]에서 보여주듯이 f.c.c.구조에서는 원자의 중심이 입방체의 구석과 면의 중심에 위치한다. 입방체는 물리적인 의미는 전혀 없고 구조적인 형태를 설명하는 도구에 불과하다. 이것을 단위격자(Unit cell)라고 부른다. 우리가 입방체의 대각선을 따라서 바라보면 [그림 5.3]의 상단중앙에 위치한 그림에서 보여주는 시점이 된다. 이 시점은 삼각형의 형태를 보여주는데, 이것은 ABCABC 순서로 적층 할 때 보여주었던 원자의 조밀평면의 한 부분으로 보인다.

단위격자 내에 원자 위치들의 시각화는 원자조밀들을 적층하는 방법을 기초로 한 기존의 접근방법과 정확히 동일하다. 그러나 원자의 배열구조를 묘사하는 데 있어서는 이것이 훨씬 더 유용하다. 예를 들면, 어린이들의 블록장난감 쌓기처럼 첫 번째 단위격자에 여분의 단위격자를 붙여서 쓸모없는 공간이 남지 않도록 어떻게 우리의 완벽한 f.c.c.구조를 구성할지 알 수 있다. 어떤 경우는 평면에서 5개의 측면이 있는 모양과 함께 혹은 3차원 공간에서 7개의 측면이 있는 모양과 함께 쉽게 할 수 없다. 뿐만 아니라 단위격자의 조사는 밀집배열방식과 다른 형태의 원자배열구조를 보인다.

[그림 5.3]에서 보여주는 바와 같이 입방체의 면 위에 정사각형 배열로 원자가 정렬하는 경우와 분리된 행을 이루며 원자들이 나란히 정렬하는 경우가 있다. 확실히 전단응력과 같은 특

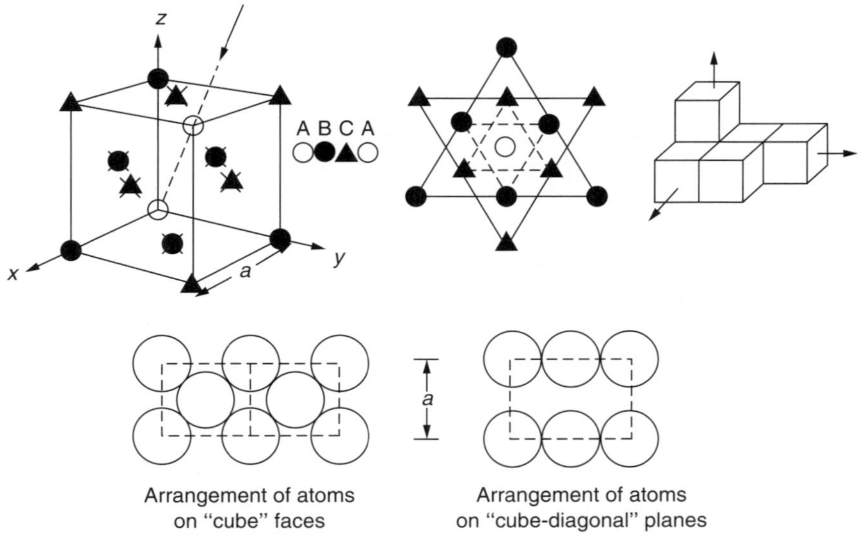

그림 5.3
면심입방(Face–centered cubic, f.c.c.)구조

성은 밀집배열 평면과 정사각형 평면일 경우 서로 다른데 그 이유는 단위면적당 원자가의 결합개수가 서로 다르기 때문이다. 이 사실은 평면적 시점에서의 다양한 원자배열방식이 중요한 이유가 된다.

[그림 5.4]에서 보여주는 조밀육방격자(Closed-packed hexagonal, c.p.h.)구조의 단위격자를 살펴보자. 수직축 방향으로 바라볼 경우 ABA 방식의 밀집배열구조의 적층을 볼 수 있다. 거기에 공간을 채워줄 수 있도록 육각형 블록을 더하여 조밀육방 c.p.h.구조의 결정을 만들 수 있다. 여기서 우리는 다양한 형태의 원자배열평면의 이해를 위하여 다시금 단위격자 개념을 사용할 수 있다.

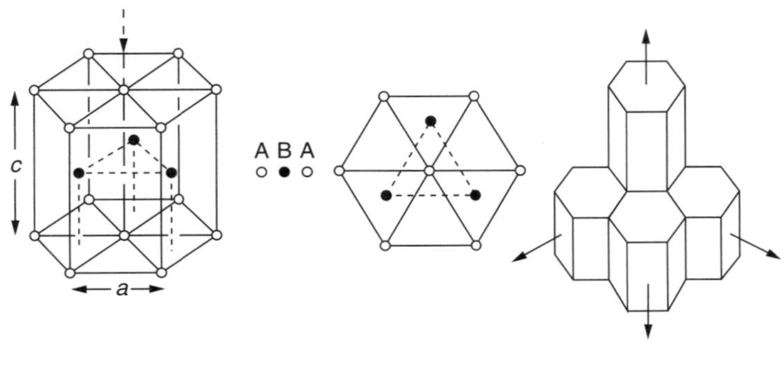

그림 5.4
조밀육방격자(closed–packed hexagonal, c.p.h.)구조

5.5 평면 지수

우리는 모든 단위격자 내에서 볼 수 있는 많은 형태의 원자배열평면을 나타낼 수 있다. 그러나 단위격자 개념은 밀러지수(Miller index)라는 수의 집합으로도 어떤 원자배열평면을 표현할 수 있다. [그림 5.5]에서 주어진 예제는 단위입방격자 내의 어떤 평면의 밀러지수도 찾을 수 있도록 한다. 평면의 밀러지수는 그 평면이 3축과 만나는 절편 값의 역수들의 최소정수비이다(평면이 임의의 축과 평행일 경우 그 역수 값이 무한대가 되는 것을 피하기 위함).

예를 들면 입방체의 각각의 6개 평면은 (1 0 0), (0 1 0), (0 0 1)이 된다. 집합적인 개념으로

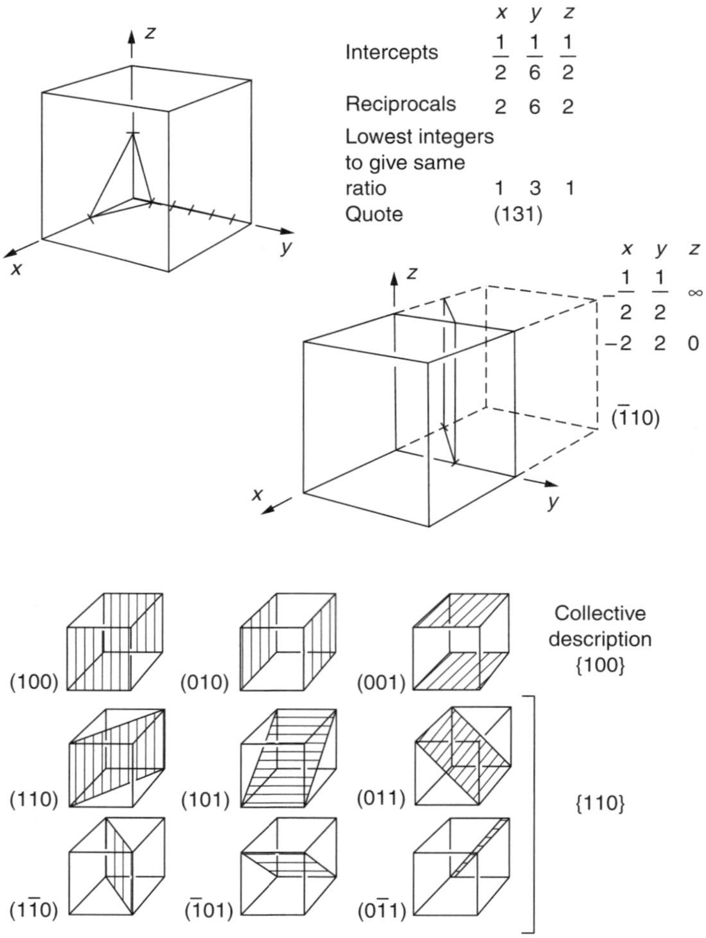

그림 5.5
(1 3 1)평면과 (1̄ 1 0)평면이 어떻게 정의되는지 보여주고 있으며 결정면을 식별하기 위한 밀러지수, 하단 그림은 {1 0 0}과 {1 1 0}평면들 임

총괄해서 이런 형태의 평면을 중괄호와 함께 {1 0 0}이라고 표현한다. 이와 유사하게 입방체의 6개 대각면의 밀러지수는 (1 1 0), (1 $\bar{1}$ 0), (1 0 1), ($\bar{1}$ 0 1), (0 1 1)와 (0 $\bar{1}$ 1)이고 총괄해서 {1 1 0}으로도 표현한다. 여기서 $\bar{1}$의 의미는 −1의 의미를 나타낸다. 마지막 예로서 ABC 순서로 적층하는 조밀평면들은 {1 1 1}형태의 밀러지수를 가진다. 확실히 {1 1 1} f.c.c.라는 결정구조의 독특한 표현은 조밀의 당구공을 그리는 것보다 훨씬 더 간결하고 좋은 표현이다.

육방격자에서는 다른 밀러지수를 사용한다. 우리는 입방체에서 3방향과는 달리 4방향으로 벽돌을 쌓듯이 c.p.h.구조의 결정을 만든다. 본 책의 끝 부분에 정리된 결정학 관련 참고문헌들에는 보다 더 자세한 평면지수에 대한 설명이 있다.

5.6 방향 지수

Young의 계수와 같은 재료의 특성들은 단위격자 내에서 방향에 따라 많이 변한다. 따라서 우리는 단위격자 내에서의 방향을 표시하는 간결한 표현이 필요하다. [그림 5.6]은 방향표시 방법과 몇몇 대표적인 방향을 보여주고 있다. 이 방향지수는 원점에서 출발하고 원하는 방향을 따라가는 벡터의 성분들의 최소정수비이다.

여기서는 평면지수와 같이 역수를 취하지 않는데, 이유는 무한대가 나타나는 문제가 없기

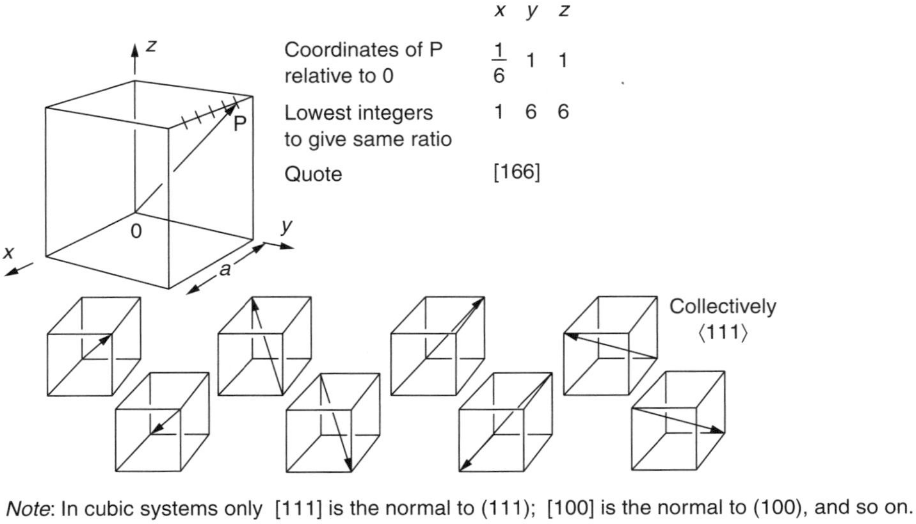

그림 5.6
[1 6 6] 방향이 어떻게 정의되는지 보여주고 있으며 방향을 식별하기 위한 밀러지수, 하단 그림은 ⟨1 1 1⟩의 방향들 임

때문이다. 정입방체에서 제일 먼 쪽 구성을 향하는 방향의 지수는 꺾은 괄호와 함께 [1 1 1]로 표현하는데, 평면의 밀러지수와 구별하기 위하여 다른 형태의 괄호를 사용한다. 이런 형태의 방향을 합쳐서 각괄호로 〈1 1 1〉로 표현한다.

WORKED EXAMPLES 1

그림 5.4에서 c.p.h. 유닛 셀을 살펴보면, 격자 상수의 비율인 c/a는 어떻게 될까? 3차원 공간에 구를 그리는 것이 아닌 간단한 방법으로 이를 계산할 수 있다. 그림 5.1의 밀폐된 평면의 배치로부터 알 수 있듯이, $a = 2r$이며, 여기서 r은 구 원자의 반지름이다. δ는 인접한 밀폐 평면 간의 간격일때 $c = 2\delta$이다 (Figure 5.4에서 A-B 또는 B-A의 거리). 따라서 c/a 비율은 δ/r이다.

그림 5.3의 f.c.c. 유닛 셀을 살펴보면, 큐브 면 그림에서 $4r = \sqrt{2}a$이므로, $a = 2\sqrt{2}r$ 이다. [111] 방향이(111) 평면 ABCA에 수직이므로 큐브 대각선의 길이인 $\sqrt{3}a$는 3δ와 같다. 따라서 $\delta = a/\sqrt{3}$이 된다. 이는 $\delta/r = (2\sqrt{2})/\sqrt{3} = 1.633$의 이론적인 c/a 값이다. (그러나 일부 c.p.h. 금속에서는 모든 방향에서 상호 원자 결합이 동일하지 않기 때문에 실제 비율은 약간 다를 수 있다.)

5.7 다른 결정구조

[그림 5.7]은 새로운 결정구조를 보여주는데 이것을 체심입방(Body-centered cubic, b.c.c.)구조라 하며 텅스텐, 크롬, 철과 많은 강철이 이 구조이다. 〈1 1 1〉방향들은 이 방향을 따라 원자들이 접촉하고 있는 조밀이지만 조밀로 배열된 평면은 없다. 따라서 b.c.c구조는 f,c.c.나 c.p.h.구조보다 덜 조밀하다. 방향성 결합을 갖는 재료에서 b.c.c.구조를 발견할 수 있다. 이 방향성은 구조를 왜곡하고 두 개의 조밀에서 하나가 떨어지는 것으로부터 원자를 지킨다. 밀집배열을

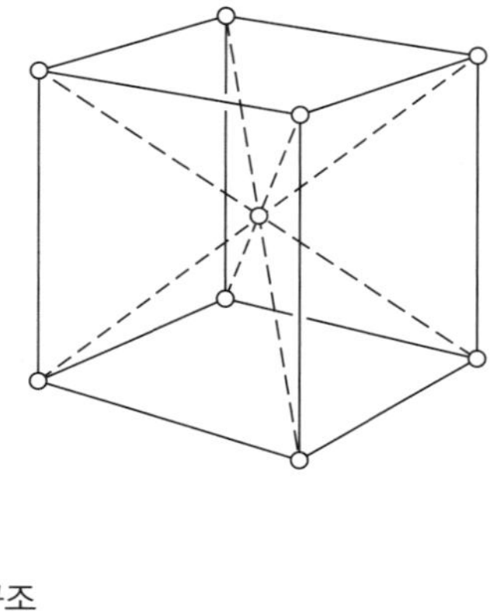

그림 5.7
체심입방격자(Body-centered cubic)구조

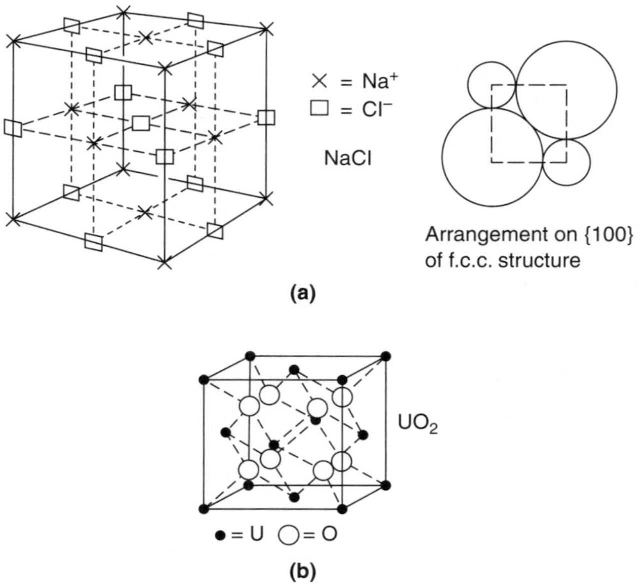

그림 5.8
(a) 서로 다른 크기의 NaCl 이온의 f.c.c.구조: KCl과 MgO도 동일한 격자구조임. (b) UO_2의 이온배열: U와 O의 이온이 1:1이 아니므로 배열이 더 복잡함

하지 않는 단지 한 종류의 원자만을 포함한 다른 구조도 있으나 여기서는 우리에게 필요하지 않다.

복합재료의 경우, 예를 들면 세라믹 염화나트륨, 두 종류 이상의 원자가 서로 배열한다. 이러한 복합재료의 결정구조는 단순하기 쉽다. [그림 5.8(a)]는 염화나트륨(NACl), 염화칼륨(KCl)과 산화마그네슘(MgO)과 같은 세라믹은 역시 입방구조를 갖는다는 것을 보여준다. 당연히 1:1 비율이 아닌 두 종류의 원자가 만날 경우, 예로 역시 세라믹인 핵연료인 산화우라늄(UO_2)인 경우 [그림 5.8(b)]에서 보여주듯이 구조는 좀 더 복잡하지만 입방단위격자를 갖기는 마찬가지이다.

WORKED EXAMPLES 2

그림 5.3을 보면, 우리의 첫인상은 f.c.c. 구조의 기본 큐브(또는 "유닛 셀")에 많은 원자가 포함되어 있다는 것이다. 큐브의 8개 모서리에는 총 8개의 원자가 있고, 6개의 큐브 면 중심에는 총 6개의 원자가 있다.

하지만 이러한 원자들은 우리의 큐브에 완전히 속해 있지 않는다. 인접한 큐브와 모두 공유되기 때문이다(그림 5.3의 오른쪽 상단 그림 참조). 각면 중심 원자는 우리의 큐브와 인접한 다음 큐브 사이에서 균등하게 공유되므로, 50%만 우리의 큐브에 속한다. 따라서 총 6개의 면 중심 원자 중, 3개의 완전한 원자만 우리의 큐브에 속한다.

각 모서리 원자는 우리의 큐브와 *x-y* 평면 아래에 있는 4개의 인접한 큐브와 *x-y* 평면 위에 있는 3개의 인접한 큐브와 모두 공유된다. 따라서 총 8개의 모서리 원자 중, 1개의 완전한 원자만 우리의 큐브에 속한다.

따라서 우리의 큐브에 속하는 완전한 원자의 총 수는 3 + 1 = 4개다. 이러한 정보는 격자 상수 *a*와 같은 것을 계산할 때 중요하다(그림 5.3 참조).

다른 결정 구조에서도 비슷한 방식으로 할 수 있다. c.p.h. 구조(그림 5.4)를 보면, 유닛 셀 내에서 완전히 포함된 3개의 원자(검은색 원자)가 있다. 윗면과 아랫면의 중심에 위치한 2개의 흰색 원자는 다음 인접한 유닛 셀(우리 유닛 셀 위쪽 및 아래쪽)과 균등하게 공유되므로, 이들 중 1개의 원자가 우리의 유닛 셀에 속한다. 마지막으로, 윗면과 아랫면의 12개의 모서리에 위치한 원자가 있다. 각각은 우리의 유닛 셀과 5개의 다음 인접한 유닛 셀 사이에서 공유된다. 따라서 2개의 완전한 원자가 우리의 유닛 셀에 속한다. 따라서 우리의 유닛 셀에 속하는 원자의 총 수는 3 + 1 + 2 = 6개다.

마지막으로, b.c.c. 구조(그림 5.7)에서는 큐브 내에 2개의 원자가 속한다. 1개는 큐브의 중심에 위치하고, 8 × 1/8 = 1 원자는 모서리에 위치한다.

5.8 고분자재료에서 원자배열

우리가 첫 번째 장에서 살펴본 바와 같이 고분자재료는 매우 중요한 공업재료가 되었다. 고분자재료는 구조적으로 금속재료보다 훨씬 더 복잡하고 매우 특별한 기계적 특성을 가진다. 극도의 탄성을 갖는 고무밴드와 폴리에틸렌의 성형성 등을 예로 들 수 있다.

고분자는 일반 원자 하나와 비교하면 아주 거대한 사슬형태의 분자이며 이 사슬의 중심을 형성하고 있는 원자들이 공유결합으로 연결되어 있다. 비록 실리콘을 기반으로 한 고분자재료로 범위가 한정되었지만 이 사슬의 중추는 탄소원자로 연결되어 있다. 대표적인 고분자('고'는 분자 중량이 크다는 것을 의미)재료는 폴리에틸렌이다. 폴리에틸렌은 아래 그림에서처럼 마이너스 이중결합이 에틸렌 사슬로 변하는 촉매중합반응(Catalytic polymerization)으로 만들어진다.

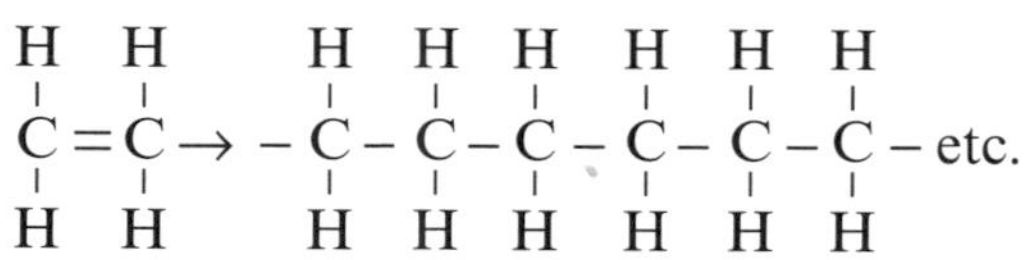

이와 유사하게 폴리스틸렌은 이중결합이 사슬구조로 바뀌게 하여주는 스틸렌의 중합반응

을 통하여 만들어진다.

$$\begin{array}{ccccccccccccccc}
H & & C_6H_5 & & & H & & C_6H_5 & & H & & H & & H & & C_6H_5 \\
| & & | & & & | & & | & & | & & | & & | & & | \\
C & = & C & \rightarrow & - & C & - & C & - & C & - & C & - & C & - & C & -\text{etc.} \\
| & & | & & & | & & | & & | & & | & & | & & | \\
H & & H & & & H & & H & & H & & C_6H_5 & & H & & H
\end{array}$$

공중합체(共重合體, Copolymer)는 무작위의 공중합체가 더하여지거나 이 공중합체 블록이 더하여 지면서 두 개의 단량체(單量體, Monomer)에 의한 중합반응으로 만들어진다. 스티렌부타디인 고무(Styrene-butadiene rubber, 대표적인 합성고무)가 이런 결합의 예이다. 아래 그림 맨 왼쪽의 스티렌은 부타디인과의 결합으로 이중결합을 잃고 부타디인은 결속이 더욱 더 강한 하나의 이중결합을 유지한다.

$$\begin{array}{ccccccccccccccccccccccc}
H & & C_6H_5 & & H & & H & & H & & H & & & H & & C_6H_5 & & H & & H & & H & & H \\
| & & | & & | & & | & & | & & | & & & | & & | & & | & & | & & | & & | \\
C & = & C & + & C & = & C & - & C & = & C & \rightarrow & - & C & - & C & - & C & - & C & = & C & - & C & -\text{etc.} \\
| & & | & & | & & & & & & | & & & | & & | & & | & & & & & & | \\
H & & H & & H & & & & & & H & & & H & & H & & H & & & & & & H
\end{array}$$

이들과 같은 분자들은 [그림 5.9]에서 보여주듯이 길고 유연하고 스파게티 같은 사슬구조를 구성한다. [그림 5.10]은 큰 덩어리의 재료를 어떻게 만드는지를 보여준다. 몇몇 고분자재료에서 사슬구조가 'Jumping jack'이라고 불리는 불꽃놀이처럼 뒤쪽과 앞쪽이 조심스럽게 접힐 수 있다. 이 규칙적이고 대칭인 사슬구조의 접힘은 결정도(結晶度, Crystallinity)를 야기하여 고

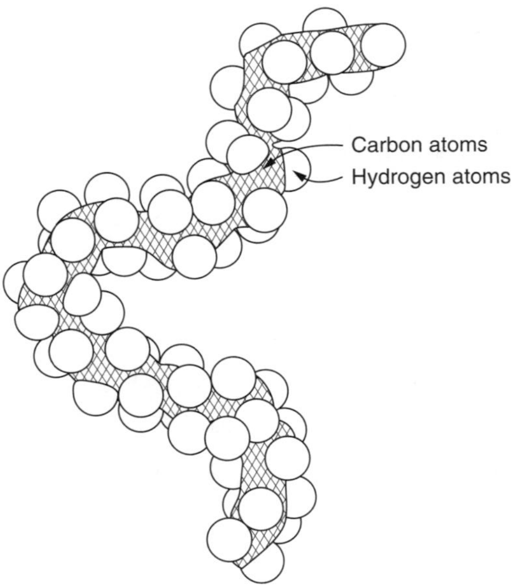

그림 5.9
폴리에틸렌 작은 분자조각의 3차원적 형상

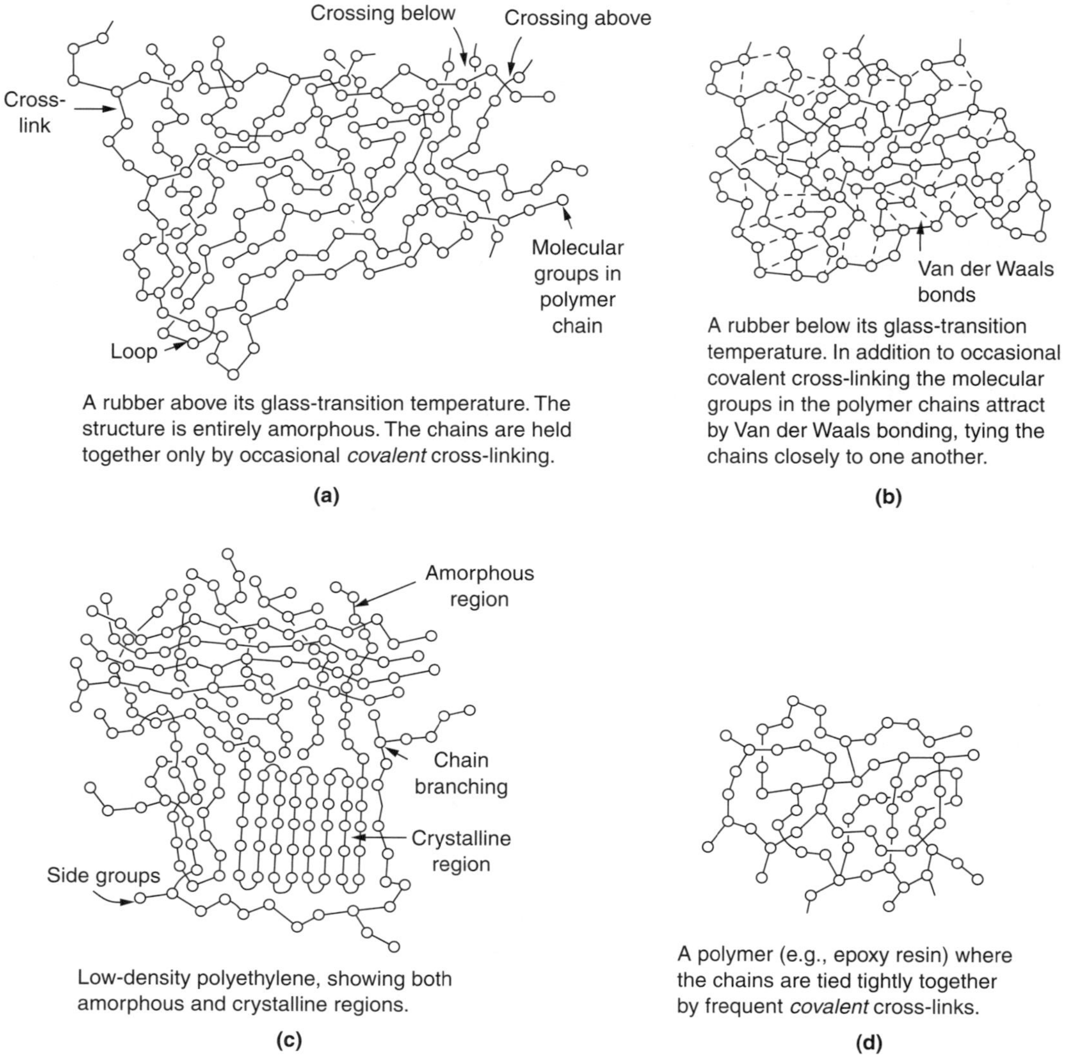

A rubber above its glass-transition temperature. The structure is entirely amorphous. The chains are held together only by occasional *covalent* cross-linking.

(a)

A rubber below its glass-transition temperature. In addition to occasional covalent cross-linking the molecular groups in the polymer chains attract by Van der Waals bonding, tying the chains closely to one another.

(b)

Low-density polyethylene, showing both amorphous and crystalline regions.

(c)

A polymer (e.g., epoxy resin) where the chains are tied tightly together by frequent *covalent* cross-links.

(d)

그림 5.10
고분자재료 내에서의 분자배열방식

분자재료도 결정성(結晶性, Crystalline)을 가질 수가 있다. 더 일반적인 사슬구조는 불규칙하게 배열하고 3차원적으로 규칙적이고 반복적인 패턴이 아니다. 이러한 고분자재료는 비결정성(非結晶性, Noncrystalline 혹은 Amorphous)이라고 한다. 많은 고분자재료는 [그림 5.10]에 나타난 것과 같이 결정성조직과 비결정성조직을 모두 포함하는데, 이들을 부분결정성(Partly crystalline)이라고 한다.

분자구조학(Molecular architecture)이라는 과학이 있는데, 이는 모든 사슬구조를 만들고 최후에 재료를 만들어내는 모든 종류의 방법으로 분자사슬을 배열하여 보는 것이 주된 목적이다. 현재 수천 가지 다른 고분자재료가 존재하고 모두 서로 다른 특성을 갖으며 현재에도 새로운 고분자재료가 개발 중에 있다. 우리는 현재 그들 중에 몇 가지만 필요하고 실제로 현재 생산제품의 거의 95%가 6개의 종류의 기본적인 고분자재료로 제작된다. 나머지 다른 고분자재료는 나중에 접하게 될 것이다.

5.9 무기질 유리에서의 원자배열

무기질(Inorganic) 유리는 주요성분으로 산화규소(Silica, SiO_2)와 다른 산화물들의 혼합물로 이루어져 있다. 그 이름이 말해주듯이 유리 내의 분자들은 비결정성 배열을 하고 있다. [그림 5.11(a)]는 산화규소유리의 분자구조를 보여준다. 이 산화규소유리는 규소원자와 산소원자의 강력한 공유결합으로 이루어져 있어서 1,000°C를 넘어서도 고체 상태를 유지한다. 여기에 소다(산화나트륨, Na_2O)를 첨가하여 원래의 분자구조를 깨트려 약 600°C에서 작업이 가능하도록 한다. [그림 5.11(b)]에서 보여주고 있는 이 소다유리는 우유병이나 유리창을 만드는 데 쓰인다. 산화붕소(B_2O_3)를 첨가하여서 붕소-규산염 유리(Boro-silicate glass, Pyrex가 그중 한 종류)를 만드는데, 이것은 일반 유리창보다 훨씬 더 높은 온도를 견딘다.

5.10 고체의 밀도

일반적인 공업재료의 밀도를 [표 5.1]에 정리하였고 [그림 5.12]에서 막대그래프로 분포를 보여주고 있다. 재료의 밀도는 그들을 구성하는 원자의 질량과 직경을 반영하며 이들이 공간을 차지하고 있는 효율성을 보여준다.

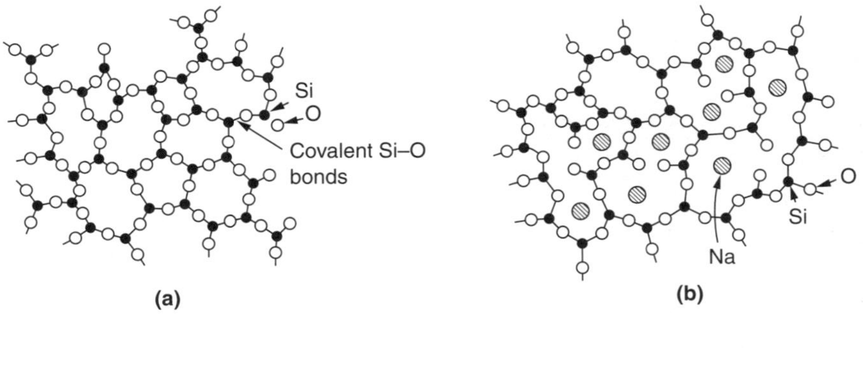

그림 5.11
(a) 비결정성 실리카의 분자배열
(b) 소다의 첨가로 인하여 비결정성 실리카의 결합이 깨지고 소다유리가 생성

표 5.1 밀도 데이터 ρ

물질(Material)	ρ(Mgm^{-3})
오스뮴(Osmium)	22.7
백금(Platinum)	21.4
텅스텐과 합금(Tungsten and alloys)	13.4–19.6
금(Gold)	19.3
우라늄(Uranium)	18.9
탄화텅스텐, WC(Tungsten carbide, WC)	14.0–17.0
탄탈럼과 합금(Tantalum and alloys)	16.6–16.9
몰리브덴과 합금(Molybdenum and alloys)	10.0–13.7
코발트/탄화텅스텐 서멧(Cobalt/tungsten–carbide cermets)	11.0–12.5
납과 합금(Lead and alloys)	10.7–11.3
은(Silver)	10.5
나이오븀과 합금(Niobium and alloys)	7.9–10.5
니켈(Nickel)	8.9
니켈 합금(Nickel alloys)	7.8–9.2
코발트와 합금(Cobalt and alloys)	8.1–9.1
구리(Copper)	8.9
구리합금(Copper alloys)	7.5–9.0
놋쇠와 청동(Brasses and bronzes)	7.2–8.9
철(Iron)	7.9
철기 초합금(Iron–based super–alloys)	7.9–8.3
스테인리스강, 오스테나이트(Stainless steels, austenitic)	7.5–8.1
주석과 합금(Tin and alloys)	7.3–8.0
저합금강(Low–alloy steels)	7.8–7.85
연강(Mild steel)	7.8–7.85
스테인리스강(Stainless steel), 페리틱(ferritic)	7.5–7.7
주철(Cast iron)	6.9–7.8
탄화티탄, TiC(Titanium carbide, TiC)	7.2
아연과 합금(Zinc and alloys)	5.2–7.2
크롬(Chromium)	7.2
탄화질코늄, ZrC(Zirconium carbide, ZrC)	6.6
지르코늄과 합금(Zirconium and alloys)	6.6
티타늄(Titanium)	4.5
티타늄 합금(Titanium alloys)	4.3–5.1
알루미나, Al_2O_3(Alumina, Al_2O_3)	3.9
할로겐화 알칼리(Alkali halides)	3.1–3.6
마그네시아, MgO(Magnesia, MgO)	3.5
탄화규소, SiC(Silicon carbide, SiC)	2.5–3.2

표 5.1 밀도 데이터 ρ(계속)

물질(Material)	$\rho(Mgm^{-3})$
질화규소, Si_3N_4(Silicon nitride, Si_3N_4)	3.2
물라이트(Mullite)	3.2
산화베릴륨, BeO(Beryllia, BeO)	3.0
보통의 암석(Common rocks)	2.2–3.0
방해석(대리석, 석회암) (Calcite(marble, limeston))	2.7
알루미늄(Aluminum)	2.7
알루미늄 합금(Aluminum alloys)	2.6–2.9
석영유리, SiO_2(석영) (Silica glass, SiO_2(quartz))	2.6
소다유리(Soda glass)	2.5
콘크리트/시멘트(Concrete/cement)	2.4–2.5
알루미늄유리섬유(GFRPs)	1.4–2.2
탄소섬유(Carbon fibers)	2.2
폴리테트라플루로에틸린(PTFE)	2.3
붕소섬유/에폭시수지(Boron fiber/epoxy)	2.0
베릴륨과 합금(Beryllium and alloys)	1.85–1.9
마그네슘과 합금(Magnesium and alloys)	1.74–1.88
섬유유리(유리섬유강화 플라스틱(GFRP)/폴리에스테르 섬유) (Fiberglass(GFRP/polyester))	1.55–1.95
흑연, 고력(Graphite, high strength)	1.8
폴리염화비닐(PVC)	1.3–1.6
탄소섬유강화 플라스틱(CFRPs)	1.5–1.6
폴리에스테르(Polyesters)	1.1–1.5
폴리이미드(Polyimides)	1.4
에폭시수지(Epoxies)	1.1–1.4
폴리우레탄(Polyurethane)	1.1–1.3
폴리카보네이트(Polycarbonate)	1.2–1.3
폴리메타크릴산 메틸(PMMA)	1.2
나일론(Nylon)	1.1–1.2
폴리스티렌(Polystyrene)	1.0–1.1
폴리에틸렌, 고밀도(Polyethylene, high–density)	0.94–0.97
얼음, 물(Ice, H_2O)	0.92
천연고무(Natural rubber)	0.83–0.91
폴리에틸렌, 저밀도(Polyethylene, low–density)	0.91
폴리프로필렌(Polypropylene)	0.88–0.91
보통의 나무(Common woods)	0.4–0.8
코크(Cork)	0.1–0.2
발포플라스틱(Foamed plastics)	0.01–0.6

그들 대부분인 금속재료는 구성하는 원자들이 무겁고 조밀하게 배열되어 있다. 고분자재료는 상대적으로 밀도가 낮은데, 그 이유는 고분자재료를 구성하는 원자들(C, H, O)이 가볍고 일반적으로 밀집된 구조를 갖고 있지 않기 때문이다.

비록 원자배열이 밀집된 구조를 갖는 세라믹도 평균적으로 금속보다 밀도가 낮은데, 그 이유는 가벼운 원자인 O, N과 C로 구성되어 있기 때문이다. 복합재료의 밀도는 단순히 구성 재료의 밀도의 평균값이다.

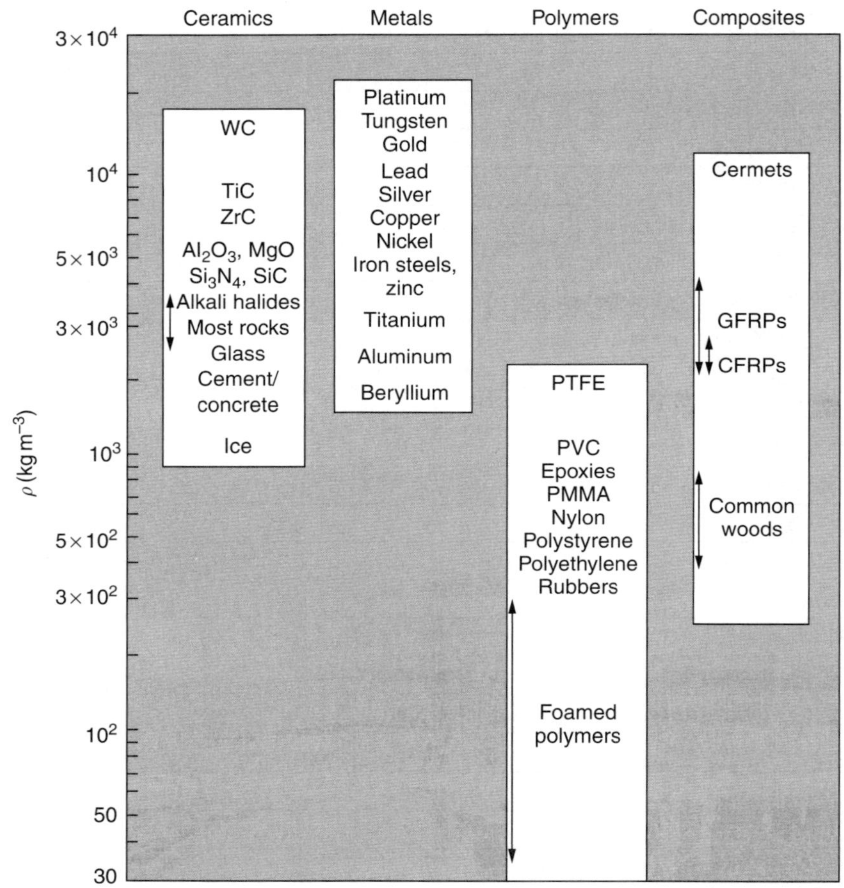

그림 5.12
밀도 데이터의 막대그래프

EXAMPLES

5.1 Calculate the density of an f.c.c. packing of spheres of unit density.

5.2 If these same spheres are packed to form a glassy structure, the arrangement is called "dense random packing" (d.r.p.) and has a density of 0.636. If crystalline f.c.c. nickel has a density of 8.90 Mg m^{-3}, calculate the density of glassy nickel.

5.3 Sketch three-dimensional views of the unit cell of a b.c.c. crystal, showing a (100), a (110), a (111) and a (210) plane.

5.4 The slip planes of b.c.c. iron are the {110} planes: sketch the atom arrangement in these planes, and mark the <111> slip directions.

5.5 Sketch three-dimensional views of the unit cell of an f.c.c. crystal, showing a [100], a [110], a [111] and a [211] direction.

5.6 The slip planes of f.c.c. copper are the {111} planes: sketch the atom arrangement in these planes and mark the <110> slip directions.

5.7 The atomic diameter of an atom of nickel is 0.2492 nm. Calculate the lattice constant a of f.c.c. nickel.

5.8 The atomic weight of nickel is 58.71 kg $kmol^{-1}$. Calculate the density of nickel. (Calculate first the mass per atom, and the number of atoms in a unit cell.)

5.9 The atomic diameter of an atom of iron is 0.2482 nm. Calculate the lattice constant a of b.c.c. iron.

5.10 The atomic weight of iron is 55.85 kg $kmol^{-1}$. Calculate the density of iron.

5.11 Crystalline magnesium has a c.p.h structure. Assuming that the atoms can be represented as hard spheres, calculate the percentage of the volume occupied by atoms in this material.

5.12 Calculate, from first principles, the dimensions of the unit cell in copper and in magnesium. The densities of copper and magnesium are 8.96 Mg m^{-3} and 1.74 Mg m^{-3}. Their atomic weights are 63.54 and 24.31.

5.13 What are the factors that determine the densities of solids? Why are metals more dense than polymers?

5.14 The density of a crystal of polyethylene (PE) is 1.014 (all densities are in Mgm^{-3} at 20°C). The density of amorphous PE is 0.84. Estimate the percentage crystallinity in:

a. a low-density PE with a density of 0.92,

b. a high-density PE with a density of 0.97.

5.15 What is a high polymer?

5.16 What are the monomers of polyethylene (PE) and polystyrene (PS)?

5.17 What is a copolymer? Give an example of one.

5.18 Distinguish between an amorphous polymer and a crystalline polymer.

5.19 In a rubber, how does the bonding change when it is cooled below the glass transition temperature?

5.20 Distinguish between a crosslinked and a noncrosslinked polymer.

ANSWERS

5.1 From Figure 5.3, $4r = \sqrt{2}a$, $r/a = \sqrt{2}/4$ (r = radius of spherical atom).
Answer $= 4\,(4\pi r^3/3)/a^3 = 0.740$.

5.2 7.65 Mg m^{-3}.

5.3

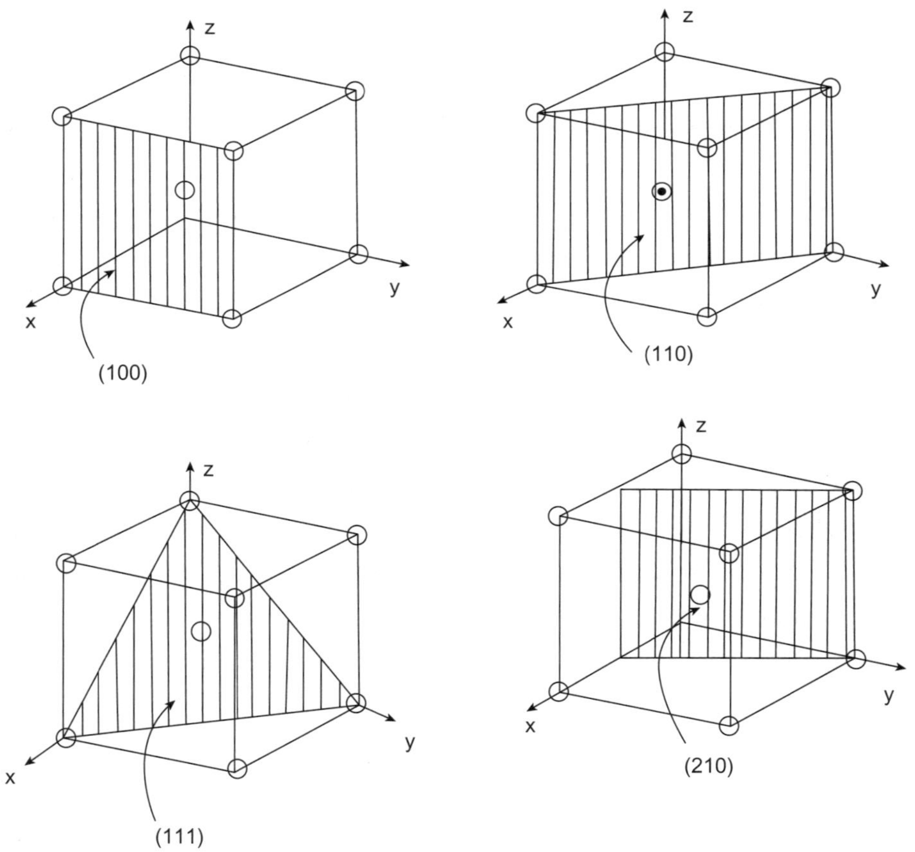

5.4

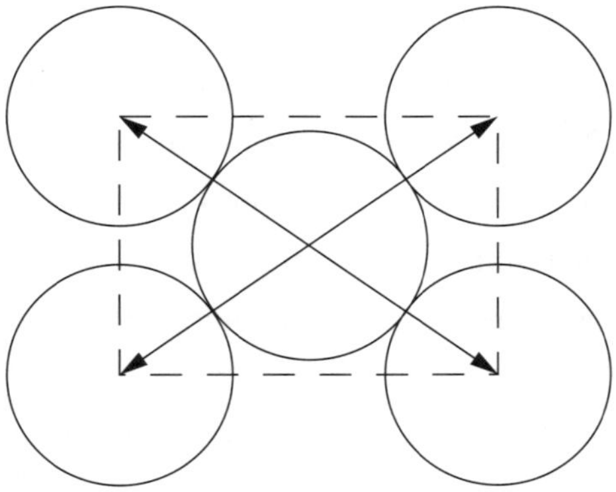

In Chapter 10, we look at how crystals can deform permanently in *shear* by *slipping* on crystal planes. See Figures 10.3 and 10.4, which show the *slip plane* and *slip direction* in a simple cubic crystal structure.

5.5

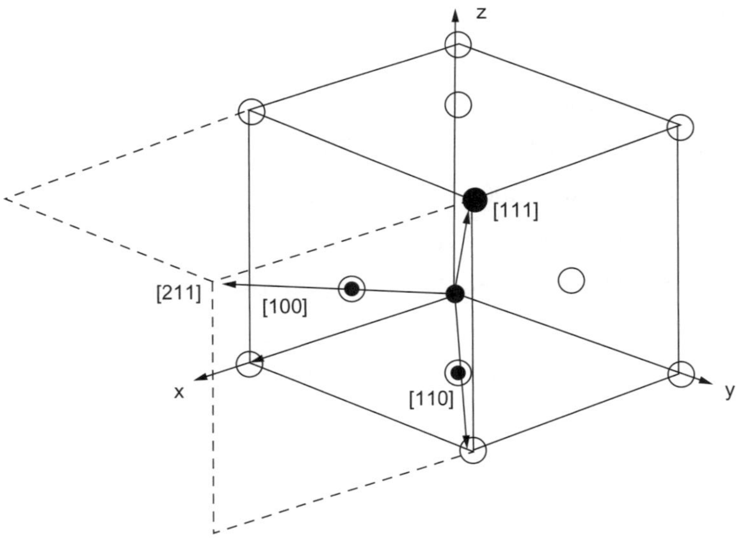

5.6

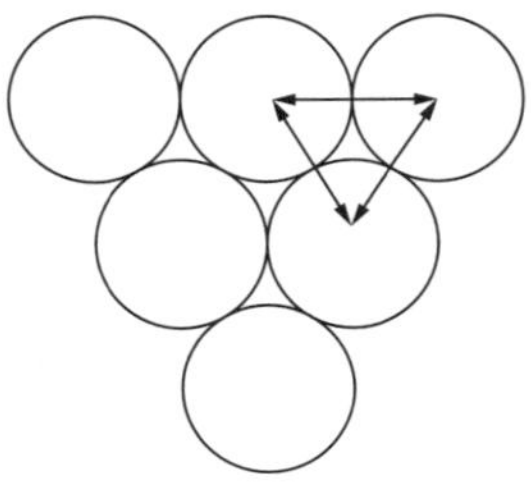

5.7 From Example 5.1, $4r = \sqrt{2}a$ for f.c.c. Since $2r = 0.2492$ nm, $a = 0.3524$ nm.

5.8 Mass per atom (in g) = (atomic weight)/(Avogadro's number, 6.022×10^{23}) = 9.749×10^{-23} g = 9.749×10^{-26} kg. From Worked Example 2, there are 4 atoms per (f.c.c.) unit cell, which has a volume of $(0.3524 \times 10^{-9}\ \text{m})^3$. So density = 8.91 Mg m^{-3}.

5.9 From Section 5.7, the h111i directions in b.c.c are the close-packed directions.
Then $4r = \sqrt{3}a$, $2r = 0.2482$ nm, $a = 0.2866$ nm.

5.10 Like Example 5.8, except there are 2 atoms per unit cell in b.c.c (see Worked Example 2). 7.88 Mg m^{-3}.

5.11 See Example 5.1. For c.p.h, since both f.c.c. and c.p.h are close-packed structures (only the stacking sequence differs), c.p.h is also 74%.

5.12 Copper: $a = 0.361$ nm. Magnesium: $c = 0.523$ nm, $a = 0.320$ nm. Remember there are 4 atoms per unit cell in copper (f.c.c.) and 6 in magnesium (c.p.h.)—see Worked Example 2. See Worked Example 1 for the theoretical c/a ratio of the c.p.h. structure.

5.13 See Section 5.10.

5.14 (a) 46%, (b) 75%.

5.15 See Section 5.8.

5.16 See Section 5.8. Ethylene, styrene.

5.17 See Section 5.8. Styrene-butadiene rubber (SBR).

5.18 See Section 5.8 and Figure 5.10(c).

5.19 See Section 5.8 and Figures 5.10(a), (b).

5.20 See Section 5.8 and Figures 5.10(c), (d).

CHAPTER 06

영률의 물리적 기본원리

6.1 개요

우리는 이제 재료의 탄성계수를 결정짓는 인자들을 연결 지을 수 있다. 먼저, 재료의 탄성계수를 나타내고 있는 [그림 3.6]의 막대도표를 보면 대부분의 세라믹과 금속들의 탄성계수들은 비교적 좁은 범위인 30−300 $\mathrm{GNm^{-2}}$에 있음을 상기할 수 있다. 시멘트와 콘크리트의 탄성계수(45 $\mathrm{GNm^{-2}}$)는 위 범위의 최저 값에 가깝고, 알루미늄(69 $\mathrm{GNm^{-2}}$)은 이보다 약간 높으며 강(200 $\mathrm{GNm^{-2}}$)은 거의 최고 값에 근접한다. 특별한 재료들의 탄성계수는 이 영역을 벗어나기도 하는데, 다이아몬드와 텅스텐의 탄성계수는 위 영역보다 높고 얼음과 납은 위 영역보다 약간 낮지만 대부분의 결정 재료들은 상당히 좁은 위의 범위 내에 놓인다. 그러나 고분자재료들의 탄성계수는 결정체에 비해서 수배 정도 매우 작은 다른 경향을 나타낸다. 왜 그럴까? 무엇이 고체의 탄성계수의 일반적 수준을 결정짓는가? 그리고 강한 고분자를 만드는 것은 가능한가?

6.2 결정체의 탄성계수

제4장에서 나타낸 바와 같이 결정체 내에서 원자들은 작은 용수철이 서로를 결합하고 있는 것처럼 행동한다. 이와 같은 결합의 강성(stiffness)은 다음 식으로 정의할 수 있다.

$$S_0 = \left(\frac{\mathrm{d}^2 U}{\mathrm{d}r^2}\right)_{r=r_0} \tag{6.1}$$

작은 변형에서 S_0는 상수이다(결합의 용수철 상수). 이는 한 쌍의 원자를 $r(r \approx r_0)$의 거리만큼 잡아 당기는데 필요한 힘이 다음과 같다는 것을 의미한다.

$$F = S_0(r - r_0) \tag{6.2}$$

고체가 이와 같은 작은 용수철에 의해 연결되어 있다고 가정하면, 재료 내 두 평면 사이의 원자들의 연결은 [그림 6.1]과 같이 나타낼 수 있다. 간단하게 정육면체의 모서리에 결합 길이가 r_0인 원자들을 배열할 수 있다.

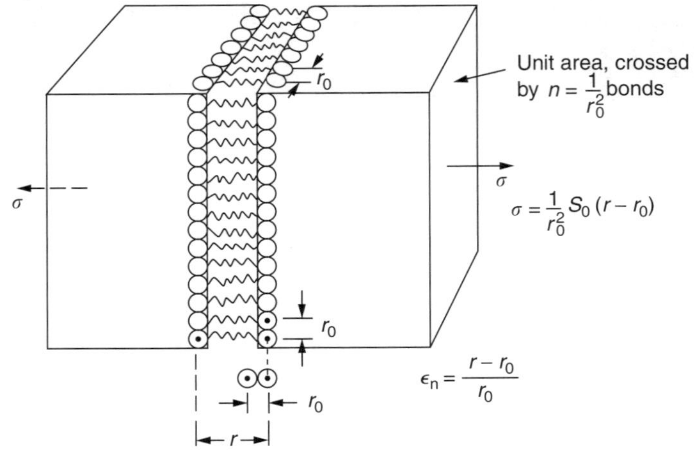

그림 6.1
각각의 결합 강성으로부터 영률(Young's modulus)을 계산하는 방법

두 평면이 거리 $(r - r_0)$만큼 잡아 당겨졌을 때 단위면적에 작용하는 총 힘은 다음과 같은 응력 σ로 정의된다.

$$\sigma = nS_0(r - r_0) \tag{6.3}$$

여기서 n은 단위면적당 원자결합의 수로 $1/r_0^2$과 같다(그 이유는 r_0^2은 원자당 평균면적이기 때문이다). 변위 $(r - r_0)$를 원자 간 초기 간격 r_0로 나누면 변형, ε_n으로 변환되어 식 (6.3)은 다음 식으로 나타낼 수가 있다.

$$\sigma = \left(\frac{S_0}{r_0}\right)\varepsilon_n \tag{6.4}$$

따라서 영률(Young's modulus)은 다음과 같다.

$$E = \frac{\sigma}{\varepsilon_n} = \left(\frac{S_0}{r_0}\right) \tag{6.5}$$

S_0는 제4장에서 이론적으로 유도한 $U(r)$ 곡선으로부터 계산될 수 있다. 이는 고체물리학자나 양자화학자들이 연구할 영역이지만, 여기서는 한 예로 식 (4.3)에 주어진 $U(r)$에 대한 이온결합에 대하여 살펴보자. 이온 결합에 대하여 예제 4.8에서 S_0는 다음과 같음을 나타내었다.

$$S_0 = \frac{\alpha q^2}{4\pi\varepsilon_0 r_0^3} \tag{6.6}$$

쿨롱 인력은 장거리(long-range) 상호작용이다(이는 $1/r$에 비례하여 변한다; 반면에 단거리

상호작용의 경우는 $1/r^{10}$에 따라 변한다). 이 때문에, 하나의 주어진 Na^+ 이온은 6개의 이웃한 Cl^- 이온과 상호작용(인력)을 하고, 이보다 먼 외각을 형성하고 있는 12개의 Na^+ 이온(그 외각에 8개 Cl^- 이온과 더 외각에 6개의 Na^+ 이온이 있음)과도 상호작용(척력)한다. S_0를 정확히 계산하기 위해서는 인력과 척력을 정확히 고려하여 이 모든 결합력을 합산해야 하는데 결과는 $\alpha = 0.58$인 식 (6.6)과 같다.

본 책에 실린 물리상수 표에서 q와 ε_0을 구하고 원자 간격 r_0(약 2.5×10^{-10} m)를 식 (6.6)에 대입하면 다음과 같다.

$$S_0 = \frac{0.58(1.6 \times 10^{-19})^2}{4\pi \times 8.85 \times 10^{-12}(2.5 \times 10^{-10})^3} = 8.54\text{Nm}^{-1}$$

다른 결합 형태의 강성 또한 유사한 방법으로 계산된다(일반적으로 단거리 상호작용이기 때문에 위에서 설명한 복잡한 합산이 필요하지 않는다). 결합강성의 크기 순서는 [표 6.1]에서 보는 것과 같다.

이와 같이 예측한 E 값들과 [그림 3.6]의 막대도표에 나타난 측정값과의 비교로부터 금속과 세라믹의 경우 계산된 E 값이 서로 거의 일치함을 보여주고 있다: 결합-당김의 개념이 고체의 강성을 설명할 수 있음을 의미한다. 따라서 금속과 세라믹의 탄성계수를 설명할 수 있다는 점에서는 만족할 수 있으나, 위에서 계산된 값에 비하여 100배 정도 낮은 탄성계수 값을 갖는 고분자와 고무가 존재한다는 사실은 여전히 의문으로 남는다. 이것은 왜 그럴까? 만일 원자 사이의 결합이 용수철 같이 거동하지 않는다면 무엇이 이와 같은 유연한 고분자의 탄성계수를 결정짓는가?

표 6.1 결합강성 순위

결합 형태	$S_0(\text{Nm}^{-1})$	E(GPa); 식 (6.5)로부터 ($r_0 = 2.5 \times 10^{-10}$ m)
공유결합, 예, C–C	50–180	200–1000
금속결합, 예, Cu–Cu	15–75	60–300
이온결합, 예, Na–Cl	8–24	32–96
수소결합, 예, H_2O–H_2O	2–3	8–12
반데르발스결합, 예, 고분자	0.5–1	2–4

6.3 고무와 유리 천이온도

만약 모든 고분자가 진정한 고체라면, 원자 간 결합이 반데르발스결합과 공유결합으로 함께 이루어졌기 때문에 우리가 계산했던 최소 탄성계수(약 2 GNm^{-2})보다 더 큰 탄성계수를 가져야 한다. 만약에 일반적인 고무관(고분자재료의 한 가지)을 액체질소에 냉각시키면, 재료는 강성이 증가되어 10^{-2} GNm^{-2} 정도에서 앞서 예측한 "적절한" 값인 2 GNm^{-2}으로 탄성계수가 급격히 증가하지만, 다시 가열하면 10^{-2} GNm^{-2}으로 감소하게 된다.

이는 제5장에서 설명한 바와 같이, 고무가 많은 고분자들과 동일하게 서로 엉켜있는 긴 스파게티 모양의 탄소원자 사슬(chain)로 구성되어 있기 때문이다. 고무는 또한 [그림 5.10]에 나타낸 것처럼 공유결합 되어 있는 탄소원자 사슬들을 따라 부분적으로 교차결합(cross-linked) 되어 있다. 이 같은 구조는 강성이 매우 클 것처럼 보이지만, 힘을 받았을 때 사슬 사이의 탄성계수를 결정짓는 반데르발스결합의 약함으로 인하여 쉽게 늘어나 전체적으로 거의 탄성계수에 기여하지 못한다.

고무가 수 GNm^{-2}의 "적절한" 탄성계수를 가지는 경우는 저온일 때이다. 고무가 실온까지 가열되면 반데르발스결합이 약화된다(사실상 결합강성은 융점에 비례한다: 이는 융점이 가장 큰 다이아몬드가 가장 큰 탄성계수를 갖는 이유이다). 일종의 뼈대를 형성하는 교차결합 때문에 고무는 고체를 유지한다: 그러나 하중을 받으면, 교차결합이 없는 곳에서 사슬이 서로 미끄

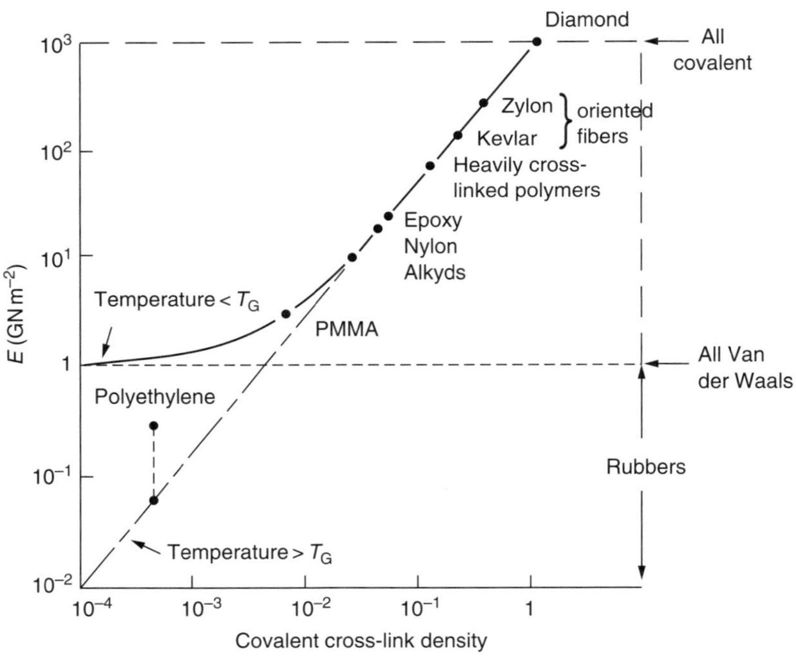

그림 6.2

유리온도 이상에서 고무를 포함한 고분자들에서 공유교차결합의 밀도 증가에 따라 영률이 어떻게 증가하는지 나타낸다. T_G 아래에서는 반데르발스결합이 작용하기 때문에 고무의 탄성계수는 급격히 증가한다. T_G 이상에서는 결합들이 끊어지고 탄성계수는 감소한다.

러지게 된다. 이로 인하여 추가적인 변형이 발생하고, 탄성계수는 감소한다($E = \sigma/e_n$을 참조).

대부분의 강성이 낮은 고분자들은 실온에서 이와 같은 반용융 상태에 있다. 이런 현상이 발생하는 온도를 유리온도(glass temperature), T_G라고 한다. 교차결합이 없는 고분자들은 T_G 이상의 온도에서 완전히 녹아서 점성의 액체로 된다. 반면에 교차결합을 가지는 고분자들은 가죽(예로 PVC)처럼 되거나 고무(폴리스티렌 부타디엔의 경우)처럼 된다. T_G의 일반적인 값들은 다음과 같다: 폴리메틸메타아크릴레이트(PMMA 또는 perspex), 100°C; 폴리스티렌(PS), 90°C; 폴리에틸렌(저밀도 형태), −20°C; 천연고무, −40°C.

요약하면, T_G 이상에서 고분자는 가죽 같거나, 고무 같거나 또는 용융상태에 있다; T_G 이하에서는 최소한 2 GNm^{-2}의 탄성계수를 갖는 진정한 고체이다. 이러한 거동은 [그림 6.2]에 나타나 있으며, 또한 공유교차결합의 밀도가 증가함에 따라 고분자의 강성이 다이아몬드의 값을 향하여 증가함을 보여준다([그림 4.7]과 같이 100%의 교차결합을 가지는 고분자이다). 강성이 큰 고분자의 탄성계수 중에는 알루미늄의 탄성계수와 비슷한 경우도 있다.

6.4 복합재료

일반적으로 반데르발스결합으로 형태가 유지되는 고분자들보다 더 강성이 큰 고분자들을 만드는 것이 가능할까? 고분자에 강성이 더 큰 다른 재료를 섞으면 가능하다. 이 같은 방법으로 강성이 증가된 좋은 예들은 다음과 같다.

- GFRP – 유리섬유강화 복합재료, 긴 소다유리 섬유로 강화된 고분자;
- CFRP – 탄소섬유강화 복합재료, 탄소섬유로 강화된 고분자;
- KERP – 케브라섬유(Kevlar-fiber) 강화 복합재료, 케브라섬유(섬유 방향을 따라 배열된 고밀도 공유결합을 갖는 특수한 섬유)로 강화된 고분자;
- 충진 고분자 – 유리분말 또는 규소분말을 섞어 강화한 고분자;
- 나무 – 셀룰로오스 섬유로 강화된 천연 목재 복합재료(비정질 고분자)

[그림 3.6]의 탄성계수의 막대도표는 복합재료가 기지(고분자)보다 훨씬 큰 탄성계수를 가질 수 있고, 탄성계수가 방향에 따라 다른 값을 보이는 매우 큰 이방성을 가지게 됨을 보여준다. 나무는 한 예이다: 섬유방향과 평행하게 측정된 탄성계수는 약 10 GNm^{-2}인 반면에, 섬유방향과 직각으로 측정된 값은 1 GNm^{-2}보다 작다.

섬유강화 복합재료의 탄성계수를 추정할 수 있는 간단한 방법이 있다. 체적비가 V_f인 섬유를 함유한 복합재료에 대해 섬유방향([그림 6.3(a)] 참조)과 평행한 방향으로 응력을 가하면, 섬유와 기지의 하중방향 변형, ε_n은 서로 같다. 따라서 복합재료에 의해 지탱되는 응력은 다음과 같다.

$$\sigma = V_f\sigma_f + (1 - V_f)\sigma_m$$

여기서 아래 첨자 *f*와 *m*은 각각 섬유(fiber)와 기지(matrix)를 나타낸다.

$\sigma = E\varepsilon_n$이기 때문에 앞 식을 다음과 같이 쓸 수 있다.

$$\sigma = E_f V_f \varepsilon_n + E_m(1 - V_f)\varepsilon_n$$

그러나 복합재료의 탄성계수는

$$E_c = \sigma/\varepsilon_n$$

이므로 다음과 같이 나타낼 수 있다.

$$E_c = V_f E_f + (1 - V_f)E_m \tag{6.7}$$

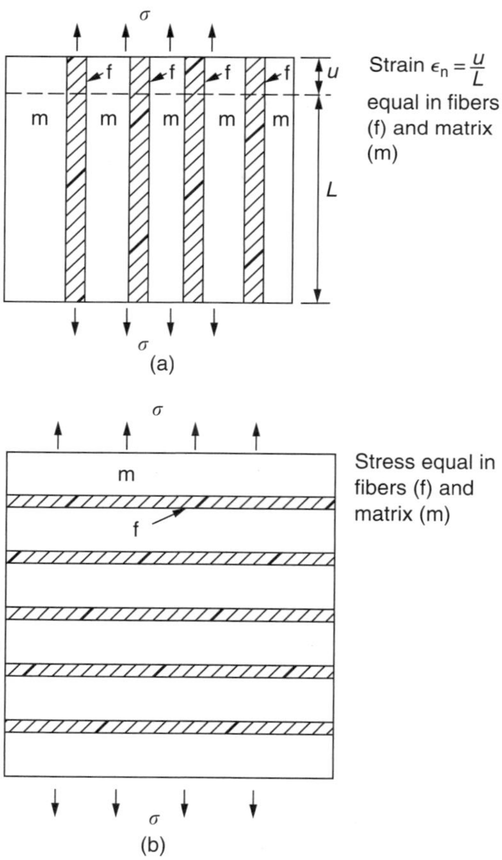

그림 6.3
섬유강화 복합재료의 하중 방향에 따른 탄성계수 (a) 최대, (b) 최소

이 관계식은 섬유강화 복합재료 탄성계수의 상한 추정값을 나타낸다. 강성이 큰 섬유의 변형이 기지의 변형보다 결코 클 수 없기 때문에, 복합재료의 탄성계수는 이 상한값보다 클 수 없다.

탄성계수가 감소되는 것은 어떤 경우인가? 반대로 섬유방향과 수직으로([그림 6.3(b)] 참조) 하중을 가하는 경우에는 두 구성요소에서 변형이 아닌 응력이 동일하다고 가정할 수 있다. 이 때 총공칭변형 ε_n은 각각 변형의 가중치 합으로 다음과 같다.

$$\varepsilon_{\rm n} = {\rm V_f}\varepsilon_{\rm n,f} + (1 - {\rm V_f})\varepsilon_{\rm n,m}$$

$\varepsilon_n = \sigma/E$이므로 다음과 같이 나타낼 수 있다.

$$\varepsilon_{\rm n} = \frac{V_{\rm f}\sigma}{E_{\rm f}} + \left(\frac{1 - V_{\rm f}}{E_{\rm m}}\right)\sigma$$

복합재료의 탄성계수는 σ/ε_n이기 때문에 다음과 같다.

$$E_{\rm c} = 1\Big/\left\{\frac{V_{\rm f}}{E_{\rm f}} + \frac{(1 - V_{\rm f})}{E_{\rm m}}\right\} \tag{6.8}$$

이는 복합재료 탄성계수의 하한값으로 복합재료의 탄성계수가 이보다 작을 수 없다.

이상의 2가지 추정값을 도표로 나타내면 [그림 6.4]에 나타낸 것과 같다. 이는 왜 나무와 GFRP처럼 섬유강화 복합재료가 섬유방향으로는 매우 큰 강성을 (그림의 상한선) 보이지만 직각 방향에서는 낮은 값을 나타나는지를 (하한선) 설명해 준다. 즉, 복합재료의 이방성(anisotropy)을 설명한다. 이방성은 때때로 스쿼시 라켓의 샤프트나 높이뛰기 장대의 경우에서처럼 유용하게 활용되기도 하지만, 경우에 따라 비행기 플랩(flaps)의 외피에서처럼 여러 섬유층을 교차적층하여 사용하기도 한다.

모든 복합재료가 섬유로만 강화되는 것은 아니며 작은 입자들에 의해서도 강화될 수 있다. 이와 관련된 이론은 예상할 수 있듯이 섬유강화 복합재료에 비하여 더 어렵다. 그러나 이와 같은 입자강화 복합재료의 탄성계수를 아는 것은 유용하며 [그림 6.4]에서 보는 것처럼 식 (6.7)과 (6.8)의 상한값과 하한값 사이에 존재하며 하한값에 더 근접하고 있다는 것을 알 수 있다. 동일한 고분자 내에 특별히 제작된 유리섬유를 조심스럽게 정렬하는 것보다 모래를 섞는 것이 훨씬 저렴하기 때문에, 입자에 의한 적절한 강성의 증가가 경제적으로 더 가치가 있다고 할 수 있다.

입자강화 복합재료는 이방성(섬유강화 복합재료의 경우)보다 등방성(isotropic)을 가지고 있다는 사실 또한 입자강화 복합재료의 장점이 될 수 있다. 이와 같은 충진 고분자들은 대부분의 섬유 복합재료는 제조할 수 없는 일반적인 방법으로 성형되고 제조될 수 있어 저렴하다. 일상생활에 사용되는 많은 고분자 제품은 – 자동차와 자전거의 부품들, 가전용품 등 – 입자

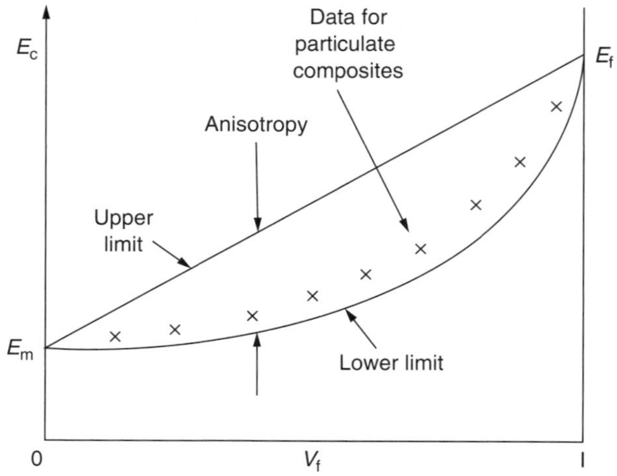

그림 6.4
식 (6.7)과 (6.8)의 상한값 및 하한값을 보여주는 강화재의 다양한 부피 비율에 따른 복합재료 탄성계수

강화 고분자로 되어 있다.

WORKED EXAMPLE

다음 사진은 전통 교향악단의 목관악기 중 하나인 오보에를 보여준다; http://en.wikipedia.org/wiki/Oboe 참조

근접촬영 사진은 악기의 가장 결정적인 부품 - 리드(reed)를 보여준다. 연주자는 리드를 입에 물고, 악기의 주 통로 안에서 공기의 고유 진동수를 유도하도록 공기를 불어 넣는다. 이 "리드"는 실제 아룬도 도낙스 식물줄기의 케인(cane-Arundo Donax)으로 만든다. 이 식물은 최상의 케인이 자라는 데 필수적인 좋은 흙과 날씨를 가지는 프랑스 남부 지방과 그 외의 지역(예로 캘리포니아와 아르헨티나)과 같은 습지 해안 지역에서 자란다.

한 조각의 관모양 케인은 먼저 길이 방향으로 쪼개고, 알맞은 두께로 만들기 위해 내부를 둥근끌로 파낸다(gouged). 그 이후 파내진 조각은 정확한 길이 및 폭으로 절단되고, 반으로 접힌 다음 작은 황동관(staple)에 연결된다. 연결된 다음 접힌 끝부분은 절단되고 리드는 리드-스크래핑 칼을 이용하여 정확한 두께 윤곽으로 깎여진다(scrapted). 최종 스크래핑은 리드의 정확한 기능을 위한 결정적인 역할을 한다. 실제, 대부분의 전문 오보에 연주자들은 악기를 연주할 때보다 리드를 만들고 조정하는 데 더 많은 시간을 보낸다.

두 개로 분리된 리드의 반쪽은 캔틸레버 스프링(cantilever springs)처럼 작동하고, 오보에 연주자가 리드를 통하여 불면 캔틸레버는 재빨리 다른쪽 캔틸레버를 치게 된다. 이것이 악기 내

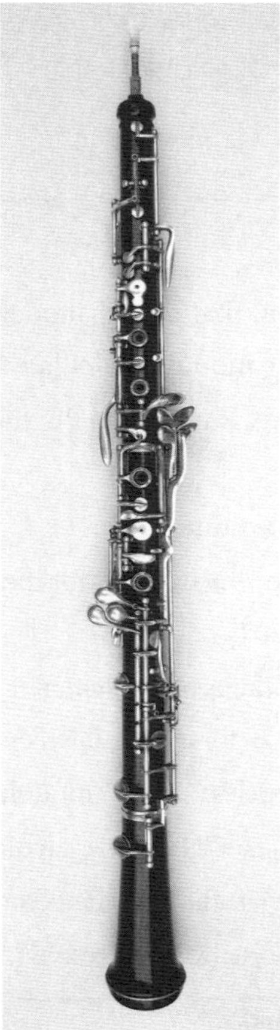

부에서 진동을 발생시키는 힘이다. 그러나 이는 크게 힘들지 않는 단지 시작에 불과하며, 연주자는 크고 약하게 연주할 수 있고, 악기의 모든 범위에 대해 조용한 음색으로 시작할 수 있고, 스타카토와 레가토(staccato, legato)로 연주할 수 있고, 멋진 소리 등을 만들 수 있어야 한다. 잘 만들어지고 조정된 케인 리드는 이를 가능하게 하는데, 강성, 밀도, 감폭, 습도(조절) 특성들의 적절한 조화를 가지고 있기 때문이다. 그러나 케인의 결정적인 인자는, 관의 축 방향의 탄성계

수는 축에 수직한 방향의 탄성계수보다 대략 10배 정도 큰 이방성을 가지는 점이다. 천연 케인의 이방성을 맞추지 못한다면 어떤 합성 대체물질의 성능도 완전히 적합하지 않을 것이다.

EXAMPLES

6.1 Starting with Equation (4.8), show that Young's modulus $E = \left(\frac{S_0}{r_0}\right)$.

6.2 Refer to Tables 6.1 and 3.1. The modulus calculated for Van der Waals bonds is 2–4 GPa, whereas some solid polymers (e.g., low-density PE, rubbers) have moduli much less than this. Why?

6.3 What is the glass transition temperature, T_G?

6.4 What is the temperature range in which T_G lies for most polymers?

6.5 Explain the change of modulus at T_G.

6.6 How would you increase the modulus of a polymer?

6.7 The table lists Young's modulus, E_c for a glass-filled epoxy composite. The material consists of a volume fraction Vf of glass particles (Young's modulus, E_f, 80 GN m^{-2}) dispersed in a matrix of epoxy (Young's modulus, E_m, 5 GN m^{-2}). Calculate the upper and lower values for the modulus of the composite material, and plot them, together with the data, as a function of V_f. Which set of values most nearly describes the results? Why?

Volume Fraction of Glass, V_f	E_c (GN m^{-2})
0	5.0
0.05	5.5
0.10	6.4
0.15	7.8
0.20	9.5
0.25	11.5
0.30	14.0

6.8 A composite material consists of parallel fibers of Young's modulus E_f in a matrix of Young's modulus E_m. The volume fraction of fibers is V_f. Derive an expression for E_c, Young's modulus of the composite along the direction of the fibers, in terms of E_f, E_m and V_f. Obtain an analogous expression for the density of the composite, ρ_c. Using material parameters given in the next table, find ρ_c and E_c for the following composites: (a) carbon fiber–epoxy resin (V_f= 0.5), (b) glass fiber–polyester resin (V_f= 0.5), (c) steel–concrete (V_f= 0.02).

Material	Density (Mg m^{-3})	Young's modulus (GN m^{-2})
Carbon fiber	1.90	390
Glass fiber	2.55	72
Epoxy resin Polyester resin	1.15	3
Steel	7.90	200
Concrete	2.40	45

6.9 A composite material consists of flat, thin metal plates of uniform thickness glued one to another with a thin, epoxy-resin layer (also of uniform thickness) to form a "multi-decker-sandwich" structure. Young's modulus of the metal is E_1, that of the epoxy resin is E_2 (where $E_2 < E_1$) and the volume fraction of metal is V_1. Find the ratio of the maximum composite modulus to the minimum composite modulus in terms of E_1, E_2 and V_1. Which value of V_1 gives the largest ratio?

ANSWERS

6.1 See Equations (6.2) to (6.5) and Figure 6.1.

6.2 See Section 6.3, paragraphs 1–3.

6.3 See Section 6.3.

6.4 See Section 6.3.

6.5 See Section 6.3.

6.6 See Section 6.4, paragraph 1.

6.7 Plot the data like Figure 6.4, using Equations (6.7) and (6.8). Then plot the data for glass-filled epoxy (GFE) on the same plot. The GFE is closer to Equation (6.8) at small-volume fractions, but at larger-volume fractions it rises to roughly half-way between Equations (6.7) and (6.8). Because at small volume fractions, the stress is nearly equal in the epoxy and the glass particles (see Figure 6.3(b)); at larger-volume fractions this is less the case, and there is significant strain sharing (see Figure 6.3(a)).

6.8 See Figure 6.3(a) and Equation 6.7. $\rho_c = \rho_f V_f + (1 - V_f)\rho_m$. (a) 1.53 Mgm^{-3}, 197 GN m^{-2}. (b) 1.85 Mg m^{-3}, 37.5 GN m^{-2}. (c) 2.51 Mg m$_{-3}$, 48.1 GN m$_{-2}$.

6.9 Use Equations (6.7) and (6.8). Then $\dfrac{E_{\max}}{E_{\min}} = \{V_1 E_1 + (1 - V_1) E_2\} \left\{ \dfrac{V_1}{E_1} + \dfrac{(1 - V_1)}{E_2} \right\}$.

To find V_1 for the largest ratio, differentiate the ratio with respect to V_1 and equate it to zero.

$$\frac{\mathrm{d}}{\mathrm{d}V_1}\left\{\frac{E_{\max}}{E_{\min}}\right\} = (1-2V_1)\left\{\frac{E_1}{E_2}+\frac{E_2}{E_1}-2\right\} = 0$$

Then $V_1 = 0.5$

CHAPTER 07

탄성 변형의 응용

7.1 개요

3장에서 우리는 탄성 한계(elastic limit) 내에 머무른다면 재료가 탄성 변형된다는 것을 보여주었다. 탄성계수가 큰 재료는 딱딱하고, 탄성계수가 작은 재료는 유연했다. 제3장에서는 장력을 받는 볼트의 탄성 연장과 같은 탄성 변형의 간단한 응용에 대해서만 살펴보았다(그림 3.4 또는 그림 3.5(a) 참조). 볼트가 강철과 같은 단단한 재료로 만들어진 경우 최대 탄성 연장은 0.1% 정도로 매우 작다. 이보다 큰 변형률은 탄성 한계를 초과한다.

그러나 높은 탄성률을 갖는 재료(직선 하중에서는 딱딱함)가 다른 형태의 하중에서는 딱딱하지 않은 경우가 많다. 이는 탄성 처짐(elastic deflection)이 바람직하거나(예: 자동차 서스펜션의 스프링) 바람직하지 않은(예: 교량 대들보) 설계에 중요한 영향을 미친다. 우리는 8장에서 탄성 변형과 관련된 몇 가지 세부 연구 사례를 살펴볼 것이다.

7.2 굽힘(BENDING)

탄성 변형의 중요한 응용 중 하나는 탄성 굽힘(elastic bending)이다. 당신은 플라스틱 자에 대한 두 가지 간단한 테스트를 통해 이것을 직접 볼 수 있다. 만약 당신이 손으로 자를 양쪽 끝에 단단히 잡고, 그것의 길이를 따라 당기면, 당신은 어떠한 “변형”도 느끼지 못할 것이다. 물론 어느 정도의 길이의 증가가 있어야 하지만, 그것을 측정하기 위해서는 정밀한 계측이 필요할 것이다. 그러나 두 끝을 각각 한 쪽으로 굽히면, 자는 곡선을 형성하고, 더 굽히면, 더 곡선이 된다. 자는 “보(beam)”처럼 동작하고 있습니다. 그리고 보를 굽히는 것은 매우 작은 변형률에서 매우 큰 탄성 처짐(elastic deflection)으로 변환하는 매우 효과적인 방법입니다.

그림 7.1은 보를 반지름 r로 굽히는 상황을 보여준다. 곡선의 내부는 약간 짧아지고, 바깥쪽은 약간 길어집니다. 변형률은 보의 표면에서 최대이고, 중심에서는 0(the “neutral axis”)이다. 곡선의 내부에서 변형률(및 응력)은 압축성이고, 곡선의 외부에서 변형률(및 응력)은 인장성입니다. 보가 얇기 때문에 표면에서의 작은 변형률은 매우 눈에 띄는 곡률을 만든다. 특히 보가 긴 경우, 이는 큰 평행 처짐을 일으킨다.

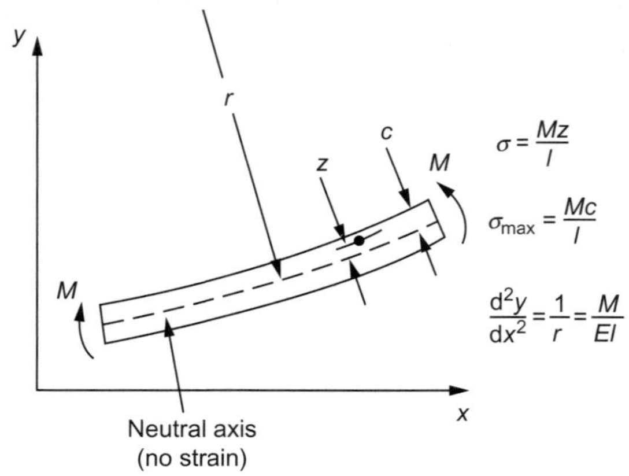

그림 7.1
Elastic bending of a beam.

보의 반지름 r은 다음과 같은 식으로 주어진다.

$$\frac{1}{r} = \frac{M}{EI} \tag{7.1}$$

여기서 M은 끝 부분의 "굽혀진 정도"(굽힘 모멘트, the bending moment)를 나타내며, E는 영의 계수, I는 면적의 두 번째 모멘트(the second moment of area)라 불리는 개념이다. I는 보가 얼마나 "얇은(thin)"지를 나타낸다.

이 공식은 예상한 그대로 표현된다. 즉, E 가 작거나(유연한 재료), 보가 얇거나 (작은 I), 많이 구부리면(큰 M) 보는 더 구부러진다(r이 감소함).

그림 7.2는 끝단에 굽힘 모멘트 M 이 가해진 길이 L의 보를 보여준다. 처짐(δ)은 길이의 절반에서 가장 크게 나타나며, 다음 공식에 의해 주어진다.

$$\delta = \frac{L^2}{8}\left(\frac{M}{EI}\right) \tag{7.2}$$

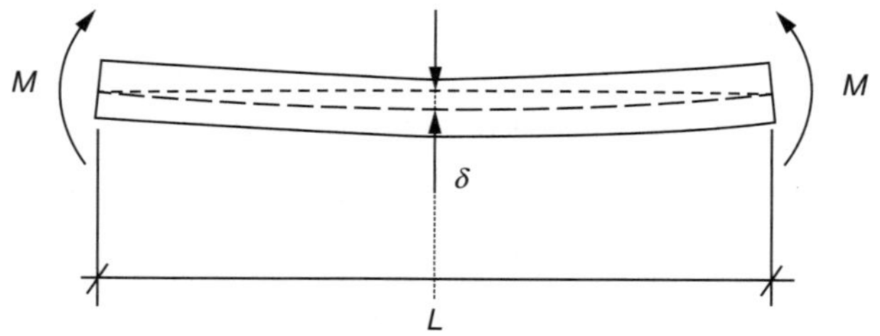

그림 7.2
Elastic deflection of a beam in pure bending.

식 (7.2)는 식 (7.1)의 r을 디자인 문제에 더 유용한 δ와 L로 변환한다. 식 (7.2)의 유도는 간단한 기하학에 기초하고 있다. 이유는 보의 길이를 따라 r의 값이 모든 곳에서 동일하기 때문이다. 보의 다른 하중 방식은 더 복잡하다. 이유는 M, 그리고 r이 보의 길이를 따라 변하기 때문이다. 다른 하중 조건에서의 δ값은 이 장의 끝에서 제공된다(보의 굽힘 결과 참조).

그러면 I를 어떻게 계산할까? 세부 사항은 이 장의 끝에서 제공된다 (면적의 두 번째 모멘트 결과 참조). 예를 들어, 직사각형 단면을 가진 보의 경우 $I = bd^3/12$입니다. 보의 너비 b를 2배로 하면 처짐이 반으로 줄어든다. 그러나 두께 d를 2배로 하면, 처짐은 $2^3 = 8$배 줄어든다!

WORKED EXAMPLES 1

시안은 그녀의 거실에 있는 벽감에 많은 책 컬렉션을 보관하고 싶어한다. 벽감은 1600 mm 폭이고, 당신은 그녀에게 소나무 선반을 설치할 것을 제안한다. 각 선반은 1600 mm 길이이며, 양쪽 끝에서 벽에 고정하는 작은 지지대로 지지된다. 20 mm 깊이와 250 mm 폭의 선반이 적당하다는 것을 추측하였지만, 전문적인 유지보수를 위해서는 최대 처짐을 계산해야 한다. 소나무는 $E \approx 10$ GN m^{-2}이고, 40 mm 두께의 책은 약 1 kg의 무게가 나간다. 이 장에서 보의 굽힘 결과와 면적의 두 번째 모멘트를 사용하시오. 적절한 보의 굽힘 사례는 사례 4이다. 그렇다면,

$$\delta = \frac{5}{384}\left(\frac{FL^3}{EI}\right)$$

$$I = \frac{bd^3}{12}$$

$$M = \frac{FL}{8}$$

$$I = \frac{250 \times 20^3}{12}\,\text{mm}^4 = 1.67 \times 10^5\,\text{mm}^4$$

$$F = \frac{1600\,\text{mm}}{40\,\text{mm}}\,\text{kgf} = 40\,\text{kgf}$$

$$M = \frac{40 \times 9.81\,\text{N} \times 1600\,\text{mm}}{8} = 7.85 \times 10^4\,\text{N mm}$$

$$\delta = \frac{5 \times 40 \times 9.81\,\text{N} \times 1600^3\,\text{mm}^3}{384 \times 10^4\,\text{N mm}^{-2} \times 1.67 \times 10^5\,\text{mm}^4} = \underline{12.5\,\text{mm}}$$

선반은 눈에 띄는 처짐(12.5 mm)을 보일 것이다. 이 처짐은 미적으로 수용할 수 있는 정도지만, 시간이 지남에 따라 Creep(21장 참고)로 인해 증가할 수 있다. 한 가지 해결책은 6개월마다 선반을 뒤집는 것이다. 하지만 이 방법은 선호하지 않는 방법이므로, 대신 두께를 늘리는 것이 좋다.

7.3 진동(VIBRATION)

당신은 나무 자로 이것을 직접 시도해 볼 수 있다. 눈금자의 한쪽 끝을 테이블 가장자리에 고정하면 대부분의 눈금자가 테이블 가장자리에 걸쳐진다. 그런 다음 고정이 안된 끝을 꺾어 놓고 갑자기 다시 놓아줌으로써 자를 "튕길" 수 있다. 다양한 길이의 진동 자(돌출된 길이를 변경)를 사용하거나 자에 질량을 추가(예: 모델링 점토를 부착)하여 실험할 수 있다. 당신은 진동 주파수 f는 돌출부와 질량이 증가함에 따라 감소한다는 것을 발견한다.

한쪽 끝에 고정된 "튕겨진" 보(자유 길이 L, 균일하게 분포된 질량 m)에 대한 수학적 해석은 다음과 같다.

$$f = 0.560\sqrt{\frac{EI}{mL^3}} \tag{7.3}$$

다양한 보의 제약 조건 및 질량 분포에 대한 f 값은 이 장의 끝에 나와 있다(보의 진동에 대한 결과 참조). 이들은 모두 수학적 식이 방정식(7.3)과 동일하며 유일하게 변경되는 것은 숫자 상수이다.

하지만 왜 이런 진동이 중요할까? 우리는 이미 6장에서 한 가지 예를 보았다. 바로 오보에 리드에서 지팡이 조각의 진동이다. 많은 악기들은 지팡이, 나무, 또는 금속의 진동에 전적으로 의존한다. 색소폰, 클라리넷, 바순 리드는 진동하는 beam이다; 피아노, 기타, 바이올린의 소리, 보드, 실로폰의 막대도 마찬가지다. 그러나 더 넓은 엔지니어링 세계에서는 진동, 또는 적어도 "잘못된" 주파수의 진동을 가장 원치 않는 경우가 많다. 타코마 해협 다리와 같은 다리를 파괴할 수 있고, 에어로 엔진이나 증기 터빈의 로터를 손상시킬 수 있으며, 댐퍼가 고장 난 자동차를 운전해 본 사람이라면 스프링 서스펜션 장치가 파손될 것처럼 진동하는 경험을 해봤을 것이다.

WORKED EXAMPLES 2

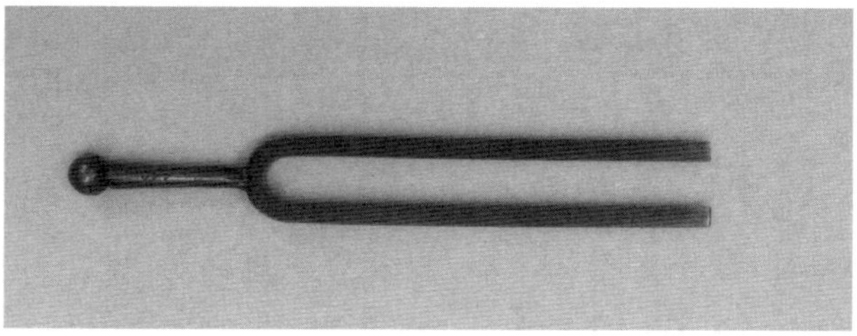

사진은 이것이 "튕겨질 때" 표준 조율음 라(A)를 제작하는 철재 튜닝 포크(fork)이다. (440 Hz

또는 440 s^{-1}) 포크의 팔은 길이가 85 mm이고 측면의 사각형 단면이 3.86 mm이다. 이 정보를 이용하여 우리는 강철에 대한 영의 계수 값을 찾고자 한다. 강철의 밀도는 7.85×10^3 kg m^{-3}이다. 보의 진동 및 면적의 두 번째 모멘트에 대해 이 장의 결과를 사용한다. 적절한 진동 사례는 사례 2 이다.

$$f=0.560\sqrt{\frac{EI}{mL^3}},\quad I=\frac{bd^3}{12},\quad m=\rho Lbd.$$

$$f=0.560\left(\frac{Ed^2}{12\rho L^4}\right)^{1/2}=0.1617\left(\frac{d}{L^2}\right)\left(\frac{E}{\rho}\right)^{1/2},$$

$$E=\left(\frac{f}{0.1617}\right)^2\left(\frac{L^2}{d}\right)^2\rho.$$

자연진동의 주파수는 힘(N)이 질량(kg)에 미치는 가속도(m/s^2)와 관련되어 있기 때문에, 최종 식에 실제 숫자를 넣을 때는 기본 SI 단위가 다음과 같이 사용되어야 한다.

$$E=\left(\frac{440}{0.1617}\right)^2\left(\frac{0.085^2}{0.00386}\right)^2\times7.85\times10^3=204\times10^9\,\mathrm{N\,m^{-2}}=204\,\mathrm{GN\,m^{-2}}$$

7.4 좌굴(BUCKLING)

당신은 플라스틱 자로 이것을 직접 시도해 볼 수 있다. 하단이 테이블 상판에 놓여 있는 상태에서 눈금자를 수직으로 놓은 다음 눈금자의 상단을 아래로 누른다(손에 자국이 남지 않도록 책을 사용하시오!). 임계 하중 F_{cr}에서 자는 옆으로 굽히기 시작하고, 자를 부러뜨리지 않기 위해선 힘을 놓아야 한다. 이 상황에 대한 수학적 분석은 다양한 빔 제약 조건에 대한 F_{cr} 값을 제공하며,

$$F_{cr}=9.87\left(\frac{EI}{L^2}\right)\tag{7.4}$$

이 값은 이 장의 끝에 나와 있다(보의 좌굴에 대한 결과 참조). 이들은 모두 식(7.4)과 동일한 수학적 형태를 가지며, 유일하게 변화하는 것은 숫자 상수이다. 구조 설계에서 좌굴은 중요하다. 강철 기둥 위의 건물을 지지하고 압축 하중을 받을 때 탄성 한계 내에 있을 수 있지만 하중이 F_{cr}과 같거나 초과하면 건물이 붕괴된다.

기둥이 길고(큰 L) 얇으며(작은 I) 유연한 재료(작은 E)로 만들어진 경우 좌굴될 가능성이 더 높다는 것은 직관적으로 명백하며, 실제로 식(7.4)이 알려주는 것은 바로 이것이다.

WORKED EXAMPLES 3

앨버트 삼촌은 우아한 히코리(경목) 지팡이를 받았다. 길이는 750 mm, 직경은 17 mm이다(당신은 엔지니어로서 측정 장비를 항상 가지고 다닌다). 막대기는 곧고 상단은 공 모양의 작은 손잡이로 끝난다. 그는 그의 막대기에 매우 만족하지만, 당신은 그것이 그의 전체 몸무게(좋은 날에는 90 kg)를 지탱할 수 있을지 의심한다. 당신은 앨버트 삼촌이 괜찮을 것인지 보기 위해 계산을 해야 한다. 목재에 대해 E = 20 GN m^{-2}(2 × 104 N mm^{-2})라고 가정합시다. 이 장의 결과는 보의 좌굴 및 면적의 두 번째 모멘트에 사용한다. 적절한 좌굴 사례는 아마도 사례 2(좌측 도면)일 것이다. 그러면,

$$F_{cr} = 9.87\left(\frac{EI}{L^2}\right),\quad I = \frac{\pi r^4}{4},$$

$$F_{cr} = \frac{9.87\pi E}{4}\left(\frac{r}{L}\right)^2 r^2 = \frac{9.87\pi \times 2 \times 10^4\,\mathrm{N\,mm^{-2}}}{4}\left(\frac{8.5\,\mathrm{mm}}{750\,\mathrm{mm}}\right)^2 8.5^2\,\mathrm{mm}^2$$

$$= 1439\,\mathrm{N} = 148\,\mathrm{kgf}.$$

이것은 약 148/90 = 1.65의 안전 계수를 제공하므로 앨버트 삼촌은 괜찮을 것이다.

7.5 삼차원에서의 응력과 변형률

보의 굽힘(또는 처짐, 진동 또는 좌굴)은 고전적인 대수 방정식을 사용하여 계산할 수 있는 간단한 응력 및 변형 분포를 가진다. 그러나 대부분의 구성 요소는 (그림 3.4의 아이볼트의 동그란 링과 같은) 응력과 변형률의 분포가 더 복잡하다.

더 복잡한 기하학적 구조에서 응력과 변형을 다루기 위해서는 3차원으로 설명할 수 있는 간단한 방법이 필요하다.

그림 7.3에서 알 수 있듯이, 부하된 구성요소 내부의 응력은 매우 복잡할 수 있지만, 우리는 총 3개의 인장응력 요소와 6개의 전단응력 요소로 주어진 위치의 응력 상태를 표현할 수 있다.

인장 응력 성분은 σ_{11}, σ_{22} 및 σ_{33}이다. 첨자는 각각 "정상"과 "방향"을 의미한다. 예를 들어, σ_{11}은 1 축에 대해 "정상"(직각)인 평면에서 작용하는 응력이며, 1축에 대해 평행한 "방향"으로 작용한다. A가 입방체 면의 면적이고, F_t가 1축에 평행하게 가해지는 인장력이라면, σ_{11} = F_s/A이다.

전단응력 성분은 σ_{21}, σ_{12}, σ_{31}, σ_{13}, σ_{32}, σ_{23}이다. 따라서, 예를 들어, σ_{12}는 평면상에서 작용하는데, 이것은 1축에 수직이지만, 2축에 평행한 방향으로 작용한다. A가 입방체 면의 면적이고, F_s가 2축에 평행하게 가해지는 전단력이라면, σ_{12} = F_s/A이다.

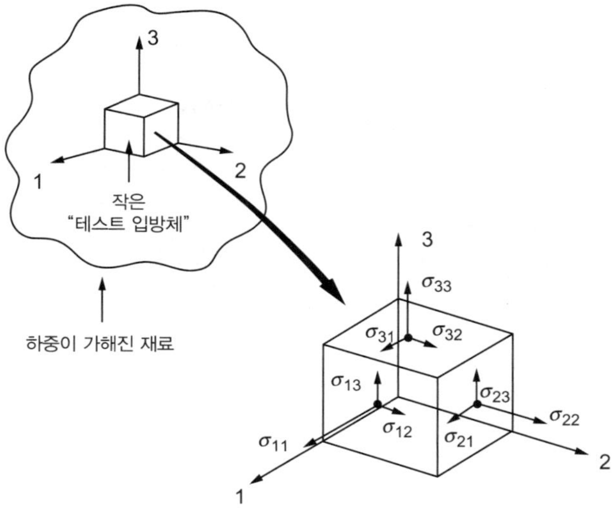

그림 7.3
Stresses inside a solid

이 9 개의 응력 항을 쓰는 간단한 방법을 응력 텐서(stress tensor)라고 한다. 당신은 수학이나 역학에서 텐서를 접하게 되고, 텐서를 다루는 법을 알게 될 것이다. 여기에서는 이러한 항목에 대해 아무것도 알 필요가 없다. 우리는 단지 그것을 응력 항을 명확하게 표시하는 방법으로 사용하고 있다. 응력 텐서는 다음과 같이 쓰인다.

$$\begin{pmatrix} \sigma_{11} & \sigma_{12} & \sigma_{13} \\ \sigma_{21} & \sigma_{22} & \sigma_{23} \\ \sigma_{31} & \sigma_{32} & \sigma_{33} \end{pmatrix}$$

주대각선은 좌측 상단에서 우측 하단으로 향하는 선이다. 따라서 인장응력은 1, 2, 3순으로 대각선 방향으로 내려간다. 전단응력은 비대각선 항목들이다.

전단응력은 서로 전부 독립적이지 않다. 실제 $\sigma_{21} = \sigma_{12}$, $\sigma_{31} = \sigma_{13}$, 그리고 $\sigma_{32} = \sigma_{23}$이다. 이는 텐서가 주대각선에 대하여 대칭임을 의미한다. 그런데 왜 이런걸까? [그림 7.3]과 전단 망목 σ_{21} 및 σ_{12}를 보면 $\sigma_{21} = F_s/A$, 그리고 $\sigma_{12} = F_s/A$이다. "2" 면에 작용하는 전단력 F_s는 해당 육면체를 "3" 축에 대해 시계 방향으로 회전시키려 한다. 그러나 "1" 면에 작용하는 전단력 F_s는 해당 육면체를 "3" 축에 대해 반시계 방향으로 회전시키려 한다. 평형을 위해서는 두 회전 조건들이 평형을 이루어야 하고 이는 $\sigma_{21} = \sigma_{12}$일 때 가능하다.

"미소육면체"는 전단 조건이 사라지는 특정 방향에서 항상 회전할 수 있음을 수학적으로 알 수 있다 ([그림 7.4]를 보라). 이 경우에 축은 주응력방향이 되고(1_p , 2_p, 3_p로 표기한다) 인장응력은 주응력이 된다(σ_1, σ_2, σ_3로 표기한다). 육면체의 면은 주응력면이 된다. 요소의 자유

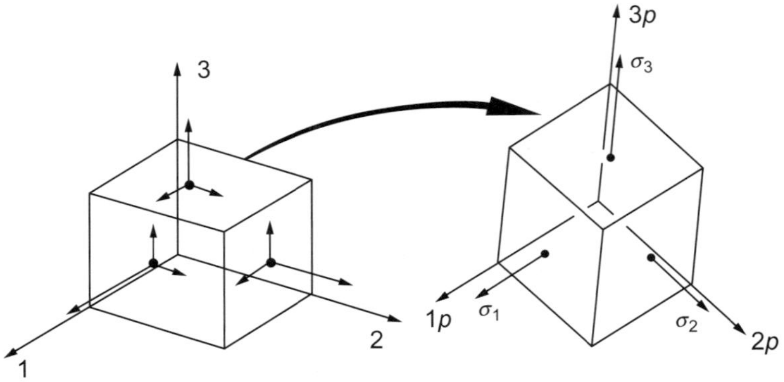

그림 7.4
미소육면체를 회전시켜 전단 항을 제거

표면은 어떠한 전단응력도 있을 수 없기 때문에 항상 주응력면이다. 주응력 텐서는 다음과 같다.

$$\begin{pmatrix} \sigma_1 & 0 & 0 \\ 0 & \sigma_2 & 0 \\ 0 & 0 & \sigma_3 \end{pmatrix}$$

미소육면체가 회전할 때 인장응력 성분들의 합은 일정하게 유지된다. 예를 들면 다음과 같다. $\sigma_{11} + \sigma_{22} + \sigma_{33} = \sigma_1 + \sigma_2 + \sigma_3$

[그림 7.5]는 변형률 성분을 응력 성분과 유사한 방식으로 설명할 수 있음을 보여준다. – 미소육면체에는 3개의 인장변형률과 6개의 전단변형률이 있다(비록 단지 3개의 독립적인 전단변형률만이 있다). 3개의 인장변형률은

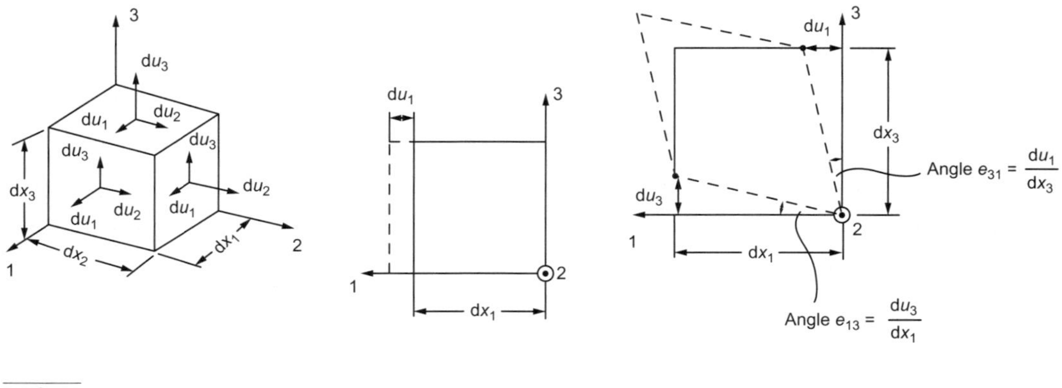

그림 7.5
고체 내부에서 변형률

$$\varepsilon_{11} = \frac{du_1}{dx_1}, \quad \varepsilon_{22} = \frac{du_2}{dx_2}, \quad \varepsilon_{33} = \frac{du_3}{dx_3}$$

동일한 변형률 성분의 각 쌍은 다음 형식으로 표기된다([그림 7.5]를 보라).

$$\varepsilon_{13} = \varepsilon_{31} = \frac{1}{2}(e_{13} + e_{31}) = \frac{1}{2}\left(\frac{du_3}{dx_1} + \frac{du_1}{dx_3}\right)$$

변형률 텐서는 다음과 같이 표기된다.

$$\begin{pmatrix} \varepsilon_{11} & \varepsilon_{12} & \varepsilon_{13} \\ \varepsilon_{21} & \varepsilon_{22} & \varepsilon_{23} \\ \varepsilon_{31} & \varepsilon_{32} & \varepsilon_{33} \end{pmatrix}$$

인장변형률 성분은 1, 2, 3순서로 주대각선을 따라 내려가고 전단변형률 성분은 대각선 외의 항이다. 변형률 텐서는 주대각선에 대해 대칭이다. 주변형률 텐서는 다음과 같다.

$$\begin{pmatrix} \varepsilon_1 & 0 & 0 \\ 0 & \varepsilon_2 & 0 \\ 0 & 0 & \varepsilon_3 \end{pmatrix}$$

미소육면체가 회전할 때 인장변형률 성분의 합은 일정하게 유지된다. 예를 들면 다음과 같다. $\varepsilon_{11} + \varepsilon_{22} + \varepsilon_{33} = \varepsilon_1 + \varepsilon_2 + \varepsilon_3$.

다음 예제는 이러한 개념들을 나타내며 제8장에서 챌린저 우주왕복선의 사고에 대한 자세한 사례연구에 사용한다.

EXAMPLES

7.1 Explain why, in the general form of the stress tensor, there are only three independent shear stress components.

7.2 Explain what is special about principal planes, principal directions, and principal stresses. What is the special characteristic of the principal stress tensor?

7.3 Write out the principal stress tensor for the following loading conditions:

(a) A long bar subjected to a uniform tensile stress σ_1 along its length.

(b) A thin sheet subjected to unequal biaxial tension (stresses σ_1 and σ_2).

(c) A cube subjected to an external hydrostatic pressure p.

(d) A cube subjected to triaxial tension (tensile stresses σ_1, σ_2 and σ_3).

7.4 A thin-walled tube is subjected to a torque (see the box spanner in Figure 3.4). Write out the stress tensor for the state of pure shear in the tube wall (shear stress = τ). Is this stress tensor a principal stress tensor?

7.5 The diagram shows a pressure vessel subjected to internal pressure p.

The circumferential stress (hoop stress) is given by $\sigma = \frac{pr}{t}$ and the longitudinal (axial) stress is given by $\sigma = \frac{pr}{2t}$. Write out the principal stress tensor for this stress state. Why must the 1, 2, and 3 axes be the principal directions?

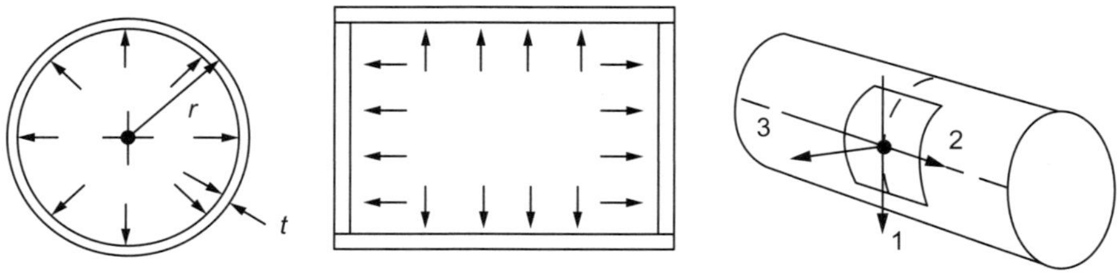

7.6 Explain why, in the general form of the strain tensor, there are only three independent shear strain components.

7.7 Explain what is special about principal strains. What is the special characteristic of the principal strain tensor?

7.8 Write out the strain tensor for the following straining conditions:

(a) A long bar subjected to a uniform tensile strain ε1 along its length.

(b) A cube subjected to a uniform compressive strain ε as the result of external hydrostatic pressure.

7.9 Show that the engineering shear strain γ is equal to twice the shear strain component in the strain tensor.

[Hint—compare Figure 3.5(b) and Figure 7.5].

7.10 Define the dilatation Δ, and show that $\Delta = \varepsilon_1 + \varepsilon_2 + \varepsilon_3$.

7.11 Show that the elastic stress-strain relations for an isotropic material are

$$\varepsilon_1 = \frac{\sigma_1}{E} - \upsilon\frac{\sigma_2}{E} - \upsilon\frac{\sigma_3}{E}$$
$$\varepsilon_2 = \frac{\sigma_2}{E} - \upsilon\frac{\sigma_1}{E} - \upsilon\frac{\sigma_3}{E}$$
$$\varepsilon_3 = \frac{\sigma_3}{E} - \upsilon\frac{\sigma_1}{E} - \upsilon\frac{\sigma_2}{E}$$

Hence derive an equation for the dilatation in terms of Poisson's ratio, Young's modulus, and the sum of the principal stresses. For what value of ν is the volume change zero?

7.12 A bar of material is subjected to uniaxial tension, which produces an axial strain ε_1. Poisson's ratio for most metals is about 0.3. For cork, it is close to zero; for rubber it is close to 0.5. What approximate volume changes are produced in each of these materials by the strain?

7.13 Show that Young's modulus E and the bulk modulus K are related by the equation

$$K = \frac{E}{3(1-2\nu)}$$

[Hint—use the equation you derived for the dilatation in Example 7.11, and set each of the principal stresses equal to −p.]

Hence show that $K = E$ when $\nu = 1/3$.

7.14 The sole of a shoe is to be surfaced with soft synthetic rubber having a Poisson's ratio of 0.5. The least expensive solution is to use a solid rubber slab of uniform thickness. However, a colleague suggests that the sole would give better cushioning if it were molded as shown in the diagram. Is your colleague correct? If so, why?

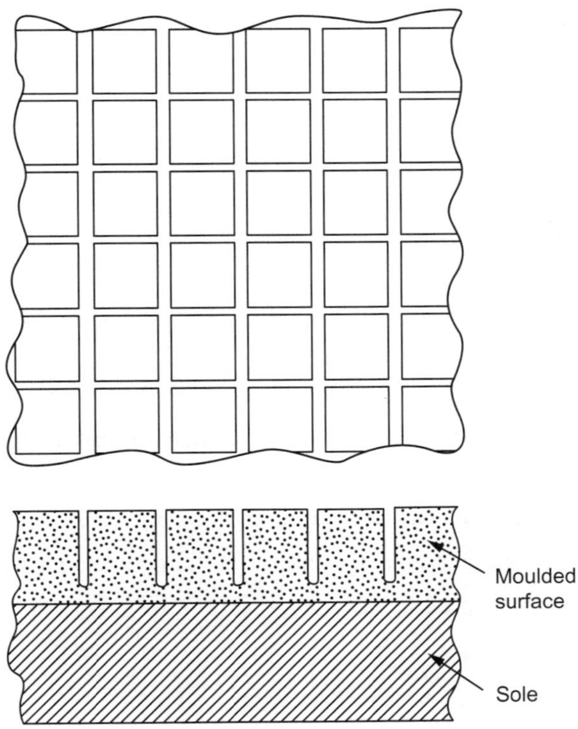

7.15 Explain why it is much easier to push a cork into a wine bottle than a rubber bung. Poisson's ratio is 0 for cork and 0.5 for rubber.

ANSWERS

7.1 This is a consequence of the equations of static equilibrium—the test cube must not rotate about any of its axes.

7.2 Principal planes have no components of shear stress acting on them. Principal directions are normal to principal planes. Principal stresses are tensile stresses acting on principal planes. The shear stress components all vanish.

7.3 (a) $\begin{pmatrix} \sigma_1 & 0 & 0 \\ 0 & 0 & 0 \\ 0 & 0 & 0 \end{pmatrix}$

(b) $\begin{pmatrix} \sigma_1 & 0 & 0 \\ 0 & \sigma_2 & 0 \\ 0 & 0 & 0 \end{pmatrix}$

(c) $\begin{pmatrix} -p & 0 & 0 \\ 0 & -p & 0 \\ 0 & 0 & -p \end{pmatrix}$

(d) $\begin{pmatrix} \sigma_1 & 0 & 0 \\ 0 & \sigma_2 & 0 \\ 0 & 0 & \sigma_3 \end{pmatrix}$

7.4 $\begin{pmatrix} 0 & \tau & 0 \\ \tau & 0 & 0 \\ 0 & 0 & 0 \end{pmatrix}$

7.5 $\begin{pmatrix} \sigma_1 & 0 & 0 \\ 0 & 0.5\sigma_1 & 0 \\ 0 & 0 & 0 \end{pmatrix}$. There are no shear stress components normal to these axes.

7.6 Because the two shear strain terms on any given axis plane are defined, there is no rotation.

7.7 Principal strains are tensile strains. The shear strain components all vanish.

7.8 (a) $\begin{pmatrix} \varepsilon_1 & 0 & 0 \\ 0 & -v\varepsilon_1 & 0 \\ 0 & 0 & -v\varepsilon_1 \end{pmatrix}$

(b) $\begin{pmatrix} \varepsilon & 0 & 0 \\ 0 & \varepsilon & 0 \\ 0 & 0 & \varepsilon \end{pmatrix}$

7.9 Compare Figure 3.5(b) with Figure 7.5.

$e_{13}=\gamma$ and $e_{31}=0$

$\varepsilon_{13}=\varepsilon_{31}=\frac{1}{2}(e_{13}+e_{31})=\frac{\gamma}{2}$

7.10 From Figure 3.5(c), the dilatation is defined as $\Delta = \frac{\Delta V}{V}$.

Consider a cube of material of unit side. For each of the three principal (axial) strains, the increase in the volume of the cube is equal to the strain.

For example, a strain ε1 makes the cube longer in the 1 direction by ε1.

The increase in the volume of the cube is $\varepsilon_1 \times 1 \times 1 = \varepsilon_1$. The dilatation produced by ε_1 is therefore $(\varepsilon_1 \times 1 \times 1) / (1 \times 1 \times 1) = \varepsilon_1$. Therefore, $\Delta = \varepsilon_1 + \varepsilon_2 + \varepsilon_3$.

7.11 Take a cube of the material having its faces normal to the principal directions, and apply a stress σ_1 along the 1 direction. Since $E = \frac{\sigma_1}{\varepsilon_1}$, $\varepsilon_1 = \frac{\sigma_1}{E}$. Now apply a stress σ_2 along the 2 direction. This will produce a strain along the 2 direction of $\varepsilon_2 = \frac{\sigma_2}{E}$.

In turn, this strain will produce a strain along the 1 direction of $\varepsilon_1 = -\upsilon\varepsilon_2 = -\upsilon\frac{\sigma_2}{E}$.

The net strain along the 1 direction now becomes $\varepsilon_1 = \frac{\sigma_1}{E} - \upsilon\frac{\sigma_2}{E}$.

Next apply a stress σ_3 along the 3 direction, and repeat as before to find the total net value of ε_1, as given by the first equation. Repeat this procedure to find the equations for ε_2 and ε_3. Sum the three principal strains using the three equations. It is then straightforward to show that

$$\Delta = \frac{(1-2\upsilon)}{E}(\sigma_1 + \sigma_2 + \sigma_3)$$

The dilatation is zero when $\upsilon = 1/2$.

7.12 For uniaxial tension, $\Delta = \frac{(1-2\upsilon)}{E}\sigma_1 = (1-2\upsilon)\varepsilon_1$.

The volume changes are therefore $0.4\varepsilon_1$, ε_1, and 0.

7.13 From Equation (3.8), $K = -\frac{p}{\Delta}$. For hydrostatic pressure loading, the equation

$\Delta = \frac{(1-2\upsilon)}{E}(\sigma_1 + \sigma_2 + \sigma_3)$ becomes $\Delta = -\frac{(1-2\upsilon)}{E}(3p)$. Then

$K = -p \times \frac{E}{-(1-2\upsilon)3p} = \frac{E}{3(1-2\upsilon)}$. This shows that $K = E$ when $\upsilon = 1/3$.

7.14 The solid rubber sole is very resistant to being compressed, because it is restrained against lateral Poisson's ratio expansion by being glued to the relatively stiff sole. However, the molded surface has a much lower resistance to being compressed, because the lateral Poisson's ratio expansion of each separate rubber cube can occur without constraint (provided the gaps between adjacent cubes do not close up completely). So your colleague is correct.

7.15 The axial force applied to the cork to push it into the bottle results in a zero lateral Poisson's ratio expansion, so it does not become any harder to push the cork into the neck of the bottle. However, the axial force applied to the rubber bung results in a large lateral Poisson's ratio expansion, which makes it almost impossible to force the bung into the neck of the bottle.

보의 굽힘

Case 1

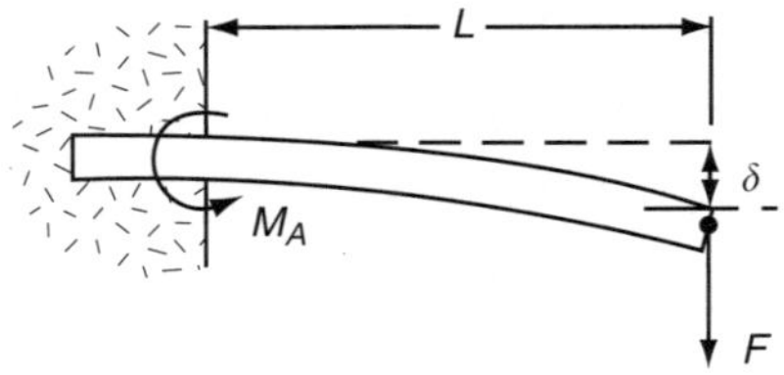

$$\delta = \frac{1}{3}\left(\frac{FL^3}{EI}\right)$$

$$M_A = FL$$

Case 2

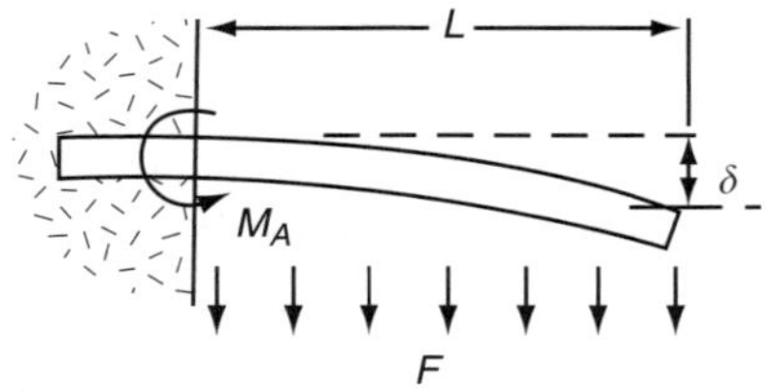

$$\delta = \frac{1}{8}\left(\frac{Fl^3}{EI}\right)$$

$$M_A = \frac{Fl}{2}$$

Case 3

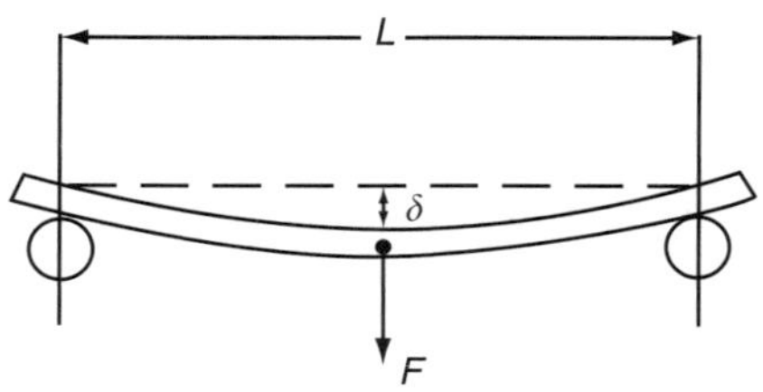

$$\delta = \frac{1}{48}\left(\frac{Fl^3}{EI}\right)$$

Maximum moment is $\frac{Fl}{4}$ at mid span

Case 4

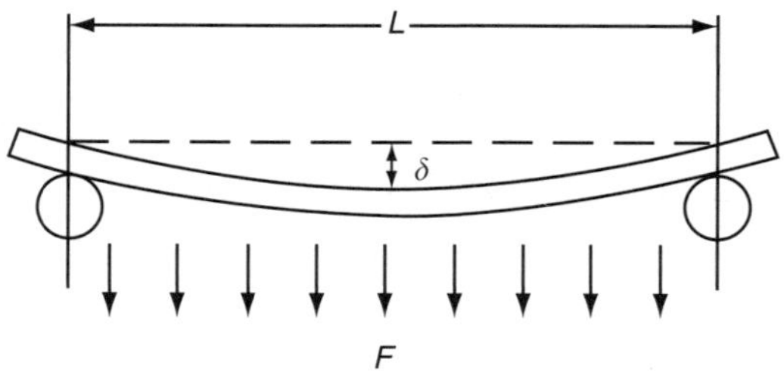

$$\delta = \frac{5}{384}\left(\frac{Fl^3}{EI}\right)$$

Maximum moment is $\frac{Fl}{8}$ at mid span

Case 5

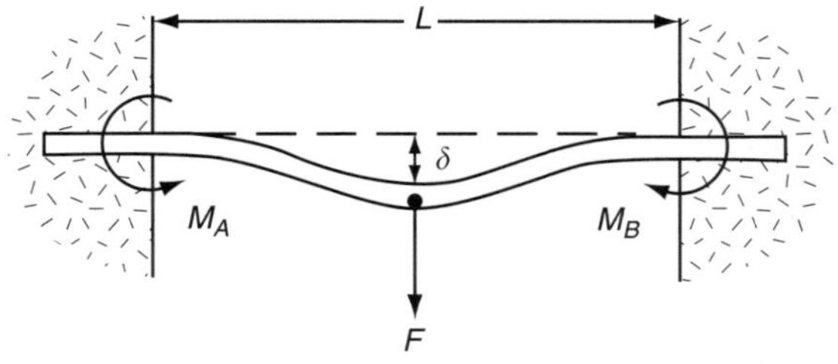

$$\delta = \frac{1}{192}\left(\frac{Fl^3}{EI}\right)$$

$$M_A = M_B = \frac{Fl}{8}$$

$$\text{Moment at mid span} = \frac{Fl}{8}$$

Case 6

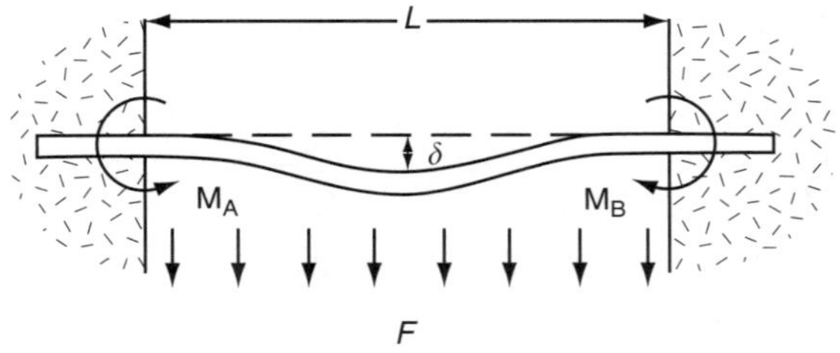

$$\delta = \frac{1}{384}\left(\frac{Fl^3}{EI}\right)$$

$$M_A = M_B = \frac{Fl}{12}$$

$$\text{Moment at mid span} = \frac{Fl}{24}$$

2차 면적모멘트

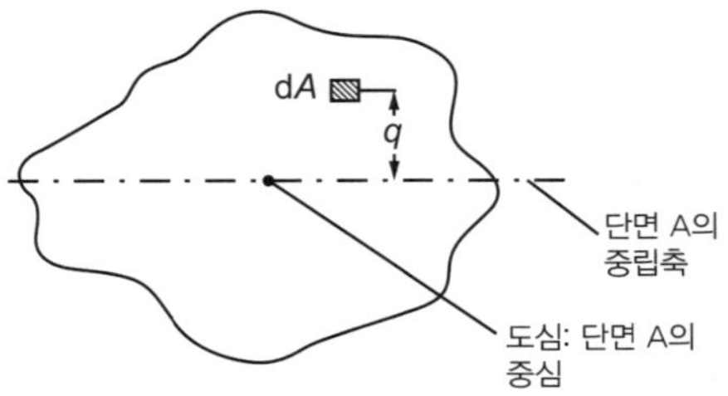

$$I = \int_A dA\, q^2$$

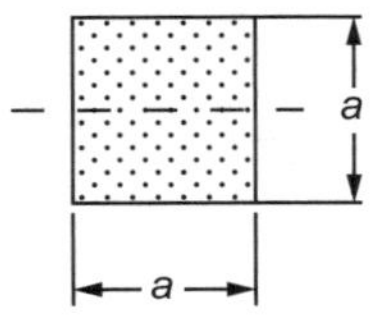

$$I = \frac{a^4}{12},\ A = a^2$$

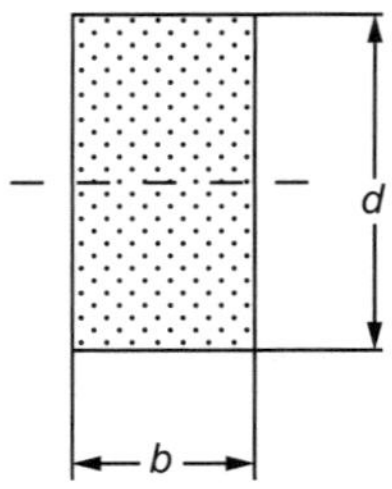

$$I = \frac{bd^3}{12}, \quad A = bd$$

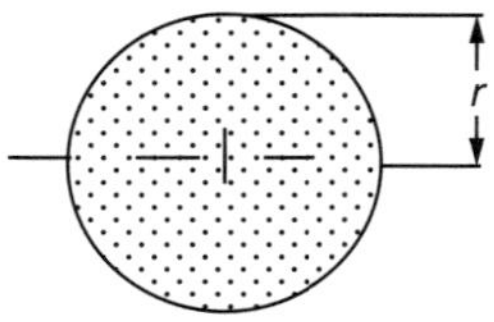

$$I = \frac{\pi r^4}{4}, \quad A = \pi r^2$$

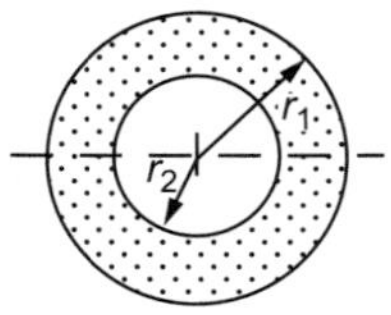

$$I = \frac{\pi}{4}(r_1^4 - r_2^4), \quad A = \pi(r_1^2 - r_2^2)$$

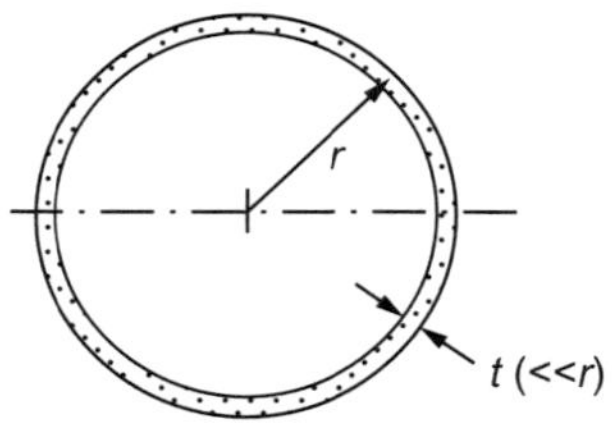

$$I = \pi r^3 t, \quad A = 2\pi r t$$

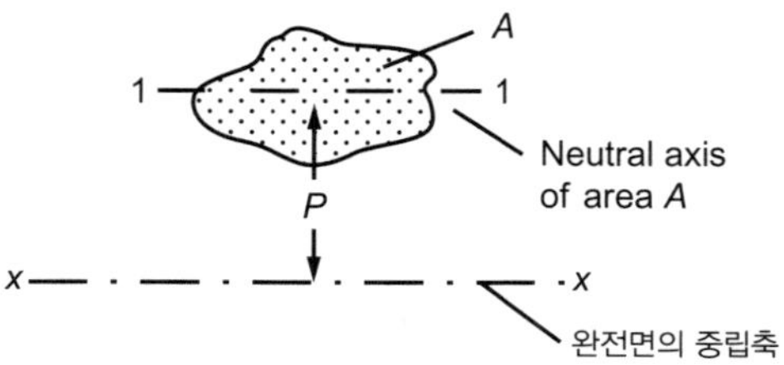

$$I_x = I_1 + Ap^2$$

(평행축 정리)

보의 진동

Case 1

$f = \frac{\omega}{2\pi'}$ 여기서 f는 초당 진동수

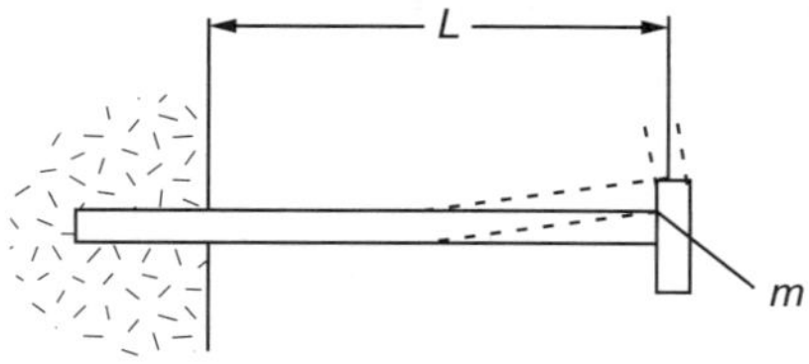

$$f = 0.276\sqrt{\frac{EI}{mL^3}}$$

Case 2

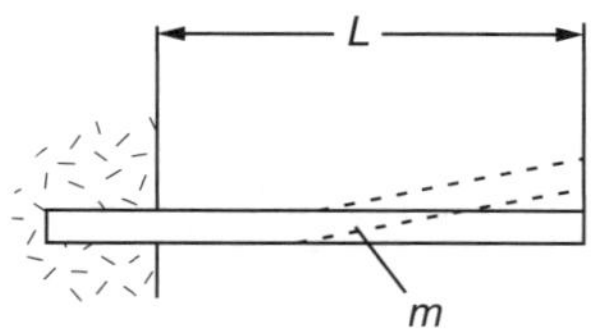

$$f = 0.560\sqrt{\frac{EI}{mL^3}}$$

Case 3

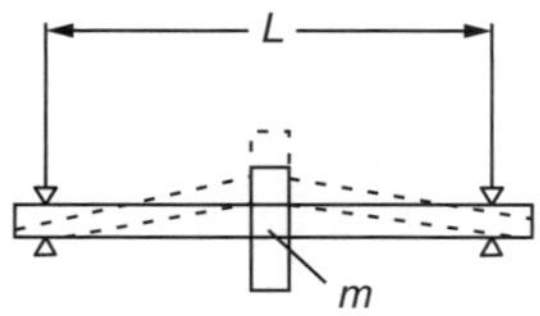

$$f = 1.103\sqrt{\frac{EI}{mL^3}}$$

Case 4

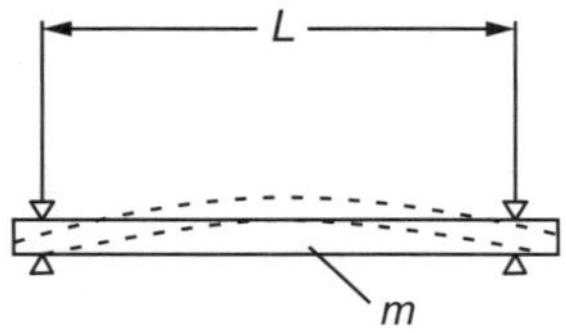

$$f = 1.571\sqrt{\frac{EI}{mL^3}}$$

Case 5

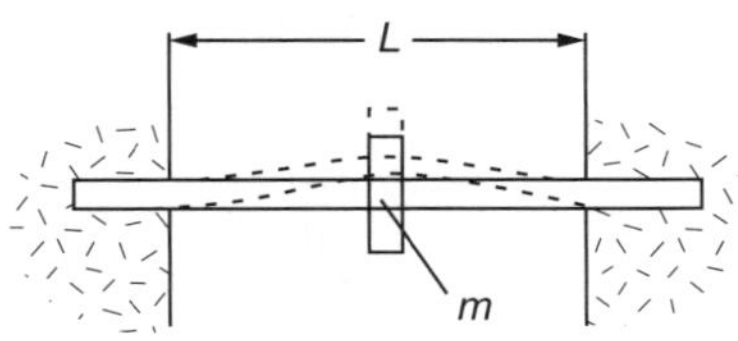

$$f = 2.206\sqrt{\frac{EI}{mL^3}}$$

Case 6

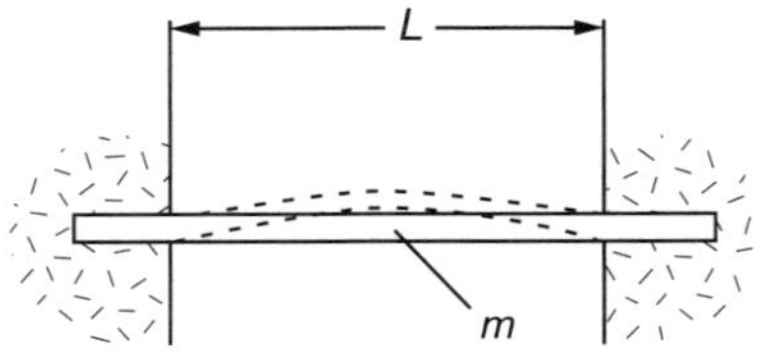

$$f = 3.565\sqrt{\frac{EI}{mL^3}}$$

보의 좌굴

Case 1

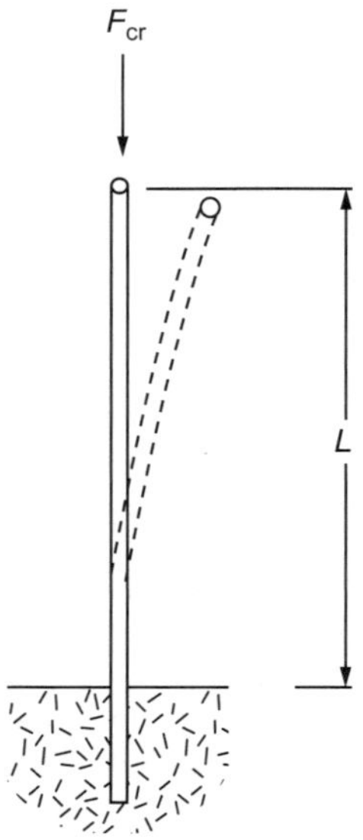

$$F_{cr} = 2.47\left(\frac{EI}{L^2}\right)$$

Case 2

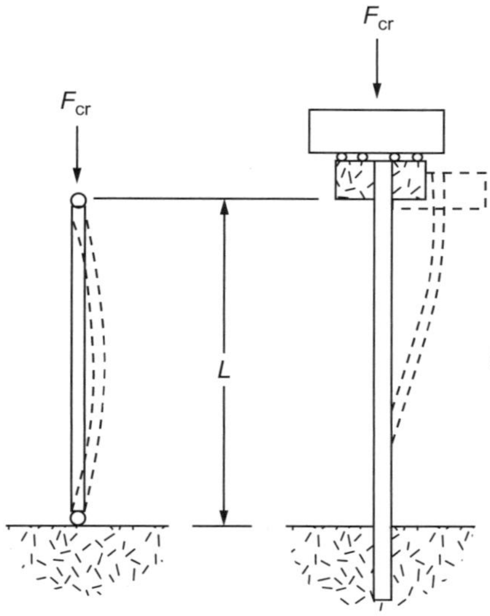

$$F_{cr} = 9.87\left(\frac{EI}{L^2}\right)$$

Case 3

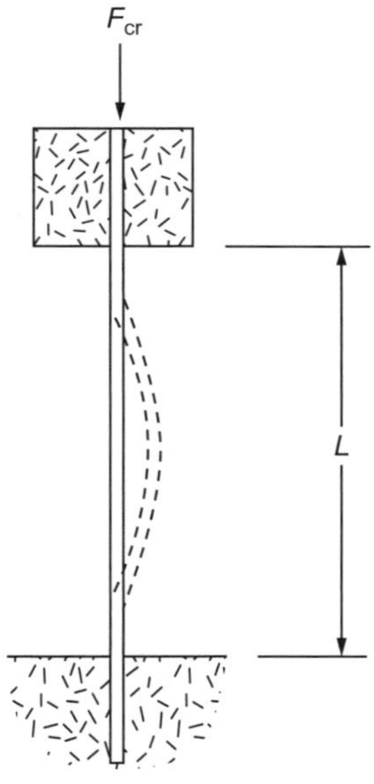

$$F_{cr} = 39.5\left(\frac{EI}{L^2}\right)$$

CHAPTER 08

제한된 탄성계수 설계의 사례연구

8.1 사례연구 1: 경주용 요트 돛대용 재료 선택

[그림 8.1]은 근래의 경주용 요트의 일반적인 돛대를 보여준다. 이 돛대는 얇은 벽 두께의 관 형태로 만들어지고, 탄소섬유강화 플라스틱 – CFRP(검게 보이는 이유임)로 제조된다. 긴 바다 항해 경기에서 이기기 위해, 이런 요트들은 최대 강도와 강성, 최소 무게 그리고 공기역학적 항력과 같은 고성능 재료가 나타낼 수 있는 모든 장점을 필요로 한다. 다음 동영상은 시드니(Sydney)에서 호바트(Hobart)까지의 일반적인 항해 경주 조건을 보여준다. 요트는 10 노트(knots) 이상의 속도로 항해하고, 기어는 가능한 빠르게 움직이는 힘든 조건에서 작동된다. 폭풍을 만나게 되면(이 동영상이 촬영된 이후에 바로 발생함), 돛대와 로프 같은 장치는 매우 큰 하중에 노출되고, 돛대는 심지어 배 밖으로 떨어져 손실될 수도 있다; http://www.youtube.com/watch?v=MzePFwYk88c&feature=related 참조

이와 같은 응용에서 다른 재료들의 성능을 비교하는 좋은 방법은 굽힘에서 캔틸레버 빔의 역학을 살펴보는 것이다([그림 8.2] 참조). 빔의 탄성 굽힘에 대한 방정식은 제7장에 나타나 있다 – 균일하게 분포된 하중에 노출된 캔틸레버에 대한 가장 근접한 결과이다(사례연구 2 참조). 이는 붐(boom)과 주돛이 돛대에 대략적으로 길이방향을 따라서는 균일한 측면 하중을 가하기 때문이다. 다음은 사용되는 방정식이다.

$$\delta = \frac{1}{8}\left(\frac{FL^3}{EI}\right) \tag{8.1}$$

$$I = \pi r^3 t \tag{8.2}$$

위의 두 방정식을 결합하면 다음과 같은 관의 굽힘 강성을 나타낼 수 있다.

$$\frac{F}{\delta} = \frac{8\pi E r^3 t}{L^3} \tag{8.3}$$

빔의 질량은 다음과 같이 주어진다.

$$m = 2\pi r t L \rho \tag{8.4}$$

그림 8.1
항해 경기 요트의 탄소섬유 돛대. (Cruising Yacht Club of Australia, Rushcutters Bay, Sydney.) – 33 52 25.34 S 151 13 55.08 E

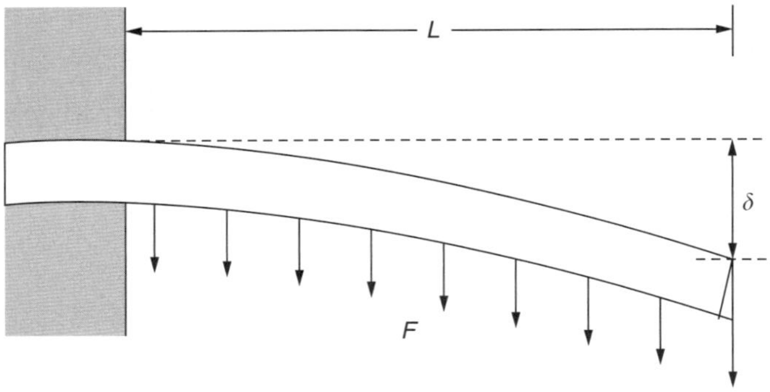

그림 8.2
균일하게 분포된 힘 F 조건에서 길이 l의 캔틸레버 빔의 탄성 변형 δ

관의 유일한 치수 변수인 벽 두께 t를 제외하고 길이와 반경은 설계에 의해 고정된다. 식 (8.4)의 t에 식 (8.3)을 대체하면 다음과 같다.

$$m = \frac{1}{4}\left(\frac{L^4}{r^2}\right)\left(\frac{F}{\delta}\right)\left(\frac{\rho}{E}\right) \tag{8.5}$$

| 표 8.1 | 주어진 강성의 관에 대한 데이터

재료	ρ (Mg m^{-3})	E (GN m^{-2})	m_1
강	7.8	200	0.039
알루미늄 합금	2.7	69	0.039
타이타늄 합금	4.5	120	0.038
유리섬유강화플라스틱	2.0	40	0.05
나무	0.6	12	0.05
탄소섬유강화플라스틱	1.5	200	0.0075

따라서 지정된 굽힘 강성에 대한 관의 질량은 최소 재료지수(material index)를 가지는 재료를 선택함으로써 최소화 된다.

$$m_1 = \left(\frac{\rho}{E}\right) \tag{8.6}$$

[표 8.1]은 이 응용에 적합한 몇 가지 재료 데이터를 나타낸다.

탄소섬유강화 플라스틱을 제외하고 이 재료들 중에 명확하게 선택할 만한 재료는 많지 않다. 역사적으로 돛단배의 돛대들은 나무로 만들어졌다. 이는 유일하게 이용할 수 있는 적합한 재료였고 작업하기에 좋았다. 19세기 말에 대형배와 강의 출현에 따라 돛대들은 증가적으로 강으로 만들어졌는데, 역시 기능에 적합할 뿐만 아니라 더 큰 크기에도 이용할 수 있고 특성의 균일성이 더욱 향상되었기 때문이다.

1960년대부터 돛대들은 – 특히 요트와 돛배용으로 – 거의 대부분 알루미늄 합금으로 만들었는데, 이는 주로 얇은 단면 부분에서 강으로 된 재료의 부식 문제 때문이었다. 그러나 탄소섬유강화 플라스틱은 성능에서 극적인 향상을 제공하는데 – 다른 재료들보다 무게를 5배 이상 감소시킬 수 있다. 탄소섬유강화 플라스틱은 대항해 경기에 사용되고 있지만 좀 더 광범위하게 사용되지 않는 이유는 무엇일까? 그 주요 원인은 가격이다 – 탄소섬유강화 플라스틱의 가격은 알루미늄 합금보다 30배 비싸며([표 2.1] 참조), 지불할만한 충분한 돈이 있을 때만 정당화 된다. 결국 빌딩용 대나무, 가구용 케인, 지붕용 리드 등 천연복합재료로 만든 관구조재가 천년 넘게 사용된 것은 이와 같은 분석관점에서 놀라운 일이 아니다. [그림 8.3]은 오늘날에도 이러한 재료들이 사용되는 예시를 보여준다.

그림 8.3
대나무 발판. Nilambagh Palace, Bhavnagar, Gujurat, India. – 21 45 57.07 N 72 07 50.07 E

8.2 사례연구 2: 대형 반사 망원경용 반사경 설계

[그림 8.4]는 해발 13,796 ft, 하와이 Mauna Kea의 정상고원에 위치한 전형적인 대형 반사 망원경인 영국의 적외선 망원경(UKIRT)을 보여준다. 전세계 대형 광학 망원경들의 목록은 다음에서 찾을 수 있다. http://astro.nineplanets.org/bigeyes.html

고전적인 대형 반사경은 캘리포니아 Palomar 산에 위치한, Hale 200"(5.1 m)이다. 1948년에 완성된 이후 1993년까지 정확하게 작동하는 세계에서 가장 큰 광학 망원경이었다. 다음 링크는 특히 반사경과 이를 지지하는 기구와 같은 건설의 상세사항을 제공한다 – 우리는 사례연구 끝부분에서 다시 이와 같은 임계 설계 방안을 다룰 것이다. 또한, Google Earth에서 33 21 22.54 N 116 51 53.61 W 참조(http://www.astro.caltech.edu/palomar/;http://articles.adsabs.harvard.edu//full/1950PASP. . .62. . .91B/0000091.000.html)

간단하게 반사경은 100 nm 두께의 매우 얇은 증착 알루미늄 층을 위한 불활성 받침(14.5톤 무게의 낮은 팽창 특성을 가지는 유리)이다. 코팅 전에 회전하는 포물선 모양으로 갈리고 미세하게 연마된다. 최종 치수는 믿을 수 없을 정도로 정확해야 한다. 그렇지 않으면 망원경을 통해서 보이는 광학 이미지는 뚜렷하지 않을 것이다. 작동 중에 반사경은 엄청난 기술적인 도

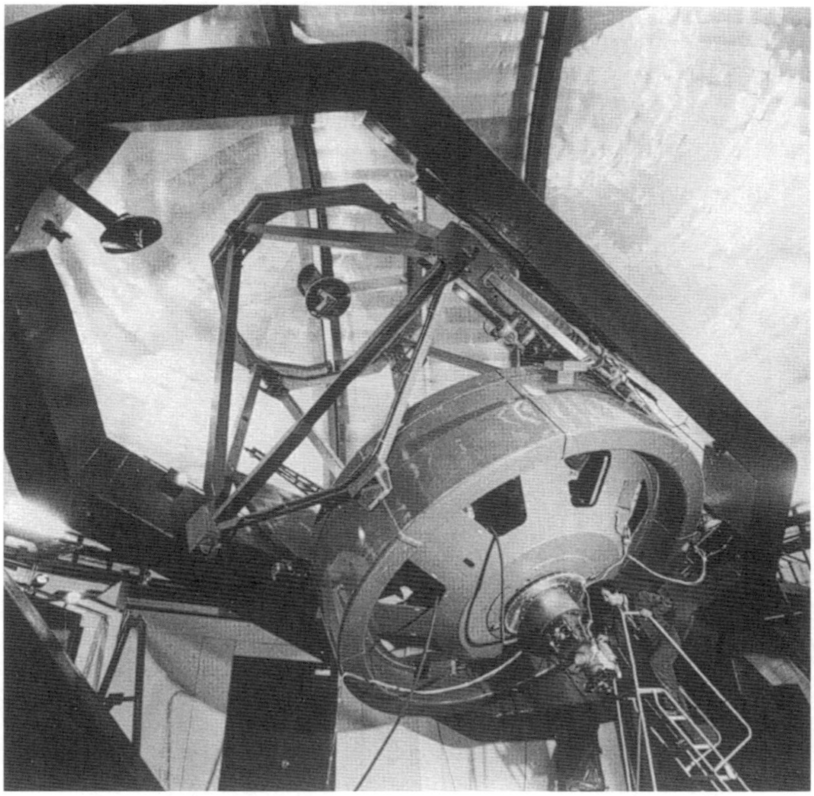

그림 8.4
하와이 Mauna Kea의 영국 적외선 망원경. 사진은 3.8 m 직경 반사경용 하우징과, 지지 구조 그리고 열리는 창문을 가진 알루미늄 돔의 내부를 보여준다. (Courtesy of Photo Labs, Royal Observatory, Edinburgh.) – 19 49 32.2 N 155 28 23.6 W

전인 2백만분의 1인치(0.05 μm)의 정확성을 유지해야 한다.

당연히 이와 같은 망원경의 가격은 어마어마하다. 그러나 대부분의 가격은 반사경과 다른 광학 부품들을 지지하고 별들을 따라 움직이게 하는 강철 구조물과 관련되어 있다. 이런 구조 요소들의 크기 관계 법칙은 단지 반사경의 직경보다 망원경의 비용이 훨씬 빠르게 증가한다는 것이다. 따라서 가능한 한 많이 반사경의 질량을 줄이는 재료를 선택하는 큰 동기가 있다.

간단하게 망원경 반사경은 직경 $2a$, 두께 t의 원형 디스크이고 단순히 반사경의 주위를 지지한다고 하자([그림 8.5]). 반사경이 수평으로 위치할 경우 자체 질량 M에 의하여 휘어지지만, 수직으로 위치할 경우에는 현저한 휘어짐이 일어나지 않는다. 탄성 변형에 대한 방정식은 제3장의 끝부분에 나타낸 것보다 훨씬 많은 결과 자료를 찾는 것이 요구된다 – Roark's formulas for stress and strain(Young and Budynas - in the References) 참조. 이에 대한 관계식은 푸아송 비가 0.33에 가까운 재료에 대하여 다음과 같다.

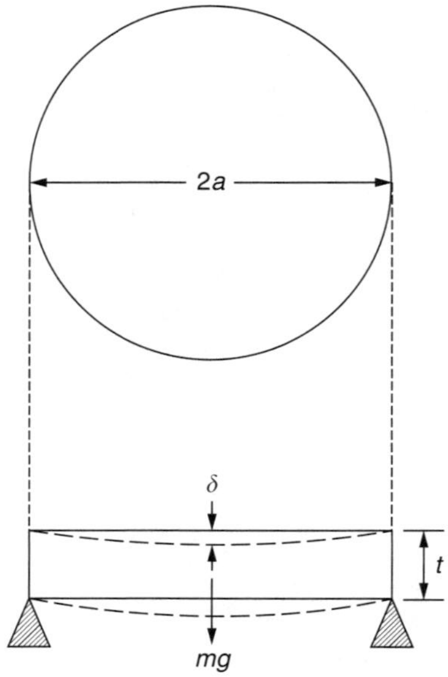

그림 8.5
자체 무게 하에서 망원경 반사경의 탄성 변형

$$\delta = \frac{0.67}{\pi}\left(\frac{mga^2}{Et^3}\right) \tag{8.7}$$

반사경의 질량은 다음과 같이 주어진다.

$$m = \pi a^2 t \rho \tag{8.8}$$

식 (8.8)의 t에 식 (8.7)을 대입하면 다음과 같다.

$$m = \left(\frac{0.67g}{\delta}\right)^{1/2} \pi a^4 \left(\frac{\rho^3}{E}\right)^{1/2} \tag{8.9}$$

δ와 a는 설계에 의해 고정되므로, 식 (8.9) 우변에서 유일한 변수는 다음과 같은 재료지수이다.

$$m_2 = \left(\frac{\rho^3}{E}\right)^{1/2} \tag{8.10}$$

[표 8.2]는 이 응용에 적합한 재료들의 데이터를 보여준다.

탄소섬유강화 플라스틱은 명확히 가장 가벼운 재료는 아니다 – 우리는 반사경 면의 모든 방향에 대해 동일한 탄성계수를 갖도록 해야 하기 때문에 높은 일방향 탄성계수를 활용할 수 없고, 이는 훨씬 낮은 탄성계수를 가지는 준등방 박판(quasi isotropic laminate)을 사용해야 함

표 8.2 반사경용 데이터

재료	ρ (Mg m^{-3})	E (GN m^{-2})	m_2
강	7.8	200	1.54
콘크리트	2.5	47	0.58
알루미늄 합금	2.7	69	0.53
유리	2.5	69	0.48
타이타늄 합금	4.5	120	0.87
유리섬유강화 플라스틱 – 준등방 박판	2.0	15	0.73
나무 – 준등방 박판	0.6	4	0.23
탄소섬유강화 플라스틱 – 일방향	1.5	200	0.13
탄소섬유강화 플라스틱 – 준등방 박판	1.5	70	0.22

을 의미한다. 실질적으로 나무는 이제 탄소섬유강화 플라스틱과 동일하지만 치수상으로 너무 불안정하기 때문에 사용할 수 없다. 다음으로 유리는 매우 안정적이라는 장점을 가지고 있고, 거울면으로 갈리고 미세하게 연마될 수 있기 때문에 거의 모든 망원경 반사경에, 심지어 허블 우주 망원경에 끊임없이 사용되고 있다. http://en.wikipedia.org/wiki/Hubble_Space_Telescope

재료지수에 근거한 재료 선택은 확인된 잠재적인 새로운 방법을 향한 유용한 첫 번째 단계이다 – 탄소섬유강화 플라스틱 요트 돛대는 신소재를 사용하여 큰 무게 감소를 가능하게 한 좋은 예이다. 그러나 어떤 경우에는 전통 재료가 최선이고, 재료지수가 다른 설계에 기초한 해결안을 문제에 적용시키기에는 때때로 너무 단순하기도 하다.

중력이 가해지는 조건 하에서 Hale 망원경의 반사경 변형을 최소화 하기 위한 두 가지 독창적인 공학적 해결안이 사용된다. 첫 번째로 반사경은 평평한 디스크가 아니고, 단단한 구조 형상을 유지하면서 무게를 줄이기 위해 바닥 면이 깊게 리브로 보강(ribbed)된다(무게 감소는 42%임). 두 번째로 반사경의 처짐은 [그림 8.6]과 같이 36개의 다른 위치의 바닥 면에 기계적 힘을 가함으로써 상쇄된다.

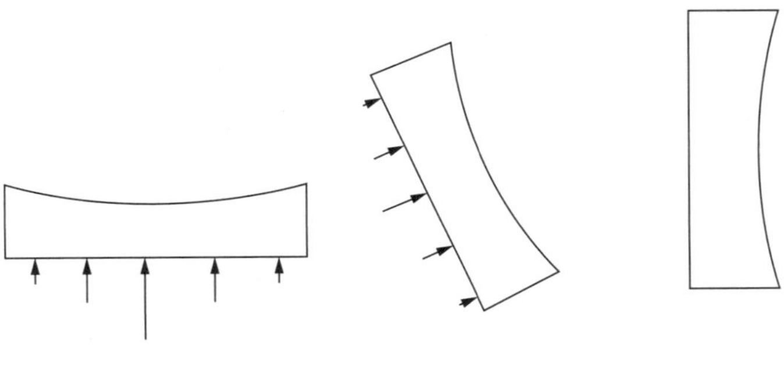

그림 8.6
자체 무게에 의한 반사경의 변형은 뒷면에 가해지는 힘(화살표)에 의해 조정될 수 있다

이런 힘들은 무게 레버(weighted levers)로 작동되는 잭(jack) 시스템에 의해 제공된다 – 각각의 잭은 36군데 위치마다 다르다. 반사경이 기울어지면(처짐은 감소함), 잭은 독창적인 기계적 설계에 의해 자동으로 물러나게 되고, 무게 레버의 중력에 의한 당김은 반사경을 당기는 속도와 같도록 만들어진다. 이는 전적으로 수동적 제어 기구이고, 외부 작동이나 제어 시스템이 필요 없다.

반면에 근래의 반사경은, 이와 같은 작동에 매우 복잡한 컴퓨터 제어 작동기구를 사용한다 – 작동기구에 전달되는 신호는 심지어 광학 영상의 차이에 의해 실시간으로 작동되어, 망원경은 연속적으로 스스로 조정된다. 이는 10 m의 큰 반사경을 가지는 광학 망원경의 제작을 가능하게 하였다 – Mauna Kea의 Keck 망원경들은 각각 36개의 개별 유리거울 조각으로 구성되며, 이들 모두는 위와 같은 제어 시스템에 의해 정확하게 정렬되도록 유지된다. 심지어 더 큰 반사경도 이 시스템을 사용할 예정이다. 여기에서 전달하고자 하는 것은 분명하다 – 많은 응용분야에서 제어공학 해결안은 이제 재료 선택에 기초한 훌륭한 해결안이다. 그리고 이는 심지어 고체 재료를 사용할 필요가 없는 반사경 문제에 대한 해결안이다(http://en.wikipedia.org/wiki/Liquid_mirror).

8.3 사례연구 3: 챌린저 우주왕복선 사고

1986년 1월 28일에 미국 우주왕복선 챌린저호가 발사 후 73초 뒤에 화염에 휩싸이고 분해되었다. 또한, 2003년 2월 1일에 컬럼비아 우주왕복선이 재진입 중에 폭발하였는데, 이들은 우주여행의 역사 중에 최악의 사고이다. 사고의 상황은 잘 알려져 있고, 대통령 위원회 보고서(the Rogers report)에 방대하게 기록되어 있으며 다른 많은 출처는 다음과 같다.

- http://history.nasa.gov/rogersrep/genindex.htm
- http://en.wikipedia.org/wiki/Space_Shuttle_Challenger_disaster
- http://en.wikipedia.org/wiki/Space_Shuttle_Columbia_disaster
- http://www.cbsnews.com/htdocs/space_place/framesource_challenger.html
- http://www.msnbc.msn.com/id/11031097/ns/technology_and_science-space/
- http://www.onlineethics.org/cms/7123.aspx
- http://challenger-o-ring.com/
- http://en.wikipedia.org/wiki/Space_Shuttle_Solid_Rocket_Booster
- http://en.wikipedia.org/wiki/Solid-fuel_rocket

사고는 두 개의 고체 로켓 부스터(SRBs) 중 1개의 강철 외피에서 연결부위(joint)를 통한 뜨거운 연소 가스의 누출과 함께 시작되었다. 이 누출은 4분 36초의 YouTube 동영상에서 발사 직후 볼 수 있다(http://www.youtube.com/watch?v=zk_wi4QD5WE).

우측 SRB 연결부위의 가장 낮은(aft end) 연결부위에서 한 차례 검은 연기의 발생이 있었다 - 실제로는 +0.678초에서 +2.733초까지 반복적인 연기 발생의 짧은 연속이 있었다. 그러고 나서 누출은 멈췄지만 59초 뒤에 다시 시작되었으며, 이 위치에서의 강철 외피의 화염과 거대한 외부 추진체 용기로의 침해, SRB와 추진체 용기 사이의 하단 연결부위 파괴 및 급격한 전체 조립물의 붕괴를 야기했다.

각각의 SRB는 외경 12 ft(144" 또는 3658 mm) 그리고 벽 두께 0.479"(12.17 mm)의 큰 직경을 가지는 7개의 강철관으로 만들어졌고, SRB의 전체 길이는 149 ft(45.5 m)였다. 6개의 상향관은 Kennedy Space Center(28 36 31.04 N 80 36 15.36 W)에 있는 발사위치까지 철로로 운반될 수 있도록 4개의 개별적인 부분으로 만들어진 다음에, Utah Promontory에 있는 공장에서 각 쌍의 끝부분이 연결되었다. 그러고 나서 이 4개의 부분들은 3개의 “현장(field)” 연결을 하는 것을 포함해서 발사위치에서 조립되었다. 이는 발사 중 실패한 마지막(최후의) 현장 연결이었다.

[그림 8.7]은 이 연결부위의 단순화된 단면을 보여준다. 각 관의 끝부분(“tang”)은 그 다음관의 끝부분에 있는 홈(“clevis”)에 끼워진다. 이 연결은 clevis의 가공된 원주방향 홈에 위치한 합성 고무로 만들어진 “O” 링에 의해 압력 밀착으로 이루어진다. 조립 이후에 O 링은 약간 압축되는데(“nipped”) 이는 막 제조된 O 링의 직경(0.280")이 tang과 O 링 홈 바닥 사이의 간격보다 약간 더 크기 때문이다. 연결부위는 조립 이후에 시험포트를 통해 들어온 공기로 두 O 링 사이의 빈 공간에 압력을 가해 압력밀착을 위한 시험이 이루어진다. 만약에 압력 시스템의 공기압이 충분한 시간 동안 초기 50 psi를 유지하면, 연결부위는 알맞게 조립된 걸로 간주된다. 그러나 – 되짚어 볼 점은 – 압력 시험은 O 링을 반대 방향으로 밀 것이다: 상부 O 링은 홈의 윗면에 놓일 때까지 위로 밀려지고, 아래쪽 O 링은 반대현상이 발생할 것이다.

점화 이후에 SRB의 폭발 가스 압력은 0.600초 안에 912 psi(6.303 MN m^{-2})의 정상값으로 증가한다. 이는 채널을 따라 내열 접착제에 힘을 가하고, O 링 위쪽 공간에 있는 공기를 압축하고, O 링을 아래쪽으로 밀어서 tang과 홈의 아래 면에 대해 밀봉 역할을 하는 것으로 여겨진다.

실질적으로 실제 연결부위는 위와 같이 작동하지 않았다. [그림 8.7]은 SRB의 벽 두께가 1.591"로 0.479"의 주작동관보다 3.32배 두꺼움을 보여준다. 내부 압력 912 psi 하에서 주작동관은 탄성적으로 팽창한다. 이 장의 마지막에 있는 worked example은 이 팽창을 어떻게 계산하는지 보여준다. 912 psi에서 관의 반경에 대하여 0.283"(7.18 mm)이다. 연결부위 또한 탄성적으로 팽창하지만 두께가 훨씬 두꺼우므로 덜 팽창하며 반경방향으로 0.183"(4.64 mm)이다. 이는 [그림 8.8]에 개략적으로 나타낸 것처럼 “연결부위 회전(joint rotation)”을 야기한다. 이 효과는 [그림 8.9]에서 보는 것처럼 파티 풍선과 고무 밴드로 쉽게 묘사할 수 있다.

연결부위 회전은 tang과 clevis의 간격을 증가시키는 역할을 한다. 시험 결과는 간격이 정상

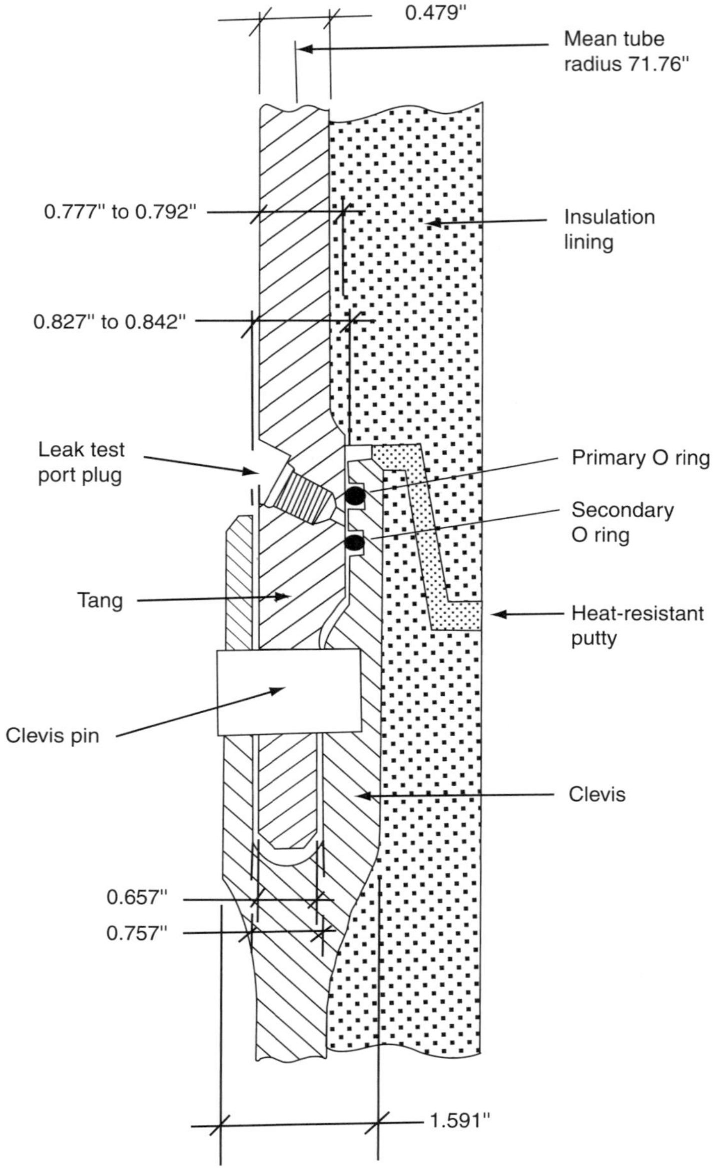

그림 8.7
고체 로켓 부스터 외피의 연결부위

작동 압력에 도달하는 0.600초 동안에 평균 0.029" 열림을 나타내었다. 이 시간 동안 O 링은 초기 압력을 잃고 밀봉이 되지 않았다. 제6장에서 설명한 바와 같이 고무가 유리 천이온도 T_G 이상으로 올라가면 반데르발스 결합이 끊어지고, 이는 고무가 변형을 받을 때 고분자 사슬이 서로 미끄러지게 된다. 그러나 이 사슬 미끄러짐은 시간이 소요되고 발생 속도는 온도에 크게

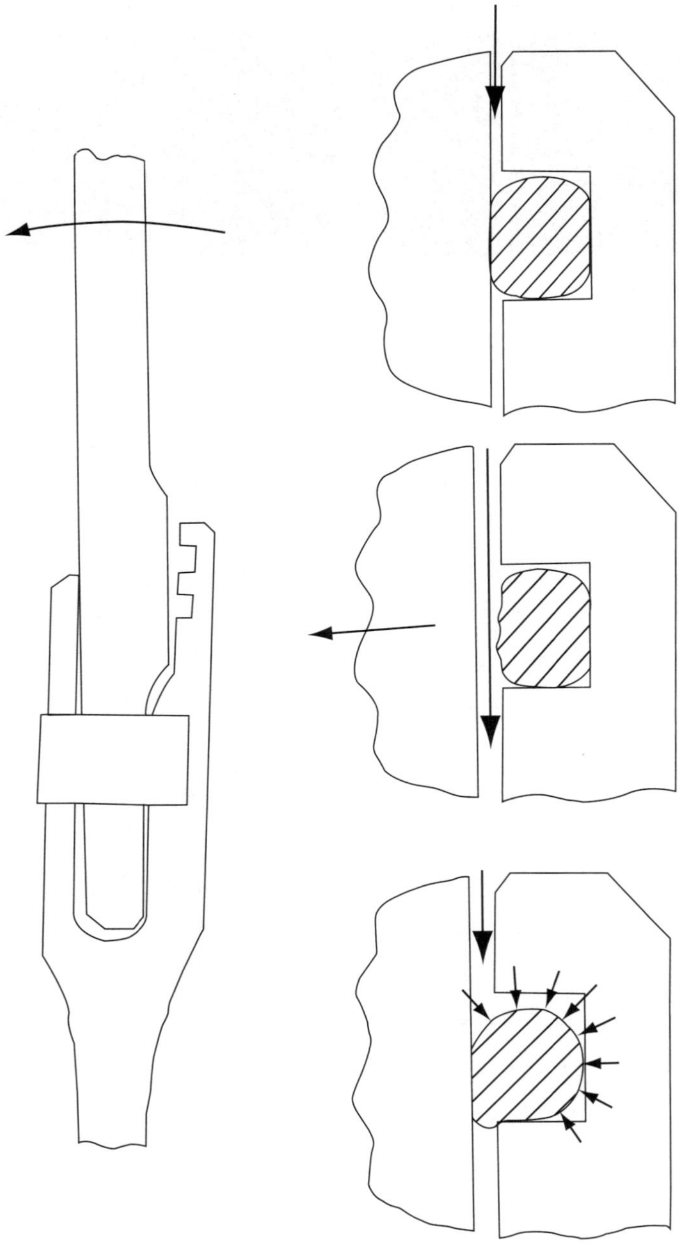

그림 8.8
연결부위 회전, 고온 가스 누출 그리고 O 링의 재배열

의존하게 된다 – 0.6초 이후에 O 링은 24°C에서는 압축의 60%를 회복하고, 10°C에서는 압축의 40%를 회복하지만, 0°C에서는 단지 압축의 20%만을 회복하게 된다. 이는 노벨상 수상자인 물리학자 Richard Feynman에 의해 위원회에 조심스럽게 제시되었다: http://www.youtube.com/

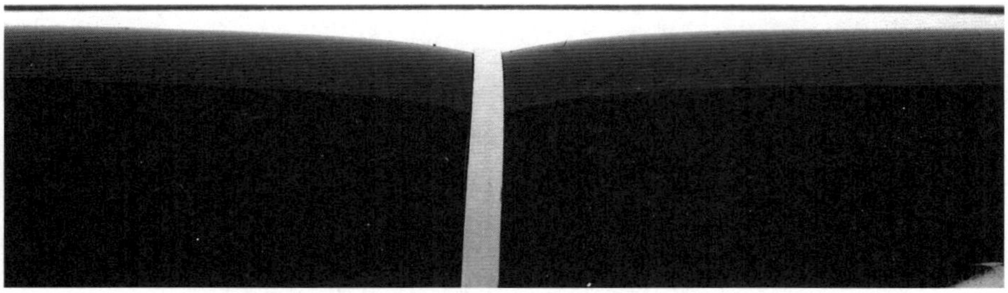

그림 8.9
파티 풍선은 고무 밴드에 의해 보강되면 덜 팽창한다

watch?v=8qAi_9quzUY

만약에 발사가 따뜻한 날씨에 진행된다면, 압력이 가해지는 접착제의 작용하에서 O 링은 재빨리 제자리에 위치하지만, 낮은 온도에서는 제자리에 위치하는 데 시간이 소요되고 이 시간 동안에 연소 가스는 O 링이 제자리에 위치하기 전에 O 링 쪽으로 움직일 수 있게 되고 심지어 통과하여 누출이 발생할 수 있다. 고온 가스는 O 링의 표면을 태우기 때문에, 너무 손상되기 전에 O 링이 재 장착되어야 하는 경쟁이 있게 된다. 챌린저호 발사는 추운 날씨에 이루어졌다 – 연결부위 온도는 0°C 근처였을 것으로 추정되었고 O 링은 전부 타서 없어질 때까지 제자리에 장착될 수 없었다. 이 단계에 두 번째 O 링이 예비 작동이 되어야 했지만, 이 또한 시간 안에 제자리에 장착되지 못하고 연결부위를 통한 뚜렷한 누출 경로를 남긴 채 불타 없어졌다.

공학자들은 연결부위 설계에서 이 결함을 머지않아 인식하였다. SRBs는 복구될 수 있도록 설계되었기 때문에 연결 부위의 과거-임무 조사가 이루어졌고, 다수의 SRBs에서 누출 표시 자국이 발견되었다. 놀랍지 않게, 낮은 온도에서 발사는 매우 일반적이었지만 1986년 1월 28일 발사는 현저한 차이를 보이는 가장 낮은 온도였다. 제조업체 공학자들은 이 이유 때문에 강하게 발사를 반대하였지만, 그들이 저온에서 발사가 위험했음을 증명할 O 링의 거동에 대한 많은 정보를 가지지 않았다는 것을 근거로 받아들여지지 않았다.

Postscript

탄성 거동에 대한 매우 기본적인 지식은, 압력관의 벽 두께 변화에 대한 탄성 거동이라는 책과, 고무의 시간 의존성 거동이라는 책에 언급된 바와 같이, 간단한 O 링 밀봉이 매우 나쁜 결과를 초래할 수 있음이 제시되었다. 마지막으로 여기에 경영 위험에 관여하는 공학자들의 필독서인 Rogers 보고서에서 인용한 문구가 있다.

[Ray 씨], 연결부위가 처음 설계되었을 때, Thiokol에 의해 실시된 분석은 연결부위가 메워지고 압출 간격은 실제적으로 밀봉되는 것이었다. 제조업체로부터 받은 첫 번째 부품 쌍에 대한 시험을 할 때까지 우리는 많은 토론을 했었고, 실제로는 연결부위가 열리는 결과를 보였다. 그 때, 우리는 정말로 연결부위를 확실하게 고정하였다. 우리는 연결부위 회전에 대해 정확히 파악하고 있었고, 시험 중에 연결부위가 회전했다는 사실을 알고 있었다. 첫 번째 O 링은 연결부위에서 밀렸고 두 번째 O 링은 실제로 위치에서 분리되었다.

사고 원인에 대한 명확한 요약 중의 하나는 공학자가 아닌 법률가에 의해 제시되었다. 위원회 회원 중의 한명인 David Acheson은 다음과 같이 말하였다: "우리가 받은 많은 자료들에서 설계자들, 추정하건대 기업의 설계자들과 NASA의 관리자들 모두 연결부위가 연소 압력하에서 압축되고 밀봉될 수 있도록 설계되었다고 믿는다는 자료가 있다. 그러나 머지 않아 위와는 반대로 열린다는 것이 연결부위 조사과정에서 판명된다. 나는 정말 근본적인 오류를 보완할 수 있었음에도 프로그램이 수 많은 작은 곤경에 빠지도록 결정되었는지 이해할 수 없다."

우주왕복선의 고체 로켓 부스터 문제는 연결부위의 잘못된 설계로 시작되었고, 처음에 이를 문제로 인지하고 고치는 데 실패하고 마지막으로 받아들일만한 비행 위험으로 간주한 NASA와 계약관리사 모두에 의해 증가되었다. 계약자인 Morton Thiokol, Inc.는 설계에 심각하고 뜻밖의 결함이 있다는 프로그램 초기의 시험 결과를 받아들이지 않았다. NASA는 설계가 완벽하지 않다는 공학자들의 판단을 받아들이지 않았고, 연결부위 문제의 횟수와 심각성이 증가하자 관리 브리핑과 보고서에 그 문제들을 최소화 하였다. Thiokol이 언급한 상황은 "상황이 바람직하지는 않지만 받아들일만 하다."였다. Thiokol과 NASA 어디도 연결부위를 밀봉하는 고무 O-링이 모터 점화에 의한 고온 가스와 닿게 되고, 심지어 부분적으로 타게 되는 것을 예상하지 못했다. 그러나 시험이 실시되고 비행이 진행됨에 따라 밀봉 링에 대한 손상이 확인되었고, NASA와 Thiokol 모두의 반응은 "받아들일만한"으로 간주된 위험도를 증가시키는 것이었다. 문제가 해결되었을 때까지 연결부위를 재설계하거나 왕복선의 운행 금지를 요구하는 관리나 권고는 없었다.

NASA와 Thiokol는 "지난번에 문제점을 한 번 처리했기 때문에" 분명히 확대되는 위험을 받아들였다. 위원회의 Feynman은 다음과 같이 논평하였다. "의사결정은 일종의 러시안 룰렛이었다. 왕복선은 마모된 O 링 상태로 비행하고 아무 일도 일어나지 않는다. 따라서 다음 비행에는 위험이 더 이상 높지 않다라고 제시된다. 우리는 지난번에 문제점을 한 번 처리했기 때문에 우리의 기준을 조금 낮출 수 있다.... 그러나 문제점을 한 번 처리했다고 해서 계속해서 그와 같이 해서는 안 된다."

WORKED EXAMPLE

제7장에서 내부 압력이 고체 로켓 부스터 외피에 발생시키는 변형의 분석에 유용한 두 가지를 보았다. 예제 7.5를 다시 보면, 외피 벽에 가해진 응력 상태는 $\sigma_1 = pr/t$로 주어지는 원주방향응력과 $\sigma_2 = pr/2t$로 주어지는 축응력, 그리고 자유 표면의 $\sigma_3 = 0$으로 구성됨을 알 수 있다. 응력 상태는 일축방향이 아니기 때문에 SRB 외피에서 원주방향변형을 해결하기 위해서는 3차원에서 응력과 변형에 대한 방정식을 사용해야 하며, 이는 예제 7.11에 나타나 있다.

$$\varepsilon_1 = \frac{\sigma_1}{E} - \upsilon\frac{\sigma_2}{E} - \upsilon\frac{\sigma_3}{E}$$

$$\varepsilon_2 = \frac{\sigma_2}{E} - \upsilon\frac{\sigma_1}{E} - \upsilon\frac{\sigma_3}{E}$$

$$\varepsilon_3 = \frac{\sigma_3}{E} - \upsilon\frac{\sigma_1}{E} - \upsilon\frac{\sigma_2}{E}$$

원주방향변형에 해당하는 방정식은 명확히 다음과 같다.

$$\varepsilon_1 = \frac{\sigma_1}{E} - \upsilon\frac{\sigma_2}{E} - \upsilon\frac{\sigma_3}{E}$$

강에 대한 푸아송 비는 1/3이므로 원주방향변형은 다음과 같다.

$$\varepsilon_1 = \frac{\sigma_1}{E} - \frac{1}{3}\frac{\sigma_2}{E} = \frac{\sigma_1}{E} - \frac{1}{3}\frac{\sigma_1}{2E} = \frac{\sigma_1}{E}\left(1 - \frac{1}{6}\right) = \frac{5}{6}\frac{\sigma_1}{E}$$

외피는 12 ft(144") 외경과 0.479" 두께이다. 관의 내경은 144"−2×0.479" = 143.04"이다. 관의 평균 직경은 143.52"이므로 관의 평균 반경은 절반인 71.76"다. NASA는 SBR 외피 압력 시험을 실시하였는데, 압력 매개로 물을 사용하여 외피의 파괴가 폭발을 나타내지 못하였다(공기가 사용되었다면 폭발을 나타내었을 것이다). 사용된 시험 압력은 1004 psi(6.939 MN m^{-2})이었다. 이 압력에서 원주방향응력은 다음과 같이 주어진다.

$$\sigma_1 = \frac{6.939\ \text{MNm}^{-2} \times 71.76''}{0.479''} = 1040\ \text{MN m}^{-2}$$

강에 대한 영률은 200.4 GN m^{-2}이므로 원주방향변형은 다음과 같다.

$$\varepsilon_1 = \frac{5}{6}\frac{\sigma_1}{E} = \frac{5}{6} \times \frac{1040\ \text{MN m}^{-2}}{200.4\ \text{GN m}^{-2}} = 0.00433$$

이는 0.00433×71.76" = 0.311"의 외피에 대한 반경방향 팽창을 야기한다.

NASA는 시험 동안에 0.311"와 정확히 일치하는 반경방향 팽창을 측정하였다. 간단한 분석이 나쁘지 않음을 보여준다.

EXAMPLES

8.1 Refer to the equations for the elastic bending of beams in Chapter 7. For each of the cases listed,

$$\delta = C\left(\frac{FL^3}{EI}\right)$$

Write down the value of C for each case.

8.2 Obtain a materials index for the elastic bending of beams for the following cross sections. Both the length and stiffness of the beam are fixed by the design.

a. Square

b. Rectangle (breadth b not a variable)

c. Solid circle

d. Thin-walled tube (radius r not a variable)

8.3 Refer to the equations for the elastic buckling of struts in Chapter 7. For each of the cases listed,

$$F_{cr} = C\left(\frac{EI}{L^2}\right)$$

Write down the value of C for each case.

8.4 Obtain a materials index for the elastic buckling of struts for the following cross sections. Both the length and critical buckling load of the strut are fixed by the design.

a. Square

b. Rectangle (breadth b not a variable)

c. Solid circle

d. Thin-walled tube (radius r not a variable)

8.5 You have been asked to prepare an outline design for the pressure hull of a deep-sea submersible vehicle capable of descending to the bottom of the Mariana Trench in the Pacific Ocean—the deepest water on the planet (*Challenger* Deep, 11 20 57 N142 13 00 E, 11,000mdepth). The external pressure at this depth is approximately 100 MN m^{-2}, and the design pressure is to be taken as 200 MN m^{-2}. The pressure hull is to have the form of a thin-walled sphere with a specified radius r of 1mand a uniform thickness t. The sphere can fail by external-pressure buckling at a pressure p_b given by

$$p_b = 0.3E\left(\frac{t}{r}\right)^2$$

where E is Young's modulus.

The basic design requirement is that the pressure hull shall have the minimum possible mass compatible with surviving the design pressure. By eliminating t from the equations, show that the minimum mass of the hull is given by the expression

$$m_b = 22.9\, r^3 p_b^{0.5} \left(\frac{\rho^2}{E}\right)^{1/2}$$

Hence obtain a materials index to meet the design requirement for the failure mechanism. [You may assume that the surface area of the sphere is $4\pi r^2$.]

8.6 The diagram that follows shows a prop shaft from a truck. This is supported at either end by a universal joint, which allows the ends of the shaft to flex relative to the axes of the driving and driven shafts. As a consequence of this pin-jointed end support condition, when the rotational speed of the shaft increases, there is an increasing tendency for the shaft to bow out sideways under centrifugal force. Eventually, a critical speed is reached at which the bowing takes off, and the shaft goes out of control. This phenomenon is called *whirling*. The critical speed f_{cr} (in revolutions per second) for whirling is (by mathematical coincidence) the same as the mode 1 vibration frequency (in cycles per second, or hertz)—this is given for various support conditions and mass distributions in the equations for mode 1 natural vibration frequencies in Chapter 7.

Assuming that the prop shaft is a thin-walled tube of radius r and thickness t, derive an equation for the mass of the shaft showing how it depends on t, L, f_{cr}, ρ, and E. If L, f_{cr}, ρ, and E are fixed by design and material choice, comment on the dependence of the mass on t. In practice, what additional requirement for a prop shaft will restrict the minimum mass attainable?

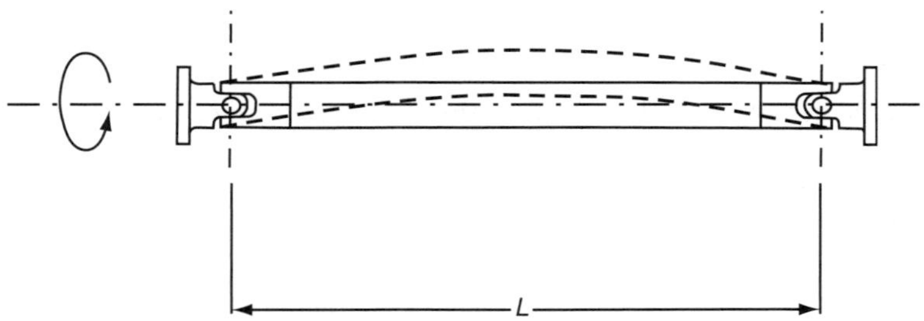

8.7 Why is a thin-walled tube much better at resisting bending or buckling than a solid round bar of the same material and cross sectional area?

8.8 Given that the areas of tube and bar are equal, $A(\text{tube}) = A(\text{bar})$, show that the ratio of the second moments of area I(tube)/I(bar) is equal to r(tube)/t(tube), where r and t are radius and thickness ($r >> t$). Use the results for second moments of area and cross-sectional area given in Chapter 7.

8.9 Give examples of tubes being used instead of bars for this reason.

ANSWERS

8.1 By inspection from the results given, the values of C are:

Case 1 = 1/3; Case 2 = 1/8; Case 3 = 1/48; Case 4 = 5/384; Case 5 = 1/192; Case 6 = 1/384, respectively.

8.2 Refer to the results in Chapter 7 for the elastic bending of beams and second moments of area.

a.
$$\delta = C\left(\frac{FL^3}{EI}\right),\ \frac{F}{\delta} = \frac{1}{C}\frac{EI}{L^3} = \frac{1}{C}\frac{E}{L^3}\frac{a^4}{12}$$

$$m = a^2 L\rho,\ a^4 = m^2/L^2\rho^2$$

$$\frac{F}{\delta} = \frac{1}{C}\frac{E}{L^3}\frac{1}{12}\frac{m^2}{L^2\rho^2}$$

$$m = \left(\frac{F}{\delta}\right)^{1/2}(12C)^{1/2}L^{5/2}\left(\frac{\rho^2}{E}\right)^{1/2} \propto \left(\frac{\rho^2}{E}\right)^{1/2}$$

b.
$$\frac{F}{\delta} = \frac{1}{C}\frac{E}{L^3}\frac{bd^3}{12}$$

$$m = bdL\rho,\ d^3 = m^3/b^3L^3\rho^3$$

$$m \propto \left(\frac{\rho^3}{E}\right)^{1/3}$$

c.
$$\frac{F}{\delta} = \frac{1}{C}\frac{E}{L^3}\frac{\pi r^4}{4}$$

$$m = \pi r^2 L\rho,\ r^4 = m^2/\pi^2 L^2\rho^2$$

$$m \propto \left(\frac{\rho^2}{E}\right)^{1/2}$$

d.
$$\frac{F}{\delta} = \frac{1}{C}\frac{E}{L^3}\pi r^3 t$$

$$m = 2\pi rtL\rho,\ t = m/2\pi rL\rho$$

$$m \propto \left(\frac{\rho}{E}\right)$$

8.3 By inspection from the results given, the values of C are:

Case 1 = 2.47; Case 2 = 9.87; Case 3 = 39.5, respectively.

8.4 Refer to the results in Chapter 7 for the elastic buckling of struts and second moments of area.

a.
$$F_{cr} = C\frac{E}{L^2}I, F_{cr} = C\frac{E}{L^2}\frac{a^4}{12}$$
$$F_{cr} = C\frac{E}{L^2}\frac{1}{12}\frac{m^2}{L^2\rho^2}$$
$$m = (F_{cr})^{1/2}\left(\frac{12}{C}\right)^{1/2}L^2\left(\frac{\rho^2}{E}\right)^{1/2} \propto \left(\frac{\rho^2}{E}\right)^{1/2}$$

b.
$$F_{cr} = C\frac{E}{L^2}\frac{bd^3}{12}$$
$$F_{cr} = C\frac{E}{L^2}\frac{b}{12}\frac{m^3}{b^3L^3\rho^3}$$
$$m \propto \left(\frac{\rho^3}{E}\right)^{1/3}$$

c.
$$F_{cr} = C\frac{E}{L^2}\frac{\pi r^4}{4}$$
$$F_{cr} = C\frac{E}{L^2}\frac{\pi}{4}\frac{m^2}{\pi^2L^2\rho^2}$$
$$m \propto \left(\frac{\rho^2}{E}\right)^{1=2}$$

d.
$$F_{cr} = C\frac{E}{L^2}\pi r^3 t$$
$$F_{cr} = C\frac{E}{L^2}\pi r^3\frac{m}{2\pi rL\rho}$$
$$m \propto \left(\frac{\rho}{E}\right)$$

8.5 $(\rho^2/E)^{1/2}$. (Note that $m = 4\pi r^2 t\rho$)

8.6 Refer to the results in Chapter 7 for vibration frequencies and second moments of area. The correct equation for the whirling speed is Case 4.

$$f = 1.571\left(\frac{EI}{mL^3}\right)^{1/2} = 1.571\left(\frac{E}{mL^3}\pi r^3 t\right)^{1/2}, m = 2\pi rtL\rho$$
$$f = \frac{1.571}{\sqrt{2}}\left(\frac{r}{L^2}\right)\left(\frac{E}{\rho}\right)^{1/2}$$
$$m = \frac{2\sqrt{2}}{1.571}\pi tL^3 f\left(\frac{\rho^3}{E}\right)^{1/2}$$

When all the other parameters in this equation are fixed, the mass is proportional to the wall thickness t. r will also be fixed. The cross-sectional area of the tube ($2\pi rt$) will thus be proportional to t. The minimum value of m corresponds to the value of t, which gives a cross-sectional area just sufficient to carry the torque, which the prop shaft is required to transmit.

8.7 Because it has a much greater second moment of area. See the equations for bending and buckling of beams in Chapter 7. The deflection varies as $1/I$, and the buckling force varies as I.

8.8 Yacht masts, scaffolding poles, lamp posts, tubular compression members in structures (e.g., trusses, arches, space frames, columns).

PART C

항복강도, 인장강도 및 연성

CHAPTER 09

항복강도, 인장강도 및 연성

9.1 개요

모든 고체재료는 탄성 한계를 가지며 그 한계 이후에는 어떤 변화가 일어난다. 완전 취성적인 고체의 경우(예로 유리) 갑자기 깨어지게 된다. 대부분의 공학재료들은 조금씩 다른 형태의 변형을 보이게 되는데, 때로는 소성변형 혹은 영구적으로 다른 형상으로 변화하게 된다. 따라서 그러한 소성변형이 언제 혹은 어떻게 일어나는가를 아는 것이 중요하고 그것을 앎으로써 어떠한 소성변형도 없는, 일반적으로 사용하는 하중에 견딜 수 있는 구조를 설계할 수 있게 된다. 이는 변형시키고자 하는 어떠한 재료를 원하는 형상으로 변형시킬 수 있는 충분한 강도를 갖는 압연기, 판제 프레스, 단조 기계 등을 설계할 수 있게 된다. 이러한 것을 알기 위해서 우리는 인장 실험기에 조심스럽게 만든 샘플을 당겨서 실험을 한다던가, 혹은 압축기에 샘플을 압축하게 되고, 그리고 임의의 변형률을 얻기 위한 응력을 기록하게 된다.

9.2 선형 및 비선형 탄성

[그림 9.1]은 완전한 선형적 탄성 거동을 보이는 재료의 응력-변형률 곡선을 나타내고 있다. 이러한 거동은 제3장에서 설명한 것과 같이 훅의 법칙에 의해서 정의된다. 모든 고체재료는 작은 변형률에서는 선형적인 탄성거동을 보이게 되는데, 여기서 작은 변형률은 일반적으로 0.001 혹은 0.1% 보다도 작은 변형을 뜻한다. 응력-변형률 곡선의 기울기는 일반적으로 압축 및 인장의 경우에 같은 것으로서 이것을 Young의 탄성률, E라고 한다. 밑줄 친 면적은 단위부피당 저장된 탄성에너지이다. 이 재료는 탄성고체이므로 만약 이 하중을 제거하게 되면 다시 원위치로 되돌아오게 되는데, 이는 스프링과 같은 거동을 뜻한다.

[그림 9.2]는 비선형 탄성 고체의 거동을 보여주는 것으로 고무들이 이러한 응력-변형률 곡선을 가진다. 그림에서 보이는 바와 같이 큰 변형(5배 혹은 8배 정도)이 된다. 이 재료는 아직 탄성 재료로서 만약 하중을 제거하게 되면 변형에 의해 저장된 대부분의 에너지는 복원이 된다. 이는 새총으로 사용되는 이유이기도 하다.

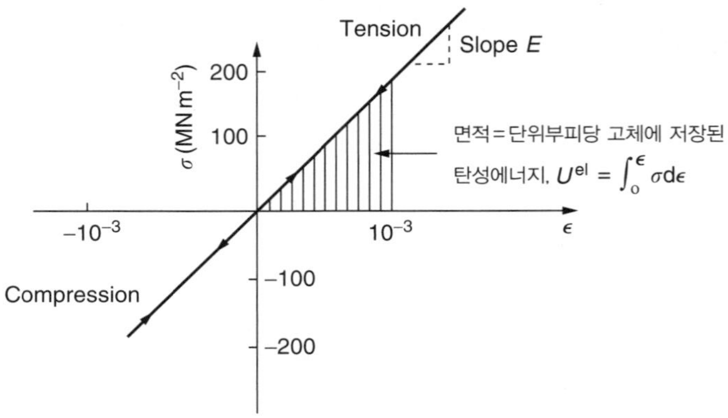

그림 9.1
선형 탄성체의 응력-변형률 거동. 좌표의 단위는 탄소강을 기준으로 함

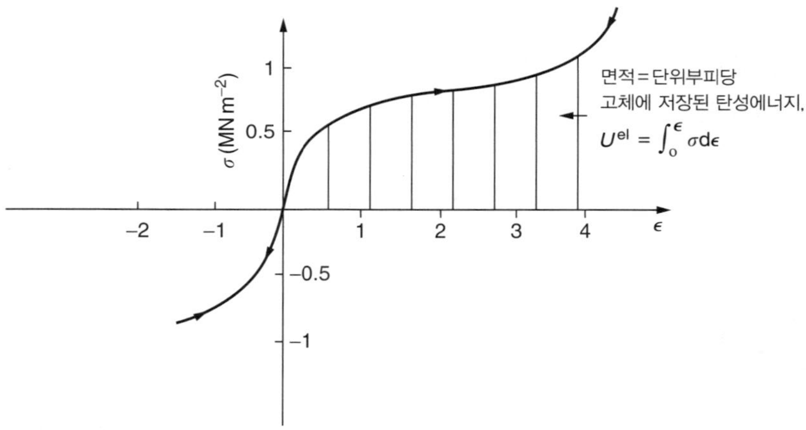

그림 9.2
비탄성체의 응력-변형률 거동. 좌표의 단위는 고무를 기준으로 함

9.3 비탄성(소성) 거동의 하중-변형 곡선

고무의 경우에는 예외적으로 굉장히 큰 변형률로 변형된 이후에도 거의 회복되는 특이한 성질을 가지고 있다. 일반적으로 대부분의 재료들은 0.001(0.1%)의 변형을 받게 되면 회복이 불가능하다. 그리고 대부분의 공학 재료들은 소성적으로 변하게 되면서 그들의 형상이 영구적으로 바뀐다. 만약 우리가 연성적인 금속(예: 구리)을 인장 하중을 주게 되면, [그림 9.3]과 같은 하중 및 변형 관계를 갖게 된다. 이러한 형태의 곡선은 우리가 소성용 점토(연한 비금속 재

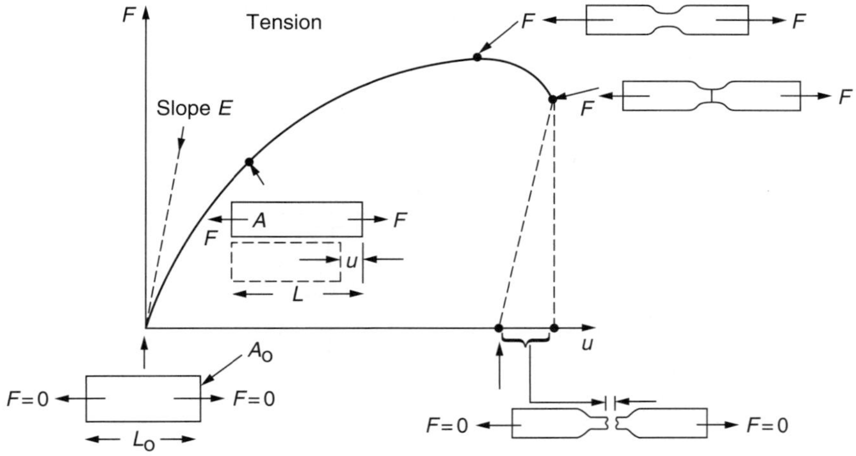

그림 9.3
인장 하중을 가할 때 연한 금속(예: 어닐된 구리)의 하중–변형 곡선

료)에 인장을 가하면 잘 나타나게 된다. 이러한 점토 재료는 처음에는 탄성적으로 변하게 되지만 약간의 변형 이후에는 소성적으로 변형이 되고 따라서 하중을 제거하게 되면 점토 재료는 처음 실험하기 전보다 영구적으로 변형되어 긴 길이를 갖게 된다. 이와 같은 소성변형을 하게 된다([그림 9.4]).

만약 우리가 계속 하중을 가하게 되면 시편은 계속 길어지게 되며 동시에 소성변형의 경우 부피가 일정하기(물질이 단순히 한곳에서 다른 곳으로 흐름) 때문에 시편은 점점 얇아지게 될 것이다. 결과적으로 점토 재료는 불안정하게 되면서 [그림 9.3]에 있는 하중-변형 곡선의 최고

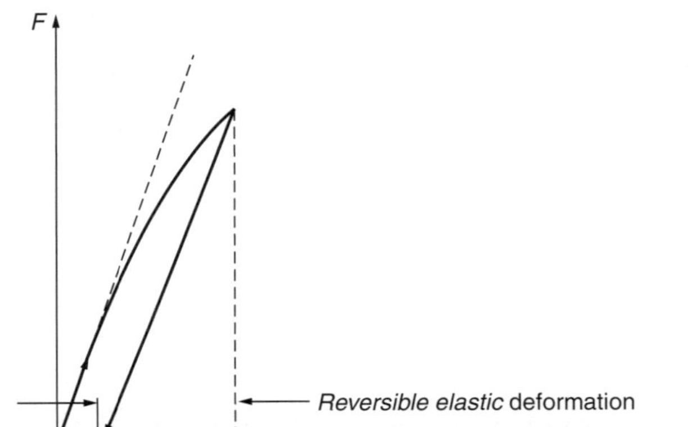

그림 9.4
시편이 항복 및 하중을 제거한 후에 보이는 영구 소성변형

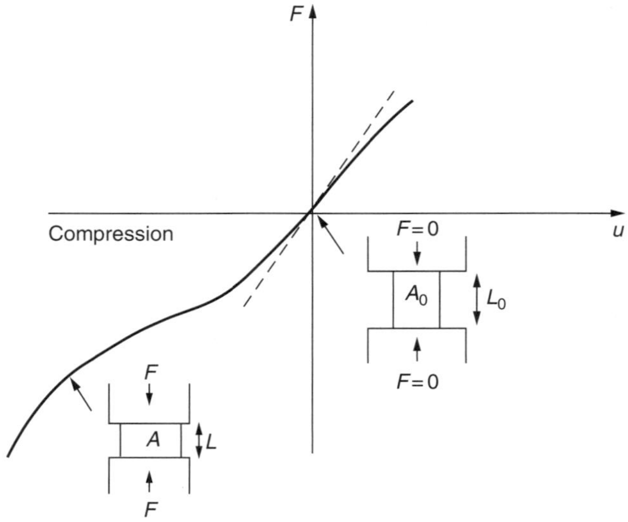

그림 9.5
으깨기 할 때 계속 재료의 유동이 필요한 하중의 증가

하중 점에서 네킹(necking)이 발생하게 된다. 네킹은 소성 불안정으로서 자세한 것은 제11장에서 다시 언급할 것이다. 좁아진 부위는 빠르게 커지게 되고, 시편이 끊어질 때까지 시편이 견디는 하중은 계속 감소하게 된다. 끊어진 후 두 개의 시편 길이는 끊어지기 전 길이보다도 약간 짧게 되는데, 그 길이의 차이는 최종 하중에 의해 생성된 탄성 변형만큼이 된다.

만약 재료가 압축하중을 받게 되면, 힘-변위 곡선은 작은 변형률에서는 인장하중을 거꾸로 한 형태를 갖게 되고, 만약 변형률이 커지면, 다른 형태를 갖게 된다. 시편을 계속 납작하게 만들면 시편은 짧아지면서 부피 보존을 위해 굵어지고 유동변형이 계속되기 위해서는 계속 하중이 필요하게 된다([그림 9.5]). 네킹이 생기는 것과 같은 어떤 불안정한 상태는 생기지 않지만 시편은 계속 납작하게 되고 시편에 심한 크랙(crack)이 생긴다든가 혹은 압축된 판에 소성 유동변형이 생김으로써 궁극적으로 한계에 도달하게 된다.

그러면 압축 혹은 인장의 경우 똑같은 재료를 다루고 있음에도 불구하고 왜 이렇게 크게 거동이 다를 수 있을까?

9.4 소성 유동변형에서 진응력-변형률 곡선

인장과 압축 곡선의 뚜렷한 차이는 단지 시편의 형태에 따라 달라진다. 인장 혹은 압축에 의한 일정한 변형상태에서 단순히 하중 대신에 하중을 실제 단면적 A로 나눈 후에 그림을 그리

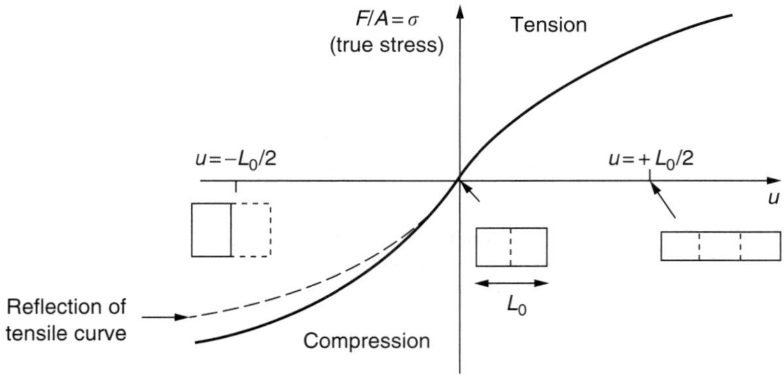

그림 9.6

게 되면 2개의 곡선은 거의 유사하게 된다. 다르게 말하면 우리는 수직좌표에 진응력(제3장 참조)을 그리게 된다([그림 9.6]). 이러한 도식의 방법은 시편이 인장일 때는 재료가 얇아지고, 압축인 경우에는 굵어짐을 나타내는 그림이다.

하지만 [그림 9.6]에 나타난 것과 같이 똑같지는 않다. 그 이유는 시편을 인장 및 압축하중에서 $u(= L_0/2)$만큼 변형률을 주게되면 일반적으로 두 하중조건은 다른 변형률을 갖게 된다. 즉, 시편이 L_0에서 $1.51L_0$까지 인장하중에 의해 늘어남을 나타내고, L_0에서 $0.51L_0$까지는 압축을 받는 시편이 납작해짐을 뜻한다. 따라서 압축을 받는 시편의 재료는 인장을 받는 재료보다도 월등히 큰 소성변형을 갖게 된다. 따라서 완전히 다른 상태 혹은 소성변형에 대한 저항력도 다르게 된다. 작은 변형률의 증가를 잘 비교함으로써 두 가지 조건도 비교할 수 있다.

$$\delta\varepsilon = \frac{\delta u}{L} = \frac{\delta L}{L} \tag{9.1}$$

이는 재료가 인장이던 혹은 압축이던 같은 상태임을 뜻한다([그림 9.7]). 다시 말해 재료의 길이가 100 mm에서 99 mm로 길이가 줄어든 것이나 재료의 길이가 100 mm에서 101 mm로 증가한 것이 같음을 뜻한다. 즉, 그 재료가 1%의 변형상태를 나타내고 있다. 정확히 말하면 두 가지 경우는 정확히 동일한 상태를 나타내지는 않는다. 당연히 그것은 한정된 범위에서만 가능하다.

$$\mathrm{d}\varepsilon = \frac{\mathrm{d}L}{L} \tag{9.2}$$

그리고 인장이나 압축에서 응력을 아래와 같은 변형률 곡선에서 나타내게 되면

$$\varepsilon = \int_{L_0}^{L} \frac{\mathrm{d}L}{L} = \ln\left(\frac{L}{L_0}\right) \tag{9.3}$$

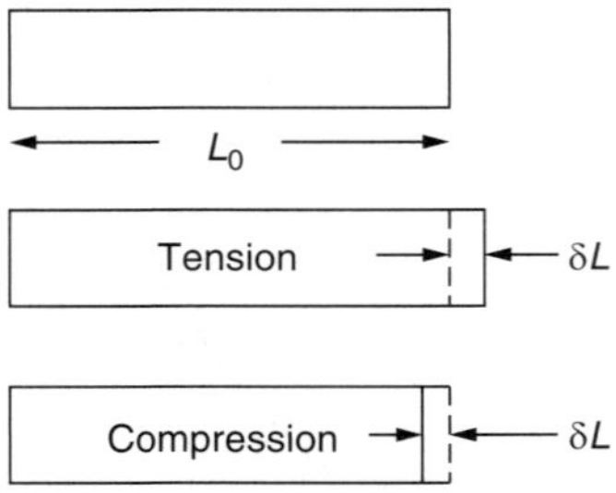

그림 9.7

두 개의 곡선은 거울로 비춘 것과 같이 똑같은 형태가 된다([그림 9.8]). 이 변형률의 값 ε은 진변형률이라고 부른다(제3장에 u/L_0를 공칭변형률로 정의한 것과 대조가 됨). 두 가지의 그래프를 진응력/진변형률 곡선이라고 한다.

마지막으로 알아야 할 것은 아래와 같이 원래의 하중-인장변형 또는 하중-압축변형 곡선으로부터 길이와 주어진 L_0의 자연대수를 취함으로써 쉽게 ε을 계산할 수 있다. 우리는 어떻게 σ를 계산할 것인가? 어떤 주어진 변형률에서 소성변형을 하는 동안 부피는 일정하기 때문에 다음과 같이 적용될 수 있다.

$$A_0L_0 = AL$$

일반적으로 소성변형의 크기는 탄성변형의 크기보다 크다(이것이 일반적인 경우이나 푸아송 비가 0.5이면 탄성변형 중에 부피의 변화가 없는 경우에만 적용되나 제3장에서 보았듯이 대부분의 재료는 푸아송 비가 0.33에 가깝다). 따라서

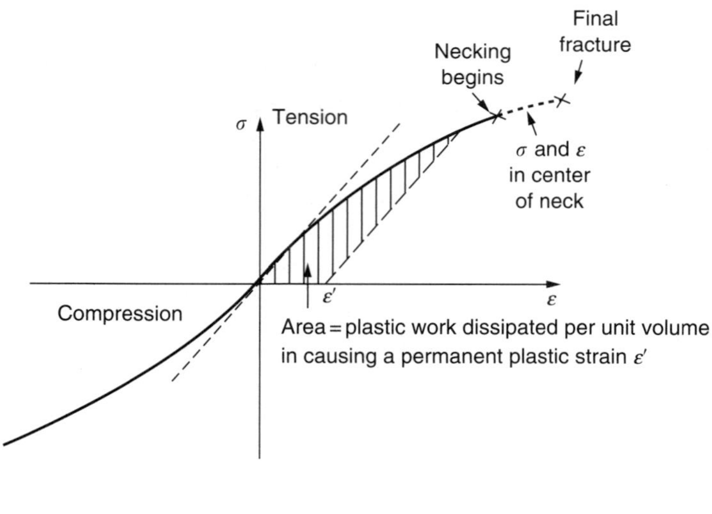

그림 9.8
면적 = 영구 소성변형률 ε'을 일으키는 단위부피당 분산되는 소성 일

$$A = \frac{A_0 L_0}{L} \tag{9.4}$$

그리고

$$\sigma = \frac{F}{A} = \frac{FL}{A_0 L_0} \tag{9.5}$$

모든 값은 알고 있거나 쉽게 측정할 수 있다.

9.5 소성 일

금속이 압연, 단조 혹은 철사로 인발되거나 고분자재료가 사출 성형되거나 혹은 압출, 인발되기 위해서는 에너지가 필요하다. 재료의 형상을 영구적으로 바꾸기 위해서 재료에 행해진 일을 우리는 소성 일이라고 부른다. 단위부피당 행해진 이 값은 [그림 9.8]에 밑줄 친 영역의 면적과 같다. 만약에 응력-변형률 곡선을 안다면 주어진 일정한 양 만큼의 소성변형 ε'를 기준으로 이 값은 쉽게 알 수 있다. 소성 일은 금속 그리고 고분자재료의 가공작업에 있어서 굉장히 중요한 값인데, 그 이유는 압연, 압축 혹은 성형기계가 재료에 가하는 힘을 결정하기 때문이다.

9.6 인장 실험

일반적으로 재료의 소성거동은 인장실험을 행함으로써 측정할 수 있다. 인장실험 기계는 대부분의 실험실에서 표준 형태를 사용하고 있다. 그러한 기계들은 하중/변위(F/u) 곡선을 만들어 내고 그것들을 공칭응력-공칭변형률 혹은 σ_n/ε_n 곡선으로 변형시킨다([그림 9.9] 참조).

여기서

$$\sigma_{\mathrm{n}} = \frac{F}{A_0} \tag{9.6}$$

와

$$\varepsilon_{\mathrm{n}} = \frac{u}{L_0} \tag{9.7}$$

당연히 A_0와 L_0는 일정하므로 σ_n/ε_n 곡선의 형상은 하중-변형곡선과 동일한 것이 된다. 하지만 σ_n/ε_n으로 표시하는 방법은 현재 표준화 되어 있어 A_0 및 L_0가 다른 시편의 데이터를 상대 비교할 수 있게 해준다. 따라서 우리는 시편의 크기에 관계가 없는 재료의 물성을 평가할 때 사용하게 된다. 진응력(위에 참조)과 비교하여 공칭응력의 단위로 유지하는 장점은 σ_n/ε_n의

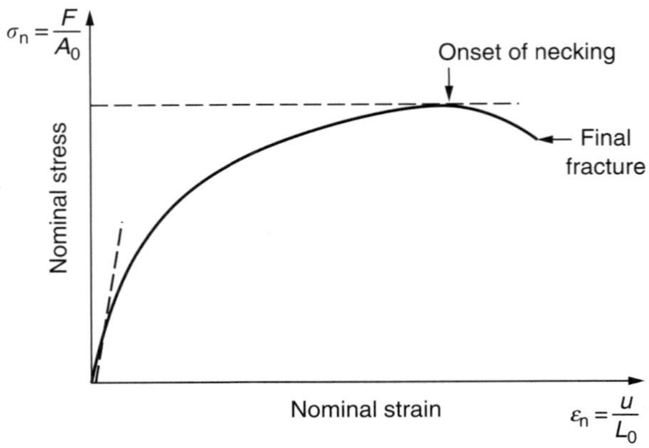

그림 9.9

곡선에서 뚜렷이 보여주는 바와 같이 네킹의 시작을 볼 수 있다.

여기서 인장실험의 결과로서 얻어지는 값들을 다시 한 번 정의하여 본다. 가장 간단한 방법으로는 그 값들을 σ_n/ε_n 곡선에 나타내는 것이다([그림 9.10]).

여기서

- σ_y = 항복강도(소성유동의 시작점에서 F/A_0)
- $\sigma_{0.1\%}$ = 0.1%의 내력(0.1%의 영구 변형률에서 F/A_0) (가끔 0.2%의 내력이 사용됨. 재료는 뚜렷한 항복점을 보여주지 않고 서서히 항복하기 때문에 재료의 항복을 특정 짓는데 내력이 효과적임)

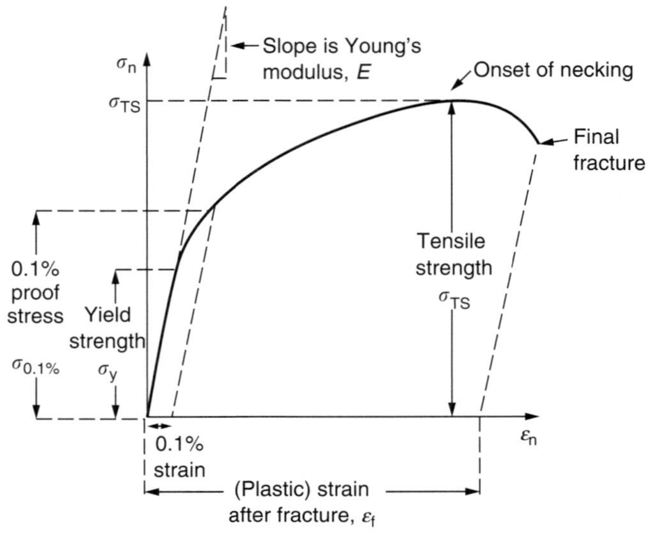

그림 9.10

- σ_{TS} = 인장강도(네킹의 시작에서 F/A_0)
- ε_f = 파괴일의 (소성) 변형률 혹은 인장연성. 깨어진 조각들을 다시 모아서 길이 측정을 하면 ε_f는 $(L-L_0)/L_0$로 계산할 수 있다. 여기서 L은 모아진 요소들의 길이이다.

9.7 데이터

항복강도, 인장강도 그리고 인장연성의 자료들은 [표 9.1] 그리고 막대 도표로 [그림 9.11]에 보여주고 있다. 탄성계수와 같이 강도 값들도 10^6 영역에 퍼져있으면서 발포된 폴리스티렌(polystyrene)이 0.1 MN m^{-2}로부터 다이아몬드와 같이 약 10^5 MN m^{-2}까지 있다.

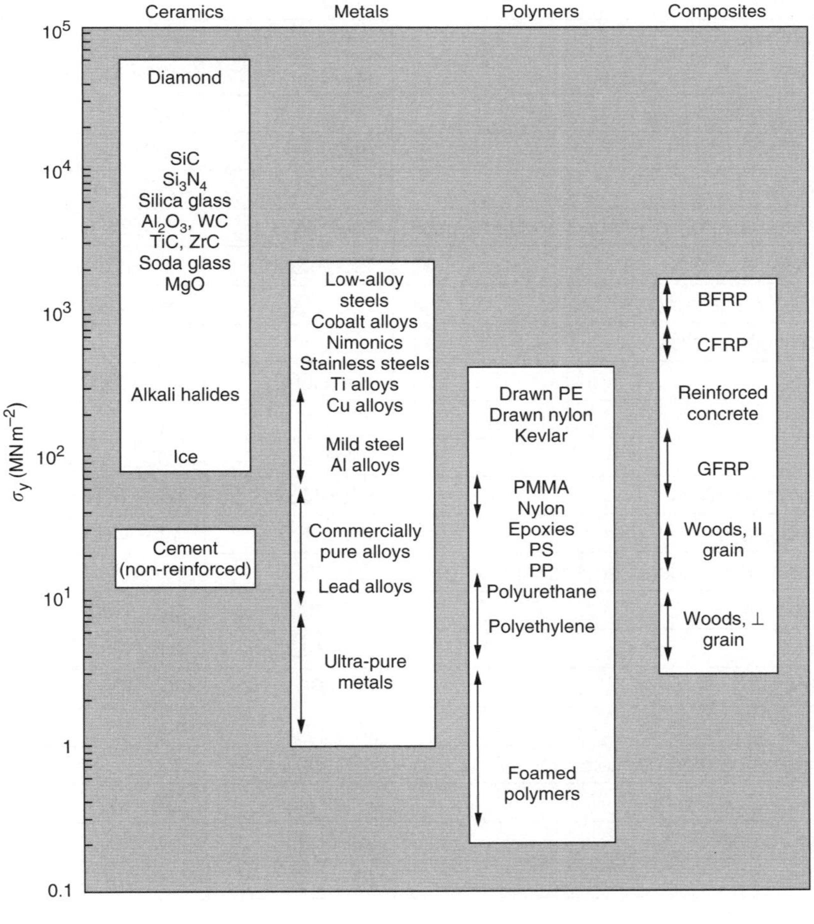

그림 9.11

| 표 9.1 | 항복강도 σ_y, 인장강도 σ_{TS} 그리고 인장연성 ε_f

Material	σ (MN m^{-2})	σ_{TS} (MN m^{-2})	ε_f
Diamond	50,000	–	0
Boron carbide, B_4C	14,000	(330)	0
Silicon carbide, SiC	10,000	(200–800)	0
Silicon nitride, Si_3N_4	9600	(200–900)	0
Silica glass, SiO_2	7200	(110)	0
Tungsten carbide, WC	5600–8000	(80–710)	0
Niobium carbide, NbC	6000	–	0
Alumina, Al_2O_3	5000	(250–550)	0
Beryllia, BeO	4000	(130–280)	0
Syalon(Si–Al–O–N ceramic)	4000	(945)	0
Mullite	4000	(128–140)	0
Titanium carbide, TiC	4000	–	0
Zirconium carbide, ZrC	4000	–	0
Tantalum carbide, TaC	4000	–	0
Zirconia, ZrO_2	4000	(100–700)	0
Soda glass(standard)	3600	(50–70)	0
Magnesia, MgO	3000	(100)	0
Cobalt and alloys	180–2000	500–2500	0.01–6
Low–alloy steels(water–quenched and tempered)	500–1900	680–2400	0.02–0.3
Pressure–vessel steels	1500–1900	1500–2000	0.3–0.6
Stainless steels, austenitic	286–500	760–1280	0.45–0.65
Boron/epoxy composites	–	725–1730	–
Nickel alloys	200–1600	400–2000	0.01–0.6
Nickel	70	400	0.65
Tungsten	1000	1510	0.01–0.6
Molybdenum and alloys	560–1450	665–1650	0.01–0.36
Titanium and alloys	180–1320	300–1400	0.06–0.3
Carbon steels(water–quenched and tempered)	260–1300	500–1880	0.2–0.3
Tantalum and alloys	330–1090	400–1100	0.01–0.4
Cast irons	220–1030	400–1200	0–0.18
Copper alloys	60–960	250–1000	0.01–0.55
Copper	60	400	0.55
Cobalt/tungsten carbide cermets	400–900	900	0.02
CFRPs	–	670–640	–
Brasses and bronzes	70–640	230–890	0.01–0.7
Aluminum alloys	100–627	300–700	0.05–0.3
Aluminum	40	200	0.5

▌표 9.1▐ 항복강도 σ_y, 인장강도 σ_{TS} 그리고 인장연성 ε_f (계속)

Material	σ (MN m^{-2})	σ_{TS} (MN m^{-2})	ε_f
Stainless steels, ferritic	240–400	500–800	0.15–0.25
Zinc alloys	160–421	200–500	0.1–1.0
Concrete, steel reinforced	–	50–200	0.02
Alkali halides	200–350	–	0
Zirconium and alloys	100–365	240–440	0.24–0.37
Mild steel	220	430	0.18–0.25
Iron	50	200	0.3
Magnesium alloys	80–300	125–380	0.06–0.20
GFRPs	–	100–300	–
Beryllium and alloys	34–276	380–620	0.02–0.10
Gold	40	220	0.5
PMMA	60–110	110	0.03–0.05
Epoxies	30–100	30–120	–
Polyimides	52–90	–	–
Nylons	49–87	100	–
Ice	85	(6)	0
Pure ductile metals	20–80	200–400	0.5–1.5
Polystyrene	34–70	40–70	–
Silver	55	300	0.6
ABS/polycarbonate	55	60	–
Common woods (|| to grain)	–	35–55	–
Lead and alloys	11–55	14–70	0.2–0.8
Acrylic/PVC	45–48	–	–
Tin and alloys	7–45	14–60	0.3–0.7
Polypropylene	19–36	33–36	–
Polyurethane	26–31	58	–
Polyethylene, high density	20–30	37	–
Concrete, non-reinforced	20–30	(1–5)	0
Natural rubber	–	30	8.0
Polyethylene, low density	6–20	20	–
Common woods (⊥ to grain)	–	4–10	–
Ultrapure f.c.c. metals	1–10	200–400	1–2
Foamed polymers, rigid	0.2–10	0.2–10	0.1–1
Polyurethane foam	1	1	0.1–1

Note: Bracketed σ_{TS} data for brittle materials refer to the modulus of rupture σ_r (see Chapter 16).

대부분의 무기재료는 굉장히 큰 항복강도를 갖고 있다. 인장실험 시 대부분의 무기재료는 항복하기 전에 먼저 깨어지게 된다. 따라서 그들의 파괴 인장치는 뒤에 설명하겠지만 굉장히 작다. 이러한 이유에서 일반적으로 무기재료의 항복강도는 인장실험을 통해서는 측정을 할 수가 없다. 따라서 파괴를 연기하는 방법의 실험을 사용해야 되는데, 예로 압축 실험 같은 것이 있다. 가장 쉬우면서 좋은 방법이 경도 실험이다. 여기서 보여주는 데이터들은 경도실험에서 얻어진 값으로, 경도실험에 대해서 설명하면 다음과 같다.

순수금속의 경우에 굉장히 연하면서 큰 연성을 가지고 있다. 이러한 장점 때문에 금속은 지난 수세기 동안 보석 및 무기를 만드는 데 그리고 또 다른 구조물 혹은 다양한 형태로 사용되었다. 더구나 금속들은 우리가 원하는 형상으로 가공할 수 있고 금속의 가공경화 능력은 제품을 만든 후에 우리가 처음 시작했던 재료보다도 더 강해지는 특성에 의해서 많이 사용되어 왔다. 금속의 강도는 합금화를 통하여 월등이 증가하였으나 가장 강한 금속이라도 항복강도 측면에서는 대부분의 무기재료보다도 못하다.

일반적으로 대부분의 고분자재료는 금속보다 낮은 강도를 가지고 있다. 현재 적은 양이 생산되면서 비싼 강한 고분자재료의 경우에도 알루미늄 합금의 강도에 겨우 접근한다. 하지만 그것을 이용해서 고분자기지 복합재료를 만듦으로써 강해질 수 있다. 일반적으로 GFRP는 알루미늄 보다 약간 낮은 강도를 가지며 GFRP는 월등히 강하다.

WORKED EXAMPLE

9.7절에 언급했듯이 경도 실험은 단단한 취성재료의 항복강도를 예측하는 데 사용한다. 또한, 이 실험은 재료의 단순한 비파괴적 실험 혹은 완성된 부품의 특정한 기계적 물성을 만족하는지를 확인하기 위해서도 사용된다. [그림 9.12]는 한 형태의 실험(다이아몬드 피라미드 실험)을 보여준다. 굉장히 강한(다이아몬드) 피라미드형 누름자(양면의 각이 136°로 표준화)를 하중, F로 측정할 재료의 표면을 누르게 된다. 누름자 밑의 재료는 소성유동을 하여 밀려나오게 되고 누름자를 빼면 영구적인 자국이 남는다. 현미경으로 자국의 대각선을 측정한다. 눌린 자국의 전체 표면적(접촉면), A를 참고 표에서 찾는다. 따라서 경도는 $H = F/A$로 구한다. 당연히 연한 재료일수록 눌린 자국이 크다.

항복강도는 아래와 같은 관계로 표시할 수 있는데(제11장에서 유도)

$$H = 3\sigma_y \tag{9.8}$$

누름자로부터 소성 변형될 때 재료는 0.08의 평균 공칭변형률을 가진다. 이는 식 (9.8)은 재료가 가공경화를 하지 않을 경우에만 정확함을 뜻한다. 가공경화를 하는 재료의 경우에는 경도실험은 8%의 가공경화를 한 재료의 항복강도를 얻을 수 있다. 따라서 경도와 인장강도는 서로 직접적인 상호관계가 있다. 예로,

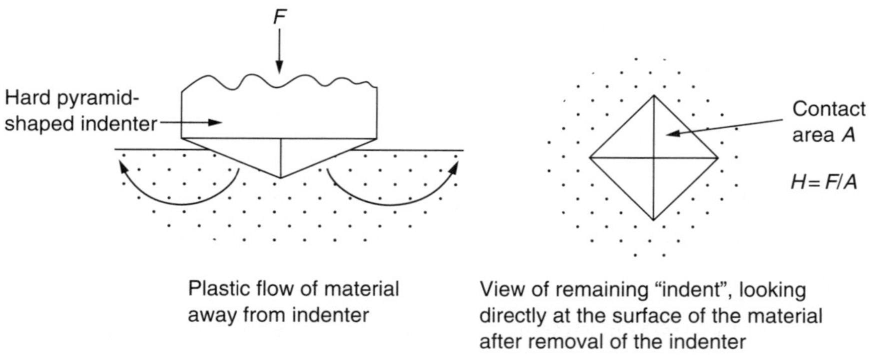

그림 9.12
경도 실험

$$\sigma_{TS} = 0.33H \tag{9.9}$$

위 식은 대부분의 탄소강에 적용(±10%)할 수 있다.

눌림식 경도는 약간 다르게 정의되지만 역시 $H = F/A$로 정의하고, A는 재료의 표면의 눌린 면적(눌린 모든 면적의 측정값보다 약간 작은 면적)이다.

EXAMPLES

9.1 Define nominal stress σ_n and true stress σ.

9.2 Define nominal strain ε_n and true strain ε.

9.3 Why is volume conserved during plastic deformation?

9.4 Show that $\sigma = \sigma_n(1 + \varepsilon_n)$, where σ is true stress, σ_n is nominal stress, and ε_n is nominal strain.

9.5 Show that $\varepsilon = \ln(1 + \varepsilon_n)$, where ε is true strain and ε_n is nominal strain.

9.6 For small strains, show that $\varepsilon \approx \varepsilon_n$ and $\sigma \approx \sigma_n$.

9.7 Show that the work per unit volume required to extend a specimen to a nominal strain ε_n is given by

$$U = \int_0^{\varepsilon_n} \sigma_n d\varepsilon_n$$

Explain why this work must be the same as

$$U = \int_0^{\varepsilon} \sigma d\varepsilon$$

9.8 Show that the work per unit volume required to extend a specimen to a nominal strain ε_n in the linear elastic region is given by

$$U^{el} = \sigma_n^2 = 2E$$

9.9 How would you determine the 0.1% proof stress for a metal?

9.10 How would you determine the tensile strength σ_{TS} for a metal? Is it a true stress or a nominal stress?

9.11 Define (a) ε_f, the strain after fracture (tensile ductility), and (b) the reduction in area at break. Why, in a tensile test on a rod of metal, are (a) and (b) generally not equal to one another?

9.12 Define (a) diamond-pyramid hardness, and (b) indentation hardness.

9.13 Diamond-pyramid hardness values are usually quoted in units of kg mm^{-2}. A sample of steel has a diamond-pyramid hardness of 200. Estimate the tensile strength of the steel.

9.14 Referring to Example 9.13, estimate the yield strength of the steel.

9.15 Comparing the answers to Examples 9.13 and 9.14, we see that the estimate of the yield strength is greater than the estimate of the tensile strength. There are two reasons for this: what are they?

9.16 Why is the hardness test used for estimating the yield stress of ceramics?

9.17 Nine strips of pure, fully annealed copper were deformed plastically by being passed between a pair of rotating rollers so that the strips were made thinner and longer. The increases in length produced were 1, 10, 20, 30, 40, 50, 60, 70, and 100%, respectively. The diamond–pyramid hardness of each piece was measured after rolling. The results are given in the following table:

Nominal strain	0.01	0.1	0.2	0.3	0.4	0.5	0.6	0.7	1.0
Hardness (MN m^{-2})	423	606	756	870	957	1029	1080	1116	1170

Assuming that the hardness test creates a further nominal strain of 0.08, and the hardness value is 3.0 times the true stress, construct the curve of nominal stress against nominal strain. [Hint: Add 0.08 to each value of nominal strain in the table.]

9.18 Using the plot of nominal stress against nominal strain from Example 9.1, find:

a. The tensile strength of copper
b. The strain at which tensile failure commences
c. The percentage reduction in cross-sectional area at this strain
d. The work required to initiate tensile failure in a cubic metre of annealed copper

9.19 Why can copper survive a much higher extension during rolling than during a tensile test?

9.20 The following data were obtained in a tensile test on a specimen with 50 mm gauge length and a cross-sectional area of 160 mm^2.

Extension (mm)	0.050	0.100	0.150	0.200	0.250	0.300	1.25	2.50	3.75	5.00	6.25	7.50
Load (kN)	12	25	32	36	40	42	63	80	93	100	101	90

Find the maximum allowable working stress if this is to equal

a. $0.25 \times$ tensile strength

b. $0.6 \times 0.1\%$ proof stress

9.21 One type of hardness test involves pressing a hard sphere (radius r) into the test material under a fixed load F, and measuring the depth, h, to which the sphere sinks into the material, plastically deforming it. Show that the indentation hardness, H, of the material is given by

$$H = \frac{F}{2\pi rh}$$

where $h \ll r$.

9.22 The following diagram shows the force-extension characteristics of a bungee rope. The length of the rope under zero load is 15 m. One end of the rope is attached to a bridge deck, and the other end is attached to a person standing on the deck. The person then jumps off the deck, and descends vertically until arrested by the rope.

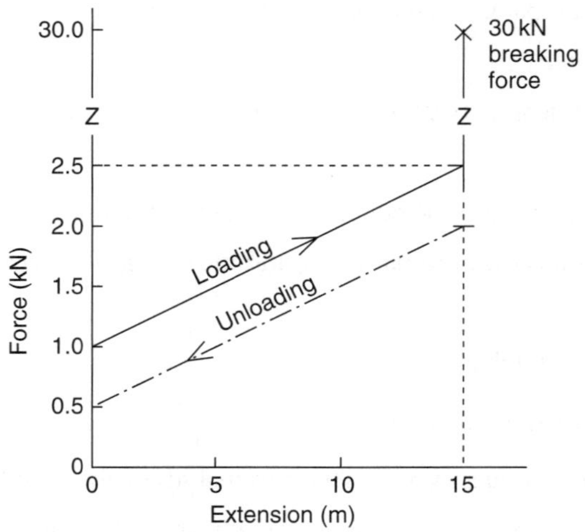

a. Find the maximum mass of the person for a successful arrest, m_{max}.

b. The diagram shows that the unloading line is 0.5 kN below the loading line. Comment on the practical significance of this to bungee jumping.

ANSWERS

9.1 See relations at the end of this chapter.

9.2 See relations at the end of this chapter.

9.3 See Section 9.3, paragraph 2.

9.4 See relations at the end of this chapter.

9.5 See relations at the end of this chapter.

9.6 See relations at the end of this chapter.

9.7 See relations at the end of this chapter. The two forms of the integral must be the same, because the same amount of work is put into straining the specimen, no matter whether stress and strain are expressed as nominal or true.

9.8 See relations at the end of this chapter.

9.9 See Figure 9.10.

9.10 See Figure 9.10, and relations at the end of this chapter. It is a nominal stress.

9.11 See relations at the end of this chapter. Regarding (b), the necked region has the same dimensions whatever the length of the specimen, provided the specimen is long enough so the ends of the specimen do not interact with the necked region. Regarding (a), the longer the specimen, the smaller the value of (a). This is why test specimens have a standard length and diameter, to give comparable values of ε_f (as in Table 9.1).

9.12 See Worked Example.

9.13 648 MN m^{-2}. See Equation (9.9), and remember to convert from kgf to N.

9.14 654 MN m^{-2}.

9.15 (i) Work hardening in the zone beneath the diamond pyramid (see Worked Example). (ii) The tensile strength is the nominal stress, and the true stress is larger because the specimen has thinned down.

9.16 See Section 9.7, paragraph 2.

9.17 From the relations at the end of this chapter, $\sigma_n = \frac{\sigma}{(1+\varepsilon_n)}$. Values of σ are obtained by dividing the hardness values by 3. ε_n is the nominal strain given in the table plus 0.08.

9.18 (a) When the curve is drawn, the tensile strength (stress maximum) is 217 MN m^{-2}. (b) The corresponding strain is 0.6. (c) From the relations at the end of this chapter, $A_0 = A(1+\varepsilon_n)$, so $(A_0 - A)/A_0 = 0.38$, or 38%. (d) Work out the area beneath the curve up to a strain of 0.6 (count squares, or integrate numerically) to get 109 MJ.

9.19 Because the copper is being deformed in compression, it cannot fail by necking (see Figure 9.3).

9.20 (a) Plot the load/extension curve, and determine the maximum load. Hence, find the tensile strength. 0.25 of this = 160 MN m^{-2}. (b) Plot the first six data points of the load/extension curve with an expanded extension scale. Find the 0.1% proof load as shown in Figure 9.10. Hence find the proof stress. 0.6 of this = 131 MN m^{-2}.

9.22 (a) Equate potential energy lost to elastic energy stored in rope. Note that distance fallen = 30 m, and use 9.81 for *g*. Answer = 89 kg. (b) 29% of the energy input is lost when the rope returns to zero load. If energy were not dissipated in this way, the jumper would never come to rest, and could also collide with the bridge at the top of the rebound.

이 장에 언급된 단어 및 유용한 상관관계들의 재고찰

σ_n 공칭응력 $\sigma_n = F/A_0$

σ 진응력 $\sigma = F/A$

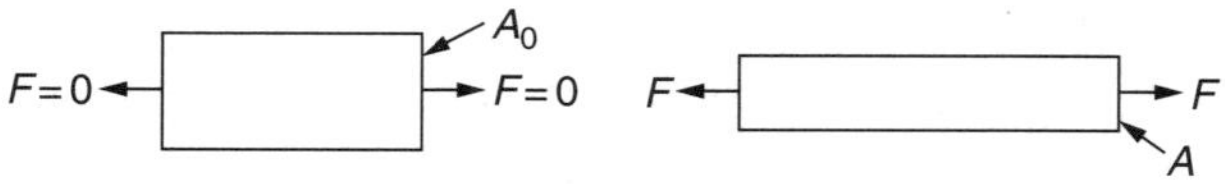

ε_n 공칭변형률

$$\varepsilon_n = \frac{u}{L_0}, \text{ or } \frac{L-L_0}{L_0} \text{ or } \frac{L}{L_0} - 1$$

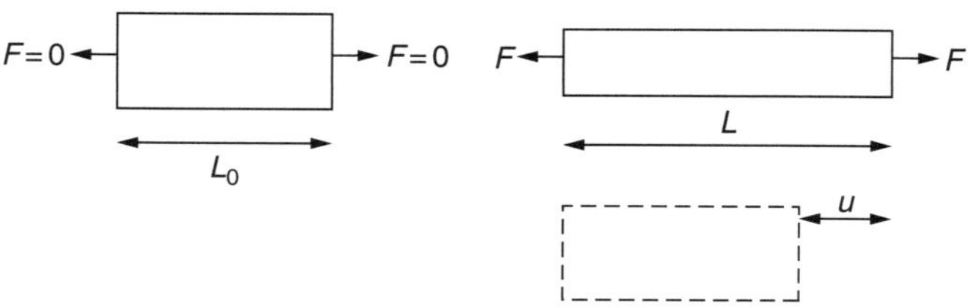

σ_n, σ_n 그리고 ε_n의 관계

부피가 일정하다고 가정할 때(만약 v = 0.5이면 유효하고, 그렇지 않다면 소성변형이 탄성변형보다 크다).

$$A_0L_0 = AL;\ \ A_0 = \frac{AL}{L_0} = A(1+\varepsilon_n)$$

따라서

$$\sigma = \frac{F}{A} = \frac{F}{A_0}(1+\varepsilon_n) = \sigma_n(1+\varepsilon_n)$$

ε, 진변형률 및 ε과 ε_n의 관계

$$\varepsilon = \int_{L_0}^{L} \frac{dL}{L} = \ln\left(\frac{L}{L_0}\right)$$

따라서

$$\varepsilon = \ln(1+\varepsilon_n)$$

작은 변형률의 경우

작은 ε_n일 때

$$\varepsilon \approx \varepsilon_n, \text{ from } \varepsilon = \ln(1+\varepsilon_n)$$

$$\sigma \approx \sigma_n, \text{ from } \sigma = \sigma_n(1+\varepsilon_n)$$

따라서 대부분의 탄성변형률을 이야기 할 때(고무의 경우는 예외) ε 혹은 ε_n이나 σ 혹은 σ_n 어느 것을 선택하는 가는 중요하지 않다.

에너지

재료를 변형시키기 위해서 단위부피당 필요한 에너지는 응력-변형률 곡선의 밑면적으로 주어진다.

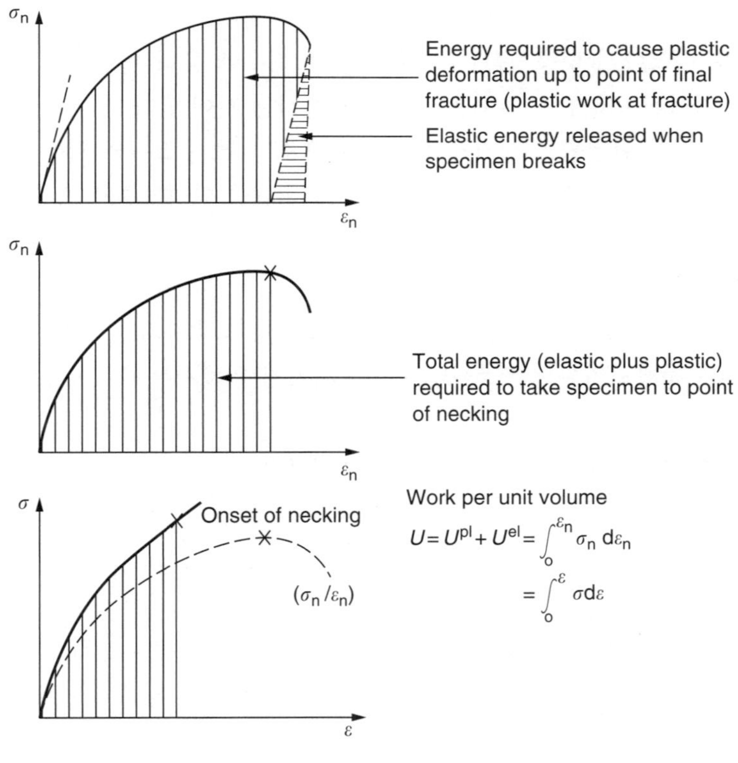

선형 탄성변형률의 경우([그림 8.17] 참조)

$$\frac{\sigma_n}{\varepsilon_n} = E, \text{ and } U^{el} = \int \sigma_n d\varepsilon_n = \int \sigma_n \frac{d\sigma_n}{E} = \left\{\frac{\sigma_n^2}{2E}\right\}$$

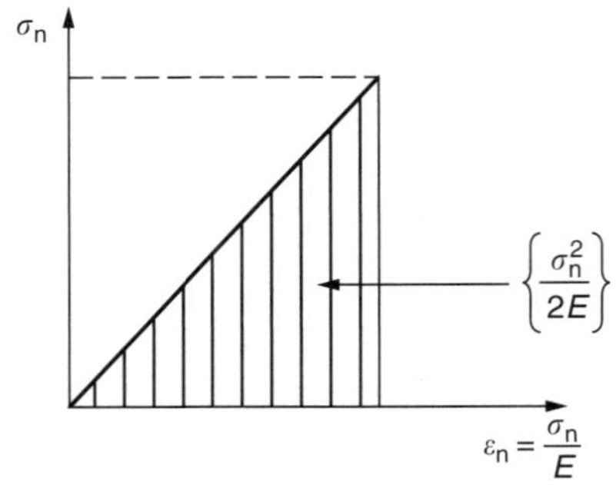

탄성 한계

인장 실험의 경우에 하중이 증가함에 따라 시편은 처음에 탄성적으로 변형이 되고 하중을 제거하면 원위치로 되돌아가게 된다. 어느 한계응력-탄성한계의 일부 변형은 영구적으로 남게 되고 이것을 소성변형이라고 한다.

- **항복** 탄성으로부터 측정 가능한 소성변형까지의 변화
- **항복강도** 항복에서의 공칭응력. 많은 재료의 경우에 응력-변형률 곡선에서 구분하기 힘들다. 따라서 이러한 경우에는 내력을 사용하는 것이 낫다.
- **내력** 영구적인 변형률을 생기게 하는 응력으로 시편의 길이의 일정한 퍼센티지와 동일하다. 일반적인 내력은 0.1%의 영구적인 변형률을 만들게 하는 것에 상응한다.

변형률 경화(가공경화)

소성의 영역에서 변형을 시키기 위해서 필요로 하는 응력의 증가. 변형이 증가함에 따라 재료를 경화 혹은 강화시키는 것으로 변형을 더 시키기 위해서는 더 큰 응력을 필요로 하게 된다.

σ_{TS} 인장강도(예전 교재에는 극한인장강도 혹은 *UTS*)

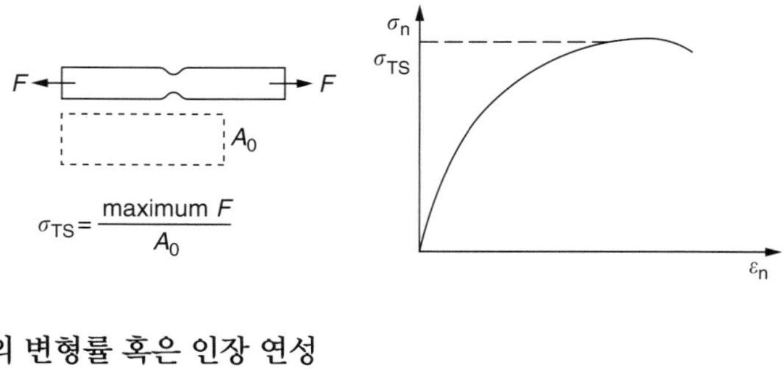

ε_f 파괴 이후의 변형률 혹은 인장 연성

영구적으로 늘어난 길이(깨어진 조각들을 다시 모아서 측정한)를 처음의 측정 길이의 퍼센티지로 나타낸 것

$$\left\{\frac{A_0 - A_{\text{break}}}{A_0}\right\} \times 100$$

파괴 시 단면적의 축소

파괴 시에 단면적이 최대로 감소한 것을 원래 단면적의 퍼센티지로 나타낸 것이다. 파괴 이후의 변형률 그리고 단면적의 축소한 퍼센티지는 연성을 측정하는 것으로 사용된다. 재료가 하중을 받으면 깨어지기 전까지 얼마만큼의 큰 소성변형을 할 수 있는가를 나타내는 것이다.

$$\left\{\frac{A_0 - A_{\text{break}}}{A_0}\right\} \times 100$$

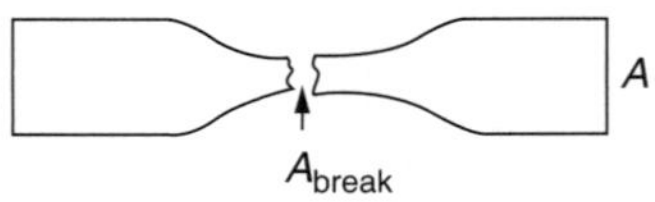

CHAPTER 10

결정에 있어 전위와 항복

10.1 개요

지난 제8장에서 우리는 재료에 나타나는 항복강도의 자료를 분석하였다. 하지만 우리는 거기서부터 무엇을 얻었는가? 원자 간에 결합의 탄력성과 고체재료의 구조를 이해함으로써 재료의 항복강도를 예측할 수 있겠는가? 다음 절에 나오는 간단한 계산으로 그것이 과대평가되어 있다는 것을 알 수 있다. 그 이유는 실제 결정의 경우에는 쉽게 움직일 수 있는 전위와 같은 결함을 포함하고 있기 때문이다. 그러한 결함들이 이동을 하게 되면 결정은 쉽게 변형하게 된다. 그리고 그들을 이동하게 하는 응력의 값이 항복강도가 된다. 이는 전자들이 충전시키는 수단이 되는 것과 같이 전위들이 재료변형의 원인이 된다.

10.2 완전한 결정의 강도

우리가 제6장의 식 6.1에서 보아온 것과 같이 평형상태에서 원자 간에 힘과 거리곡선의 기울기는 Young의 탄성률, E에 비례한다. 일반적으로 원자 간에 힘은 $2r_0$ 만큼 떨어진 거리가 되면 무시할 수 있는 값으로 떨어지게 된다. 일반적으로 힘과 거리의 곡선에 있어서 최대치는 $1.25r_0$ 만큼 분리되었을 때 최고 값에 도달하게 되고, 만약 재료에 작용하는 응력이 결합당, 최대의 힘보다도 많은 응력을 받게 되면 재료는 파괴가 된다. 여기서 우리는 이 결합이 끊어질 때의 응력을 이상강도(σ)로 표현한다. 이런 경우 어떠한 재료도 이보다는 더 강해질 수 없게 된다. [그림 10.1]로부터

$$\begin{aligned} \sigma &= E\varepsilon \\ 2\tilde{\sigma} &\approx E\frac{0.25r_0}{r_0} \approx \frac{E}{4} \\ \tilde{\sigma} &\approx \frac{E}{8} \end{aligned} \tag{10.1}$$

실질적인 원자 간의 퍼텐셜을 사용하게 되면 좀 더 정확한 $\tilde{\sigma}$ 예측 값이 가능하다. 그때의 이상강도의 값은 $E/8$가 아닌 $E/15$가 된다.

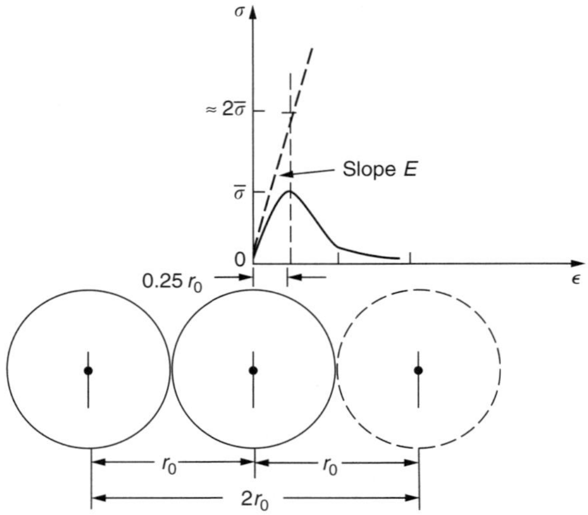

그림 10.1
이상 강도, $\tilde{\sigma}$

그러면 여기서 많은 재료들이 실제로 이 강도를 보이는지 알아보자. 막대차트([그림 10.2])는 많은 재료의 σ_y/E 값을 보여주고 있다. 위쪽에 있는 굵은 점선은 σ/E = 1/15 수준을 보여주고 있다. 유리와 일부 세라믹 무기재료가 이 선에 근접함을 보여준다. 또 이들 재료들은 이상강도에 가깝다. 따라서 이러한 재료들은 이 값보다도 더 강해지기는 힘들 것을 예상할 수 있다. 또 많은 고분자들 역시 이들 선에 가깝게 있다. 비록 고분자재료들이 낮은 항복강도를 보여주지만 그 이유는 그들의 탄성률이 낮기 때문이다. 반면에 많은 금속들의 항복강도가 계산에 의해 예측된 값보다도 많이 낮은 항복강도, 크게는 10^5배나 낮은 값을 가지고 있다. 많은 세라믹재료 역시 그들의 이상 강도보다도 거의 10배나 작은 응력에서 항복을 한다. 이유는 무엇일까?

10.3 결정 내의 전위

재5장에서는 공학적으로 중요한 많은 재료들(예: 금속)은 일반적으로 결정구조로 되어있음을 보아왔고, 완전한 결정들은 일반적으로 원자들이 규칙적이면서 반복적인 형태로 이루어졌음을 설명하였다. 하지만 결정들(세상에 다른 모든 것과 같이)은 완전하지는 않다. 즉, 그러한 결정들은 결함들을 가지고 있다. 일반적으로 체인의 강도가 체인 내에 있는 가장 약한 링크의 강도에 의해서 결정되는 것과 같이, 결정의 강도 또한 재료의 강도도 일반적으로 재료 내에 있는 결함에 의해서 결정된다. 이상강도보다도 월등히 낮은 응력수준에서 재료가 소성변형을

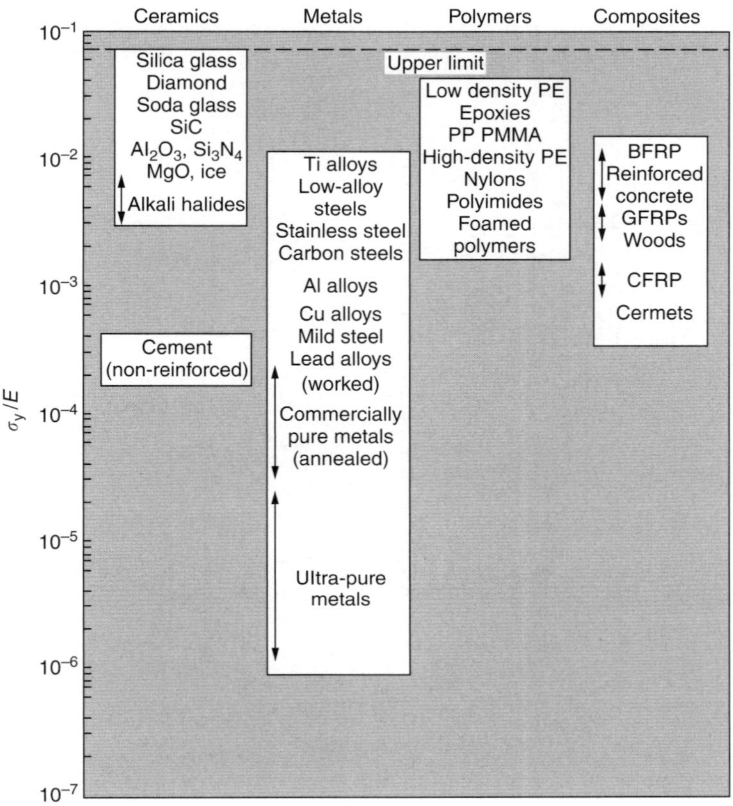

그림 10.2
정규화된 항복강도(σ_y/E)의 도표

하게 되는 데 영향을 미치는 결함의 종류 중에 하나가 전위이다.

[그림 10.3(a)]는 원자를 고려하지 않은 연속적인 관점에서의 쐐기전위를 보여주고 있다. 이 변위는 ⊥−⊥표시된 선까지의 사각단락을 잘라서 만든 사각형태의 블록 재료로 만들어져 있다. 그리고 그 재료를 ⊥−⊥선에 수직된 거리 b(원자크기) 위에 그 재료를 놓음과 같은 상태다. 마지막으로 잘라진 부분을 붙인 것과 같으면서 잘라진 표면을 원래 위치로 되돌린 것이다. 바로 밑에 있는 [그림 10.3(b)]는 원자적 단위에서의 결과를 보여주고 있다. 이 재료는 블록의 중간에 원자의 반면을 가진 것으로 ⊥−⊥선을 따라서 쐐기 아래편이 있고 그 선을 우리는 전위선이라고 한다. 이 결합의 형태를 쐐기전위라고 하는데 이유는 원자의 반면의 쐐기 혹은 칼날에 의해서 형성되었기 때문이며 우리는 이것을 심벌 ⊥을 사용하여 간단히 표시한다.

전위의 운동은 소성변형을 생성한다. [그림 10.4]는 원자들이 전위운동에 따라서 어떻게 재배열되는가를 보여주고 있다. 그리고 한 개의 전위가 전체결정을 이동했을 때 아래 부분이 상판에 비해서 거리 b(우리는 그것을 버거스 벡터라고 부른다)만큼 이동된 것을 보여준다. [그림

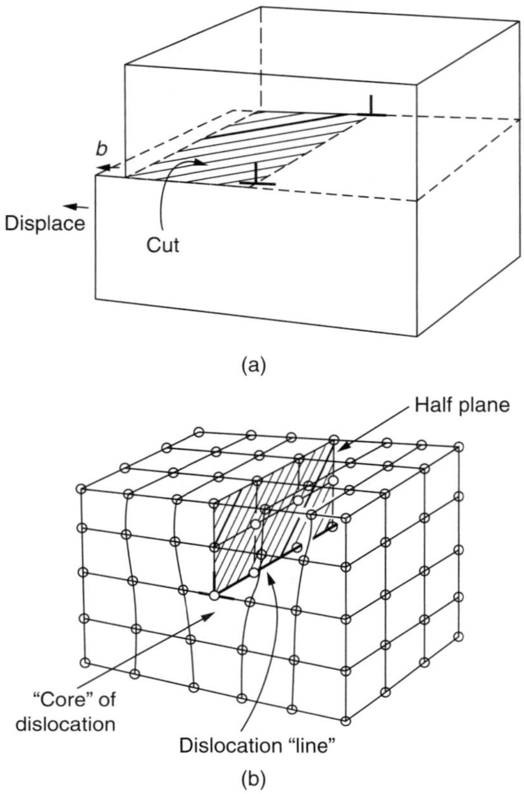

그림 10.3
쐐기전위, (a) 원자를 고려하지 않고 연속적 관점에서 보면 및 (b) 전위 주위의 원자들의 위치를 고려하여 보면

10.5]에는 똑같은 과정을 원자를 사용하지 않고 전위선의 위치에 따라서 심벌만 사용하여 표시한 것이다. 이 전위의 운동은 굉장히 큰 카펫을 움직일 때에 [그림 10.6]에 보여주는 것과 같이 움직이는 것이 전체 카펫을 한쪽에서 당기는 것보다도 쉽다는 것을 보여준다.

쐐기전위의 경우에 [그림 10.3]과 같이 자른 부분을 윗부분의 결정에 비교하여 수직 벽으로 이동한 경우인데 만약에 바닥부분에 비교해서 평행되게 이동시킬 수도 있다. [그림 10.7]은 그 결과를 보여주며 이것 역시 전위인데, 우리는 이것을 나사전위라고 한다(이렇게 함으로써 나사 혹은 나선 형태의 원자에 의해서 표면이 형성되기 때문이다). 이것도 쐐기전위와 같이 전위가 이동하게 되면 소성변형을 형성하게 된다([그림 10.8] 및 [그림 10.9]). 이 형태는 좀 복잡해 보이지만 이것에 의한 물성은 쐐기전위의 것과 똑같다. 실제 결정에 있어 어떠한 결함이 나사 또는 쐐기전위가 될 수 있고 혹은 생각하기에 따라서는 둘 다 조금씩 포함하는 형태가 될 수도 있다. [그림 10.10]은 실질적인 전위의 형태를 전자현미경으로 찍은 것을 보여주고 있다.

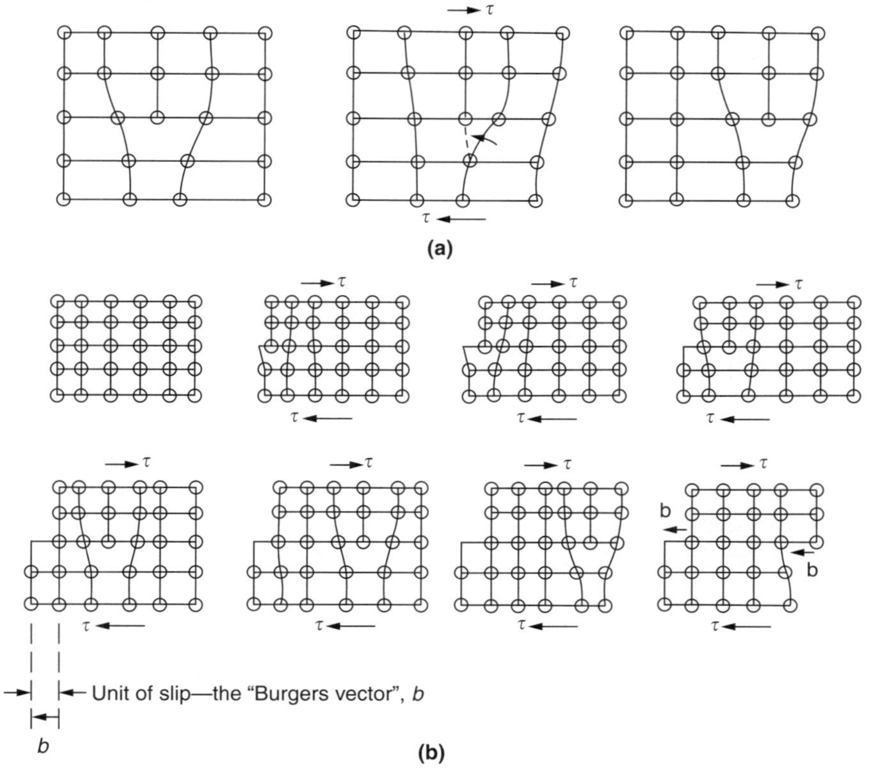

그림 10.4
쐐기전위가 결정을 지나가는 방법. (a) 중간에 위치한 전위가 원자결합을 깨고 재배치되면서 전위가 이동하는 것을 보여준다. (b) 결정의 왼쪽에서 전위가 생성되고 결정 안에서 이동하여 오른쪽으로 나가는 연속적인 모습. 따라서 결정의 아래쪽이 b 거리만큼 미끄러지는 원인이 된다

10.4 전위에 작용하는 힘

전위를 결정 밖으로 밀어내기 위해서 전위에 작용하는 힘은 전단응력(τ)이다. 항복이 일어나기 위해서 전위의 운동에 저항하는 힘보다도 이 힘이 더 커야 한다. 이 저항은 전위에 운동에 반하는 자체적인 마찰력에다가 합금화 혹은 가공경화로부터 생기는 것도 포함된다. 이러한 것들은 다음 장에서 자세히 설명하겠다. 여기서 우리는 전위의 단위길이당 τb만큼의 힘이 작용하는 것을 알 수 있다.

여기서 가상의 일 개념을 이용하여 계산하여 증명하여보자. [그림 10.11]에서 보는 바와 같이 (a) 결정 사이로 전위가 운동하게 할 때에 적용된 응력에 의한 일, (b) 전위의 운동에 저항하는 힘 f에 의한 일을 공식화하면 된다. 위의 사각부분이 밑의 사각부분에 비해서 거리 b 만

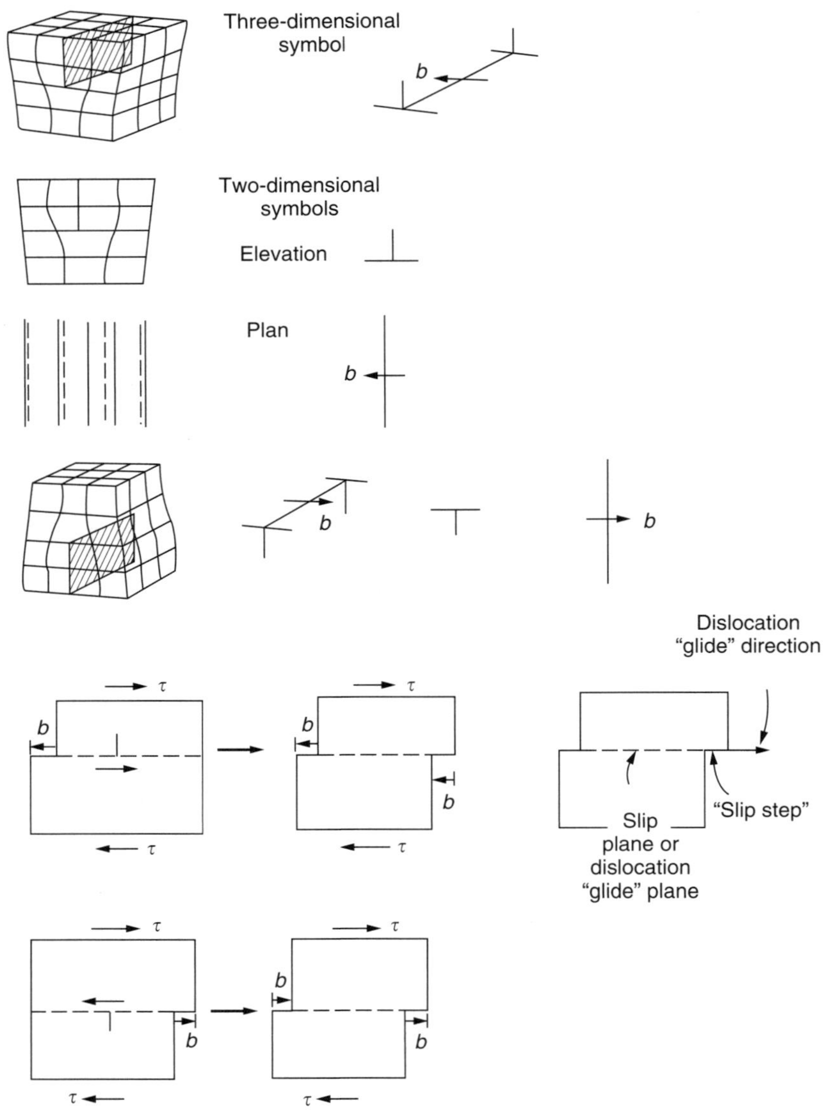

그림 10.5
쐐기전위의 종합적 모음

큼 움직였다면 그때 적용된 응력에 의한 일은 $(\tau L_1 L_2) \times b$로 된다. 결정전체를 미끄러져 갔다면 전위의 이동거리는 L_2가 되고 단위길이당 저항 힘 f에 의한 일은 같은 개념에서 $fL_1 \times L_2$가 된다. 위의 두 조건에 의한 공식은 아래와 같다.

$$\tau b = f \tag{10.2}$$

이러한 결론은 쐐기전위, 나사전위 혹은 혼합전위, 모든 전위에 적용된다.

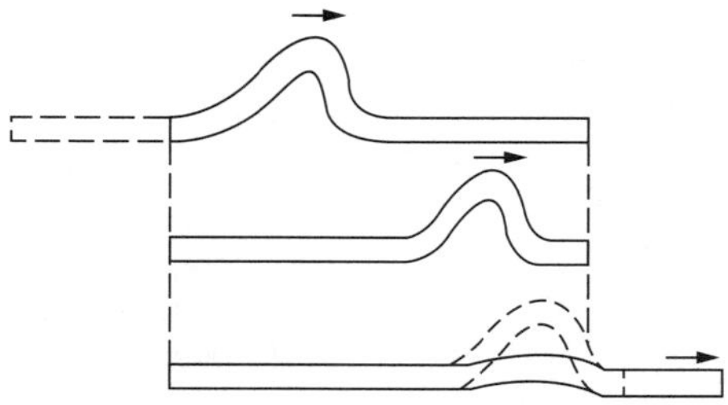

그림 10.6
융단 주름을 이용한 쐐기전위의 운동 유추

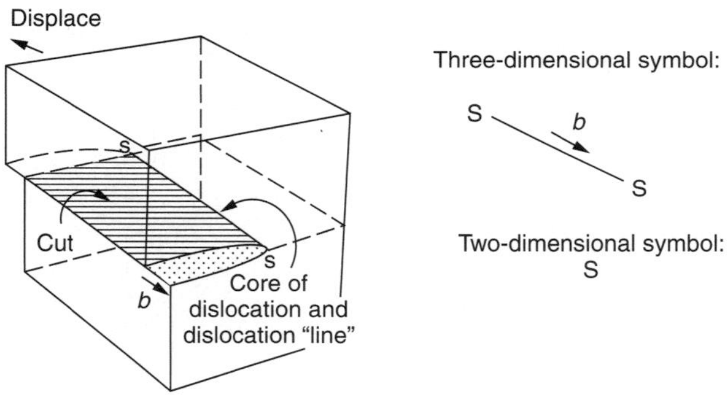

(a)

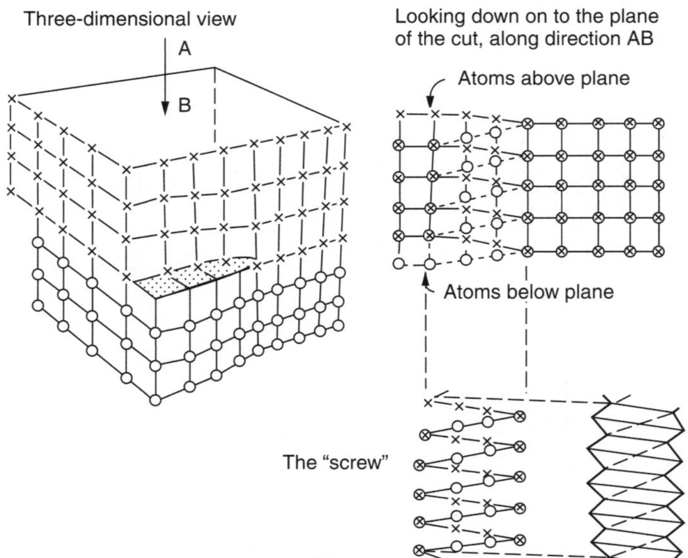

(b)

그림 10.7
나사전위, (a) 연속적 관점에서 보면, (b) 원자의 위치기준으로 보면

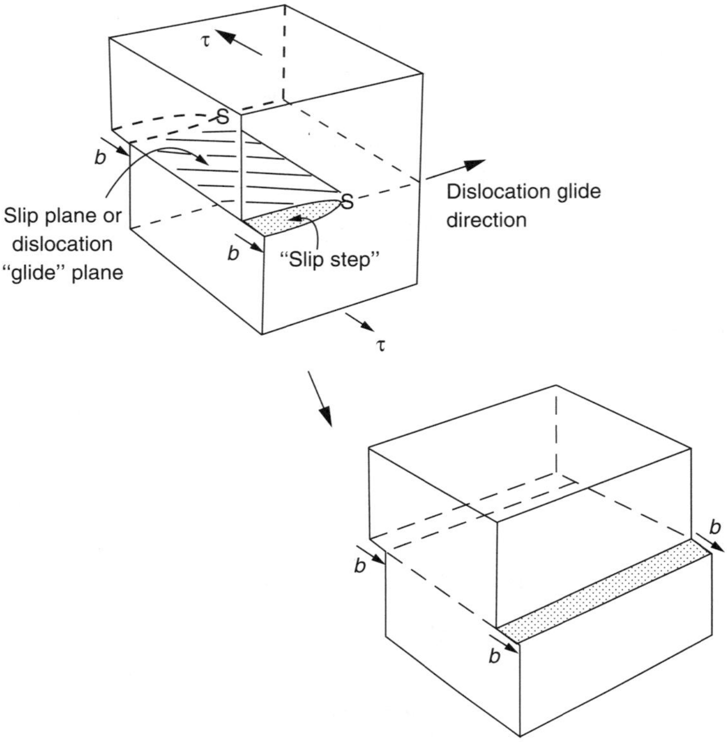

그림 10.8
나사전위 표시법

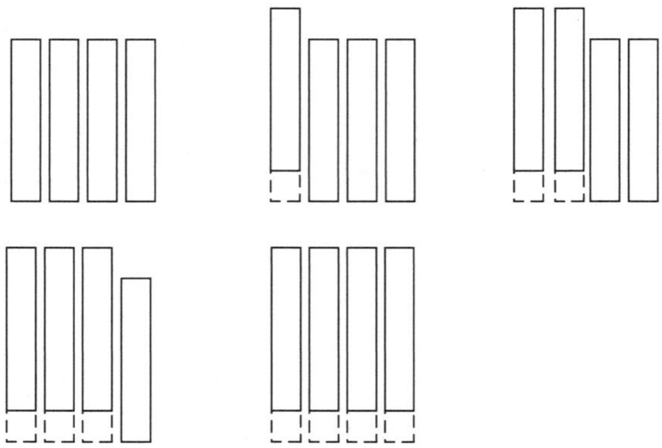

그림 10.9
나사전위의 운동에 '판자깔기' 유추. 마루에 4개의 판자가 나란히 깔려있다고 생각하면 판자 하나씩을 이동하는 것이 4개의 판자를 동시에 이동하는 것보다 쉽게 된다

그림 10.10
스테인리스 강에 전위선의 전자현미경 사진. 약 100 nm 두께의 매우 얇은 강에 전자를 쏘아서 찍은 사진이다. 여기서 전위선은 약 1000 원자 지름 크기로 전위선이 위/아래 표면에 만나는 곳이 잘려서 보여준다. 보통 사각설탕 크기의 공학재료에 약 10^5 km의 전위선을 가지고 있다.

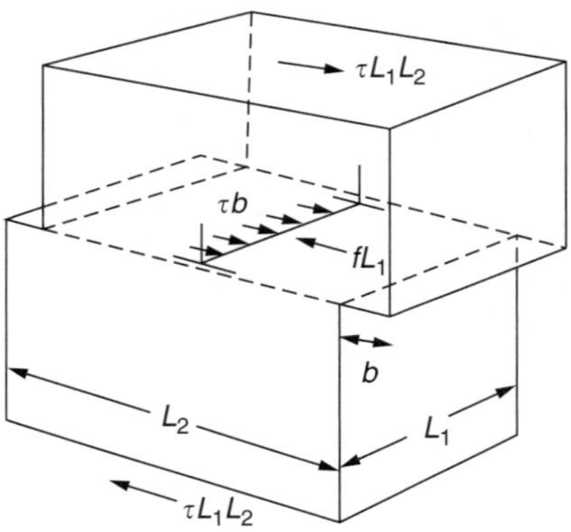

그림 10.11
전위에 작용하는 힘

10.5 전위의 다른 특성

재료의 소성변형을 이해하는 데 있어 전위와 관련된 두 가지 특성이 있다.

- 앞에 쐐기변위의 운동의 그림으로부터 우리가 쉽게 예상할 수 있듯이 전위는 항상 특정한 결정면을 따라서 움직인다. 예를 들어 f.c.c. 결정의 경우에 전위는 {111}면 쪽을 따라 움직이고 따라서 소성미끄럼도 f.c.c. 결정의 경우에는 {111}면 쪽에서 일어나게 된다.
- 전위의 중심부에 있는 원자들은 그들의 적정한 위치로부터 잘못 위치하였기 때문에 가장 큰 에너지를 가진다. 따라서 전체에너지를 작게하기 위해서는 전위는 짧으면 짧을수록 좋다. 이러한 경우 전위는 고무줄과 같이 선 인장(line tension) T를 갖게 되며 이와 유사한 변형을 하게 된다([그림 10.12] 참조). 선 인장의 단위길이당 에너지는 아래와 같이 된다(면 인장은 단위면적당 에너지인 것과 같이).

$$T \approx \frac{Gb^2}{2} \tag{10.3}$$

여기서 정확한 수치로 말하면 T는 굉장히 작은 값이지만(10^8 만큼의 전위가 있어야 사과의 무게를 지탱할 수 있을 정도다) 전위의 크기에 비해서는 그 값이 굉장히 크다. 또한, 선 인장은 전위의 운동을 방해하는 장애물과 관련하여 중요한 인자가 된다.

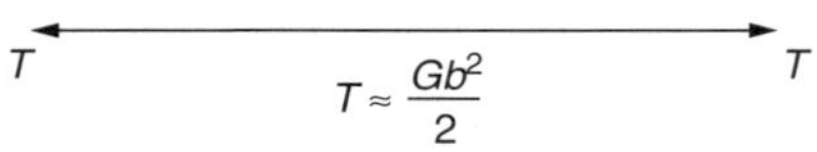

그림 10.12
전위 내의 선 인장(G는 전단 탄성계수)

EXAMPLES

10.1 Explain what is meant by the *ideal* strength of a material.

10.2 The energy per unit length of a dislocation is $\frac{1}{2}Gb^2$. Dislocations dilate a closepacked crystal structure very slightly, because at their cores the atoms are not close packed: the dilatation is $\frac{1}{4}b^2$ per unit length of dislocation. It is found that the density of a bar of copper changes from 8.9323 Mg m^{-3} to 8.9321 Mg m^{-3} when it is very heavily deformed. Calculate:

a. the dislocation density introduced into the copper by the deformation.

b. the energy associated with that density.

Compare these results with the latent heat of melting of copper (1833 MJm^{-3}. b for copper is 0.256 nm; G is ⅜ E; see Table 3.1 for values of E.

10.3 Explain briefly what is meant by a dislocation. Show with diagrams how the motion of (a) an edge dislocation and (b) a screw dislocation can lead to the plastic deformation of a crystal under an applied shear stress.

10.4 How can the presence of dislocations in crystalline metals explain the observation that their strengths can be as much as 10^5 times less than their ideal strengths?

10.5 Explain why a dislocation has a line tension.

10.6 Prove the relationship $f = \tau b$ for the force acting on a dislocation, and explain its relevance to the yielding of a crystal.

10.7 Why do dislocations always glide on crystallographic planes? What planes do they glide on in f.c.c. crystals?

ANSWERS

10.1 See Section 10.2.

10.2 Define the dislocation density ρ as the total length of dislocation line per unit volume of material, with units of m/m^3, or m^{-2}. Then,

$$\frac{\Delta V}{V}=\frac{b^2}{4}\rho=2.24\times10^{-5},\ \text{and}\ \ \rho=1.4\times10^{15}\,\text{m}^{-2:}$$

$$U=\frac{Gb^2}{2}\rho=\frac{3Eb^2}{16}\rho=2.1\,\text{MJ m}^{-3}$$

(From Table 3.1, E for copper ¼ 124 GN m^{-2}.) Very small compared to the latent heat of melting. Be careful with the units!

10.3 See Figures (a) 10.3 and 10.4; (b) 10.7 and 10.8.

10.4 See Figures 10.6 and 10.9.

10.5 See Section 10.5.

10.6 See Section 10.4.

10.7 See Section 10.5.

CHAPTER 11

강화 방법과 다결정체에서 소성

11.1 개요

앞장에서는 다음과 같은 것을 설명하였다.

- 모든 결정은 전위를 가지고 있다.
- 전위의 미끄럼 면에 전단응력 τ가 작용하면 전위의 단위길이당 힘 τb가 작용하게 되고 이 힘은 전위를 앞으로 밀게 된다.
- 전위가 움직이게 되면 결정은 소성변형을 하게 되고 따라서 재료는 항복하게 된다.

이 장에서는 전위의 운동의 저항력을 증가하는 방법을 공부하여 본다. 금속 혹은 무기재료의 특정한 한 결정의 전위 항복강도를 결정함으로써 알 수 있다. 하지만 공학재료는 여러 개의 결정 혹은 결정입계의 조합으로 되어 있다. 조합결정들의 소성을 이해하기 위해서는 각각의 결정들이 다른 결정들과 어떻게 반응하는가를 관찰해야만 알 수 있다. 이는 다결정의 항복강도를 계산하게하고 그 값은 우리가 공학설계에 사용하게 된다.

11.2 강화 기구

전위의 운동에 저항하는 저항력 f보다 결정에 작용하는 힘(단위길이) τb가 클 때에 결정은 항복을 한다. 여기서 전위 항복강도는 아래와 같이 정의된다.

$$\tau_y = \frac{f}{b} \tag{11.1}$$

대부분의 결정은 전위의 운동에 따라서 끊어지고 다시 연결되는 원자들의 결합에 의해서 본질적인 어떤 고유한 강도를 가지고 있다. 특히, 공유결합의 경우에는 전위의 단위길이당 고유격자의 저항, f_i가 굉장히 크다. 따라서 공유결합을 가진 다이아몬드나, 탄화물, 산화물, 질화물 혹은 규소계열은 큰 강도와 경도를 갖게 된다. 하지만 순수금속은 굉장히 연하며 그 재료들은 작은 격자저항을 가지고 있다. 이럴 경우 저항력 f를 증가하기 위해서 우리는 고용강화,

석출 혹은 분산강화, 가공경화 혹은 이 세 가지를 합한 방법으로 f를 증가시키고 있다. 더구나 우리는 항복강도에 근접하는 재료는 있으나 이상강도보다 강한 것은 없는 것을 기억할 필요가 있다. 실질적으로 단지 몇 가지 재료만 이상강도에 가까운 강도를 가지고 있다.

11.3 고용체 강화

금속을 강하게 만드는 좋은 방법은 간단히 금속에 불순물을 첨가하는 것이다. 설탕이 차에 녹듯이 불순물은 금속고용체에 고용이 된다. 한 가지 좋은 예가 구리에 아연을 넣음으로써 황동이라는 합금이 되는 것이다. 아연 원자를 구리 원자로 대체함으로써 임의의 대체 고용체가 되는 것이다. 이러한 방법으로 실온에서 구리는 약 30%의 아연을 흡수할 수 있다. 여기서 아연의 원자들이 구리의 원자보다 크기 때문에 구리의 구조에 압박을 가하며 따라서 응력이 발생하게 된다.

그러한 응력들은 미끄럼 면을 거칠게 만들어서 전위의 운동을 힘들게 한다. 따라서 전위의 이동에 대한 저항력을 증가시키고 전위 항복강도 τ_y를 증가시킨다. 식 (10.1) 만약에 고용체에 의해 저항력이 증가하게 하는 것을 고려한 것을 f_{ss}라고 한다면 항복강도 τ_y는 f_{ss}/b 만큼 증가하게 된다. 이에 농도 C인 고용체에 있어 미끄럼 면(유사한 어떠한 면)에 융해된 원자의 간격은 $C^{-1/2}$ 만큼 바뀌게 된다. 따라서 공간이 작으면 작을수록 미끄럼 면은 거칠어진다. 결과적으로 τ_y는 용매의 농도에 따라 포물선 모양으로 증가하게 된다($C^{1/2}$와 같이) ([그림 11.1]). 1상의 황동, 청동 그리고 스테인리스 강철을 포함하는 많은 금속합금들이 이러한 방법으로 강하게 된다.

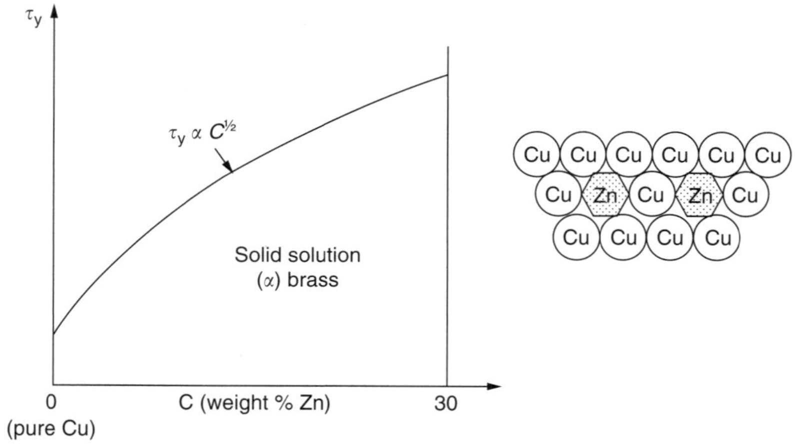

그림 11.1
고용체 강화

11.4 석출 및 분산 강화

포화되어 있는 설탕물을 차갑게 하면 설탕이 결정화되듯이, 만약 높은 온도에서 불순물이 금속 혹은 무기재료(예로 알루미나)에 용해되어 있으면, 이 합금을 실온으로 냉각하게 되면 그 불순물은 조그마한 덩어리로 석출될 것이다. 두랄루민의 경우 4%의 구리를 포함하는 알루미늄 합금으로 위에 설명한 방법과 같이 처리를 하게 되면 굉장히 작고 촘촘하면서 딴딴한 $CuAl_2$의 화합물이 석출된다. 대부분의 탄소강의 경우도 유사한 방법으로 카바이드가 석출되면서 강하게 된다.

이러한 작은 알갱이들은 무기재료나 금속에 다른 방법으로도 형성시킬 수 있다. 가장 확실한 방법은 분산물(산화물 같은 것)을 금속분말(알루미늄이나 납이 일반적으로 처리되는 것)과 혼합을 하는 것으로 혼합 후에 섞여진 분말을 조밀화시켜서 소결하게 된다.

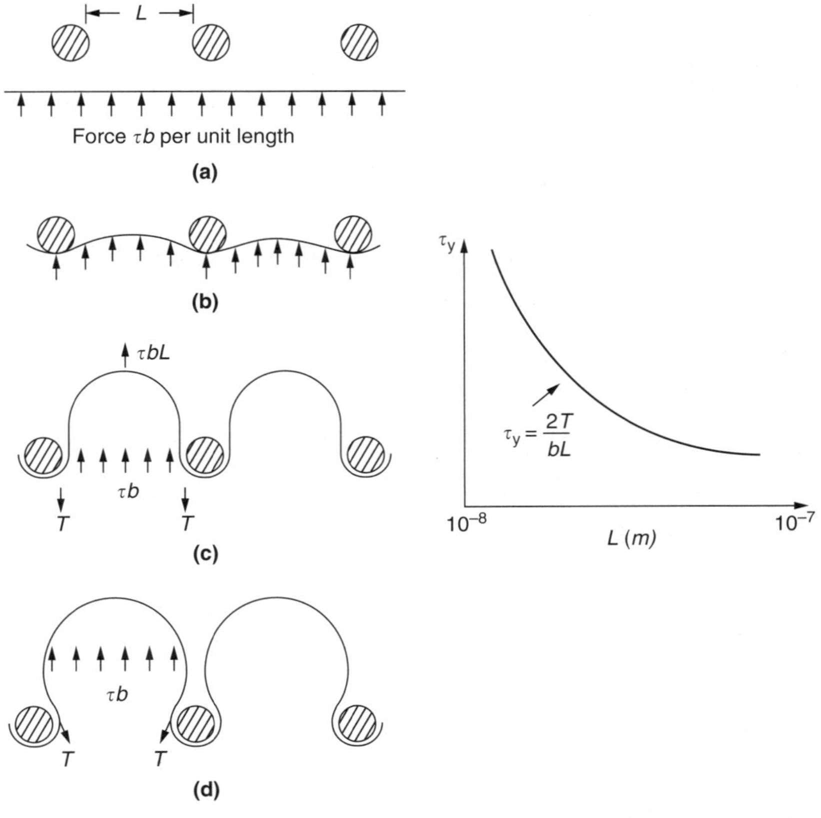

그림 11.2
분산된 석출물이 전위의 운동 및 재료의 소성유동을 어떻게 억제하는가를 보여준다: (a) 접근단계, (b) 반임계단계, (c) 입계단계, (d) 탈출단계

위의 두 가지 방법은 전위가 운동하는 길에 작고 단단한 입자를 분포시켜 놓은 것이다. [그림 11.2]는 그 입자들이 어떻게 전위의 운동을 방해하는지를 보여주고 있다. 응력 τ는 장애물 사이에 전위를 어떻게 밀어내는가를 보여준다. 이는 쇠창살 사이로 풍선을 부는 것과 같으며 쇠창살사이에서 풍선을 크게 하기 위해서는 큰 압력이 필요하다는 걸 보여준다. 일단 커진 풍선이 충분히 커지게 된다면 그 다음부터는 쉽게 팽창이 가능하다. 그 형상이 반원형태([그림 11.2(c)])가 되면 그것을 임계형상이라고 한다. 여기서 단면에 작용하는 힘 τbL은 선 인장에 의해 생기는 힘 $2T$에 의해서 균형을 이루게 된다. 따라서 전위는 아래와 같은 공식의 조건에서 지나간다(즉, 항복이 일어난다).

$$\tau_y = \frac{2T}{bL} \approx \frac{Gb}{L} \tag{11.2}$$

따라서 장애물에 작용하는 저항 $f_0 = 2T/L$이다. 따라서 분명히 가장 뚜렷한 강화는 강하고 촘촘하게 석출 혹은 분산에 의해서 생기게 된다([그림 11.2]).

11.5 가공경화

결정이 항복을 하게 되면 전위는 결정을 지나가게 된다. 많은 결정들은 여러 가지의 미끄럼 면을 가지고 있는데, 예로 f.c.c.구조의 경우에는 {111}면 쪽을 따라서 미끄럼이 일어나기 때문에 네 개의 미끄럼 면을 갖게 된다. 전위는 그러한 가로지르는 면에서 작용하게 되고 따라서 서로서로를 방해하게 되면서 재료 내에 숫자가 많아지게 된다.

이러한 결과로 가공경화가 된다. 제8장에 보여준 바와 같이 응력-변형률 곡선은 항복 이후에 급격히 가파르게 된다. 결정구조를 갖는 대부분의 금속과 세라믹은 가공경화 현상이 일어난다. 이것이 난센스가 될 수 있겠지만 만약 당신이 얇은 판을 압연하고 싶다면 가공경화가 급격히 항복강도를 증가시키기 때문에 계속하기 전에 압연을 정지하고 재료를 어닐링 해야 한다(열을 가함으로써 축적된 전위를 제거한다). 하지만 재료를 강하게 하는 방법의 하나로서는 굉장히 유용하다.

가공경화 현상을 분석하는 것은 어렵다. 전체 전위저항 f에 작용하는 f_{wh}의 양은 상당하고 변형률이 증가하면 같이 증가하게 된다([그림 11.3]).

11.6 전위항복강도

위에서 본 강화 방법들이 재료의 강도에 첨가적으로 작용한다는 것을 예측할 수 있다. 그러면

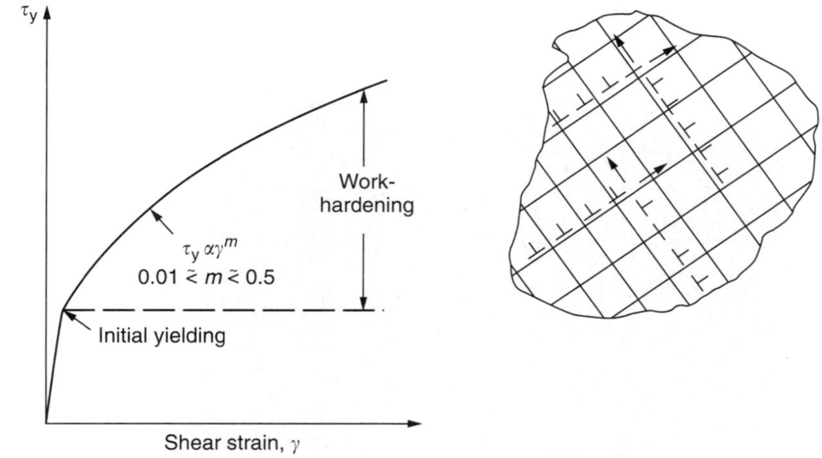

그림 11.3
전위의 충돌에 의한 가공경화 현상

$$\tau_y = \frac{f_i}{b} + \frac{f_{ss}}{b} + \frac{f_o}{b} + \frac{f_{wh}}{b} \tag{11.3}$$

강한재료는 자체가 강한 고유 강도, f_i를 갖던지(예로 다이아몬드) 혹은 고용 강화 f_{ss}에 따른 추가나, 장애물에 의한 f_o 그리고 가공경화 f_{wh}에 의해서 된다. 하지만 이러한 정보를 사용하기 전에 다른 한 가지 문제가 남아있다. 즉, 지금까지 우리는 독립된 결정의 전단에서 항복강도를 계산했다. 우리는 여러 결정이 모여 있는 다결정재료에 인장 하중 작용 시 항복강도를 알고자 한다.

11.7 다결정의 항복

다결정에 있어 결정들 혹은 결정립들은 정확하게 맞춰져 있지만 그들 결정의 방향성은 각각 다르다([그림 11.4]). 그들은 결정입계에서 만나게 되고 결정구조들은 다양하게 분포를 하는데, 그 입계에서의 원자결합이 워낙 많고 강하기 때문에 그 경계에 의해서 재료는 일반적으로 약해지지는 않는다.

그러면 다결정요소가 항복을 시작하게 되면 어떠한 현상이 일어나게 되는지를 보자([그림 11.5]). 미끄럼은 먼저 미끄럼 면에 작용하고 있는 τ와 거의 평행한 결정입계에서 먼저 시작할 것이다. 예로 결정립(1)이 된다. 이후에 미끄럼은 결정의 방향이 덜 좋은 결정(2)와 같은 결정립으로 확산이 된다. 그리고 마지막으로 가장 좋지 않은 방향성을 가진 결정립(3)과 같은 것으로 된다. 따라서 항복은 한 번 만에 일어나지 않게 되고 따라서 응력-변형률곡선에서 다결정

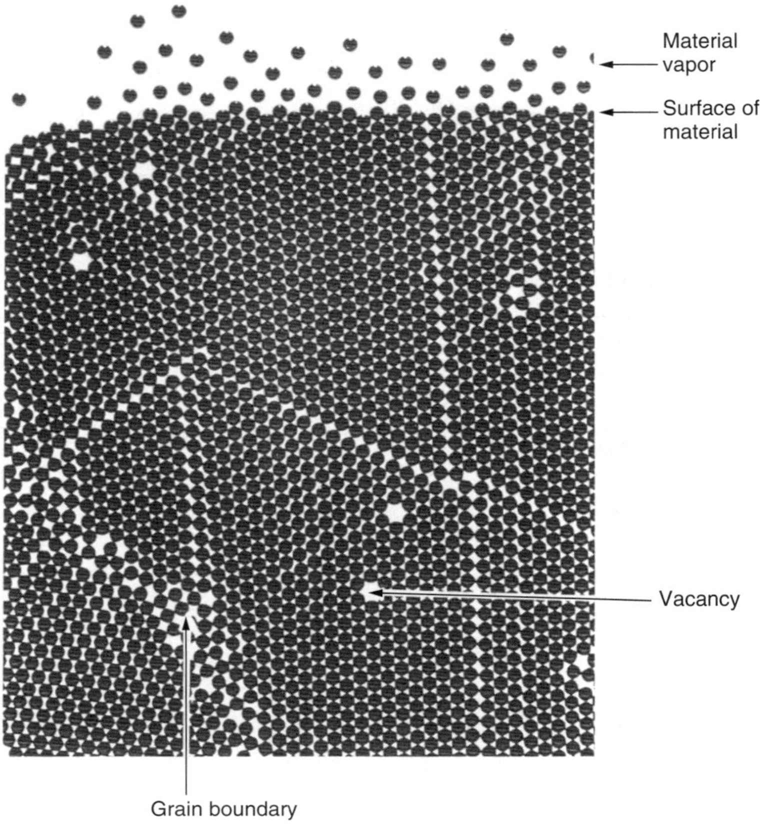

그림 11.4
공 모양의 베어링으로 고체 내에 원자가 어떻게 분포되었는지를 보여준다. 이 그림은 공 베어링모델에서 다결정체 재료에 입계가 형성된 것을 보여준다. 또한, 이 모델은 다른 형태의 결함, 원자가 없어진 공공(vacancy)을 보여주고 있다

의 경우에는 뚜렷한 항복점이 없게 된다.

더구나 전체항복은 전위항복강도 τ_y에서 일어나지 않게 되는데 이것은 모든 결정입계가 항복에 좋은 방향성을 갖고 있지 않기 때문이다. 전체 항복강도는 테일러 계수(계산이 쉽지 않음)라고 불리는 계수만큼 높다. 이 계수는 미끄럼이 가능한 모든 미끄럼 면에 작용하는 응력을 평균하여 계산한 값으로 약 1.5쯤 된다.

하지만 우리는 인장에서 항복강도 σ_y를 알고자 한다. 작용된 인장응력 σ는 재료 안에 전단응력을 형성하게 되고 그 값은 $\tau = \sigma/2$ 최댓값을 갖게 된다(제11장에서 우리는 재료 내에 작용하는 인장응력이 면에 따라서 분해되는 것을 보여주겠다). τ_y로부터 σ_y를 계산하기 위해서는 분해요소와 테일러요소를 합치게 되면 다음과 같다.

$$\sigma_y = 3\tau_y \tag{11.4}$$

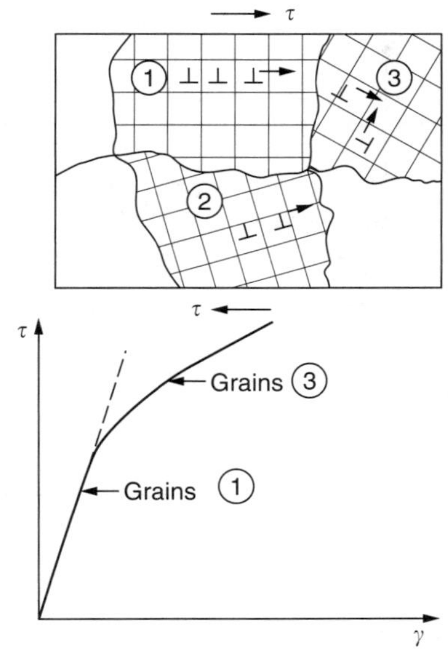

그림 11.5
다 결정에 있어 항복의 진행 모습

σ_y는 우리가 원하는 값으로 큰 덩어리 다결정체의 항복강도이다. 이 값은 전위전단강도 τ_y보다(3배) 큰 값이지만 일반적으로 τ_y에 비례하게 된다. 따라서 τ_y를 증가시키기 위한 모든 언급된 것들은 σ_y에도 그대로 적용이 된다.

결정입계 강화(홀–페치 효과)

다결정체 재료에 있어서 결정입계의 존재는 또 다른 효과가 있게 되는데, 즉 결정입계들이 항복강도를 증가시키게 된다. 그 이유는 결정입계가 전위의 운동에 방해물로 작용하기 때문이다. 이것 때문에 전위는 결정입계에 쌓이게 된다([그림 11.6] 참조).

쌓여지는 전위의 숫자는 다음과 같다.

$$n = \frac{\alpha \tau d}{Gb}$$

여기서 α는 상수이고, d는 결정의 크기이다. 만약 결정입계에 쌓여지는 전위가 한 개라고 가정한다면, 전위의 결정입계에 작용하는 힘은 식 (9.2)에서 보여준 바와 같이 $f = \tau b$가 된다. 하지만 n개의 쌓여진 전위에서 각 전위는 앞선 하나의 전위에 힘이 작용하게 되고 따라서 그 힘은 가장 앞선 전위(1번)에 $n\tau b$가 된다. 만약 이 힘이 임계값 F_{GB}보다 크게 되면 가장 앞선 전위는 결정입계를 지나가게 되고 따라서 재료가 항복하게 된다. 항복의 조건은 다음과 같다.

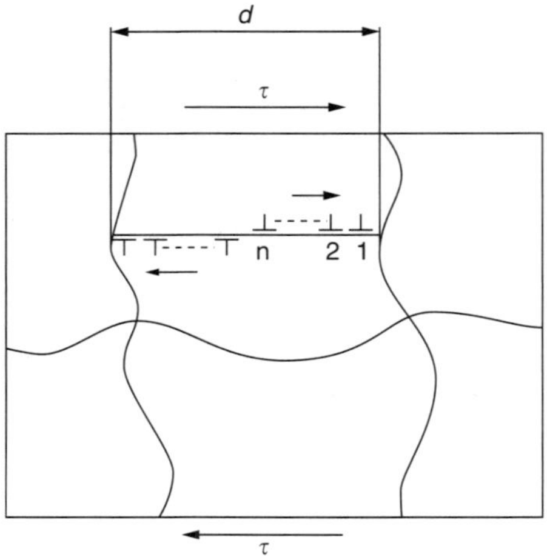

그림 11.6
어떻게 전위가 입계에 쌓이는지를 보여준다

$$F_{GB} = n\tau b = \left(\frac{\alpha \tau d}{Gb}\right)\tau b = \frac{\alpha \tau^2 d}{G}$$

따라서 전위항복강도 τ_y에 작용되는 힘은

$$\tau_y = \left(\frac{F_{GB}G}{\alpha}\right)^{1/2} d^{-1/2} = \beta d^{-1/2} \tag{11.5}$$

여기서 β는 상수이다. 여기서 이번 결과로부터 흥미로운 현상은 미세한 결정입계를 가지는 재료가 거친 결정입계를 가지는 재료보다 높은 항복강도를 갖는다는 것이다. 하지만 β의 값은 재료에 따라서 달라지고, 또한 어떠한 합금인가에 따라서도 각각 다르다.

11.8 결론

높은 강도를 갖는 합금을 만들기 위한 모든 과학은 최대 τ_y를 얻기 위해서 열처리하거나 혹은 혼합된 합금을 만드는 것이다. 이러한 방법에 의해서 강하게 만든 재료를 가지고 중요한 부품을 만들게 되는데, 예로 선반기구(고속탄소강), 터빈블레이드(니켈을 기초를 하는 니모믹합금). 우리는 특정한 목적을 위해서 어떻게 재료를 선택할 것인가를 공부를 할 때 강한 재료에 대해서 좀 더 언급해야 한다.

EXAMPLES

11.1 Show how dislocations can account for the following observations:

a. Cold working makes aluminum harder.

b. An alloy of 20% Zn, 80% Cu is harder than pure copper.

c. The hardness of nickel is increased by adding particles of thorium oxide.

11.2 Derive an expression for the shear stress τ needed to bow a dislocation line into a semicircle between small hard particles a distance L apart.

11.3 A polycrystalline aluminum alloy contains a dispersion of hard particles of diameter 10^{-8} mand average center-to-center spacing of 6×10^{-8}mmeasured in the slip planes. Estimate their contribution to the tensile yield strength, σ_y, of the alloy. $G = 26$ GN m^{-2} and $b = 0.286$ nm.

11.4 The alloy is used for the compressor blades of a small turbine. Adiabatic heating raises the blade temperature to 150°C, and causes the particles to coarsen slowly. After 1000 hours they have grown to a diameter of 3×10^{-8} m and are spaced 18×10^{-8} m apart. Estimate the drop in yield strength.

11.5 The yield stress of a sample of brass with a large grain size was 20 MN m^{-2}. The yield stress of an otherwise identical sample with a grain size of 4 μm was 120 MN m^{-2}. Why did the yield stress increase in this way? What is the value of β in Equation (11.5) for the brass?

11.6 Explain why a polycrystalline material does not usually have a sharp yield point. What is the ratio of τ / τ_y, where τy is the dislocation yield strength and τ is the shear yield strength of the complete polycrystal?

11.7 Summarize the ways in which the dislocation yield strength can be maximized in a polycrystalline material.

ANSWERS

11.1 (a) See Section 11.5. (b) See Section 11.3. (c) See Section 11.4.

11.2 See Section 11.4 and Figure 11.2(c).

11.3 In Figure 11.2, $L = (6 \times 10^{-8}) - (1 \times 10^{-8}) = 5 \times 10^{-8}$ m. Find τ_y from Gb/L, using the values of L, G, and b (which must be converted to m). Then find σy from Equation 11.4. Its value is 446 MN m^{-2}.

11.4 New value of $L = 15 \times 10^{-8}$ m. Repeating the calculation of Example 11.3 gives $\sigma_y = 149$ MN m^{-2}, so the drop in yield strength is 297 MN m^{-2}.

11.5 See Section 11.7 (Hall-Petch effect). Use Equation (11.5), with τ_y (= increase in strength) = 100 MN m^{-2}, and $d = 4 \times 10^{-6}$ m. This gives $\beta = 0.2$ MN $m^{-3/2}$.

11.6 See Section 11.7, paragraph 1 and Figure 11.5. The ratio is 1.5 – see Section 11.7, paragraph 2.

11.7 See Sections 11.3, 11.4, 11.5 and 11.7 (Hall-Petch effect).

CHAPTER 12

소성유동의 연속성

12.1 개요

소성유동은 전단에 의해서 일어난다. 미끄럼 면에 작용하는 전단응력이 단결정의 전위항복강도 τ_y보다 크게 되면 전위가 운동한다. 만약 다결정인 경우에는 모든 미끄럼 면에 모든 결정의 방향을 평균한 것으로 고려한다면, 전위항복강도는 인장항복강도 σ_y와 관련이 되고 관계는 $\sigma_y = 3\tau_y$가 된다(제10장).

하지만 소성문제를 풀기 위해서는 다결정의 경우에는 전단항복강도 k를 고려하는 것이 더 유용하다. 이것은 $\sigma_y/2$값과 같고 미끄럼 면의 모든 방향에 대한 평균 전단저항의 값이기 때문에 τ_y와는 다르다. 어떤 구조가 하중을 받게 되면, 전단이 일어날 면이 때로는 확인할 수 있고, 때로는 추측을 해야 한다. 그리고 파괴하중은 그러한 면에서 작용하는 응력이 전단항복강도(k)를 넘어갈 때를 예측해서 계산하게 된다.

이 장에서 우리는 $k = \sigma_y/2$라는 것을 보여주고 이 k를 이용하여 고체의 항복강도와 경도의 관계를 설명하려고 한다. 그리고 금속이나 고분자재료에 인장을 가할 때 가끔 나타나는 인장 불안정을 관찰하고자 한다.

12.2 항복의 시작 및 전단항복강도 *k*

어떤 재료의 한 부분에 인장응력이 작용하게 되면 인장응력에 대해 일정한 각도로 전단응력이 생성된다. 여기서 이러한 응력들을 좀 더 자세히 관찰하게 되면 [그림 12.1]에 보여주는 분해 힘은 $F\sin\theta$와 같은 전단 힘을 형성하게 된다. 이 힘에 의한 전단력이 작용하게 되는 면은 $A/\cos\theta$가 된다. 따라서 전단응력 τ는 아래와 같은 공식이 된다.

$$\tau = \frac{F\sin\theta}{A/\cos\theta} = \frac{F}{A}\sin\theta\cos\theta = \sigma\sin\theta\cos\theta \tag{12.1}$$

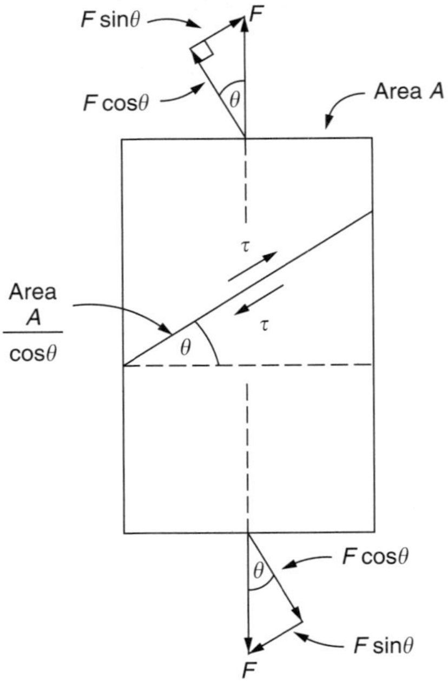

그림 12.1
인장응력, *F*/*A*는 하중을 받는 재료의 경사면에 전단응력, τ를 생성시킨다

만약 우리가 [그림 12.2]와 같이 θ를 축으로 한 그림을 그리게 되면 인장 축에 θ = 45°가 되는 곳에서 최고 τ가 됨을 알 수 있다. 이것은 전단응력의 최고치는 인장이 작용하는 축에서

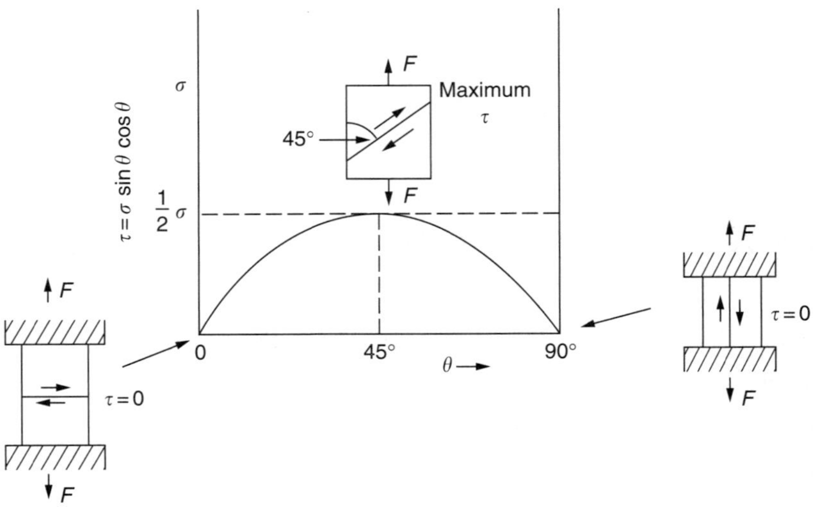

그림 12.2
재료에 작용하는 최대 전단응력은 인장 축에 45°된 면에서 최댓값을 가진다

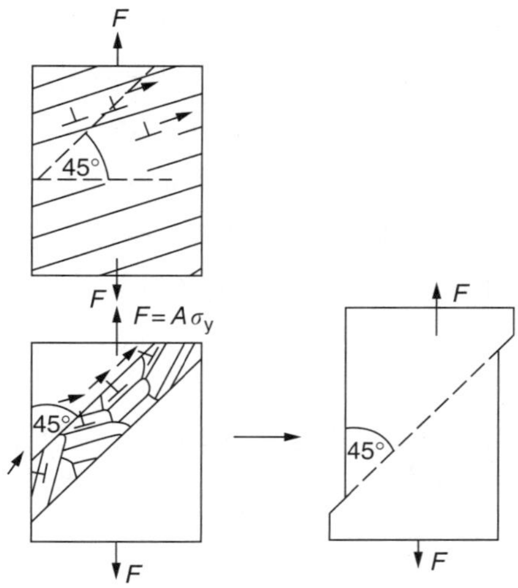

그림 12.3
다결정체에 있어 평균 미끄럼 선은 인장축을 기준으로 45° 각도이다

45° 각도에서 생기며 그 값은 $\sigma/2$된다는 것을 보여준다.

지금까지 제9장과 제10장에서 언급한 것을 기초로 만약 우리가 단결정을 이야기한다면 단결정은 미끄럼이 실질적으로 45° 면으로 일어나지 않고 미끄럼은 45° 면에 가장 가까운 격자면에서 먼저 일어난다([그림 12.3]). 다결정의 경우에는 주위의 결정들이 45° 미끄럼 면에 가장 가까운 프레임부터 각각 항복하게 된다. 미세한 조직으로 보면 미끄럼은 지그재그 형태로 일어나게 되지만 평균적인 미끄럼 선은 인장 축에 45°로 된다. 따라서 항복이 일어날 때 이면에 작용하는 전단응력은 $\tau = \sigma_y/2$가 된다. 여기서 우리는 이 전단항복강도 k를 아래와 같이 정의한다.

$$k = \sigma_y/2 \tag{12.2}$$

12.3 경도 실험의 분석

다결정의 경우에는 각 결정의 자세한 내용을 무시하고 재료를 하나의 연속체로 정의한 후에 전단항복의 개념은 여러 면에서 유용하다. 예로 굉장히 복잡한 여러 가지 형태의 재료가 항복할 때의 하중을 계산하는 데 우리는 이것을 이용할 수 있다. 하나의 좋은 예로 제8장 경도 실험에서 우리가 언급한 경도 누름자의 문제이다. 그때 경도는 아래와 같다고 했다.

$$H = \frac{F}{A} = 3\sigma_y$$

간단한 예로 만약 재료가 가공경화를 하지 않는다고 가정하면, 누름자가 재료에 압입되어 들어갈 때 항복강도는 변하지 않는다. 간단히 설명하기 위해서 우리는 2차원적 모델을 고려하여보자(당연히 실질적인 누름자는 3차원적이지만 실질적인 목적에서 결과는 같다).

[그림 12.4]와 같이 우리는 편평한 누름자로 재료에 압력을 가하게 되면 재료는 최대 전단응력 면인 45° 각도로 전단이 일어나게 된다. 이때 전단응력의 값은 k이다. 누름자가 거리 u만큼 침투했을 때에 드는 힘 F에 의한 일과 전단면에 작용하는 k에 행해진 일과의 비를 공식화하면 아래와 같다.

$$Fu = 2 \times \frac{Ak}{\sqrt{2}} \times u\sqrt{2} + 2 \times Ak \times u + 4 \times \frac{Ak}{\sqrt{2}} \times \frac{u}{\sqrt{2}}$$

간단히 다시 하면

$$F = 6Ak$$

가 되고 이것으로부터

$$\frac{F}{A} = 6k = 3\sigma_y$$

가 된다.

여기서 $F/A = H$는 경도이므로 따라서

$$H = 3\sigma_y \tag{12.3}$$

(엄격히 말해 전단은 그림에 그려진 것과 같은 전단면을 따라서 전단은 일어나지 않는다. 하지만 압침 가까이에 있는 45° 각도 피라미드 면에서 일어나게 된다. 만약 우리가 가정한 미끄럼에 대한 형상이 틀렸다면 이것은 항복에서의 힘, 항상 큰 값인 한계 하중, 즉 상한이론이라

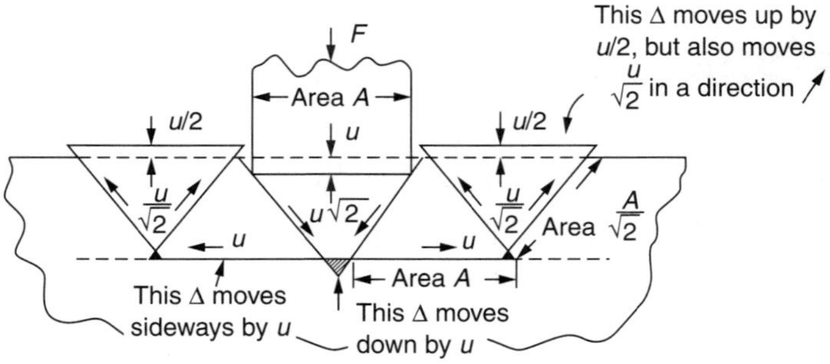

그림 12.4
간단히 2차원적으로 나타낸 경도 압침에 의한 재료의 소성 유동

고 불리는 이론으로 확실히 보여줄 수 있다)

이러한 접근은 모든 종류의 2차원적 문제에 적용될 수가 있다. 예로 복잡한 형상의 구조에 대한 소성파괴 하중의 계산이나, 판재압출, 압연 혹은 단조와 같은 금속의 가공해석에도 사용될 수 있다.

12.4 소성 불안정: 인장하중에 의한 네킹

여기서 우리는 응력-변형률 곡선의 다른 관점으로 재료가 인장하중을 받게 되면 궁극적으로 소성 불안정이라고 불리어지는 넥이 일어나는 이유를 설명하고자 한다. 이것은 [그림 12.5]에서 보여주는 바와 같이 시편의 한 부분 혹은 한 요소에 걸쳐 집중적인 유동이 일어나는 것을 뜻한다. 그리고 (계속 변형이 일어나게 되면) 재료는 거기에서 파괴하게 된다. 플라스틱의 경우에는 넥이 쉽게 일어나고 씹고 있는 껌의 경우에는 네킹에 대한 저항이 크다.

여기서 [그림 12.5]와 같이 시편의 끝에 힘 F가 작용된다면 이 하중을 시편의 모든 단면에 작용 할 때 우리는 불안정을 해석할 수 있다. 하지만 이것이 가능한 일인가? 그림에 보여주는 바와 같이 한 단면이 다른 단면들보다 좀 더 큰 변형을 했다고 가정을 한다면 그 단면은 좁아지고 따라서 그 단면에 작용하는 응력은 다른 단면보다 월등히 크다. 만약 가공경화에 의해 그 단면에서 항복강도를 충분히 증가시킨다면, 힘 F를 좁아진 단면이 견딜 수 있게 되지만, 그렇지 못한 경우에는 넥에서 집중된 소성유동이 일어나게 되고 궁극적으로 시편은 파괴가 된다. 시편에서 임의의 단면이 받는 힘은 $A\sigma$이다. 여기서 A는 단면적 그리고 σ는 작용하고 있는 강도이다. 만약 $A\sigma$가 변형률과 같이 증가하게 된다면, 시편은 안정한 상태가 된다. 하지만 이

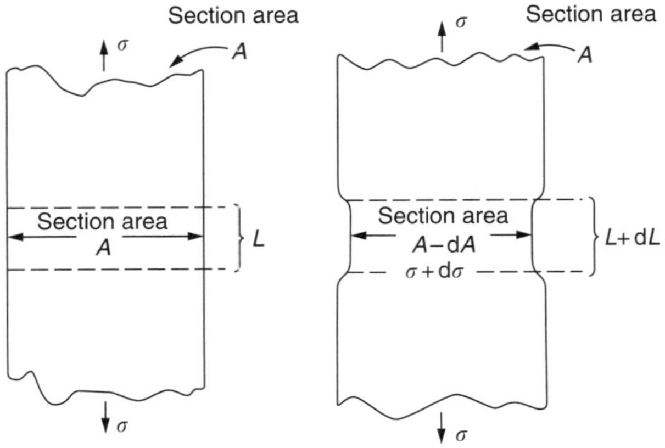

그림 12.5
소성 변형되고 있는 막대재료의 네킹 형성과정

것이 변형률에 따라서 감소하게 되면 불안정한 상태가 되게 되고 넥을 형성하게 된다. 따라서 네킹이 시작되는 한계조건은 아래와 같다.

$$A\sigma = F = \text{constant}$$

그러면

$$A\mathrm{d}\sigma + \sigma\mathrm{d}A = 0$$

또는

$$\frac{\mathrm{d}\sigma}{\sigma} = -\frac{\mathrm{d}A}{A}$$

하지만 소성유동과정에서 부피의 변화는 없다고 가정하면

$$-\frac{\mathrm{d}A}{A} = \frac{\mathrm{d}L}{L} = \mathrm{d}\varepsilon$$

(AL = 일정 값을 미분함으로 증명 가능하다)

$$\frac{\mathrm{d}\sigma}{\sigma} = \mathrm{d}\varepsilon$$

혹은

$$\frac{\mathrm{d}\sigma}{\mathrm{d}\varepsilon} = \sigma \tag{12.4}$$

이 공식은 진응력, 진변형률의 공식이 된다. 제8장에서 말한 바와 같이 인장자료는 일반적으로 공칭응력 및 공칭변형률로써 설명이 된다.

제8장으로부터

$$\sigma = \sigma_n(1 + \varepsilon_n)$$
$$\varepsilon = \ln(1 + \varepsilon_n)$$

위의 두 공식을 미분하고 네킹 식에 대입하면 다음과 같은 공식을 얻는다.

$$\frac{\mathrm{d}\sigma_n}{\mathrm{d}\varepsilon_n} = 0 \tag{12.5}$$

이것을 다시 설명하면 공칭응력-변형률 곡선에서 불안정한 점은 제8장에서 실험적으로 얻은 최대점이 된다.

물리적으로 어떤 현상이 일어났는지를 보기 위해서는 첫 번째 조건으로 돌아가서 보는 것이 쉽다. 만약 네킹이 조금 일어난 낮은 응력에서 넥안에 재료는 가공경화 현상이 일어날 것

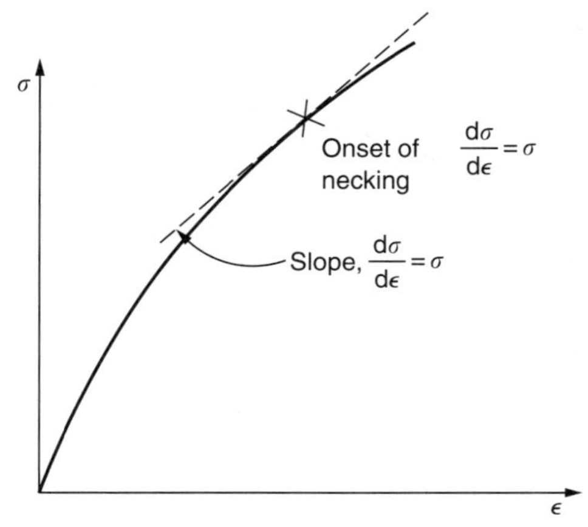

그림 12.6
네킹의 조건

이며, 따라서 좀 더 많은 응력을 유지할 수 있을 것이다. 즉, 단면적은 작아졌지만 재료는 그대로 유지한 상태가 된다. 하지만 하중이 계속 된다면 재료는 불안정하게 된다. 높은 응력에서는 진응력, 진변형률곡선에서와 같은 가공경화 속도가 작고 따라서 응력-변형률 곡선의 기울기도 작게 된다. 궁극적으로 넥이 시작되는 점으로부터 가공경화는 단지 여분의 응력을 견딜 수 있는 만큼만 된다. 바로 이 점이 네킹 점([그림 12.6])이 되고

$$\frac{d\sigma}{d\varepsilon} = \sigma$$

보다 높은 진응력에서는 가공경화의 정도, $\frac{d\sigma}{d\varepsilon}$가 계속 낮아져서 안정성을 유지하기 힘들어 지게 된다. 따라서 좁아진 넥 영역에 생기는 높은 응력을 가공경화로 만회하기 힘들게 되고, 넥은 점점 커지게 되어 궁극적으로 시편은 파괴하게 된다.

소성 불안정의 결과

소성 불안정은 자동차 차체, 캔 등을 만들 때 사용되는 얇은 철판을 깊게 인발하는 과정에 굉장히 중요하다. 당연히 재료의 선택 및 프레스 설계는 이러한 불안정을 피하기 위해 조심하여야 한다.

일반적으로 연강은 네킹 시작 전에 큰 유동이 가능하므로 깊은 인발에 적합한 재료이다. 따라서 인발 중에 재료의 파괴 없이 깊은 인발이 가능하다([그림 12.7]).

알루미늄 합금은 불안정 전에 조금만 인발이 가능하므로 이러한 측면에서는 좋은 재료가 아니다([그림 12.8]). 순수 알루미늄의 경우는 조금 나은 편이나 공학적으로 사용하기에는 너무 연하다.

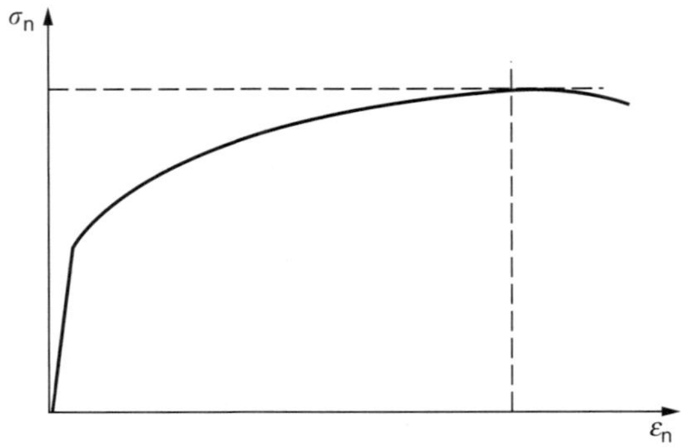

그림 12.7
연강은 네킹에 의해 파괴되기 전까지 많은 인발이 가능하다

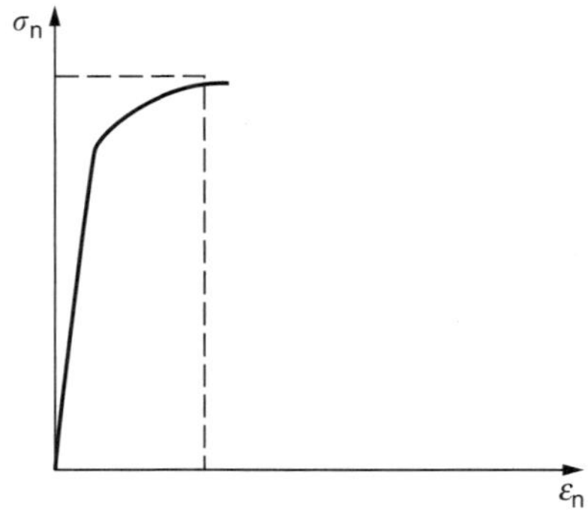

그림 12.8
알루미늄 합금은 인발이 되면 빨리 네킹이 형성된다

폴리틸렌은 파괴되지 않는 일종의 네킹을 보인다. [그림 11.9]는 $\frac{\sigma_n}{\varepsilon_n}$ 곡선을 보여준다. 낮은 응력에서 $\frac{d\sigma_n}{d\varepsilon_n} \rightarrow 0$ 이고 네킹이 시작된다.

더구나 넥은 불안정 상태로 발전하지 않고 길이만 길어진다. 이는 높은 변형률에서 재료는 가공경화가 크게 되어 넥의 좁아진 부위에 증가된 응력을 충분히 지탱할 수 있기 때문이다. 이러한 특이한 현상은 고분자재료의 분자가 인발방향으로 나열되기 때문이며 따라서 인발된(즉, 충분히 네킹이 일어나면) 고분자재료는 매우 강해지며 원래의 재료보다 월등히 강하게 된다.

끝으로 연강은 가끔 폴리틸렌과 같은 불안정을 보인다. 만약 탄소강을 어닐링하면 [그림 12.10]과 같은 응력/변형률 곡선을 보인다. Lüders 띠라 불리는 안정된 넥이 형성되면 폴리틸

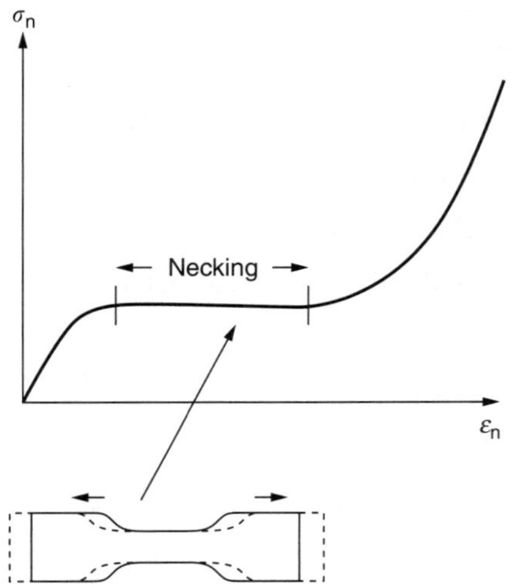

그림 12.9
폴리틸렌은 인발이 되면 안정된 넥을 형성하며 늘어난 폴리틸렌은 매우 강하다

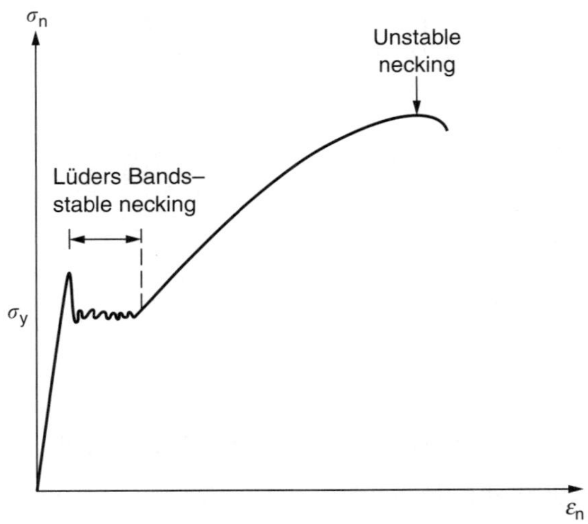

그림 12.10
연강은 안정 및 불안정한 넥을 둘 다 형성한다

렌과 같이 넥이 진전되며 파괴는 일어나지 않는다. 이는 응력/변형률 곡선의 후반부에 있는 강한 가공경화 현상 때문이다. 얇은 철판의 압축 성형 시에도 낮은 정밀도 혹은 뒤틀림이 일어나는데 Lüders 띠가 문제이다.

WORKED EXAMPLE

Referring to Figure 12.9, we can easily demonstrate stable necking in polymers using strips cut from a polythene bag. You need to cut the strips across the bag (the polymer chains are already partially lined up along the length of the bag because of the forming process). You then grip each end of the strip between thumb and index finger, and pull out the strip as shown in the diagram.

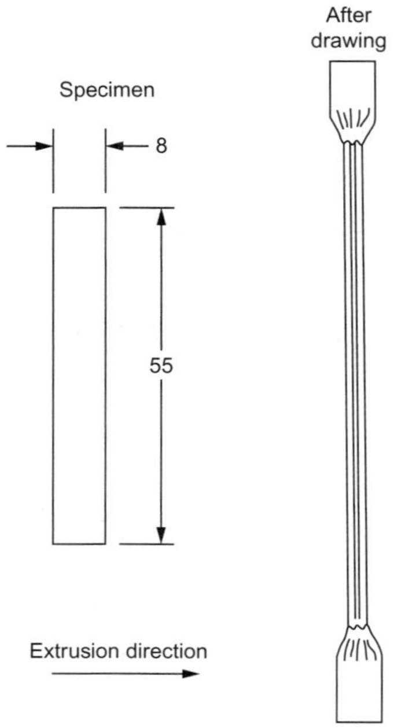

EXAMPLES

12.1 Determine whether the bolt passing through the plate will fail, when loaded in tension, by yielding of the shank or shearing-off of the head. (Assume no work-hardening.)

12.2 A metal bar of width w is compressed between two hard anvils as shown in the diagram. The third dimension of the bar, L, is much greater than w. Plastic deformation takes place as a result of shearing along planes, defined by the dashed lines in the diagram, at a shear stress k. Find an upper bound for the load F when there is no friction between anvils and bar. Note that there are three distinct types of blocks in the model, labeled A, B, and C. As each anvil moves down/up by a small distance u, A does nothing—the points at top and bottom of A are simply blunted. Blocks C move sideways by distance $2u$, but apart from this do nothing. The four B blocks move sideways by distance u, but also move down/up by distance u, which means that they *shear against blocks A and C by a distance* $\sqrt{2}u$. The eight shearing interfaces between blocks B and A/C consume shear work, which is provided by the work input from the two moving anvils.

12.3 Show that the same result can be obtained from simple force equilibrium. Why?

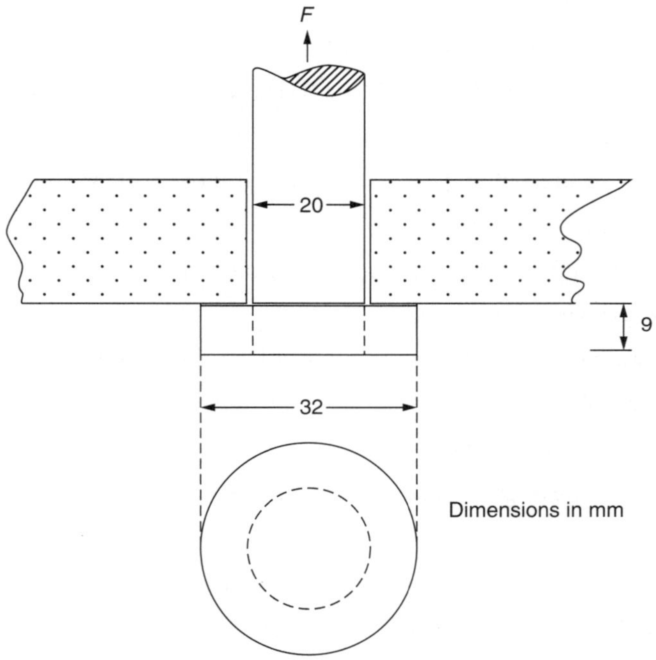

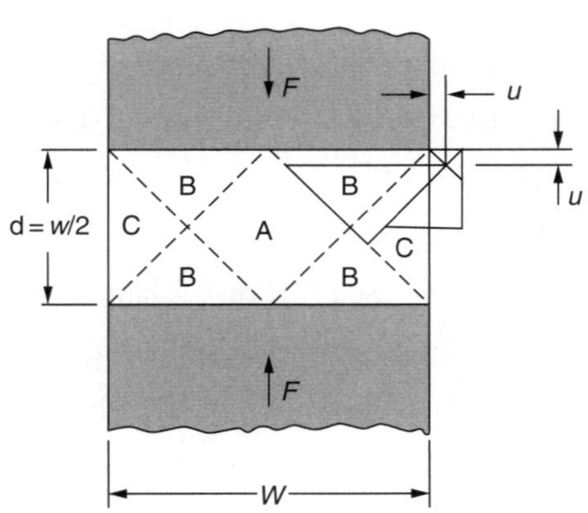

12.4 Repeat the calculation of Example 12.2, but instead assume there is sufficient friction to effectively weld the anvils to the bar. Show that the solution satisfies the general formula

$$F \le 2wLk\left(1 + \frac{w}{4d}\right)$$

which defines upper bounds for all integral values of $w/2d$.

12.5 A composite material used for rock-drilling bits consists of tungsten carbide cubes (each 20 μm in size) stuck together with a thin layer of cobalt. The material is required to withstand compressive stresses of 4000 MN m^{-2} in service. Use the general formula in Example 12.4 to estimate an upper limit for the thickness of the cobalt layer. You may assume that the compressive yield stress of tungsten carbide is well above 4000 MN m^{-2}, and that the cobalt yields in shear at k = 175 MN m^{-2}.

12.6 Discuss the assumption that when a piece of metal is plastically deformed at constant temperature, its volume is unchanged.

12.7 A ductile metal wire of uniform cross-section is loaded in tension until it just begins to neck. Assuming that volume is conserved, derive a differential expression relating the true stress to the true strain at the onset of necking.

12.8 The curve of true stress against true strain for the metal wire approximates to

$\sigma = 350\varepsilon^{0:4}$ MNm^{-2}

Estimatethe tensile strength of thewire.Remember that thetensilestrengthis the *nominal* stress at onset of necking. You will first need to find the *true* strain at onset of necking, then the *true* stress at onset of necking, then use the equations in Section 12.4 to convert between true and nominal stresses and strains.

12.9 Referring to Example 12.8, estimate the work required to take 1m^3 of the wire to the point of necking. To keep things simple, work with true stress and strain.

12.10 If the true stress–*true* strain curve for a material is defined by $\sigma = A\varepsilon^n$, where A and n are constants, find the tensile strength σ_{TS}.

12.11 For a nickel alloy, n = 0.2 and A = 800 MN m^{-2}. Evaluate the tensile strength of the alloy. Evaluate the true stress in an alloy specimen loaded to σ_{TS}.

12.12 The indentation hardness, H, is given by $H \approx 3\sigma_y$ where σ_y is the true yield stress at a nominal plastic strain of 8%. If the true stress–strain curve of a material is given by

$\sigma = A\varepsilon_n$

and n = 0.2, calculate the tensile strength of a material for which the indentation hardness is 600 MN m^{-2}. You may assume that $\sigma_{TS} = An^n/\varepsilon^n$.

ANSWERS

12.1 Tensile yield force in shank is $\pi r^2\sigma_y = 314\ \sigma_y$. Shear yield force in head is $2\pi rtk = \pi rt\sigma_y = 282\ \sigma_y$. The head will shear off first.

12.2 Equating work input $2Fu$ to work consumed by the 8 sliding interfaces gives $F = 2wLk$.

12.3 Because $F = wL\sigma_y$. See also Equation (12.2). There is no friction between anvils and bar, so the metal behaves as if it is an unconstrained compressionspecimen. See Figure 9.8. (Interestingly, because force equilibrium and work balance both give the same answer, in this particular case the upper bound analysis is exact.)

12.4 The four B blocks also shear against the anvils by a distance u, and this must be added to the work, giving $F = 3wLk$.

12.5 0.48 μm.

12.6 See Section 9.4. Also see Figures 12.2, 12.4, etc.

12.7 See Section 12.4, Equation (12.4).

12.8 163 MN m^{-2}.

12.9 69.3 MJ.

12.10 σ_{TS} = Ann/en. Also see Example 12.8.

12.11 475 MN m^{-2}. 580 MN m^{-2}.

12.12 198 MN m^{-2}. Remember to convert the strain from 8% to 0.08. Note that 198/600 = 0.33, in good agreement with Equation (9.9).

보의 소성굽힘, 축의 비틀림 그리고 스트럿의 좌굴

보의 굽힘

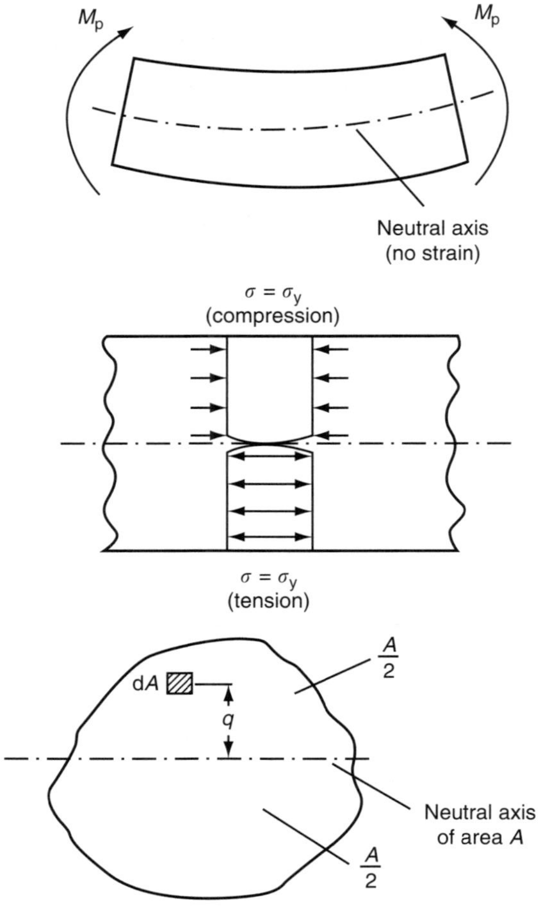

$$M_p = \int_A \sigma_y \, dA \, q$$

소성 모멘트

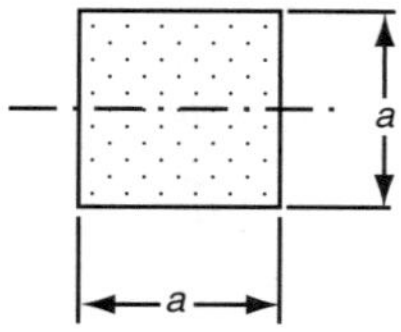

$$M_p = \frac{\sigma_y a^3}{4}$$

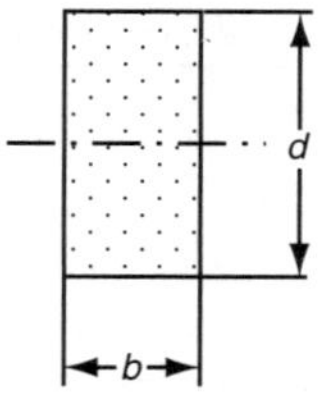

$$M_p = \frac{\sigma_y b d^2}{4}$$

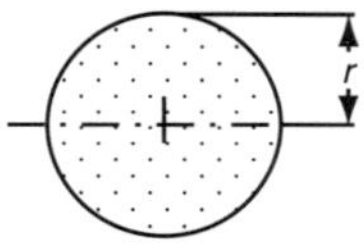

$$M_p = \frac{4\sigma_y r^3}{3}$$

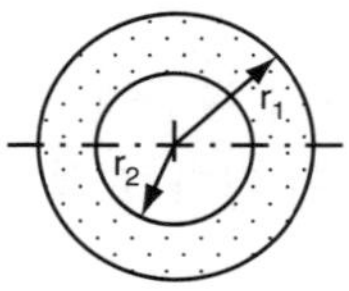

$$M_p = \frac{4\sigma_y (r_1^3 - r_2^3)}{3}$$

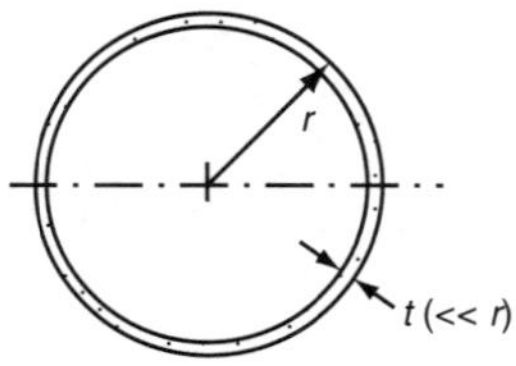

$$M_p = 4\sigma_y t r^2$$

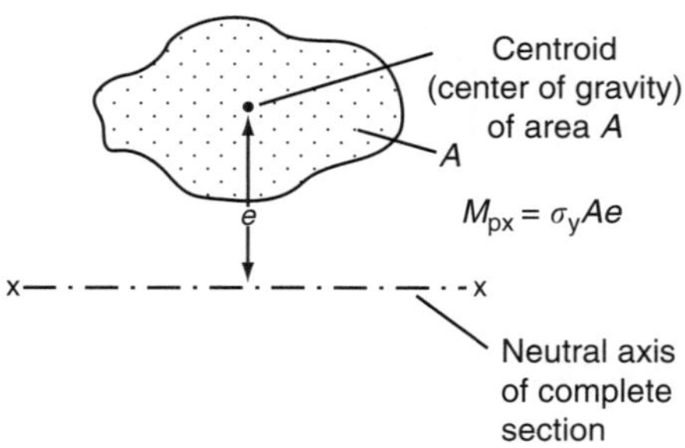

$$M_{px} = \sigma_y A e$$

전단 토크

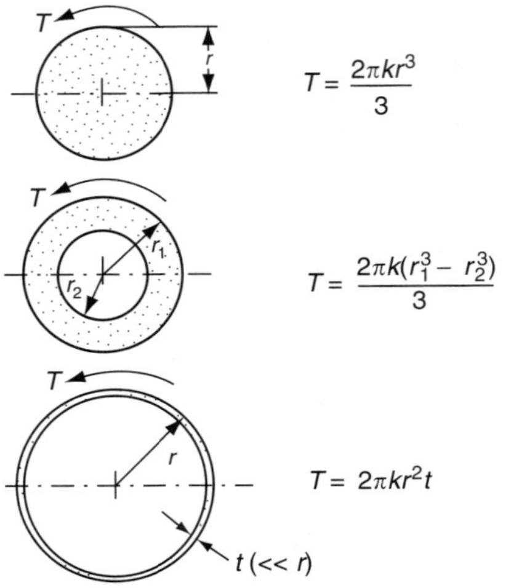

소성 좌굴

제3장에 언급된 스트럿의 탄성 좌굴을 소성 좌굴의 경우에 적용할 수 있다. 여기서 여러 공식에 영 탄성률, E를 탄젠트 탄성률, E_t로 대체하면 된다. E_t의 정의는 그림에 있다.

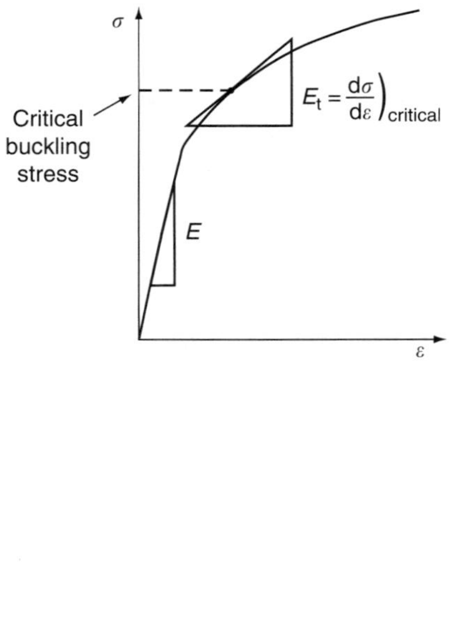

CHAPTER 13

항복-한계 설계의 사례연구

13.1 개요

소성을 이해하는 데 세 가지의 응용을 관찰하여 본다. 첫 번째(스프링 재료 선택)는 소성이 전혀 없는 경우이다. 두 번째(압력용기의 재료 선택)는 큰 구조물의 소성 설계로 대표되는 것이다. 이것은 실질적으로 일부분에 소성이 존재하나, 없다고 간주하는 것으로 볼트 구멍, 하중점, 단면의 변화이다. 중요한 것은 항복이 구조물의 어떤 단면을 통하여 전체적으로 퍼져나가지 않는 경우이다. 즉, 소성을 일반화할 수 없다는 것이다.

마지막으로 큰 변형에 의해 소성이 유발되어 항복이 일어나는 경우(금속 띠의 압연)를 검토한다.

13.2 사례연구 1: 탄성 설계–스프링 재료

스프링은 다양한 형태와 많은 용도를 가지고 있다. 축 스프링(예로 고무 밴드 등), 판 스프링, 나선형 스프링, 소용돌이 스프링, 비틀림 바 등이 있다. 형태와 용도를 고려하지 않은 상태에서는 최소한의 부피에서 σ_y^2/E값이 가장 큰 것이 좋은 재료이다. 여기서 E는 영 탄성률이고, σ_y는 스프링 재료의 파손강도를 나타낸다: 연성재료이면 항복강도, 취성 재료이면 파괴강도 또는 파손계수를 기준으로 한다. [표 13.1]에 높은 값을 가진 일부 재료를 나타내었다.

요지는 다음과 같이 간단하다. 스프링의 기본적인 기능은 탄성에너지를 저장하고, 요구될 때에 이를 다시 방출할 수 있는 것이다. 균일한 응력을 받고 있는 재료의 단위체적당 저장되는 탄성에너지는:

$$U^{\mathrm{el}} = \frac{\sigma^2}{2E}$$

이다. 이 값이 최댓값이 되는 것이 좋다. 스프링은 항복응력 또는 파손응력 σ_y를 초과하면 손상된다. 구속조건은 $\sigma \le \sigma_y$이다.

그러므로 최대한의 에너지 밀도는

표 13.1 스프링의 재료

	E(GN m^{-2})	σ_y(MN m^{-2})	σ_y^2/E(MN m^{-3})	σ_y/E
황동(냉간-압연)	120	638	3.38	5.32×10^{-3}
청동(냉간-압연)	120	640	3.41	5.33×10^{-3}
인청동	120	770	4.94	6.43×10^{-3}
베릴륨구리	120	1380	15.9	11.5×10^{-3}
스프링 강	200	1300	8.45	6.5×10^{-3}
스테인리스 강(냉간-압연)	200	1000	5.0	5.0×10^{-3}
니모닉(니켈크롬내열합금, 고온 스프링)	200	614	1.9	3.08×10^{-3}

$$U^{\text{el}} = \frac{\sigma_y^2}{2E}$$

이다.

비틀림 바와 판 스프링이 축 스프링의 효율보다 낮은 이유는 재료가 충분히 하중을 받지 못하기 때문이다. 예로 두 가지 경우는 중립축에서는 재료가 힘을 전혀 받지 못한다.

판 스프링(leaf spring)

판 스프링은 다양한 모양을 가질 수 있으나, 모든 것이 기본적으로 굽힘에 있어서 탄성 빔 하중 상태에 있다. [그림 13.1]의 하중이 가해지면 제3장에서 유도된 보의 굽힘 결과는

$$\delta = \frac{FL^3}{4Ebt^3} \tag{13.1}$$

이 스프링에 저장되는 단위체적당 탄성에너지는

$$U^{\text{el}} = \frac{1}{2}\frac{F\delta}{btL} = \frac{F^2L^2}{8Eb^2t^4} \tag{13.2}$$

[그림 13.2]는 보의 응력은 중심에 중립축을 따라 0이고, 보의 중간(왜냐하면 굽힘 모멘트가

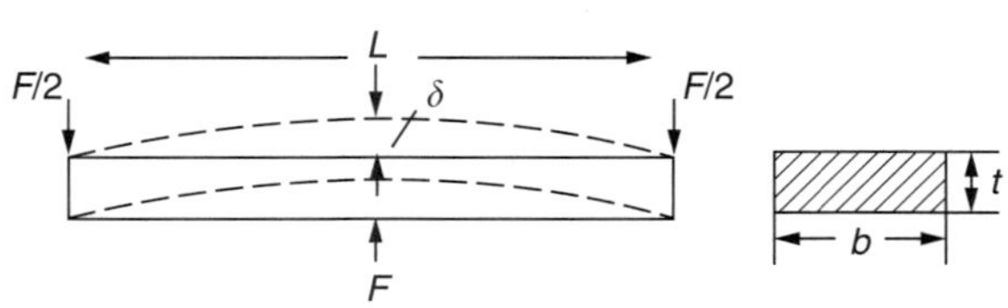

그림 13.1
하중을 받고 있는 판스프링

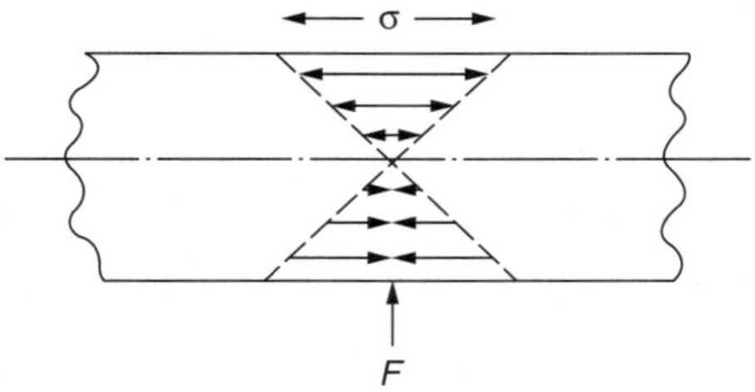

그림 13.2
판스프링내에 응력

거기서 가장 크기 때문에) 표면에서 최댓값을 가짐을 보여준다. 제3장에서 보의 굽힘 결과에서 최대 표면응력은 다음과 같다.

$$\sigma = \frac{Mc}{I} = \frac{F}{2} \times \frac{L}{2} \times \frac{t}{2} \times \frac{12}{bt^3} = \frac{3FL}{2bt^2} \tag{13.3}$$

스프링으로서의 역할을 하기 위해서는 사용 중에 영구 변형을 일으키지 않아야 한다. 즉, 스프링은 항상 원래 모양으로 되돌아온다. 이는 최대 응력은 항상 항복응력보다는 작다는 조건이다: 즉,

$$\frac{3FL}{2bt^2} < \sigma_y \tag{13.4}$$

식 (12.4)와 식 (12.2)에서 t를 제거하면

$$U^{e1} = \frac{1}{18}\left(\frac{\sigma_y^2}{E}\right)$$

이 식은, 만약 스프링이 힘 F를 받아 처짐 δ가 생길 때, σ_y^2/E의 비는 영구 변형을 피하기 위하여 충분히 커야 한다. 이것은 [표 13.1]에 σ_y^2/E의 값을 표시한 이유이다. 즉, 스프링을 만들기 가장 좋은 재료는 이 값이 큰 재료이다. 이러한 이유에서 스프링 재료는 잘 강화된 재료여야 한다(제10장). 고용체 강화와 더불어 가공경화(냉간-압연, 단일상의 황동과 청동), 고용체와 석출 경화강(스프링 강) 등이 있다. 스프링 재료의 풀림은 가공경화를 제거하고, 석출의 크기를 크게 하고(입자 간 거리를 증가시킴으로), σ_y를 감소시키며 그리고 스프링 재료로 사용할 수 없게 만든다.

WORKED EXAMPLE

원심 클러치용 스프링

다음 조건의 스프링에 어떤 재료를 선택할지 결정해 보자. 스프링은 [그림 13.3]에 설계된 것처럼 움직이고, 800 rpm 속도에서 20 HP를 전달하도록 설계되었다. 이 클러치는 600 rpm에서 하중을 받기 시작한다. 블록은 페로도(Ferodo) 또는 다른 마찰 재료로 만들어져 있다. 이를 적당히 조절하여, 스프링의 최대 처짐은 6.35 mm(그러나, 마찰재에서 마모가 일어나며, 큰 처짐이 일어난다. 이것은 스프링의 기본적 문제이다. - 거의 항상, 그것들은 큰 문제없이 일어나는 여분의 처짐에는 견딘다)이다.

역학

스프링이 받는 힘은

$$F = mr\omega^2 \tag{13.5}$$

여기서 M은 블록의 질량, r은 회전중심에서 블록의 무게중심까지의 거리, ω는 각속도이다.

최대 속도에서 클러치 테두리에 있는 각 블록이 받는 순수한 힘은 다음과 같다.

$$mr(\omega_2^2 - \omega_1^2) \tag{13.6}$$

여기서 ω_1와 ω_2는 각각 800 rpm 및 600 rpm에서 각속도이다($\omega_2 = \omega_1$, 600 rpm에서 순수한 힘은 0이다). 전체 4개의 블록에 전달되는 모든 힘은 4 $\mu_s Mr(\omega_2^2 - \omega_2^1) \times$ 거리(최고 속도에서 클러치 내부 테두리가 초당 움직이는 거리)이고, 이는

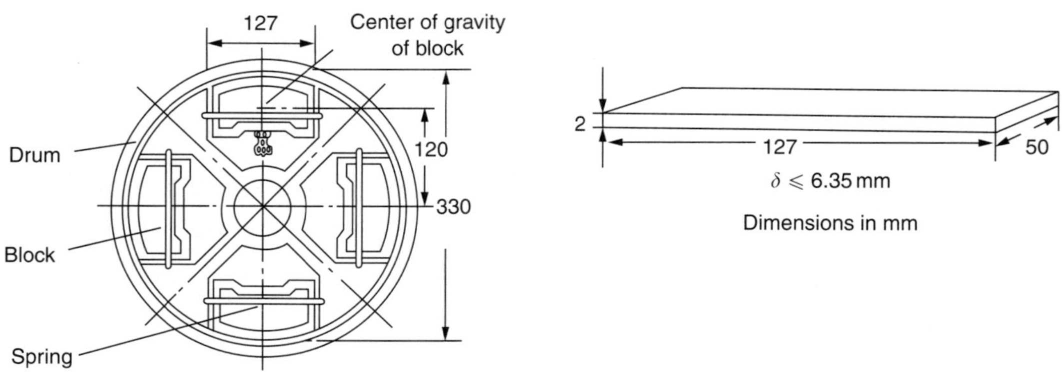

그림 13.3
원심클러치내의 판스프링

$$\text{power} = 4\mu_s mr(\omega_2^2 - \omega_1^2) \times \omega_2 r \tag{13.7}$$

여기서 μ_s는 정지 마찰계수, r은 설계에 의해 주어지는 거리(클러치에서는 아주 큰 값이 아니다)이다. 힘과 ω_1와 ω_2는 식 (13.7)로 나타나 있으며, M 또한 주어진다. 따라서 스프링에 작용하는 최대 힘은 $F = Mr\omega_1^2$으로 결정할 수 있다.

2개의 판이 단순히 접촉하는 설계의 요구 조건은 처짐이 6.35 mm이어야 하므로 식 (13.1)을 통해서 스프링 두께 t를 결정할 수 있다(L과 b는 설계에서 고정되어 있다).

클러치 스프링의 금속재료

설계 시에 스프링 치수(t = 2 mm, b = 50 mm, L = 127 mm)와 처짐 $\delta \le$ 6.36 mm이 주어지면, 어떤 재료를 사용해야 하는가? 식 (13.1)과 (13.3)에서 F를 제거하면

$$\frac{\sigma_y}{E} > \frac{6\delta t}{L^2} = \frac{6 \times 6.35 \times 2}{127 \times 127} = 4.7 \times 10^{-3} \tag{13.8}$$

σ_y^2/E 값이 높은 재료를 찾는 것과 식 (13.8)의 기준에 맞는 재료를 선택해야 한다.

[표 13.1]에는 스프링 철로, 가장 싼 재료이며, 이 용도에도 적당한 재료를 보여준다. 그러나 걱정되는 것은 라이닝 마모를 고려한 안전계수가 작다는 것이다. 그중에서 비싼 베릴륨구리 합금은 훌륭히 좋은 안전계수를 가진다(σ_y/E = 11.5 × 10^{-3}).

많은 설계의 형식은 기계적인 요구조건이 벨릴륨-구리로 만들어진 것조차 항복이 일어난다고 생각되는 단일 스프링 형식이다. 이것은 일반적으로 큰 처짐 δ(부드러운 서스펜션(suspension) 및 큰 힘(F) (좋은 하중 수용력)이 요구되는 자동차에 사용되는 서스펜션 스프링의 경우이다. 이럴 경우 해결책은 다중 판스프링([그림 13.4])을 사용하면 된다. 여기서 t는 항복없이 큰 δ를 가지는 작은 값을 다음 식에서 구하면 된다.

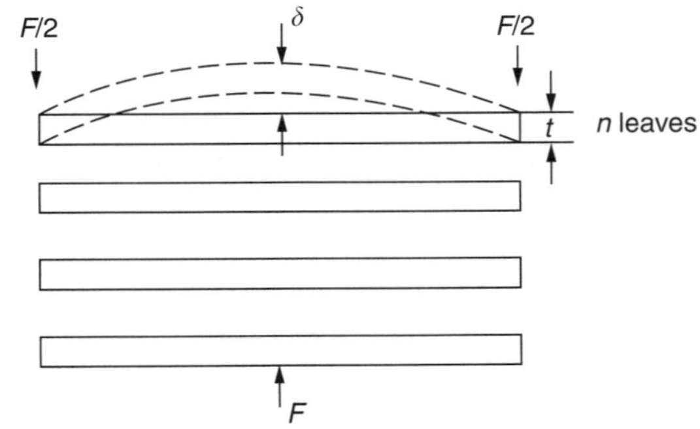

그림 13.4
다판스프링(개략도)

$$\left(\frac{\sigma_y}{E}\right) > \frac{6\delta t}{L^2} \tag{13.9}$$

반면에 작은 값의 t로 인해 하중수송 능력이 악화되는 것은 여러 판을 겹침으로써 그 하중에 견딜 수 있도록 한다.

비금속재료

마지막으로, [표 13.1]에 나타낸 금속재료가 아닌 다른 재료로도 좋은 스프링을 만들 수도 있다. 굽힘이 생기지 않는 곳이나, 충격 하중이 작용하지 않는 조건에서 사용된다면, 유리나 용융 실리카도 σ_y/E 값이 58×10^{-3}이므로 뛰어난 재료이다. 나일론은 낮은 힘이 적용되는 조건에서는 $\sigma_y/E \approx 22 \times 10^{-3}$으로 좋은 재료이다. 이것은 가정용 기구나 어린이 장난감, 혹은 아침에 사용한 칫솔에 사용된다. 무거운 트럭에 쓰이는 판 스프링은 탄소섬유 강화플라스틱(CFRP)을 사용한다. σ_y/E (6×10^{-3})의 값은 스프링 강과 비슷한 값을 가지며 보다 가벼운 무게가 높은 가격에 대한 보상이다. 탄소섬유강화 플라스틱(CFRP)은 항상 재료의 혁신적인 이용에 있어 우수한 재료이다.

13.3 사례연구 2: 소성 설계-압력 용기 재료

여기서 중량을 최소화하고 압력 p의 가스를 담을 수 있는 압력 용기의 재료를 선택해 보기로 한다. 우리는 소성 파괴(즉, 일반적 항복)가 일어나지 않는 설계를 하려고 한다. 구조물은 충격 파괴, 피로 파괴, 혹은 부식에 따른 파괴 양상을 가져올 수 있으므로 신중해야 한다. 이러한 파괴는 뒷장에서 논의하기로 하고 여기서는 소성 파괴만을 고려한다.

항공기 기체, 고체연료 로켓 부스터의 통 등은 가능한 가벼워야 하는 압력 용기의 예이다. 압력 용기 벽([그림 13.5])에서 응력은

$$\sigma = \frac{pr}{2t} \tag{13.10}$$

여기서 r은 압력 용기의 반지름이며 설계에 의해 결정된다. 안전조건으로 $\sigma \le \sigma_y/S$이며, S는 안전계수이다. 용기의 질량은

$$m = 4\pi r^2 t\rho \tag{13.11}$$

그러므로

$$t = \frac{m}{4\pi r^2 \rho} \tag{13.12}$$

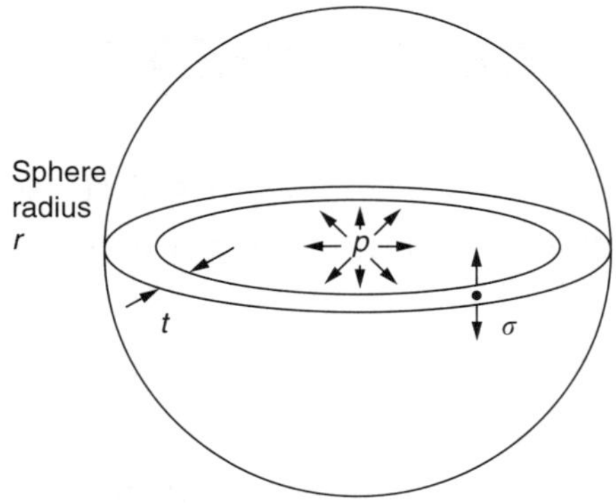

그림 12.5
얇은 판재의 구형압력용기통

식 (12.10)의 t를 대입하면 다음과 같다.

$$\frac{\sigma_y}{S} \geq \frac{2\pi p r^3 \rho}{m} \tag{13.13}$$

식 (12.11)에서 질량은

$$m = S 2\pi p r^3 \left(\frac{\rho}{\sigma_y}\right) \tag{13.14}$$

그리고 가장 가벼운 용기가 되기 위하여는 가장 작은 (ρ/σ_y) 값이 요구된다. [표 13.2]에는 사용가능한 후보 재료의 (ρ/σ_y) 값을 보여준다.

가장 가벼운 압력 용기는 탄소섬유강화 플라스틱, 알루미늄 합금, 고압용기 강 등으로 만들 수 있다. 강화 콘크리트와 연강을 사용하면 매우 무거운 용기가 된다. 당연히 탄소섬유강화 플라스틱(CFRP)은 너무 비싸기 때문에 비행기 동체나 고체연료 로켓 부스트 통은 알루미늄 혹은 고강도 강으로 만든다.

| 표 13.2 | 압력용기 재료

재료	σ_y(MN m^{-2})	ρ(Mg m^{-3})	$\rho/\sigma_y \times 10^3$
강화 콘크리트	70	3.5	50
합금강(압력용기 강)	1000	7.8	7.8
연강	220	7.8	36
알루미늄 합금	400	2.7	6.8
유사등방성적층 CFRT	200	1.5	7.5

13.4 사례연구 3: 큰 변형률의 소성–금속 압연

단조, 판재 인발, 압연은 빌릿(billet)이나 슬래브를 압축 소성변형으로 두께를 줄이는 금속성형과정이다. 슬래브가 압연될 때([그림 13.6]), 길이 L인 평판이 롤을 지나가면서 압연하면 t_1에서 t_2로 준다.

처음에는 롤이 슬래브와 함께 움직이는 까닭에 슬래브와 롤 사이에 미끄러짐 없는 것(마찰력도 존재하지 않는 것)처럼 보인다. 그러나 금속은 압연방향으로 신장하게 되고, 속도가 증가하면서 롤을 통과하게 되면서 약간의 슬립은 필연적으로 발생한다.

만약 롤이 잘 닦여있거나 윤활처리(정밀하거나 냉간 가공하기 위한)가 되었다면, 마찰 손실은 적다. 여기서는 자세한 압연 처리 조건들을 무시하고 완벽하게 윤활된 롤의 압연 토크를 계산한다.

[그림 13.6]의 형상(기하)으로부터

$$L^2 + (r - x)^2 = r^2$$

혹은 만약 $x = \frac{1}{2}(t_1 - t_2)$이 작으면(대부분의 경우),

$$L = \sqrt{r(t_1 - t_2)}$$

여기서 압연 힘, F는 금속의 길이 L과 두께 w([그림 13.6]에 수직)에서 항복을 일으키는 힘이다. 따라서

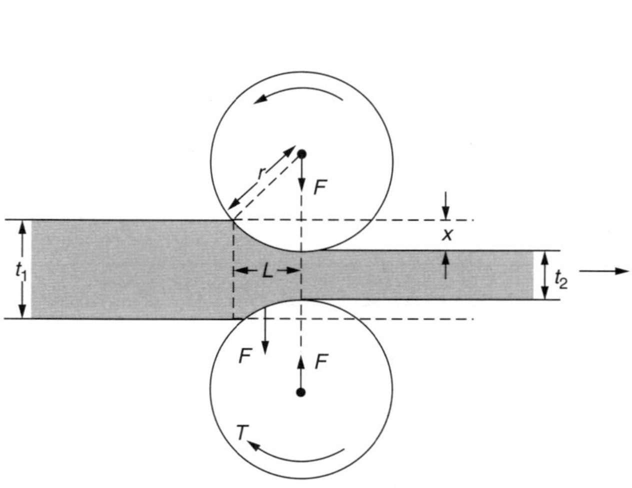

그림 13.6
금속판의 압연

$$F=\sigma_y wL$$

만약 롤에서 작용하는 반력이 보이는 것과 같이 L의 반에 작용한다면, 각 롤에 작용하는 토크는 아래와 같다.

$$T=\frac{FL}{2}=\frac{\sigma_y wL^2}{2}$$

이고

$$T=\frac{\sigma_y wr(t_1-t_2)}{2} \tag{13.15}$$

롤을 회전시키는 데 필요한 토크는 항복강도(σ_y)와 더불어 증가하며, 또 열간 압연(σ_y가 낮을 때 – 제20장 참조)일 때는 냉간 압연때보다 적은 힘이 필요하다. 당연히 (t_1 – t_2)의 단면이 감소가 클수록 힘은 확실히 증가한다. 또한, 힘은 롤의 직경, $2r$과도 함께 증가한다. 이것이 작은 직경의 롤을 사용하는 이유이고 가끔 2개 이상의 큰 직경의 롤(단순히 굽힘 방지용)에 의해 지지 받고 있는 이유이다.

압연은 우리가 무시했던 것보다도 더 많은 세부사항을 고려하여 분석할 수 있다. 즉, 마찰, 롤의 탄성 변형과 롤의 형상에 따른 2차원적 평면 변형률의 제한 등이 중요하다. 그러나 이번 사례연구는 금속과 고분자재료의 성형가공에 소성의 개념, 항복 강도의 이해가 왜 중요한지를 보여주었다.

EXAMPLES

13.1 Referring to Example 8.5, the sphere can fail by yield or compressive fracture at a pressure p_f given by

$$p_f=2\sigma_f\left(\frac{t}{r}\right)$$

where σ_f is the yield stress or the compressive fracture stress as appropriate.

The basic design requirement is that the pressure hull has the minimum possible mass compatible with surviving the design pressure. By eliminating t from the equations, show that the minimum mass of the hull is given by the expression

$$m_f=2\pi r^3 p_f\left(\frac{\rho}{\sigma_f}\right)$$

Hence obtain a merit index to meet the design requirement for the failure mechanism. [You may assume that the surface area of the sphere is $4\pi r^2$.]

13.2 Consider the pressure hull of Examples 8.5 and 13.1. For each material listed in the following table, calculate the minimum mass and wall thickness of the pressure hull for both failure mechanisms (i.e., external-pressure buckling and yield/compressive fracture) at the design pressure.

Material	E(GN m-2)	sf(MN m-2)	r(kg m-3)
Alumina	390	5000	3900
Glass	70	2000	2600
Alloy steel	210	2000	7800
Titanium alloy	120	1200	4700
Aluminum alloy	70	500	2700

Hence determine the limiting failure mechanism for each material. [Hint: This is the failure mechanism which gives the larger of the two values of t.]

What is the optimum material for the pressure hull? What are the mass, wall thickness, and limiting failure mechanism of the optimum pressure hull?

13.3 The drawing on the next page shows a bolted flanged connection in a tubular supporting pier for an old bridge. You are required to determine the bending moment M needed to make the connection fail by yielding of the wrought-iron bolts. Because the data for the bridge are old, the units for the dimensions in the drawing are inches. The units for force and stress are tons and tons/ square inch (tsi). Assume that the yield strength of wrought iron is 11 tsi.

[Hint: Find the yield load for one bolt, then sum the moments generated by all the bolts about the axis X–X.]

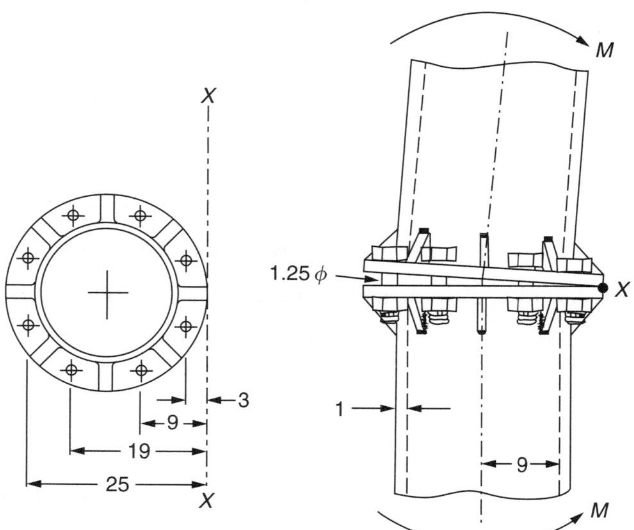

Dimensions in inches

13.4 The following diagram gives the dimensions of a steel bicycle chain. The chain is driven by a chain wheel which has pitch diameter of 190 mm. The chain wheel is connected to the pedals by a pair of cranks set at 180° in the usual way.

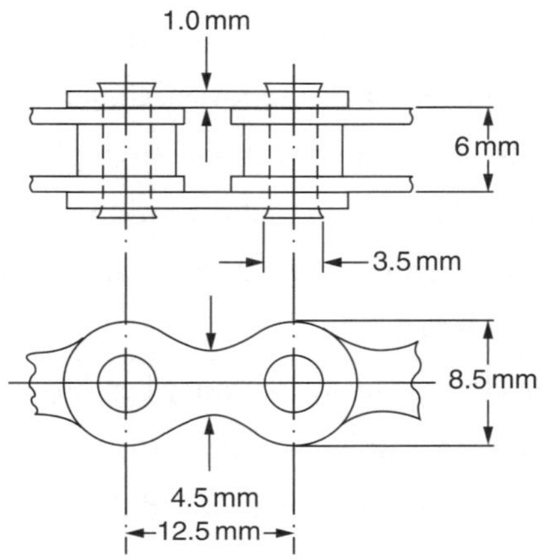

The center of each pedal is 170mmaway from the center of the chain wheel. If the cyclist weighs 90 kg, estimate the factor of safety of the chain. You may assume that a link would fail in simple tension at the position of minimum cross-sectional area and that a pin would fail in double shear. The yield strength of the steel is 1500 Nmm^{-2}.

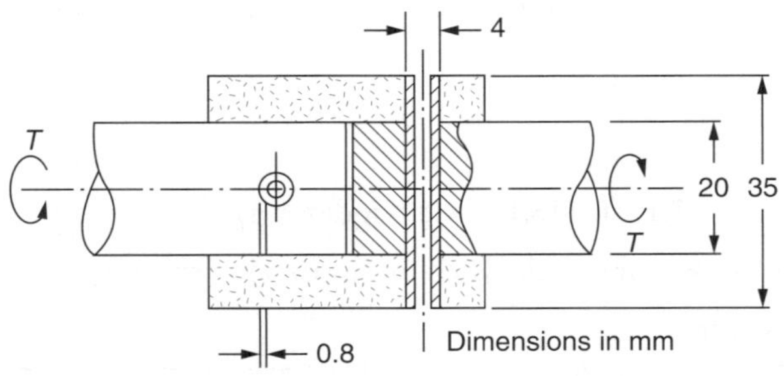

13.5 The diagram shows a coupling between two rotating shafts designed to transmit power from a low-speed hydraulic motor to a gearbox. The coupling sleeve was a sliding fit on the shafts and the torque was taken by the two Bissell pins as shown in the diagram. Owing to a malfunction in the gearbox, one of the pins sheared, disconnecting the drive. Assuming that the shear yield stress k is 750 MN m^{-2}, estimate the failure torque.

13.6 The tubular casing of a solid rocket booster (SRB) for the space shuttle has a mean radius of 71.76" and a wall thickness of 0.479". The maximum working pressure it has to contain is 6.303

MN^{-2}. What is the hoop stress at this pressure? The casing is made from D6AC steel with a yield strength of 1244 MN m^{-2}. What is the safety factor S for the casing?

13.7 The length and radius of the SRB casing are fixed by the design. Obtain an expression analogous to Equation (13.14) for the mass of the SRB casing.

13.8 When considering composite materials for a spherical pressure vessel, why is it incorrect to use the strength of the unidirectional composite? Under what pressure loading conditions would it be appropriate to use the unidirectional strength for a *cylindrical* pressure vessel? Referring to Table 13.2, and assuming that the unidirectional strength is three times the strength of the quasi-isotropic laminate, what effect would this have on the choice of material to give the lightest pressure vessel?

13.9 When a beam is subjected to a gradually increasing bending moment, the maximum bending stress—which is located at the surfaces furthest from the neutral axis—increases until it reaches the yield stress (when the moment is M_y). If the moment is increased further, a zone of plastic deformation spreads into the beam from these surfaces, until the whole of the cross section has yielded (when the moment is M_p). Calculate the value of M_p/M_y for the following beam cross- sections: (a) rectangle, (b) solid round bar, (c) thinwalled tube.

13.10 A metal beam is loaded in axial compression to produce a stress that is just a little less than the yield stress. At this load, there is a factor of safety of 5 on the critical load for elastic buckling (see the results for buckling of beams at the end of Chapter 7). The load is then increased until the metal yields in compression. The beam then buckles. Explain why.

ANSWERS

13.1 Also see Equations (13.10) to (13.14). Merit index = σ_f/ρ.

13.2 The table below shows values calculated for the design pressure p_b, p_f= 200 MN m^2 and the design radius r = 1 m.

Material	m_b (tonne)	t_b (mm)	m_f (tonne)	t_f (mm)	Limiting Failure Mechanism
Alumina	2.02	41	0.98	20	Buckling
Glass	3.18	97	1.63	50	Buckling
Alloy steel	5.51	56	4.90	50	Buckling
Titanium alloy	4.39	74	4.92	83	Yielding
Aluminum alloy	3.30	97	6.79	200	Yielding

The optimum material is alumina, with a mass of 2.02 tonne, a wall thickness of 41 mm, and a limiting failure mechanism of external-pressure buckling.

13.3 When the bolts yield, the connection can be approximated as a *mechanism*, which hinges at X. The yield load of one bolt = 13.5 tons. The value of M for full yield = 126 ton foot (1 foot ¼ 12 inches).

13.4 Safety factor $\approx$ 8.5.

13.5 12 kgf m.

13.6 From Example 7.5, $\sigma = \frac{pr}{t} = 944\ \text{MN m}^{-2}$. $S = \frac{\sigma_y}{\sigma} = 1.32$

13.7 $m = 2\pi r t L \rho$, so $m = 1.32 \times 2\pi p r^2 L \left(\frac{\rho}{\sigma_y}\right)$

13.8 Because the applied stress is not unidirectional—it's equibiaxial (see Equation (12.10), and Figures 3.4 and 12.5). When the applied stress is unidirectional—i.e., when the only stress acting is the hoop stress, and there is no axial stress. This stress state is satisfied when the cylinder has no end caps—the opposite of the conditions shown in Example 7.5. A good example is a long pressurized water main, with the axial load removed by fixing the pipe to reinforced concrete thrust blocks. In such an application, CFRP is clearly the winner, resulting in a pressure vessel approximately three times lighter than one made from alloy steel or aluminum alloy. However, cost is still a major issue, and may well rule out CFRP for other than special applications (e.g., aerospace).

13.9 Refer to the results at the end of Chapter 7 for the elastic bending of beams and second moments of area. Refer to the results at the end of Chapter 12 for plastic moments. Also compare Figure 13.2 (elastic bending stress field) with the plastic bending stress field shown at the end of Chapter 12 (bending of beams).

(a) $\sigma_y = \frac{M_y c}{I} = \frac{6M_y}{bd^2},\ M_p = \frac{\sigma_y b d^2}{4},\ \frac{M_p}{M_y} = 1.5$

(b) $\sigma_y = \frac{4M_y}{\pi r^3},\ M_p = \frac{4\sigma_y r^3}{3},\ \frac{M_p}{M_y} = 1.70$

(c) $\sigma_y = \frac{M_y}{\pi r^2 t},\ M_p = 4\sigma_y r^2 t,\ \frac{M_p}{M_y} = 1.27$

13.10 See the section on plastic buckling at the end of Chapter 12. Once the metal yields, the slope of the stress/strain curve decreases markedly. Because the buckling load is determined by the slope of the stress/strain curve (Young's modulus below yield, and tangent modulus above), it decreases markedly as well.

PART D

고속파괴, 취성파괴 및 인성

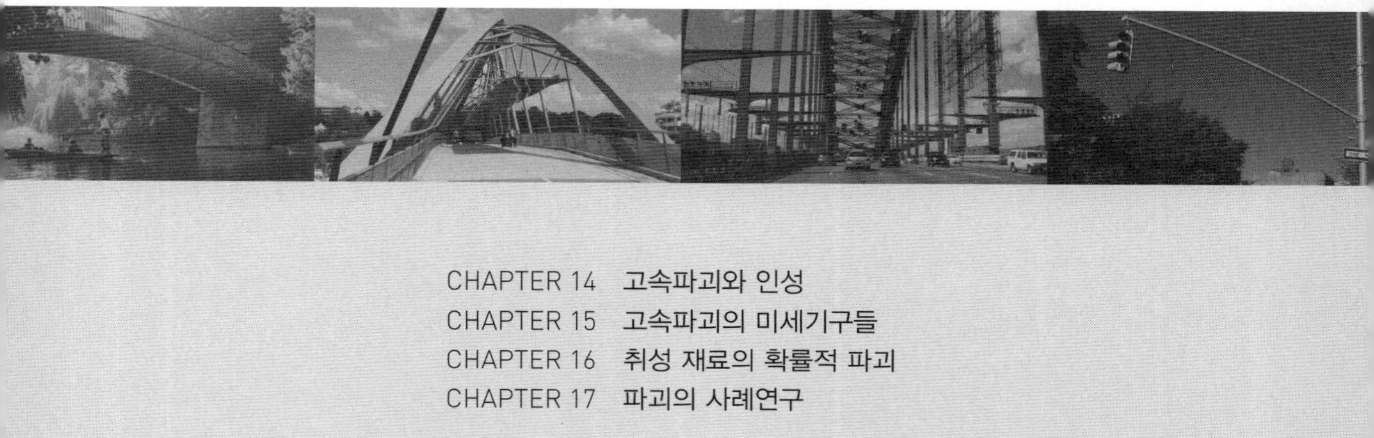

CHAPTER 14

고속파괴와 인성

14.1 개요

때때로 고속파괴(fast fracture)에 의한 갑작스런 형태로 과도한 탄성 변형과 소성 항복 파손 모두를 방지하도록 구조물들은 설계된다. 이러한 파손들에 있어서의 공통점은 바로 균열의 존재이고, 종종 완전하지 못한 용접에 기인하며 용접된 선박, 용접된 교량, 가스 파이프라인 및 압력 용기 등에 존재한다. 고속파괴는 갑자기 불안정해진, 이미 존재하는 균열이 재료에서 음속의 속도로 성장함으로써 발생한다. 왜 이런 현상이 발생할까?

14.2 고속파괴에 대한 에너지 기준

풍선에 바람을 불어 넣으면, 에너지가 풍선에 저장된다. 풍선에는 압축된 가스의 에너지가 있고 고무 막 자체에 저장된 탄성에너지도 있다. 압력이 증가하면 시스템 내의 탄성에너지의 전체량은 증가하게 된다.

팽창한 풍선을 핀으로 찌르는 것과 같이 시스템에 결함을 도입하면 풍선은 터지게 되고, 풍선의 모든 에너지는 외부로 방출될 것이다. 고무막은 심지어 항복강도보다 훨씬 작은 압력이 가해짐에도 불구하고 고속파괴에 의해 파손된다. 그러나 완전히 팽창하지 않은 풍선을 핀으로 찌르는 것처럼 적은 에너지를 가진 시스템에 같은 크기의 결함이 도입되면, 결함은 안정적이며 고속파괴는 일어나지 않는다. 결국, 구멍이 난 풍선에 계속 바람을 불어 넣으면, 결과적으로 갑자기 풍선이 터지게 되는 압력에 도달하게 된다. 다시 말해, 핀 크기의 결함이 불안정해지고 고속파괴가 발생하기 시작하는 임계풍선압력에 도달하게 된 것이다. 이러한 현상은 왜 일어나는 것인가?

1 mm의 결함이 성장하기 위해서는, 1 mm의 새로운 균열 표면을 만들어 내기 위해 고무를 찢어야 하며, 이는 에너지를 소모하게 된다: 이 에너지의 크기는 단위면적의 고무를 찢는 에너지×찢어진 표면의 면적이다. 풍선 내부의 가스 압력에 의해 진행된 일에, 균열 진전에 따른 고무막 자체의 탄성에너지 방출량을 더한 값이 새로운 균열 표면을 생성하기 위한 에너지보다 작으면 찢어짐은 발생하지 않는다 – 이는 열역학 법칙에 어긋나는 것이다.

물론, 풍선에 가스를 조금 더 불어넣음으로써 시스템 안의 에너지를 증가시킬 수 있다. 균열이나 결함은 시스템(풍선과 압축된 가스를 포함)에 충분한 에너지가 저장될 때까지는 안정하게 유지될 것이다(즉, 성장하지 않을 것이다) 만약 균열이 성장하면 흡수되었던 것보다 더 많은 에너지가 방출된다. 이때 어떤 주어진 크기의 균열이나 결함을 가지고 있는 압력용기의 고속파괴에 대한 임계압력이 존재하게 된다.

교량의 갑작스런 붕괴, 증기 보일러의 갑작스런 폭발과 같은 모든 종류의 사고들은 이러한 작용에 의해 발생하였고 여전히 발생하고 있다. 이러한 모든 경우에서 설계자들을 당혹하게 하는, 균열이 진전하기 위해 필요한 찢어짐 에너지를 제공하기에 충분한 임계응력 이상이 발생한다. 그런데 어떻게 이러한 임계응력을 계산할 수 있을까?

WORKED EXAMPLE

위 사진은 영국 노스 웨일즈의 Ffestiniog Railway 위의 증기 기관차를 나타낸다. 이러한 것들에 관심있는 사람들을 위해, 이 회사는 세계에서 가장 오래 된 철도 회사(1832년 설립)이며, 이 기관차는 13 마일의 속도로 60 cm의 좁은 너비에서 운용된다. 산 위의 높은 채석장에서 Porthmadog의 항구까지 석판(slate)을 운반하기 위해 지어진 이 철도는 이제 관광 철도로 붐비고 있으며, 철도 공학에 진지하게 관심이 있는 사람이라면 방문할 가치가 있다.

http://www.ffestiniograilway.org.uk/

보일러의 작동 압력은 200 psi이다(영국과 미국에서 증기 기관차 보일러 압력은 여전히 영국식 psi로 인용된다 – 이는 설득력 있는 이유 없이 미터법 단위로 바꿈으로써 잘못 된 수치를 사용하여 보일러가 폭발하는 등의 실수를 저지르기 바라지 않기 때문이다).

물론 보일러는 상용화되기 전, 세심하게 용접 되고 균열과 같은 제작 결함에 대해 철저하게 검사 받은 견고한 강판을 사용하여 현대 건축 기준에 따라 제작된다. 나아가 변형, 왜곡, 누출에 대한 확인을 위해 300 psi 조건에서 수압 검사를 실시한다(보일러는 물로 채워지고, 더 많은 물이 작은 수동 펌프를 이용하여 300 psi에 도달할 때 까지 일정하게 유입된다. 만약 누출이 발생한다면, 들어가는 물의 양만으로는 압력을 유지할 수 없을 것이다. 만약 수압 검사 도중 중대한 구조적 결함이 발견된다고 해도, 압축된 물의 저장 에너지가 매우 작기 때문에 아무도 다치지 않을 것이다. – 체적탄성계수가 크다, 제3장 참조)

잘 관리된 보일러의 경우, 유일한 균열 형성의 위험은 열피로에 의한 것이다. 금속 피로에 대해서는 뒤의 제18-20장에서 알아 볼 것이다. 기본적으로 보일러가 가열되고 증기가 증가하면, 부품들은 팽창하고 일부 부품들은 보일러에서 내부 응력을 발생시키며 다른 부품에 비해 과도하게 팽창할 것이다. 기관차가 활성화 된 시기에는, 보일러는 불이 켜지는 매일 아침에 예열 되고 불이 꺼지는 저녁에 다시 냉각 되었다. 이러한 온도 변화가 계속 순환된 이후, 보일러의 설계 문제가 있을 경우, 열피로 균열은 열에 의한 응력이 집중되는 부위의 강판을 따라 성장할 수 있다. 이는 작동 중에 증기가 눈에 띄게 누출되거나, 수압 검사에서의 압력 손실을 야기할 수 있다.

다음은 파괴 전 누출의 한 예이다. 강과 용접부가 충분한 인성이 있어서 균열은 – 심지어 강판을 관통할 정도로 큰 균열일지라도 – 고속 파괴로 성장하지 않을 것이다. 이것은 압력 용기 설계의 중요한 안전 기능이다(DRHJ는 한 때 화학 공장의 큰 압력 용기에 균열이 발생하는 사고에 연루된 적이 있다. 균열은 매우 두꺼운 벽에 존재했고, 강판을 관통하지는 않았다. 수압 검사 중, 균열은 한계에 도달하였고, 압력 용기의 한쪽 끝이 깨져 굉장히 많은 물이 쏟아져 나왔다. 이는 완벽한 "파괴 전 누출"은 아니었다. 그러나 수압 검사는 제 역할을 해냈고, 작동 중에 성장하여 궁극적으로 심각한 인명피해를 수반하는 갑작스런 폭발을 일으킬 수 있는 균열을 발견 한 것이다). ■

위에서 이미 언급한 것처럼, 균열이 성장하고 고속파괴가 일어나기 위해 충족되어야 할 에너지의 균형에 대해 알 수 있다. 길이 a, 두께 t의 균열이 δa 만큼 진전한다고 가정하면, 다음과 같은 (힘에 의한 일) ≥ (탄성에너지의 변화 + 균열선단에서 흡수된 에너지)라는 관계가 요구된다.

$$\delta W \geq \delta U^{\mathrm{el}} + G_c t \delta a \tag{14.1}$$

여기에서 G_c는 균열의 단위면적당 흡수된 에너지(새로운 표면의 단위 면적이 아님)이고, $t\delta a$는 균열의 면적이다.

G_c는 재료 특성으로 단위 면적의 균열을 만들기 위해 흡수되는 에너지를 말하며, 인성(toughness) 또는 때때로 "임계변형에너지 방출속도(critical strain energy release rate)"라고 부

른다. 단위는 에너지 m^{-2} 또는 Jm^{-2}이다. 고인성은 균열이 전파하기 어렵다는 것을 의미한다(구리의 G_c는 대략 10^6 Jm^{-2} 정도이다). 반대로 유리는 매우 쉽게 균열이 진전되며 G_c는 단지 10 Jm^{-2} 정도이다.

G_c 값은 접착강도를 측정하는 데 쓰인다. [그림 14.1]에서 보는 바와 같이 테이프 롤을 연필과 같은 것에 매달아서 자유롭게 회전할 수 있도록 하고 테이프를 약간 벗겨내어 그 부분에 무게를 달아 접착 테이프(예로 Sellotape)의 접착제에 대한 G_c를 측정할 수 있다. 테이프의 급속한 벗겨짐(= 고속파괴)이 시작되는 M 값을 측정하기 위하여 하중을 증가시킨다. 이러한 구조에서 δU^{el} 값은 테이프의 변형이 거의 없고, 하중 M에 의한 일에 비하여 매우 작기 때문에 무시할 수 있다. 그렇다면 에너지 공식으로부터 고속파괴에 대한 다음과 같은 관계식을 얻을 수 있다.

$$\delta W = G_c t \delta a$$

위의 경우에 대해 다음과 같다.

$$mg\delta a = G_c t \delta a$$
$$mg = G_c t$$

따라서 다음과 같이 정리할 수 있다.

$$G_c = \frac{mg}{t}$$

일반적으로 t = 0.02 m, M = 0.15 kg 그리고 $g \approx 10$ ms^{-2}으로 주어지면 다음과 같다.

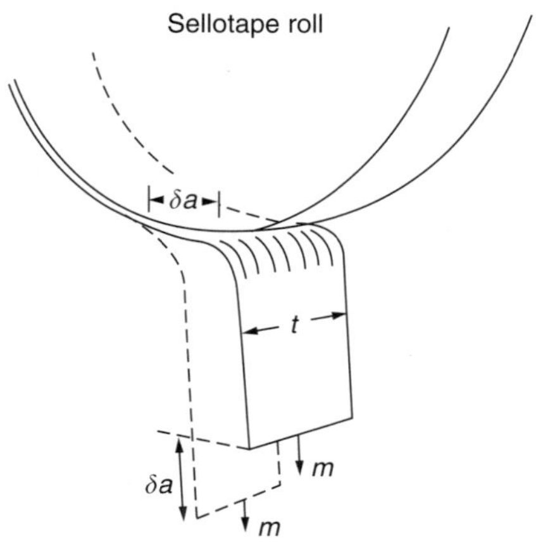

그림 14.1
Sellotape의 접착제에 대한 G_c를 결정하는 방법

$$G_c \approx 75\ \mathrm{Jm}^{-2}$$

이는 접착제에 대한 일반적인 값이며 많은 고분자(polymer)들의 G_c 값에 해당되는 범위이다.

물론, 대부분의 경우에 δU^{el}을 무시할 수는 없으며 더욱 일반적인 관계를 유도해야 한다. 먼저 판의 양쪽 끝이 고정되어 있고 하중이 가해지는 균열이 있는 판을 고려해 보자. 이는 예로 큰 강철조각 사이의 용접 부위에서 자주 일어나는 일반적인 하중 형태이며 δU^{el}을 매우 쉽게 계산할 수 있다.

고정된 변위에서의 고속파괴

[그림 14.2]에 나타낸 판은 인장 하중 하에서 고정되어 위아래 끝부분이 움직이지 않는다. 양 끝부분이 움직일 수 없기 때문에 이 판에 작용하는 힘은 어떠한 일도 하지 않는다. 즉, $\delta W = 0$이다. 따라서 고속파괴가 시작되는 상황에서의 에너지 공식은 다음과 같다.

$$-\delta U^{\mathrm{el}} = G_c t \delta a \tag{14.2}$$

이제 판을 따라 균열이 성장함에 따라, 판의 재료가 완화되어 응력이 감소되고 탄성에너지를 잃게 된다. G_c 값이 양의 값으로 한정되기 때문에, δU^{el}이 음의 값이고 $-\delta U^{el}$은 양의 값이다. δU^{el}은 [그림 14.3]에 보이는 방법으로 추정할 수 있다.

판 내부의 단위부피를 가지는 작은 입방체를 살펴보자. 하중 F로 인하여 이 입방체는 변형 ε이 생기면서 응력 σ를 받게 된다. 따라서 각 단위 입방체는 $1/2\sigma\varepsilon$ 또는 $\sigma2/2E$의 변형에너지 U^{el}을 가진다 ([그림 9.1] 참조). 이제 길이 a의 균열을 도입하면, 그림에서 점으로 표시된 영역은 응력이 0으로 감소하면서 완화되고 모든 변형에너지를 잃게 되는 상황을 고려할 수 있다. 이때의 에너지 변화는 다음과 같은 방정식으로 나타낼 수 있다.

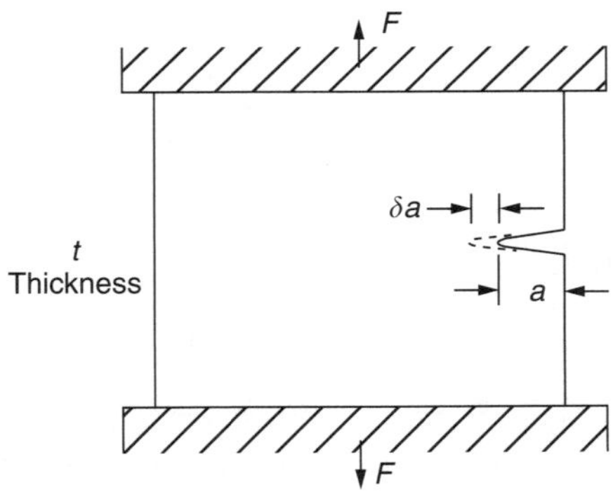

그림 14.2
고정된 판에서의 고속파괴

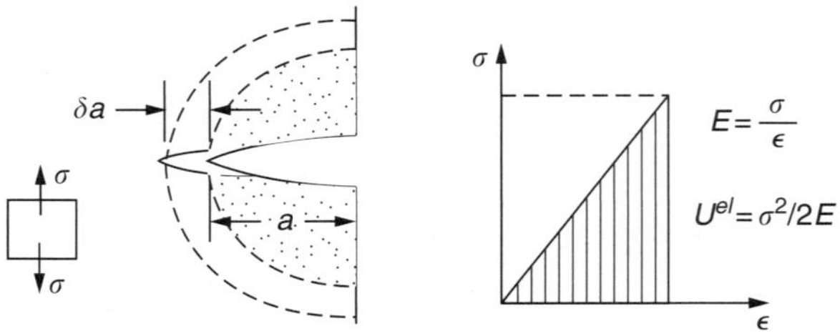

그림 14.3
균열 진전에 따른 축적된 변형 에너지의 방출

$$U^{\mathrm{el}} = -\frac{\sigma^2}{2E}\frac{\pi a^2 t}{2}$$

균열이 δa만큼 전파함에 따라 적절한 δ을 다음과 같이 계산할 수 있다.

$$\delta U^{\mathrm{el}} = \frac{\mathrm{d}U^{\mathrm{el}}}{\mathrm{d}a}\delta a = \frac{\sigma^2}{2E}\frac{2\pi a t}{2}\delta a$$

식 (14.2)를 고려하면 고속파괴가 시작되는 임계조건은 다음과 같다.

$$\frac{\sigma^2 \pi a}{2E} = G_{\mathrm{c}}$$

실제로 판 재료의 응력 완화 과정에 대한 가정은 분명히 단순화 된 것이고, 탄성 응력과 변형에 대한 정확한 수학적 해결안은 δU^{el}이 정확히 2배로 너무 낮게 추정됨을 알 수 있다. 따라서 정확하게 다음과 같고

$$\frac{\sigma^2 \pi \mathrm{a}}{E} = G_{\mathrm{c}}$$

고속파괴에 대해 다음과 같이 정리할 수 있다.

$$\sigma\sqrt{\pi a} = \sqrt{E G_{\mathrm{c}}} \tag{14.3}$$

고정된 하중에서의 고속파괴

판재나 그 재료에 대한 다른 형태의 부품에 하중을 가하는 또 하나의 매우 일반적인 방법은, [그림 14.4]와 같이 단순히 무게를 매다는 것이다(고정된 하중). 이는 고정된 변위에서의 경우보다 상황이 약간 더 복잡하다. 균열이 성장함에 따라 판재의 강성은 줄어들게 되고, 응력은 완화되어 가해진 힘은 이동하고 일을 하게 된다. 따라서 δW는 값이 한정되고 양수의 값을 가진다. 그러나 δU^{el}도 역시 양수의 값을 가지게 되어(δW의 일부가 판의 변형에너지를 증가시

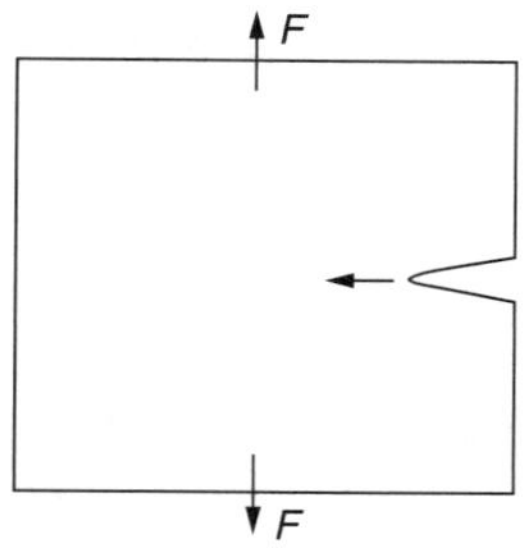

그림 14.4
정하중을 받는 판의 고속파괴

킨다는 것으로 판명됨) 고속파괴에 대한 최종 결과는 사실 변화가 없다.

고속파괴 조건

이제 공학적 구조에 있어 일반적인 경우를 상정하여 고속파괴가 시작되는 조건들을 다시 살펴보도록 하자.

$$\sigma\sqrt{\pi a} = \sqrt{EG_c}$$

방정식의 좌변은 응력 σ를 받는 재료에 있어서, 균열이 특정 임계길이 a에 도달하였을 때, 또는 그 대신에 길이 a의 균열을 가지고 있는 재료가 특정 임계응력 σ를 받게 될 때, 고속파괴가 일어난다는 것을 말해준다. 우변에 있는 결과들은 단지 재료의 특성에 의존하는 값들이다; E는 분명히 재료상수이며, 단위면적의 균열을 만들기 위해 필요한 에너지인 G_c는 단지 재료의 기본 특성에만 의존하는 값이다. 따라서 이 방정식에서 중요한 점은 고속파괴가 시작되는 응력과 균열 길이의 임계 조합치는 재료상수 값이라는 것이다.

$\sigma\sqrt{\pi a}$는 고속파괴에 대한 논의에서 자주 나타나는 용어로 보통 MN $m^{-3/2}$라는 단위를 가지고 기호 K로 줄여서 쓰인다; K를 응력확대계수(stress intensity factor)라고 부른다. 따라서 고속파괴는 다음과 같은 경우에 일어난다.

$$K = K_c$$

여기에서 $K_c(=\sqrt{EG_c})$는 임계응력확대계수로 일반적으로 파괴인성(fracture toughness)이라고 더 많이 부른다.

요약하면:

G_c = 인성(toughness, 때로는 임계변형에너지 방출속도); 일반적인 단위: kJm^{-2}
$K_c = \sqrt{EG_c}$ = 파괴인성(fracture toughness, 때로는 임계응력확대계수); 일반적인 단위: MN $m^{-3/2}$

$$K = \sigma\sqrt{\pi a} = \text{응력확대계수; 일반적인 단위: MN m}^{-3/2}$$

고속파괴는 $K = K_c$일 때 일어난다.

14.3 G_c와 K_c에 대한 데이터

K_c 값은 길이 a의 균열을 재료에 만들고 고속파괴가 일어날 때까지 하중을 가하는 방법으로 어떤 재료에 대해서도 실험적으로 구할 수 있다. G_c는 의 관계식을 이용하여 얻은 K_c에 대한 데이터로부터 유도될 수 있다. [그림 14.5]와 [그림 14.6] 그리고 [표 14.1]은 넓은 범위의 금속, 고분자, 세라믹 그리고 복합재료에 대한 K_c와 G_c에 대한 실험적 데이터를 보여준다.

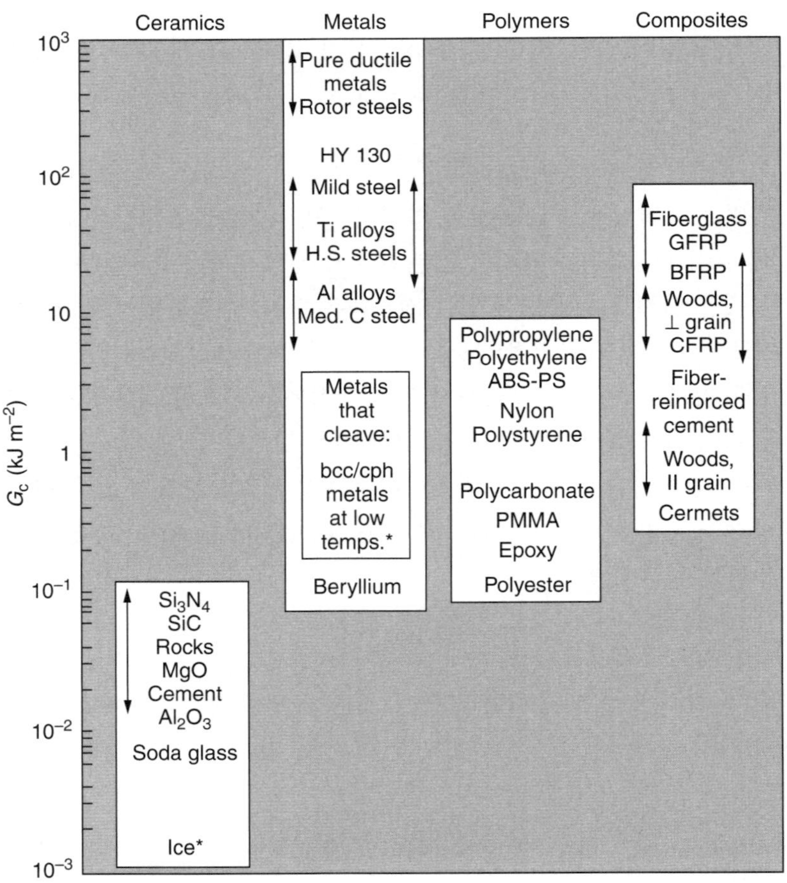

그림 14.5
인성, G_c(* 표시가 없는 경우 실온에서의 값)

K_c와 G_c 값은 얼음이나 세라믹 같이 가장 인성이 약한 재료로부터, 연성 금속 같은 가장 인성이 강한 재료까지 그 범위가 매우 넓다; 고분자는 중간 정도의 인성, G_c를 가지지만 탄성계수가 낮기 때문에 낮은 파괴인성, K_c를 가진다. 그러나 복합재료를 만들기 위한 강화 고분자는 높은 파괴인성을 가지게 된다. 결국, 대부분의 금속들은 실온이나 그 이상의 온도에서 높은 인성을 가지지만, 강과 같은 b.c.c. 금속들이나 c.p.h. 금속들은 충분히 냉각될 경우에는 자료에서 보는 바와 같이 취성이 매우 커진다.

분명히 인성과 파괴인성에 대한 이와 같은 그림들은 매우 중요하다 – 이와 같은 데이터의 무시는 이번 장의 시작 부분에서 언급한 것과 같은 공학적 재난들을 초래했고, 계속적으로 초래할 수 있다. 그런데 다양한 재료들 사이에 이와 같은 큰 차이가 나는 이유는 무엇일까? 왜 유리는 그렇게 취성이 크고 소둔된(annealed) 구리는 그렇게 인성이 큰 것일까? 이러한 이유에 대해서는 제15장에서 알아보고자 한다.

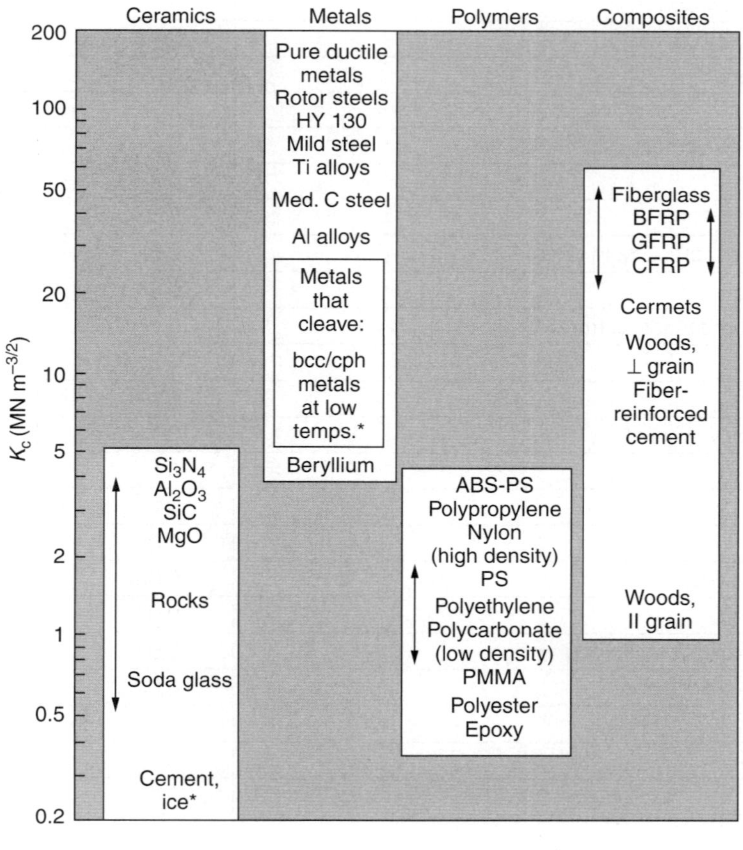

그림 14.6
파괴인성, K_c(* 표시가 없는 경우 실온에서의 값)

| 표 14.1 | 인성, G_c와 파괴인성, K_c

재료	G_c (kJ m^{-2})	K_c (MN m$^{-3/2}$)
Pure ductile metals (e.g., Cu, Ni, Ag, Al)	100 – 1000	100 – 350
Rotor steels (A533; Discalloy)	220 – 240	204 – 214
Pressure–vessel steels (HY130)	150	170
High–strength steels (HSS)	15 – 118	50 – 154
Mild steel	100	140
Titanium alloys (Ti6Al4V)	26 – 114	55 – 115
GFRPs	10 – 100	20 – 60
Fiberglass (glassfiber epoxy)	40 – 100	42 – 60
Aluminum alloys (high strength–low strength)	8 – 30	23 – 45
CFRPs	5 – 30	32 – 45
Common woods, crack ⊥ to grain	8 – 20	11 – 13
Boron–fiber epoxy	17	46
Medium–carbon steel	13	51
Polypropylene	8	3
Polyethylene (low density)	6 – 7	1
Polyethylene (high density)	6 – 7	2
ABS Polystyrene	5	4
Nylon	2 – 4	3
Steel–reinforced cement	0.2 – 4	10 – 15
Cast iron	0.2 – 3	6 – 20
Polystyrene	2	2
Common woods, crack // to grain	0.5 – 2	0.5 – 1
Polycarbonate	0.4 – 1	1.0 – 2.6
Cobalt/tungsten carbide cermets	0.3 – 0.5	14 – 16
PMMA	0.3 – 0.4	0.9 – 1.4
Epoxy	0.1 – 0.3	0.3 – 0.5
Granite (Westerly granite)	0.1	3
Polyester	0.1	0.5
Silicon nitride, Si_3N_4	0.1	4 – 5
Beryllium	0.08	4
Silicon carbide SiC	0.05	3
Magnesia, MgO	0.04	3
Cement/concrete, unreinforced	0.03	0.2
Calcite (marble, limestone)	0.02	0.9
Alumina, Al_2O_3	0.02	3 – 5
Shale (oilshale)	0.02	0.6
Soda glass	0.01	0.7 – 0.8
Electrical porcelain	0.01	1
Ice	0.003	0.2*

* 표시가 없는 경우 실온에서의 값.

응력확대계수, *K*에 대한 주석

14.2절에서 고속파괴가 시작되는 조건에서 다음과 같음을 보였다.

$$K = \sigma\sqrt{\pi a} = \sqrt{EG_c}$$

엄밀하게 말하면, 이 결과는 재료의 넓은 판의 중심에 균열이 있는 경우에만 유효하다. 실제로 우리가 마주하게 되는 문제들은 이러한 조건을 거의 만족하지 못하므로 $\sigma\sqrt{\pi a}$라는 식에는 정확한 변형에너지 계산값을 얻기 위해 수치적인 보정이 요구되며, 일반적으로 다음과 같이 표현될 수 있다.

$$K = Y\sigma\sqrt{\pi a} \tag{14.4}$$

여기서 Y는 수치보정계수이다. Y 값들은 이 장의 마지막에 주어져 있다. 그러나 균열의 길이 a가 판의 너비 W보다 충분히 작다면 일반적으로 $Y \approx 1$라고 가정하는 것이 가능하다.

EXAMPLES

14.1 Two wooden beams are butt-jointed using an epoxy adhesive as shown in the following diagram. The adhesive was stirred before application, entraining air bubbles which, under pressure in forming the joint, deform to flat, pennyshaped discs of diameter $2a = 2$ mm. If the beam has the dimensions shown, and epoxy has a fracture toughness of 0.5 MN $m^{-3/2}$, calculate the maximum load F that the beam can support. Assume $K = Y\sigma\sqrt{\pi a}$ for the disc-shaped bubbles, where $Y = 0.64$. Use Equation (13.3), and *make sure that you convert a into meters before you put it into the fast fracture equation.*

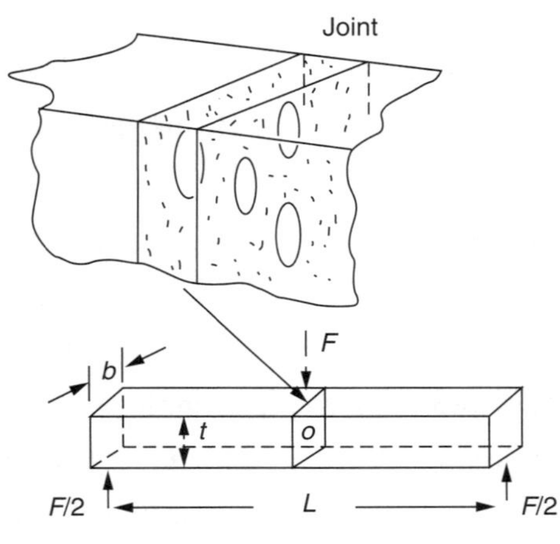

$t = b = 0.1$ m; $L = 2$ m

14.2 A large thick plate of steel is examined by X-ray methods, and found to contain no detectable cracks. The equipment can detect a single edge-crack of depth $a = 5$ mm or greater. The steel has a fracture toughness K_c of 40 MN m$^{-3/2}$ m and a yield strength of 500 MN m^{-2}. Assuming that the plate contains cracks on the limit of detection, determine whether the plate will undergo general yield or will fail by fast fracture before general yielding occurs. What is the stress at which fast fracture would occur? ($Y = 1.12$ for the edge crack.)

14.3 The fuselage of a passenger aircraft can be considered to be an internally pressurized thin walled tube of diameter 7 m and wall thickness 3 mm. It is made from aluminum alloy plate with a fracture toughness K_c of 100 MN m$^{-3/2}$. At cruising altitude, the internal gauge pressure is 0.06 MN m^{-2}. Multiple fatigue cracks initiated at a horizontal row of rivet holes, and linked to form a single long axial through thickness crack in the fuselage. Estimate the critical length at which this crack will run, resulting in the break-up of the fuselage. The hoop stress in a thin-walled tube is given by $\sigma = \frac{pr}{t}$ (see Example 7.5).

14.4 A large furnace flue operating at 440°C was made from a low-alloy steel. After 2 years in service, specimens were removed from the flue and fracture toughness tests were carried out at room temperature. The average value of K_c was only about 30 MN m$^{-3/2}$ compared to a value when new of about 80. The loss in toughness was due to temper embrittlement caused by the impurity phosphorus.

The skin of the flue was made from plate 10 mmthick. Owing to the self-weight of the flue the plate has to withstand primary membrane stresses of up to 60 MN m^{-2}. Estimate the length of through-thickness crack that will lead to the fast fracture of the flue when the plant is shut down.

14.5 A ceramic bidet failed catastrophically in normal use, causing serious lacerations to the person concerned. The fracture initiated at a pre-existing crack of length $a = 10$ mm located at a circular flush hole. Strain gauge tests on an identical bidet gave live load stress = 1.0 MN m^{-2} (tensile) and residual stress (from shrinkage during manufacture) = 4 MN m^{-2} (tensile). Specimen tests gave $K_c = 1.3$ MN m$^{-3/2}$. Given that the hole introduces a local stress concentration factor of 3, account for the failure using fracture mechanics. Assume that Y = 1.2.

14.6 A cylindrical pressure vessel in an ammonia plant was 7 m long, had an internal diameter of 1 m and had a wall thickness of 62 mm. The operating hoop stress was 285 MN m^{-2}.

After 16 years in service the vessel exploded into a large number of fragments, some of which were hurled a distance of 1 km. Semicircular "thumbnail" cracks, typically 6 mm deep, were found at the inner surface of the vessel; they had initiated at the edges of a series of fillet welds used to attach internal fittings to the vessel wall. The gas in the vessel contained 58% hydrogen and the cracks were blamed on hydrogen cracking.

Tests on samples of the steel gave a value for K_c of about 40 MN m$^{-3/2}$. Account for the failure using fracture mechanics. You should assume that there is a residual tensile stress of 100 MN m^{-2} at the welds in addition to the hoop stress. ($Y = 0.72$ for the thumbnail cracks)

14.7 Explain what is meant by "leak before break." Why is it an important safety feature in pressure vessel design?

14.8 Using the Y Values given at the end of the chapter, arrange the following cracks in order of increasing Y, and give the corresponding Y values.

Case 1

Case 2 (w = 4a)

Case 3

Case 4 (w = 5a)

Case 6 (one crack, a/r = 0.2)

Case 9

Case 10

14.9 Explain why, for a given crack depth a, the applied stress σ required for fast fracture decreases as 1/Y. Why is a crack particularly dangerous when it is located at the bore of a hole? (Refer to Example 14.8).

14.10 The procedure when cutting window glass to shape is as follows:

(i) place the sheet of glass on top of a flat workbench, with a layer of soft felt between the worktop and the glass;

(ii) score a long deep scratch across the full width of the sheet, using a pointed diamond-tipped scriber, guided by a steel straight edge;

(iii) slide the sheet sideways until the line of the scratch is vertically above the edge of the workbench;

(iv) push the free end of the sheet down, snapping the glass cleanly along the line of the scratch.

Explain why this method works so well. (Hint: in Table 14.1, compare the value of K_c for soda glass with the values of K_c for the other materials listed.)

14.11 Referring to Example 14.10, estimate the minimum depth of scratch required to make the method work for soda glass. Use an upper bound on K_c of 0.8MNm$^{-3/2}$ (see Table 14.1), and a lower bound on the "normal" tensile strength σ_{TS} of 50 MN m^{-2}. (Note that $Y = 1.12$.)

14.12 Bars of chocolate are usually flat on one side, but have a square grid of deep grooves on the other side. The bar can be snapped into smaller pieces by bending it (which puts one face into tension, and the other face into ompression). It is much easier to snap the bar by putting the grooved side rather than the flat side into tension. Explain why. (Note: the fracture toughness of chocolate decreases considerably with decreasing temperature, so chocolate bars are best broken in this way if they have been kept in the fridge.)

ANSWERS

14.1 4.65 kN.

14.2 Failure by fast fracture at 285 MN m^{-2}.

14.3 0.65 m.

14.4 160 mm.

14.5 (3 1.0 + 4) = 7.0 MNm^{-2}. $K = Y\sigma\sqrt{\pi a} = 1.2 \times 7.0\sqrt{\pi \times 0.010} = 1.49$ MN $m^{-3/2}$.
This is 15% more than the value of K_c from the tests. Experimental scatter in the test data and approximations in the stress analysis easily account for this difference.

14.6 The total stress on the crack is 285 + 100 = 385 MN m^{-2}. For a semicircular surface crack in a thick plate (a = 6 mm << 62 mm), $Y = 1.12 \times 0.64 = 0.72$(see Y Values, case 10. Therefore, ac = 0.0066m = 6.6 mm. This is of the same order as the crack depths found in practice, verifying the fracture mechanics analysis of the failure.

14.7 See Worked Example 1.

14.8 Case 9, $Y = 0.64$. Case 10, $Y = 0.72$. Case 1, $Y = 1$. Case 3, $Y = 1.12$.
Case 2, $Y = 1.20$. Case 4, $Y = 1.37$. Case 6, $Y = 2.30$.

14.9 Fast fracture occurs when $K_c = Y\sigma\sqrt{\pi a}$. For fixed K_c and a, $\sigma \; \alpha \; 1/Y$.

14.10 Soda glass has a low fracture toughness, so the deep scratch acts as a crack. Fast fracture will take place when the sheet of glass is bent, because this puts the crack into tension.

14.11 65 μm (0.065 mm).

14.12 Because the flat face is free of defects, it breaks when the tension is equal to the tensile strength of the chocolate. The grooves behave like cracks, so when the grooved face is put into tension, it breaks at a significantly lower stress than the tensile strength.

Y VALUES

Case 1

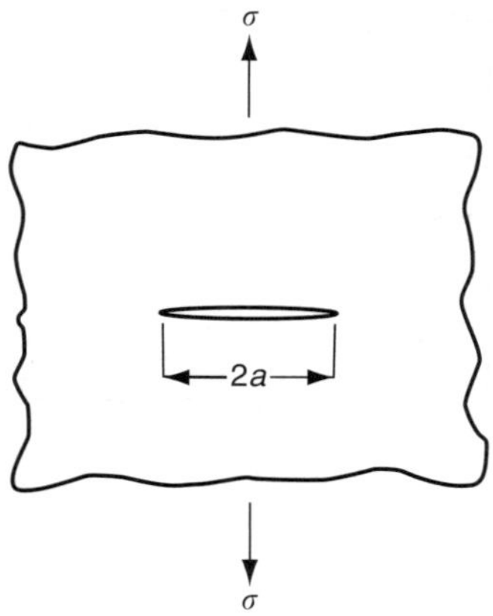

Y = 1

Case 2

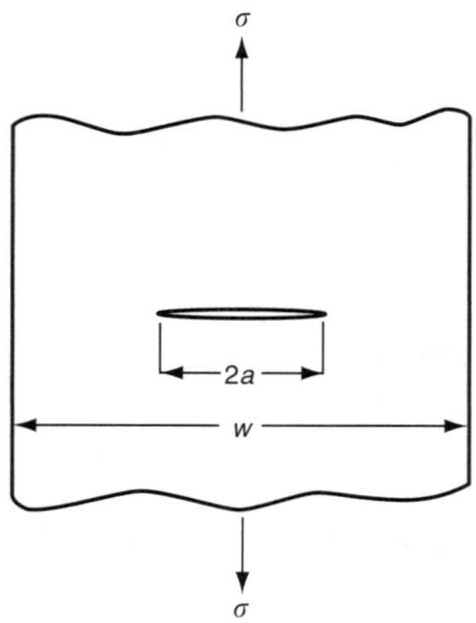

$$Y = \left\{ \cos\left(\frac{\pi a}{w}\right) \right\}^{-1/2}$$

주석: $w \gg a$일 때, $Y = 1$ (Case 1).

Examples: $w = 4a$일 때, $Y = 1.20$; $w = 3a$일 때, $Y = 1.43$.

Case 3

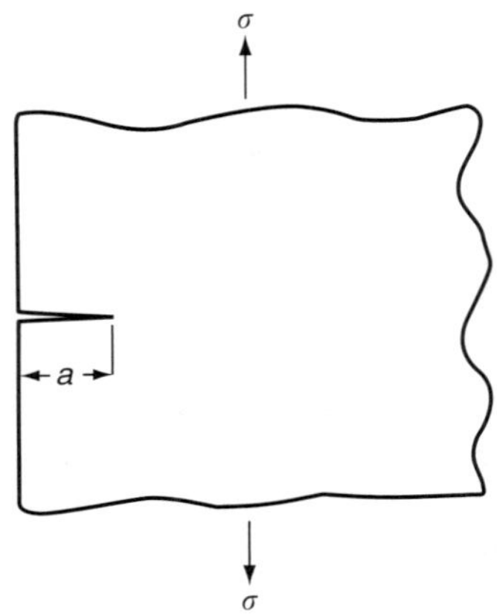

$Y = 1.12$

이 상황은 Case 1의 반과 같다. 자유 표면의 도입을 보정하기 위해 1.12배가 추가된다.

Case 4

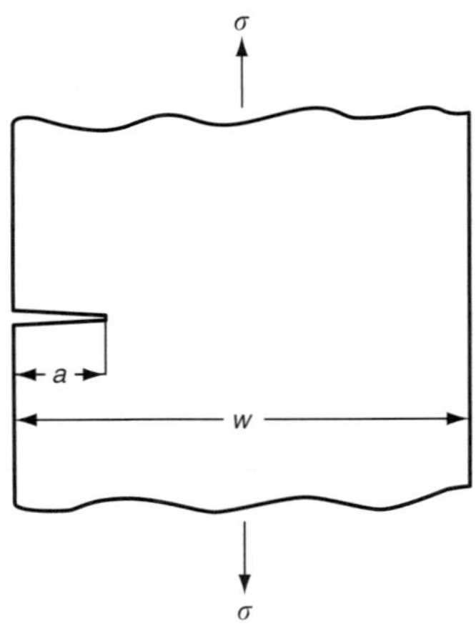

Y	a/w
1.12	0 (Case 3)
1.37	0.2
2.11	0.4
2.83	0.5

Case 5

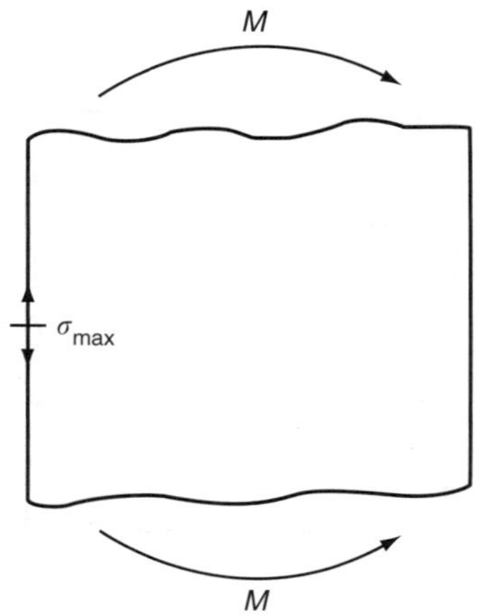

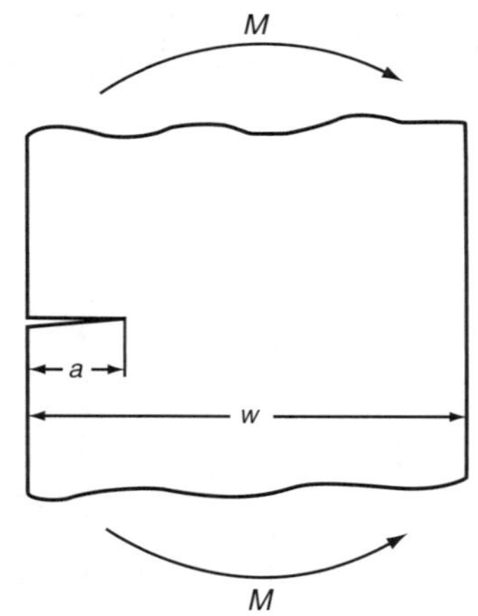

$K = Y\sigma_{max}\sqrt{\pi a}$

Y	a/w
1.00	0
1.06	0.2
1.32	0.4
1.62	0.5
2.10	0.6

Case 6

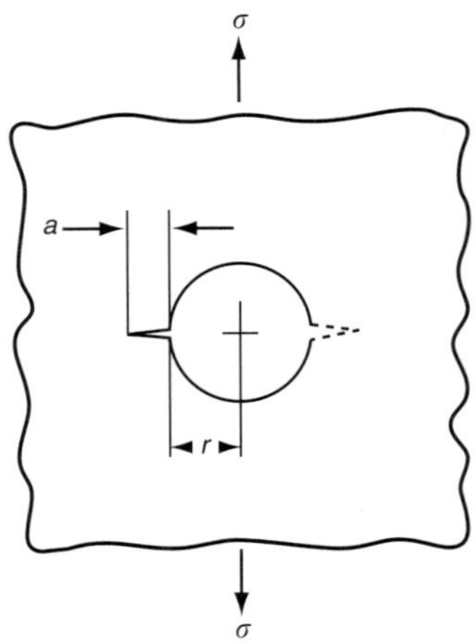

Y (one crack)	Y (two cracks)	a/r
3.36	3.36	0
2.73	2.73	0.1
2.30	2.41	0.2
1.86	1.96	0.4
1.64	1.71	0.6
1.47	1.58	0.8
1.37	1.45	1.0
1.18	1.29	1.5
0.71	1.00 (Case 1)	∞

일축 인장의 원형 구멍에 대해 응력집중계수(stress concentration factor)는 3이다. $a/r = 0$에 대해 3σ의 국부응력장(local stress field) 조건에서 Case 3 균열이 존재하는 경우이다. 따라서 표에 나타난 바와 같이 $Y = 3 \times 1.12 = 3.36$이다.

Case 7

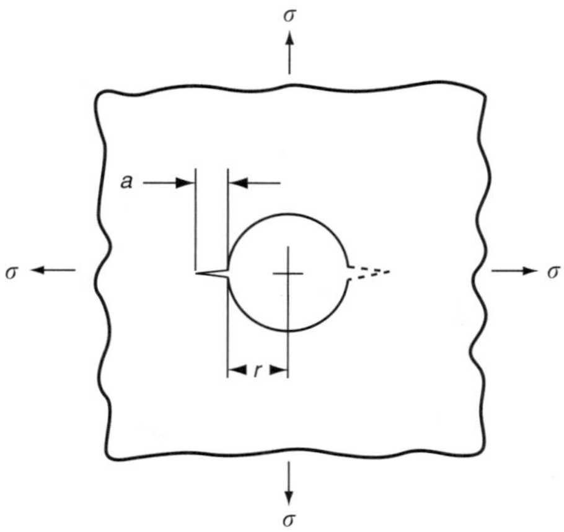

Y (one crack)	Y (two cracks)	a/r
2.24	2.24	0
1.98	1.98	0.1
1.82	1.83	0.2
1.58	1.61	0.4
1.42	1.52	0.6
1.32	1.43	0.8
1.22	1.38	1.0
1.06	1.26	1.5
0.71	1.00	∞

2축 인장의 원형 구멍에 대해 응력집중계수는 2이다. $a/r = 0$에 대해 2σ의 국부응력장(local stress field) 조건에서 Case 3 균열이 존재하는 경우이다. 따라서 표에 나타난 바와 같이 $Y = 2 \times 1.12 = 2.24$이다.

Case 8

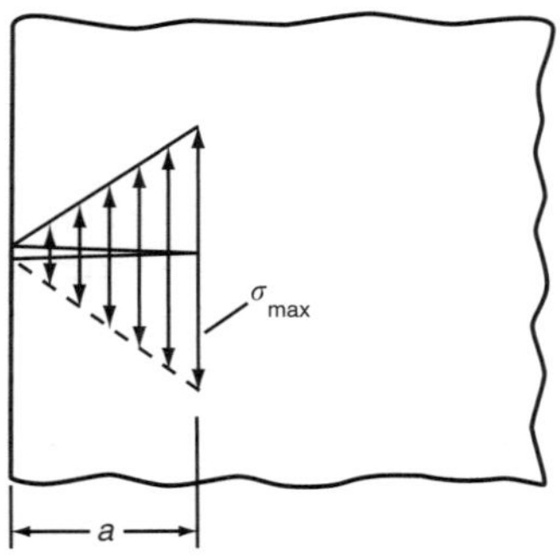

$K = 0.6830\, \sigma_{max} \sqrt{\pi a}$

Case 9

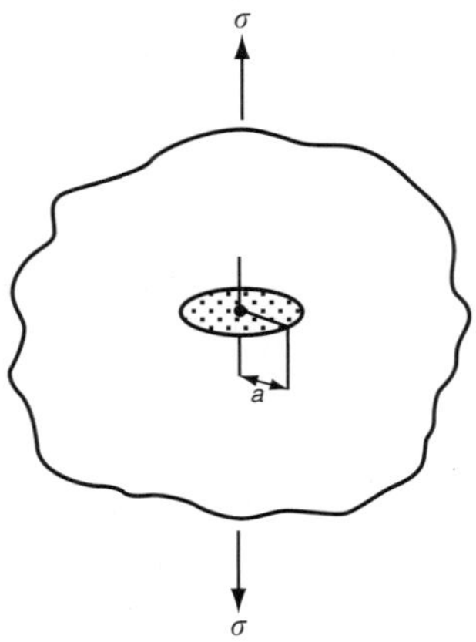

$Y = 0.64$

Case 10

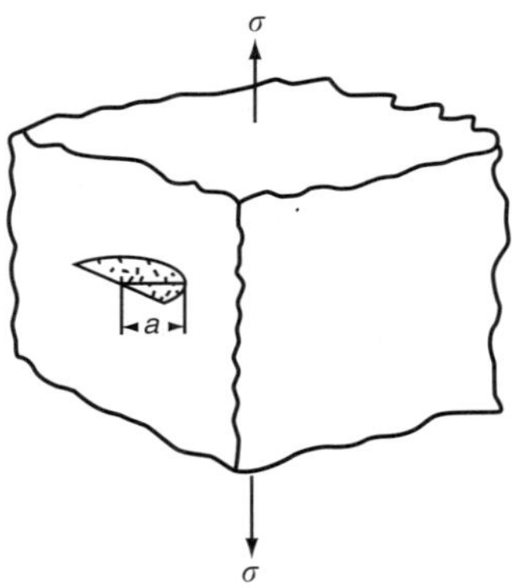

$Y = 1.12 \times 0.64$

K CONVERSIONS

K 값은 다르게 쓰여지거나 다른 단위로 사용될 수 있다. 이는 매우 혼돈스럽다. 변환은 다음과 같다.

$1\ \text{MN m}^{-3/2} = 1\ \text{MPa}\sqrt{\text{m}} = 31.6\ \text{Nm m}^{-3/2} = 31.6\ \text{MPa}\ \sqrt{\text{mm}} = 0.907\ \text{ksi}\ \sqrt{\text{in}}$

(kilopounds per sq. in. $\sqrt{\text{in}}$)

CHAPTER 15

고속파괴의 미세기구들

15.1 개요

제14장에서 소재가 균열을 포함하고 충분한 응력이 가해지면, 균열은 물질 안에서 – 음속의 속도로 – 불안정해지고 성장하여 결국 항복응력보다 작은 응력에서 갑작스럽게 급속파괴 또는 고속파괴를 일으킴을 보았다. 이러한 현상은 정량화될 수 있었으며 다음과 같은 고속파괴의 시작에 대한 관계를 얻을 수 있었다.

$$Y\sigma\sqrt{\pi a} = K_c$$

또는 더욱 간결한 표현으로 다음과 같이 나타낼 수 있다.

$$K = K_c (\text{고속파괴에 대한})$$

이것을 다른 유사한 파손의 기준과 비교하는 것도 도움이 된다:

$$\sigma = \sigma_y (\text{항복에 대한})$$

$$\sigma = \sigma_{TS} (\text{인장파손에 대한})$$

각각의 방정식의 좌변은 하중 조건을 나타낸다; 우변은 재료 특성이다. 만일 하중에 따라 증가하는 좌변의 값이 고정된 값을 갖는 우변과 일치하게 되면 파괴가 일어난다.

유리와 같이 낮은 K_c를 가지는 재료들은 쉽게 균열이 생긴다; 연성 금속들은 높은 K_c를 가지고 있어서 고속파괴에 대한 저항성이 매우 크다; 고분자는 중간 정도의 K_c를 가지고 있지만 복합재료로 만들면 인성이 증가될 수 있다; 그리고 마지막으로 많은 금속들은 온도가 내려가면 깨지기 쉬운데 – 즉, 온도가 감소함에 따라 K_c가 감소한다. 이러한 중요한 관찰 결과들을 어떻게 설명할 수 있을까?

15.2 균열 전파 기구들 1: 연성 찢어짐(ductile tearing)

가장 먼저 균열이 있는 연성 금속조각에 – 즉, (예로 실온이나 그 이상의 온도에서 순수한 구리 또는 연강과 같이) 쉽게 큰 소성변형을 일으킬 수 있는 금속에 하중을 가하면 어떻게 되는지 알아보자. 재료에 충분히 큰 하중을 가하면 균열에서부터 시작하여 파괴가 발생하게 된다. [그림 15.1]에서 보는 것처럼 파괴 후에 금속의 표면을 관찰하면 많은 소성일이 발생했음을 의미하는 매우 거친 파괴면을 보게 된다.

이러한 관찰결과를 설명해 보자. 재료에 균열이 존재하면, 균열에 가까운 곳의 국부응력, σlocal은 재료 조각에 가해지는 평균응력 σ보다 훨씬 크다; 균열은 응력 집중 효과를 가진다. 수학적 분석은 탄성 재료의 날카로운 균열 앞의 국부응력은 다음과 같음을 보여준다.

$$\sigma_{\text{local}} = \sigma + \sigma\sqrt{\frac{a}{2r}} \tag{15.1}$$

균열의 선단에 가까이 근접함에 따라 국부응력은 증가하고, 국부응력이 재료의 항복응력, σ_y에 도달하는 균열선단으로부터 r_y라는 어떤 거리에 이르면 소성유동이 발생하게 된다 ([그림 15.2]). 거리 r_y는 식 (15.1)에서 $\sigma_{\text{local}} = \sigma_y$로 놓음으로써 쉽게 계산할 수 있다. r_y가 균열 길이 a보다 작다고 가정하면 결과는 다음과 같다.

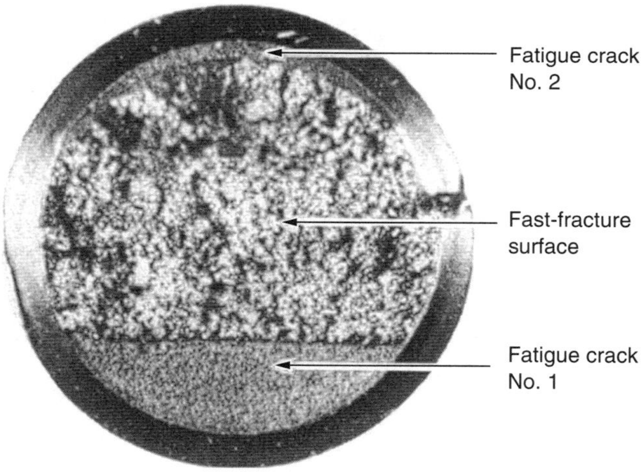

그림 15.1
부러지기 전에 이 강으로 된 볼트는 Milan 공항의 설치물에 의자를 고정하는 데 사용되었다. 사람들이 앉을 때마다 단면의 아랫부분은 금속 피로(제17장; 균열 No. 1)에 의해 균열 성장을 야기하는 인장 하중을 받았다. 사람들이 다시 일어서면 볼트의 윗부분이 피로 균열 No. 2의 성장을 야기한 인장 하중을 받았다. 결과적으로 볼트는 두 피로 균열의 성장에 따라 고속파괴에 의해 파손되었다. 파괴된 볼트로부터 피해는 면할 수 있었다

$$r_y = \frac{\sigma^2 a}{2\sigma_y^2} = \frac{K^2}{2\pi\sigma_y^2} \tag{15.2}$$

K가 K_c와 같아질 때 균열이 전파된다; 소성영역(plastic zone)의 너비, r_y는 식 (15.2)에서 K를 K_c로 대체함으로써 구할 수 있다. σ_y가 클수록 소성영역의 크기가 급격히 줄어든다는 점을 주목하라: 연한 금속에서 균열은 넓은 소성영역을 가지게 되지만, 단단한 세라믹에서의 균열은 소성영역이 작거나 전혀 없다.

명목상 순수하다는 대부분의 금속들도 금속과 불순물과의 반응을 통해 생성된 화합물 형태의 작은 입자들을 포함하고 있다. [그림 15.2]에서 보는 바와 같이 소성영역 내에서, 소성유동이 공동(cavity)을 늘어나게 하면서 이러한 불순물 주위에서 발생하게 된다. 소성유동이 진행됨에 따라 이러한 공동들이 서로 연결되고, 균열은 이 연성 찢어짐(ductile tearing)에 의해 진전한다. 균열선단에서 소성유동은 자연스럽게 초기의 날카로운 균열에서 뭉툭한(blunt) 균열로 변화시킨다. 또한, 그림에서 보듯이 균열 뭉툭해짐은 균열선단에서 σlocal을 감소시키며, 이때의 σlocal은 앞서의 과정으로 인해 가공경화된 재료의 소성변형을 유지할 수 있는 정도임을 응력 수학으로부터 알 수 있다.

연성 찢어짐에 의한 균열의 성장에 있어서 중요한 점은 소성유동에 의해 많은 에너지를 소비한다는 것이다; 소성영역이 클수록 더 많은 에너지가 흡수된다. 많은 에너지의 흡수는 G_c와 K_c가 모두 크다는 것을 의미한다. 이것이 바로 연성 금속들이 매우 질긴(tough) 이유이다. 다른 재료들도 역시, 이러한 거동에 의해 각각의 인성을 가지게 된다 – 플라스티신(plasticine)은

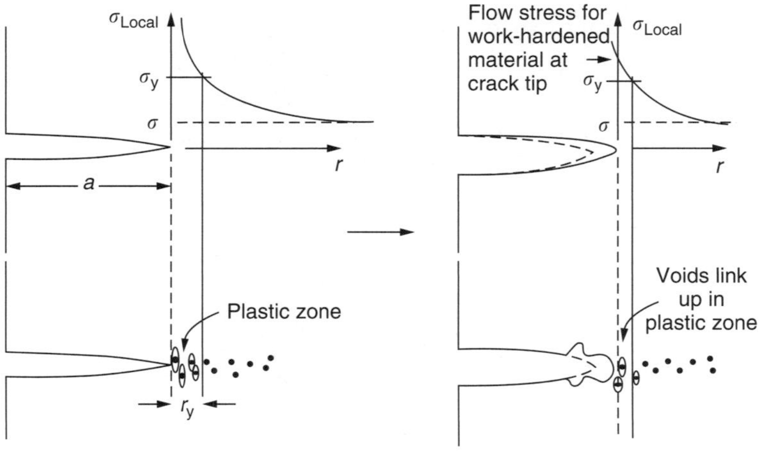

그림 15.2
연성 찢어짐(ductile tearing)에 의한 균열 전파

한 예이고 몇몇 다른 고분자들도 연성 찢어짐과 유사한 과정들에 의해 인성을 나타낸다.

15.3 균열 전파 기구들 2: 벽개(cleavage)

세라믹이나 유리와 같은 물질의 파괴면을 살펴보면, 매우 다른 형태의 파단면을 보게 된다. 광범위한 영역에 국부소성변형이 일어났음을 의미하는 매우 거친 표면 대신에, 매우 미세하거나 또는 소성변형이 거의 없는 다소 특징 없이 평평한 표면을 보게 된다. 세라믹이나 유리에서 균열은 소성유동 없이 어떻게 전파될 수 있는 것일까? 앞에서 제시된 식에서 균열선단에서의 국부응력은 다음과 같다.

$$\sigma_{\text{local}} = \sigma + \sigma\sqrt{\frac{a}{2r}}$$

국부응력은 날카로운 균열선단이 뭉툭해지지 않는다면, 균열선단에 근접함에 따라 매우 큰 값에 접근함을 알 수 있다.

제9장에서 보았듯이 세라믹과 유리와 같은 재료는 매우 큰 항복강도를 가지며, 따라서 균열선단에서 매우 적은 소성변형만이 발생한다. 어느 정도 균열의 뭉툭해짐을 허용한다고 해도, 균열선단에서의 국부응력은 여전히 이론강도 이상이며 따라서 사실상 그곳의 원자 간 결합을 분리하기에 충분할 정도로 크다; 이때 균열은 한 쌍의 원자면 사이를 파고들어 전파하고 원자 단위의 평평한 면을 만들어 내는데, 이를 벽개(cleavage)라고 한다([그림 15.3]). 단순하게

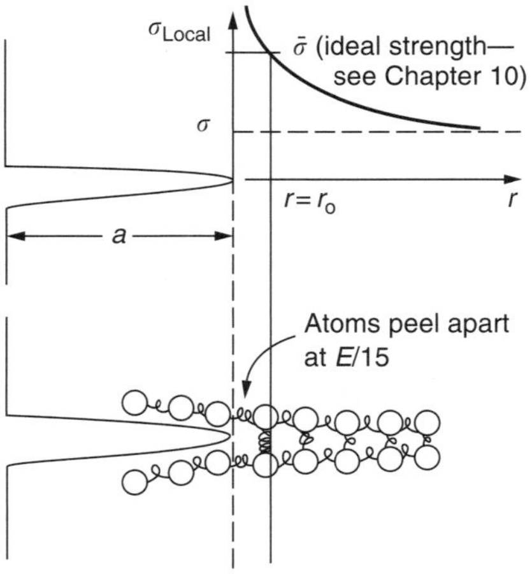

그림 15.3
벽개(cleavage)에 의한 균열 전파

원자 간 결합을 끊기 위하여 필요한 에너지는 인성이 큰 재료가 연성 찢어짐에 의해 흡수하는 에너지보다 훨씬 작으며, 이것이 세라믹이나 유리와 같은 재료들의 취성이 높은 이유이다([그림 15.4]). 또한 몇몇 강은 저온에서 유리처럼 높은 취성과 함께 파손되는데, 그 이유는 다음과 같다.

b.c.c.나 c.p.h. 구조를 가지는 금속들은 실온 이상의 온도에서는 인성이 크지만, 낮은 온도에서는 취성이 증가하고 벽개에 의하여 파손된다. 사실 f.c.c. 구조를 가진 금속들(예로 구리, 납, 알루미늄)만이 이와 같은 온도 영향을 받지 않는다. f.c.c. 구조를 가지고 있지 않은 금속들에 있어서, 전위의 움직임은 원자의 열적 교반(thermal agitation)에 의해 도움을 받는다(열적 활성화 과정은 제22장에서 좀 더 자세하게 다룰 것이다). 낮은 온도에서는 이 열적 교반이 감소하고, 전위가 실온에서 응력에 대응하여 움직일 때만큼 쉽게 이동할 수 없다 - 고유 격자저항이 증가한다(제11장). 그 결과 항복강도가 증가하고 균열선단의 소성영역은 파괴기구가 연성 찢어짐에서 벽개로 바뀔 정도로 축소된다. 이러한 현상을 연성-취성(ductile-to-brittle) 천이라고 부른다; 강의 조성에 따라 다르지만 강의 천이 온도는 대략 0°C로 높다; 배, 교량, 오일 설비와 같은 강구조물들은 여름보다 겨울에 파손될 가능성이 훨씬 더 크다.

제6장에서 언급했듯이 이와 유사한 유리-고무 천이(glass-rubber transition) 현상이 많은 고분자재료들에서 발생한다. 천이온도 이하에서 이러한 고분자들은 천이온도 이상의 상황에 비해 더 큰 취성을 나타내며, 액체 질소에 고무나 폴리에틸렌 조각을 냉각시키는 것으로 쉽게 설명할 수 있다(에폭시 수지와 같은 다른 많은 고분자들은 모든 온도 영역에서 원자 간 공유

그림 15.4
시멘트의 취성 균열, Vista Street, Mosman, NSW, Australia. – 33 49 30.60 S 151 14 25.72 E

결합에 의해 과하게 교차결합(cross-linked)이 되어 있고, 균열선단에서 뭉툭해짐을 발생시키는 소성유동이 생기지 않기 때문에 전 온도 구간에서 낮은 K_c 값을 가진다).

15.4 나무를 포함한 복합재료

[그림 14.5]와 [그림 14.6]에서 보여주듯이 복합재료는 일반적인 고분자보다 인성이 크다. 에폭시나 폴리에스테르 수지와 같은 재료들의 낮은 인성은 탄소섬유나 유리섬유로 강화함으로써 크게 증가될 수 있다. 그런데 왜 흑연(graphite)이나 유리처럼 취성이 비슷하거나 더 큰 재료를 취성이 높은 고분자에 넣으면 인성이 증가한 복합재료가 만들어지는가? 그 이유는 섬유가 균열 진전방지(crack stoppers)의 역할을 하기 때문이다([그림 15.5]).

다음 그림의 순서는 균열이 취성이 있는 기지를 통하여 섬유를 향하여 진전할 때 어떤 일이 발생하는지를 보여준다. 균열이 섬유에 도달하면 균열 바로 앞의 응력장은 작은 영역에 대하여 섬유로부터 기지를 분리시키고(이 과정을 debonding이라고 함) 균열은 크게 뭉툭해져서 그 움직임은 구속을 받게 된다. 물론, 균열이 섬유에 대하여 수직으로 접근하고 있을 때에만 이러한 현상이 일어난다: 나무는 나뭇결에 수직인 방향으로는 인성이 크지만 나뭇결을 따라서는 쉽게 갈라진다(이는 K_c가 낮다는 것을 의미함).

공학 설계에서 섬유 복합재료가 유용한 이유 중의 하나는 – 제6장에서 언급했던 높은 강성과 함께 – 이러한 방식으로 형성되는 높은 인성 때문이다. 물론, 고분자의 인성을 높이는 다른 방법들도 있다. 고분자에 다양한 종류의 작은 입자들("fillers")을 첨가하면 고분자 특성들을 많이 개선할 수 있다.

예로, ABS와 같은 고무-인성강화 고분자들은 첨가된 작은 고무 입자들에 의해 인성이 향상된 것이다. [그림 15.6]에서 보는 것처럼 균열은 고무 입자들을 가르고 잡아당겨서 늘이게 된다. 고무 입자들은 작은 스프링처럼 작용하여 균열이 닫히도록 고정시킴으로써 균열이 전파하는 데 필요한 하중을 증가시킨다.

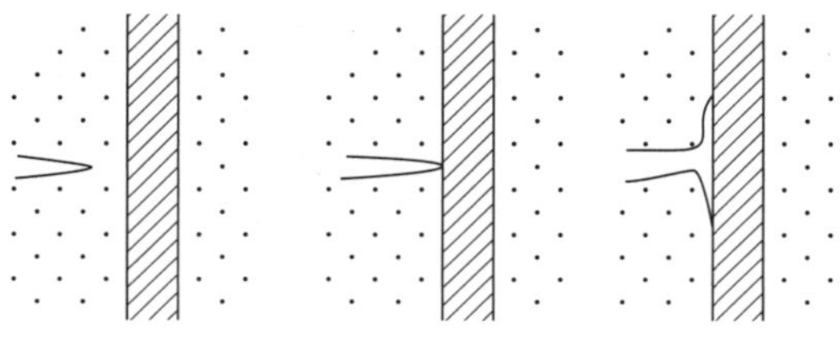

그림 15.5
복합재료에서 균열 멈춤

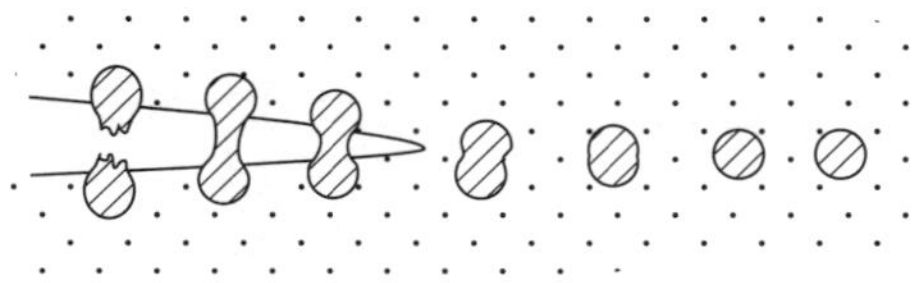

그림 15.6
고무–인성강화 고분자

15.5 취성 합금 방지

마지막으로 높은 응력조건의 적용에 있어서 가장 중요한 재료 부류인 금속과 합금의 인성에 대해 다시 논의해 보도록 하자. 실온이나 그 이상의 온도에서 거의 모든 순수한 금속들은 인성이 크지만, 이러한 금속들에 다른 금속이나 원소들(예로 강을 만들기 위한 탄소)을 합금화하게 되면 인성이 감소할 수 있다. 이는 합금화가 항복강도를 증가시키고 소성영역을 축소시켜 전위운동에 대한 저항성을 증가시키기 때문이다(제11장). 더욱 심한 인성의 감소는 금속과 불순물 사이에서 형성되는 화학적 화합물 형태의 석출물을 생성하기에 충분한 불순물들이 첨가된 경우 일어난다.

이러한 화합물들은 취성이 매우 높을 수 있고, 넓은 판의 형태로 존재하게 된다면(예로 스테인리스강에서 σ상; 주철에서 흑연), 균열들은 그 판을 따라 전파되어 취성 파괴를 초래할 수 있다. 마지막으로 강과 같은 합금의 열처리는 매우 높은 경도를 가진 다른 결정 구조를 나타낼 수 있다(그러나 또한 균열이 뭉툭하게 될 수 없기 때문에 매우 높은 취성을 가질 수 있음).

그러한 재료의 좋은 예는 매우 높은 온도로 가열된 상태에서 물에 급냉된 이후의 고탄소강이다: 이는 유리만큼 취성이 크다. 재료가 사용자가 원하는 특성을 갖게 하기 위해서는 공급자의 규격을 따른 적절한 열처리가 필수적이다.

WORKED EXAMPLE

깊은 석탄 광산에 있는 지하 터널들은 일반적으로 볼트로 연결된 I-빔 강을 길이 방향으로 휘어서 만든 광산용 아치(arches)에 의해 지지된다. 광산용 아치 공장에서, 길이 방향으로 직선인 I-빔 재고는 공개된 외부에 저장되었다가, 곡선으로 굽히고 볼트 구멍을 내고 적절한 길이로 절단하기 위해 공장 안으로 운반되었다. 추운 날씨(강의 온도 ≤ 0°C)에서 굽힘 공정이 진행될 때 파괴가 자주 발생하였다. 이는 생산에 지장을 초래하고 가격을 상승시켰다 – 굽힘 공정이 정지되고 파단된 I-빔을 굽힘 기계로부터 제거해야 하고 고철 처리되어야 했다.

다음 사진들은 굽힘 응력장의 인장 부분에서, 뚫린 구멍의 모서리에서 시작되는 전형적인 파괴를 보여준다. 파괴면은 실질적으로 취성(벽개) 파괴의 특징을 가지고 있었다:

- 파괴 원점으로부터 선명한 "V자형(chevron)" 무늬를 가지고 필수적으로 평평한 면
- 인장응력의 방향에 수직인 면
- 현저한 소성변형이 없고 – 모서리가 날카로움, 판의 복부(web)의 얇아짐이 없음

일단 첫 번째 파괴가 발생하면, I-빔의 굽힘을 더 진행함에 따라 구멍 반대쪽의 인장응력을 야기하고, 이는 두 번째 파괴를 초래한다. 그러나 이 파괴는 판복부 면에 대하여 45°의 파괴면을 가지는(최대 전단응력 각도) 연성 전단 파괴였다.

이와 같은 취성 파괴들은 b.c.c. 강에서 연성-취성 천이의 좋은 예이다. 연성에서 벽개 파괴 기구로의 변화는 다음의 조합에 의해 초래되었다.

- 저온
- 구멍을 뚫는 작업에서 구멍 중심이나 근처에서의 충분한 가공경화

위 두 가지는 소성유동이 발생하기 어렵게 만들고 벽개응력이 항복강도보다 낮아지게 된다.

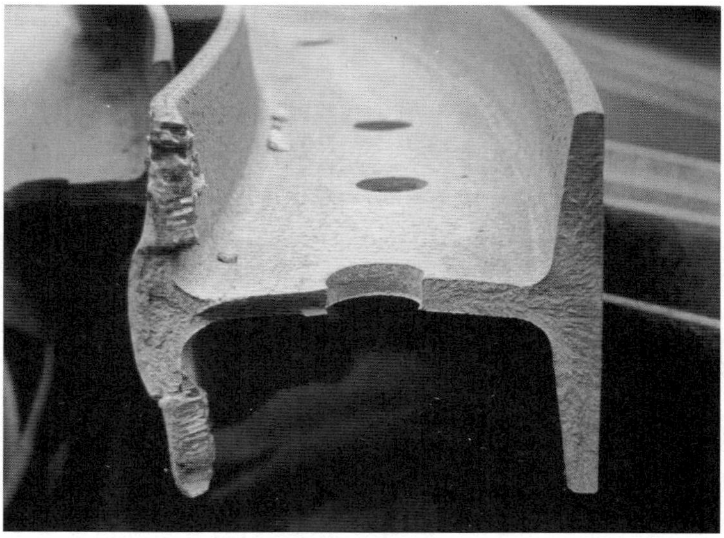

EXAMPLES

15.1 Account for the following observations.

a. Ductile metals have high toughnesses whereas ceramics, glasses, and rigid polymers have low toughnesses.

b. Aligned fiber composites are much tougher when the crack propagates perpendicular to the fibers than parallel to them.

15.2 The following photograph shows a small part of a ductile tearing fracture surface taken in the scanning electron microscope (SEM). The material shown is aluminum alloy. Comment on the features you observe, and relate them to the description in the text.

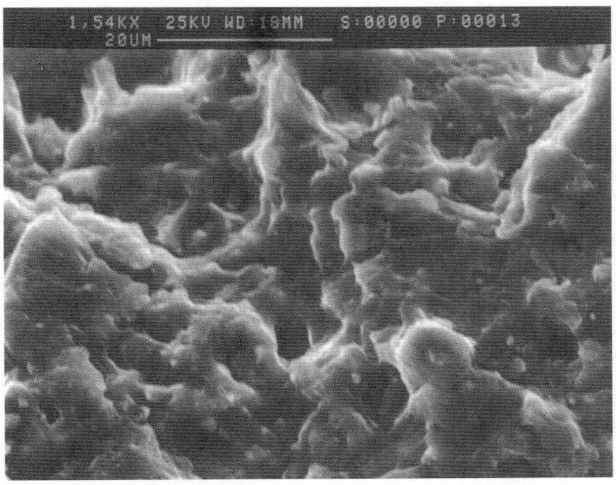

15.3 The photograph on the next page shows a small part of a cleavage fracture surface taken in the scanning electron microscope (SEM). The material is lowalloy steel. Comment on the features you observe, and relate them to the description in the text. The white marker is 100 μm long.

15.4 A student residence has balconies which are accessed from public areas in the building. Each balcony in flanked by a pair of brick walls between which is secured a balustrade fabricated from wooden components. Unfortunately, while a number of people were gathered on a second-floor balcony, the balustrade gave way. As a consequence, people fell to the ground below and were injured. The failure was caused by the propagation of preexisting cracks in the balustrade while people were leaning against the top rail. The cracks had developed over a long period of time as a result of exposure to the weather.

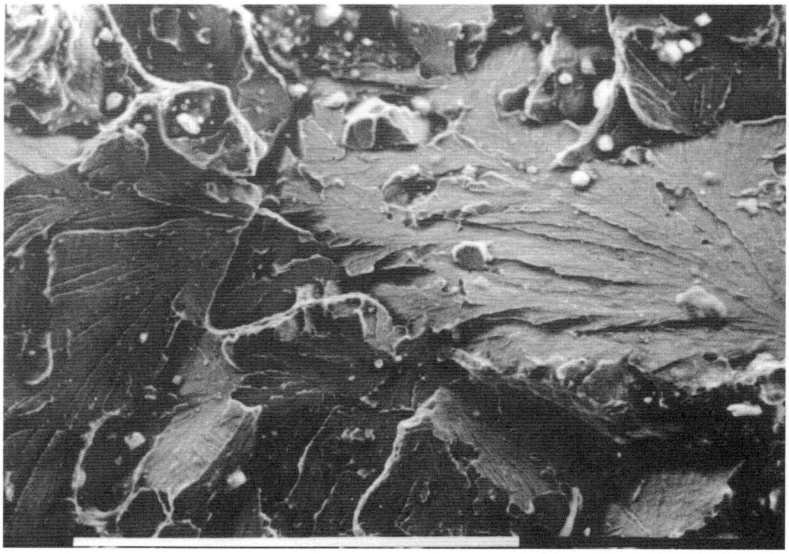

The diagrams on the next two pages show the design of the balustrades and a typical preexisting crack in a balustrade which has yet to fail (see photograph on page 242).

The numbers on the drawings are identified as follows: 1, end post (31-inch long); 2, baluster; 3, top rail (105-inch long); 4, top stringer; 5, bottom stringer; 6, kick board; 7, rebate groove; 8, blind mortise; 9, tenon; 10, 2-inch nail (head at outer face of baluster); 11, 2-inch nail (head at inner face of baluster); 12, galvanized steel fixing bracket cemented into brick wall; 13, steel coach screw (1/4-inch diameter).

Sketch the mode of failure, and account for it in terms of the fracture toughness of wood (numbers are not required).

You are called to a meeting with the architect. Explain to him or her the errors in the design, and how you think the balustrade should have been designed.

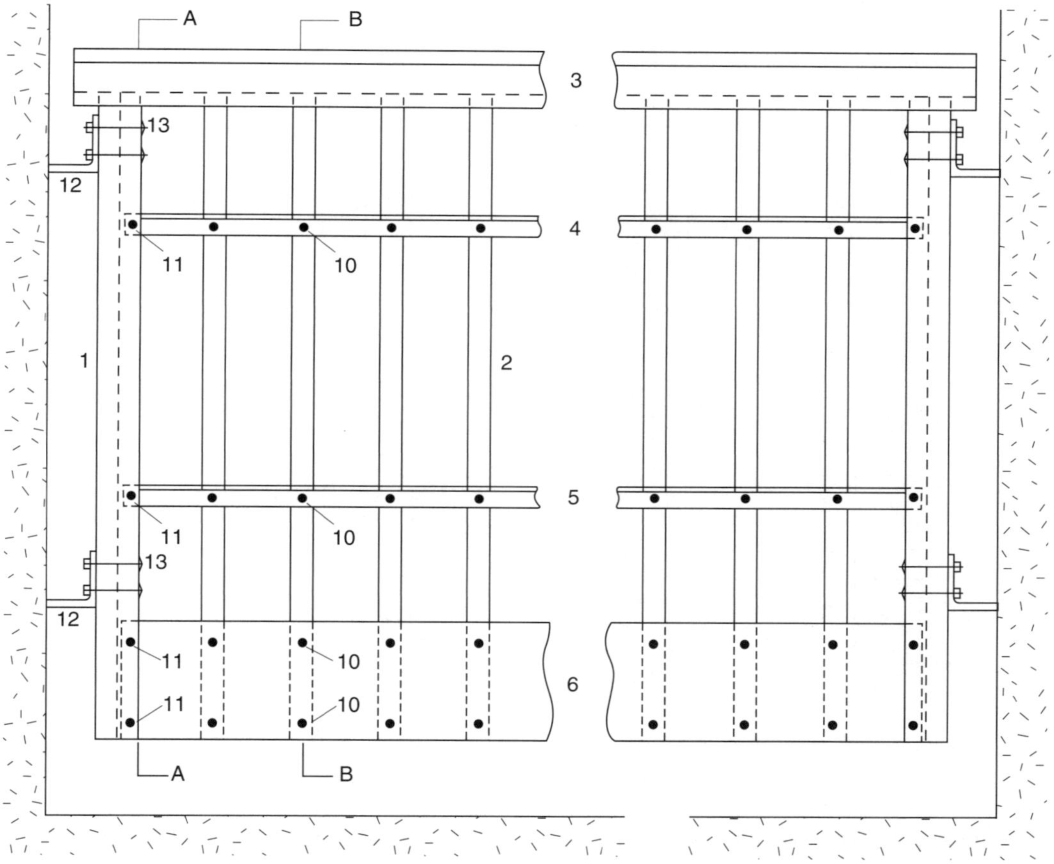

발코니에 서서 밖을 바라보는 관찰자에게 보이는 난간의 입면도. 난간의 상부와 하부는 각각 발코니 바닥에서 39 inch와 6 inch이다. 난간의 길이를 따라서 총 24개의 난간동자가 있다(전부 나타내지 않음).

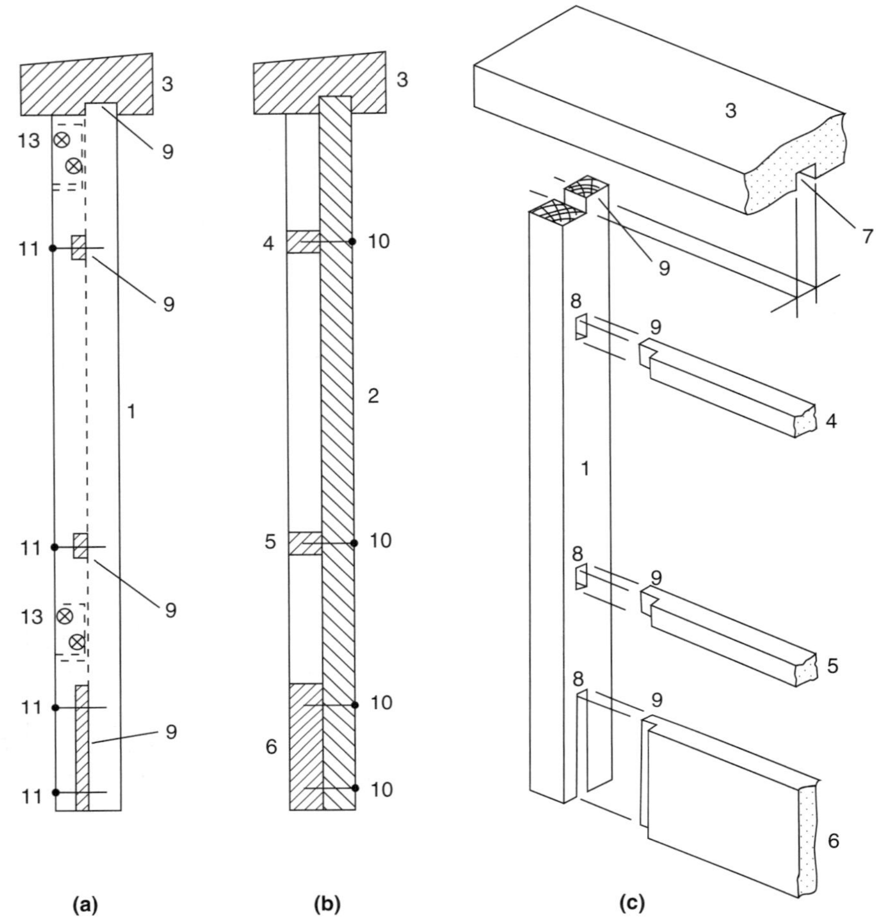

(a) 난간의 왼쪽 끝에서 바라본 A의 단면도. (b) 난간의 왼쪽 끝에서 바라본 B의 단면도. (c) 연결을 보여주는 분해 조립도

다른 난간의 18-inch 균열

15.5 Give examples of the advantages and disadvantages of the low fracture toughness of wood along the grain.

15.6 (a) Explain what is meant by the ductile-to-brittle transition in b.c.c. steels.

(b) What causes it?

(c) Give examples of it in engineering applications.

(d) Why does work hardening make brittle fracture more likely?

ANSWERS

15.1 (a) See Sections 15.2 and 15.3. (b) See Section 15.4.

15.2 Classic features of tensile failure by microvoid coalescence. See Figure 15.2.

15.3 See Figure 15.3 and Section 15.3, paragraph 2. Atomically flat cleavage planes can be seen. Many fracture facets have "river markings," produced by fracture on multiple parallel cleavage planes.

15.4

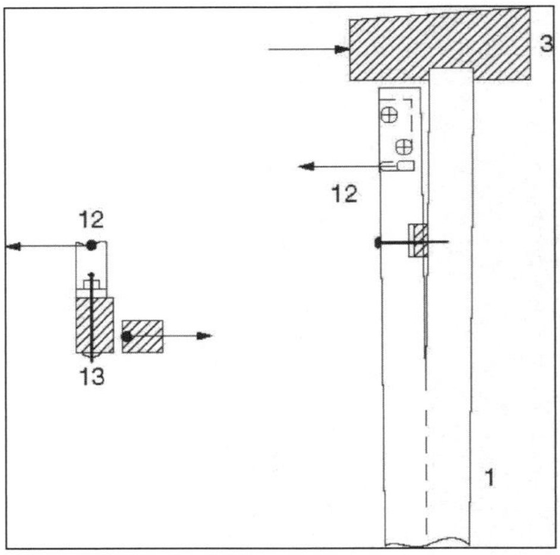

A horizontal outward force applied to the top rail tends to split the end post.

The crack path in a failed end post

The collapse of the railing was caused by the propagation of pre-existing cracks in the end posts (1), which are safety-critical components. The crack path coincided with a sharp change of cross section in the end posts. The crack was opened up because the outward pressure on the top rail (3) was reacted by the fixing bracket (12). This would not have happened if the full width of the end post had been tenoned into the top rail. The problem was that only the outer half of the end post was tenoned into the top rail. The collapse was caused by the poor along-grain fracture toughness of wood, the source of crack-opening forces in the design, the tendency of externally exposed timber to develop cracks, and the significance of cracks for the integrity of the structure. You could recommend fixing the ends of the top rail directly to the brick wall, using a steel bracket bolted to both the top rail and the brick wall. This designs out the end posts and their problems entirely.

15.5 Advantages—Easy to work with wood along the grain by *splitting action* using axes, adzes, planes, chisels, turning tools, etc. Examples are splitting logs for firewood, machine planing lengths of wood to correct size (with good surface finish), sharpening pencils.

Disadvantages—Can split if nails or screws are driven in too close to the end or edge of a piece of wood. Need to drill pilot holes in hardwoods to avoid splitting. When wood dries out during seasoning, it shrinks across the grain, and the stresses this sets up can result in splitting along the grain.

15.6 See Section 15.3, paragraphs 2 and 3; and Worked Example.

CHAPTER 16

취성 재료의 확률적 파괴

16.1 개요

제14장에서 세라믹과 경질 고분자의 파괴인성 K_c가 금속이나 복합재료보다 매우 낮다는 것을 보았다. 시멘트와 얼음은 대략 0.2 MN $m^{-3/2}$ 정도로 가장 낮은 수준의 K_c를 가지고 있다. 전통적인 방식으로 제조된 세라믹들(벽돌, 도기, 도자기, 자기)과 자연석 또는 바위는 대략 0.5~2 MN $m^{-3/2}$의 좀 더 큰 K_c를 가지고 있다. 그러나 질화규소물(silicon nitride), 알루미나(alumina) 그리고 탄화규소물(silicon carbide) 같은 공업용 세라믹조차도 단지 4 MN $m^{-3/2}$ 정도의 K_c를 가지고 있을 뿐이다. 경질의 고분자들(유리 천이온도 이하에서의 열가소성 수지 또는 에폭시와 같은 과하게 교차결합된 열경화성 수지)은 대략 0.5~4 MN $m^{-3/2}$의 K_c를 가지고 있다. 이러한 낮은 파괴인성으로 인해 세라믹과 경질의 고분자는 균열과 같은 결함들의 존재에 매우 취약하게 된다. 이들은 결함에 민감한 재료들이며 항복이 발생하기 전에 결함들에서 고속파괴에 의해 파손되기 쉽다.

불행하게도, 많은 제조된 세라믹들은 제조 공정 중에 생긴 균열과 결함들을 가지고 있다(예로 세라믹이 제조될 때 입자들 사이에 남겨진 빈 공간). 이러한 결함들은 혼합과 준비 공정의 다소 거친 특성 때문에 시멘트에서 더 심각하다. 일반적으로 얼음은 작은 공기방울을 포함하고 있으며, 해수의 얼음에는 농축된 염수를 포함하게 된다. 사출된 고분자 부품들도 종종 작은 빈 공간들을 포함한다. 매우 단단한 취성 재료들을 제외하고 대부분의 재료들은 사용되거나 마모 환경에 노출되는 경우 추가적인 결함들을 축적하게 된다.

따라서 인장을 받고 있는 상황에서 취성 재료의 설계 강도는 재료 내에 포함되어 있는 균열과 같은 결함들의 길이를 조합한 낮은 파괴인성에 의해 결정된다. 주어진 시료에서 가장 긴 미세균열의 길이가 $2a_{max}$이라고 하면 인장강도는 고속파괴 방정식에 의해 다음과 같이 주어진다.

$$\sigma_{TS} \approx \frac{K_c}{\sqrt{\pi a_{max}}} \tag{16.1}$$

몇몇 공학용 세라믹 소재의 인장강도는 대략 200 MN m^{-2} 정도로 강의 인장강도의 절반 정도이다. 일반적인 파괴인성이 2 MN $m^{-3/2}$이면 최대 미세균열의 크기는 60 μm이며, 이는 원래의 입자 크기와 동일한 수준이다. 도기, 벽돌 그리고 돌은 일반적으로 20 MN m^{-2} 정도로 이보다 훨씬 낮은 인장강도를 가지고 있다. 이는 1 MN $m^{-3/2}$의 일반적 파괴인성 값을 가지는 경우 2 mm 정도의 결함들이 있음을 의미한다. 시멘트와 콘크리트의 인장강도는 큰 단면에 대해 2 MN m^2 정도로 훨씬 낮은데, 이는 0.2 MN $m^{-3/2}$의 파괴인성을 가질 경우 길이 6 mm 이상의 균열이 최소한 하나 이상 존재한다는 것을 의미한다.

16.2 강도의 통계학

강의할 때 칠판에 쓰는 분필은 취성이 있는 고체이다. 어떤 분필들은 다른 것들보다 더 약하다. 평균적으로 10개 중 3개는 칠판에 대고 쓰기 시작하자마자 부러지고(사용자의 약간의 다급함으로), 나머지 7개는 계속 쓸 수 있다. 글씨를 쓰는 평균 힘에 의해 분필에 가해지는 굽힘 하중 하에서 이 분필의 파손확률, P_f는 3/10이고 다음과 같다.

$$P_f = 0.3$$

칠판에 분필로 쓰는 도중에, 분필이 10개 중 3개가 부러진다면 당신은 심각하게 불편을 느끼지는 않을 것이다; 그러나 분필이 2개 중 1개 꼴로 부러진다면 당신은 다른 분필 공급업자를 찾아보려 할지도 모른다. 따라서 0.3의 파손확률, P_f는 가까스로 받아들일 만하다. 부품이 세라믹 절삭 공구라면, 쉽게 교체할 수 있기 때문에 100분의 1의 파손확률($P_f = 10^{-2}$)은 받아들여질 수도 있다. 그러나 만약 유리 커피포트라면, 사람에게 부상을 입힐 가능성이 있는 파손은 10^{-4}의 P_f를 목표로 정할지도 모른다.

하중이 가해지는 조건에서 취성 고체를 사용할 때, 그 부품이 파손되지 않는다고 확신하는 것은 불가능하다. 그러나 받아들일 수 있는 위험(파손확률)이 각 부품에 대해 함수의 형태로 할당될 수 있다면, 적정 수준의 위험에 대한 설계가 가능해진다. 이번 장에서는 왜 세라믹 재료가 강도의 분산을 가지게 되는지를 설명하고; 주어진 생존확률을 갖기 위해 구성 부품들을 어떻게 설계해야 하는지를 보여준다. 이러한 방법은 세라믹 분야를 넘어서, 한 부품의 파괴가 전체 시스템의 고장을 일으키게 되는 어떤 복잡한 시스템을 제조하는 데도 적용할 수 있는 흥미로운 것이다.

분필은 다공성 세라믹이다. 분필은 0.9 MN $m^{-3/2}$의 파괴인성을 가지고 있으며, 약하게 굳어져서 그 내부가 균열들과 각진 구멍들로 가득 차 있다. 분필 한 조각의 평균 인장강도는 15 MN m^{-2}이고, 이는 가장 긴 균열의 평균 길이가 식 (16.1)에 의해 대략 1 mm 정도라는 것을 의미한다. 그러나 분필은 그 자체로서 다양한 길이의 균열들을 가지고 있다. 명목상 동일한 두 개의 분필 조각은 2배 이상 큰 차이를 나타내는 인장강도를 가질 수 있다. 이는 우연히 작은 균열만을 가지고 있는 것과, 보다 긴 결함 분포를 포함하는 다른 하나로 나뉘어 잘려졌기 때

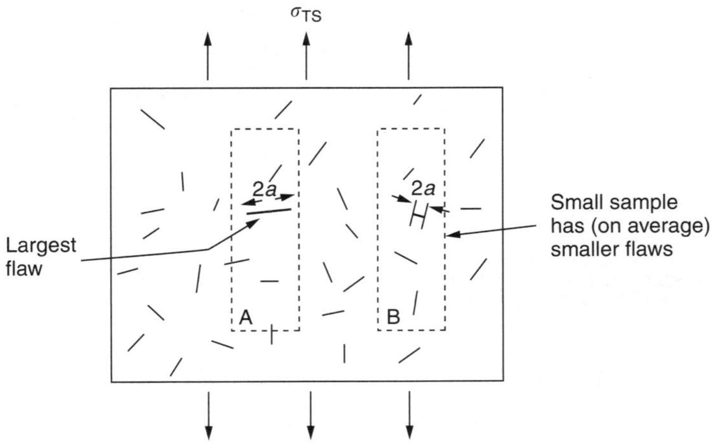

그림 16.1
취성 재료의 큰 덩어리에서 작은 시료들을 절단하면, 결함 크기의 분산 때문에 강도의 분산을 나타낼 것이다. 작은 시료들의 평균 강도는 큰 시료들의 강도보다 크다

문이다.

[그림16.1]은 이를 묘사한 것이다: 만일 분필 덩어리가 조각들로 절단되면, A 조각이 B 조각보다 더 큰 결함을 가지고 있기 때문에 더 약할 것이다. 강도의 통계적 차이가 있는 것은 취성 재료의 강도에 있어 필연적인 것이다. 어떠한 단 하나의 "인장강도"는 없으며, 단지 주어진 표본이 주어진 강도를 나타낼 수 있는 특정한, 한정할 수 있는 확률만이 있다.

균열 길이의 분포는 다른 결과를 가져온다. 큰 시료가 더 큰 결함을 포함하고 있을 가능성이 높기 때문에([그림 16.1] 참조), 평균적으로 큰 시료는 작은 시료보다 더 낮은 응력에서 파

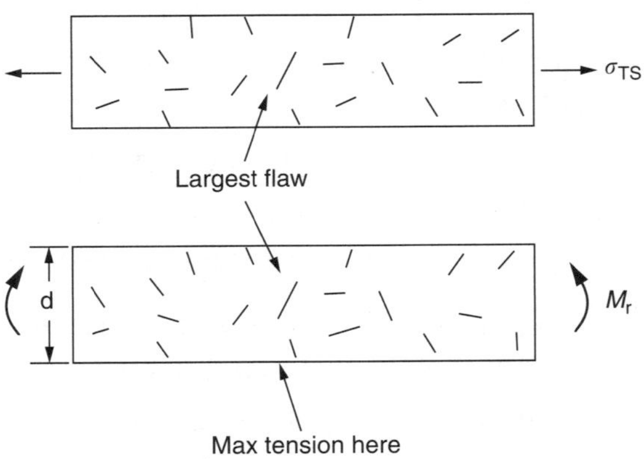

그림 16.2
취성 재료는 가장 큰 결함이 표면 근처에 존재하지 않을 가능성이 크기 때문에 인장보다 굽힘에서 더 강한 현상을 나타낸다

손될 것이다. 따라서 강도의 체적 의존성(volume dependence)이 있게 된다. 같은 이유로, 취성 막대는 단순 인장보다 굽힘에 더 강하다: 인장에서는 모든 시료의 체적이 인장응력을 받는 데 반해서, 굽힘에서는 표면에 가까운 얇은 층만이(따라서 상대적으로 작은 부피) 최대 인장응력을 받게 된다([그림 16.2] 참조).

16.3 와이블(Weibull) 분포

스웨덴의 공학자 와이블(Weibull)은 다음과 같은 강도의 통계를 처리하는 방법을 고안하였다. 그는 생존확률(survival probability) $P_s(V_0)$를 V_0의 체적을 가지는 동일한 시료들의 비율로써 인장응력 σ에 대해 파단에 견디는 것으로 정의하였고 다음과 같이 제안하였다.

$$P_s(V_0) = \exp\left\{-\left(\frac{\sigma}{\sigma_0}\right)^m\right\} \tag{16.2}$$

위의 식에서 σ_0와 m은 상수이다. 이 방정식은 [그림 16.3(a)]와 같이 도식화된다. $\sigma = 0$일 때 물론 모든 시료들이 생존하고 $P_s(V_0) = 1$이 된다. σ가 증가함에 따라 더 많은 시료들이 파손되며 $P_s(V_0)$는 감소하게 된다. 큰 응력은 실제로 모든 시료들을 파괴시키며, 따라서 $P_s(V_0) \rightarrow 0$이고 $\sigma \rightarrow \infty$이다.

식 (16.2)에서 $\sigma = \sigma_0$로 놓으면 $P_s(V_0) = 1/e(= 0.37)$이 된다. 따라서 σ_0는 단순히 37%의 시료들이 생존할 수 있는 인장응력이다. 상수 m은 σ_0에 가까워질수록 얼마나 빨리 강도가 감소하는지를 알려준다([그림 16.3(b)] 참조). m은 와이블 계수(Weibull modulus)라고 불린다. m이 작을수록 강도의 변화는 더욱 커진다. 보통의 분필의 m값은 대략 5정도여서 강도의 변화가 매우 크다. 벽돌, 도기 및 시멘트도 이와 같은 특성을 나타낸다.

공업용 세라믹들(예로 SiC, Al_2O_3 그리고 Si_3N_4)은 m이 10 정도의 값을 갖기 때문에 강도의 변화가 훨씬 감소한다. 심지어 강으로 된 재료도 강도의 변화를 보이지만 그 범위가 크지 않다: 이는 100 정도의 와이블 계수로 묘사될 수 있다. [그림 16.3(b)]는 m이 20보다 훨씬 큰 경우, 재료는 하나의 잘 정의된 파손응력을 가지는 것으로 간주될 수 있음을 보여준다.

P_s는 응력 의존성이 매우 크다. 그러나 체적 의존성은 어떠한가? 우리는 이미 하나의 시료가 응력 σ에서 생존할 확률이 $P_s(V_0)$라는 것을 알아보았다. 그러한 n개의 시료들이 모두 생존할 확률은 바로 $\{P_s(V_0)\}^n$이다. 만일 이러한 n개의 시료들을 서로 붙여 $V = nV_0$인 하나의 시료로 된다면 그 시료의 생존확률 역시 $\{P_s(V_0)\}^n$이 될 것이다. 따라서

$$P_s(V) = \{P_s(V_0)\}^n = \{P_s(V_0)\}^{V/V_0}$$

이고, 이는 다음 식과 동일하다.

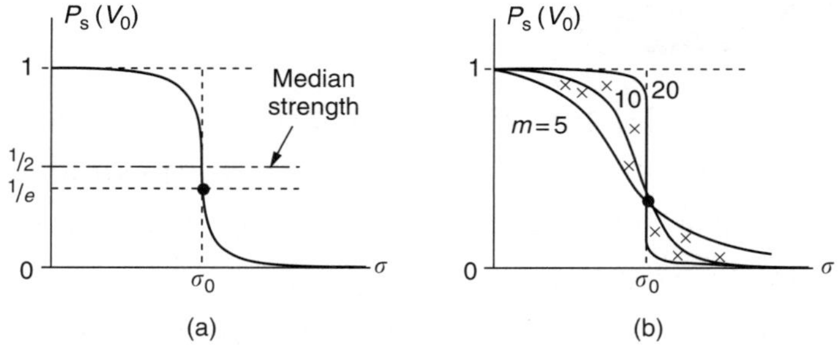

그림 16.3
(a) 와이블 분포. (b) 계수 m과 강도 분포와의 관계

$$\ln P_s(V) = \frac{V}{V_0} \ln P_s(V_0)$$

또는

$$P_s(V) = \exp\left\{\frac{V}{V_0} \ln P_s(V_0)\right\} \tag{16.3}$$

와이블 분포 식 (16.2)는 다음과 같이 다시 쓸 수 있다.

$$\ln P_s(V_0) = -\left(\frac{\sigma}{\sigma_0}\right)^m$$

이 결과를 식 (16.3)에 대입하면 다음과 같은 결과를 얻을 수 있다.

$$P_s(V) = \exp\left\{-\frac{V}{V_0}\left(\frac{\sigma}{\sigma_0}\right)^m\right\} \tag{16.4}$$

또는

$$\ln P_s(V) = -\frac{V}{V_0}\left(\frac{\sigma}{\sigma_0}\right)^m$$

이 식이 최종 설계 방정식이다. 이 방정식은 생존확률이 응력 σ와 부품의 체적 V 모두에 의해 어떻게 영향을 받게 되는지를 보여준다. 방정식을 사용함에 있어서, 첫 단계는 수용할 수 있는 파손확률, P_f를 고정하는 것이다: 분필에 대해서는 0.3, 절단 공구에 대해서는 10^{-2}, 커피 포트에 대해서는 10^{-4}으로 놓을 수 있다.

그러면 생존확률은 $P_s = 1 - P_f$로 주어진다. 작은 P_f에 대해 임을 기억하는 것은 유용하다.

그 다음에는 적절한 σ_0, m 그리고 V/V_0 값들을 식에 대입하여 설계 응력을 계산할 수 있다.

WORKED EXAMPLES 1

세라믹의 강도를 시험하기 위해, 10×10×60 mm로 측정된 정사각 단면의 막대에 길이 방향으로 인장이 가해졌다. 막대의 50%를 파괴하는 인장응력 σ는 110 MPa이다. 지름 12 mm와 50 mm 길이를 갖는 원통형 세라믹 부품들은 99%의 생존 확률을 가지기 위해서 길이 방향의 인장응력 σ^1을 견디어야 한다. 만약 $m = 5$ 라면, σ^1을 구하라.

이는 식 (16.4)(두 번째)를 2회 사용하는 간단한 대체 예제이며, 확률이 백분율로 주어졌을 때 우선 실제 숫자로 변환해야 함을 기억하라. 이 경우 0.5와 0.99이다. 시편에서는, $V = V_0$라는 정의에 의하여, 식 (16.4)에서는 $V/V_0 = 1$이다. 실제 부품에서는,

$$\frac{V}{V_0} = \frac{\pi 6^2 \times 50}{60 \times 10 \times 10} = 0.943$$

식 (16.4)를 사용하여, 우리는 부품에 대한 다음 관계를 얻을 수 있다.

$$\ln P_s(V) = \left\{ -\frac{V}{V_0}\left(\frac{\sigma^1}{\sigma_0}\right)^m \right\}$$

그리고 시편들에 대하여

$$\ln P_s(V_0) = \left\{ -\left(\frac{\sigma}{\sigma_0}\right)^m \right\}$$

그러면 우리는 두개의 "ln"를 나누어 다음과 같이 나타낼 수 있다.

$$\frac{\ln P_s(V)}{\ln P_s(V_0)} = \left\{ -\frac{V}{V_0}\left(\frac{\sigma^1}{\sigma_0}\right)^m \right\}\left\{ -\left(\frac{\sigma_0}{\sigma}\right)^m \right\} = \left\{ \frac{V}{V_0}\left(\frac{\sigma^1}{\sigma}\right)^m \right\}$$

숫자를 대입하면, 최종적으로 다음을 얻는다.

$$\frac{\ln 0.99}{\ln 0.5} = 14.50 \times 10^{-3} = 0.943\left(\frac{\sigma^1}{110}\right)^5$$

$$\sigma^1 = 110 \times \left(\frac{14.50 \times 10^{-3}}{0.943}\right)^{1/5} = 48\,\text{MPa}$$

이 예제에서, 작은 부피 차이는 답에 있어 본질적인 차이를 나타내지 않았다. 부품 응력이 시험 강도의 절반 이하인 이유는 생존 확률이 99%보다 커야 한다는 조건 때문이다. ■

식 (16.4)에서는 부품이 균일한 인장응력 σ를 받고 있다고 가정한 사실을 주목하라. 그러나 많은 적용에 있어서, σ는 일정하지 않고 부품의 위치에 따라 변한다. 따라서 식 (16.4)를 다음

과 같이 다시 쓸 수 있다.

$$P_s(V) = \exp\left\{ -\frac{1}{\sigma_0^m V_0} \int_V \sigma^m \mathrm{d}V \right\} \tag{16.5}$$

WORKED EXAMPLES 2

1. 길이 L 및 b(폭)$\times d$(두께)의 직사각형의 단면적을 갖는 빔은 길이 방향을 따라 인장 하중을 받는다. 빔에 가해지는 (균일한) 응력이 = σ_{TS}일 때, 50%의 빔이 파괴된다.
2. [그림 7.2]에 나타난 것 처럼 동일한 빔을 순수 굽힘으로 시험한다. 50%의 빔은 최대 인장응력, $\sigma_{\max} = f \times \sigma_{TS}$일 때 파괴된다. 여기서 f는 무차원 수이다.
3. 만약 웨이블 계수 m = 5라면, f의 값을 계산해 보라, [그림 7.2]로부터, 우리는 중립 축에서 빔의 하부표면에 이르는 인장응력의 (선형적) 변화에 대하여 다음과 같이 쓸 수 있다. d = $2c$임에 주목하라.

$$\sigma = \frac{z}{c}\sigma_{\max}$$

Case (1)에 대해, 식 16.4를 적용할 수 있다.

$$P_s(V) = \exp\left\{ -\frac{V}{V_0}\left(\frac{\sigma_{TS}}{\sigma_0}\right)^m \right\}$$

Case (2)에 대해, 식 16.5를 적용할 수 있다.

$$P_s(V) = \exp\left\{ -\frac{1}{\sigma_0^m V_0} \int_V \sigma^m \mathrm{d}V \right\}$$

두 경우 모두 $P_s(V)$ = 0.5이기 때문에, 두 방정식을 동일시하여 다음과 같이 나타낼 수 있다.

$$\frac{V}{V_0}\left(\frac{\sigma_{TS}}{\sigma_0}\right)^m = \frac{1}{\sigma_0^m V_0}\int_V \sigma^m \mathrm{d}V, \text{ or } V\sigma_{TS}^m = \int_V \sigma^m \mathrm{d}V$$

길이 L, 너비 b, 두께 dz의 얇은 스트립인 체적 요소를 dV로 둔다. 이것은 중립 축과 빔의 하부표면 사이에 위치하며, 중립 축과 평행하다. $dV = Lbdz$. 그러면

$$\int_V \sigma^m \mathrm{d}V = \int_V \frac{\sigma_{\max}^m}{c^m} z^m Lb\mathrm{d}z = Lb\left(\frac{\sigma_{\max}^m}{c^m}\right)\int_0^c z^m \mathrm{d}z = Lb\left(\frac{\sigma_{\max}^m}{c^m}\right)\left[\frac{z^{m+1}}{m+1}\right]_0^c$$

$$= Lb\left(\frac{\sigma_{\max}^m}{c^m}\right)\left(\frac{c^{m+1}}{m+1}\right)$$

$$V\sigma_{\mathrm{TS}}^m = Lb\left(\frac{\sigma_{\max}^m}{c^m}\right)\left(\frac{c^{m+1}}{m+1}\right)$$

$$\sigma_{\mathrm{TS}}^m = \frac{Lb}{V}\left(\frac{\sigma_{\max}^m}{c^m}\right)\left(\frac{c^{m+1}}{m+1}\right) = \frac{Lb}{Lbd}\left(\frac{\sigma_{\max}^m}{c^m}\right)\left(\frac{c^{m+1}}{m+1}\right) = \frac{1}{2c}\left(\frac{c}{m+1}\right)\sigma_{\max}^m$$

$$\sigma_{\max}^m = 2(m+1)\sigma_{\mathrm{TS}}^m$$

$$\sigma_{\max} = \{2(m+1)\}^{1/m}\sigma_{\mathrm{TS}}$$

$$f = \{2(m+1)\}^{1/m} = \{2(5+1)\}^{1/5} = 1.64$$

■

우리가 굽힘 사례에서 오직 빔의 하부 절반만을 적분했음을 주목하라. – 상부 절반은 압축이 걸리며, 그 부위 균열은 파손을 일으킬 수 없다. 빔은 단순 인장보다는 순수 굽힘에서 훨씬 강하다. 왜냐하면 굽힘에서는, 빔의 절반이 무시되기 때문이다; 다른 절반의 응력은 0부터 $\sigma_{\max}$까지 직선적으로 변화하여 상대적으로 작은 체적에서만 σ_{TS}을 넘어선다. 이런 종류의 분석은 어렵지 않다 – 이는 흥미롭지 않으며, 사소한 실수를 피하기 위해 주의할 필요가 있다. 실행된 것들 중 취소해야 할 것들이 더 있다. 만약 최종 방정식이 아주 명쾌한 무차원 비로 줄어들지 않는다면, 무언가 잘못된 것이다.

16.4 파단계수

제9장에서 항복 및 인장강도와 같은 특성들은 단순한 인장 하중이 가해지는 긴 원통형 시편을 이용하여 쉽게 측정할 수 있음을 알아보았다. 그러나 취성 재료에 대한 인장시험을 수행하는 것은 매우 어렵다 – 이러한 소재의 시편들은 시험 장비에 물릴 때 부서지는 경향이 있다. 이는 국부접촉응력이 파괴강도를 초과하여, 그립(grips)에서 조기 파손이 발생하기 때문이다.

굽힘으로 빔을 파괴하는 데 필요한 힘을 측정하는 것은 훨씬 쉽다([그림 16.4] 참조). 빔이 파괴될 때, 빔의 표면에서의 최대 인장응력을 파단계수, σ_r이라고 부른다.

WORKED EXAMPLES 3

제7장의 빔의 탄성 굽힘에 대한 결과를 이용하면, 하중 F로부터 파단계수를 쉽게 찾을 수 있

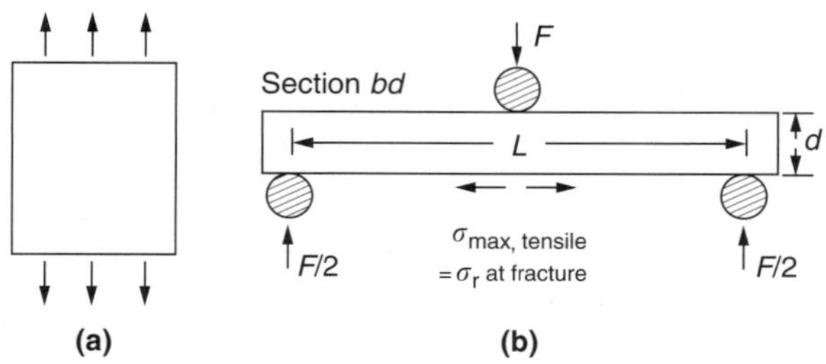

그림 16.4
취성 재료의 파괴강도를 측정하는 시험. (a) 인장시험은 파괴 때 인장강도, σ_{TS}를 측정한다. (b) 굽힘시험은 파단계수, σ_r을 측정한다.

으며 시편의 단면적은 L, b, 그리고 d이다. [그림 7.2]로부터, 빔 표면의 응력이 다음과 같이 주어짐을 볼 수 있다.

$$\sigma_{\max} = \frac{Mc}{I}$$

[그림 16.4]로부터, 빔의 중간지점(mid-span)(2/L)에서 다음과 같이 됨을 알 수 있다.

$$M = \frac{F}{2} \times \frac{L}{2} = \frac{FL}{4}$$

[그림 7.4]로부터, 빔의 단면에 대한 단면 2차모멘트가 다음과 같이 주어짐을 알 수 있다.

$$I = \frac{bd^3}{12}$$

[그림 7.2]와 [그림 16.4]를 비교하면 다음을 의미한다.

$$c = \frac{d}{2}$$

방정식들을 결합하면, 파단계수 에 대한 다음과 같은 식을 얻는다.

$$\sigma_{\max} = \sigma_{\mathrm{r}} = \frac{FL}{4}\frac{d}{2}\frac{12}{bd^3} = \frac{3}{2}\frac{FL}{bd^2} \tag{16.6}$$

σ_r이 인장강도 σ_{TS}와 동일해야만 한다고 생각할 수 있지만 실제로는 인장강도보다 크다. 여기에는 두 가지 이유가 있는데, 첫 번째는 빔의 절반은 – 중립 축 위의 절반 – 압축응력을 받기 때문이다. 여기에 있는 결함들은 닫힐 것이고 파손으로 전파되지 않을 것이다. 두 번째는 최대 인장응력이 빔의 표면 아래에, 수직방향으로 하중이 가해지는 점 아래에 위치하기 때문이다. 그 외의 모든 지점에서 인장응력은 더 낮고 많은 경우에 훨씬 낮다. 따라서 단지 작은 체

적만이 높은 인장응력을 받는다.

인장강도는 다음 방정식을 이용하여 파단계수로부터 구할 수도 있다.

$$\sigma_{TS} = \frac{\sigma_r}{\{2(m+1)^2\}^{1/m}}$$

이는 식 (16.5)와 빔에서 알려진 응력 상태를 함께 이용하여 유도된다. 예로, m = 10이면 $\sigma_{TS} = \sigma_r/1.73$이고, m = 5이면 $\sigma_{TS} = \sigma_r/2.35$이다.

WORKED EXAMPLES 4

시험 데이터로부터 어떻게 σ_0, m 그리고 중간 강도를 구할 수 있을까? 다음 표는 6번의 개별 굽힘시험(번호 1-6)의 결과들이다. 각 시편에 대한 목록은 식 (16.6)을 이용하여 계산된, 파괴가 일어날 때 중간지점(mid-span)에서의 최대 인장응력(파단계수)이다. 결함의 시작은 항상 최대 인장응력 위치에 존재하지 않음을 주목하라.

표는 파단계수가 증가하는 순서대로 결과를 나열한 것이다(j = 1~6). 그리고 P_s는 표준 통계 결과로부터 알 수 있다.

$$P_s = 1 - \frac{j-0.375}{n+0.25} = 1 - \frac{j-0.375}{6.25}$$

P_s에 대한 값들은 다음 표에 나타나 있다.

j	시편 번호	σ_r (MN m^{-2})	P_s	ln σ	ln ln(1/P_s)
1	4	25	0.900	3.22	−2.25
2	2	34.6	0.740	3.54	−1.20
3	3	38.5	0.580	3.65	−0.61
4	1	43	0.420	3.76	−0.14
5	5	49	0.260	3.90	+0.30
6	6	55	0.100	4.00	+0.83

데이터를 분석하는 방법은 다음과 같다. 동일한 체적 V_0를 가지는 모든 시편들에 대해 기본 와이블 방정식(식 (16.2))으로 시작한다. 식 (16.2)의 양변에 자연로그(natural logs)를 취하면 다음 관계식을 얻을 수 있다.

$$\ln\left\{\frac{1}{P_s(V_0)}\right\} = \left(\frac{\sigma}{\sigma_0}\right)^m$$

앞의 식에 대해 다시 양변에 자연로그를 취하면 다음과 같다.

$$\ln\left\{\ln\left(\frac{1}{P_s(V_0)}\right)\right\} = m\ln\sigma - m\ln\sigma_0$$

이 방정식의 마지막 항은 상수임을 주목하라. 앞의 표에 ln ln($1/P_s$)와 ln σ에 대한 값이 주어져 있고 다음 도표에 이 관계가 그려져 있다. 최적합(best-fit) 선의 기울기는 4이다(수평 및 수직 로그축의 눈금이 다름을 주목하라). 따라서 m = 4이다. 또한 와 중간값 강도가 46 및 41 MN m^{-2}임을 쉽게 알 수 있다. 이런 종류의 그래프를 와이블 도표라고 부른다.

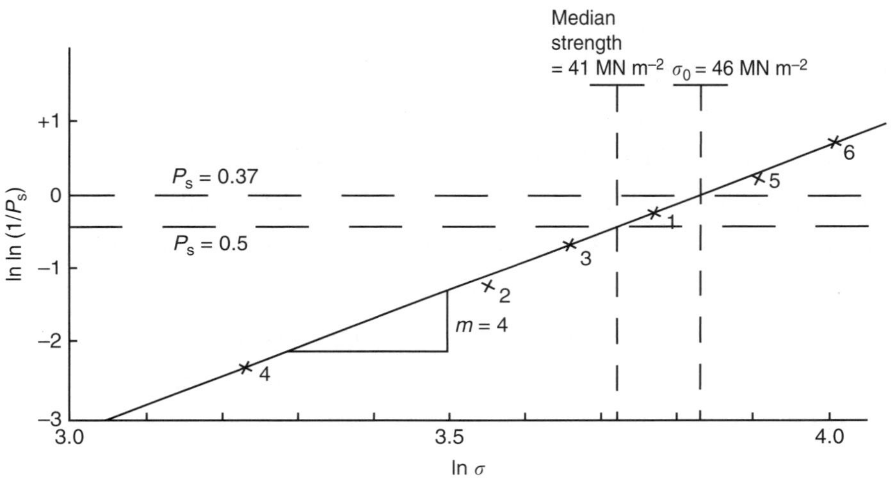

EXAMPLES

16.1 Al_2O_3 has a fracture toughness Kc of about 3 MN $m^{-3/2}$. A batch of Al_2O_3 samples is found to contain surface flaws about 30 μm deep. Estimate the tensile strength of the samples. Use Equation (14.4) with Y = 1,12.

16.2 Modulus-of-rupture tests are carried out using the arrangement shown in Figure 16.4. The specimens break at a load F of about 330 N. Find the modulus of rupture, given that L = 50 mm and $b = d$ = 5 mm. Use Equation (16.6).

16.3 To test the strength of a ceramic, cylindrical specimens of length 25 mm and diameter 5 mm are put into axial tension. The tensile stress σ which causes 50% of the specimens to break is 120 MN m^{-2}. Cylindrical ceramic components of length 50 mm and diameter 11 mm are required to withstand an axial tensile stress σ^1 with a survival probability of 99%. Given that m = 5, use Equation (16.4) (alternative version) to determine σ^1.

16.4 Modulus-of-rupture tests were carried out on samples of silicon carbide using the three-point bend test geometry shown in Figure 16.4. The samples were 100 mm long and had a 10 mm by 10 mm square cross section. The median value of the modulus of rupture was 400 MN m^{-2}. Tensile tests were also carried out using samples of identical material and dimensions, but loaded in tension along their lengths. The median value of the tensile strength was only 230 MN m^{-2}. Account in a qualitative way for the difference between the two measures of strength.

16.5 Modulus-of-rupture tests were done on samples of ceramic with dimensions L = 100mm and $b = d$ = 10 mm. The median value of σ_r (i.e., σr for P_s = 0.5) was 300 MN m^{-2}. The ceramic is to be used for components with dimensions L = 50 mm, $b = d$ = 5mmloaded in simple tension along their length. Calculate the tensile stress σ that will give a probability of failure, P_f, of 10^{-6}. Assume that $m = 10$. For $m = 10$, $\sigma_{TS} = \sigma_r/1.73$. Note that $P_s = 1-P_f$. Use Equation (16.4) (alternative version). Also assume that $\ln(1-x) = -x$ for small x.

16.6 The following diagram is a schematic of a stalactite, a cone-shaped mineral deposit hanging down from the roof of a cave. Its failure due to self weight loading is to be modeled using Weibull statistics. The geometry of the stalactite is idealized as a cone of length L and semiangle α. The cone angle is assumed small so that the base radius equals αL. The stalactite density is ρ.

a. Show that the variation of tensile stress σ with height x is given by $\sigma = 1/3\rho g x$. You may assume that the volume of a cone is given by $(\pi/3) \times (\text{base radius})^2 \times \text{height}$.

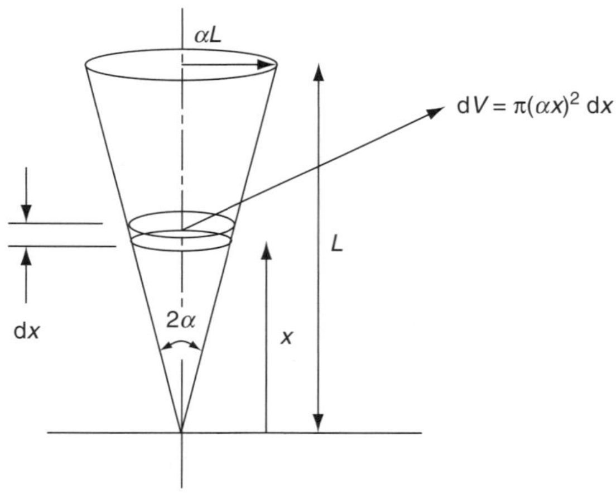

b. Use Equation (16.5) for Weibull statistics with a varying stress to show that the probability of survival $P_s(L)$ for a stalactite of length L is given by

$$P_s(L) = \exp\left\{-\left(\frac{\rho g}{3\sigma_0}\right)^m \frac{\pi\alpha^2 L^{m+3}}{(m+3)V_0}\right\}$$

Explain why there is a dependency on cone angle α, even though the stress variation up the stalactite is independent of α.

ANSWERS

16.1 276 MN m^{-2}. Make sure you input the a value in units of m.

16.2 198 N mm^{-2}, or 198 MN m^{-2}.

16.3 32.6 MN m^{-2}. Follow the method used in Worked Example 1.

16.4 The beam is much stronger in bending than in simple tension because in bending, one half of the beam is in compression, so it is neglected. The stress in the other (tension) half at *midspan* varies linearly from zero at the neutral axis to σ_r at the lower surface. If you move sideways from midspan by a distance x, then the stress varies from (zero to σ_r) $\times (L - x)/L$. At the ends of the beam, the tensile stress is zero. So the stress only exceeds σ_{TS} in a small volume, and everywhere else it is less (in most places much less) than σ_{TS}.

16.5 55.7 MN m^{-2}.

16.6 (a) The mass of the cone (kg = density kg m^{-3} × volume m^3) needs to be multiplied by g (9.807) to calculate the downwards *force* (N), which the cone produces, and hence the *stress* (Nm^{-2}). See Chapter 3, Worked Example 1.

(b) Whenever you have something in an exponential, it must be dimensionless. Verify that the exponent is dimensionless as an exercise.

The probability of survival decreases with increasing α because, although the stresses are the same, the volume of material which is stressed increases with α, so the chance of having a large flaw in the cone increases.

CHAPTER 17

파괴의 사례연구

17.1 개요

이번 장에서는 고속파괴에 의한 균열의 갑작스러운 성장 때문에 파괴가 발생하는 4가지 실제 상황에 대해서 살펴보고자 한다: 살펴볼 예는 용접부위의 균열 때문에 폭발한 강으로 된 암모니아 탱크; 정수압 시험 중에 폭발한 퍼스펙스(perspex, 아크릴 수지의 일종) 압력창(pressure window); 냉각 중에 균열이 생긴 액체 메탄 탱크의 폴리우레탄 발포 덮개(foam jacket)이다.

17.2 사례연구 1: 암모니아 탱크의 고속파괴

[그림 17.1]은 도로용 탱크차량에서 나온 강으로 된 탱크의 일부분을 보여준다. 탱크는 약 6 m 길이의 원통형 외피 모양으로 구성되었다. 반구형의 덮개는 원주방향 용접으로 외피의 끝부분이 서로 용접되었다. 탱크는 액체 암모니아를 운반하는 데 사용되었다. 액체 암모니아를 담기 위하여 압력은 포화압력(saturation pressure, 액체와 증기의 혼합물이 평형을 유지하는 압력)과 같게 유지되어야 했다. 포화압력은 온도가 올라감에 따라 급격히 증가한다: 20°C에서 절대압력은 8.57 bar이고; 50°C에서의 절대압력은 20.33 bar이다. 50°C에서의 게이지(gauge) 압력

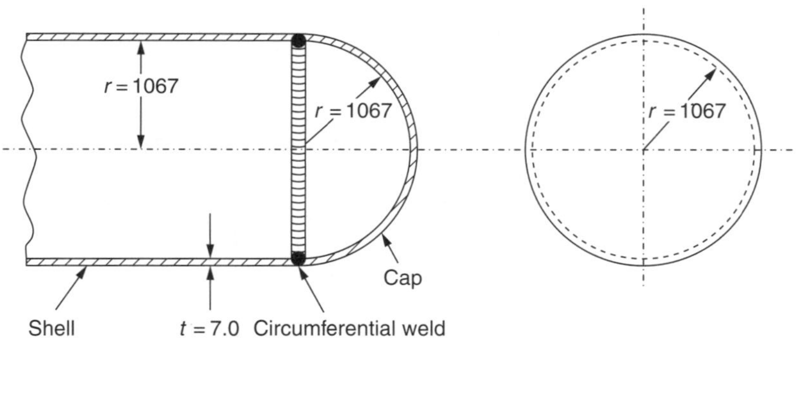

그림 17.1
압력용기의 외피와 끝부분 덮개 사이의 용접(단위는 mm)

은 19.33 bar 또는 1.9 MN m^{-2}이다. 이 때문에 탱크는 압력용기로서의 기능도 가지고 있어서야 했다. 탱크의 최대 작동압력(operating pressure)은 게이지 기준 2.07 MN m^{-2}이었다. 이는 심지어 고온의 기후에서 예상되는 최고 온도를 넘어선 50°C에서도 탱크가 안전하게 사용될 수 있도록 허용되는 것이었다.

액체를 탱크 밖으로 빼내는 동안 원주방향 용접부위 중 한 곳에서 고속파괴가 발생하였고 덮개가 외피의 끝부분으로부터 떨어져 날아갔다. 액체를 탱크 밖으로 빼내기 위하여 액체 위의 공간이 압축기를 사용한 암모니아 가스에 의해 압력이 가해지고 있었다. 압축기의 정상 작동압력은 1.83 MN m^{-2}이었다; 안전밸브에 의해 설정된 최대압력은 2.07 MN m^{-2}이었다. 맹독성을 가진 다량의 증기의 폭발적인 배출로 인하여 그 주변에 있던 사람들이 받게 될 영향에 대해서는 충분히 상상할 수 있다.

파손의 세부사항

파손의 기하학적 형상은 [그림 17.2]에 나타나 있다. 2.5 mm 깊이 초기 균열은 외피와 원주

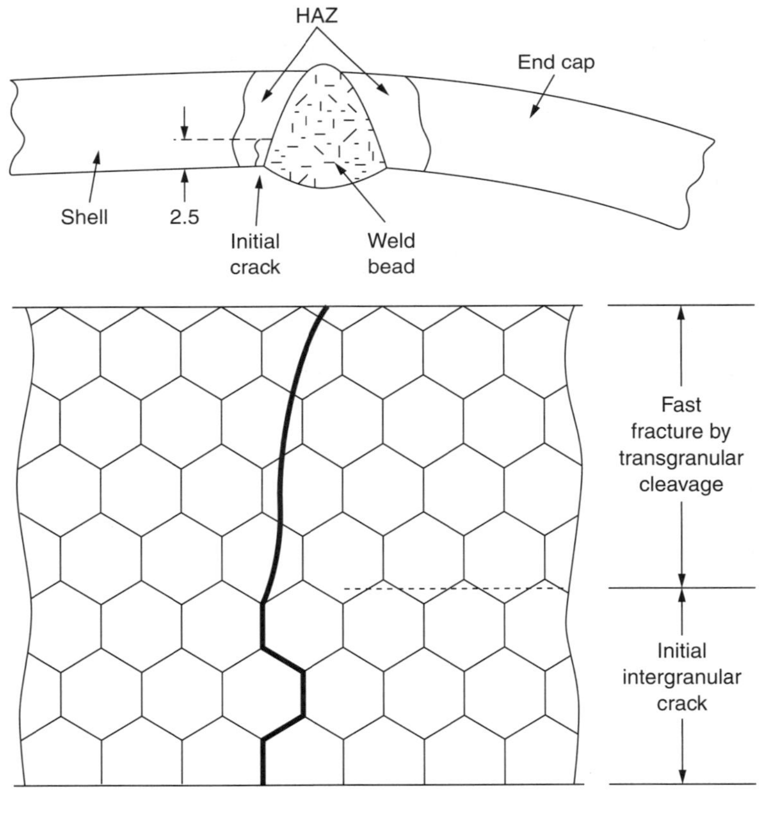

그림 17.2
파손의 기하학적 형상(단위는 mm)

방향 용접부 사이의 열영향부(heat affected zone)에서 형성되었다. 그러한 결함은 용기의 원주방향을 따라 일정 부분 진행하였다. 균열은 입계를 따라 생성되었고, 응력부식균열(stress corrosion cracking)이라고 불리는 과정에 의해 발생하였다(제27장 참조). 최종적인 고속파괴는 입내벽개(transgranular cleavage)에 의해 일어났다(제15장 참조). 이는 열영향부가 매우 낮은 파괴인성을 가지고 있었음을 의미한다. 이 사례연구에서 고속파괴 방정식을 이용하여 고속파괴에 대한 임계균열의 크기를 예측해 볼 수 있다.

재료 특성

탱크는 712 MN m^{-2}의 항복강도와 80 MN $m^{-3/2}$의 파괴인성을 가진 고강도 저합금강으로 만들어졌다. 용접공정에서의 열은 열영향부에서 강의 구조를 바꾸어 항복강도는 940 MN m^{-2}로 크게 향상시켰으나 파괴인성은 39 MN $m^{-3/2}$으로 크게 낮추었다.

고속파괴에 대한 임계응력 계산

압력이 p인 가스를 저장하고 있는 원통형 압력용기의 벽면에서 길이방향의 응력 σ는 벽면의 두께가 얇다고 가정하면($t \ll r$) 다음과 같다(예제 7.5 참조).

$$\sigma = \frac{pr}{2t}$$

p = 1.83 MN m^{-2}, r = 1067 mm 그리고 t = 7 mm이며, 따라서 σ = 140 MN m^{-2}이다. 고속파괴 방정식은 다음과 같다.

$$Y\sigma\sqrt{\pi a} = K_c$$

[그림 17.3]은 이 탱크에 대한 Y = 1.92임을 나타내고, 고속파괴에 대한 임계응력은 다음과 같이 주어진다.

$$\sigma = \frac{K_c}{Y\sqrt{\pi a}} = \frac{39}{1.92\sqrt{\pi \times 0.0025}} = 229\text{MN m}^{-2}$$

임계응력은 길이방향 응력보다 64% 더 크다. 그러나 원통에서 구 형태로 부분 변화는 응력집중과 유사한 현상을 일으킨다; 이것을 고려하면, 파손을 정확하게 예측할 수 있다.

결론

이 사례연구는 부적절한 파괴인성을 가지는 것이 어떠한 결과를 초래하는지에 대한 좋은 예를 제공한다. 그러나 심지어 열영향부가 높은 인성을 가지고 있었다고 하더라도, 균열은 고속파괴가 일어날 때까지 응력부식에 의해 탱크의 벽면을 따라 계속 성장했을 것이다. 임계균열

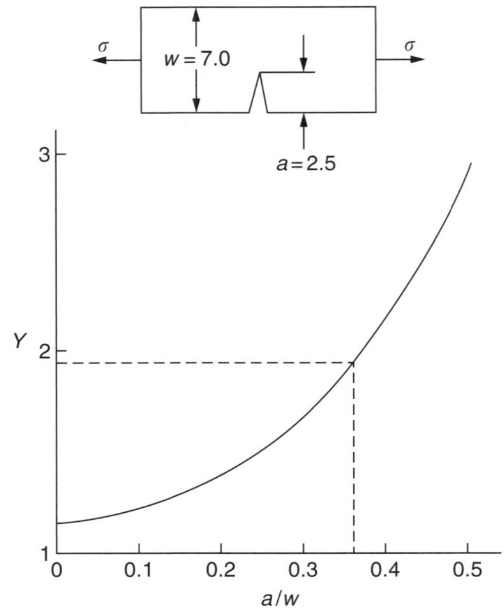

그림 17.3
균열에 대한 Y 값(단위는 mm). 제14장 Case 4 Y값 참조

의 크기는 증가했겠지만, 파손은 결과적으로 발생했을 것이다. 이런 유형의 파손을 피할 수 있는 유일한 방법은 처음부터 응력부식균열을 방지하는 것이다.

17.3 사례연구 2: 정수압 시험 중 퍼스펙스 압력창의 폭발

[그림 17.4]는 외부에서 압력이 가해지는 관에서 좌굴(buckling)의 전파를 연구하기 위해 설계된 실험 장치의 일반적인 배치도를 나타내고 있다. 길고 끝이 열려 있는 관모양의 시편이 압력 밀봉을 통하여 끝이 나타나게 되는 장치의 수평축 위에 놓여 있다. 장치는 부분적으로 물로 채워져 있고 물 위의 공간은 질소로 채워져 있다. 시편의 길이 방향을 따라 좌굴이 전파될 때까지 질소 압력이 가해진다.

장치에서 물과 질소의 부피는 안정적인 좌굴의 전파를 위해 조정될 수 있다. 장치의 중간에는 고속 촬영 카메라를 이용하여 좌굴의 전파를 직접 관찰할 수 있게 해주는 플랜지로 연결된 flanged) 퍼스펙스 연결장치가 있다. 불행하게도, 이 퍼스펙스 창은 첫 번째 정수압 시험 중에 명시된 정수압 시험 압력의 단지 절반 정도의 압력에서 폭발하였다.

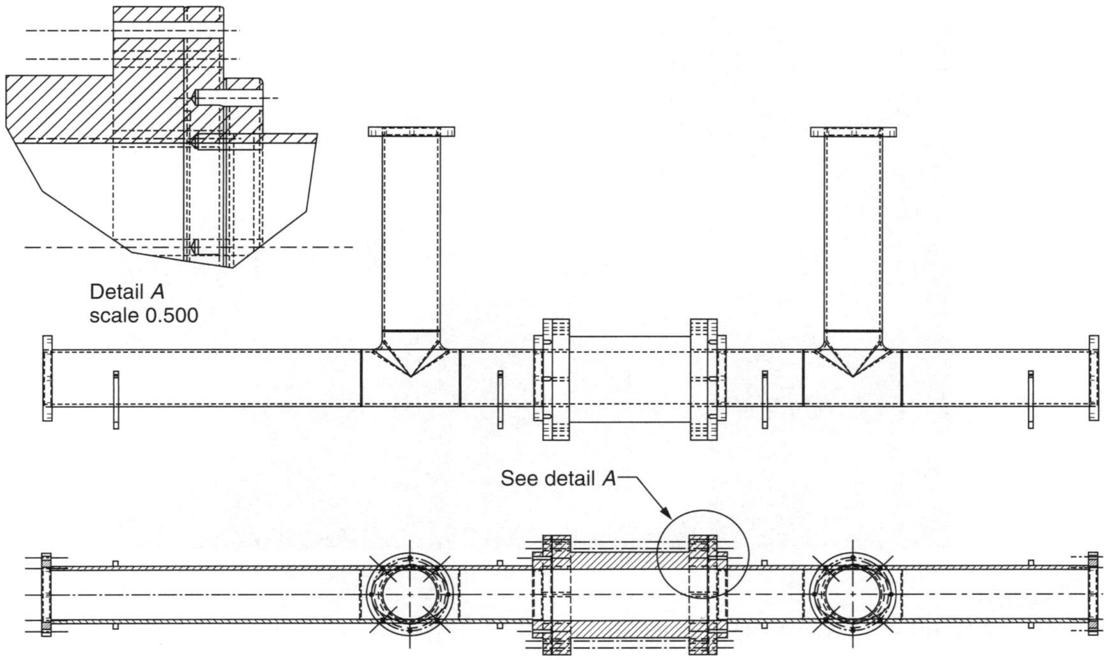

그림 17.4
실험 장치의 일반적인 배치도

설계 데이터

퍼스펙스 연결장치와 관련된 설계 데이터는 다음과 같다.

- 원통부의 내경 $2b$ = 154 mm
- 원통부의 외경 $2a$ = 255 mm
- 성형공정: 주조
- 인장강도, $\sigma_f \approx$ 62 MN m^{-2}(최소), 77 MN m^{-2}(평균)
- 파괴인성, $K_c \approx$ 0.8~1.75 MN $m^{-3/2}$
- 작동압력 = 7 MN m^{-2} gauge
- 정수압 = 8.6 MN m^{-2} gauge
- 파손압력 = 4.8 MN m^{-2} gauge

파손 분석

[그림 17.5]는 폭발 이후에 촬영한 퍼스펙스 연결장치의 사진이다. 파괴면에 대한 세밀한 시각적 관찰에서, 파괴가 원통 부분의 원주방향응력에 의한 인장 파손으로부터 시작된 이후에 각

그림 17.5
폭발 이후에 촬영한 퍼스펙스 연결장치의 사진

각의 플랜지를 향하여 전파되었다는 것을 확인하였다.

원통 부분의 원주방향응력 σ는 두꺼운 벽 두께의 관에 대한 표준 결과로부터 계산될 수 있다.

$$\sigma = p\left(\frac{b}{r}\right)^2 \frac{a^2 + r^2}{a^2 - b^2}$$

여기서 p는 내부 게이지 압력이고, r은 응력이 계산되는 부분의 반경이다. 원주방향응력은 $r = b$일 때 관의 내부에서 최대이고 다음과 같다.

$$\sigma = p\frac{a^2 + b^2}{a^2 - b^2} = 2.13\,p$$

원주방향응력은 $r = a$일 때 관의 외부 표면에서 최소이고 다음과 같다.

$$\sigma = p\frac{2b^2}{a^2 - b^2} = 1.13\,p$$

파손 시작의 가능성이 가장 높은 부분은 관의 내부라는 것을 알 수 있다: 여기에서 원주방향응력은 파손압력 하에서 10 MN m^{-2}로 계산된다. 이는 최소 인장강도의 1/6 밖에 되지 않는다. 다음의 고속파괴 방정식을 사용하여 파괴인성이 1 MN $m^{-3/2}$이고 원주방향응력이 10 MN m^{-2}이면 파손압력 하에서의 임계결함 크기 a는 3.2 mm로 계산된다.

$$K_c = Y\sigma\sqrt{\pi a},\ Y \approx 1$$

작동압력에서 임계결함의 크기는 단지 1.5 mm일 것이다. 이러한 크기의 결함은 이처럼 큰 부피를 가지는 제조 조건하에서 발견해 내기가 어려울 것이다. 또한, 일상적인 취급이나 사용의 상황 중에 연결장치 내경에 길이방향의 흠집이 생기는 것은 쉬울 것이다.

결 론

파손에 대한 가장 설득력 있는 설명은 퍼스펙스 연결장치의 벽면에 임계결함이 존재하고 있었다는 것이다. 연결장치는 압력이 가해지는 시스템에서 흐름을 시각화하기 위해 제조된 표준 제품이었다. 제품의 설계자들은 모든 예측 가능한 결과를 위해 파괴역학에 기초한 접근보다 응력에 기초한 접근을 사용했음이 분명하다.

17.4 사례연구 3: 액체 메탄 탱크 발포 덮개(foam jacket)의 균열

[그림 17.6]은 대기압에서 액체 메탄을 저장하기 위해서 사용되는 탱크의 반쪽 단면 개략도이다. 메탄은 −162°C에서 끓기 때문에, 탱크는 취성 파손의 위험을 피하기 위해 알루미늄 합금으로 만들어진다. 그럼에도 불구하고 액체 메탄의 누출을 막기 위한 2차적인 방어선이 필요하다. 이는 탱크를 연강 덮개(jacket) 안에 넣고 탱크와 덮개 사이에 단열층을 넣음으로써 달성될 수 있다. 이로써 덮개는 메탄의 냉각 효과로부터 보호되고, 강의 온도는 연성-취성 천이온도 이상으로 유지된다. 그런데 탱크에서 누출이 있으면 어떤 일이 발생하는가? 단열층이 다공성이라면(예로 유리섬유 매트) 액체 메탄은 단열층을 투과하여 덮개의 벽면에까지 흘러 들어가 끓어오르게 될 것이다.

결과적으로 덮개는 −162°C까지 냉각되어 취성 파괴에 의하여 파손될 수 있다. 이러한 가능성을 피하기 위하여 덮개의 내벽을 경질 폴리우레탄(PUR)으로 만든 밀폐기포(closed-cell) 형상의 발포층으로 도포한다. 그 후에 탱크를 덮개 안으로 넣고 조립된 공간 사이를 유리섬유 매트로 채워 넣는다. 탱크에서 누출이 생기면 메탄의 흐름은 PUR의 밀폐기포 구조에 의해 억제되어 덮개는 보호된다는 논리이다.

이러한 시스템은 액체메탄의 대량 수송을 위해 설계된 선박들에 사용되어 왔었다. 그러한 상황에서, 탱크를 둘러싸고 있는 연강 덮개는 선박의 선체 그 자체이다. PUR이 효과적인 밀폐를 해야 하는 것은 중요하다. 그러나 PUR에 균열이 발생하였고, 선체의 안전성을 손상시켜 사고가 일어나게 되었다. 보고된 사례의 하나로, 3대의 신형 대량 수송선이 PUR 발포층에 다중 균열이 발생하여서 폐기되었다.

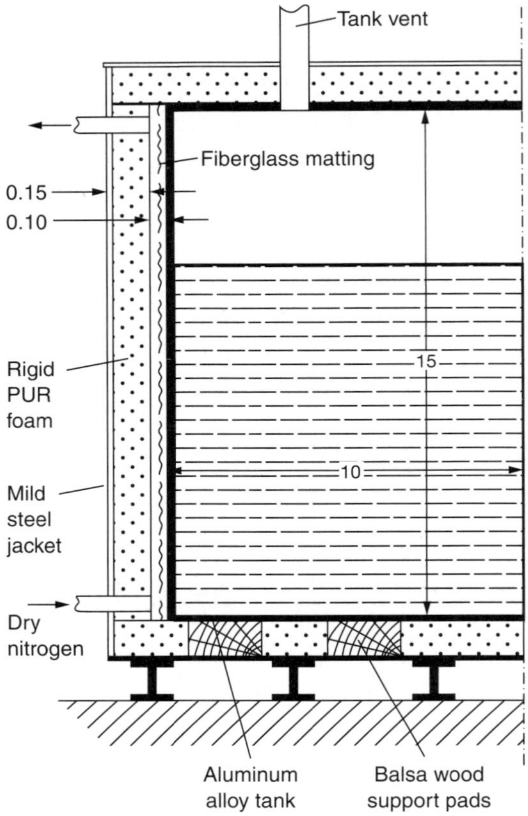

그림 17.6
단열/이중밀폐를 위해 밀폐기포의 폴리우레탄 발포재를 사용한 전형적인 액체 메탄 저장 탱크의 반쪽 단면 개략도(단위는 m)

발포재에서 열응력

일반적인 작동 조건에서, 발포재의 온도는 [그림 17.7]에서 보는 바와 같이 층의 두께에 따라 직선적으로 감소한다. 발포재는 온도가 내려가면 수축하는 경향이 있으나, 발포재가 붙어있는 덮개의 단단한 강의 벽면에 의하여 수축이 방지된다. 온도의 변화량 ΔT는 층면에 2축 인장 응력 σ를 발생시키며 다음과 같이 주어진다.

$$\sigma = \frac{\alpha \Delta T E}{(1-\upsilon)}$$

α, E 그리고 υ는 각각 발포재의 열팽창계수, 영률 그리고 푸아송 비를 의미한다. 또한, [그림 17.7]은 층의 두께에 따른 응력의 변화를 나타낸다. 열응력은 PUR 층의 내부표면에서 최대이다.

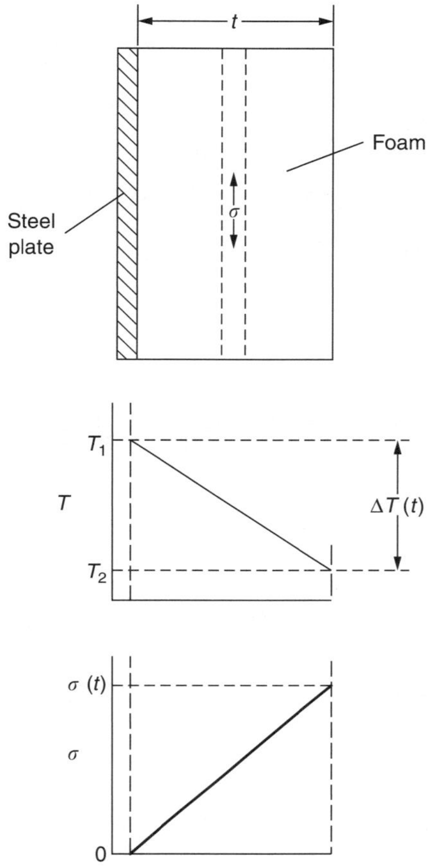

그림 17.7
발포층에서 온도와 열응력

우리는 제6장에서 고분자들이 유리 천이온도, T_G 이하의 온도로 냉각되면 탄성-취성 고체처럼 거동하는 것을 보았다. PUR에 대해 $T_G \approx 100$°C, 또는 373 K이다. 아마도 최대 열응력이 발포재의 파괴응력에 도달했을 때 발포재는 취성 균열에 의해 파손됐을 것이다. 이 가정을 확인하기 위하여 먼저 극저온 응용에 사용되는 전형적인 PUR 발포재의 관련 데이터를 나타낸다.

- 열팽창계수 $\alpha \approx 10^{-4}$°C^{-1}
- 푸아송 비 $\upsilon \approx 0.3$
- 영률 $E \approx 34$ MN m^{-2}(−100°C에서)
- 파괴응력 $\sigma_f \approx 1.4$ MN m^{-2}(−100°C에서)

[그림 17.7]에 의하면, $T_1 \approx 0$°C, $T_2 \approx -100$°C 그리고 $\Delta T(t) \approx 100$°C이다. 이러한 정도의

온도 변화량에 대하여, $\sigma \approx 0.5\ \text{MN m}^{-2}$이다. 그러나 최대응력에 대한 이 값은 −100°C에서 예상된 약 1.4 MN m^{-2}의 파괴응력보다 상당히 작다. 이는 간단히 말해서, 발포재가 사용 중에는 파괴되어서는 안 된다는 것을 의미한다. 실제로 왜 발포재가 파괴되었는지를 이해하기 위해서는 와이블 통계를 이용하여 문제를 분석하는 것이 필요하다.

−100°C에서 발포재 시료들에 대한 인장시험이 실시되었다. 각 시료의 응력을 받는 체적 V_0는 약 $5\times10^{-5}\ \text{m}^3$이었다. 시험 데이터는 1.4 MPa의 중간 파괴강도(P_s = 0.5)와 8의 와이블 계수 m을 나타내었다.

인장시험에 대한 와이블 방정식은 다음과 같다.

$$P_s(V_0) = 0.5 = \exp\left\{-\left(\frac{\sigma_f}{\sigma_0}\right)^m\right\} \tag{17.1}$$

발포층에 대한 와이블 방정식은 다음과 같다.

$$P_s(V) = 0.5 = \exp\left\{-\frac{1}{\sigma_0{}^m V_0}\int_V \sigma^m \mathrm{d}V\right\} \tag{17.2}$$

[그림 17.8]에 의하면, 대표적인 체적 요소를 다음과 같이 나타낼 수 있다.

$$\mathrm{d}V = a^2\,\mathrm{d}x$$

"내재된" 열응력은 다음과 같다.

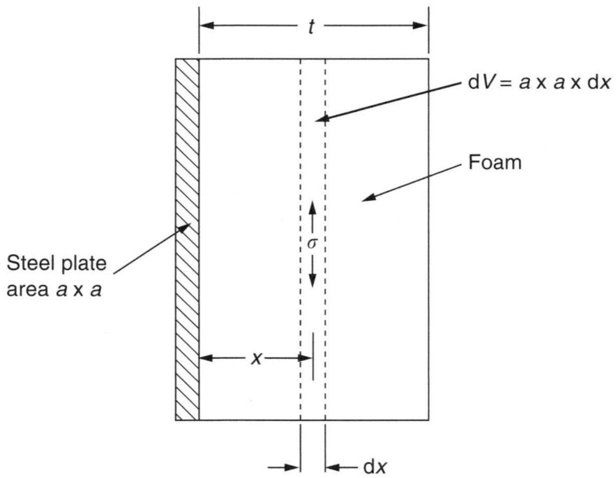

그림 17.8
발포 덮개에서 일정한 인장응력에 따른 체적 요소

$$\sigma = \sigma_{\max}\left(\frac{x}{t}\right)$$

식 (17.2)의 σ와 dV에 위의 두 결과를 대입하면 다음과 같은 관계를 얻을 수 있다.

$$P_s(V) = 0.5 = \exp\left\{-\frac{1}{\sigma_0^m V_0}\int_0^t \sigma_{\max}^m \left(\frac{x}{t}\right)^m a^2\,\mathrm{d}x\right\} \tag{17.3}$$

식 (17.1)과 식 (17.3)을 조합하면 다음 결과를 얻는다.

$$\left(\frac{\sigma_f}{\sigma_0}\right)^m = \left(\frac{\sigma\max}{\sigma_0}\right)^m \frac{a^2}{V_0 t^m}\int_0^t x^m \mathrm{d}x = \frac{1}{(m+1)}\left(\frac{\sigma\max}{\sigma_0}\right)^m \frac{a^2 t}{V_0}$$

이는 다음과 같고

$$a^2 t = (m+1)\left(\frac{\sigma_f}{\sigma\max}\right)^m V_0$$

다음과 같은 결과를 나타낸다.

$$a^2 t = 9\left(\frac{1.4}{0.5}\right)^8 5\times 10^{-5}\,\mathrm{m}^3 = 1.70\,\mathrm{m}^3 = 3.4\times 3.4\times 0.15\mathrm{m}^3$$

이것은 발포 덮개에서 약 3.4 m의 간격을 두고 균열이 생길 확률이 50%라는 것을 의미한다.

결 론

액체 메탄의 단열/밀폐 시스템에서 PUR 발포재의 균열 때문에 막대한 재정적 손실이 발생하였다. 이는 저온에서 PUR 발포재가 나타내는 매우 낮은 파괴인성과 균열 전파의 임계크기를 초과하는 결함들을 포함하게 되는 발포 공정에서의 가능성의 조합에 의해 초래되었다. 와이블 통계의 기본 지식은, 현 상황에서 강화되지 않은 일반 PUR을 사용하는 것이 근본적으로 바람직하지 않았음을 제시한다.

WORKED EXAMPLE

다음의 사진과 그림들은 Tay 다리가 어떻게 만들어지고 어떻게 붕괴되었는지를 보여준다. 이 단선 철도 다리는 Scotland, Dundee에 있는 Tay의 하구에 세워졌다. 1878년 4월부터 사용이 시작되었지만, 1879년 12월 28일에 서쪽에서의 폭풍 바람에 의해 높은 거더(girders, 중앙 주행 경간(central navigation spans)이 13개인 다리) 안쪽에서 75명을 태운 기차와 함께 무너졌다. 파손은 다리 거더에 작용하는 측면 바람의 힘과 기차가 대각선 연결막대(diagonal tie bars, wind braces)에 매우 큰 인장 하중을 가하여 연결되어 있던 주철 연결부(lugs)가 부러짐으로써 발생하였다.

다리는 이후에 철거되었고 거대한 복선 다리로 대체되었다. 오래된 다리의 남은 부분은 한쪽에 두고 다리를 대체하는 (물에 반사된 모양) 멋진 장면을 공중에서 본 사진이 있다(Google

하구의 북쪽 강둑에서 남쪽으로 본 다리 모양(Courtesy of University of St Andrews.)

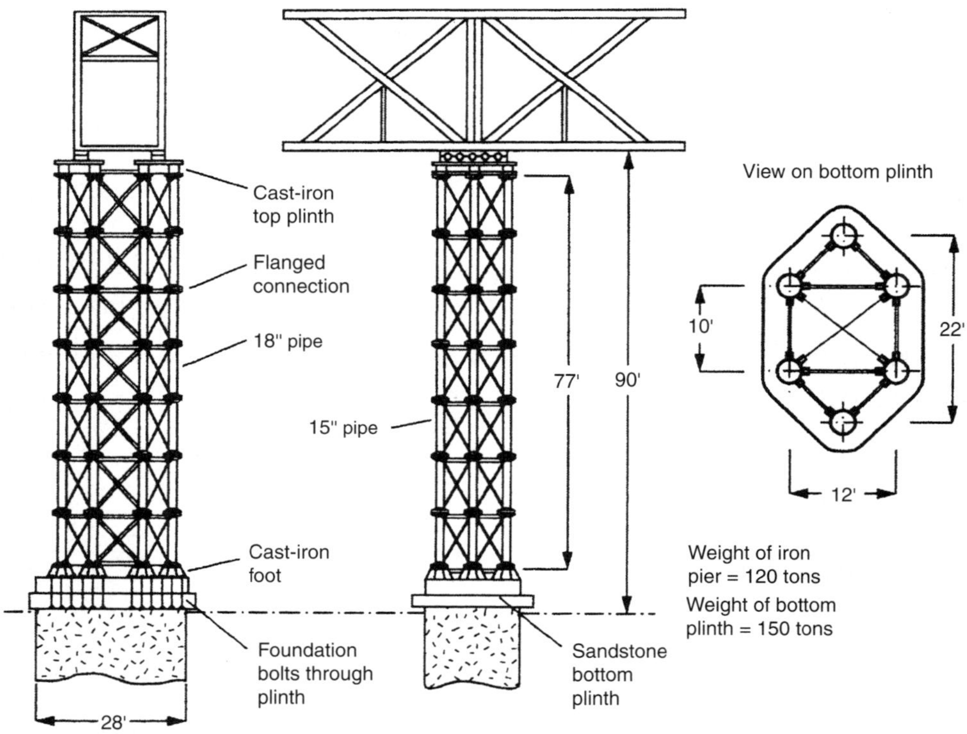

단순화된 입면도와 다리의 높은 거더 길이에 대한 교각 건설 계획(단위는 feet와 inch)

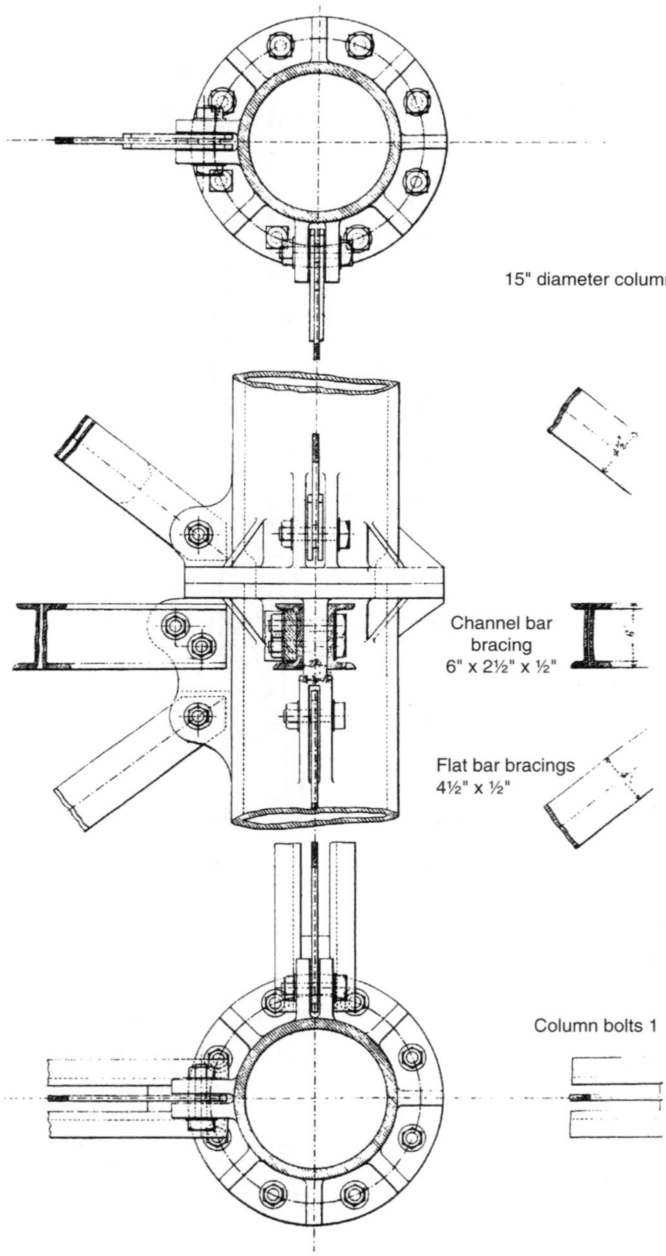

주철 기둥의 플랜지와 연결부의 상세도(단위는 inch)

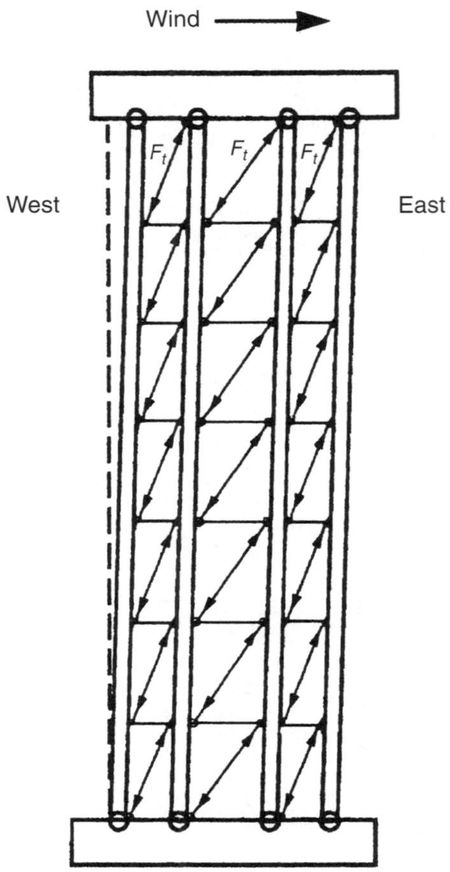

높은 거더와 기차에 가해지는 측면 바람의 하중에 의해 연결막대에 발생한 인장 하중을 보여주는 교각의 개략도

Earth at 56 26 20.00 N 2 59 18.70 W(또한 http://taybridgedisaster.co.uk/index/index 참조)).

재난 이후에 실시된 시험에서 연결막대에 가해지는 인장 하중이 24톤에 이르면 주철 연결부가 파손된다는 것을 알아내었다. 연결부의 파괴면적은 약 20 in^{2}이다. 주철 기둥에서 채취한 시편들에 대한 시험 결과에서 인장강도는 9 tons/in^{2}이었다. 이는 연결부가 연결막대에 의해 가해진 180톤의 하중을 견딜 수 있었어야 하는 것을 의미한다. 이 절대 하중 180톤과 실제 측정된 파단하중 24톤 사이에는 7.5배의 차이가 있다. 그러나 주철이 어떤 식으로든 불량품이었다는 징후는 없었다.

핀과 연결부의 연결은 항공우주 산업에서 주요 기체 부품들을 함께 부착하는데 있어서 중요하다(예로 keel splice joints). 이들은 선형탄성 유한요소응력해석(FEA)에 의해 분석되어 왔다. FEA 분석으로부터 응력집중이 7.5로 매우 높음을 알아내었다. 따라서 연결부가 볼트 구멍에서 9 tons/in^{2}의 국부응력 위험영역에 의해 파단되었다고 볼 수 있다.

만약 연결부가 연강처럼 연성 재료로 만들어졌다면, 파괴되지 않았을 것이다. 강은 응력집

하구의 남쪽 강둑에서 본 무너진 교각. 조사를 위한 목적으로 28에서 41 사이의 교각들은 1에서 12로 다시 번호를 매겼다(Courtesy of University of St. Andrews.)

주철 기둥의 파단된 연결부(Courtesy of Dundee Central Library.)

중부에서 항복이 일어났을 것이고, 국부응력은 항복응력(인장강도보다 훨씬 작음)으로 일정해졌을 것이다. 그러나 취성 재료에서는 항복이 일어나기 전에 파괴가 발생하기 때문에 FEA에 의해 예측된 응력집중은 여전히 유효하다.

제16장, 16.4절에서 이에 대한 예를 보았다. 파단계수 시험은 인장시험기의 그립부에서 파단되는 경향이 있기 때문에 취성 재료에 대하여 사용한다. 이는 국부접촉응력(local contact stresses)이 파괴강도를 초과하기 때문이며 항복 전에 파괴가 일어나서 국부접촉응력이 일정해질 수 없다. 결론은 연성 재료는 취성 재료보다 훨씬 더 관대하다는 것이다 - 동일하게 연성 재료는 취성 재료보다 훨씬 인성이 크다(제15장 참조).

EXAMPLES

17.1 A cylindrical pressure vessel is rolled up from flat steel plate 10mmthick, and the edges are welded together to produce a longitudinal welded seam.

Calculate the stress intensity factor K at a hoop stress of 100 MN m^{-2} for two possible types of weld defect:

a. A crack running along the whole length of the weld, and extending from the inner surface of the vessel to a depth of 5 mm

b. A through-thickness crack of length $2a = 40$ mm

Which is the more dangerous crack, and why?

[Hint: Make sure you use the correct values for Y.]

17.2 With reference to Case Study 2, why was perspex an unsuitable material for the pressure window?

17.3 With reference to Case Study 3, how would you redesign the insulation system to prevent cracking in a new installation?

17.4 The following diagram shows a schematic of one of the hydraulic rams used on 28 November 1857 in a failed attempt to get the 22,500-ton ship Great Eastern off the builder's slipway. *http://en.wikipedia.org/wiki/SS_Great_Eastern* 51 29 15.62 N 0 01 15.38 W (Isle of Dogs, London, England)

The cylinder of the ram (made from gray cast iron) split open under the internal water pressure. Estimate the tensile strength of the cast iron, given the following data. Water pressure inside cylinder = 83 MN m^{-2}. External radius of cylinder = 279 mm. Internal radius of cylinder = 127 mm. Comment on the advisability of using gray cast iron for this application.

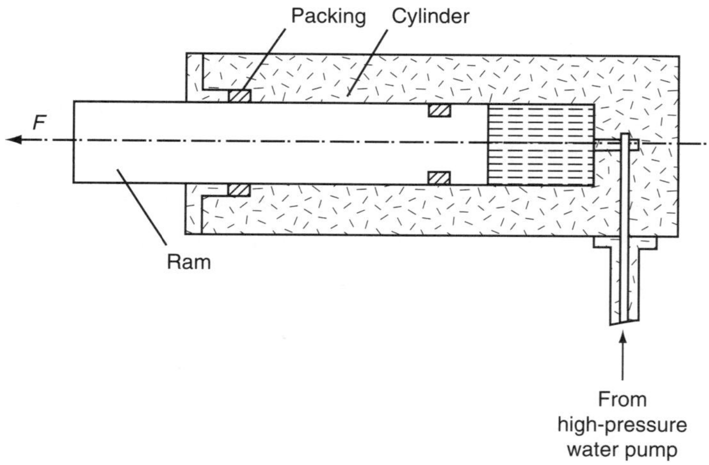

17.5 With reference to the Tay Bridge collapse (Worked Example), why is cast iron not a suitable material for major structural components, which have to carry tension loads?

17.6 With reference to Case Study 3, why is it safe to use aluminum alloy (which has an f.c.c. crystal structure) to contain liquid methane at—162°C? [Hint: see Section 14.3, paragraph 3.]

17.7 With reference to Case Study 3, why would it be dangerous to allow liquid methane at—162°C to come into contact with the ship's hull plates—which are made from steel with a b.c.c. crystal structure? [Hint: see Section 14.3, paragraph 3.]

17.8 Diamond is a hard and brittle material, and it cleaves on crystallographic planes (this is how it is shaped for jewelry). There are stories of people hiding expensive diamonds at home in the food freezer, typically –20°C. *Assuming there are no defects*, do you think this is a sensible thing to do? Use the equation for thermal stress given in Case Study 3, with $\alpha = 1.2 \times 10^{-6}\ \text{K}^{-1}$, $E = 1000$ GN m^{-2} and $\nu = 0.3$. Assume that the diamond is initially at room temperature, say +20°C.

ANSWERS

17.1 (a) In Figure 17.3, $a/w = 0.5$, so $Y \approx 3$. (b) From Chapter 14 (Y Values), $Y = 1$ (Case 1). Use Equation (14.4) to calculate the value of K for both cracks, remembering to convert crack size a from mm into m.

(a) 37.6 MN m$^{-3/2}$, (b) 25.1 MN m$^{-3/2}$. Crack (a) is more dangerous because it has the larger value of K, *and also because it does not give leak before break.*

17.2 Because it has too low a value of fracture toughness, the critical crack size is very small, of the order of mm. Defects of this size can be introduced as bubbles during casting, machining marks that are not properly polished out, or damage from sharp objects. They are too small to be detected easily (or at all) by nondestructive inspection. There is also the possibility of residual tensile stresses in the perspex, which can add to the applied stress, reducing the critical crack size still further.

17.3 Reinforce the foam with polymer fibers. These will bridge any cracks that form, and stop them propagating. Layers of fiber mesh can be incorporated into the foam as it is sprayed on.

17.4 From Section 16.3, the maximum (hoop) stress occurs at the bore of the cylinder, and is given by

$$\sigma = p\frac{a^2+b^2}{a^2-b^2} = p\frac{279^2+127^2}{279^2-127^2} = 1.52\,p = 1.52\times 83\ \text{MN m}^{-2} = 126\ \text{MN m}^{-2}$$

Fracturewill commence at the bore of the cylinderwhen the hoop stress reaches the tensile strength of the material, i.e., the tensile strength = 126 MN m^{-2}.

Gray cast iron is too brittle a material to use for making a pressure vessel. The fracture toughness is typically 10 MN $m^{-3/2}$ (see Table 14.1). The critical defect size is given by Equation (14.4): $K_c \approx \sigma\sqrt{\pi a}$. From this, we get

$$a = \frac{1}{\pi}\left(\frac{K_c}{\sigma}\right)^2 = \frac{1}{\pi}\left(\frac{10}{126}\right)^2 = 0.002\text{m} = 2.0\text{mm}.$$

This is far too small a critical defect size—a low-tech casting process cannot achieve this degree of control over casting defects.

17.5 Cast iron is too brittle. It does not yield before fracture, so the stress cannot be truncated at the yield stress by plastic flow. Cast iron is therefore particularly prone to fracture at local stress concentrations.

17.6 Metals with an f.c.c. structure do not go brittle at low temperatures.

17.7 Metals with a b.c.c. structure are likely to go brittle at low temperatures.

17.8 The outer layer of the diamond will contract, putting it into tension, so there is a risk that the crystal could crack. But what do the numbers tell us? The equation gives a thermal stress of 69 MPa. This is low for a perfect flaw-free crystal, and it assumes a worst case where the surface of the diamond is at –20°C and the bulk of the crystal is at +20°C. This will not be the case in practice, because the thermal conductivity of diamond is very large (see Section 32.4), the distances are very small, and air cooling will not remove heat very fast—so in practice the temperature differential will be very small. But I (DRHJ) would not do this, in case there were embedded flaws—or surface scratches (although what could scratch the hardest known material, other than another diamond, is not clear). It would certainly help to wrap the diamond in cotton wool to slow down the rate of cooling. The main risk could actually be *losing or mislaying* the diamond!

PART E

피로 파괴

CHAPTER 18

피로 파괴

18.1 서론

14장과 15장에서는 균열이 성장하지 않는 안정적인 조건과 급격한 파괴가 진행되는 조건($K = K_c$)에 대해 살펴보았다. 만약, 설계자가 구조물의 최대 균열 크기를 알고 있다면, 이를 고려하여 급격한 파괴가 발생하지 않는 작업 하중을 선택할 수 있다.

그러나 만약 하중이 주기적으로 작용한다면, 이보다 낮은 하중에서도 균열이 발생하게 되며, 균열은 시간과 더불어 성장하게 된다. 본장에서는 서서히 성장하는 피로 파괴에 관하여 다루게 된다. 예를 들어 펜의 클립 부분이 깨지거나, 자전거의 페달이 떨어지거나, 냉장고의 손잡이가 떨어지는 현상 등을 "피로"라고 한다.

18.2 균열이 없는 구성 요소의 피로

주기적으로 변하는 하중 또는 변위를 적용하여 피로 시험을 수행하였다. ([그림 18.1]) 일반적으로 응력은 시간에 따라 사인파의 형상으로 변하지만, 최신 시험장비는 어떠한 하중 또는 변위 영역에 대해서도 적용할 수 있다. 시편들은 궁극적으로 균열이 발생할 때까지 피로 사이클의 수(N)를 증가시키면서 피로 시험이 수행된다(N_f : 파괴까지의 사이클 횟수)

[그림 18.2]는 주기적인 응력과 변형률이 선형 탄성 시편에 어떻게 연관될 수 있는지를 보여준다. 응력과 변형률은 선형적으로 영의 계수와 선형적으로 연관되어 있고, 응력 범위($\Delta\sigma$)는 탄성 변형률 범위($\Delta\varepsilon^{el} = \Delta\sigma/E$)를 만들어낸다(또는 만들어진다).

[그림 18.3]은 어떻게 주기적인 응력과 변형률이 탄성 한계 영역 바깥에서 시편이 반복적으로 연관되어 있는지를 보여준다. 응력과 변형률 사이에 단순한 관계는 더 이상 존재하지 않는다. 대신에 재료에 대한 시험들로부터 결정되는 응력-변형률 루프와 연관되어 있다. 게다가, 루프의 모양은 사이클의 수에 따라 변하며, 루프의 모양이 안정화되기 전에 수백(심지어 수천) 사이클이 걸릴 수도 있다. 응력 범위($\Delta\sigma$)는 총 변형률 범위($\Delta\varepsilon^{\mathrm{tot}} = \Delta\varepsilon^{\mathrm{el}} + \Delta\varepsilon^{\mathrm{pl}}$)를 만들어낸다(또는 만들어진다). 여기서, $\Delta\varepsilon^{\mathrm{el}}$는 탄성 변형률 범위, $\Delta\varepsilon^{\mathrm{pl}}$는 소성 변형률 범위를 나타낸다.

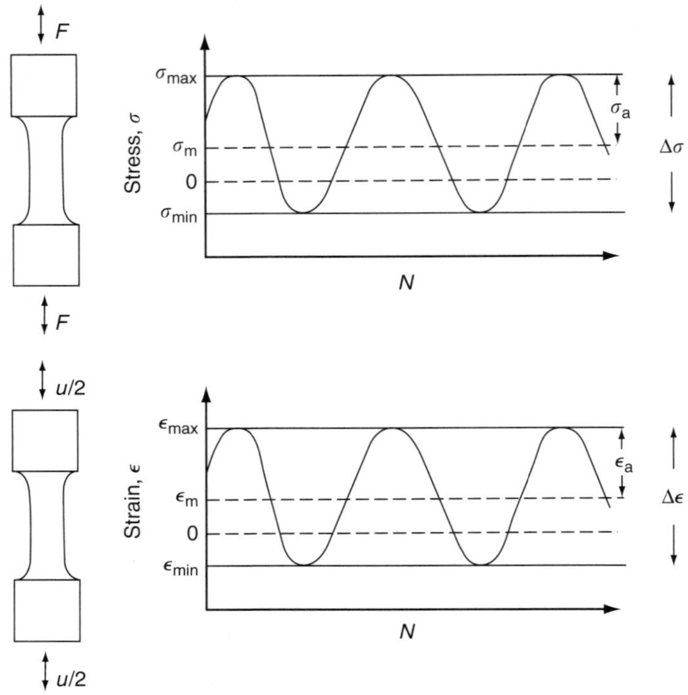

그림 18.1
피로 시험

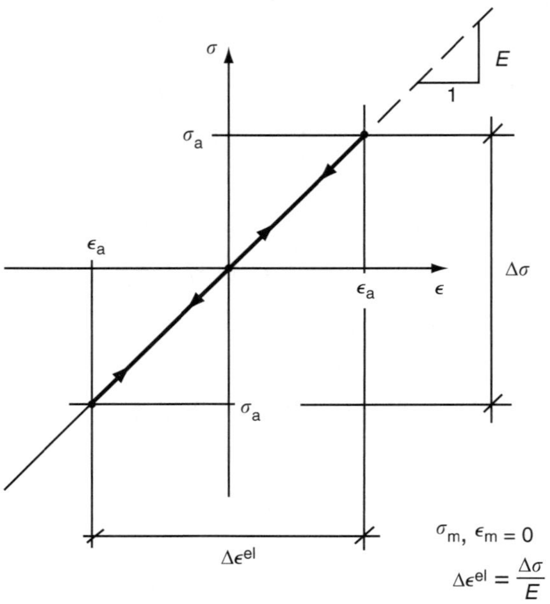

그림 18.2
선형 탄성 시편에 대한 주기적인 응력과 변형률의 연관

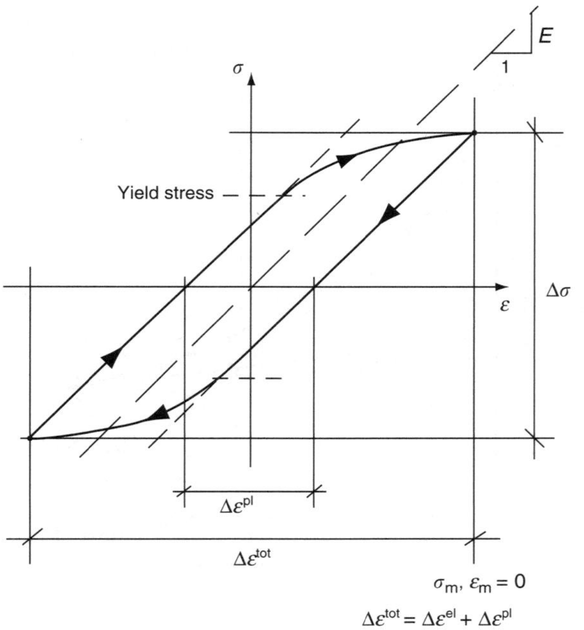

그림 18.3
선형 탄성/항복 시편에 대한 주기적인 응력과 변형률의 연관

피로 시험 데이터를 연관짓는 가장 좋은 방법은 총 변형률 진폭 $\Delta\varepsilon^{tot}/2$과 피로 사이클 $2N_f$를 로그-로그 스케일 그래프로 표현하는 것이다(각각의 전체 사이클에서 하중과 변위 두 개의 반전이 존재한다). [그림 18.4]는 데이터 점들이 전형적으로 떨어지는 곡선의 모양을 보여준다(비록 곡선의 양 측면으로 실험적 산란이 많이 존재하지만). 이 곡선이 로그-로그 스케일의 그래프에서 두 개의 선형 관계들의 합이라는 것을 인지하는 것은 유용하다 : (a) 탄성 변형률 진폭과 $2N_f$, (b) 소성 변형률 진폭과 $2N_f$. 이것은 수학적으로 다음과 같이 근사화될 수 있다.

$$\frac{\Delta\varepsilon^{tot}}{2} \approx \frac{\sigma_f'(2N_f)^b}{E} + \varepsilon_f'(2N_f)^c \tag{18.1}$$

여기에서 b, c는 시험 데이터를 맞추기 위해 결정되는 상수들이다 – 일반적으로 b의 경우에는 0.05에서 0.12, c의 경우에는 0.5에서 0.7의 범위를 갖는다. σ_f'은 진 파괴응력, ε_f'은 진 파괴변형률이다(기계적인 표준 인장 시험으로부터 유도되는).

그림 18.4에서의 데이터는 두 영역으로 나누어질 수 있다.

- 저-사이클 피로(10^4 사이클 이하, 소성 변형률 > 탄성 변형률)
- 고-사이클 피로(10^4 사이클 이상, 탄성 변형률 > 소성 변형률)

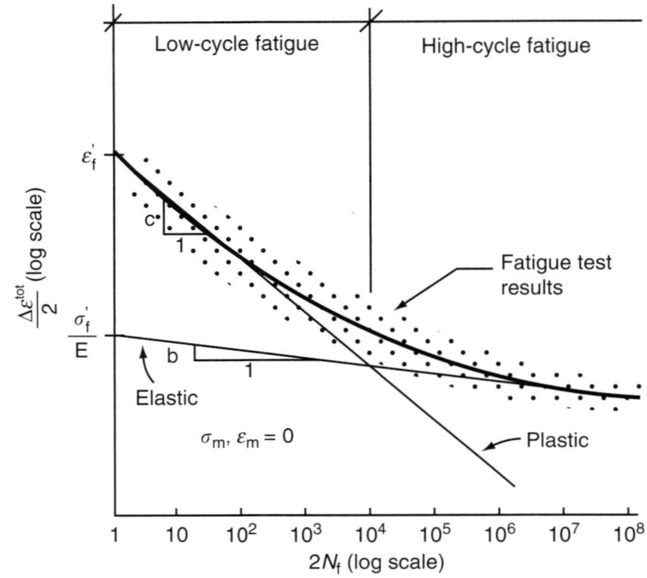

그림 18.4
총 변형률 진폭과 피로 수명과의 관계

1950년대까지는 대부분의 피로 연구들은 반복 하중을 받는 공업적인 구성품들(예 : 철도 차축, 엔진 크랭크축, 자전거 프레임)이 탄성 영역 내에서 최대 응력을 견딜 수 있도록 설계되었기 때문에 고-사이클 피로(HCF)에 초점이 맞추어졌다. 이러한 이유로, [그림 18.5]와 같이 $\Delta\sigma/2$ 대 $2N_f$의 응력 진폭의 로그-로그 스케일 그래프에서 HCF 데이터를 그리는 것이 여전히 일반적이다. 시험 데이터는 다음과 같이 근사화될 수 있다.

$$\frac{\Delta\sigma}{2} \approx \sigma_f'(2N_f)^b \tag{18.2}$$

이제까지, 단지 평균응력이 $0(\sigma_m = 0)$일 때 얻어지는 시험 데이터를 고려해왔다. 그러나, 많은 설계의 경우들에 있어서, 인장 평균응력$(\sigma_m > 0)$이 고려될 것이다. 만약 커다란 평균응력을 받는다면, 게다가 응력의 반복적인 주기를 견뎌야만 한다면, 직관적으로 구성품은 더욱 더 피로하기 쉽다는 것을 예측할 수 있을 것이다. 시험 데이터는 이것(평균 응력이 0에서 어떤 큰 인장 값까지 증가될 때 피로 수명이 같게 유지되기 위하여)을 고수한다. 응력 또는 변형률 주기는 보정을 위하여 진폭이 감소되어야만 한다.

피로에 대하여 변형률 관점으로 고려하면, 시험 데이터는 다음과 같이 근사화될 수 있다.

$$\frac{\Delta\varepsilon^{tot}}{2} \approx \frac{(\sigma_f' - \sigma_m)(2N_f)^b}{E} + \varepsilon_f'(2N_f)^c \tag{18.3}$$

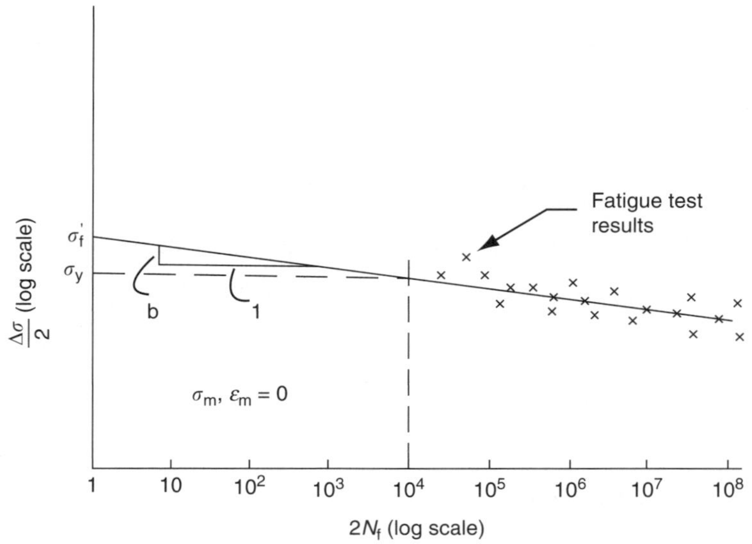

그림 18.5
고-사이클 피로에서의 응력 진폭과 피로 수명과의 관계

방정식은 같은 피로수명을 유지하기 위해서는 변형률 진폭이 평균 응력을 보정하기 위해서 감소되어야만 한다는 것을 명확하게 보여준다.

피로에 대하여 응력 관점으로 고려하면, 시험 데이터는 다음과 같이 근사화될 수 있다.

$$\frac{\Delta\sigma_{\sigma \mathrm{m}}}{2} \approx \frac{\Delta\sigma\left(\sigma_{\mathrm{f}}' - \sigma_{\mathrm{m}}\right)}{2\sigma_{\mathrm{f}}'} \tag{18.4}$$

$\Delta\sigma/2$는 평균 응력이 0일 때 주어진 사이클 수 후에 파괴가 일어나는 응력 진폭이고, $\Delta\sigma_{\sigma m}/2$은 평균 응력을 제외한 같은 사이클 수 후에 파괴가 일어나는 응력 진폭이다. 예를 들어 만약 평균 응력이 파괴 응력의 반이라면, 적용된 응력 진폭은 같은 피로 수명을 유지하기 위하여 반이 되어야만 한다.

18.3 균열이 있는 구성요소의 피로 거동

일반적으로 다리, 배, 유정 굴착장비, 원자로 압력용기 등의 대형 구조물은 부분적으로 용접 공정을 거치게 된다. 이로 인해 이러한 구조물에는 미세한 균열을 가지게 된다. 이러한 미세 균열 길이는 구조물 검사 시에 발견 될 수 있는 균열의 기준치보다 작다. 구조물의 안전 수명을 결정하기 위해서는 초기 미세 균열이 성장하여 파괴가 일어나는 길이로 되기 전까지 얼마나 긴 시간(사이클) 동안 견딜 수 있는지 알아야 한다.

그림 18.6에 제시된 바와 같이 예리한 균열을 가진 시편에 주기적인 반복하중을 가하여 피로 균열의 진행 정도에 관한 데이터를 검토하였다.

$$\Delta K = K_{\max} - K_{\min} = Y \Delta\sigma \sqrt{\pi a}$$

균열은 인장력에 의해 성장하기 때문에 주기적인 응력의 강도값인 ΔK는 시간에 비례하여 증가하게 된다. [그림 18.7]에서 보여주듯이 한 주기당 균열의 성장 길이인 da/dN은 ΔK에 따라 증가하게 된다.

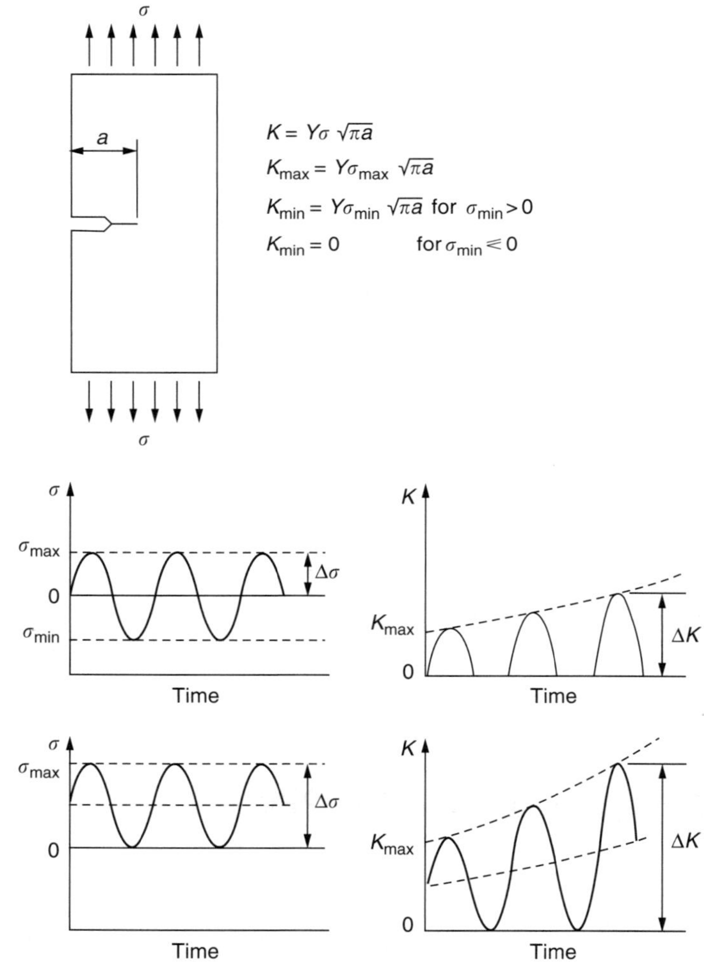

그림 18.6
초기 균열이 있는 구성 요소의 피로 균열 성장

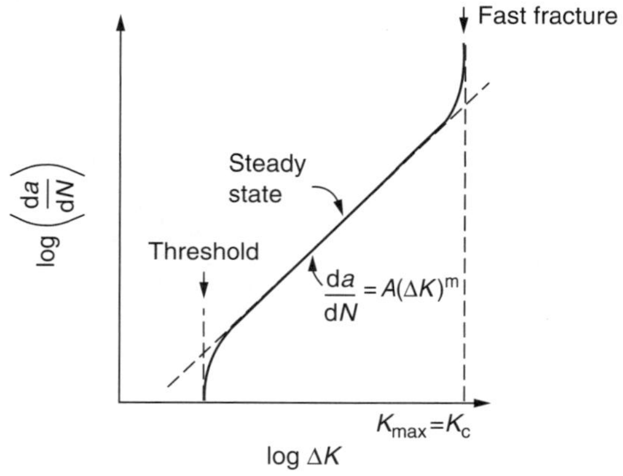

그림 18.7
초기-균열이 있는 재료의 피로 균열-성장률

정상 상태에서 균열 성장율은 다음과 같이 나타낼 수 있다.

$$\frac{da}{dN} = A(\Delta K)^m \tag{18.5}$$

여기서 A와 m은 재료상수이다. 만약 a_0(초기 균열 길이)가 주어지면 이 균열은 불안정하면서 급격하게 성장하여 최종 균열길이(a_f)에 도달하게 되며 수식으로 계산이 가능하다. 또한, 안전 사이클 수는 다음의 적분 방정식을 통해 구할 수 있다.

$$N_f = \int_0^{N_f} dN = \int_{a_0}^{a_f} \frac{da}{A(\Delta K)^m} \tag{18.6}$$

여기에서 $\Delta K = Y\Delta\sigma\sqrt{\pi a}$이다.

18.4 피로 기구

균열은 그림 18.8과 같이 성장하게 된다. 순수금속 또는 폴리머(왼쪽 그림)에서는 인장력이 소성구간을 발생시킨다. 이러한 소성 구간은 δ의 양에 비례하여 확장되며, 이로 인해 신생면이 생성된다. 응력이 제거되면 균열은 다시 닫혀 지며, 새롭게 생성된 표면(신생면)은 δ의 양에 비례하여 다시 닫혀진다. 다음 사이클에서도 이러한 현상이 반복적으로 일어나게 되며, $da/dN \approx \delta$의 관계로 균열은 성장하게 된다. 반면, 압축력이 작용하는 경우에는 균열 면이 닫혀 지며, 하중이 전달되기 때문에 균열은 더 이상 성장하지 않는다.

15장에서 언급했듯이 공학 합금의 경우에는 매우 미세한 양의 이물질을 지니게 된다. 그림

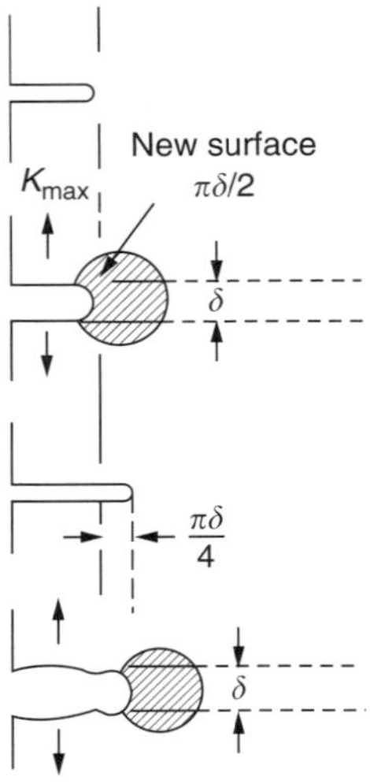

그림 18.8
피로 균열의 성장 과정

18.8의 오른쪽 그림과 같이 소성 구간에서 이러한 이물질로 인한 공간들이 서로 연결되어, 결국 균열 지점에까지 이어지게 된다. 균열은 이러한 공간들로 인해 전보다 빠른 속도록 진전되게 된다.

초기 균열이 있는 구조물에서는 이러한 과정들이 피로 수명을 결정짓게 된다. 균열이 없는 구조물의 경우에는 저-사이클 피로가 일어난다. 저-사이클 피로에서는 주로 가소성이 빠르게 표면을 거칠게 만들어서 균열을 발생시킨다. 그리고 [그림 18.9]는 균열 기구를 나타낸 것으로

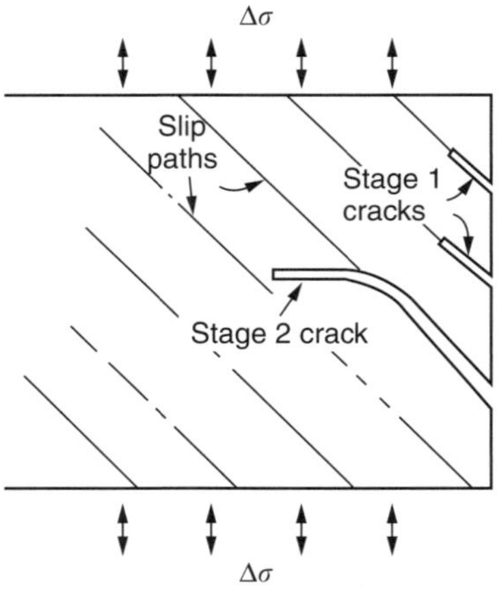

그림 18.9
저-사이클 피로의 균열 생성 과정. 일단, 균열이 발생하게 되면 그림 18.10에서 18.12까지 동일하게 성장하게 된다.

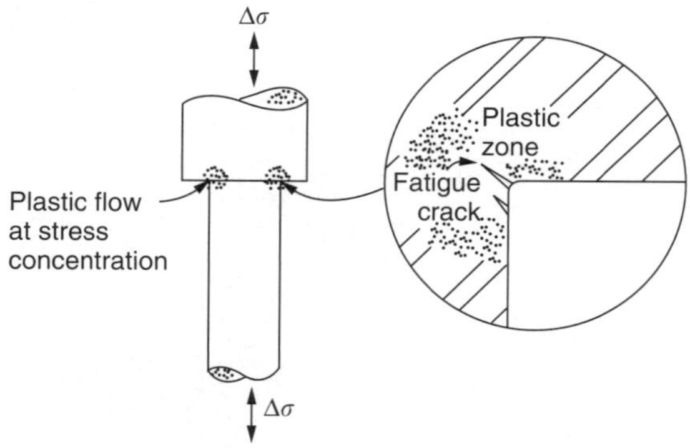

그림 18.10
고-사이클 피로에서의 균열의 생성 과정

균열은 전위라인(slip path)을 따라 진행(1단계 균열)하고 2단계 균열은 인장축의 수직 방향으로 성장하게 된다.

반면, 고-사이클 피로는 저-사이클과는 다르다. 일반적인 항복값 이하로 응력이 작용할 때, 초기 균열이 발생하게 된다. 비록 일반적인 가소성이 없더라도 그곳에는 국부적인 소성력이 발생하게 된다. 노치, 스크래치 또는 응력 집중 등에 의한 변형이 있는 부분에서는 균열이 급

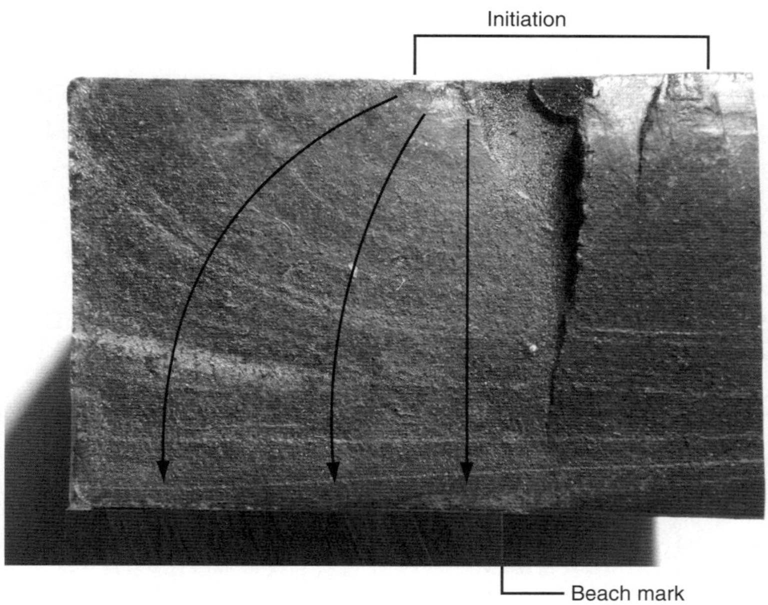

그림 18.11
강판에서의 피로 균열 표면. 화살표는 균열 성장 방향을 보여준다.

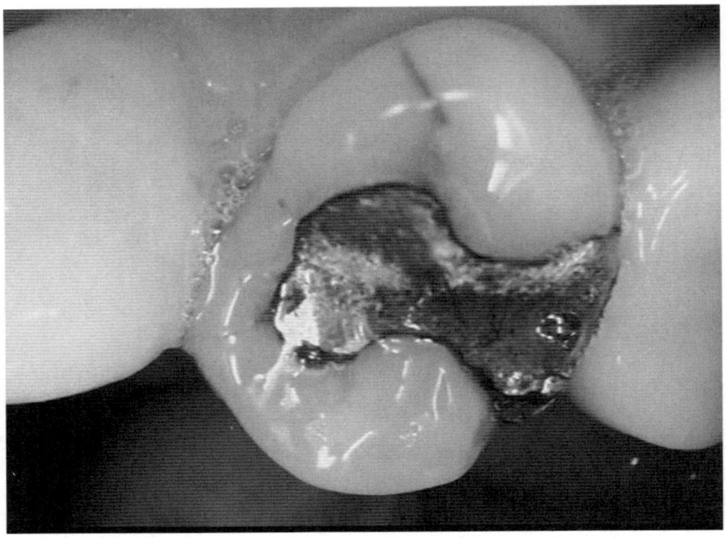

그림 18.12
인간 치아에서의 피로 균열

격하게 성장하게 된다. 또한 균열은 [그림 18.10]에 보여준 응력 집중부의 한 부분에서 발생하게 되며, 처음에는 천천히 성장하지만 파괴가 일어나기 전까지 균열속도는 점점 빨라지게 된다. 완전히 파괴되기 전까지는 갑작스런 표면의 변화 또는 접합 부분의 변화는 고-사이클 피로에서 매우 위험하다. 종종 피로 수명은 구조물의 크기에 비례하여 감소되기도 한다.

[그림 18.11]은 피로에 의해 파괴된 40 mm 두께의 강판 표면의 균열을 보여준다. 주어진 어떤 시간에서의 피로 균열의 형상은 비치마크(beach mark)로 확인할 수 있다. [그림 18.12]는 액세스 홀 근처에서 시작된 선박의 갑판에서의 피로 균열을 보여준다. 구멍은 응력 집중을 만들어낸다.

WORKED EXAMPLES 1

구리로 된 수냉 강판이 로에서 파괴가 시작되는 고려해보자. 냉각 판과 로 철피 사이의 열 팽창 작용에 의한 저-사이클 피로가 추정되는 원인이다. 예비 평가를 위해서, 구리 환원 열처리(소둔)된 판 재료에 대하여 변형률-수명 곡선이 급히 필요하다. 어디에서부터 시작할 것인가?

[그림 18.4]에서 보여준 전형적인 변형률-수명 곡선을 형성하는 것을 기억하여라. 선도의 왼쪽편을 보면, 적어도 구리에 대한 표준 인장 시험 데이터-진 파괴 응력과 변형률 값을 얻을 수 있을 것이다. 인장 응력 데이터는 다양한 핸드북과(또는) 웹사이트를 통하여 얻을 수 있지만, 물론 이것은 항상 공칭 응력과 공칭 변형률 데이터이기 때문에 진 응력 진 변형률로 환산

할 필요가 있다. 이것은 이미 환산 방정식에 대하여 알고 있기 때문에 문제될 것이 없다(제9장 참조). 또한 영의 계수도 필요하지만, 쉽게 얻을 수 있다(구리의 등급이 어떤 것이든지 같은 값을 갖는다). 열처리(소둔)된 구리에 대한 필요 데이터는 쉽게 위치시킬 수 있다 :

σ_{TS} = 216 MN m^{-2}, ε_f = 48% → 0.48, E = 130 GN m^{-2}.

$$\varepsilon_f' = \ln(1+\varepsilon_f) = \ln(1+0.48) = \ln(1.48) = 0.39$$

$$\sigma_f' = \sigma_{TS}(1+\varepsilon_f) = 216(1+0.48) = 320\,\text{MN m}^{-2},\ \frac{\sigma_f'}{E} = \frac{320\text{MN m}^{-2}}{130\text{ GN m}^{-2}} = 0.0025$$

따라서 이미 그래프에 두 임계점들을 표시할 수 있으며, 선도에 임계점들을 표시하였다.

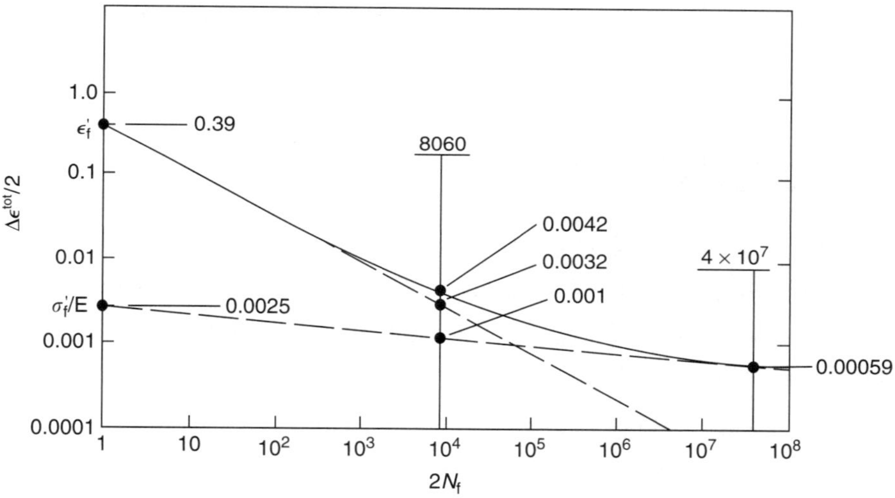

이제 탄성 피로 선을 정의하기 위하여 그래프의 오른쪽 편에 어떤 것을 할 수 있게 되었다. 사실, LCF에 대한 데이터보다 훨씬 더 많은 유용한 데이터를 HCF에 대하여 가지고 있다. 그러나, 핸드북 그리고(또는) 웹사이트에는 거의 항상 단지 하나의 값만 나타난다 – 전형적으로 10^8 사이클 수 후에 파괴가 일어나는 응력 진폭에 대한 값. 열처리(소둔)된 구리의 경우에, 빠른 핸드북 검색을 해보면 2×10^7 사이클(4×10^7 반전) 후에 ±76 MN m^{-2}의 응력값을 찾을 수 있다. 76 MN m^{-2}의 응력 진폭에 일치하는 변형률 진폭은 다음과 같다.

$$\frac{\Delta\varepsilon^{el}}{2} = \frac{\Delta\sigma}{2E} = \frac{76\text{ MN m}^{-2}}{130\text{ GN m}^{-2}} = 0.00059$$

선도에 이 점을 표시하는 것으로 탄성 피로 선을 정해준다.

마지막으로, 소성 선을 정의하기 위해서 그래프의 중간 부분에 일부 점들이 필요하다. 전체

변형률-수명 그래프를 얻기 위해서 소성 선과 탄성 선을 더할 수 있다(그러나 수직 축은 선형 스케일이 아님을 명심하여라). 다행히도, 일부 표준 교과서를 통한 빠른 조사는 0.0084의 고정된 변형률 범위의 열처리(소둔)된 구리에 대한 주기적인 응력-변형률 루프를 찾아낼 수 있다(Hertzberg). 설정된 응력 범위는 252 MN m^{-2}이고, 파괴까지의 반전 횟수는 8060이다. 이 때의 총 변형률 진폭은 0.0042이다. 총 변형률 진폭의 탄성 부분은 다음과 같다.

$$\frac{\Delta\varepsilon^{el}}{2}=\frac{\Delta\sigma}{2E}=\frac{252\,\mathrm{MN\,m^{-2}}}{2\times 130\,\mathrm{GN\,m^{-2}}}=0.001$$

총 변형률 진폭의 소성 부분은 0.0042 − 0.001 = 0.0032이다. 세 가지 변형률 진폭은 앞의 선도에 표시되었으며, 이를 통하여 종합적인 변형률-수명 선도가 그려질 수 있다. 이것은 예비 평가를 하는데 충분하다. 그러나, 예측 설계는 데이터의 가변성(평균과 표준 편차)이 존재할 수 있기 때문에 항상 실제의 풍부한 피로 시험 데이터에 근거해야만 한다.

WORKED EXAMPLES 2

방정식 18.5에서 피로 균열 성장률이 $(\Delta K)^m$에 비례한다는 것을 보였다. 여기에서 ΔK는 균열에 대한 응력 강도의 범위를 갖는다. 지수 m은 재료 상수이다. 방정식 18.5를 초기 길이에서 최종 길이까지 적분하여 균열 성장에 필요한 피로 사이클 수 N_f를 계산할 수 있음을 식 18.6을 통하여 알 수 있다. 적분은 때때로 곤란할 수 있어서, 지수 m = 3(강의 전형적인 값)인 경우의 예를 다룬다. 식 18.5로부터 다음을 얻는다.

$$\frac{\mathrm{d}a}{\mathrm{d}N}=A(\Delta K)^3=A\left(Y\Delta\sigma\sqrt{\pi a}\right)^3=A\left(Y\Delta\sigma\sqrt{\pi}\right)^3 a^{3/2},$$

$$\int_{a_1}^{a_2}\frac{\mathrm{d}a}{a^{3/2}}=A\left(Y\Delta\sigma\sqrt{\pi}\right)^3\int \mathrm{d}N,$$

$$-2\left[\frac{1}{\sqrt{a}}\right]_{a_1}^{a_2}=2\left[\frac{1}{\sqrt{a_1}}-\frac{1}{\sqrt{a_2}}\right]=A(Y\Delta\sigma\sqrt{\pi})^3 N,$$

$$N=\frac{2}{A(Y\Delta\sigma\sqrt{\pi})^3}\left[\frac{1}{\sqrt{a_1}}-\frac{1}{\sqrt{a_2}}\right]$$

일반적으로, $A = 6\times 10^{-12}$ m(MN $m^{-3/2})^{-3}$이다. Y = 1, $\Delta\sigma$ = 100 MN m^{-2}이라고 가정한다. 초기 균열 길이 2 mm, 최종 균열 길이 10 mm인 경우, 올바른 계산을 얻기 위해 단위를 일치시키면 각각 0.002 m, 0.010 m이다. 다음과 같이 수치 대입을 하면

$$N = \frac{2}{6\times10^{-12}\,\mathrm{m\,MN^{-3}}\,(\mathrm{m^{-3/2}})^{-3}(100\,\mathrm{MN\,m^{-2}})^3\pi^{3/2}}\left[\frac{1}{\sqrt{0.002\,\mathrm{m}}}-\frac{1}{\sqrt{0.010\,\mathrm{m}}}\right]$$

$$N = 7.4\times10^{-5}$$

단위를 변경하더라도 N은 반드시 무차원이어야 한다. 앞으로는 모두 MN, m를 사용하는 한 단위를 표기할 필요가 없다.

EXAMPLES

18.1 The copper water-cooling plates in the Worked Example failed at welded joints which connected the plates to the inlet and outlet water pipes. During thermal cycling of the furnace, the pipes were bent back and forth, which resulted in cyclic straining of the welds. The strain amplitude was estimated to have been 0.01. Using the strain–life plot in the diagram, estimate the number of cycles required to cause the welded joints to fail. Your estimate of the strain amplitude could be in error by a factor of 2. What would be the failure life if the strain amplitude were as large as 0.02?

18.2 An electric iron for smoothing clothes was being used when there was a loud bang and a flash of flame from the electric flex next to the iron. An inspection showed that the failure had occurred at the point where the flex entered a polymer tube which projected about 70 mm from the body of the iron. There was a break in the live wire and the ends of the wire showed signs of fusion. The fuse in the electric plug was intact. Explain the failure. Relevant data are given in the table that follows.

Rating of appliance	1.2 kW
Power supply	250 V , 50 Hz AC
Fuse rating of plug	13A
Flex	3 conductors (live, neutral, and earth) each rated 13 A
Individual conductor	23 strands of copper wire in a polymer sheath; each strand 0.18 mm in diameter
Age of iron	14 years
Estimated number of movements of iron	10^6

18.3 A large component is made of a steel for which $K_c = 54\ \mathrm{MN\ m^{-3/2}}$.
Nondestructive testing by ultrasonic methods shows that the component contains long surface cracks up to a = 2mm deep. Laboratory tests show that the crack-growth rate under cyclic loading is given by

$$\frac{da}{dN} = A(\Delta K)^3$$

where $A = 6 \times 10^{-12}$ m(MN m$^{-3/2}$)$^{-3}$. The component is subjected to an alternating stress of range

$$\Delta\sigma = 180 \text{ MN m}^{-2}$$

about a mean tensile stress of $\Delta\sigma/2$. Given that $\Delta K = Y\Delta\sigma\sqrt{\pi a}$, estimate the number of cycles to failure. Assume that $Y = 1.12$.

18.4 The preceding photograph shows the fracture surfaces of two broken tools from a pneumatic drill. The circular fracture surface is 35 mm in diameter, and the "rectangular" fracture surface measures 24mm × 39 mm. The shape of the fatigue crack at any given time is indicated by the beach marks, which are clearly visible on the fatigue part of the fracture surface. Indicate the following features on each fracture surface:

a. The point where the fatigue crack initiated

b. The position of the crack just before the final fast fracture event The fatigue crack traverses much more of the cross section in the circular tool than in the rectangular tool. What does this tell you about the maximum stress in the fatigue cycle?

18.5 An aluminum alloy for an airframe component was tested in the laboratory under an applied stress which varied sinusoidally with time about a mean stress of zero. The alloy failed under a stress range, $\Delta\sigma$, of 280 MN m^{-2} after 10^5 cycles; under a range of 200 MN m^{-2}, the alloy failed after 10^7 cycles. The fatigue behavior of the alloy can be represented by

$$\Delta\sigma = C(N_f)^b$$

where b and C are constants. Find the number of cycles to failure, N_f, for a component subjected to a stress range of 150 MN m^{-2}.

18.6 The following photograph shows a small part of a fatigue fracture surface taken in the scanning electron microscope (SEM). The material is stainless steel. The position of the crack at the end of each stress cycle is indicated by parallel lines, or "striations." By taking measurements from the photograph, estimate the striation spacing.

18.7 After 3 years in service, a steel boiler started to leak steam from a position below the water line. The leak was traced to a fine crack 20 mm long in the wall of the boiler barrel alongside the entry position of the water feedpipe. An internal inspection showed severe cracking of the boiler plate. It was concluded that the cracks had initiated at the inner surface of the barrel and had then propagated through the wall. A baffle had been fitted in the water space a short distance in from the feed pipe in order to deflect the cold feed water sideways along the boiler barrel. Indicate the likely mechanism of failure and support it with a simple calculation. Supporting data is as follows: water temperature of boiler = 180°C; feed water temperature = 10°C; coefficient of thermal expansion of steel = 12×10^{-6} °C^{-1}; yield strength of boiler plate = 250 MN m^{-2}.

18.8 Referring to Example 18.7, what effect would removing the baffle have on the thermal fatigue life?

18.9 Referring to Example 18.7, why is the fatigue likely to be *low-cycle* fatigue?

18.10 Referring to Example 18.7, estimate the number of thermal cycles over the 3-year period of operation. How does this confirm low-cycle fatigue?

ANSWERS

18.1 Approximately 1000 and 300 reversals (500 and 150 cycles). The answers can be read directly off the graph in Worked Example 1.

18.2 Each time the iron was moved backwards and forwards the flex would have experienced a cycle of bending where it emerged from the polymer sheath. The sheath is intended to be fairly flexible to avoid concentrating the bending in one place. Possibly the sheath was not sufficiently flexible, and the flex experienced a significant bending strain amplitude at the location of failure. The number of cycles is well into the range for high-cycle fatigue, so fatigue is the likely cause. The scenario is that the individual strands in the live conductor broke one by one until the current became too much for the remaining strands to carry. At this stage, the remaining strands would have acted like a fuse and melted, causing the fire. If 23 strands are rated to carry 13A, then a single strand should carry about 0.57 A. The iron draws 4.8 A, which is 8.4 times the capacity of a single strand. It is not surprising when only a few strands were left intact that the flex was no longer able to take the current without overheating. Failures of this type have also occurred with appliances such as vacuum cleaners. However, these tend to have a smaller current rating, so failure does not always cause a fire.

18.3 First find a_2 using the fast fracture equation

$$K_c = Y\Delta\sigma\sqrt{\pi a_2}$$

$$a_2 = \frac{1}{\pi}\left(\frac{K_c}{Y\Delta\sigma}\right)^2$$

Input $K_c = 54$, $Y = 1.12$ and $\Delta\sigma = 180$. This gives $a_2 = 0.0228$ m. Then follow the method of Worked Example 2, integrating from $a_1 = 0.002$mto $a_2 = 0.0228$ m. This gives 1.15×10^5 cycles.

18.4 (a) Circular = 0730 hrs position. Rectangular = 0600 hrs position.

(b) Circular = 1300 hrs position. Rectangular = 1200 hrs position.

18.5 5.2×10^8 cycles. Rewrite the given equation as $C = \Delta\sigma(N_f)^a$, then write it out twice and equate to give $280(10^5)^a = 200(10^7)^a$. This gives $a = 0.073$.

Putting this back into the equation for a $(\Delta\sigma, N)$ pair (e.g., 280, 10^5) gives $C = 649$ MN m^{-2}. The equation with these values of a and C then gives N_f for 150 MN m^{-2}.

18.6 0.5 μm. Scale off the 1 μm "bar" at the bottom LHS of the photo (it is 3.0 mm long on the photo). To measure the striation spacing more accurately, take a length on the photo of, say, 20 mm, and count the number of striation spacings over this length. Repeat this on different parts of the photo to get an idea of the average value.

18.7 Low-cycle fatigue, produced by repeated cycles of thermal contraction and expansion (*thermal fatigue*). Show that the maximum strain due to thermal contraction $\alpha \Delta T = 2.04 \times 10^{-3}$, which is 1.6 times greater than the yield strain $\sigma_y / E = 1.25 \times 10^{-3}$, so there is plenty of thermal strain to spare.

18.8 The baffle makes the cold water sweep sideways over the inner surface of the boiler plate, ensuring efficient cooling. The problem would have been much less serious if a baffle had not been fitted. The fatigue life would have been much longer, and in fact there might not have been any fatigue cracking at all.

18.9 Because the thermal strain is greater than the yield strain, the plate is experiencing a plastic strain amplitude—see Figure 18.4.

18.10 Assume 10 feeds per day at 365 days per year over 3 years = 10^4 cycles. This is consistent with low-cycle fatigue—see Figure 18.4.

CHAPTER 19

피로 설계

19.1 개요

본 장에서는 사용 중에 발생하는 피로 파괴에 대비한 구조물 또는 구성 요소의 설계와 관련사항을 여러 가지 관점에서 살펴보았다. 그리고 (기계 구성요소들의 설계에 필요한) 금속과 합금의 피로 강도 값과 (교량과 정유시설 같은 큰 구조물 등에서 중요하게 사용되는) 용접 접합부에 대한 데이터를 살펴보았다. 다음으로 (단차 또는 구멍과 같은) 횡단면의 갑작스러운 변화들에 의해 야기되는 응력 집중부의 문제들을 검토하였다. 또한 매끄러운 마무리, 개선된 구성요소의 형상 그리고 표면의 압축 잔류 응력에 의해 피로 강도가 어떻게 개선될 수 있는가에 대하여 살펴보았다. 아울러 볼트의 예비하중이 자동차 엔진의 큰쪽 끝단부의 베어링과 같은 볼트 연결점들에서 어떻게 결정적인 역할을 하는지도 검토하였다.

19.2 균열이 없는 구성요소를 위한 피로 데이터

[표 19.1]은 평균응력이 영인 균열이 없는 견본들의 고-사이클에서의 피로 강도 데이터를 보여준 것이다. 이 데이터는 표면이 잘 마무리 된 견본들을 이물질 및 습기가 없는 청정조건에서 시험한 결과이다. 만일 표면 마무리가 불량하거나, 또는 부식성의 환경이라면 피로 강도는 이보다 더 작을 수 있다.

분명한 것은, 만일 청정 조건에서 잘 마무리 된 표면의 구성 요소가 가동 중인 응력 크기 $\Delta\sigma/2$에 대한 일정 크기의 피로 하중에서 10^8 사이클까지 파괴가 일어나지 않으려면, [표 19.1]에 주어진 적절한 안전계수를 고려한 값보다는 작게 설정해야한다. 반면, 평균 응력이 영이 아니라면, 식 (18.4)는 평균응력이 영이 아닌 조건하에서 피로강도를 계산하기 위해 사용되어야 한다. 구체적인 데이터들이 없다면, $\Delta\sigma/2 = C\sigma_{TS}$를 사용한다. 여기서 상수 C의 값은 재료에 따라 다르지만 일반적으로 0.3∼0.5 정도로 주어진다.

표 19.1 금속과 합금의 피로강도 근사값

금속 또는 합금	10^8 사이클 이후 파괴를 위한 응력 크기 $\Delta\sigma_0/2$ (평균응력 = 0) (MN m^{-2})
알루미늄	35–60
알루미늄 합금	50–170
구리	60–120
구리 합금	100–300
마그네슘 합금	50–100
니켈	230–340
니켈 합금	230–620
강철	170–500
티타늄	180–250
티타늄 합금	250–600

19.3 응력 집중

하중을 받는 구성요소에서 횡단면의 갑작스런 변화는 국부적인 응력이 평균응력 이상으로 증가하게 되는 결과를 초래한다. 최대 국부 응력과 평활한 부분의 평균응력과의 비율을 응력 집중 계수, 또는 짧게 SCF(stress concentration factor)라고 한다. [그림 19.1]은 단면에서의 공통적인 두 개의 변화(축 하중을 받는 판의 구멍, 그리고 굽힘을 받는 슈더 샤프트)에 관한 SCF의 상세도를 보여준 것이다. 홀에서 3의 SCF 값을 준다.

샤프트의 SCF는 필렛 반경 *r*과 작은 쪽의 샤프트 직경 *a*의 비율에 의해 결정된다. SCF를 최소화하기 위해서는 *r*/*a*가 최대로 되어야 한다. 분명히 피로 파괴는 국부적인 응력 집중부에서 우선적으로 일어날 것이다. 만일 구성 요소가 SCF를 가지려면 최대 국부 응력이 평균응력이 아닌 재료의 피로 강도 이하에서 유지되어야 한다.

19.4 노치 민감 계수

슈더 샤프트의 경우를 예로 들어보면, *r*/*a*의 비율이 0으로 감소(각진 모서리)하게 되면 SCF가 무한대로 증가한다는 것을 알 수 있다. 이것은 각진 모서리 또는 노치를 가진 구성 요소는 아무리 낮은 평균응력일지라도 언제든지 피로에 의한 파괴가 일어날 수 있음을 의미한다. 하지만 (비록 이 경우는 매우 나쁜 사례이지만) 각진 모서리를 가진 많은 구성 요소들이 피로하중이 가해지는 상황에서도 파괴를 일으키지 않고 성공적으로 사용되는 경우가 있기 때문에 위

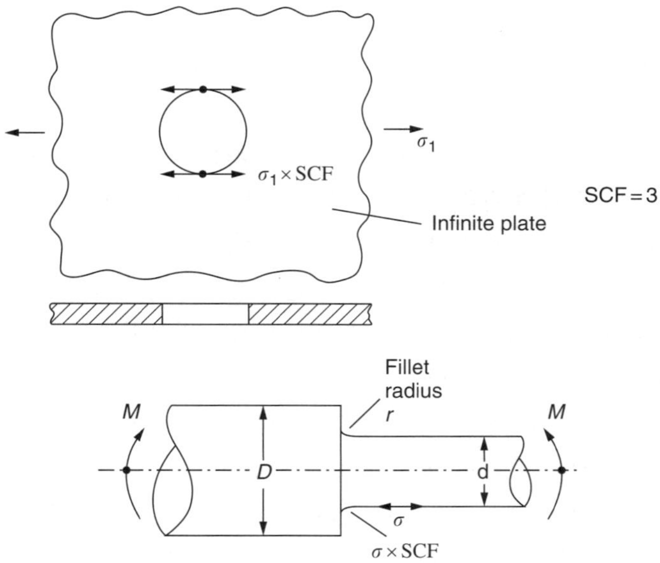

$\frac{D}{d}$ \ $\frac{r}{d}$	Table of SCF values 0.025	0.05	0.10	0.15	0.20	0.30
1.02	1.90	1.64	1.43	1.34	1.24	1.20
1.05	2.13	1.79	1.54	1.40	1.31	1.23
1.10	2.25	1.86	1.59	1.43	1.37	1.26
1.50	2.59	2.06	1.67	1.50	1.40	1.29
3.00	2.85	2.30	1.80	1.58	1.43	1.32

그림 19.1
대표적인 응력집중계수

의 논리는 정확하다고 할 수 없다.

피로용어로서, 우리는 유효 응력 집중 계수(SCF_{eff})를 정의할 수 있으며, 이는 $SCF_{eff} < SCF$의 조건을 갖는다. 이 둘에 대한 관계식은 다음과 같다.

$$SCF_{eff} = S(SCF - 1) + 1 \tag{19.1}$$

여기서 S는 노치 민감 계수이며, 그 값은 0에서 1 사이의 범위에 있게 된다.

만일 재료가 충분한 노치 민감성을 지닌다면, $S = 1$ 그리고 $SCF_{eff} < SCF$일 것이다. 반면 재료가 노치 민감성을 갖지 않는다면, $S = 0$ 그리고 $SCF_{eff} = 1$일 것이다.

[그림 19.2]는 σ_{TS} 그리고 필렛 반경 r이 증가함에 따라 S 값이 증가하는 것을 보여준다. σ_{TS}에 따라 S 역시 증가함을 예상할 수 있다. 제15장에서 살펴보았듯이 예리한 균열에서는 필렛 반경을 갖는 재료는 국부적인 응력이 작용하여 항복이 일어날 수 있다. 따라서 최대 국부 응

력을 항복 응력으로 제한할 것이다. 일반적으로, σ_{TS}의 증가는 σ_y의 증가를 의미한다. 즉, σ_{TS}의 증가는 항복 응력 한도 이전에 견딜 수 있는 최대 국부 응력을 증가시키며, SCF_{eff} = SCF을 유지하도록 돕는다.

r의 감소와 함께 S의 감소는 다른 의미를 가진다. [그림 19.2]에서 보여주듯이 r이 0으로 접근함에 따라 S 또한 σ_{TS} 값과 무관하게 0으로 가까워지는 경향을 보인다. 이것은 예리한 노치가 작은 변화된 부분(피로 균열이 시작되는 부분)을 만들기 때문이며, 피로 균열의 성장을 어렵게 한다. 앞서 제17장에서 우리는 취성 재료의 인장 강도가 증가함에 따라 부피가 감소하는 것을 확인하였다. 이 사이즈 효과는 피로 균열의 형성에도 적용된다 – 공정 영역이 작아지면 작아질수록 부품의 피로 강도는 커진다.

[그림 19.2]의 노치 민감 곡선들은 작은 필렛 반경을 갖는 구성요소의 설계에 있어서 재미있는 관련성을 지니고 있다. 재료의 인장 강도가 커지면 구성 요소의 피로 강도 또한 증가할 것이라고 생각해볼 수 있을 것이다. 그러나 이것은 주로 노치 민감도의 증가에 의해 상쇄되며, 식 (19.1)에 의해 유효 응력 집중 계수(SCF)의 값을 증가시킨다. 다행히도, 이후 확인할 수 있겠지만 노치 형상이 있는 구성 요소의 피로 강도를 향상시키기 위한 다른 방법들이 존재한다.

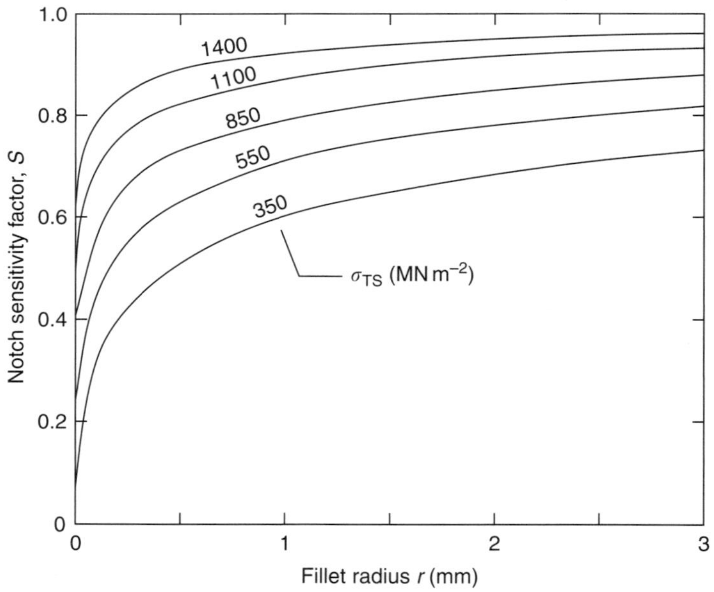

그림 19.2
인장응력과 필렛 반경 결과에 따른 노치 민감 계수

19.5 용접 접합부의 피로 데이터

용접은 건축용 강철과 알루미늄 합금의 접합에 우선적으로 많이 적용되고 있는 방법이다. 우리 주변에서는 교량, 유정 굴착장치, 선박, 화학제품 설비 등, 피로 하중을 받고 있는 용접부를 많이 살펴 볼 수 있다. 용접 접합부는 매우 중요하기 때문(그리고 특별한 특징들을 지니기 때문에)에 접합 피로 강도의 구조적 표준에 관해 수많은 데이터가 있다.

[그림 19.3]은 다양한 종류의 용접 접합부들이 어느 정도의 표준 용접 등급으로 분류될 수 있는가에 대해 나타낸 것이다. [그림 19.4]는 구조용 강 종류에 따른 피로 강도를 나타낸 것이다. 97.7%의 survival lines 들은 주로 설계 목적으로 사용되며, 그리고 50% 선도들은 실제로 파괴가 일어나는 용접부 분석에 사용된다. [그림 19.4]의 피로 선도에서 수직 축은 전체 응력 범위 $\Delta\sigma$를 나타내는 점에 주의해야 한다. 고-사이클에서의 피로 데이터([표 19.1] 참조)에서와 같이 일반적으로 사용되는 $\Delta\sigma/2$을 사용해서는 안 된다. [표 19.1]로부터 우리는 강철(10^8 사이클)의 $\Delta\sigma$가 적어도 $2 \times 170 = 340$ MN m^{-2}의 값을 갖는 것을 살펴 볼 수 있다. G 등급 용접(10^8 사이클)의 $\Delta\sigma$은 단지 20 MN m^{-2}에 지나지 않는다. 이 커다란 차이는 용접의 3가지 특별한

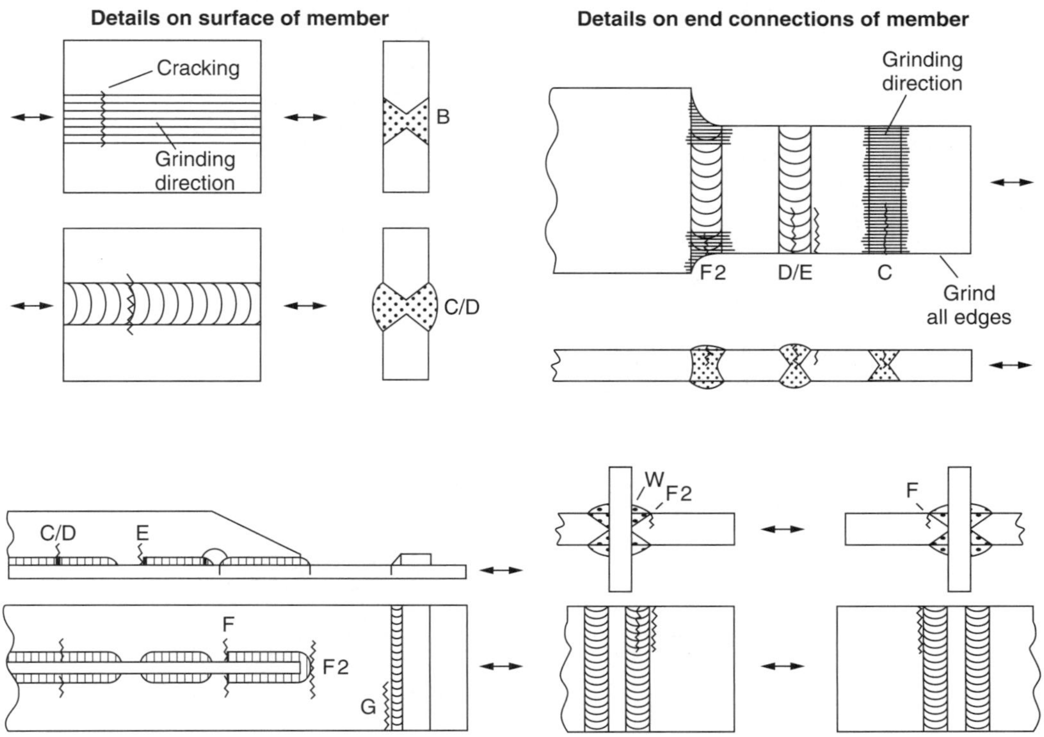

그림 19.3
표준 용접 등급

특징(큰 SCF 값, 거친 표면 마무리 그리고 용접 공정에서 만들어지는 미세 균열과 같은 결함)에 주로 기인한다.

용접부의 피로 강도가 피로 주기에서의 평균 응력 값에 의존하지 않는 점에 주의해야 한다. 식 (18.4)는 용접부에 적용되어서는 안 된다. 이것은 설계자가 보다 더 쉽게 수명 설계를 할 수 있도록 해준다. [그림 19.4]에 보여주는 평균응력 및 응력범위가 필요한 입력 값들이다. 종래의 피로 데이터들과의 두드러진 차이는 용접 접합부의 특별한 특징에서 기인한다. 용접은 보통 항복 응력과 같은 인장 잔류 응력을 갖게 된다. 이러한 잔류 응력들은 용접부가 냉각되고, 수축된 이후에 형성되는 용접 비드에 의해 야기된다. 어떤 응력 주기의 적용이라도 용접 자체에서의 실제 응력 주기는 항상 최대 응력 σ_y 그리고 최소 응력 $\sigma_y - \Delta\sigma$를 갖는다.

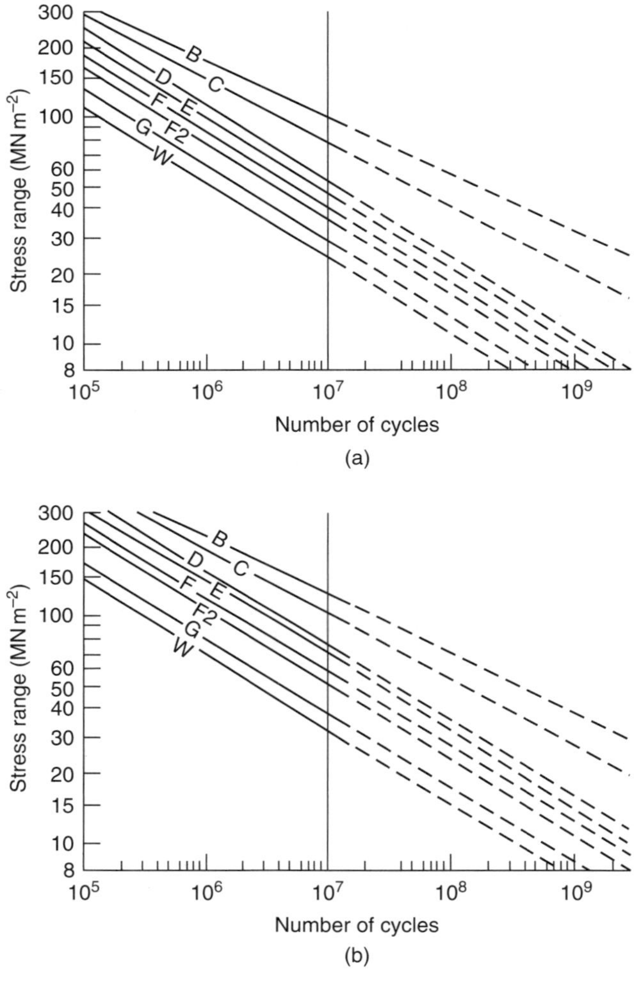

그림 19.4
구조강의 표준 용접 등급의 피로 강도. (a) 97.7% survival 선도, (b) 50% survival 선도

19.6 피로 개선 기술

우리들은 앞서 응력 집중 계수를 최소화하고, 그리고 매끄러운 표면 처리에 의해서 구성 요소의 피로 강도가 증가한다는 것을 보았다. (결국, 거친 표면은 작은 응력 집중들의 총합을 의미한다) 그러나, 완전히 SCF들을 삭제하는 것은 항상 가능한 일은 아니다. 하나의 좋은 예로 나사의 이 또는 볼트의 몸통과 머리 둘 사이의 접합이 있으며, 이는 구성 요소의 파괴 없이는 제거될 수 없다. 여기서 잠재적인 균열이 시작되는 부위에 가해지는 잔류 압축 응력에 대해 소개하고자 한다.

여기에는 (나사의 thread에 대한) thread rolling, (볼트 또는 샤프트의 필렛 반경에 대한) roller peening, (미리 파여진 홈에 대한) 홀팽창(hole expansion) 그리고 상대적으로 평평한 표면에 대한 쇼트 피닝(shot peening) 등이 있다. 압축 응력은 표면에서 피로 균열이 시작하여 점차 성장하는 것을 억제한다.

[그림 19.5]는 용접의 피로 강도를 어떻게 향상시킬 수 있는지를 보여준 것이다. 첫 번째 단계는 가능하다면 용접의 등급을 개선시키는 것이다. 완전한 관통용접에 의해 매우 낮은 등급인 W 등급 용접을 줄이고, 연결부의 등급을 F 등급까지 향상시킨다. 보다 더 향상된 개선을 위해서는 표면을 더 매끄럽게 하기 위해 용접 비드를 갈아내고, SCF들을 줄이고 용접 결함부위를 제거하여야 한다. 마지막으로, 쇼트 피닝으로서 표면의 잔류 압축 응력을 두는 방법이 있다.

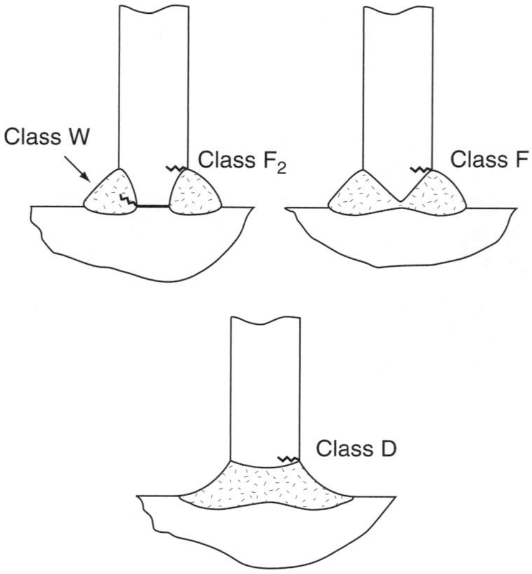

그림 19.5
전형적인 용접 접합부의 피로 강도 개선

19.7 피로주기 방지 설계안

약간의 처리를 통해서, 구성요소의 피로강도를 실제 적용되는 하중 내에서 근본적으로 파괴를 방지하도록 하는 것은 쉽지 않은 일이다. 설계에 기초한 해법일지는 모르겠지만, 하중이 주기적으로 걸리는 구성요소의 응력 범위를 줄이거나 제거하는 것이 필요하다. 하나의 좋은 예는 자동차의 크랭크샤프트와 커넥팅 로드의 대단부에서의 베어링 틀의 볼트 연결부의 설계를 들 수 있다. [그림 19.6]을 보면, 만일 볼트가 약간 느슨하게 결합되어 있다면, 하중 전체가 2개의 볼트들에 걸리게 됨을 쉽게 살펴 볼 수 있다. (그밖에 걸리는 인장 하중은 없다) 각 볼트에 적용되는 하중의 주기는 $0 \rightarrow P \rightarrow 0$의 주기를 갖는다.

만약 조립된 볼트에서 큰 인장력(또는 예비하중)에 의하여 토크(우력)가 발생한다면 상황은 아주 달라진다. 이 상황은 [그림 19.7]에 보이는 바와 같이 매우 분명하게 모델화 할 수 있다. 여기서, 볼트는 고무 밴드로 표현되며, 인장(T)이 모이게 된다. 틀의 정중앙 사이 경계면에는 같은 크기의 압축력이 상호간에 작용하고 있다. 하중 P의 크기가 T에 이르기 전까지는 아무런 변화가 없지만, 조립부에 하중이 걸리게 되면 틀의 중앙부는 분리되기 시작한다. $P < T$ 조건 하에서는, 볼트는 전혀 응력의 변화를 보이지 않는다. 실제 적용되는 하중의 변화는 틀

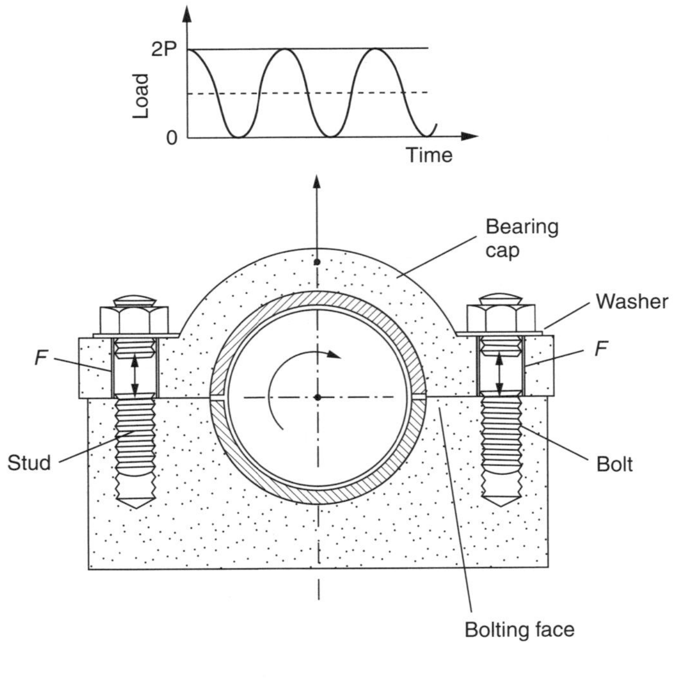

그림 19.6
베어링 캡의 보호를 위해 못 또는 볼트를 사용한 전형적인 베어링 틀

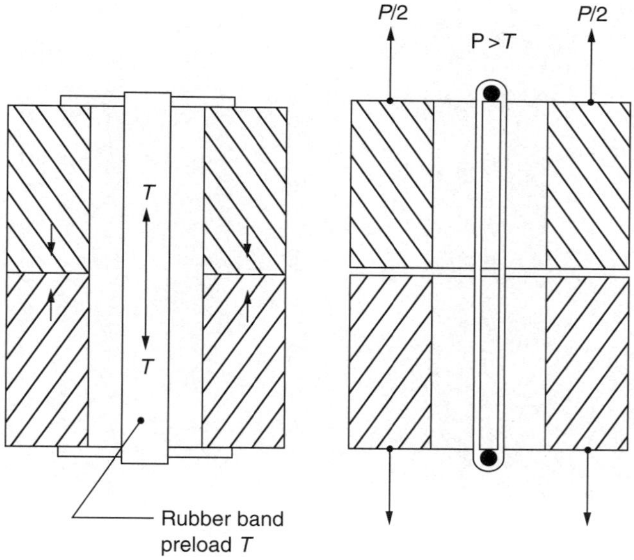

그림 19.7
예비하중 *T*로 조립된 볼트 연결부 모델

의 정중앙 사이 경계면에서의 압축력의 변화에 의해 야기된다. 물론, 실제 연결부에서 볼트는 고무 밴드와 같은 탄력성의 반응을 보이지는 않는다. 그러나 볼트가 길고 작은 직경을 가진다면, 연결부는 실제 적용된 하중의 주기 내에서 대부분의 변화가 작용하지 않을 정도의 탄력성을 가질 수 있다. 극단적인 경우에 볼트가 너트와 결합하기 위한 나선이 있어야만 하는 부분을 제외하고 "허리모양"이 될 수도 있으며, 나사의 곡경보다 덜 부드럽게 가공된다. 이것은 볼트의 "탄력성"을 증가시키고, 또한 피로 균열의 잠재적인 소스인 불필요한 나선을 제거해준다. 다시 말해, 이는 볼트가 고강도 스틸로 만들어진 이유 중에 하나이다. – 비록 볼트가 작은 직경을 가진다고 해도, 큰 예비하중 조건하의 인장에 의해서는 파괴가 일어나지 않는다.

WORKED EXAMPLE

다음의 사진은 맨하탄(Upper West Side, Broadway, W 80th, W 77th)에 있는 교통 신호등을 보여준다. 이 신호등들은 뉴욕시에서 매일 볼 수 있는 것들이며, 모든 보행자들이 신경을 쓰지 않는다. 그러나, 우리 공학자들은 다르다. 가장 일상적인 환경(비 공학자들이 전혀 인식하지 못하는 것들)에서 조차도 흥미로운 것을 찾는 것을 즐긴다.

신호등 기둥에 매달려 있는 램프 유닛을 고려하자. 어떻게 기둥에 부착되어 있는가? 두 개의 U자형 링크로 회전이 가능하도록 볼트로 부착되어 있다. 이것은 확대도로부터 확인가능하지만, 거리에서도 매우 분명하게 알 수 있다. 신호등 기둥의 끝에 램프 유닛의 꼭대기를 똑바

40 47 04.22 N 73 58 45.56 W

40 46 56.85 N 73 58 50.45 W

로 용접을 하기만하면 확실하게 더 저렴하고 더 빨리 작업을 할 수 있는데 왜 번거롭게 이렇게 회전가능하도록 링크로 설치하는 것일까? 작용하는 하중은 어떤 것일까? 자중이 맞지만 변수 하중은 어떤 것일까?

물론, 바람 하중이 있다. – 바람이 얼마나 빨리 고층 빌딩 사이의 거리에서 아래로 쌩쌩 부는지 기억하라. 만약 오늘 바람이 분다면 신호등 기둥 아래 흔들리는 램트 닛을 볼 수 있을 것

이다. 만약 램프 유닛을 흔들리게 놔둔다면, 피로 응력을 설계에 고려해야 할 것이다. 가격이 비싸져서 피로 하중을 고려할 필요가 없거나, 충분히 큰 피로 강도를 가질 수 있는 용접 방법을 선택(많은 공학자들은 이 방법을 알지 못한다)하거나, 용접 작업이 매번 잘 이루어지도록(낮은 제조 기술로는 쉽지 않음) 확실하게 해야 한다. 따라서, 피로 문제를 설계함으로써, 많은 비용을 절감할 수 있으며, 조만간 램프 유닛이 떨어져서 누군가를 죽일 수 있는 극단적인 예를 피할 수 있다. 그리고, 램트 유닛을 제거하는 방법도 쉽게 하여야 한다. 이 방법으로 충분한가? 아니다. 볼트의 마모 문제는 어떤가? 전형적인 유닛에 대하여 주기적으로 확인할 필요가 있고, 필요하다면 갱신 규약에 볼트를 포함시켜야 한다. 사실상 모든 구조물들은 설계자가 예측할 수 없는 결함들에 관해서도 수시로 검사되어야만 한다.

EXAMPLES

19.1 Indicate briefly how the following affect fatigue life:

a. A good surface finish

b. The presence of a rivet hole

c. A significant mean tensile stress

19.2 The following diagram shows the crank-pin end of the connecting rod on a large-scale miniature steam locomotive. The locomotive weighs about 900 kg and is designed for hauling passengers around a country park. In the full-size prototype the connecting rod and big-end were forged from a single billet of steel. However, to save cost in building the miniature version, it is intended to weld the two parts together with a full-penetration double-sided weld, grinding the surface flush to hide the joint. Do you think that this design solution will have the required fatigue properties? Design and operational data are given in the following table.

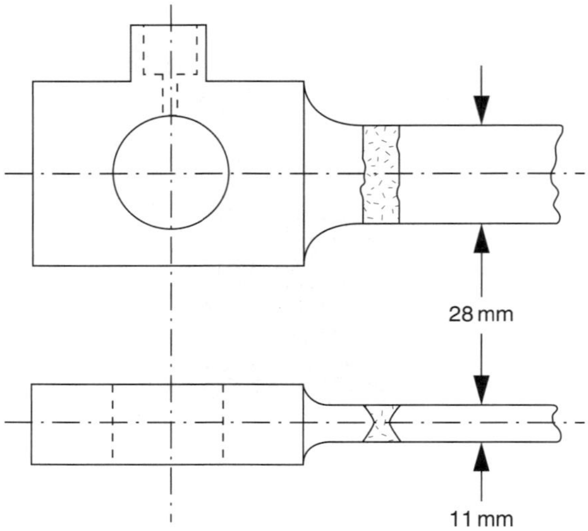

Diameter of double-acting cylinder	90 mm
Diameter of driving wheel	235 mm
Steam pressure inside cylinder at point of admission	7-bar gauge
Estimated annual distance traveled	6000 km
Design life	20 years minimum

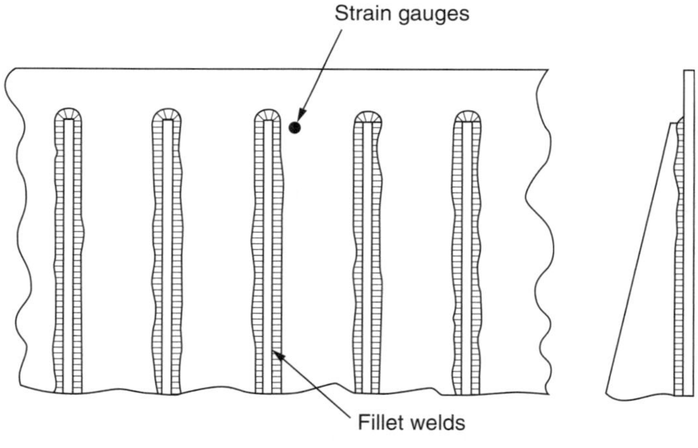

19.3 Vibrating screens are widely used in the mining industry for sizing, feeding, and washing crushed mineral particles. A typical screen consists of a box fabricated from structural steel plate which contains a mesh screen. During operation the box is shaken backward and forward at a frequency of up to 20 Hz. Although the major parts of the box are often fixed together using bolts or rivets, individual sub-assemblies such as a side of the box frequently have welded joints, particularly where frame stiffeners or gussets are added. Owing to the inertial forces generated by the rapid shaking, the stresses in the unit can be significant and the fatigue design of the welded connections has to be considered carefully.

The side of one box consists of a relatively thin plate which is stiffened with triangular gussets, as shown in the preceding diagram. Strain gauges attached to the plate during operation show that the maximum principal stress range in the plate near end of the gusset is 8 MN m^{-2}.

a. Given that the screen is expected to work for 12 hours per day and 6 days per week, estimate the time that it will take for there to be a 50% chance of a crack forming in the plate at the end of each gusset.

b. What would be the time for a 2.3% chance of cracking?

19.4 The diagrams that follow show the mechanical linkage in a pipe organ. The organist presses down on the pedal with his or her foot, which in turn pulls the vertical tracker down, rotates the roller, and pulls the horizontal tracker sideways. While the mechanism is being actuated,

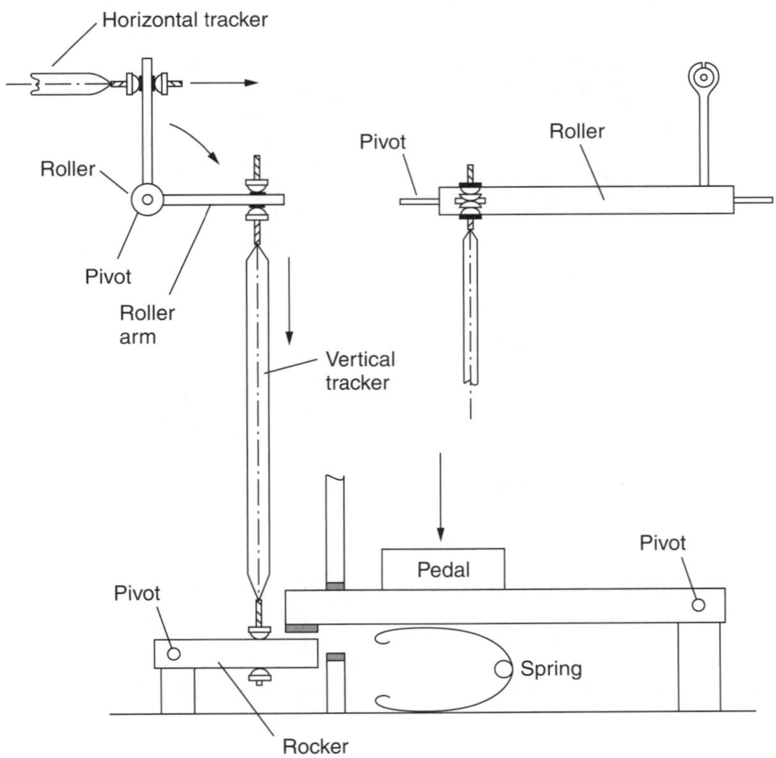

Schematic of the mechanical action in the region of the failed components (not to scale). The vertical tracker and the rocker are both made from light wood, and their weight can be neglected in the loading calculations

the tension in the trackers rises from zero to approximately 1 kgf. The roller arms were made from aluminum alloy rod 4.75 mmin diameter. The end of the rod was turned down to a diameter of 4mmto fit the hole in the roller, and was riveted over to hold it in place. The turning had been done with a sharp-ended lathe tool, which produced a sharp corner. A fatigue crack had initiated at this sharp corner, and led to the failure of the mechanism after only 2 years in service.

a. Why did the fatigue crack form at the sharp corner?

b. Where around the sharp corner did the fatigue crack initiate?

c. How would you modify the design to increase the fatigue life?

d. What other material would you choose to increase the fatigue life?

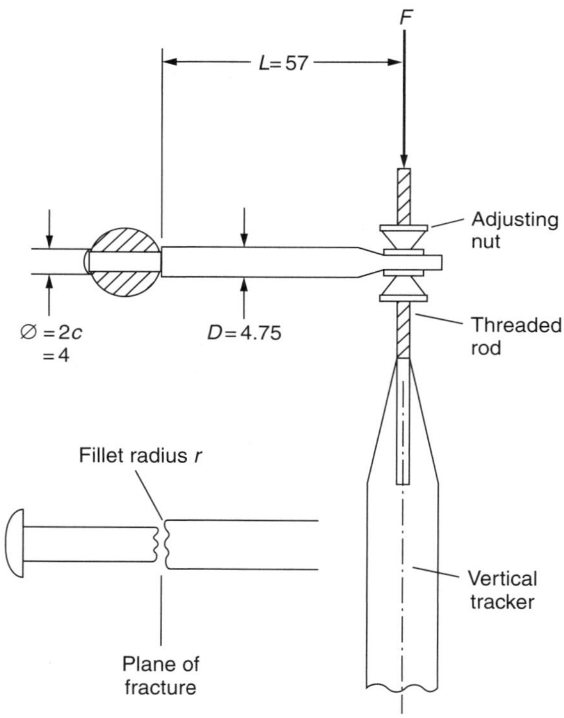

Fatigue fractures occurred at a sharp change of section in the roller arms. To scale—dimensions in mm.

19.5 Referring to Example 19.4, the maximum bending stress in the reduced section of the roller arm is given by

$$\sigma_{\max} = \frac{4FL}{\pi c^3}$$

Using this equation, calculate (a) the stress amplitude and (b) the mean stress of the stress cycle. Given that the true fracture stress of the alloy is 250 MN m^{-2}, estimate (c) the stress amplitude that would produce the same fatigue life under conditions of zero mean stress. Use Equation (18.4).

19.6 Referring to Figures 19.3 and 19.4, the fatigue stress range for welded joints is the stress range in the load carrying member, except for class W, where it is the stress range in the weld metal, defined as $\Delta F/2gL$.

For a "T" joint, as shown in the diagram, calculate the ratio of plate thickness to leg length, t/a, which produces the same stress range in both plate and weld throat.

Estimate the t/a ratio that allows both class W and class F2 cracking to occur at the same time.

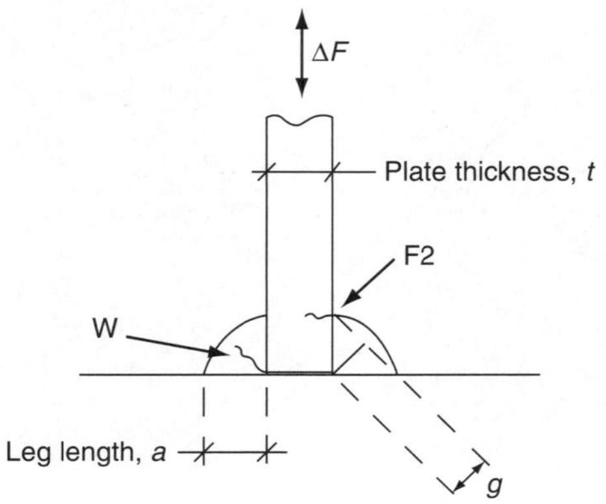

Applied load range = ΔF

Effective throat dimension = g

Length of weld runs = L

19.7 Cambridge (England) is flat, peak traffic can cause gridlock, and public transport is inadequate. Many people find a bicycle is the best mode of transport. The following photographs show the bicycle that I (DRHJ) use to travel to Christ's College most days. It is 30 years old and has experienced a large number of fatigue loading cycles. Ten years ago, the bicycle suddenly started to wobble, and I had to stop in a hurry. One of the steel tubes in the main frame had snapped right across. The photograph also shows how I fixed the bicycle with stuff from my junk box. Initially, I just wrapped a split tube of softened copper around the frame tube to bridge across the break, and compressed it onto the frame tube with screw clips. However, the ends of the frame tube soon began to pull out of the sleeve, verifying that the fatigue loading had a large tensile component. I then added the steel stay, which cured the problem.

The fatigue crack had started from a 3mmair hole, which had been drilled through the tube wall at original manufacture. Why did the fatigue crack initiate at the hole? Where around the circumference of the hole would the fatigue crack have initiated? Estimate the margin of safety (in terms of loading) against fatigue cracking if the hole had not been there at all.

19.8 The following diagram shows the output pipe from a reciprocating slurry pump. With each pump stroke, the pressure in the pipe cycles from zero to a large positive pressure and back to zero. The pipe goes through a rightangled bend, which means that the flanged connection "sees" the full pressure loading. How would you specify and fit the bolts to minimize the risk that they will fail by fatigue? In spite of your best efforts, bolts start failing by fatigue. What simple design modification could you try in order to increase the fatigue life? (Ideally, your modification should not involve dismantling the flanged joint, so the pump can be kept operating throughout the repairs).

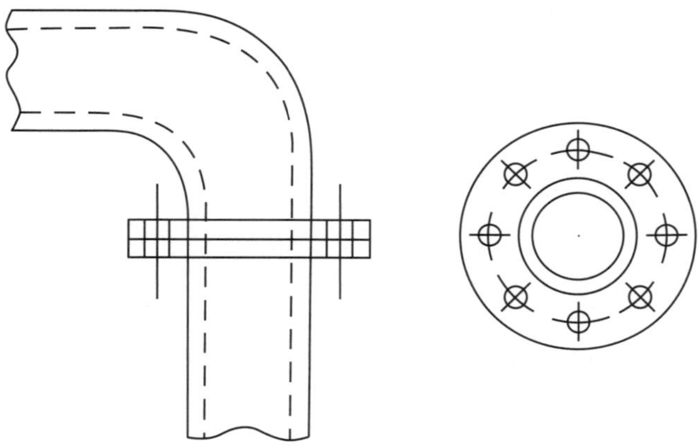

19.9 The next diagrams show a pulley block used to deploy an underwater platform from an offshore exploration rig. There are two modes of use: (a) when lowering or raising the platform off the side of the rig, (b) when slewing the platform over the deck of the rig. After about 200 deployments, the bolt broke and the platform was lost overboard. Where do you think the fracture occurred? Would you categorize the fracture as low-cycle or high-cycle fatigue? Support your answer by an approximate calculation. The bending moment at which a circular cross-section starts to yield is given by

$$M=\frac{\pi\sigma_y c^3}{4}$$

The steel of the bolt had a yield strength of $540 MNm^{-2}$. How would you modify the design to ensure that the connection between the lifting eye and the pulley block is less likely to fail by fatigue?

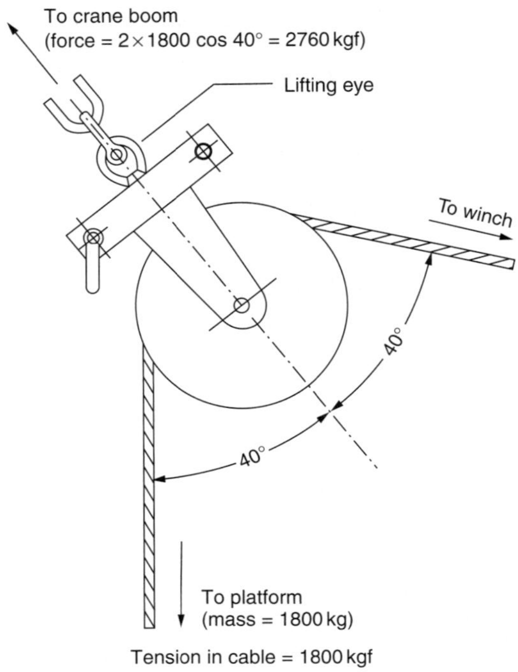

(a) Schematic of pulley block when lowering or raising. The crane exerts a straight pull along the axis of the lifting eye.

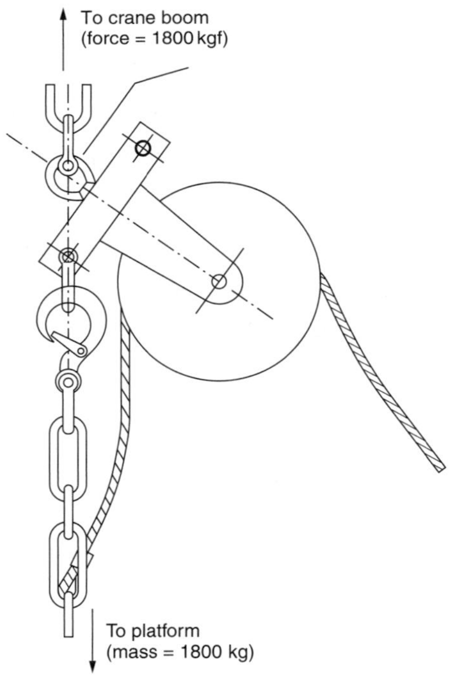

(b) Schematic of pulley block when slewing. The crane now exerts an oblique pull on the lifting eye.

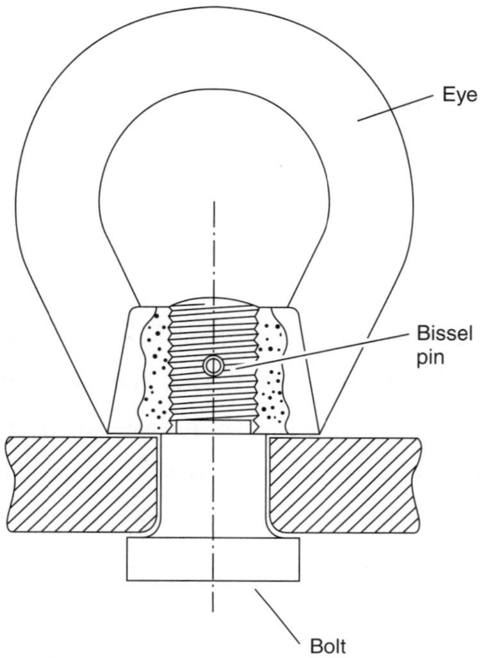

(c) Details of lifting eye.

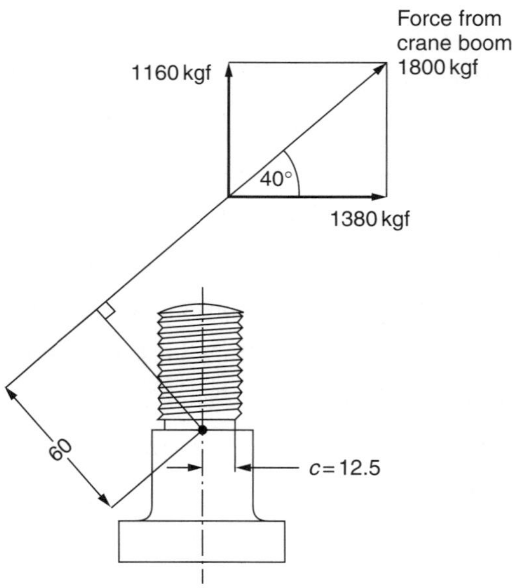

(d) Forces acting on the bolt when slewing.

19.10 Referring to Example 19.5, prove the equation $\sigma_{max} = \frac{4FL}{\pi c^3}$

19.11 Referring to Example 19.9, prove the equation $M = \frac{\pi \sigma_y c^3}{4}$

19.12 Referring to Figure 19.3 (Details on end connections of member), explain why the fatigue strengths of the weld classes are in the order C > D/E > F2.

19.13 Why does the fatigue strength of a weld depend on the applied stress range, and not on the value of the mean stress?

19.14 List the main fatigue improvement methods, and indicate how they work.

19.15 A shouldered shaft in bending has a fillet radius of 0.5 mm and an SCF of 2. Estimate the effective SCFs at this fillet radius for steels with tensile strengths of (a) 350 MN m^{-2} and (b) 850 MN m^{-2}. Find the ratio of fatigue strengths of the component when made from steels (b) or (a). How does this compare with the ratio of fatigue strengths for steels (b) and (a) when tested on specimens of constant cross section? Is this comparison consistent with Section 19.4, last paragraph?

ANSWERS

19.1 (a) A good surface finish will increase fatigue life. (b) A rivet hole creates a local stress concentration, which will decrease fatigue life. (c) A mean tensile stress will decrease fatigue life.

19.2 Multiplying the pressure on the piston by the area of the piston gives a force of 4453 N, so the stress on the weld is 14.5 N mm^{-2}. Because the cylinders are double acting, the stress range on the weld is 29 N mm^{-2}. The number of revolutions of the driving wheels is approximately 1.6×10^8. From Figure 19.3, the weld class is C. From Figure 19.4(a) (the design curve, 2.3% failure probability), the stress range is 33 N mm^{-2} at 1.6×10^8 cycles. So the design should just about be OK. But this calculation shows why the "real" rods were forged as one piece. And there is nothing to spare for dynamic loads from the reciprocating masses.

19.3 From Figure 19.3, the weld class is F2. From Figure 19.4(b), the F2 line at 8MN m^{-2} predicts failure (50% probability) after 3×10^9 cycles, or 11 years. From Figure 19.4(a), the F2 line at 8 MN m^{-2} predicts failure (2.3% probability) after 10^9 cycles, or 4 years.

19.4 (a) Because the shoulder combined with the zero fillet radius produced a stress concentration (see the bottom diagram in Figure 19.1).

(b) At the top of the 4-mm diameter section—the position of maximum tensile bending stress.

(c) Put a radius on the transition from 4.75 to 4 mm, with a good surface finish, countersink the hole in the roller to match, and hope for the best!

(d) Titanium alloy (see Table 19.1). This has a maximum fatigue strength of 600MNm^{-2} compared to a maximum fatigue strength for aluminum alloy of 170 MN m^{-2}, yet is only about 50% heavier for the same volume (see Table 5.1).

19.5 (a) 45 MN m^{-2}, (b) 45 MN m^{-2} (tension), (c) 55 MN m^{-2}.

19.6 For $\Delta\sigma_{\text{plate}} = \Delta\sigma_{\text{throat}}, \frac{\Delta F}{Lt} = \frac{\Delta F}{2gL}$, giving $\frac{t}{a} = \sqrt{2}$

Refer to the weld fatigue curves of Figure 19.4 (50% survival). At 10^7 cycles, $\Delta\sigma$ for class W = 32 MN m^{-2}, and $\Delta\sigma$ for class F2 = 49 MN m^{-2}. For the same fatigue lives in the "T" joint, we therefore need

$$\frac{\Delta\sigma_{\text{plate}}}{\Delta\sigma_{\text{throat}}} = \frac{49}{32}, \text{ giving } \frac{t}{a} = 0.92$$

Note that the same result would be obtained for any given number of cycles, because the fatigue curves are plotted on log-log scales, and the lines for the two weld classes are parallel to one another, i.e., the ratios of the fatigue strengths are independent of the number of cycles.

19.7 Because the hole produced a stress concentration. At the side of the hole (see the top diagram in Figure 19.1). In uniaxial loading, a hole produces a stress concentration factor of 3 at the sides of the hole. Therefore, the margin of safety would have been approximately 3.

19.8 See Section 19.7 for how to design bolted connections, so the bolts see only a small fraction of the applied loading cycle. The bolts should be made from high tensile steel, and should be "waisted". This increases their "give" under tension, and also eliminates unnecessary threads. For maximum fatigue resistance, the threads should be rolled, and the fillet between the shank and the head should be roller peened (see Section 19.6, paragraphs 1 and 2). Contact between the bolt head and the flange should only take place on the flat part of the head, and not on the underhead fillet. This may require the hole in the flange to be chamfered back to clear the fillet.

In spite of these measures, the load shielding of the bolts is limited by their short length, which is defined by the combined thickness of the flanges. The design modification involves making the bolts much longer, so they have more "give", and see less of the applied loading cycle. This can be done by inserting a length of thick-walled tube between the underside of the nut and the outer face of the flange.

19.9 The fracture occurred at the zero fillet radius at the shoulder, i.e., at the bottom of the run-out groove at the lower end of the thread. Low-cycle fatigue, since $<< 10^4$ cycles (see Figure 18.4).

From the equation, $M = 8.28 \times 10^5$ N mm. The applied bending moment is 10.6×10^5 N mm. This is more enough to make the steel yield at the crack initiation site.

Do away with the lifting eye altogether, and extend the top of the pulley block to provide a horizontal hole to take the pin of a shackle. Because the rotational degree of freedom provided by the lifting eye assembly has now been lost, it will be necessary to insert an inline swivel-link (a standard item) between the shackle and the crane boom.

19.10 Refer to Figure 7.2, and the results in Chapter 7 for second moments of area.

The equations $\sigma_{max} = \frac{Mc}{I} = \frac{FLc}{I}$ and $I = \frac{\pi}{4}(c)^4$ give the required result.

19.11 Refer to Figure 7.2, and the results in Chapter 7 for second moments of area.

The equations $\sigma_{max} = \sigma_y = \frac{Mc}{I}$ and $I = \frac{\pi}{4}(c)^4$ give the required result.

19.12 Class C does not have any geometrical stress concentrations, and the grinding marks are parallel to the loading direction. Class D/E has geometrical stress concentrations, and poor surface finish at weld beads/ toes. Class F2 also has an additional stress concentration in the form of a width transition.

19.13 See Section 19.5, last paragraph.

19.14 See Section 19.6.

19.15 See Equation (19.1) and Figure 19.2. (a) 1.50, (b) 1.73. See Section 19.2, last two sentences. $(850/350) \times (1.50/1.73) = 2.11$. $850/350 = 2.43$. Yes.

CHAPTER 20

피로파괴의 사례연구

20.1 사례연구 1 : 코메트 항공 참사

[그림 20.1]에 코메트 1 항공기를 나타내었다. 이 항공기는 영국의 de Havilland에 의해 설계 제작되었고, 1952년 5월에 영국 해외 항공회사(BOAC)에 위해 취항되었다. 이 항공기는 4개의 Ghost 터보 제트 엔진에 의해 움직이며 비행고도는 35,000 ft이다. 최대 기체 총 중량 49톤으로 승객과 화물운송 항로 양쪽 모두의 장거리 고속 비행을 목적으로 제작되었다. 터보프롭 엔진을 사용하고 약 17,000 ft의 고도 상승한계를 가지고 있었던 기존의 민항기와 비교해보면, 그 당시 코메트는 가장 진보된 민항기였다.

불행하게도, 1954년 1월 10일 충격적인 사고가 발행했다. 코메트 G-ALYP는 런던을 향하여 9시31분에 로마 공항을 이륙하였다. 승무원은 이륙 이후에 항공 관제탑과 연락하고 있었으며 9시 50분에 Orbetello 항공 표지 위에 있다고 보고하였다. 비행 계획에 의하면 비행기는

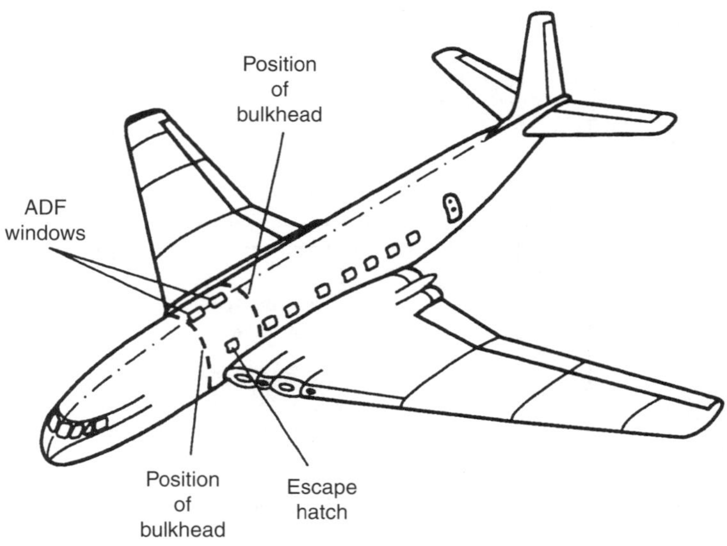

그림 20.1
코메트 1 항공기

26,000 ft까지 올라가야 한다고 지시되어 있다. 코메트로부터의 메시지는 9시 51분에 마지막으로 끊겨졌다. 동시에, 엘바의 시각증인들이 비행기의 조각들이 섬 남쪽 방향의 바다로 추락하는 것을 목격했다. 29명의 승객과 6명의 승무원들 모두는 살아남지 못했다.

1954년 8월8일에, 코메트 G-ALYY는 이집트 카이로를 향하여 18시32분에 로마 공항을 이륙하였다. 승무원은 이륙 이후 18시 57분에 이탈리아 나폴리 옆이며, 비행 고도는 35,000 ft에 접근하고 있다고 보고하였다. 승무원은 19시 05분에 카이로로 그들의 도착 예정 시간을 송신하였다. 이것이 항공기로부터의 마지막 송신이었고, 로마나 카이로 둘 다 다시는 연락을 취할 수 없었다. 다음날 바다에서 일부 가벼운 잔해만이 발견되었다. 항공기의 어떠한 구조적인 결함이 있다는 증거는 없었다. 따라서, BOAC는 전체 항공기의 운항을 중단하였다.

첫 번째 조치는 가능한 한 많은 양의 잔해들을 회수하는 것이었다. 불행하게도, G-ALYY는 바닷속 1,000 m 깊이에 있었고, 그 당시의 심해 기술로는 그런 깊이에서 어떠한 잔해도 회수할 수 있는 실제적인 기술이 없었다. G-ALYP는 바닷속 180 m 깊이에 가라앉았고, 어렵겠지만 회수는 가능해보였다. 1954년 8월까지 회수팀은 구조의 70%, 엔진의 80%, 장비의 50%까지 회수하였다.

동체의 잔해들은 재구성되었고, 사고의 원인은 균열이 항공기 선실 지붕의 창 구석 근처에서 시작된 것으로 밝혀졌다. 그 창은 한 쌍의 창 중의 하나인데, 앞쪽 날개보에서 고물쪽에 위치한 창이었다. 창들은 자동 방향 탐지(ADF) 시스템을 위한 안테나가 장착되어 있다. [그림 20.2]에서와 같이, 균열은 뒤쪽 ADF 창에서 우현의 뒤쪽 근처에서 시작되었고, 동체의 축과

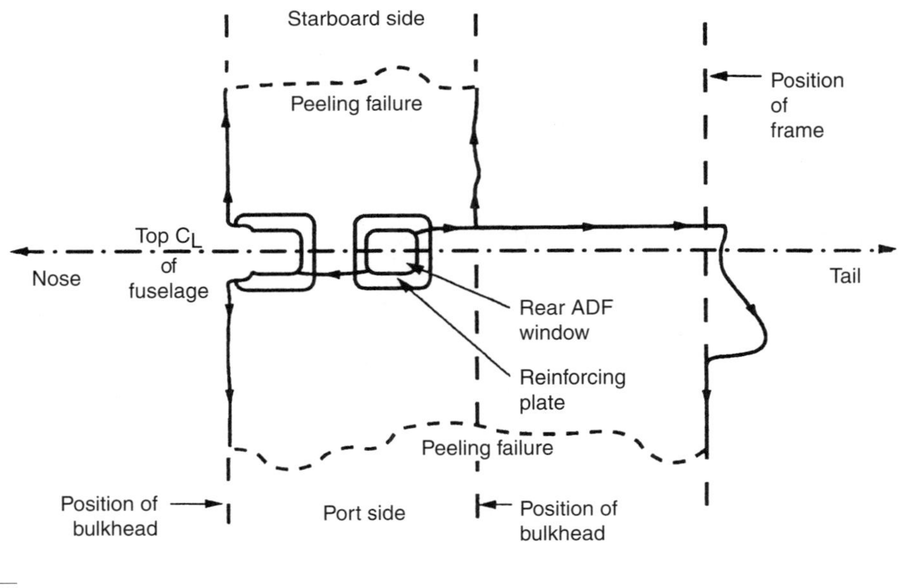

그림 20.2
코메트 G-ALYP에서의 파괴

나란한 방향으로 선실의 꼭대기를 따라 뒤쪽으로 진행되었다. 원주둘레의 균열들은 주요한 길이 방향 균열로부터 성장하였고, 결과적으로 표면의 전체 영역이 구조로부터 벗겨졌다.

그런 다음 두 번째 길이 방향 균열이 뒤쪽 창의 앞쪽 좌현 구석에서 형성되었고, ADF 창쪽으로 진행되었다. 마침내, 두 개 이상의 균열들이 창의 앞쪽으로부터 구석쪽으로 진행되어 있고, 한 쌍의 원주 둘레모양의 파괴를 만들어냈다. 일반적으로 원주 둘레 균열들은 모두 프레임 부재를 가로지르는 선을 따라 발생되었다. [그림 20.3]은 아마도 첫 번째 균열이 시작된 곳으로 보이는 뒤쪽 창의 우현과 뒤쪽 구석의 확대도이다. 이 위치의 파단면에서 피로 무늬들이 나타나고 있다. 피로 무늬들은 납작한 구멍의 모서리에서 시작된 것으로 보이며, 잠금장치를 장착하기 위해 드릴로 표면을 관통시킨 구멍이다.

객실이 압력에 견디지 못한다면 승객들을 높은 고도에서 운송할 수 없다. 코메트 객실은 그 당시의 다른 민항기들이 받는 압력보다 50% 이상 큰 0.57바 게이지에서 운항할 수 있도록 설계되었다. 비행 동안에 동체는 압력 용기의 역할을 하고, 결과적으로 축방향과 원주방향 응력을 동시에 받게 된다. 또한 운항 동안에 동체는 단일 사이클의 압력 하중을 받는다. 코메트 G-ALYP, G-ALYY는 각각 1,290번과 900번을 운항하였다. 결론적으로 이러한 작은 사이클 수가 피로 균열을 발생시켰고, 결국 고속 파괴를 야기시키기에 충분히 긴 시간이 되었다.

동체 표면은 대략 항복강도 350 MN m^{-2}, 인장 강도 450 MN m^{-2}의 알루미늄 합금 판으로 만들어졌다. De Havilland의 대략적인 수치계산으로 창의 구석 근처에서 대략 195 MN m^{-2}의 평균 응력값이 나왔다(표준 객실 압력). 국제 민간 항공 조직(ICAO)의 규칙에 따르면, 압력을 견디는 객실에 대하여 두 가지 주요 요구 조건들이 있다. 객실이 표준 조건보다 33% 이상 압

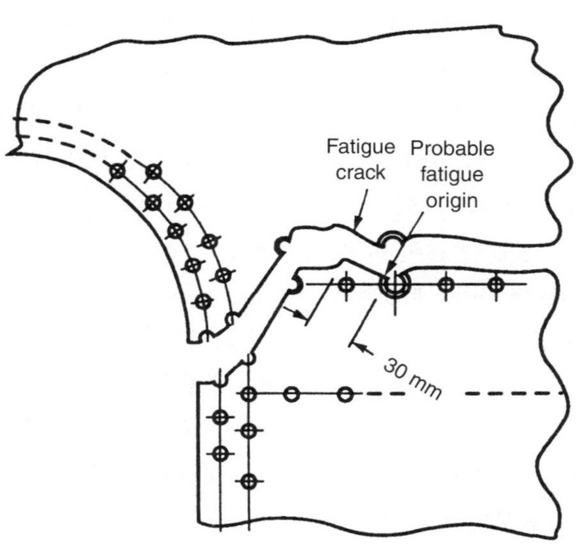

그림 20.3
코메트 G-ALYP의 파괴 근원을 보여주는 확대도

력을 가할 때 조직의 변형이 없어야 하며, 표준 조건의 100% 이상의 압력에서 조직에 발생하는 최대 응력은 인장 강도보다 작아야만 한다.

De Havilland는 "설계" 압력을 더욱 더 좋게 표준 조건의 100~150% 이상의 압력으로 증가시켰다. 이 시험 압력에서, 만약 응력 계산들이 신뢰 할 수 있다면, 창 근처에서의 최대 응력은 390 MN m^{-2}까지 증가된다. 이것은 인장 강도보다 훨씬 더 낮은 값이며, de Havilland는 객실이 변형 없이 증가된 시험 압력을 견딜 것이라고 확신하였다. 이 경우 시험 구간은 어떠한 문제점 없이 표준 조건 보다 100% 이상까지 두 개의 압력 시험들을 견뎌내어 정적 압력 하중에 대해 충분한 안전성을 확보함을 보여주었다.

ICAO 규칙들은 압력 하중의 반복적인 사이클에 의한 피로 발생의 가능성을 고려하지 않았다. 그러나, 이것이 잠재적인 문제가 될 수 있다는 것을 인지하기 시작하고 있었다. 결과적으로, de Havilland는 동체의 예상되는 피로 수명을 밝히기로 결정하였다. 1953년 7월에서 9월(항공기가 취항에 들어간 후 1년 이상된) 사이의 기간에 시험 구간은 0과 표준 작동값 사이의 사이클링 압력을 포함하는 연속적인 피로 시험을 수행 하였다. 18,000 사이클 후에, 창의 구석 부분의 옆에 있는 표면에서 작은 결함이 시작되었고, 피로 균열로 인하여 시험은 통과하지 못하였다. 코메트의 설계 수명은 10,000회 운항이었고, 따라서 de Havilland는 압력 사이클로 인한 피로에 대한 실험적 안전성을 증명하였다고 판단하였다.

항공 사고 조사관들은 객실 압력의 반복되는 사이클로부터 피로에 의해 확실하게 파괴가 발생되었다고 확신하기 위하여 코메트 항공기에 대한 실물 크기의 시뮬레이션을 수행하기로 결정하였다. 선택된 항공기는 이미 1,230번의 운항을 마친 G-ALYU이었다. 고속 파괴에 의해서 결함이 발생할 때까지 0에서 표준 작동값 사이의 객실 압력 사이클을 가하는 것이 목적이었다. 선실이 파괴될 때 225 kg 폭탄에 맞먹는 에너지를 방출하기 때문에 공기를 이용하여 시험이 진행되지 않았다. 대신에 물을 이용하여 객실에 압력을 가하기로 결정되었다. 객실 내에 물의 무게 균형을 맞추기 위하여 동체 전체가 커다란 탱크에 대기압 이하에서 물에 잠겨졌다. 마지막으로, 동체속으로 작은 부피의 물을 펌핑하여 요구되는 압력 차이를 발생시켰다.

객실은 탱크 내에서 1830회의 압력 사이클 이후에 파괴되었는데, 총 1230 + 1830 = 3060회의 운항을 한 것이었다. 결함은 날개 바로 앞쪽에 있는 선실의 좌측에 위치한 탈출구쪽에서 시작되었다. [그림 20.4]에서 나타낸 것처럼, 피로 균열은 탈출구의 아래쪽 뒤편 구석에서 시작되었다. 균열이 일단 임계 길이에 도달하면서 그 균열은 동체 축을 따라 뒤쪽으로 진행하였다. 그 균열은 횡단 격벽면의 원주 방향으로 방향이 바뀌었다. 또한, 두 번째 균열이 탈출구의 전방 아래쪽 구석에서 시작되었으며, 그 균열이 횡단 격벽에 있는 원주 균열로 방향을 바꿀 때까지 그 균열은 동체의 축을 따라서 진행하였다. 균열에 의해 벗겨진 기체 표면은 기체 동체로부터 몇 cm 밀려 나왔으며, 객실 내부의 압력을 경감시키고 피로 진행 과정을 멈추게 하였다. 만일 선실이 공기로 채워져 있었다면 동체 표면은 바로 떨어져 나갔을 것이고 동체 전체는 산산조각 났을 것이다.

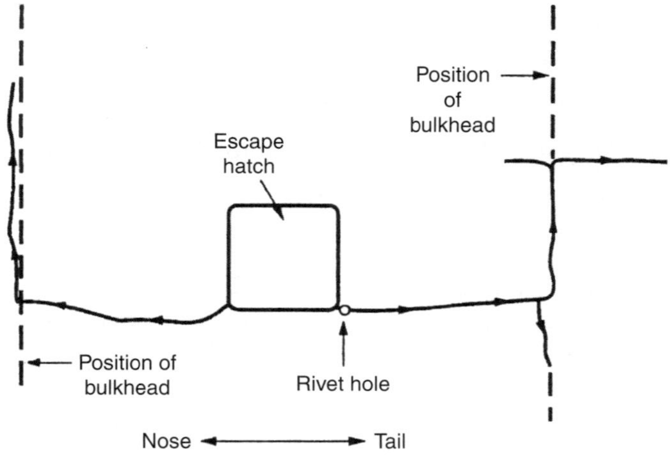

그림 20.4
시뮬레이션 시험에 의해 만들어진 코메트 G-ALYU 파괴

동체는 수리되었고 변형률 게이지들이 창 가장자리에 있는 표면에 즉각 부착 되었다. 선실은 표준 압력까지 올려졌고 응력들이 변형률 게이지로부터 측정되었다. 최대 응력은 창 구석에서 나타났으며 응력값은 297 MN m^{-2}이었다. 임계 볼트 구멍의 위치에서의 기준 응력은 창의 모서리로부터 어느 정도 떨어져 있었기 때문에 분명히 응력이 더 낮게 나온다. 그러나, 볼트 구멍은 응력을 올리는 역할을 하기 때문에 기준 응력의 3배 이상까지 국부 응력을 증가시킬 수 있었다.

설계자들은 창 근처에 볼트 구멍을 만드는 것은 구멍 주변에 높은 국부 응력이 반드시 발생된다는 것을 인지해야 한다. 그리고, 객실 압력의 반복되는 사이클 하에서는 이러한 볼트 구멍들은 피로 균열이 시작되는 우선적 위치로 작용한다. 게다가, 조사관들은 de Havilland가 세운 피로 수명 대책에 대하여 두 가지 결정적인 오류를 지적할 수 있었다. 첫 번째는 순전히 통계적이었다. 저-사이클 피로에 대한 데이터는 많은 양의 분산을 보이는 것이 이미 알려져 있었다. 코메트 항공기가 피로파괴가 발생할 가능성은 만약 시험 데이터의 평균과 표준 편차 모두가 알려졌을 때만이 발견될 수 있었다. 이 정보는 단 한 번의 피로 시험만으로는 얻어질 수 없는 것이었다.

두 번째는 시험 구간이 피로 시험 전에 표준 조건보다 100% 이상 압력을 가하는 반면, 생산된 항공기는 단지 표준 조건보다 33% 이상에서 시험되었다는 점이다. 시험 구간이 표준 조건보다 100% 이상으로 정해졌을 때, 볼트 구멍들은 인장응력에 의해서 항복될 수 있었다. 이 경우에, 구조는 환경에 다시 놓여지면, 탄성 스프링-백 작용이 구멍들을 압축할 수 있다. 나중에 시험 구간이 피로 시험 동안에 표준 작동 압력으로 취해질 때, 구멍들 주변의 금속은 감소된 인장 응력을 받으며 결과적으로 피로 수명을 증가 시키게 된다.

또한, 여기서 역설적인 점은 창이 개방된 주변에 보강재와 다른 경화제들이 볼트들과 리벳들의 표면에 부착된 것이 아니라 접착 이음들에 부착됐다는 점이다. 그러나, 기하학적으로 복잡한 위치에 접착 이음을 만드는 것은 어렵고 비싸다고 판단하였기 때문에 나중에 설계가 변경되었다(비록 접착 이음들이 항공기 프레임에 광범위하게 사용되지만, 이는 현대적인 항공기에 사용되는 또 하나의 선구적인 혁신이다).

결론적으로 파괴에 대한 기술적인 원인들이 조사되었지만, 현실적으로 가장 중요한 요인들은 de Havilland가 한 번에 너무 많은 혁신들을 만들어내려고 노력했고, 중간 규모의 회사가 설계 부서를 과잉 확장하였다는 점이다. 오늘날 민항기 생산이 거대한 회사나 컨소시엄(가장 잘 알려진 미국의 Boeing, 유럽의 Airbus)에 의해 지배되고 있다. 이는 현대적인 항공기 선단을 지원하는 데 필요한 설계, 생산, 정비 가능성의 완벽한 범주와 복잡성 때문이다.

비록 그렇다고 해도, 구조나 부품의 파괴에 의해 항공기 사고는 계속해서 발생 되고 있다(비록 오늘날은 사고의 대부분은 설계 오류보다는 불완전한 정비가 많지만, 그동안 운영했던 것 보다 항공기 선단의 크기에 비해 사고 수는 훨씬 더 적다).

20.2 사례연구 2 : Eschede 철도 참사

1998년 6월 3일 독일의 뮌헨발 함부르크행 고속 열차는 Eschede 마을 근처에서 탈선하였다([그림 20.5 참조]). 열차의 속도는 약 250 km h^{-1}였다. 열차는 2개의 기관차(각각 앞 뒤 끝에 위치)와 12개의 객차로 구성되어 있었다. 바퀴들 중 하나의 스틸 타이어가 피로 파괴를 일으켰고, 바퀴로부터 떨어져 나가 객차의 바닥 아래로 뚫고 들어가 버렸다. 그런 다음 손상된 타이어는 한 지점에 꽂혀서 움직일 수 없게 되었고, 열차를 달리던 선로에서 다른 분기선으로 바꾸어버렸다. 손상된 타이어는 1호 객차의 뒤쪽 보기 대차로부터 나온 것이며, 따라서 앞쪽 기관차가 여전히 선로에서 달리고 있었지만, 1호 객차의 뒤쪽은 분기선으로 방향을 바꾸게 되었고, 결과적으로 1호 객차와 나머지 객차들은 탈선하게 되었다.

매우 드문 우연의 일치로, 과선교 바로 앞에서 탈선이 발생되었다. 열차의 탈선된 부분(여전히 고속으로 주행하고 있는)은 다리를 지탱하는 교각 중 하나와 충돌하여 통과하였고 그 즉시 교각이 붕괴되어 열차를 덮쳤다. 이것은 열차의 대부분을 모두 파괴시켰다. 그 사고로 100명의 사람들이 사망했고, 100명 이상의 사람들이 부상당했다. 열차의 기관차들과 바퀴의 생산자들에 대하여 과실 치사에 대한 형사 소송 절차가 시작되었다. 이어지는 기술적인 조사에 서로 다른 5개 국가들의 총 13명의 전문가들이 포함되었다.

열차의 112개의 바퀴들 중 36개는 일체주조형이었다(타이어에 일체형으로 들어가서 단일 스틸 바퀴로 구성된). 그러나, 나머지 76개는 바퀴와 철로의 접촉에 의해서 발생되는 진동의 감소를 돕기 위하여 타이어와 바퀴 중앙 사이에 고무 블록들이 들어간 고무-용수철 바퀴였다

그림 20.5
사고 후 고속 철도의 잔해 사진

([그림 20.6 참조]). 이런 형태의 바퀴는 비록 유사한 바퀴들이 이전에 일정 기간 동안 통근 열차와 트램에 성공적으로 사용되었으며, 1991년 독일에서 고속 열차들에 적용되기 시작하였다.

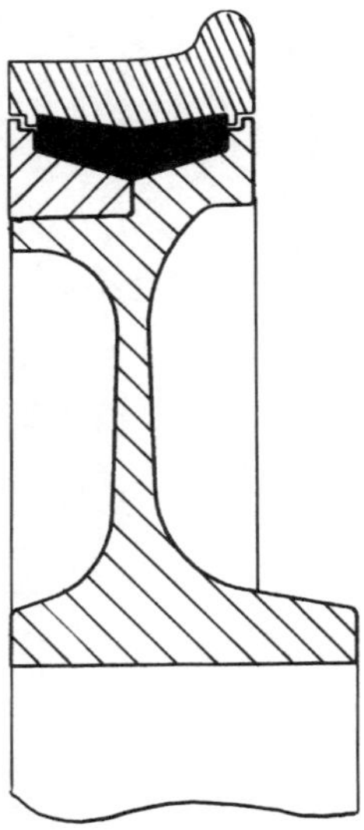

그림 20.6
용수철이 들어간 고무로된 바퀴의 구조

손상된 타이어의 파단면은 [그림 20.7]과 같다. 그림에서 알 수 있듯이 피로 균열은 최대 두께를 갖는 위치에 해당하는 타이어 구멍에서 시작되는 전형적인 피로 해안 무늬를 나타내고 있다. 최종 고속 파괴의 면적비율은 작으며, 상대적으로 낮은 최대 응력을 나타낸다.

응력 구조는 [그림 20.8]과 같다. 바퀴에 걸리는 가장 중요한 하중은 바퀴-선로 계면에서 수직 하중 Q이다. 이것은 객차의 중하중(바퀴 당 78 kN)에 평균 동적 하중을 고려하여 1.25배를 한 값을 더하여 총 98 kN의 설계 하중이 된다. 그림 19.8을 보면, 타이어는 상대적으로 부드러운 고무 바탕에 지지되어 있고, 하중점 위에서 처짐이 발생할 것이며, 타이어의 구멍에서 인장 응력을 발생시킬 것이다.

이 처짐의 영향은 타이어의 원주 둘레 주변 전체에 나타난다. 응력은 예상되듯이 하중점 위에서 최대가 되고, 최대값은 220 MN m^{-2}이다. 그러나, 하중점으로부터 원주 둘레 근처로 움직이므로, 응력은 빠르게 작아져서 45° 회전한 후에 6 MN m^{-2}의 최소값에 도달한다. 바퀴의 꼭대기 주변으로 움직이면, 응력은 다시 증가한다(그러나 최대값은 단지 55 MN m^{-2}). 타이어

그림 20.7
손상된 타이어의 피로 파단면

의 구멍은 바퀴 각각의 회전에 따라서 응력진폭 107 MN m^{-2}, 평균 응력 113 MN m^{-2}을 갖는 하나의 피로 사이클을 완성한다.

그러나, 사이클 당 두 개의 같은 응력 골과, 두 개의 같지 않은 응력 최고값을 갖는다. 고무 블록들이 타이어와 바퀴 중앙 사이의 모두를 채우지 않았다는 것을 인지해야 할것이다. 각각의 바퀴는 원주 둘레에 블록들 사이마다 간격들을 두고 바퀴 중앙의 원주 둘레 주변에 동등한 간격으로 총 34개의 고무 블록들이 장착되어 있다. 블록들 사이에 충분한 원주 둘레 간격이 없다면 블록들은 레이디얼 하중 Q에 의해 압축될 때 원주 둘레 방향으로 확장될 수 없다(블럭들은 바퀴 중앙에 있는 통로의 폭에 근접하여 장착되기 때문에 축방향으로 확장될 수 없다). 고무에 대한 Poisson의 비가 0.5이기 때문에, 만약 '탄성있게' 된다면 적어도 하나의 주 방향으로 확장될 수 있어야만 한다. 만약 측면 확장이 원주방향으로 억제된다면, 블록은 매우 딱딱한 구조가 될 것이며, 완충기로서의 역할을 못하게 될 것이다(예제 7.14 참조).

[그림 20.8]의 응력 선도는 대단히 복잡한 유한 요소 모델을 이용하여 생성되었다. 완전한 3차원 모델로 만들어졌으며, 고무의 탄성 거동이 비선형 연속체 방정식으로 형성되었으며, 고

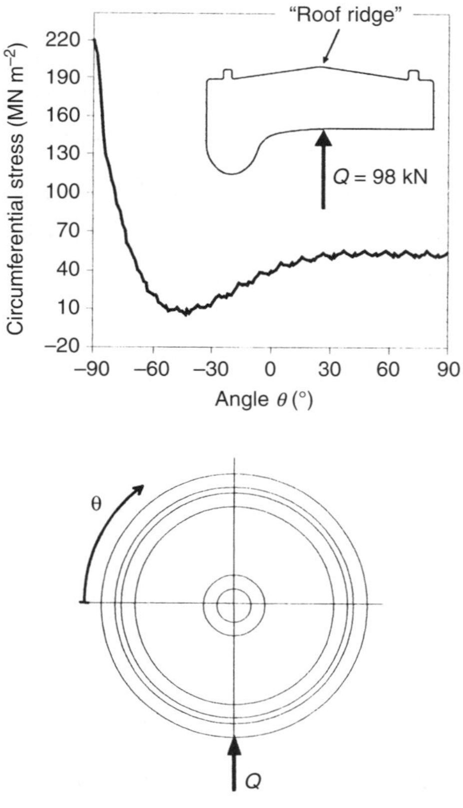

그림 20.8
하중점으로부터 각도별 타이어의 "roof-ridge"에서의 원주 인장 응력

무 블록과 스틸 사이의 마찰 접촉은 비선형 마찰 법칙으로 이루어졌다. 최근에는 유한 요소 모델링과 계산 능력에 있어서 엄청난 진보가 있었던 것은 놀라운 일은 아니지만, 이러한 분석이 설계 단계에서 수행된 적은 없었다. 흥미롭게도, 모델은 매우 훌륭하였으며, 인접한 고무 블록들 사이의 간격은 응력 선도에서 주기적인 "흔들림"을 야기시켰다.

타이어의 피로 강도면에서, 스틸에 대한 시험들은 828 MN m^{-2}의 인장 강도를 나타내었다. 따라서, 첫 번째 근사화로 이 값의 약 40%(330 MN m^{-2}의 응력 진폭)에 해당하는 긴 수명을 위한 피로 강도를 기대할 수 있다. 그러나, 실제 바퀴를 설계할 때, 피로 강도는 200 MN m^{-2} 응력 진폭까지 감소된다. 이것은 인장 평균 응력의 영향을 허용하기 위한 것이며, 또한 안전 계수를 고려하기 위한 것이다. 일반적으로 알려진 데이터에 의하면, 타이어는 사용 중의 응력 진폭(107 MN m^{-2})이 안전 계수가 반영된 타이어의 50% 피로 강도값을 가져야만 하기 때문에 파괴되지 않아야 한다. 따라서, 전문가들은 파괴의 원인에 동의할 수 없었고, 결과적으로 형사 소송 절차가 취소되었다.

열차 바퀴들의 타이어는 달리는 선로와의 접촉 결과로서 마모를 겪으며, 결과적으로 정규적인 재설정이 필요하였다. 재설정하기 위해서는 스틸 설정 부분이 보기 대차로부터 제거되어야만 하고, 타이어의 바깥쪽 원주 둘레 부분이 선반을 이용하여 다시 가공 되어야 한다. 시간이 지날수록 반복되는 재설정은 타이어의 외경을 감소시키며, 손상된 타이어(직경 860 mm)는 폐기해야하는 직경에 거의 도달하게 된다. 새 타이어의 외경은 920 mm이다. 사고 후에 직경에 있어서 하한 기준이 880 mm로 증가되었다. 분명하게, 직경이 더 커질수록, 두께가 더 두꺼워질수록 타이어는 적용 하중에 대한 피로 응력은 더 작아진다.

참사는 흥미로운 문제점들의 수를 증가시켰다. 첫째로 피로 파괴가 발생했으니 바로 원인 규명을 해야 했었다. 그 과정에서 조사관들이 다른 중요한 것을 놓쳤음에 틀림이 없다는 것이다. 이것은 어쨌든 본인들의 치명적인 잘못은 아니라는 것이다. 범죄에 있어서 요구되는 증거의 표준은 무엇보다도 열차들의 미래의 안전성을 보장하기 위하여 기술적인 조사가 요구된다기보다 훨씬 더 제한된 간단한 사항인 피고들의 극도로 부정적인 타당한 의혹들을 증명하는 것이다. 여기서 중요한 몇 가지 기술적 포인트는 다음과 같다. (a) 실제 운행 하중 스펙트럼은 무엇인지(설계에서 가정된 것과 구별되는), (b) 고무 블록과 타이어 사이에 마모부식이 있었는지, (c) 고무 블록들이 운행 중에 바퀴의 원주 둘레 주변에 '크립'이 발생했는지, 결과적으로 불충분한 정비로 사고가 발생한 것은 아닌지? 마지막으로, 바퀴의 혁신적인 설계가 그런 심각한 기술적 어려움들을 야기할 때, 철도 산업은 너무 보수적이라서 어떤 다른 의문을 갖지 못하는지?

20.3 사례연구 3 : Stretham 엔진의 안전성

Stretham 증기 펌프 엔진([그림 20.9])은 1831년 대규모 프로젝트의 하나로써 농업용도에 따

그림 20.9
Stretham 펌프 엔진의 부분. 앞부분에서 커넥팅로드의 하위 끝부분과 크랭크. 또한, 보이는 것은 플라이 휠(독립된 스포크와 외륜 부분이 있고, 모두 서로 고정되어 있음), 밸브-기어 장치의 편심드라이브 그리고, 그 후방에는 선반을 작동시켜서 즉석 수리를 할 수 있는 발판이 위치해 있다.

라 Fens(잉글랜드 동부)의 배수를 목적으로 만들어졌다. 그 시기의 Stretham 증기 펌프 엔진은 15 rpm에 105마력(회전당 물 30톤 또는, 분당 물 450톤을 끌어올릴 수 있는)의 최대동력을 가진 Fens에서 가장 큰 빔 엔진 중의 하나였다. 그것이 현재 동앵글리어(East Anglia*)에서는 증기식으로는 유일하게 남아있는 증기펌프이다.

* 2~3세기 전 East anglia라고 불리는 영국의 넓은 남부지역은 늪지나 소택지로 이루어진 광대한 지역이었고, 이는 북해부터 내륙의 캠브리지까지 넓게 퍼져있었다.

엔진은 전시용 목적으로 계속 가동될 수 있었다. 여기서 엔진의 안전성을 평가해야 한다고 가정해보자. 커넥팅로드는 단면적 0.04 m^2, 길이 21 ft의 주철 로드에서 깊이 0.02 m의 균열이 발견 되었다고 가정해보자. 균열은 커넥팅로드의 주기적인 하중에 의해 성장할 것인가? 그리고 엔진 구조물의 수명은 얼마가 될 것인가?

역학

크랭크 샤프트의 응력은 다음의 동력과 속력으로부터 개략적인 계산이 가능하다. 이 방식의 개략적인 계산은 소수점 2자리까지는 오차범위임을 기억해야 하지만, 다음과 같은 결과를 얻을 수 있다. [그림 20.10]을 참조하면

$$\text{동력} = 105\text{마력} = 7.8\times 10^4\ \text{Js}^{-1}$$
$$\text{속도} = 15\ \text{rpm} = 0.25\ \text{rev s}^{-1}$$
$$\text{행정} = 8\ \text{feet} = 2.44\ \text{m}$$

$$\text{힘}\times 2\times \text{행정}\times \text{속도} \approx \text{동력}$$

$$\therefore\ \text{힘} \approx \frac{7.8\times 10^4}{2\times 2.44\times 0.25} \approx 6.4\times 10^4\ \text{N}$$

커넥팅로드에서의 수직응력은 대략 다음과 같이 계산된다.

$$F/A = 6.4\times 10^4/0.04 = 1.6\ \text{MN m}^{-2}$$

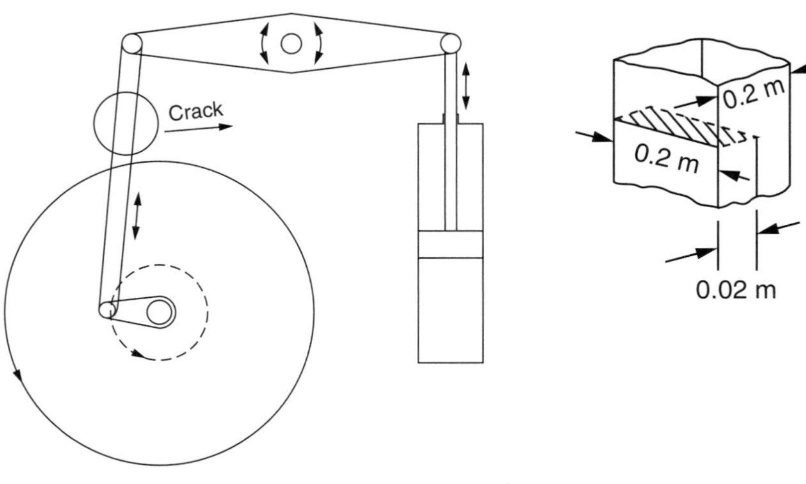

그림 20.10
Stretham 엔진의 모식도. a = 0.02 m일 때 Y = 1.19, a = 0.03 m일 때 Y = 1.26

급속파괴에 의한 고장

주철인 경우, $K_c = 18\ \mathrm{MN\ m^{-3/2}}$

첫 번째, 급속파괴에 의해 봉이 파단될 수 있는가? 응력 강도는 다음과 같다.

$$K = Y\sigma\sqrt{\pi a} = 1.19 \times 1.6\sqrt{\pi \times 0.02}\ \mathrm{MN\ m^{-3/2}} = 0.48\ \mathrm{MN\ m^{-3/2}}$$

이는 K_c보다 훨씬 작아서 급속파괴는 물론, 심지어 최대 부하 하중에도 파괴가 일어나지 않는다.

피로에 의한 파괴

피로 균열의 성장은 다음과 같이 나타낼 수 있다.

$$\frac{\mathrm{d}a}{\mathrm{d}N} = A(\Delta K)^m \tag{20.1}$$

주철의 경우

$$A = 4.3 \times 10^{-8}\ \mathrm{m(MN\ m^{-3/2})^{-4}}$$
$$m = 4$$

여기서 $\Delta\sigma$가 인장 응력의 범위 안에 있을 때 다음과 같은 값을 얻을 수 있다([그림 20.11]).

$$\Delta K = Y\Delta\sigma\sqrt{\pi a}$$

비록 $\Delta\sigma$가 일정(일정한 동력과 속도에서)할 지라도 ΔK는 균열의 성장에 따라 증가한다.

식 (20.1)에 대입하면

$$\frac{\mathrm{d}a}{\mathrm{d}N} = AY^4\Delta\sigma^4\pi^2a^2$$

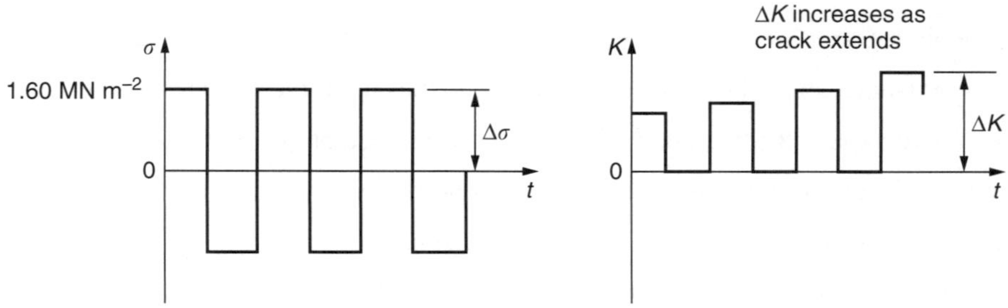

그림 20.11
Stretham 엔진에서 피로에 의한 균열 성장

그리고

$$dN = \frac{1}{(AY^4 \Delta\sigma^4 \pi^2)} \frac{da}{a^2}$$

적분식은 a_1부터 a_2까지 균열이 성장하는 사이클 수를 얻을 수 있게 해준다.

$$N = \frac{1}{(AY^4 \Delta\sigma^4 \pi^2)} \left\{ \frac{1}{a_1} - \frac{1}{a_2} \right\}$$

a의 범위는 균열의 형상이 전혀 변하지 않을 만큼 충분히 작다. 여기서 균열이 0.02~0.03 m까지 성장하는데 필요한 사이클 수를 구해보자. 이 적분에서 Y의 평균값은 1.23이다.

$$N = \frac{1}{4.3 \times 10^{-8} 1.23^4 (1.6)^4 \pi^2} \left\{ \frac{1}{0.02} - \frac{1}{0.03} \right\}$$
$$= 2.6 \times 10^6 \text{cycles}$$

이는 전시용 목적으로 360일 동안 매일 8시간씩 작동하기에 충분한 시간이다. 예를 들어, 7년 동안 매주 주말마다 8시간씩 작동하면서 전시하기에 충분한 시간이다. 0.03 m 길이의 균열은 너무 작아서 파괴의 임계값에 도달할 수 없는 값이다. 따라서, 이 엔진은 2.6×10^6 사이클 후에도 안전하게 작동될 것이다. 전시회에 이용될 동력은 105마력보다 훨씬 작을 것이고, 사이클수 N에 의존하는 $\Delta\sigma^4$값 때문에, 균열이 0.03 m까지 성장하는데 필요한 사이클 수는 우리가 계산한 값보다 1000배가 훨씬 넘을 것이다.

이 구조물의 총 수명에 대한 평가는 훨씬 더 복잡하다 - 실질적인 균열의 성장은 구조물의 형상변화에 따라 결정적인 영향을 받는다. 따라서 보다 정확한 수명평가를 위해서 적분 계산에 다양한 Y 값들을 적용시켜 계산을 해야만 할 것이다.

EXAMPLES

20.1 The photographs on the next page show a bicycle crank. The end of the crank has suffered a fatigue failure where the pedal was screwed into the crank (the pedal is missing). In the close-up photograph of the fracture, the bottom of the photograph corresponds to the outside (pedal side) of the crank arm. Answer the following questions:

a. Why do you think the failure was caused by fatigue?
b. Identify the fatigue fracture surface(s). Explain your choice.
c. Identify the final fast fracture surface(s). Explain your choice.
d. In your opinion, was the level of applied stress at final failure high, moderate, or low?

20.2 The following diagrams show the general arrangement of a swing door and a detailed drawing of the top pivot assembly. The full weight of the door was taken by the bottom pivot. The function of the top pivot was simply to keep the door upright by applying a horizontal force to the top of the door. When the door swung back and forth, it rotated about the top and bottom pivot pins. After a year in service, the top pivot pin failed by fatigue. As a result, the top door housing separated from the top frame housing, and the door fell on a person passing by.

a. Where in the top pivot pin do you think the fatigue fracture occurred?

b. Why do you think the fatigue fracture occurred where it did?

c. What was the origin of the fatigue loading cycle at the failure location?

d. How did the door housing manage to become separated from the frame housing?

[In answering these questions, please note the following information: the pivot pin was a very loose fit in both the door housing and the frame housing; the pivot pin tended not to rotate in the frame housing—instead, the door housing tended to rotate about the pivot pin.]

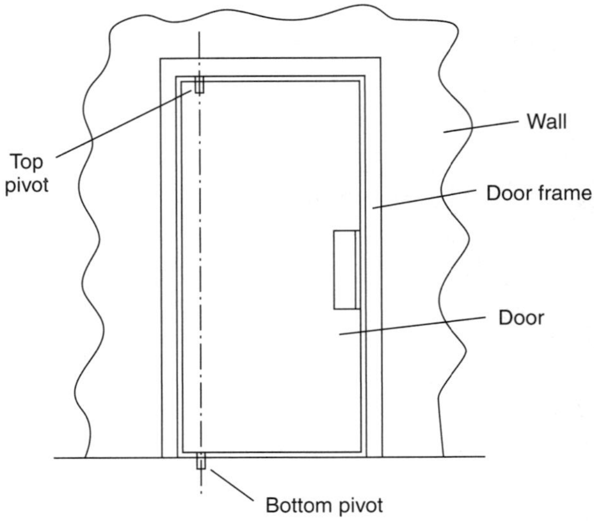

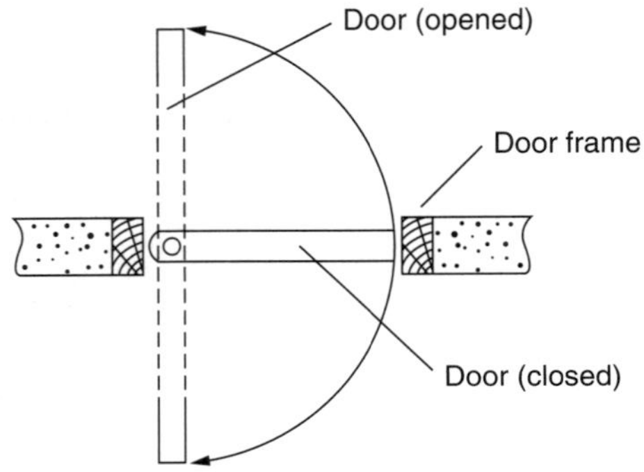

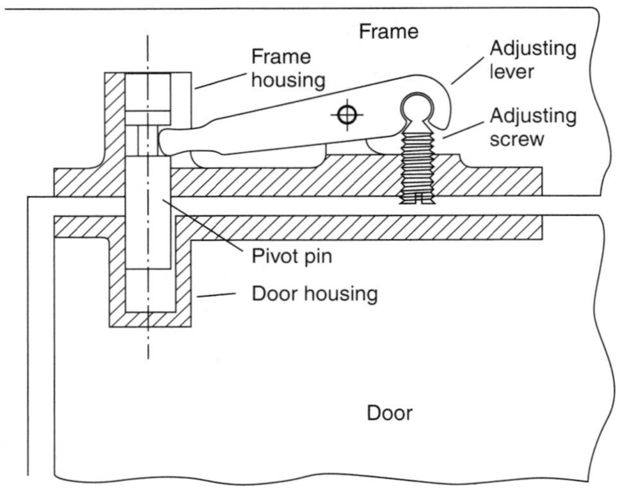

Elevation of pivot assembly

20.3 With reference to Case Study 3, why do we take into account only the tensile part of the stress cycle when calculating ΔK?

20.4 The diagrams that follow show a process vessel in a chemical plant. The vessel is fabricated from mild steel by welding. The vessel rotates at a speed of 2 revolutions per minute. The weight of the vessel (including contents) is 26 tons, so each trunnion shaft is subjected to an upward reaction force of 13 tons, applied at the center line of the bearing. Because the bearings are selfaligning, the trunnion shafts behave as simple cantilevers.

After 5 years in service (equivalent to 5×10^6 revolutions), fatigue cracks started to appear, and the vessel had to be taken out of service. Where do you think the fatigue cracks were located? Explain your answer.

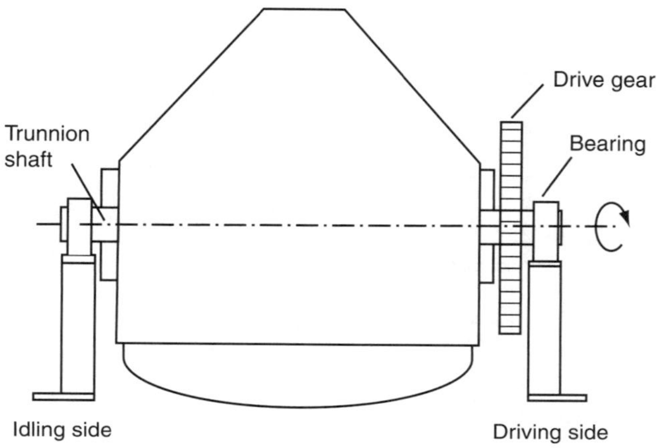

Schematic side elevation of the chemical vessel.

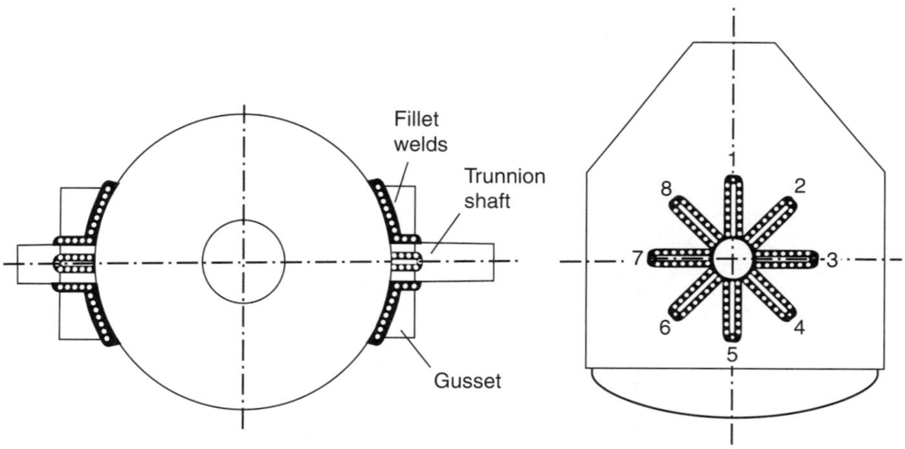

Details of the attachments between the trunnion shafts and the side of the vessel.

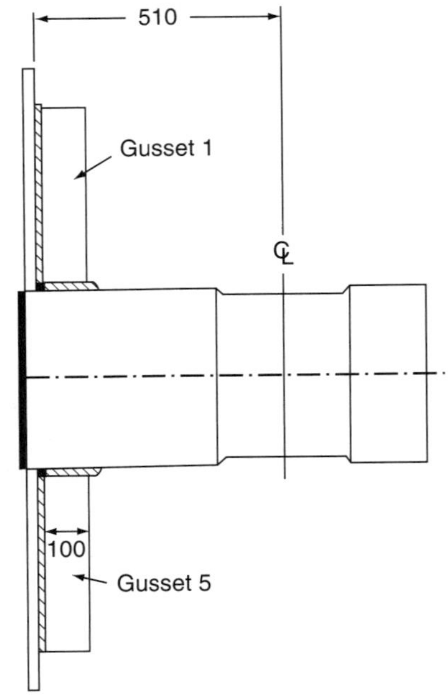

Details of the attachment on the driving side (dimensions in mm).

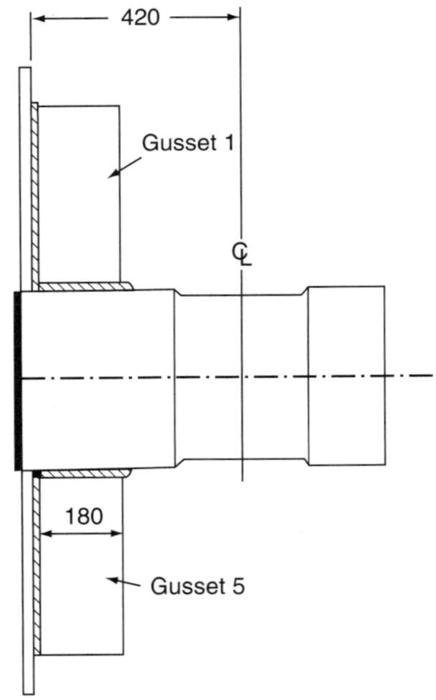

Details of the attachment on the idling side (dimensions in mm).

20.5 The diagram shows a cross-section through a rotating drive shaft from a chemical process vessel. A two-bladed stirrer was bolted to the flange at the lower end of the drive shaft, and the assembly rotated at 60 rpm in service. The stirrer blades were positioned a long distance below the flange, and were only supported by the drive shaft, which was subjected to significant bending loads caused by unequal forces on the stirrer blades.

After about 8 months in service, equivalent to 10 million revolutions, the shaft failed from a fatigue crack shown in the diagram. Although there was no information on the fatigue loading produced by the stirrer, it was necessary to return the vessel to service as soon as possible. Dye-penetrant inspection of the 2.6 mm fillet showed no fatigue cracking, even though the surface had obvious circumferential lathe turning marks which would have reduced the fatigue strength. Estimate the radius of fillet which would be required at the location of the fracture to prevent a recurrence of fatigue failure. Data are given in the following table.

Fillet Radius r (mm)	Notch Sensitivity S	SCF ($D/d = 2$)	SCF ($D/d = 1.11$)
1.0	0.72		2.70
1.5	0.77	3.42	2.47
2.0	0.79	2.90	2.30
2.5	0.81	2.67	2.17
3.0	0.82	2.50	2.06
3.5	0.83	2.39	1.97
4.0	0.84	2.29	1.91
4.5	0.85	2.20	1.83

The maximum bending stress in the shaft is given approximately by

$$\sigma\text{max} = \frac{B}{\phi^3}$$

where B is a constant, and ϕ (the outer diameter of the cross section) is either 90 mm or 81 mm. You may assume that the fatigue strength of the steel levels out above 10 million cycles.

20.6 Referring to Example 20.5, the diagram also shows a tubular sleeve mounted on the 81mmportion of the shaft. The sleeve acts as a spacer between the step and a thrust bearing, and cannot be designed-out without major work. It is considered necessary to have a 2 mm wide contact land between the sleeve and the step, which means that the fillet can only have a radius of 2.5 mm.

Which other methods could you use to increase the resistance of the fillet to fatigue cracking in order to compensate for the required reduction in fillet radius?

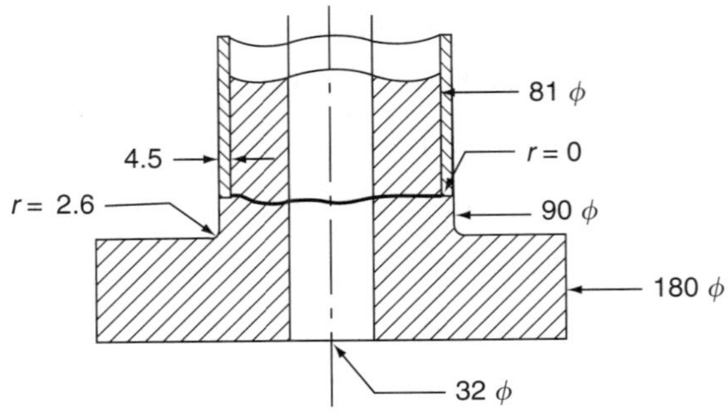

20.7 Referring to Example 20.5, prove the equation $\sigma_{max} = \dfrac{B}{\phi^3}$

20.8 Referring to Example 20.4, what simple modifications could you make to the design to ensure that the welds will not fail by fatigue?

20.9 Referring to Case Study 3, how do we know that the values of Y for the crack are 1.19 and 1.26? (see Figure 20.10).

20.10 Referring to Case Study 2, why do you think the fatigue crack initiated where it did? (see Figure 20.7).

ANSWERS

20.1 (a) Large number of stress cycles from pedaling loads. (b) The two smooth dark surfaces, consistent with high-cycle fatigue and long-term surface corrosion. (c) The two bright and grainy surfaces (as in Figure 15.1), consistent with tensile fracture and no corrosion (new surface). (c) Moderate, because fatigue cracks had spread over about half the cross-sectional area before going critical.

20.2 (a) In the reduced section of the pivot pin, at the lower end of the reduced section. (b) The horizontal force from the top of the door pulls the bottom of the pivot pin to the right. As a result, the pin pivots (in the plane of the diagram) about the point where it touches the bottom of the frame housing (bottom RHS of hole in frame housing). This pushes the top of the pin to the left, against the bore of the hole in the frame housing (top LHS of hole in frame housing). The reaction to this contact force at the top of the pin generates a bending stress in the reduced section of the pin. This is a maximum at the bottom of the reduced section (maximum lever arm). In addition, the sharp shoulder at the bottom of the reduced section generates a large SCF_{eff} (see Sections 19.3 and 19.4). (c) When the door swung from fully open outwards to fully open inwards, the stress in the pin cycled from tension to compression. (d) When final fracture took place at the bottom of the reduced section, the main part of the pivot pin fell down into the hole in the door housing, and came clear of the frame housing. The world is full of poor "designs", which appear to have been designed "by eye" on the drawing board, with no supporting calculations and no thought to the potential consequences of failure.

20.3 See Figures 18.6 and 18.8, and Section 18.4, paragraph 1.

20.4 The cracks were located in the welds between the trunnion shaft and the gussets on the driving side. This is because (i) the 13-ton upward reaction force at the centerline of the bearing applies a large bending moment to these welds, (ii) the gussets are narrower on the driving side than the idling side (100mmcompared to 180 mm), (iii) the bending moment is greater on the driving side than the idling side (lever arm of 510 mm compared to 420 mm). Thus, the fatigue stress range in the welds is much greater on the driving side than the idling side. The exact geometry of the cracking is given in Example 19.5, where it is shown as either a class W or a class F2. In practice, the cracking is most likely to be a class W, since "T" joints rarely have a leg length sufficiently large for class F2 cracking to occur.

20.5 The effective fatigue stress amplitude at each fillet is given by the actual stress amplitude multiplied by the effective stress concentration factor for fatigue loading (see Section 19.4). Since failure did not occur in the 90-mm section after 10 million cycles (and will not occur even if the number of cycles goes above 10 million), we can determine the fillet radius required to avoid failure at the 81-mm section by equating effective fatigue stress amplitudes

$$\frac{\Delta\sigma_{90}}{2}\times \mathrm{SCF}_{\mathrm{eff},90}=\frac{\Delta\sigma_{81}}{2}\times \mathrm{SCF}_{\mathrm{eff},81}$$

Then, $\mathrm{SCF}_{\mathrm{eff},81}=\dfrac{\Delta\sigma_{90}}{\Delta\sigma_{81}}\times \mathrm{SCF}_{\mathrm{eff},90}$

The maximum bending stress ratio is $\dfrac{\Delta\sigma_{90}}{\Delta\sigma_{81}}=\left(\dfrac{81}{90}\right)^3=0.729$

Equation (19.1) gives $\mathrm{SCF}_{\mathrm{eff}} = S(\mathrm{SCF} - 1) + 1$. The look-up table can be used to find values of S, and SCF corresponding to the two steps in diameter, for a range of fillet radii. For the 2.6-mm fillet at the 180/90 step, $\mathrm{SCF}_{\mathrm{eff},90} = 2.33$. Then, $\mathrm{SCF}_{\mathrm{eff},81} = 0.729 \times 2.33 = 1.70$.

We now need to use the look-up table to reverse engineer the fillet radius at the 90/81 step, which gives an $\mathrm{SCF}_{\mathrm{eff}}$ of 1.70. The required radius is 4.5 mm.

20.6 If the actual fillet radius has to be limited to 2.5 mm, the situation is not as bad as it might appear, because the 2.6-mm fillet had obvious lathe tool markings. As long as the surface at the 2.5-mm fillet does not show lathe tool markings, it will have a better fatigue strength, other things being equal, than the 2.6-mm fillet. The relative fatigue strength at the 2.5-mm fillet can be further improved by polishing the machined surface (see Section 19.6, paragraph 1) and/or subjecting it to roller peening in order to introduce a compressive residual stress (see Section

19.6, paragraph 2). However, you need to be careful to avoid *fretting* (rubbing) between the end of the sleeve and the fillet—the sleeve needs to be chamfered at this point to avoid contact. Fretting is a good way of initiating fatigue.

20.7 Refer to Figure 7.2, and the results in Chapter 7 for second moments of area.
The equations $\sigma_{\max}=\frac{Mc}{I}=\frac{M}{I}\times\frac{\phi}{2}$ and $I=\frac{\pi}{4}\left(\frac{\phi}{2}\right)^4$ give the required result.

20.8 Remove the drive gear, which allows you to make the gusset/shaft dimensions on the driving side identical to those on the idling side (which did not fail). Then extend the shaft outside the bearing, and position the drive gear outside the bearing. (And swapping the drive gear over will decrease the bending moment even further, because the weight of the drive gear will push the free end of the shaft down.)

20.9 See Chapter 14 (Y Values), Case 4. Interpolate numerically or graphically.

20.10 See Figure 7.2. The tire is a beam in elastic bending, with maximum bending stress given by $\sigma_{\max}=\frac{Mc}{I}$, i.e., at the surface of the thickest part of the cross section.

PART **F**

크립 변형과 파괴

CHAPTER 21

크립과 크립 파괴

21.1 개요

지금까지 우리는 상온에서의 기계적 성질에 관하여 중점적으로 다루었다. 그러나, 많은 구조물, 특히 터빈, 원자로, 증기와 화학공장에서와 같이 에너지를 변환하는 곳과 관련된 것은 아주 높은 온도에서 사용된다. 상온에서 대부분의 금속과 세라믹은 응력에 따라 변형을 하지만, 사용목적상 이 변형은 시간과는 관련이 없다.

$$\varepsilon = f(\sigma) \text{ 탄성/소성체}$$

상온에서 영구변형을 일으키지 않을 정도의 하중도 온도가 상승함에 따라 재료에 크립을 발생시킨다. 크립은 시간에 따라 서서히 연속적인 변형을 야기시킨다.

여기서 변형율은 응력뿐만 아니라, 온도와 시간에도 의존한다.

$$\varepsilon = f(\sigma, t, T) \text{ 크립을 일으키는 고체}$$

일반적으로 전자의 거동을 “저온”에서의 거동, 후자의 거동을 “고온”에서의 거동이라 한다. 그럼, 어떤 것이 저온이고 어떤 것이 고온인가?

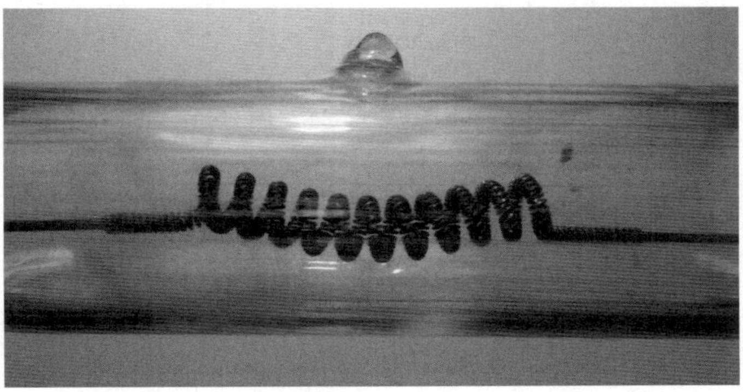

그림 21.1
크립에 의해 자중 때문에 아래로 처진 램프내 텅스텐 필라멘트

램프의 필라멘트로 사용되는 텅스텐은 3000°C가 넘는 매우 높은 융점을 가지고 있다. 텅스텐에 있어서 상온은 아주 낮은 온도이다. 그렇지만 충분히 높은 온도가 되면 텅스텐은 크립을 일으키고 극단적으로는 램프는 소실될 것이다. 텅스텐 램프는 약 2000°C에서 사용되는데, 텅스텐에 대하여 이는 고온에 해당된다. 만약 파손된 램프 필라멘트를 관찰해 보면, 필라멘트는 코일의 감긴 부분이 서로 닿을 때가지 자중으로 쳐지는 것을 볼 수 있다. – 즉 필라멘트는 크립변형을 한 것이다. [그림 21.1]은 텅스텐의 전형적인 처짐현상을 보인 것이다.

[그림 21.2]와 [표 21.1]은 금속과 세라믹의 용융점과 중합체(polymer)의 연화 온도를 나타낸 것이다. 대부분의 금속과 세라믹은 높은 융점을 가지고 있으며, 이로 인해 금속과 세라믹은 상온보다 높은 온도에서 크립이 시작된다. 이것이 탄성이나 소성변형보다 크립이 우리에게 더 익숙하지 않은 이유이다.

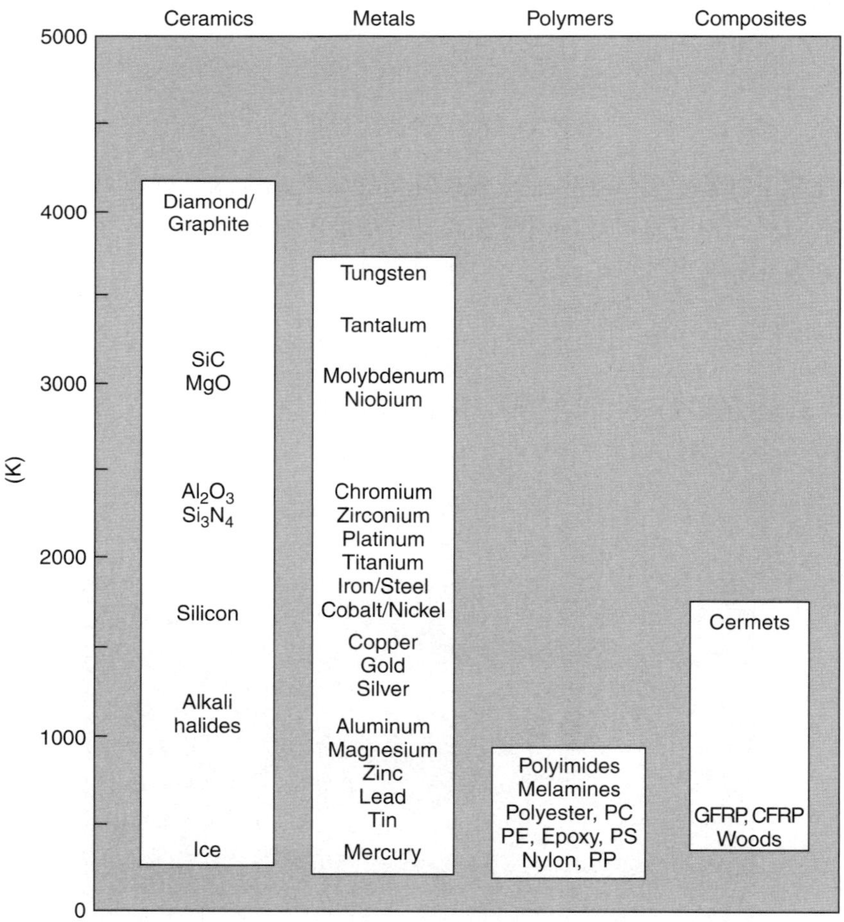

그림 21.2
용융되거나 연화되는 온도

| 표 21.1 | 용융 또는 연화 온도

Material	T(K)	Material	T(K)
Diamond, graphite	4000	Gold	1336
Tungsten alloys	3500–3683	Silver	1234
Tantalum alloys	2950–3269	Silica glass	1100(S)
Silicon carbide, SiC	3110	Aluminum alloys	750–933
Magnesia, MgO	3073	Magnesium alloys	730–923
Molybdenum alloys	2750–2890	Soda glass	700–900$^{(S)}$
Niobium alloys	2650–2741	Zinc alloys	620–692
Beryllia, BeO	2700	Polyimides	580–630$^{(S)}$
Iridium	2682–2684	Lead alloys	450–601
Alumina, Al_2O_3	2323	Tin alloys	400–504
Silicon nitride, Si_3N_4	2173	Melamines	400–480$^{(S)}$
Chromium	2148	Polyesters	450–480$^{(S)}$
Zirconium alloys	2050–2125	Polycarbonates	400$^{(S)}$
Platinum	2042	Polyethylene, high–density	300$^{(S)}$
Titanium alloys	1770–1935	Polyethylene, low–density	360$^{(S)}$
Iron	1809	Foamed plastics, rigid	300–380$^{(S)}$
Carbon steels	1570–1800	Epoxy, general purpose	340–380$^{(S)}$
Cobalt alloys	1650–1768	Polystyrenes	370–380$^{(S)}$
Nickel alloys	1550–1726	Nylons	340–380$^{(S)}$
Cermets	1700	Polyurethane	365$^{(S)}$
Stainless steels	1660–1690	Acrylic	350$^{(S)}$
Silicon	1683	GFRP	340$^{(S)}$
Alkali halides	800–1600	CFRP	340$^{(S)}$
Beryllium alloys	1540–1551	Polypropylene	330$^{(S)}$
Uranium	1405	Ice	273
Copper alloys	1120–1356	Mercury	235

예를 들어 납과 같은 금속은 용융점이 600 K이다: 상온은 300 K이며 이는 용융점(절대온도, K)의 정확히 반이다. 따라서, 납에게 상온은 높은 온도이며, 이는 [그림 21.3]에서 보인바와 같이 크립을 일으킨다. 그리고 얼음은 0°C에 녹는다. 비교적 따뜻한 빙하 (거의 0°C에 가까움)는 얼음이 급속히 크립을 일으키는 온도이며, 이것이 빙하가 움직이는 이유이다. 지구해양수면을 조절하는 남극 얼음의 정상부의 두께조차도 대략 −30°C에서 얼음의 크립 전파(spreading)에 의해 결정된다. 재료가 크립을 시작하는 온도는 그 재료의 용융점에 의해 결정된다. 일반적으로 크립은 다음과 같을 때 시작된다.

그림 21.3
납관은 해가 감에 따라 현저한 크립이 발생한다. (출처; M.F.Ashby)

$$\text{금속은 } T > 0.3{\sim}0.4T_M$$
$$\text{세라믹은 } T > 0.4{\sim}0.5T_M$$

여기서 T_M은 켈빈(K)으로 표시한 용융 온도이다. 그렇지만 특별한 합금화 공정은 크립이 문제화되는 온도를 상승시킬 수 있다.

또한 많은 중합체(polymer)도 상온에서 크립을 일으킨다. 제5장에서도 언급한 바와 같이 대부분의 중합체들은 결정이 아니며, 또 잘 정의된 용융점을 가지고 있지 않다. 중합체에서 중요한 온도는 유리화 온도(glass temperature) T_G이며 이 온도에서 반데르발스(Van der Waals) 결합이 단단해진다. 이 온도 이상에서 중합체는 가죽이나 고무 같은 상태이며, 하중을 가하면 크립이 빠르게 일어난다. 이 온도 이하에서는 단단하고 (가끔 취성이 있음), 실제 용도에서는 더 이상 크립이 일어나지 않는다. 대부분의 중합체에서 T_G는 상온에 가까우므로, 크립이 문제가 된다.

크립에 대항하기 위한 설계시에는, 설계온도에서의 설계수명을 얻기 위해, 파괴 없이 설계하중을 견디기 위한 재료와 형상을 선택해야 한다.

파손(failure)의 의미는 적용 분야에 따라 다르다. [그림 21.4]에 파손의 네 가지 형태를 도시하였다.

1. 제한된 변위의 적용; 여기서 정확한 칫수나 작은 간격은 반드시 유지되어야 한다. (터빈

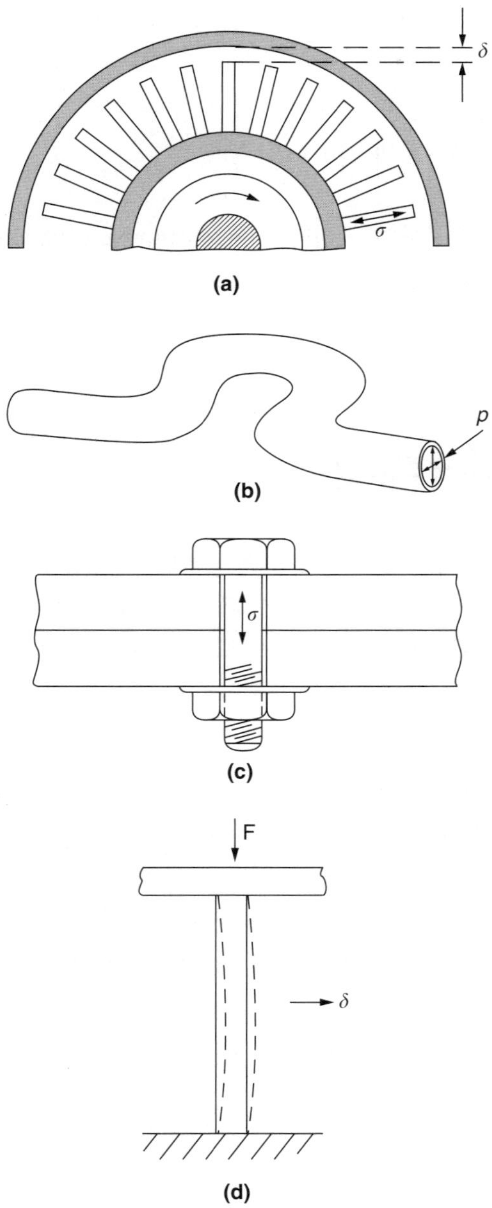

그림 21.4
다음의 네 가지 설계시에 크립이 중요하다.
a) 제한된 변위, b) 제한된 파손, c) 제한된 이완, d) 제한된 좌굴 (buckling)

의 디스크와 블레이드에서와 같이)

2. 제한된 파단(rupture)의 적용; 여기서 칫수에 대한 여유는 상대적으로 중요하지 않으나, 파괴(fracture)는 피해야 한다. (압력파이프에서와 같이)

3. 제한된 응력 이완의 적용; 초기 인장은 시간에 따라 완화된다. (케이블이나 볼트의 사전 인장(pretensioning)과 같이)
4. 제한된 좌굴(buckling)에 대한 적용; 여기서 판재나 가는 기둥은 압축하중에 견디어야 한다. (화재에 노출된 강구조물과 같이)

이와 같은 것을 분석하기 위하여 구성방정식(constitutive equation)이 필요한데, 이 방정식은 변형 속도($\dot{\varepsilon}$) 또는 재료의 파괴까지 걸리는 시간(t_f)을 응력(σ)과 온도(T)에 따른 관계로 규정한 것이다.

21.2 크립 시험과 크립 곡선

크립 시험은 정밀한 온도 조절이 필요하다. 전형적으로 일정한 온도 T가 유지되는 로 내부에서 시편에 일정한 인장 하중을 가한다. 시편의 연신은 시간의 함수로 기록된다. [그림 21.5]는 이와 같은 시험으로부터 얻은 대표적인 결과를 보인 것이다. 금속, 중합체와 세라믹은 모두 이와 같은 형태의 크립 곡선을 나타낸다.

초기(initial) 탄성 변형과 1단계(primary) 크립 변형은 빠르게 일어나고 비록 이들을 무시할 수 없다고 하더라도, 구조물 내부에서 탄성 처짐이 허용되는 것처럼 초기 탄성 변형과 1단계 크립 변형도 허용된다. 그리나 그 후로 재료가 크립속도가 일정한 정상 상태(steady state), 즉 2단계(secondary) 크립 상태로 들어가며 변형률은 시간에 따라 일정하게 증가한다. 크립에 대항하기 위해 설계하려면 우리는 시간에 따라 변형률이 일정하게 누적되는 이 구간을 최대로 고려해야 한다. [그림 21.6]에 보인 바와 같이 일정온도 T에서 log σ에 대한 정상 크립(2단계

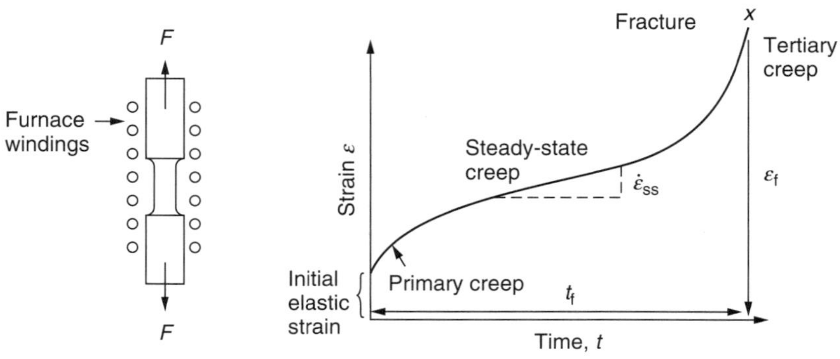

그림 21.5
크립 시험과 크립 곡선

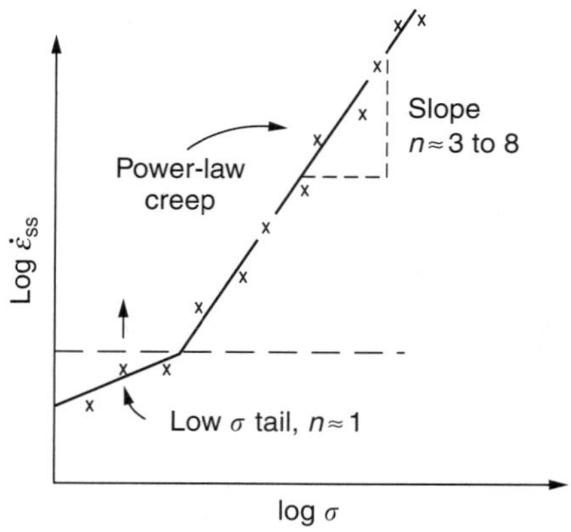

그림 21.6
응력에 따른 크립 속도의 변화

크립) 속도 $\dot{\varepsilon}_{ss}$를 도식화하면 다음을 얻을 수 있다.

$$\dot{\varepsilon}_{ss} = B\sigma^{n} \tag{21.1}$$

여기서 n은 크립 지수이며, 보통 3~8까지의 값을 갖는다. 이와 같은 크립을 멱함수 ($y = ax^n$의 형태) 법칙 크립이라고 한다 (낮은 응력(σ)에서는, $n \approx 1$인 다른 영역에 포함된다. 제 23장에서 멱함수법칙 크립으로부터의 저응력 이탈을 다룰 것이다.)

[그림. 21.7]에 나타낸 바와 같이 일정한 응력에서 $\dot{\varepsilon}_{ss}$의 자연로그(ln)를 절대 온도의 역수에 대해 도식화하면 다음을 얻는다.

$$\dot{\varepsilon}_{ss} = Ce^{-(Q/RT)} \tag{21.2}$$

여기서 $\bar{R}$는 가스상수(Universal Gas Constant) (8.31 $Jmol^{-1}K^{-1}$)이고, Q는 크립의 활성화에너지(Activation Energy for Creep)이고 단위는 $Jmol^{-1}$이다.

크립 속도는 온도에 따라 지수적으로 증가함에 ([그림 21.7] 삽입한 그림) 주목하기 바란다. 온도가 20°C 증가하면 크립 속도는 두 배가 된다.

$\dot{\varepsilon}_{ss}$의 두 종속함수를 결합하면 다음을 얻는다.

$$\dot{\varepsilon}_{ss} = A\sigma^{n}e^{-(Q/RT)} \tag{21.3}$$

여기서 A는 크립 상수이다. 세 상수 A, n과 Q의 값은 재료의 크립 특성이다; 만약 이 상수값을 알고 있다면, (20.3) 식을 이용하여 임의의 온도와 응력에서 변형 속도를 구할 수 있다.이 세 상수 값들은 재료에 따라 변하며 실험적으로 구할 수 있다.

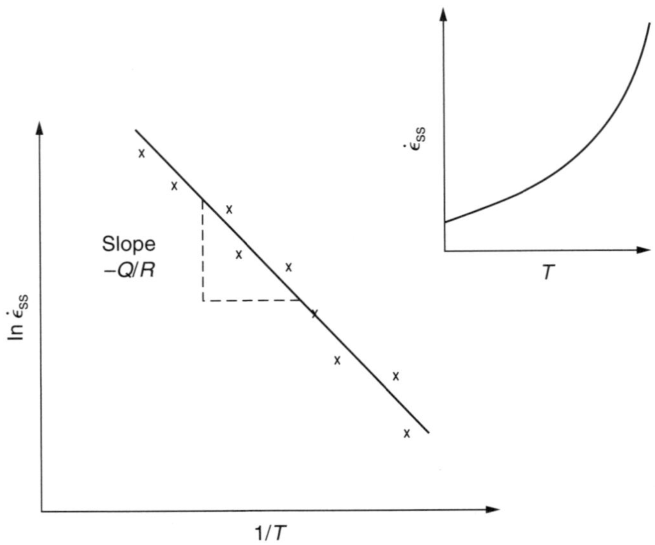

그림 21.7
온도에 따른 크립 속도의 변화

21.3 크립 이완

일정한 변위(displacement)에서, 크립은 시간에 따라 응력이 이완(완화) 된다. 고열의 터빈 케이스의 볼트는 정기적으로 조여 주어야 한다. 종이를 묶는 프라스틱제 클립은 오랜 시간이 지나면 강(steel)제 클립만큼 좋지 않으며, 상온에서조차 서서히 그 조이는 힘을 서서히 잃어 간다.

이완시간 ('초기 응력값의 반으로 이완될 때까지 걸리는 시간'으로 임의로 정의한다면)은 다음의 멱함수법칙 크립 자료로부터 계산할 수 있다.

초기 응력 σ_i로 강체(rigid component)에 조여진 볼트를 생각하자. 이 상태([그림 21.4(c)])에서 볼트 몸체(shank)의 길이는 일정하게 유지된다 – 즉, 몸체에서 전체 변형률 ε_{tot}은 일정하게 유지된다. 그러나 크립 변형률 ε_{cr}은 응력을 이완시키는 탄성 변형률 ε_{el}을 대체할 수 있다. 임의 시간 t에서

$$\varepsilon_{\mathrm{tot}} = \varepsilon_{\mathrm{el}} + \varepsilon_{\mathrm{cr}} \tag{21.4}$$

그러나

$$\varepsilon_{\mathrm{el}} = \sigma / E \tag{21.5}$$

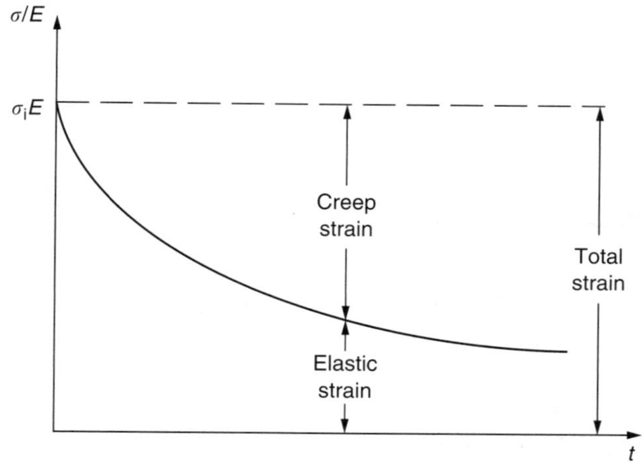

그림 21.8
고온에서 시간에 따른 크립 변형률에 의한 탄성 변형률의 대체

그리고 (일정한 온도에서)

$$\dot{\varepsilon}_{cr} = B\sigma^n$$

ε_{tot}가 상수이므로, 식 (21.4)를 시간에 대하여 미분하고, 다른 두 식을 대입하면 다음과 같다.

$$\frac{1}{E}\frac{d\sigma}{dt} = -B\sigma^n \tag{21.6}$$

$t = 0, \sigma = \sigma_i$에서부터 $t = t, \sigma = \sigma$까지 적분하면 다음과 같다.

$$\frac{1}{\sigma^{n-1}} - \frac{1}{\sigma_i^{n-1}} = (n-1)BEt \tag{21.7}$$

[그림 21.8]은 초기 탄성변형률 σ_i/E가 서서히 크립 변형률로 대체되고, 볼트에서 응력이 이완되는 것을 보여준다. 일예로서 대형 터보 발전기에서 케이싱 볼트는 터빈의 증기 누출을 막기 위하여 일정 간격으로 다시 조여주어야 한다. 다시 조여 주어야 하는 시간 간격, t_r은 예를 들어 처음 응력 값의 반으로 떨어지는 시간을 계산함으로서 얻을 수 있다. $\sigma = \sigma_i/2$로 놓고 다시 정리하면 다음과 같다.

$$t_r = \frac{(2^{n-1} - 1)}{(n-1)BE\sigma_i^{n-1}} \tag{21.8}$$

볼트 재료에 대한 n, A와 Q의 실험적인 값은 우리에게 그 볼트를 얼마나 자주 조여야 하는 것인 가를 알려준다. 너무 볼트를 많이 조이면 σ_i의 증가로 t_r이 급속히 감소하므로 도움이 되지 않음에 주의하기 바란다.

21.4 크립 손상과 크립 파괴

크립이 발생하는 동안에 손상(damage)은 내부 기공(cavity)들의 형태로 축적된다. 그 손상은 크립 곡선의 제 3단계의 시작에서 나타나며, 그 후에는 3단계 속도 증가에 따라 손상이 증가된다. 크립 곡선([그림 21.5] 참고)의 제3단계의 모양은 다음에 영향을 미친다; 즉, 기공들이 성장함에 따라 시편의 단면은 감소하고, 일정 하중에서 응력은 증가한다. $\dot{\varepsilon} \propto \sigma^n$의 관계가 성립하므로, 크립 속도는 응력이 증가하는 것보다 더 빠르게 증가한다 [그림 21.9].

크립이 크립 파괴(fracture)를 야기하는 것은 놀라운 일이 아니며, 파손(failure)까지의 시간 t_f는 크립 식과 아주 유사하게 다음에 보이는 구성 방정식으로 표현된다.

$$t_f = A'\sigma^{-m} e^{+(Q/RT)}$$

여기서 A′, m과 Q는 크립 파손 상수이며 크립에서와 같은 방법으로 결정된다. (지수들은 반대 부호를 갖는다. 왜냐하면, $\dot{\varepsilon}_{ss}$이 속도이고, t_f는 시간이기 때문)

많은 고강도의 합금에 있어서 이 크립 손상은 수명의 초기 단계에 나타나고, 작은 크립 변형 (약 1%) 후에 파손에 이른다. 고온 설계시에 다음과 같은 것을 확인하는 것이 중요하다.

- 설계 수명 내에서 크립 변형률 ε_{cr}이 만족되어야 한다.

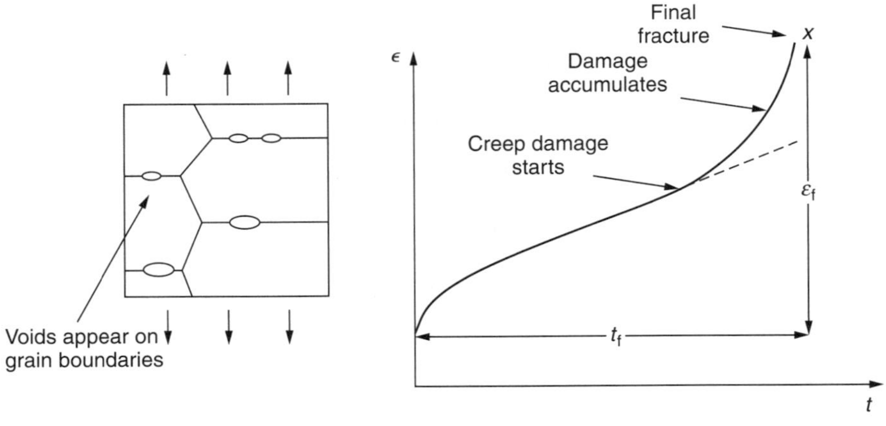

그림 21.9
크립 손상

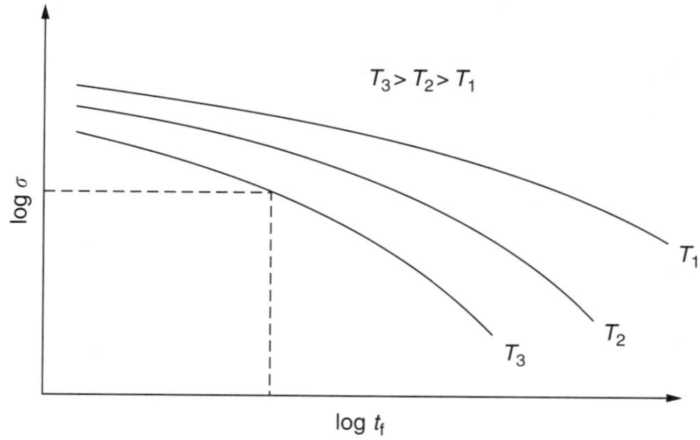

그림 21.10
크립 파손 다이어그램

- 크립 연성 $\varepsilon_{f,cr}$(파손까지의 변형)은 만족된 크립 변형에 알맞도록 적정해야 한다.
- 설계하중과 온도에서 '파손될 때까지의 시간' t_f는 설계수명보다 길어야 한다 (적절한 안전계수 고려).

파손될 때까지의 시간은 일반적으로 크립 파손 다이어그램 ([그림 21.10])에 표시되어 있다. 다이어그램의 응용은 분명하다. 만일 응력과 온도를 알고 있다면 다이어그램을 통해 수명을 알 수 있다. 만일 어떤 온도에서 어떤 수명을 설계하기를 원하면 설계 응력을 알아낼 수 있다.

21.5 크립 저항 재료

현재까지 언급된 것으로부터 크립에 저항하는 재료를 찾는 첫 번째 요구조건은, 재료들이 높은 용융(또는 연화) 온도를 가져야 한다는 것이다.

만일 어떤 재료를 용융 온도의 0.3배 보다 낮은 온도에서 사용한다면 크립은 문제가 되지 않는다. 그러나, 만일 이보다 높은 온도에서 사용한다면 크립 저항을 증가시키기 위해 다양한 합금화 과정을 사용할 수 있다. 이것을 이해하기 위하여, 우리는 크립의 메커니즘에 대하여 더 많은 것을 알 필요가 있다. − 다음 두 장 (제 22, 23장)의 주제 참고

WORKED EXAMPLE

다음 사진은 집에서 크립 현상을 알아보기 위해 (또, 크립 상수 n까지도 측정해 보기 위해) 급

히 만든 쉬운 실험을 보인 것이다. 목재 커튼 막대 혹은 빗자루 막대를 선택하고 (본 저자의 것은 직경 28.5 mm임), 전자용 납땜 와이어(저자 것은 직경 1.60 mm임)를 막대에 감는다. 이 때 감은 막대 와이(coil) 사이에 틈새가 생기지 않도록 촘촘히 감는다. 본 저자는 막대에 납땜 와이어를 36회 감았다. 그리고, 사진에 보인 것처럼 와이어의 끝을 막대의 끝에 걸고 막대를 수직으로 세운다. (낮은 끝 쪽을 바이스나 클램프에 고정한다). 실험은 따뜻한 실내에서 하면, 몇 분내에 와이어는 틈이 벌어지기 시작한다. 15분 후 와이어는 사진에 보인 것처럼 된다. 분명히 땜납 (납과 주석의 합금)은 상당한 크립 변형을 겪는다. 이것이 정확히 우리가 기대했던 크립이 일어나는 영역이다. 전자용 땜납은 183°C(456 K, T_M)에서 녹고, 상온 20°C(293K)는 0.64 T_M이다.

사진으로부터 감긴 와이어는 위쪽 (와이어가 작은 하중을 받은 곳)보다 아래쪽 (와이어가 최대 하중을 받은 곳)에서 틈새가 더 많이 벌어졌다. 이것은 크립 속도가 응력에 따라 증가한다는 것을 의미한다. 그런데, 얼마나 빨리 증가할까? 크립 상수 n 값은 다음과 같이 쉽게 구할 수 있다.

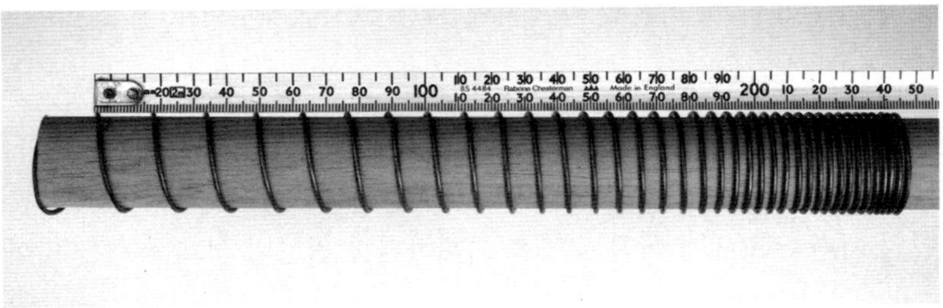

감은 솔더 와이어의 위쪽으로부터 와이어의 정상부(頂上部, crest) 위치를 측정한다(예, 1, 18, 34, 49, 63 mm). 이 측정한 값들의 차이 (이들이 각 감긴 것(turn)의 피치(pitch) – 예 ; 17, 16, 15, 14 mm)를 기록하고, 이 피치들과 와이어 감은 횟수의 관계를 만든다(예; 36, 35, 34, 33). 각 감긴 것의 벌어진 정도는 피치로부터 와이어 직경(1.60 mm)을 빼서 얻을 수 있다. 즉, 15.5, 14.5, 13.5, 12.5 mm 등 (계산시 0.5 가까운 곳에서 올림).

그리고, log(벌어진 틈새값) 대 log(해당하는 감은 횟수) 의 관계를 그린다. 예로서, log 15.5 대 log 36, log 14.5 대 log 35 등. 전체 그래프는 아래 그림에 보였다. 대부분의 범위에 걸쳐 기울기 2.1을 갖는 직선에 아주 잘 맞으며, 따라서, n = 2.1이다. 단지, 감은 와이어의 위쪽에서 데이터 점들이 잘 맞지 않는데, 이것은 감은 와이어들의 벌어진 틈새가 너무 작아서 사진으로부터 피치를 정확히 측정하는 것이 어렵기 때문이다.

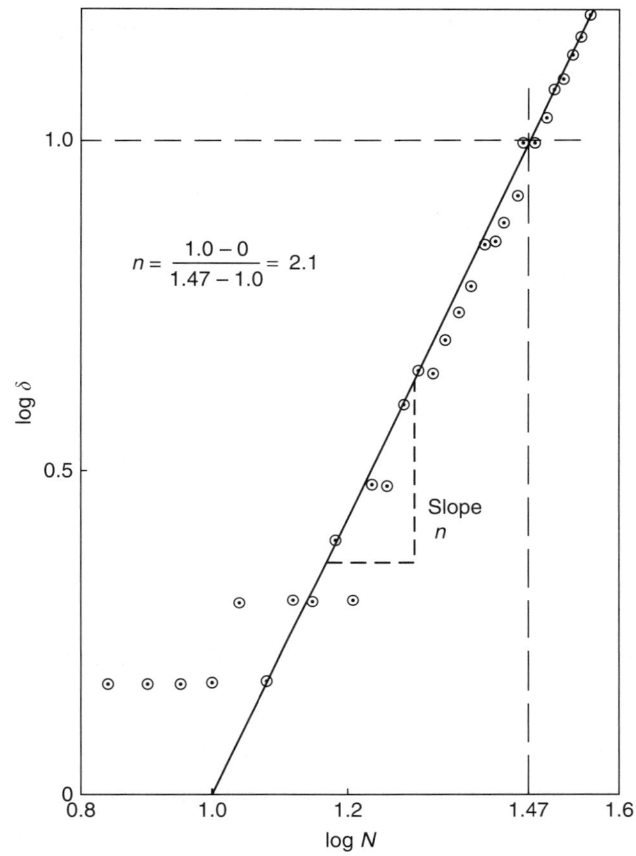

EXAMPLES

21.1 A cylindrical tube in a chemical plant is subjected to an excess internal pressure of 6 MN m^{-2}, which leads to a circumferential stress in the tube wall. The tube wall is required to withstand this stress at a temperature of 510°C for 9 years. A designer has specified tubes of 40 mm bore and 2 mm wall thickness made from a stainless alloy of iron with 15% by weight of chromium. The manufacturer's specification for this alloy gives the following information.

Temperature(°C)	618	640	660	683	707
Steady-state creep rate $\dot{\varepsilon}$ (s^{-1}), for an applied tensile stress σ of 200 MN m^{-2}	1.0×10^{-7}	1.7×10^{-7}	4.3×10^{-7}	7.7×10^{-7}	2.0×10^{-6}

Over the present ranges of stress and temperature the alloy can be considered to creep according to the equation

$$\dot{\varepsilon} = A\sigma^5 e^{-Q/RT}$$

where A and Q are constants, R is the universal gas constant, and T is the absolute temperature. Given that failure is imminent at a creep strain of 0.01 for the present alloy, comment on the safety of the design.

21.2 An alloy tie bar in a chemical plant has been designed to withstand a stress, σ, of 25 MN m^{-2} at 620°C. Creep tests carried out on specimens of the alloy under these conditions indicated a steady-state creep rate, $\dot{\varepsilon}$, of $3.1 \times 10^{-12}\ s^{-1}$. In service it was found that, for 30% of the running time, the stress and temperature increased to 30 MN m^{-2} and 650°C. Calculate the average creep rate under service conditions. It may be assumed that the alloy creeps according to the equation

$$\dot{\varepsilon} = A\sigma^5 e^{-Q/RT}$$

where A and Q are constants, R is the universal gas constant, and T is the absolute temperature. Q has a value of 160 kJ mol^{-1}.

21.3 The window glass in old buildings often has an uneven surface, with features that look like flow marks. The common explanation is that the glass has suffered creep deformation over the years under its own weight. Explain why this scenario is complete rubbish (why do you think the glass does appear to have "flow marks"?).

21.4 Why do bolted joints in pressure vessels operating at high temperature have to be retorqued at regular intervals?

21.5 Why are creep–rupture diagrams useful when specifying materials for hightemperature service?

21.6 Structural steelwork in high-rise buildings is generally protected against fire by a thick coating of refractory material even though a fire would not melt the steel. Explain.

21.7 Aluminum alloy (T_M = 920 K) pistons in large diesel engines are subjected to working temperatures of around 150°C (423 K). When the engine is started up, thermal gradients in the pistons produce thermal strains (coefficient of thermal expansion × temperature difference) of the order of 0.3%. Young's modulus for the alloy at 150°C is74 GNm^{-2}, so assuming linear elasticmaterial behavior thethermal stress is calculated to be220 MNm^{-2} (74,000 × 0.003). The tensile ductility (failure strain) of the alloy is 0.7% at 150°C, so the pistons should not fail (and in fact they don't). However, the tensile strength of the alloy is 170 MN m^{-2} at 150°C, so the linear elastic stress analysis indicates that the pistons *should fail*!

Explain the reason for this apparent discrepancy.

21.8 What are the requirements when designing against creep in hightemperature applications?

21.9 Why does electronic solder creep rapidly at room temperature?

21.10 Rotary furnaces are large tubes of creep-resistant metal (typically 2 m diameter, 10 m long). The furnace is supported at each end by a ring, which sits on a pair of rollers. The rollers are driven by an electric motor, and they rotate the tube slowly about its axis. The outside of the tube is heated by gas burners. When warming the furnace up, or cooling it down again, it is vital that it is kept rotating. What is the reason for this?

ANSWERS

21.1 The main steps in this question are as follows. (i) Add 273 to each temperature, to convert it to K. (ii) Get the reciprocal of each temperature, $1/T$(it will be in units of K^{-1}). (iii) Get the natural log (ln) of each creep rate. (iv) Plot ln (creep rate) versus $1/T$, as in Figure 21.7. The data points will fall on a straight line. (v) Extrapolate this line to 1/(783 K), corresponding to 510 °C. (vi) This gives ln (creep rate) = –20.90, or creep rate itself = 8.3×10^{-10} s^{-1}. (vii) Hoop stress in tube wall $\sigma = pr/t$, giving $\sigma = 60$ MN m^{-2}. (viii) Reduce strain rate at 510 °C for stress, multiplying 8.3×10^{-10} s^{-1} by the factor $(60/200)^5$. This gives a strain rate of 2×10^{-12} s^{-1}. The creep strain after 9 years is then 0.00057, so the design is safe.

21.2 There are three steps in this question. (i) Find the strain rate at the same (design) temperature of 620 °C, but at the elevated stress of 30 MN m^{-2}. This means multiplying 3.1×10^{-12} s^{-1} by the factor $(30/25)^5$, giving a strain rate of 7.71×10^{-12} s^{-1}. (ii) Correct this strain rate to a temperature of 650 °C. This means using the natural log (ln) form of the creep equation

$$\ln \dot{\varepsilon} = \ln\left(A\sigma^5\right) - \frac{Q}{RT}$$

(note $A\sigma^5$ is now a constant), writing it out twice, and subtracting

$$\ln \dot{\varepsilon}_1 - \ln \dot{\varepsilon}_2 = -\frac{Q}{R}\left(\frac{1}{T_1} - \frac{1}{T_2}\right)$$

to give $\dot{\varepsilon}_2 = 15.5 \times 10^{-12}$ s^{-1}. When putting numbers into this equation, it is critical to input temperaturesin *K*, andto input *Q* values in $Jmol^{-1}$ (*not* kJ mol^{-1}).
This is because $R = 8.314$ J mol^{-1} K^{-1}, and Q/RT must be dimensionless (it is an exponent).
(iii) Work out the average creep rate, from

$$\dot{\varepsilon}_{av} = \dot{\varepsilon}_1 \times \frac{70}{100} + \dot{\varepsilon}_2 \times \frac{30}{100}$$

This gives an average creep rate of $6.82 \times 10^{-12}\ s^{-1}$.

21.3 From Table 21.1, the softening temperature of soda glass is in the range 700–900 K. The operating temperature of window glass is rarely more than 293 K, so T/T_s is at most 0.42. Ceramics only begin to creep when $T/T_M > 0.4$ (see Section 21.1), and then only under a large stress (far greater than the self-weight stress). Thus, the flow marks cannot possibly be due to creep. In fact, they come from the process used to make panes of glass in the past, which consisted of blowing a large "bubble" (or boule) of molten glass, then cutting-open the boule and flattening it. Deforming the molten glass produced the flow marks. An "urban myth" busted!

21.4 See Section 21.3.

21.5 See Section 21.4 and Figure 21.10.

21.6 A major fire would increase the temperature of the steelwork to the point at which it would creep under the applied loads, and the subsequent deformation could trigger the collapse of the building. This is why the World Trade Center towers collapsed on 9/11. The vertical load-bearing columns suffered creep buckling (see Figure 21.4(d)).

21.7 The linear elastic stress analysis ignores the fact that the material will deform by plastic deformation and creep, which will keep the actual stress well below the tensile strength. For this reason, the correct failure criterion is the one based on strain, not stress.

21.8 See Section 21.4, next-to-last paragraph.

21.9 See Worked Example, paragraph 1.

21.10 If it were not kept turning, the tube would sag by creep deformation, and end up permanently bent. If the tube is kept turning, every part of the metal experiences repeated cycles of alternating tension and compression. The positive and negative creep strains produced by these stress cycles cancel out over time.

CHAPTER 22

확산의 운동 이론

22.1 개요

우리는 지난 장에서 안정 상태의 크립 속도 $\dot{\varepsilon}_{ss}$는 다음에서와 같이 온도에 따라 변화한다는 것을 알았다.

$$\dot{\varepsilon}_{\mathrm{ss}} = Ce^{-(Q/RT)} \tag{22.1}$$

여기서 Q는 크립이 발생하는 활성에너지(Jmol^{-1} 또는 더 일반적으로, k Jmol^{-1})이고, $\bar{R}$은 가스정수(universal gas constant, 8.13 Jmol^{-1}K^{-1}), T는 절대온도(K)이다. 이것은 아레니우스(Arrhenius)법칙에 한 예이다. 모든 좋은 법칙들처럼 이 법칙은 보편성을 갖고 있다. 따라서, 이 법칙은 크립 속도에 적용될 뿐 아니라 산화 속도(제25장), 부식 속도(제27장), 확산 속도(본장)에도 적용되며, 박테리아 증식 속도와 우유가 시어지는데(sour)까지 적용할 수 있다.

크립, 부식 확산 등의 과정에서의 속도는 [그림 22.1]에서 보인 방법과 같이 온도에 따라 지수적으로 증가한다(또는 마찬가지로 주어진 크립이나 산화량에 대한 시간은 온도에 따라 지

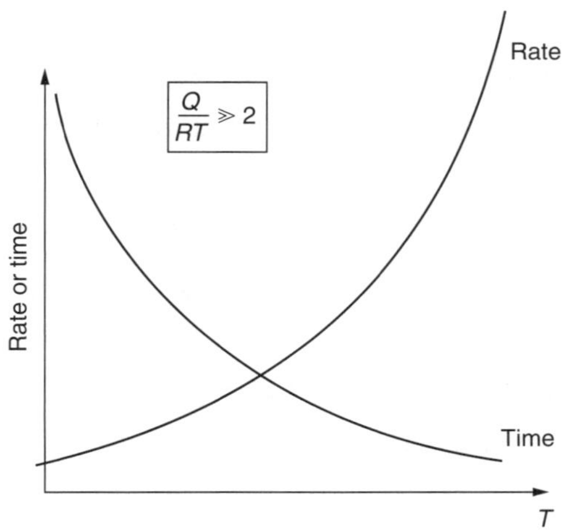

그림 22.1
아레니우스 법칙의 결과

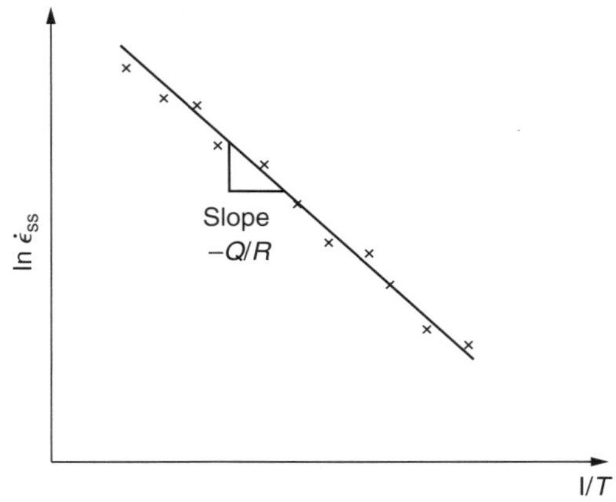

그림 22.2
크립 속도는 아레니우스 법칙을 따른다.

수적으로 감소한다). 아레니우스의 법칙을 따르는 과정의 속도는 $1/T$에 대하여 자연 로그 좌표로 도시한다면 $-Q/\bar{R}$의 기울기를 가진 직선이 얻어진다([그림22.2]). Q의 값은 그 과정의 특성을 나타낸다. – 이것은 우리가 이미 제21장에서 사용했었다.

이 장에서 우리는 아레니우스 법칙의 출처에 대해 논의하고, 이 법칙을 확산현상에 적용해 보기로 한다. 다음에 우리는 확산 속도가 어떻게 크립 속도를 결정하는지 검토하여 보자.

22.2 확산과 Fick의 법칙

첫 번째로, 확산이란 무엇인가? 확산을 알 수 있는 좋은 방법은 유리접시를 준비하고, 아주 얕은 깊이의 물을 담는다. 물이 완전히 잔잔해질 때까지 기다렸다가, 과망간산칼륨($KMnO_4$) 결정 미량을 물 위에 떨어트린다.

이 결정의 가장자리는 곧 바로 물속에 용해되어 이 결정이 중앙에 존재하는 진한 분홍색의 링을 형성한다([그림22.3(a)] 참고). 이후 링은 방사상 방향으로 물로 퍼져나가기 시작한다- 처음에는 아주 빠르지만 점차 시간이 지남에 따라 늦어진다.

[그림 22.3(a)]에서 [그림 22.3(d)]까지 시간경과에 따라 링이 퍼져나가는 사진을 보였다. 이 현상은 $KMnO_4$(potassium permanganate)이 온들이 물 분자들과 무작위로 교환되는 운동에 의해 일어난다.

이온들은 농도가 높은 영역에서부터 농도가 낮은 영역으로 움직인다 – 이온은 농도 기울기를 감소시킨다. 이 거동은 Fick의 제1확산법칙으로 표현된다.

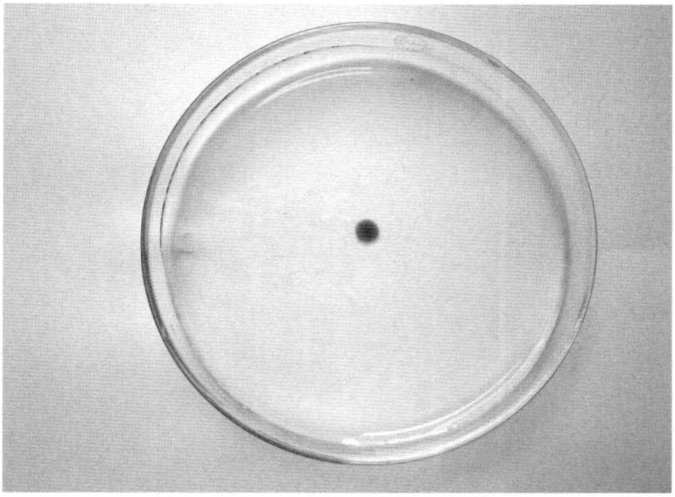

(a)

그림 22.3
(a) 경과시간 = 0분, 링반지름 = 2.6 mm, 온도 18°C

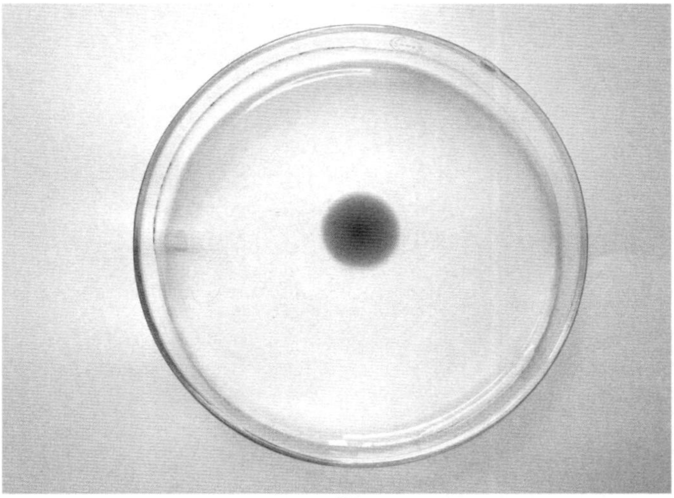

(b)

그림 22.3
(b) 경과시간 = 3분, 링반지름 = 8.3 mm

$$J = -D\frac{\mathrm{d}c}{\mathrm{d}x} \tag{22.2}$$

여기서 J는 단위 면적당 단위 시간(sec)에 농도구배를 확산으로 완화시키는 이온의 수이다; 이것을 이온의 유동(flux)이라고 부른다([그림22.4]). c는 물속에서 이온의 농도이며, 단위 수용액

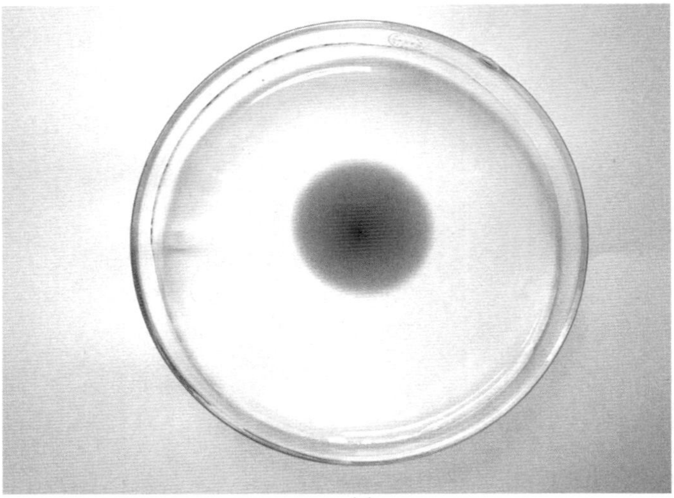

(c)

그림 22.3
(c) 경과시간 = 9분, 링반지름 = 14.9 mm

(d)

그림 22.3
(d) 경과시간 = 57분, 링반지름 = 30.3 mm

체적당 이온(여기서는 MnO_4^- 이온)의 수로 정의된다. x는 유동 라인을 따라 측정한 거리, 그리고 D는 수용액에서 MnO_4^- 이온의 확산계수이다 – 단위는 m^2s^{-1}이다.

확산거동은 물속에서 이온에 제한된 것이 아니다 – 그것은 모든 액체에서 더 현저하게 일

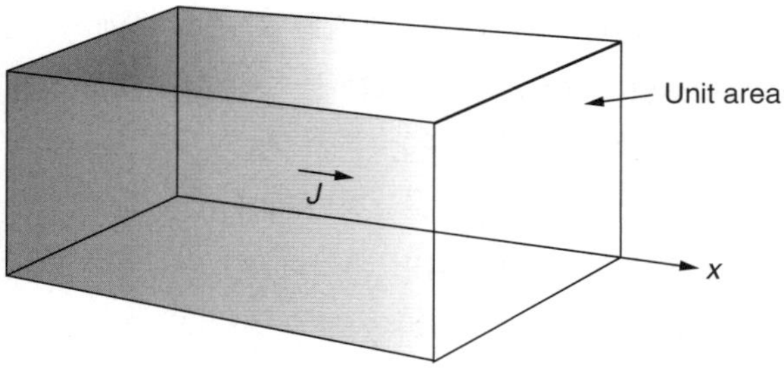

그림 22.4
확산은 농도 구배를 감소시킨다.

어나고, 모든 고체에서도 마찬가지이다. 예로서 황동합금(구리와 아연의 합금)은 이온이 물속에서 확산되듯이 고체 구리 내에서 아연 원자가 확산된다. 공업재료가 대부분 고체인 까닭에 우리는 고체 상태의 확산에 제한하여 논의하기로 한다.

물리적으로 고체에서조차 원자가 움직일 수 있기 때문에 (원자가 한 위치에서 다른 위치로 점프) 확산은 일어날 수 있다. [그림 22.5]는 검은색 원자가 농도 구배를 갖는 고체를 보인 것이다; 검은 원자는 점선의 오른쪽보다 왼쪽에 더 많다. 만일 원자가 점선을 가로 질러서 임의로 뛰어 넘는다면, 오른쪽으로 검은 원자의 순유동(net flux) (단순히 왼쪽에 뛰어넘을 원자가 더 많기 때문)이 있고, 물론 왼쪽으로는 흰 원자의 순유동이 있다. Fick의 법칙은 이것을 설명한 것이며, 다음과 같이 유도된다.

고체 속에서 원자는 그들의 평균위치에서 진동수 υ(대표적으로 $10^{13}\ s^{-1}$)를 가지고, 진동하

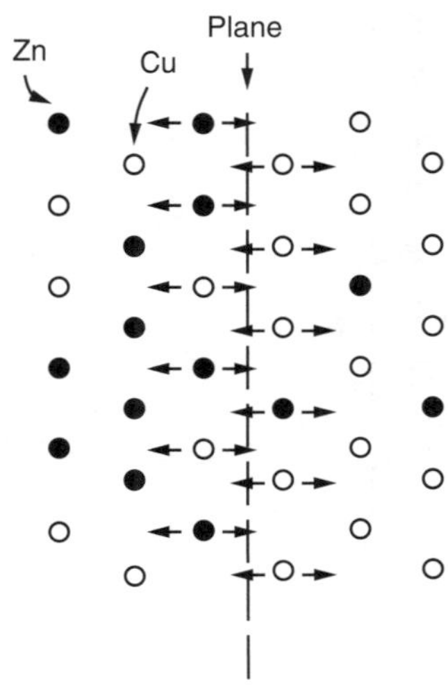

그림 22.5
원자는 평면을 가로 질러 뛰어 넘는다.

거나 떨고 있다. 결정격자는 이들 평균위치로 정의된다. 온도 T에서, 진동원자의 평균에너지(운동에너지+위치에너지)는 3 kT이고, 여기서 k는 볼츠만 상수(1.38×10^{-23} J.atom^{-1}K^{-1})이다. 그러나 이것은 단지 평균에너지이다. 원자(또는 분자)가 진동함으로서 그들은 부딪치고, 그리고 에너지는 계속적으로 한 곳에서 다른 곳으로 전달된다.

비록 평균에너지가 3 kT라고 하더라도, 어떤 순간에, 한 원자는 이것보다 다소 많거나 작은 에너지를 가질 가능성이 있다. 이 원자들의 아주 작은 일부는 주어진 순간에 이웃 원자의 위치로 점프하기 위한 충분히 많은 에너지를 갖는다. 어떤 순간에 '원자의 에너지≥ q'를 갖는 확률 p는 통계역학적 이론으로 표현될 수 있다.

$$p = e^{-q/kT} \tag{22.3}$$

왜 구리내의 아연의 확산에 대해 이 식은 의미가 있는가? 다소 과장된 형태를 보인 [그림 22.6]에서와 같이 두 개의 조금 다른 농도를 가진 황동에서 이웃한 두 격자 면을 생각해보자. 아울러 이것을 두 평면 A와 B라고 표시하자. 지금 A면에서 B면으로 확산하는 아연원자는 농도구배가 감소하는 쪽으로 구리원자 사이를 비집고 나아간다(단순화된 상태지만, 곧 이에 대

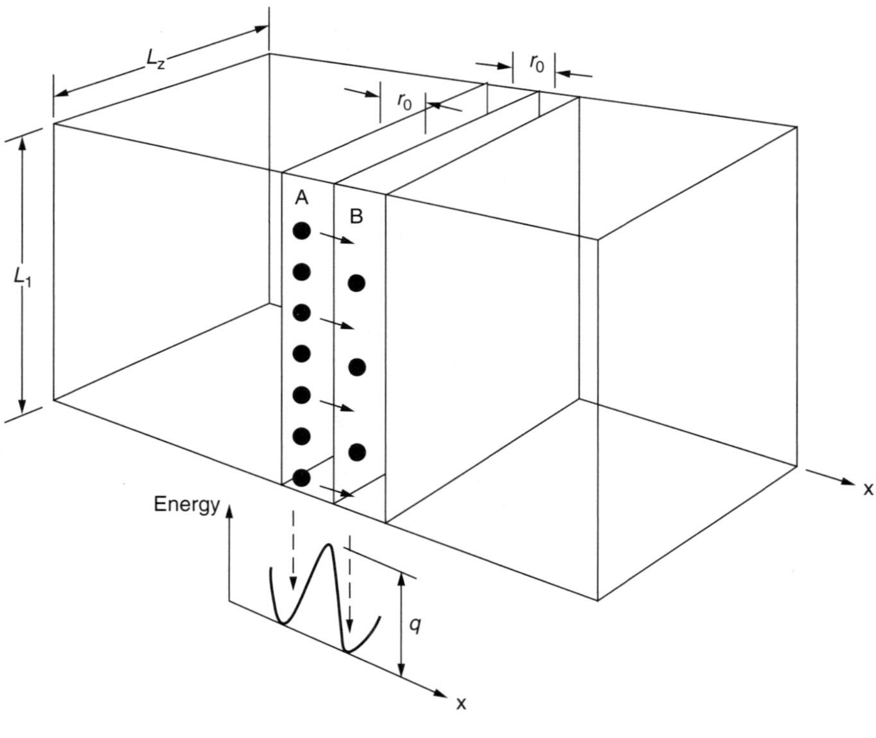

그림 22.6
확산은 에너지 장벽 q를 뛰어넘는 원자를 필요로 한다.

해 상세히 설명하겠다). 이것은 또 달리 표현하면, 아연원자는 [그림 22.6]에서 보인 바와 같이 높이 q의 에너지 장벽을 극복해야 한다.

지금 A층에 있어 아연 원자의 수는 n_A라고 하면, 어떤 순간에 있어 A로부터 B로 확산 장벽을 극복하기 위한 충분한 에너지를 가진 아연 원자의 수는

$$n_A p = n_A e^{-q/kT} \tag{22.4}$$

이 원자가 실제로 A로부터 B까지 장벽을 극복하기 위하여, 그 원자들은 정확한 방향으로 이동해야 한다. 아연 원자가 B쪽으로 진동하는 횟수는 초당 $\approx v/6$이다(아연 원자가 3차원 상태에서 이동은 6방향으로 가능하며, 6방향 중 단지 한쪽이 A로부터 B이다).

따라서, 실제로 초당 A에서 B로 이동한 원자의 수는 다음과 같다.

$$\frac{v}{6} n_A e^{-q/kT} \tag{22.5}$$

그 동안에 몇몇의 아연원자는 뒤로 이동한다. 만약 B층에서 아연 원자의 수가 n_B이라면, 초당 B에서 A로 장벽을 이동하는 아연원자의 수는 다음과 같다.

$$\frac{v}{6} n_B e^{-q/kT} \tag{22.6}$$

따라서, 여기서 실제로 장벽을 뛰어넘는 아연 원자의 수는 다음과 같다.

$$\frac{v}{6}(n_A - n_B) e^{-q/kT} \tag{22.7}$$

원자들이 뛰어넘는 표면적은 $L_1 \times L_2$이고, 앞에서 주어진 정의를 사용하면 원자의 순 유동(flux)은 다음과 같다.

$$J = v\frac{(n_A - n_B)}{6L_1L_2} e^{-q/kT} \tag{22.8}$$

농도 c는 원자수 n과 관계가 있다.

$$c_A = \frac{n_A}{L_1L_2r_0}, c_B = \frac{n_B}{L_1L_2r_0} \tag{22.9}$$

여기서 c_A, c_B는 A와 B에서 아연 농도이고 r_0는 원자의 크기이다. 식 (22.8)에 n_A, n_B를 c_A, c_B로 대체하면 다음과 같다.

$$J = \frac{v}{6} r_0 (c_A - c_B) e^{-q/kT} \tag{22.10}$$

여기서 $-(c_A - c_B)/r_0$는 농도구배 dc/dx이다. q의 양은 아주 작아서 불편하므로 $Q = N_A q$와 $\overline{R}$ =

$N_A k$와 같은 큰 양을 사용하는 것이 좋다(N_A는 아보가드로(Avogadro) 수). $ur_0^2/6$의 량은 보통 D_0라고 쓴다. 이를 고려하여 식을 변화하면,

$$J = -D_0 e^{-Q/RT}\left(\frac{dc}{dx}\right) \tag{22.11}$$

이것이 바로 Fick의 법칙이며 (식 22.2), 여기서

$$D = D_0 e^{-Q/RT} \tag{22.12}$$

이다.

문자 D로 쓰는 이 방법은 온도에 지수적 의존성을 강조하는 것이며, 이것은 편리한 크기의 활성화 에너지를 표시한다(원자 당이라기보다 확산 원자의 몰 당으로 표시한다). 크립에 대하여 다시 생각해보면, 식 (22.12)은 온도에 대한 D의 지수적 의존성은 우리가 설명하려는 온도에 대한 $\dot{\varepsilon}_{ss}$의 의존성과 똑같은 형태를 가진다.

22.3 확산 계수에 대한 자료

확산 계수는 다음과 같은 방법으로 아주 잘 측정된다.

확산되는 원자나 분자의 방사성 동위원소의 얇은 층이 부피를 갖는 (bulk) 재료에 코팅되어 있다(예를 들면 구리 위에 방사성 아연). 온도는 동위원소가 벌크 재료에 확산되도록, 일정시간 동안 확산 온도까지 상승시킨다. 시편을 냉각시킨 후 단면을 자른 다음, 동위원소가 발산된 것을 측정함으로서 깊이의 함수로서 동위원소의 농도를 측정한다. D_0와 Q는 확산곡선으로부터 구한다.

재료 핸드북은 금속과 세라믹에서 확산되는 다양한 원자의 D_0와 Q 값을 제공하는데, [표 22.1]은 몇 가지 유용한 값을 보인 것이다. 확산은 중합체(polymer)와 복합재료, 유리에서도 일어나지만, 그 자료는 신뢰성이 보다 떨어진다. [표22.1] 마지막 열(column)은 정규화된 (normalized) 활성화 에너지 $Q/\bar{R}T_M$를 나타낸다, 여기서 T_M은 용융점(켈빈 온도). 주어진 재료에 대하여 (예를 들면 면심입방 금속이나 내화성 산화물) 대량 이동을 위한 확산 계수 D_0는 (이것은 크립에서 중요한 요소 중의 하나임) 대체로 일정하다. 그리고 활성화 에너지는 용융온도 $T_M(K)$에 비례하므로 $Q/\bar{R}T_M$도 일정하다(크립이 용융점과 관련을 맺고 있는 이유이다). 이것은 각 재료에 대한 D_0와 $Q/\bar{R}T_M$ 평균값을 나타낸 [표 22.2]의 자료를 사용함으로써 많은 확산 문제를 풀 수 있다는 것을 의미한다.

표 22.1 체적확산의 데이터

Material	$D_0(m^2\ s^{-1})$	$Q(kJ\ mol^{-1})$	Q/RT_M
BCC metals			
Tungsten	5.0×10^{-4}	585	19.1
Molybdenum	5.0×10^{-5}	405	14.9
Tantalum	1.2×10^{-5}	413	16.9
Alpha-iron	2.0×10^{-4}	251	16.6
CPH metals			
Zinc	1.3×10^{-5}	91.7	15.9
Magnesium	1.0×10^{-4}	135	17.5
Titanium	8.6×10^{-10}	150	9.3
FCC metals			
Copper	2.0×10^{-5}	197	17.5
Aluminum	1.7×10^{-4}	142	18.3
Lead	1.4×10^{-4}	109	21.8
Gamma-iron	1.8×10^{-5}	270	17.9
Oxides			
MgO	1.4×10^{-6}	460	17.7
Al_2O_3	3.0×10^{-2}	556	28.0
FeO	1.0×10^{-2}	326	23.9
Interstitial diffusion in iron			
C in α Fe	2.0×10^{-6}	84	5.6
C in γ Fe	2.3×10^{-5}	147	9.7
N in α Fe	3.0×10^{-7}	76	5.1
N in γ Fe	9.1×10^{-5}	168	11.6
H in α Fe	1.0×10^{-7}	14	1.0

표 22.2 재료에 따른 D_0와 Q/RT_M의 평균값

Material Class	$D_0(m^2\ s^{-1})$	Q/RT_M
BCC metals(W, Mo, Fe below 911°C, etc.)	1.6×10^{-4}	17.8
CPH metals(Zn, Mg, Ti, etc.)	5×10^{-5}	17.3
FCC metals(Cu, Al, Ni, Fe above 911°C, etc.)	5×10^{-5}	18.4
Alkali halides(NaCl, LiF, etc.)	2.5×10^{-3}	22.5
Oxides(MgO, FeO, Al_2O_3, etc.)	3.8×10^{-4}	23.4

22.4 확산기구

현재까지의 논의에서 우리는 원자가 확산될 때 원자가 고체 내에서 어떻게 이동하느냐 하는

질문을 가졌다. 이것이 일어날 수 있는 데는 여러 방법이 있다. 비록 확산이 비정질 고체에서도 비슷한 방법으로 일어나지만, 단순화하기 위해 결정고체에 대하여 언급하고자 한다.

체적확산; 침입형 확산과 공공 확산

결정의 체적(bulk)에서의 확산(입내 확산)은 두 가지 기구에 의해서 발생된다. 첫 번째는 침입형 확산이다. 모든 결정에서 원자는 그 사이에 틈이나 공간을 가지며, 결정 내에 존재하는 아주 작은 원자는 원자들 사이에서 압축을 받아 주위로 확산될 수 있고, 이 틈에서 다른 틈으로 – 그것이 충분한 에너지를 가질 때 – 점프한다([그림 22.7]).

아주 작은 원자인 탄소는 이 같은 방법으로 보다 큰 철의 원자 사이로 확산된다. 사실 C, O, N, B나 H는 대부분의 결정에서 침입형으로 확산된다. 이 작은 원자는 매우 빠르게 확산된다. 이것은 [표 22.1]의 마지막 열에서 보인 아주 작은 값 $Q/\bar{R}T_M$에 영향을 받는다.

두 번째 기구는 공공(vacancy) 확산이다. 예를 들면 아연이 황동에서 확산될 때 아연 원자는 구리 원자의 크기와 비슷해 침입형으로 들어갈 수 없으며 – 아연 원자는 그것이 움직이기 전에, 공공 즉 원자가 빠진 곳이 생길 때까지 기다려야 한다. 이것이 결정 내에서 일어나는 대부분의 확산기구이다([그림 22.8]과 [그림 11.4]).

빠른 확산경오: 입계와 전위 코어 확산

결정 내에서의 확산은 간혹 입자의 경계(입계)나 전위의 중심부(core)를 따라 일어나는 확산으로 짧아지게 된다. 입계는 약 두 원자 폭을 갖는 면형(planar) 통로로 작용하여 체적확산 (입내 확산) 경우보다 10^6배나 더 큰 국지적 확산 속도를 갖는다([그림 22.9]와 [그림 11.4]).

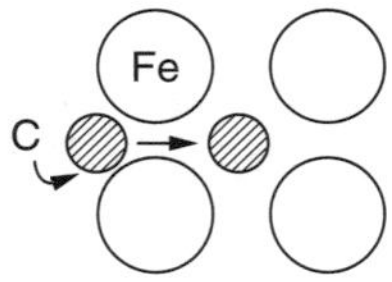

그림 22.7
침입형 확산

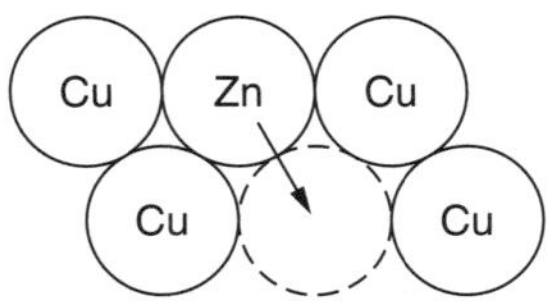

그림 22.8
공공 확산

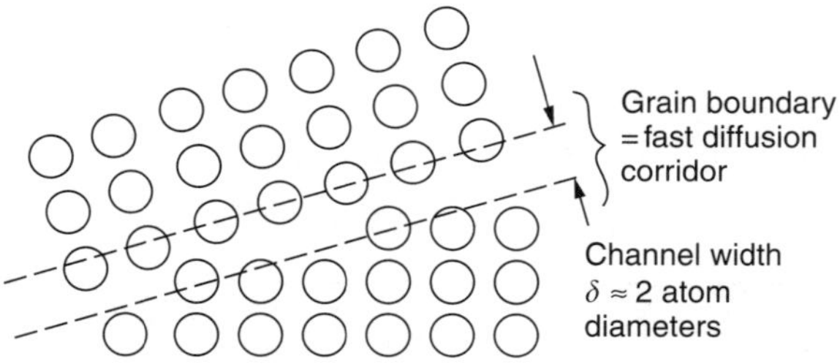

그림 22.9
결정입계 확산

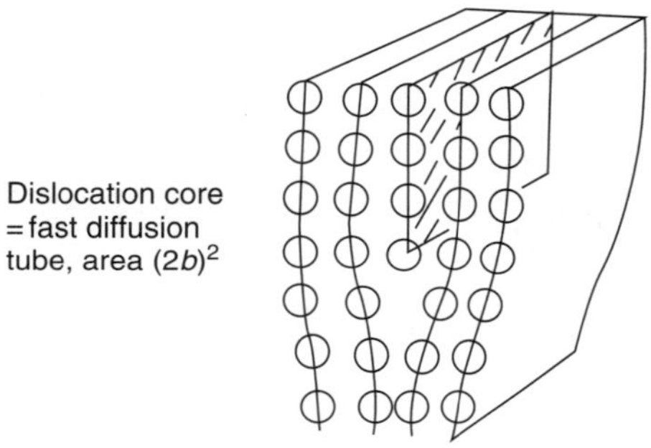

그림 22.10
전위 중심부(core) 확산

전위의 중심부(core) 또한, 대략 $(2b)^2$ 단면적을 갖는 (b: 원자 크기) 높은 전도율의 와이어 같이 작용한다([그림 22.10]).

물론 전체의 확산에 대한 공헌도는 얼마나 많은 입자 경계면 또는 전위를 가졌느냐에 따라 달라진다. 입자가 작을 때(입자경계가 많아짐)나 전위수가 많을 때 그 공헌도는 중요하게 된다.

유용한 근사치

확산계수 D는 $m^2\ s^{-1}$의 단위를 갖기 때문에 $\sqrt{D \times \text{time(초)}}$는 m 단위를 갖는다. 사실 $\sqrt{Dt}$의 길이는 원자가 시간 t에 따라 확산하는 거리로 아주 유용한 근사치이다. 이 결과는 비정상(nonsteady)확산(Fick의 확산 제2법칙)을 포함하지만, 여기서는 취급하지 않는다. 그러나 근사치는

$$x = \sqrt{Dt} \tag{22.13}$$

이고 이것은 여러 경우에 대해 확산거리를 산정하는 아주 유용한 결과이다.

WORKED EXAMPLE

그림 22.3에 보여진 확산의 실증 실험은 식 (22.13)을 검증하는 데 사용할 수 있으며 또한 확산 계수의 추정치를 제시할 수 있다. 아래 표는 데이터를 정리한 것이다.

Figure no.	Radius(mm)	Time(min)	Change in radius = x	Square root of time $=\sqrt{t}$
(a)	2.6	0	0	0
(b)	8.3	3	5.7	1.7
(c)	14.9	9	12.3	3.0
(d)	30.3	57	27.7	7.6

$\sqrt{t}$에 대한 x의 그래프는 매우 우수한 직선 형태이며 식 (22.13)과 일치한다.

D의 값은 $\dfrac{x}{\sqrt{t}}=\sqrt{D}\approx\dfrac{27.7\,\text{mm}}{7.6\,\text{min}^{1/2}}$의 그래프의 기울기 때문에 추정할 수 있으며 주어진 값 D는, $D\approx\dfrac{27.7^2\,\text{mm}^2}{57\times 60\,\text{s}}=0.22\,\text{mm}^2\,\text{s}^{-1}$이다.

EXAMPLES

22.1 It is found that a force F will inject a given weight of a thermosetting polymer into an intricate mold in 30 s at 177°C and in 81.5 s at 157°C. If the viscosity of the polymer follows an *Arrhenius* law, with a rate of process proportional to $e^{-Q/RT}$, calculate how long the process will take at 227°C.

22.2 Explain what is meant by *diffusion* in materials. Account for the variation of diffusion rates with (a) temperature, (b) concentration gradient and (c) grain size.

22.3 Use your knowledge of diffusion to account for the following observations:

a. Carbon diffuses fairly rapidly through iron at 100°C, whereas chromium does not.

b. Diffusion is more rapid in polycrystalline silver with a small grain size than in coarse-grained silver.

22.4 Give an approximate expression for the time t required for significant diffusion to take place over a distance x in terms of x, and the diffusion coefficient, D.

22.5 A component is made from an alloy of copper with 18% by weight of zinc. The concentration of zinc is found to vary significantly over distances of 10 μm. Estimate the time required for a substantial leveling out of the zinc concentration at 750°C. The diffusion coefficient for zinc in the alloy is given by

$$D = D_0 e^{-Q/RT}$$

where R is the universal gas constant and T is the absolute temperature. The constants D_0 and Q have the values 9.5 $mm^2\ s^{-1}$ and 159 kJ mol^{-1}, respectively.

22.6 Explain why there is a factor of 1/6 in Equation (22.5).

22.7 Explain why the exponents q/kT and Q/RT are the same numerically.

ANSWERS

22.1 The time for the process is given by

$$\frac{1}{t} = B\exp\left(-\frac{Q}{RT}\right) \text{ or alternatively } t = C\exp\left(+\frac{Q}{RT}\right)$$

As in Example 21.2, use the natural log (ln) form of this equation

$$\ln\left(\frac{1}{t}\right) = \ln B - \frac{Q}{RT}$$

then write it out twice, and subtract

$$\ln\left(\frac{1}{t_1}\right) - \ln\left(\frac{1}{t_2}\right) = -\frac{Q}{R}\left(\frac{1}{T_1} - \frac{1}{T_2}\right)$$

to give $Q = 8.0 \times 10^4$ J mol^{-1}. Remember to input temperatures in units of K. Putting this value of B into the initial equation for either pair of t, T gives $B = 6.4 \times 10^7\ s^{-1}$. Finally, input T_3 = 500 K into the initial equation with the values of Q and B already determined, to give t_3 = 3.6 s.

22.2 See Sections 22.2 and 22.4 ("Fast diffusion paths" - grain boundary diffusion).

22.3 See Section 22.4.

(a) Carbon (small atom) forms an interstitial solid solution in iron of up to 0.007 wt% C. But there is still a large fraction of interstitial sites, which are not filled by C atoms. So there is a large chance of empty sites next to the C atoms, there is a large chance of C atoms being able to hop into an empty site, and therefore a large diffusion coefficient. Chromium (large atom) forms a substitutional solid solution in iron. There is a small chance of having vacancies next to the Cr atoms, a small chance of Cr atoms hopping into vacancies, and a small diffusion coefficient.

(b) Diffusion in grain boundaries is faster than in the grains themselves. A small grain size produces a larger contribution from grain boundary diffusion than a large grain size, and thus increases the overall rate of diffusion through the silver.

22.4 See Equation (22.13). $t = x^2/D$.

22.5 Inserting parameter values into the equation gives $D = 7.20 \times 10^{-8}$ mm^2 s^{-1}. Note that in the exponent, which must be dimensionless, Q must be input as J mol^{-1}, R as J mol^{-1} K^{-1} and T as K. Q and T are not given in these units in the example! Using $t = x^2/D$ (from Example 22.4), we find that t = 1389 s, or 23 min. Note that x must be input into this equation in mm, not μm as given in the example!

22.6 See explanation in the text around Equations (22.4) and (22.5).

22.7 See explanation in the text around Equations (22.10) and (22.11).

CHAPTER 23

크립 기구와 크립 저항 재료

23.1 개요

제21장에서, 우리는 재료가 높은 온도에서 하중을 받았을 때 크립이 발생하게 되는 것을 알았다. 즉, 상온에서 영구변형을 일으키는 응력보다 작은 응력 하에서 계속적이며 영구적으로 변형을 일으키는 크립에 대해 공부하였다. 크립 변형이나 크립 파괴에 보다 잘 저항하는 공학적 재료를 어떻게 만들 수 있는가를 이해하기 위하여, 우리는 첫째로 원자의 수준에서 어떻게 크립이나 크립 파괴가 일어나는지 살펴보아야 한다. 다시 말하면 그 같은 현상의 기구를 이해하고 확인해보아야 한다.

크립에는 두 가지 기구가 있다 ; 전위 크립(이것은 멱함수($y = ax^n$ 형태) 거동을 보인다.)과 확산 크립(이것은 선형 가소성 크립을 보인다.). 이 두 크립의 속도는 확산으로 인해 한계를 가지며, 또 이 둘은 아레니우스(Arrhenius)법칙을 따른다. 크립 파괴 또한 확산에 따르며, 확산은 대략 $0.3T_M$에서 시작된다. − 이것이 이 온도 이상에서 재료가 크립을 일으키는 이유이다.

23.2 크립 기구 ; 금속과 세라믹

전위 크립(멱함수법칙 크립 발생)

제11장에서 본 바와 같이, 결정 재료가 소성 변형을 일으키기 위해서는 전위를 움직이게 할 응력이 필요하다. 전위의 이동은 (a) 내부 격자 저항과 (b) 장애물의 방해효과(예를 들면 용질 원자의 용해, 녹지 않는 용질 원자를 가진 석출물, 다른 전위)에 의해 저지된다. 원자의 확산은 그 경로의 장애물로부터 전위를 해방 (전위가 장애물로부터 벗어나는 것)할 수 있으며, 응력이 가해지면 이 해방된 전위의 이동은 전위 크립을 유발한다.

어떻게 전위 해방이 발생할 수 있는가? [그림 23.1]은 석출물이 전위 이동 경로에 있기 때문에 활주(gliding)가 일어날 수 없는 전위를 보여준다. 단위 길이당 전위가 활주하는 힘 τb는 석출물로부터의 반작용 f_0와 균형을 이룬다. 그러나 전위가 중간 평면(가능성이 없음)에서 그 석출물을 밀치지 않는다면 왼쪽 위로 상승하는 힘의 성분이 생긴다. 그것이 $\tau b \tan\theta$의 성분이며,

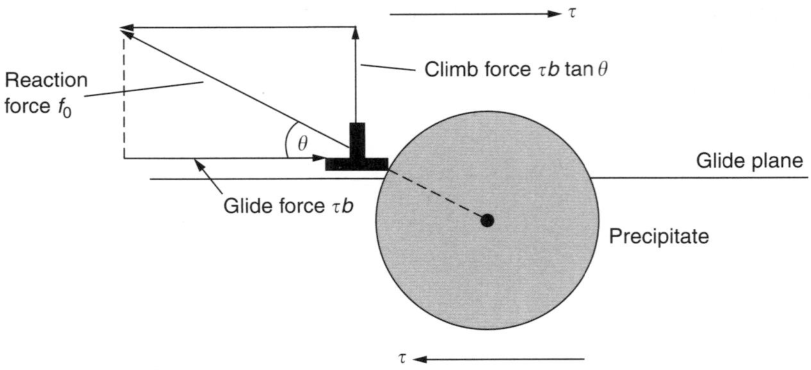

그림 23.1
전위에 미치는 상승력

이것은 전위를 활주 평면의 밖으로 작용하도록 미는 힘이다.

이 전위는 원자면을 전단하며 위쪽으로 활주할 수 없으나 – 원자적인 기하학의 오류다 – 만약에 반평면 아래 부분의 원자가 확산되어 나가버린다면 전위는 위쪽으로 움직일 수 있다. ([그림 23.2]). 우리는 농도 차이로 인해 유발되는 확산에서 Fick의 법칙을 접하게 된다. 기계적인 힘은 정확히 같은 일을 하며, 이것이 힘을 받고 있는 전위로부터 원자를 쫓아내는 확산에 이르게 한다. 결과적으로 전위가 석출물을 깨끗이 피할 수 있게 될 때까지 원자들로 구성된 여분의 반평면은 조금씩 사라진다. 이 과정을 상승(climb)이라고 하며, 확산을 필요로 하기 때문에 $0.3T_M$의 온도나 그 이상의 온도에서 일어날 수 있다. 크립 영역의 하단 온도($0.3\sim0.5T_M$)에서 코어(core) 확산이 주된 기구인 경향을 보이며, 상단의 온도($0.5T_M\sim0.99T_M$)에서는 체확산(체적확산, bulk diffusion)이 주된 확산기구이다([그림 23.2]).

전위 상승은 전위를 고정하고 있던 석출물로부터 전위를 해방시키고, 더 많은 슬립(혹은 활주)를 일으킨다([그림 23.3]). 비슷한 거동이 용질원자나 다른 전위에 의해 고정된 전위에서도

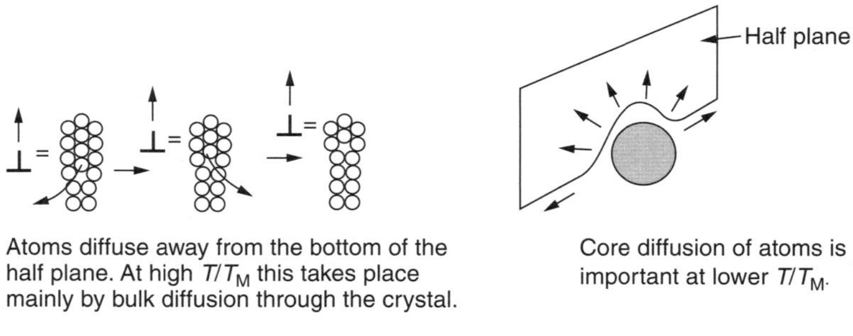

그림 23.2
확산이 전위 상승을 유발하는 방법

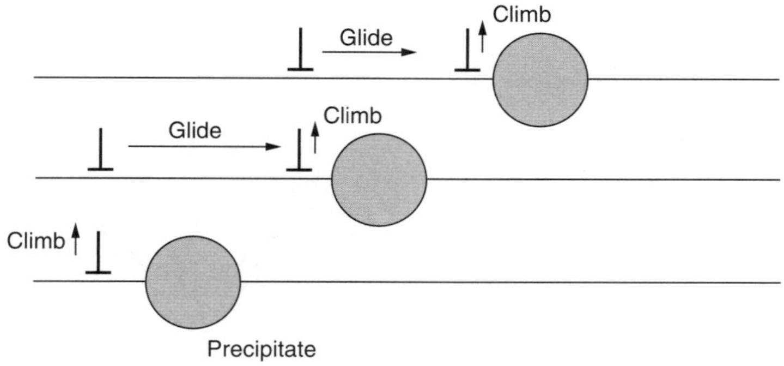

그림 23.3
일련의 상승활주가 크립을 일으키는 방법

일어날 수 있다. 물론, 약간의 활주 후에 해방된 전위는 다음의 장애물과 부딪치고, 전체의 주기는 반복된다. 이것이 꾸준히 계속적으로 진행되는 크립의 특성을 설명한다. 확산계수

$$D = D_0 e^{-Q/RT}$$

를 갖는 확산의 역할은 크립 속도의 온도 의존성을 설명한다.

$$\dot{\varepsilon}_{ss} = A\sigma^n e^{-Q/RT} \tag{23.1}$$

크립 속도가 가해진 응력 σ에 의존하는 것은 전위의 상승력 때문이다: σ가 커질수록 상승력 $\tau b \tan\theta$도 커지고, 초당 해방되는 전위가 더 많아지며, 초당 더 많은 전위가 활주하고 변형 속도가 더 커진다.

확산 크립(선형 점성(linear viscous) 크립)

응력이 감소함에 따라, 멱함수법칙 크립의 속도(식 23.1)는 급속히 떨어진다(n값은 3~8 사이임을 기억하라). 그렇지만 크립은 중단되지 않는다 ; 그 대신 대체기구가 이어 받는다. [그림 23.4]에서 보인 것처럼, 가해진 응력 σ에 대응하는 입자의 연신에 의해 다결정은 늘어날 수 있다. 여기서 σ는 기계적인 구동력으로 다시 작용되나, 이번에는 원자는 한 입자면에서 다른 쪽으로 확산이 일어나며 전위는 포함되지 않는다. 높은 T/T_M에서, 이 확산은 결정 그 자체를 통해서 일어나는, 즉 체확산(체적확산, bulk diffusion, 입내확산)이다.

크립 속도는 분명히 확산계수 D([표 22.1]의 자료)와 응력 σ(σ는 Fick의 법칙에서 dc/dx가 작용하는 것과 같은 방법으로 확산을 유도하기 때문에)에 비례한다; 그리고 확산 속도는 $1/d^2$에 따라 변화하며 d는 입자크기이다(d가 크게 되었을 때, 원자는 확산이 더 힘들게 되기 때문). 이와 같은 사실을 조합하면 다음의 방정식이 된다.

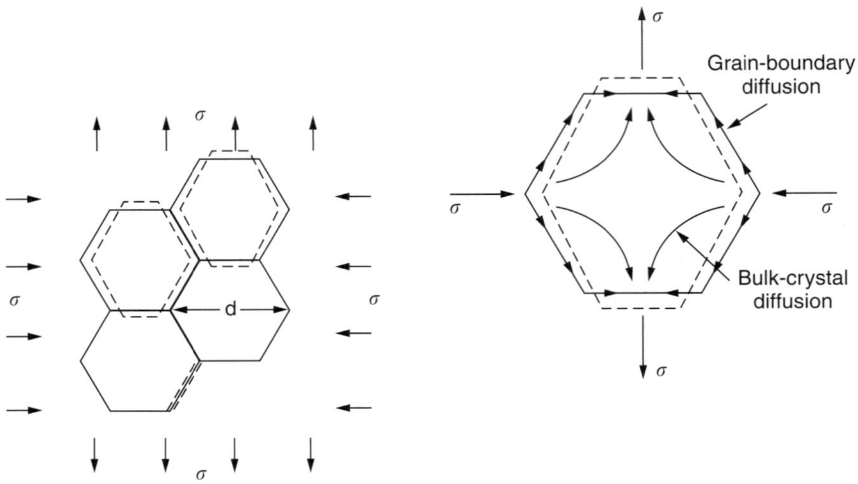

그림 23.4
확산에 의해 크립이 일어나는 방법

$$\dot{\varepsilon}_{ss} = C\frac{D\sigma}{d^2} = \frac{C'\sigma e^{-Q/RT}}{d^2} \tag{23.2}$$

여기서 C와 $C' = CD_0$는 상수이다. 낮은 T/T_M에서 체확산은 천천히 일어나서 입계확산이 더 중요하지만, 크립 속도는 여전히 σ에 비례한다. 결정입자 사이에 구멍이 생기지 않기 위하여, 입자경계 미끄러짐은 이 과정에서 보조적으로 요구된다.

변형 기구도

변형 기구 사이의 이와 같은 경쟁은 변형 기구도(deformation mechanism diagram)로 편리하게 요약된다([그림 23.5]). 기구도들은 크립의 종류를 예상할 수 있는 응력의 범위와 온도를 나타낸다. 또한 기구도들은 소성 항복이 일어나는 곳과 변형이 단순히 탄성인 곳을 보여준다) 이와 같은 도표는 많은 금속과 세라믹에 대해 존재한다.

때때로 크립현상은 유용하다. 압출, 열간압연, 열간 프레싱이나 단조는 멱함수법칙 크립 변형이 주된 기구인 온도에서 행해진다. 온도의 증가는 작업에 필요한 압력을 감소시킨다. 주어진 온도 변화에 대한 압력 변화는 식 (23.1)에서 구할 수 있다.

크립 파괴

확산은 크립을 발생시키고, 또 크립 파괴를 유발한다. 만일 어떤 것을 충분히 오랫동안 잡아당긴다면, 그것은 파괴될 것이다. 크립 재료가 – 캔디와 같이 – 두 부분으로 분리되기 전에 길게 늘어날 것이라고 생각할 수도 있겠지만, 결정질 재료에서는 아주 드문 경우이다. 실제로 크

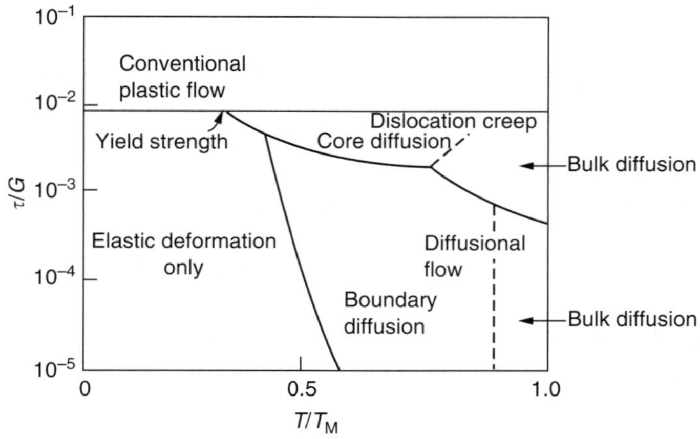

그림 23.5
다른 응력과 온도에서의 변형기구, τ는 상당(equivalent) 전단응력, G는 전단계수

립 파괴(인장시)는 [그림 23.6]에 보인 기구에 의하여 때로 2~5%의 매우 작은 변형률에서 일어날 수 있다. 기공(void)은 인장응력에 수직으로 놓인 입자 경계에서 나타난다. 이것이 확산크립을 일으키기 위해 원자들이 확산하는 경계로서, 응력에 평행하게 놓인 입계로부터 온다. 그러나 만일 인장 입자경계들에 기공들이 존재한다면, 그것들은 원자들의 소스(source)들로 작용할 것이고, 그렇게 작용함으로서 기공들은 커진다. 그 기공들은 하중을 지지할 수 없으므로, 응력은 입자경계면의 남은 완전한 부분에서 증가하며, 기공들은 그것들이 연결되어 파괴에 이를 때까지, 아주 빠르게 성장한다.

어떤 부품의 수명(파손까지의 시간, t_f)은 크립 속도와 관계가 있다. 일반적인 법칙은 :

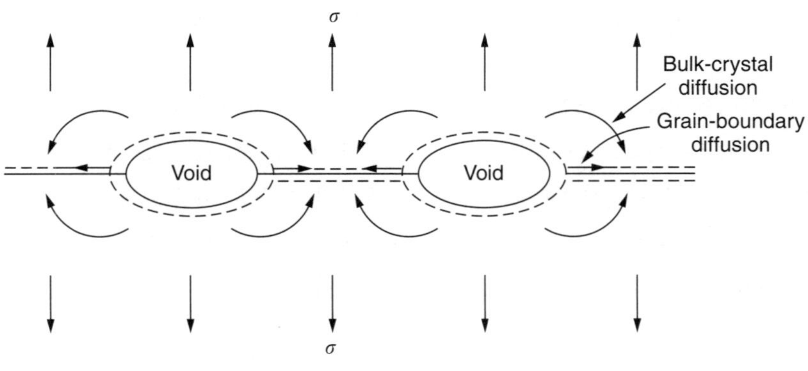

그림 23.6
입계에서 확산에 의한 기공의 성장

$$\dot{\varepsilon}_{ss} t_f = C$$

여기서 C는 상수이고, 그 값은 대략 0.1이다. 따라서, 크립 속도를 알고 있으면 수명을 예측할 수 있다.

멱함수법칙 크립에 저항하는 금속과 세라믹의 설계

만약 멱함수법칙 크립에 저항하는 재료를 선택하거나 설계해야 한다면, 그 기준들은:

- T/T_M에 따라 확산 (여기서 크립 속도)이 점점 커지기 때문에, 높은 용융점을 가진 재료를 선택한다.
- 고용체 및 석출을 일으키도록 합금화해서 전위운동을 최대한 억제한다 – 가능한 이 두 가지를 최대로 한다 ; 물론 석출물은 사용온도에서 안정되어 있어야 한다.
- 만일 이것이 실제적인 것이라면, 큰 격자 저항을 가진 고체를 선택한다; 이것은 공유결합을 뜻한다(많은 산화물, 규산염, 탄화규소, 질화규소와 연관된 혼합물에서와 같이).

현재의 크립 저항 재료들은 이와 같은 기준들을 만족하므로 성공적이다.

확산유동에 저항하는 금속과 세라믹의 설계

확산유동은 결정입자가 작을 때 (때때로 세라믹에서처럼)나 어떤 부품이 낮은 하중에서 높은 온도에 적용될 때 중요하다. 확산유동에 저항하는 재료를 선택할 때는 다음에 유의해야 한다.

- 높은 용융온도를 가진 재료를 선택한다.
- 큰 결정입자를 갖는 것을 준비한다. 그래서, 확산거리가 길고, 입자경계는 확산에 도움을 많이 주지 않도록 한다 – 단결정이 제일 우수
- 입자경계의 미끄러짐을 방해하기 위해 입계에 석출물을 만든다.

금속합금은 일반적으로 멱함수법칙 크립에 저항하도록 설계된다 ; 확산흐름은 거의 고려되지 않는다. 한 가지 큰 예외는 제24장의 사례 연구에서 기술한 일방향 응고된('DS')합금의 영역이다 ; 여기서 아주 큰 입자를 얻기 위해 아주 특별한 기술을 사용한다. 한편, 세라믹은 때로 확산흐름에 의해 주된 변형이 일어난다(세라믹의 입자가 작고, 높은 격자 저항은 이미 멱함수법칙 크립을 억제하였기 때문). 입자 크기를 증가시키기 위한 특별한 열처리로 크립 저항을 더 얻을 수 있다.

23.3 크립 기구 : 중합체(polymers)

중합체의 크립은 설계시에 중요한 문제가 된다. 중합체의 유리화 온도(glass temperature) T_G는 크립 저항의 기준이고, 많은 경우에 T_M은 금속이나 세라믹의 크립 저항 기준이다. 대부분의 중합체의 T_G는 상온에 가깝다. T_G 이하에서 중합체는 유리질이고(제5장에서처럼 간혹 결정상 영역도 포함한다), 취성이 있다. 액체 질소 내에서 냉각되면, 탄성적 고체인 고무처럼 된다. T_G 이상에서, 중합체내의 반데르발스 힘이 녹아서 고무가 되거나(만약 중합체 연결이 교차된다면), 또는 점성의 액체가 된다(만일 중합체 연결이 교차되지 않는다면); 뜨거운 상태에서 몰딩(molding)할 수 있는 열 가소성 수지는 간단한 예이다: T_G 이하에서 이들은 탄성이고, T_G 이상에서는 점성액체이며 마치 당밀같이 유동한다.

점성적 유동(viscous flow)은 크립의 한 종류이다. 확산크립과 같이 점성적 유동의 속도는 응력과 더불어 일정하게 증가하고 온도에 따라 지수적으로 증가한다.

$$\dot{\varepsilon}_{ss} = C\sigma e^{-Q/RT} \tag{23.3}$$

여기서 Q는 점성적 유동에 대한 활성화 에너지이다.

지수 항은 확산에서와 같은 이유로 나타난다; 그것은 분자가 흐름이 허용되는 범위에서 서로 미끄러지는 속도를 나타낸다. 분자들은 혹모양([그림 5.9 참조])이고 그 혹들은 분자들을 함께 모은다. 활성화 에너지 Q는 한 분자의 무리를 이웃한 분자의 무리로 밀어 넣는데 드는 에너지이다. 만일 마지막 식 (식 22.3)을 점성(점성재료의 인장변형에 대한)을 정의하는 것과 비교하면,

$$\eta = \frac{\sigma}{3\dot{\varepsilon}} \tag{23.4}$$

이고, 점도는 다음과 같음을 알 수 있다.

$$\eta = \frac{1}{3C} e^{+Q/RT} \tag{23.5}$$

(여기서 숫자 3은 점도가 전단변형으로 정의되기 때문에 나타난다 – 전단 탄성계수 G와 같다. 인장변형에 대하여는 영계수 E의 등가 점성을 원한다. 답은 3η이고, 여러 경우에 같은 이유로 $E \approx (8/3)G \approx 3G$(제3장 참조). 중합체의 C와 Q 자료는 중합체 공급자의 자료집에서 얻을 수 있다. 그러면 (식 22.3)을 사용하여 사출 몰딩이나 프레싱 온도와 하중을 계산할 수 있다.

대부분의 중합체가 사용되는 온도범위는 T_G 부근이고, 이때 중합체는 단순한 탄성 고체도 아니고 점성 있는 액체도 아니다: 중합체는 점-탄성 고체이다. 만일 스프링으로 탄성 거동을 표현하고, 완충기(dashpot)로 점성 거동을 표현한다면, 점탄성체는 가장 간단하게 스프링과

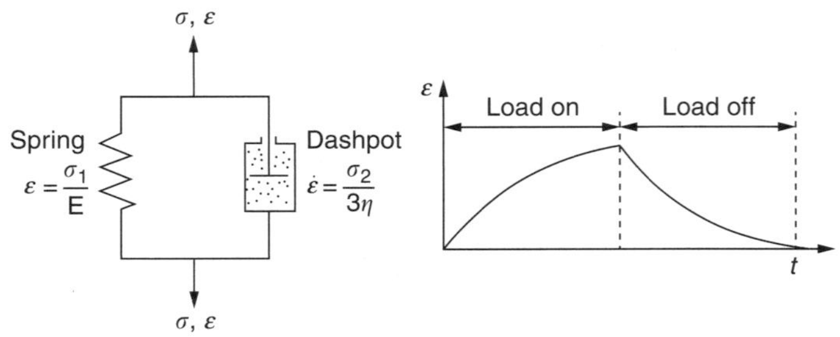

그림 23.7
중합체에서 크립을 설명하는 간단한 모델 $\sigma = \sigma_1 + \sigma_2$

완충기가 결합된 것으로 표현할 수 있다(그림 23.7). 하중을 가하면 크립이 발생하지만, 스프링이 인장을 계속함으로서 크립 속도는 감소된다.

스프링과 완충기 모델의 거동은 아래 식으로 주어진다

$$\varepsilon = \frac{\sigma}{E}\{1 - \exp(-Et/3\eta)\} \tag{23.6}$$

늘어난 스프링에 의해 하중이 줄어들면 늘어난 스프링에 의해 발생한 크립이 늦어진다.

크립에 저항하는 중합체 설계

중합체의 교차 결합 정도가 증가할수록 중합체의 유리화 온도는 높아진다 : 따라서, 많이 교차 결합된 중합체(예; 에폭시)는 적게 교체 결합된 중합체(예; 폴리에칠렌)보다 상온에서 더 좋은 크립 저항성을 갖는다. T_G 이상에서 중합체 분자량 증가에 따라 중합체의 점성은 증가한다. 따라서, 큰 분자 무게를 가지면 크립 속도가 감소된다. 끝으로, 결정질 혹은 부분적으로 결정질인 중합체(예; 고밀도 폴리에칠렌)는 완전히 유리질인 중합체(예; 저밀도 폴리에칠렌)에 비해 더 큰 크립 저항성을 갖는다.

중합체의 크립 속도는 유리나 실리카 분말을 넣으면 감소되는데, 대체로 첨가량에 비례한다(냄비의 PTFE와 자동차 부품의 폴리프로필렌은 이와 같은 방법으로 강화되었다). 더욱 우수한 크립 저항성은 연속섬유(GFRP와 CFRP)를 포함하는 복합재에서 얻을 수 있다. 왜냐하면 하중의 많은 부분을 매우 강하고 크립이 전혀 없는 섬유가 담당하기 때문이다.

23.4 크립에 저항하는 재료의 선택

산업적 응용의 분류는 온도 특성 범위와 연관된 경향을 갖는다. −273°C에서 −20°C 사이의 극저온 영역이 있는데, 이것은 수소, 산소, 질소, LPG와 같은 액화가스의 사용과 관련이 있다.

실온과 실온에 가까운 −20~+150°C 영역도 있는데, 이는 기존의 기계공학이나 토목공학과 연관되어 있다(가정용기구, 스포츠상품, 항공구조물과 건축물이 그 예이다). 이 이상의 온도(150~400°C) 영역은 자동차 엔진, 음식물과 산업 가공과 연관된 것이다. 아주 높은 온도 영역은 증기터빈과 고열히터(보통 400~650°C), 가스터빈과 화학적 반응기기(650~1000°C)의 영역이다. 특별한 경우(전구의 필라멘트, 로켓노즐)는 2800°C와 같이 높은 온도에서 견디는 재료가 요구된다. 재료는 각 온도 범위에서의 수요를 충족하기 위하여 발전해 왔다([표 23.1]).

| 표 23.1 | Temperature Ranges and Associated Materials

Temperature Range	Principal Materials*	Applications
−273 to −20°C	Austenitic (stainless) steels Aluminum alloys Copper	Liquid H_2, O_2, N_2, LPG equipment
−20 to 150°C	Most polymers (max temp: 60 to 150°C) Magnesium alloys (up to 150°C) Aluminum alloys (up to 150°C) Monels and steels	Civil construction Household appliances Automotive Aerospace
150 to 400°C	PEEK, PEK, PI, PPD, PTFE, and PES (up to 250°C) Fiber–reinforced polymers Copper alloys (up to 400°C) Nickel, monels and nickel–silvers	Food processing Automotive (engine)
400 to 575°C	Low–alloy ferritic steels Titanium alloys (up to 450°C) Inconels and nimonics	Heat exchangers Steam turbines Gas turbine compressors
575 to 650°C	Iron–based super–alloys Ferritic stainless steels Austenitic stainless steels Inconels and nimonics	Steam turbines Superheaters Heat exchangers
650 to 1000°C	Austenitic stainless steels Nichromes, nimonics Nickel–based super–alloys Cobalt–based super–alloys	Gas turbines Chemical and petrochemical reactors Furnace components Nuclear construction
Above 1000°C	Refractory metals: Mo, W, Ta Alloys of Nb, Mo, W, Ta Ceramics: Oxides Al_2O_3, MgO, etc. Nitrides, carbides: Si3N4, SiC	Special furnaces Lamp filaments Spacecraft heat shields Rocket nozzles

* Copper alloys include brasses (Cu–Zn alloys), bronzes (Cu–Sn alloys), cupronickels (Cu–Ni alloys), and nickel–silvers (Cu–Sn–Ni–Pb alloys).
Titanium alloys generally mean those based on Ti–V–Al alloys.
Nickel alloys include monels (Ni–Cu alloys), nichromes (Ni–Cr alloys), nimonics, and nickel–based super–alloys (Ni–Fe–Cr–Al–Co–Mo alloys).
Stainless steels include ferritic stainless (Fe–Cr–Ni alloys with $< 6\%$ Ni) and austenitic stainless (Fe–Cr–Ni alloys with $> 6.5\%$ Ni). Low–alloy ferritic steels contain up to 4% of Cr, Mo, and V.

여기에 기초한 어떤 중합체와 복합재료는 250°C까지 사용할 수 있고, 이들은 마그네슘과 알루미늄 합금들과도 경쟁하며, 전통적으로 이 범위에서는 사용되어 온 더 무거운 주철과 강철과도 경쟁하게 되었다. 400°C 이상의 온도에서는 특별한 크립 저항 합금이 요구된다 : 페라이트 강, 티타늄 합금(가벼우나 더 비싸다), 그리고 일부 스테인레스 합금 등.

스테인레스 강이나 철계 초합금(ferrous superalloy)은 실제로 이와 같은 온도 범위 이상에서 사용되고, 이것은 증기터빈과 열교환기 등 넓은 분야에서 사용된다. 일반적으로 증기터빈은 니켈계나 코발트계 초합금을 필요로 한다. 1000°C 이상에서는 내화성금속과 세라믹이 유일한 후보 재료이다.

WORKED EXAMPLE

그림 23.5는 변형기구도의 개념을 소개한 것인데, 이것은 4개의 중요한 크립기구가 지배하는 응력과 온도범위 (전단 탄성계수와 온도로 정규화(normalize)된 것)를 보인 것이다. 이러한 크립 지도는 변형 속도 곡선을 첨가하여, 응력과 온도함수로서의 크립 속도에 대한 데이터를 보여주는데 사용된다.

아래에 보인 그림은 입자 크기 1 mm인 순수 니켈에 대한 예이다. 우리는 지금 특정한 재료를 다루고 있기 때문에 용융 온도를 알고 있고, 따라서 실제 온도 눈금을 표시할 수 있다 − 도표 상단의 T(°C) 눈금을 보기 바란다. 또, 특정한 재료이기 때문에 전단 탄성계수도 알고 있어서, 실제 전단 응력도 표시할 수 있다. 이들은 응력 값을 나타낸 점선으로 표시하였다. 온도가

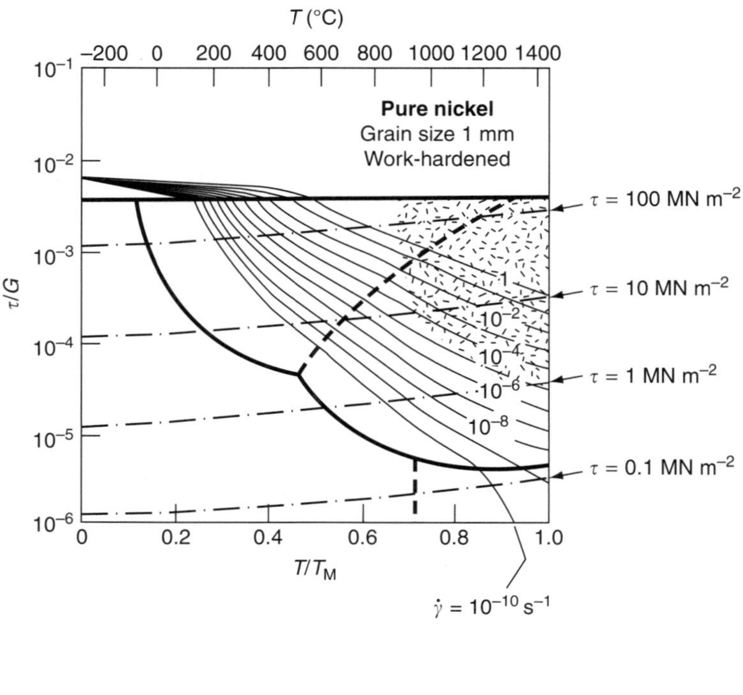

증가함에 따라, 이 선들은 도표를 가로질러 위쪽으로 휜다 – 이것은 금속의 전단 탄성계수들이 온도 증가에 따라 감소되기 때문이다.

이제 그림에 크립 속도 곡선을 첨가할 수 있다 – 이 곡선들은 상당(equivalent) 전단변형 속도(단위 s^{-1}(초당 변형률))을 나타낸다. 이들의 범위는 아주 낮은 10^{-10} s^{-1}에서 아주 높은 10^{-10} (즉 1) s^{-1}까지이다.

이 그림들은 조성, 미세조직에 따라 어떻게 변하는지 아는 데에, 또 공정(processing)이 크립 기구와 크립속도에 어떻게 영향을 미치는지 아는 데에 아주 유용하다. 니켈에 대한 다음의 네 개의 그림들에는 다른 점이 하나 있는데, 바로 결정입자의 크기이다. 네 개의 그림들에서 입자의 크기는 각각 1, 0.1, 0.01, 0.001 mm이다. 결정입자 크기가 감소됨에 따라 입자경계를 따라 일어나는 확산에 의한 크립은 더 중요해진다. 이 영역은 팽창하고, 멱함수법칙 크립이나 체확산(입내확산) 크립영역은 줄어들게 된다. 마침내 입자 크기가 0.001 mm가 되면, 체확산 크립 영역은 모두 사라진다.

부품의 작동점(응력-온도)이 멱함수법칙 크립 영역내에 남아 있는 한, 크립속도는 동일하게 유지된다. 그러나, 이 영역이 축소되고, 작동점이 확산크립 영역으로 넘어가면 크립 속도는 급격히 증가된다.

예를 들면, 10 MN m^{-2}, 800°C(입자 크기 0.1 mm)에서 변형속도는 10^{-6} s^{-1}이다(아직 멱급수법칙 크립 영역 이내임). 10 MN m^{-2}, 800°C(입자 크기 0.01 mm)에서 변형속도는 10^{-5} s^{-1}로서, 입자 크기 0.1 mm 경우보다 10배 정도 크다. 왜냐하면 작동점이 이제 확산 크립 영역내에 존재하기 때문이다. 확산 크립 영역내에서 크립 속도는 입자 크기에 의해 주로 지배된다(식 23.2 참조). 따라서, 작은 입자인 0.01 mm가 확산 크립을 아주 빠르게 한다.

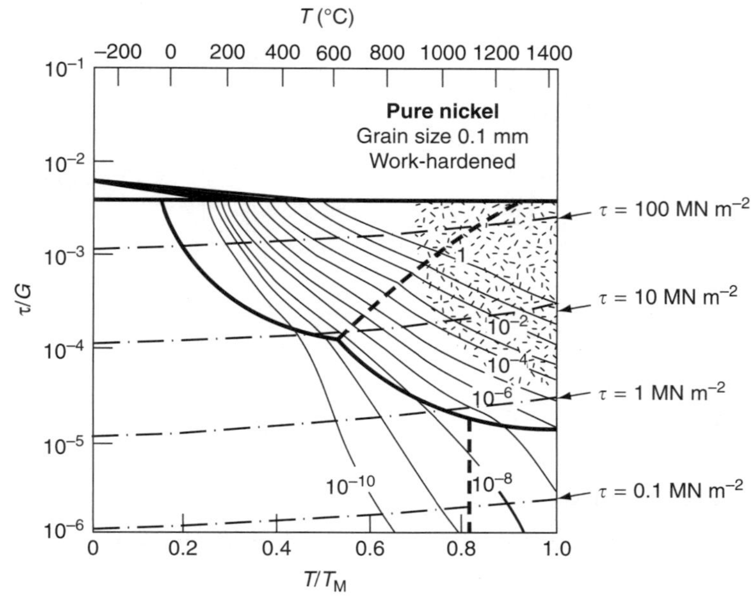

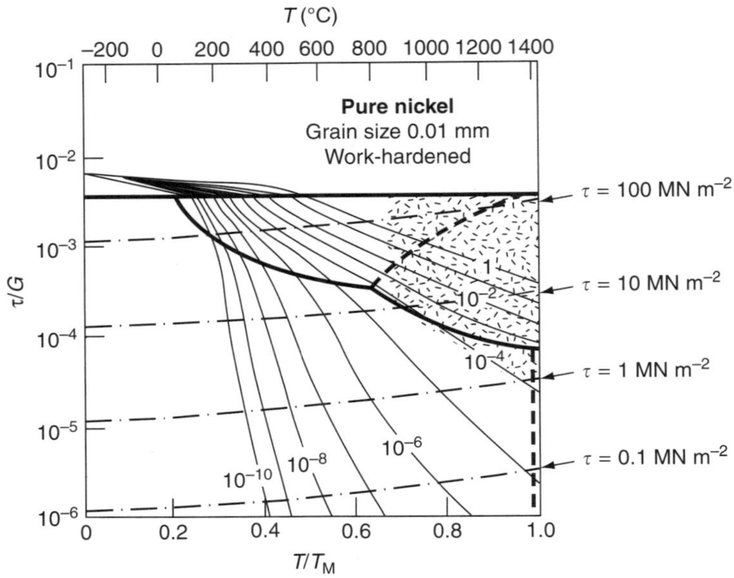

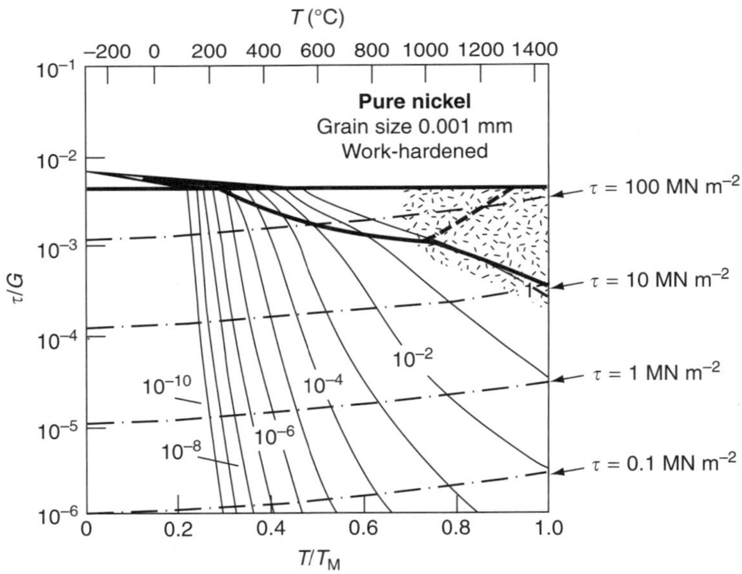

EXAMPLES

23.1 What is climb? Why does it require diffusion?

23.2 How do the processes of climb and glide produce creep deformation?

23.3 How does the rate of dislocation (power-law) creep depend on stress and temperature?

23.4 What is diffusion creep? How does the rate of diffusion creep depend on stress, temperature, and grain size?

23.5 Why does core diffusion take over from bulk diffusion at lower temperatures in power-law creep?

23.6 Why does grain-boundary diffusion take over from bulk diffusion at lower temperatures in diffusion creep?

23.7 How would you design metals and ceramics to resist creep?

23.8 How do polymers creep? How would you design polymers to resist creep?

23.9 Refer to the creep map for pure nickel with a grain size of 0.1 mm(see Worked Example). At 600°C, the strain rate for 100 MN m^{-2} is 10^{-2} s^{-1}, and the strain rate for 10 MN m^{-2} is 10^{-8} s^{-1}. What is the value of the stress exponent n in the creep equation? What is the creep mechanism?

23.10 Refer to the creep map for pure nickel with a grain size of 0.001 mm (see Worked Example). At 600°C, the strain rate for 10 MN m^{-2} is 10^{-3} s^{-1}, and the strain rate for 1 MN m^{-2} is 10^{-4} s^{-1}. What is the value of the stress exponent n in the creep equation? What is the creep mechanism?

23.11 Refer to the creep maps for pure nickel with grain sizes of 0.001 mm, 0.01 mm, and 0.1 mm (see Worked Example). At 600°C and 10 MN m^{-2}, the strain rates are 10^{-3} s^{-1}, 10^{-6} s^{-1}, and 10^{-9} s^{-1}, respectively. What is the dependence of strain rate on grain size, d? What is the creep mechanism?

23.12 Refer to Equation (23.6). Verify that $\varepsilon = 0$ at $t = 0$, and $\varepsilon \rightarrow (\sigma/E)$ as $t \rightarrow \infty$.

23.13 Refer to Case Study 3 in Chapter 8. How does the model of Figure 23.7 explain the process by which the O-ring tries to recover its initial shape?

ANSWERS

23.1 See Figure 23.2.

23.2 See Figure 23.3.

23.3 See Equation (23.1).

23.4 See Figure 23.4 and Equation (23.2).

23.5 The rate of bulk vacancy diffusion decreases rapidly with decreasing temperature because Q is large (see Table 22.1). At a sufficiently low temperature, short-circuit core diffusion takes over (see Figure 22.10). Q is small for core diffusion, so the rate of core diffusion decreases slowly with decreasing temperature. So creep by core diffusion can take place at much lower temperatures than creep by bulk vacancy diffusion.

23.6 For the same sort of reason as in Example 23.5, except that the short-circuit diffusion is along grain boundaries (see Figure 22.9).

23.7 See Section 23.2, "Designing metals and ceramics to resist power-law creep, and "Designing metals and ceramics to resists diffusional flow."

23.8 See Section 23.3.

23.9 $n = 6$. Power-law creep.

23.10 $n = 1$. Diffusion creep.

23.11 Strain rate proportional to 1/d 3. Diffusion creep.

23.13 When the compression of the O-ring is released, the spring in the model exerts a force, which tries to return the O ring to its original (asmanufactured) circular cross section. But, crucially, the rate of expansion of the rubber is governed by the "viscosity" of the dashpot in the model. The viscosity is very temperature dependent—see Equation (23.3)—which is why the O-rings recover much more slowly at low temperature.

CHAPTER 24

터빈날개-크립한계 설계에서의 사례연구

24.1 개요

지난 장에서 우리는 크립의 기초적인 메카니즘에 대한 지식이 우수한 크립 거동을 가진 재료를 개발 하는데 아주 중요하다는 것을 알았다. 대표적인 예는 최신 비행기 가스 터빈의 높은 압력단계용 재료의 개발이다(그림 1.3 참조). 여기서 우리는 현재 재료의 범위에서나 미래의 발전방향에 대하여 검토해 보아야 한다.

열기관의 이상적인 열역학 효율은 다음과 같이 주어진다.

$$\frac{T_1 - T_2}{T_1} = 1 - \frac{T_2}{T_1} \tag{24.1}$$

여기서 T_1과 T_2는 절대온도로서 각각의 열원과 열손실을 말한다. 분명히 T_1이 클수록 엔진으로부터 얻을 수 있는 효율은 더 증가한다.

실제로 효율은 이상적인 경우보다 못하지만, 그럼에도 불구하고 터빈 팬 엔진의 연소온도

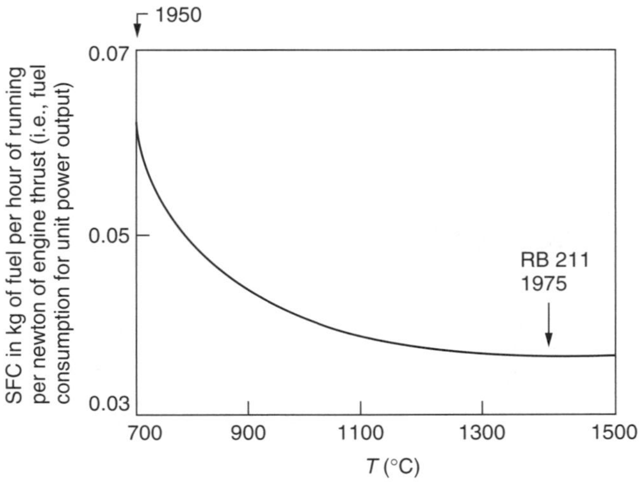

그림 24.1
흡입구 온도에 따른 터빈 팬 효율

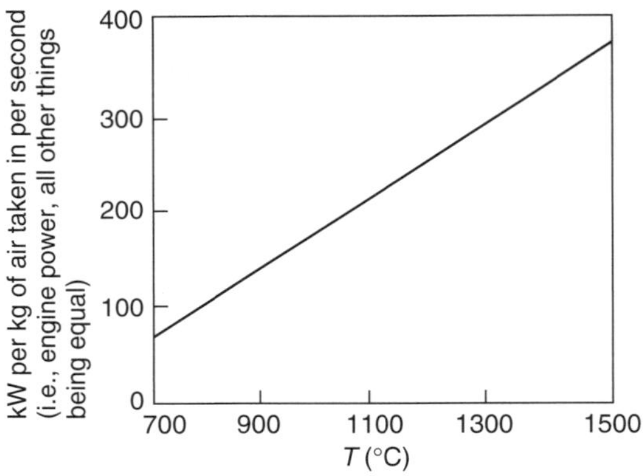

그림 24.2
흡입구온도에 따른 터보 팬의 힘

의 증가는 엔진 효율을 증가시킨다.

[그림 24.1]은 터보 팬 엔진의 효율 변화를 터빈 흡입구 온도의 함수로서 나타내었다. 1950년대의 대표적인 항공기 엔진은 700°C에서 작동되었다. 그 온도에서 연료소모 곡선이 가파르기 때문에 흡입구 온도를 증가시키는 것이 가장 좋다. 1975년까지 대표적인 엔진(예를 들면 RB211)은 1350°C에서 작동되었는데, 1950년경의 엔진에 비해 단위 출력당 50%의 연료가 절감되었다. 그러나 온도를 더 올릴 가치가 있을까?

1400°C에서 소모곡선의 완만함은 온도를 더 올리는 것이 적당치 않다는 것을 보여준다; 그러나 거기에 두 번째 요인인 '무게에 대한 힘의 비'가 있다. [그림 24.2]에 터빈 흡입구 온도에 따른 엔진의 출력을 도시하였다. 엔진 출력은 흡입구 온도와 함께 선형적으로 증가한다. 만약 터빈이 높은 온도에서 작동하고, 또 가볍게 만들어졌다면, 화물 탑재량을 증가시켜서 경제적 이득을 두 배로 얻을 수 있다.

24.2 터빈 날개에 요구되는 성질

먼저 엔진의 온도 증가 요구에 맞추기 위한 터빈 날개 재료의 발달에 대하여 살펴보자. 현재까지 비록 우수한 크립 성질에 대하여 집중적 관심을 가졌으나, 터빈 날개 합금은 다른 기준도 역시 만족해야 한다. 그것들은 [표 24.1]에 기록되어 있다.

첫 번째로, 크립은 여기서 우리의 관심사이다. 두 번째인 산화에 대한 저항은 제25장의 주제이다. 인성과 피로저항(제14장과 제18장)은 아주 중요하다: 터빈 날개는 새와 우박의 충돌에 충분히 견디도록 인성이 있어야 한다. 엔진 출력의 변화는 기계적 · 열적 응력을 발생시키

▌표 24.1▐ 합금의 필요조건들

기준
크립 저항
고온 산화에 대한 저항
인성
열적 피로저항
열적 안정성
낮은 밀도

며, 만약 날개재료가 잘못 선택되었다면 이것은 열피로를 발생시킬 것이다. 합금의 조성과 구조는 고온에서 안정적이어야 한다 – 만약 합금이 과열되면, 석출물은 용해되어 없어질 수 있으며, 크립 특성은 크게 저하될 수 있다. 마지막으로 밀도는 가능한 낮아야 한다 – 터빈 날개의 무게 때문이 아니고, 원심력을 일으키는 무거운 터빈 판 때문이다.

이러한 요구 성질은 크립 저항 재료의 선택에서 엄격한 제한을 받는다. 예를 들면 높은 연화 온도와 낮은 밀도를 가진 세라믹은 항공 엔진에는 사용할 수 없다. 왜냐하면 세라믹은 너무 취성을 갖기 때문이다(이것은 갑작스런 파괴와 위험이 그리 심각하지 않은 지상에 설치한 터빈 엔진 용도로 평가되고 있다 – 다음을 참고하라).

써멧(cermets)은 너무 낮은 온도에서 금속 기지가 연화되기 때문에 큰 이점을 갖지 못한다. 현재의 요구에 가장 좋은 재료는 니켈계 초합금이다.

24.3 니켈계 초합금

항공기 터보팬 엔진의 높은 압력단계에서 터빈날개에 사용되는 합금은 높은 응력과 온도에서 전위 크립(멱함수($y = ax^n$ 형태) 법칙)에 저항할 수 있도록 설계된 우수한 재료이다. 이륙시 터빈 날개는 250 MN m^{-2}에 달하는 응력을 받으며, 설계 사양은 이 응력 하에서 850°C에서 30시간 동안 0.1%의 이내의 크립 변형률을 가져야 한다. 이와 같이 엄격한 필수조건에 맞추기 위해 니켈계 합금은 [표 24.2]에 보인 놀라운 사양으로 진화되었다.

이것이나 이와 비슷한 합금의 정확한 세세한 사항까지는 누구나 기억하지 않으려 할 것이다. 그러나 니켈에 다른 원자를 복잡하게 첨가한 요지는 간단하다. 그것은 : (a) 고용체내에 가능한 많은 원자를 갖는 것(코발트, 텅스텐, 크롬), (b) Ni_3Al, Ni_3Ti, MoC, TaC와 같이 전위 이동을 방해하는 안정하고 단단한 석출물의 형성, (c) 산소에 의해 날개가 손상되는 것을 방지하기 위해 Cr_2O_3 보호 산화막을 형성하는 것(제26장에서 이에 대해 서술함). [그림 24.3(a, b)]는 니켈계 초합금의 복잡한 구조를 보여주기 위하여 그 단면의 일부를 자른 것이다.

이 초합금들은 놀랄만한 재료들이다. 이들은 크립에 잘 견디서 850°C의 온도에서 사용될

▌표 24.2▐ 전형적인 크립저항 날개의 조성

Metals	Wt.%	Metals	Wt.%
Ni	59	Mo	0.25
Co	10	C	0.15
W	10	Si	0.1
Cr	9	Mn	0.1
Al	5.5	Cu	0.05
Ta	2.5	Zr	0.05
Ti	1.5	B	0.015
Hf	1.5	S	< 0.008
Fe	0.25	Pb	< 0.0005

수 있다. – 또, 이 초합금들은 1280°C에 녹기 때문에, 850°C는 용융점(절대온도)의 0.72배가 된다. 이 초합금은 너무 단단해서 일반적인 방법으로 쉽게 가공할 수 없으며 최종형태는 정밀하게 주조해야 한다. 이것은 정밀(investment)주조에 의해 가능하다. 정확한 날개 형태의 왁스를 알루미나 반죽 안에 묻고 열을 가한다. 왁스는 정확한 주형을 남기고 타버리며, 액상의 초합금

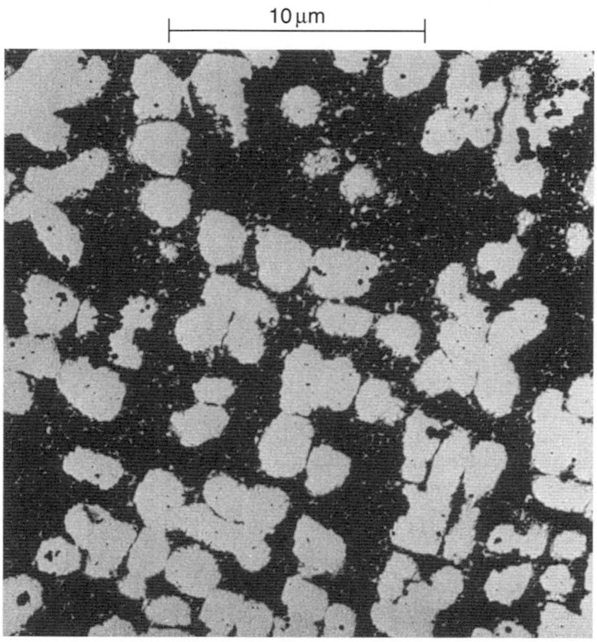

그림 24.3(A)
니켈계 초합금의 단면으로 두 사이즈의 석출물이 합금내에 존재한다. – 큰 흰색 석출물과 그 사이에 존재하는 작은 검은색 석출물

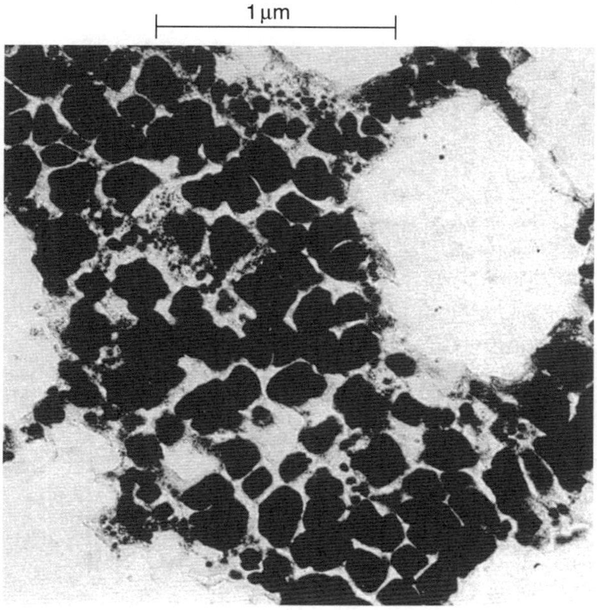

그림 24.3(B)
[그림 23.3(a)]에 보인 바와 같지만 더 고배율 구조이다. 작은 검은색 석출물이 더 분명하게 보인다.

을 그 주형에 부어서 하나의 터빈 날개를 만든다([그림 24.4]).

이 방법으로 주조하면 터빈 날개의 결정입자가 작아진다([그림 24.4]). 합금화로 인한 강화 효과는 멱함수법칙 크립을 성공적으로 억제하지만, $0.72T_M$에서 확산 유동은 문제가 된다. 해결 방법은 입자크기를 증가시키거나 터빈 날개의 결정입자 경계(입계)를 아주 없앤 단결정 날개를 만드는 것이다. 또, 크립 손상(제23장)은 입자경계에 누적된다; 입자경계를 없앰으로써

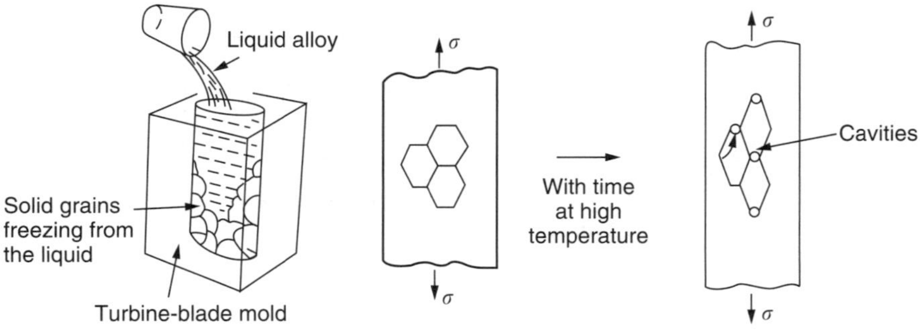

그림 24.4
터빈날개의 정밀 주조. 이것은 꽤 많은 확산 크립을 일으키는 미세 결정립 재료를 생성하여, 기공 형성으로 빨리 파손될 수 있다.

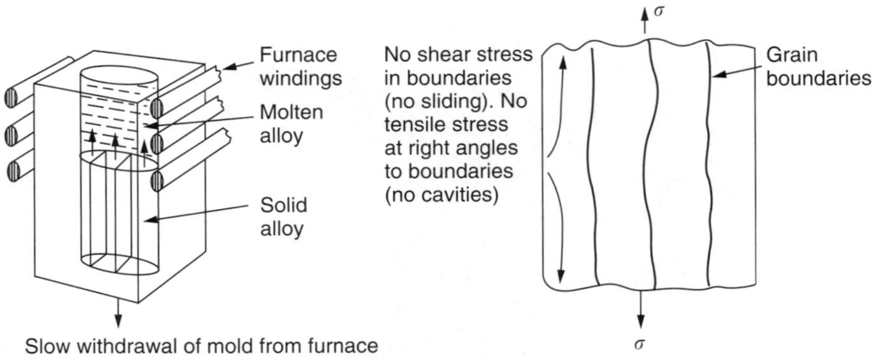

그림 24.5
터빈 날개의 일방향 응고

파손을 지연시키거나, 또한 가한 응력에 입자경계를 평행하게 함으로서 파손을 피할 수 있다([그림 24.4]). 가해지는 응력에 평행한 입자경계를 가진 긴 입자를 만들기 위해 합금을 일방향으로 응고시킨다([그림 24.5]). (또는 입계가 없는 단결정 사용). 그렇게 하면, 확산 크립을 일으키기 위한 확산 거리가 아주 길어져서, 확산 크립의 속도를 크게 감소시킨다; 아울러, 입자경계의 미끄러짐을 유발하는 힘이나, 입자경계에서 기공을 유발하는 힘이 없어진다.

일방향 응고(DS)된 합금과 단결정 합금(SX)은 고성능 엔진의 표본이 된다. 이들 합금들의 개선된 크립 성질은 엔진이 종래의 것보다 대략 200°C 더 높은 불꽃온도에서 작동되도록 해

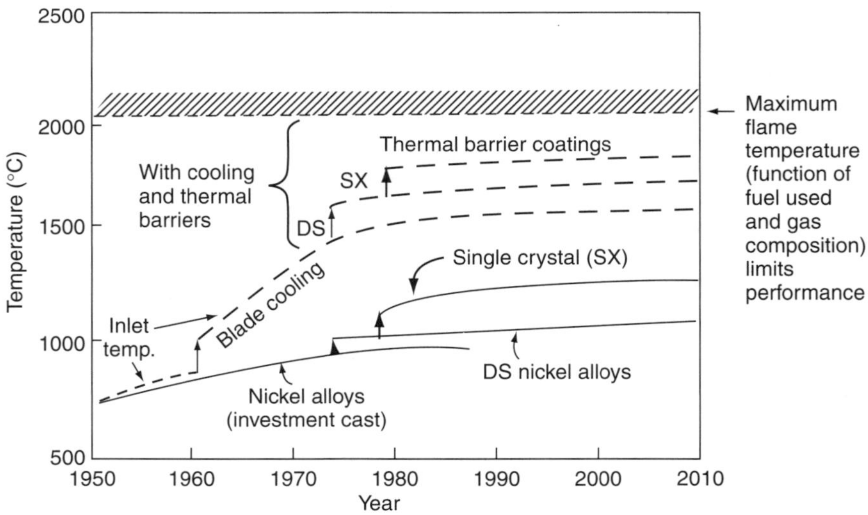

그림 24.6
터빈 날개에서 온도의 진전과 재료의 경향

준다.

우선, 어떻게 이와 같은 종류의 합금이 발견 되었을까? 크립 저항재료 설계의 기본 원리는 더 미래 지향적 합금 방법을 선택하고 보다 못한 방법은 쉽게 폐기하도록 하였다. 그 후의 접근 방법은 실험에 의한 것이다. 다양한 조성의 수많은 합금을 실험실에서 만들어 크립, 산화, 인성실험, 열 피로와 안정성 실험을 하였다. 선택들은 결국 몇 개로 좁아지고 이것들은 합금조성으로 신중한 작은 변화를 거치며 더 엄격한 시험을 거친다.

합금 조성과 날개의 제조에 작은 개선들이 연속적으로 이루어졌다. 이것은 일종의 크립의 다윈주의(Dawinism)에 의해 진화하고, 적자가 생존한 것이다(표 24.1의 의미).

[그림 24.6]은 지난 기간 어떻게 이 진화 과정에 의해 니켈합금의 크립 성질이 계속적으로 개선되었는지를 보여준다. 아울러, 합금의 제조가 – 일방향 응고 및 단결정 성장 – 어떻게 터빈 날개의 작동 온도를 증가시키는데 도움을 주었는지 보여준다. 그림에도 불구하고, 그림으로부터 니켈합금에 있어서 개선은 현재 거의 위축되고 있음을 명확히 알 수 있다.

24.4 공학적 발전–날개의 냉각

[그림 24.6]은 1960년대까지 터빈 흡입구 온도가 사실상 금속의 온도와 같다는 것을 보여준다. 1960년 후에는 가파른 차이를 보이며, 흡입구 온도는 실제로 터빈 날개 금속온도 그 자체보다 높다. – 실제로, 가스의 온도는 터빈 날개의 용융온도보다도 높다. 불가능할까? 전혀 그렇지 않다. 터빈날개는 공랭식으로 교묘하게 만들어져 있다. 냉각된 날개의 초기형태에는 엔진의 압축단계로부터 온 냉각공기가 날개의 전 길이에 따라서 흐르도록 공급되었고, 터빈날개 끝에서 가스 흐름 쪽으로 분출되게 하였다([그림 24.7] 참조). 이 터빈 날개의 내부 냉각은 합금 성분을 변화시키지 않고 흡입구 온도를 바로 100°C 증가시킬 수 있었다.

그 후 개선된 방안은 얇은 막의 냉각으로서, 중앙 홈에 연결된 작은 구멍을 통해 터빈 날개의 표면으로 분출하는 것이다. 이것은 공기가 터빈 날개와 고온 가스 사이에 냉각경계층을 공급하는 것이다. 더욱 최근에는 터빈 날개 표면을 얇은 세라믹 층(예; 지르코늄 산화물, 즉 지르코니아)으로 코팅해 왔다. 이 세라믹 층은 터빈 날개를 산화와 고온 부식으로부터 보호하지만, 나쁜 열전도성을 가지기 때문에 고온의 가스와 날개 금속 사이에 얇은 단열층을 첨가하였다. – 이들이 "열 장벽(thermal barrier) 코팅 층"이다. 이런 형태의 개선에 의한 열전달 효율의 연속적인 개선이 재료의 성질에 더 이상 좌우되지 않는 현대적인 터보 팬의 작동 온도를 가능하게 하였다.

그러나 터빈 날개를 냉각시키는 것은 한계를 가지게 되었다. 날개를 통과하는 더 찬 공기의 관은 연소실로부터 너무 많은 열을 빼앗아가므로 열효율을 감소시키게 된다. 그럼, 지금 우리는 어떻게 해야 할까?

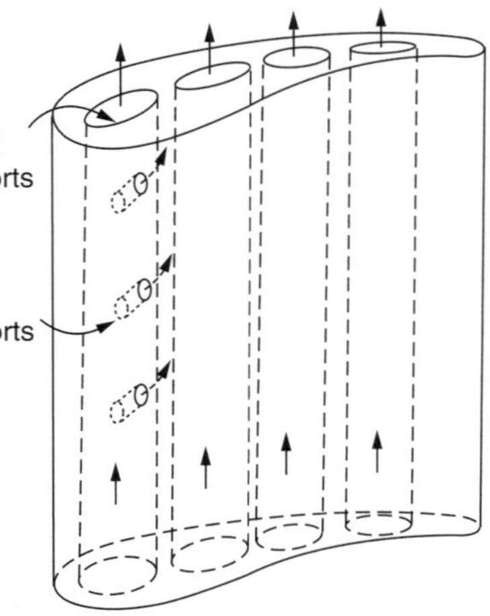

그림 24.7
공기 냉각 날개

24.5 미래의 개발 : 고온 세라믹스

고온(1000°C 이상)에서 구조용 재료로 가장 적합한 세라믹을 [표 24.3]에 열거하였으며, 니켈계 초합금과 비교하였다. 모든 세라믹은 낮은 밀도, 높은 탄성계수, 고융점(따라서, 1000°C에서 우수한 크립 강도)를 가진다. 그리고 많은 세라믹은 내산화성을 가지고 있다 – 이들은 이미 산화되어 있다. 그러나 몇 종류는 낮은 열전도도를 가지고 (높은 열응력을 일으킴), 모두 매우 낮은 인성을 가지고 있다.

알루미나(Al_2O_3)는 복잡한 형상을 만들 수 있는 첫 번째 순수 산화물 중 하나이지만, 높은 팽창계수, 낮은 전도성과 낮은 인성의 결합으로 나쁜 열 충격 저항성을 갖게 된다.

유리 세라믹은 복합 규산유리를 성형함으로 만들어지며, 부분적으로 결정화 된다. 유리 세라믹은 오븐 렌지용 그릇이나 작은 엔진의 열교환기로 쓰인다. 이것의 낮은 열팽창은 대부분의 다른 세라믹보다 매우 우수한 열 충격 저항을 갖지만, 900°C(유리상(相)이 연화됨) 이상의 온도에서의 사용은 제한을 받는다.

공유 결합된 규소 탄화물, 규소 질화물, 시알론(Si_3N_4와 Al_2O_3의 합금)은 고온구조물로 가장 적합한 후보로 보인다. 이들의 크립 저항은 1300°C까지 매우 우수하며, 낮은 팽창계수와 높은 전도성(니켈합금보다 우수함)은 이들의 전형적인 낮은 인성값에도 불구하고, 열 충격에 잘 견디도록 한다. 이들은 미세분말의 고온-프레싱(hot-pressing)이나, 증착이나, 미리 압력을 가해 형태를 갖춘 규소를 질화하여 만들 수 있다; 이 같은 방법으로 정밀한 형상(예; 터빈 날개)은 기계 가공할 필요 없이 성형이 가능하다(이들은 기계 가공하기가 매우 어렵다). 그러나, 이들의 취성은 설계에서 주된 문제를 일으킨다. 이러한 문제는 섬유 구조를 가진 세라믹을 만듦

표 24.3 Ceramics for High-Temperature Structures

Material	Density (Mg m^{-3})	Melting or Decomposition(D) Temperature(K)	Modulus (GN m^{-2})	Expansion Coefficient $\times 10^{+6}$ (K^{-1})	Thermal Conductivity at 1000 K (Wm^{-1} K^{-1})	Fracture Toughness K_c (MN $m^{-3/2}$)
Alumina, Al_2O_3	4.0	2320	360	6.9	7	≈5
Glass-ceramics (pyrocerams)	2.7	> 1700	≈120	≈3	≈3	≈3
Hot-pressed silicon nitride, Si_3N_4	3.1	2173(D)	310	3.1	16	≈5
Hot-pressed silicon carbide, SiC	3.2	3000(D)	≈420	4.3	60	≈3.5
Nickel alloys (nimonics)	8.0	1600	200	12.5	12	≈100

으로서 극복할 수 있다. 이를 위한 노력으로, 세라믹기지 부품이 개발되고 있다; 이들은 강하고, 아주 완전한 섬유들(특수한 기술로 성장된 규소탄화물이나 알루미나)이 세라믹 기지(규소탄화물이나 알루미나)와 결합되어 있다.

24.6 비용의 효율성

일방향 응고(DS) / 단결정 초합금(SX) 같은 어떤 중요 재료의 개발 계획은 성공적인 결과가 가격적으로 효율적이라면 채택될 수 있다. [그림 24.8]에서 보인 바와 같이, 개발비는 어마어마하다.

새로운 재료가 실험실에서 나오기 전에서조차 2억 달러가 소모되며, 엔진실험에서의 실패는 엄청나다. 새로운 합금의 성능은 광범위한 항공 실험이 수행될 때까지 최종적으로 증명될 수 없기 때문에, 개발의 각 단계에서 위험을 수반한 결정은 앞으로 진전할 것이냐, 또는 손실을 감수하고 계획을 포기하거나 해야 한다.

또한 재료 자체의 가격도 고려해야 한다. 기존의 니켈합금에서 사용되는 재료는-하프늄 같은-아주 막대한 경비가 들고 매우 희귀하다. 크립 성질을 개선하기 위한 시도에서 많은 양의 첨가재료의 사용은 비용을 상승시킨다. 단결정(SC) 터빈 날개의 현재 가격은 US $10,000이고, 고압 터빈 디스크용 날개 한 세트는 1백만 달러나 된다! 그러나 그것이 비록 비싸지만 터빈 날개의 가격은 엔진가격이나 엔진 수명 동안에 소모되는 연료의 값에 비하면 아주 적다. 날개

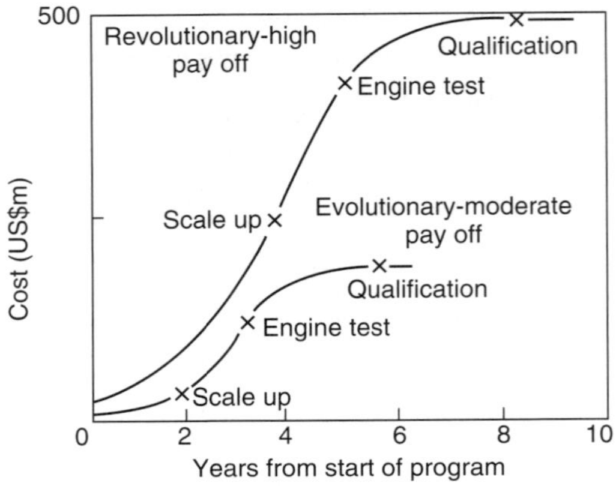

그림 24.8
새로운 터빈 날개 재료의 개발비

가격이 중요하지만, 만약 새로운 합금이 수명을 개선하거나 흡입구온도를 개선한다면, 새로운 합금을 추구하는 강한 자극제가 된다.

WORKED EXAMPLE

다음 다이어그램은 순수 니켈과 니켈계 초합금(MAR-M200)의 변형-기구도를 보인 것인데, 두 금속 모두 입자 직경은 0.1 mm이다. 초합금(고용강화 및 석출강화)에서 합금원소 첨가의 효과는 극적이다 – 항복강도는 10배 이상 상승하고, 멱함수법칙 크립 영역은 변형-기구도 오른쪽 모퉁이에 작은 영역으로 축소되었다. 1000°C에서 멱함수법칙 크립 영역의 바닥 쪽은 니켈의 경우 전단응력 1 MN m^{-2}에 위치해 있고, 니켈 초합금은 100 MNm-2에 있다 – 응력 면에서 100배 크다. 가스 터빈에 적용할 때, 초합금의 크립은 확산 크립에 의해 지배된다. 그러나, 입자 크기 0.1 mm로는 크립 속도가 너무 빠르다. 1000°C, 10 MN m^{-2}의 전단응력에서, 전단변형 속도는 10^{-7} s^{-2} – 1년간 작동으로 이것의 크립 변형률은 100%가 된다!

크립 속도는 $1/d^2$의 비율이기 때문에 (식 23.2), 입자 크기를 1 mm로 증가시키면 변형 속도를 100배 감소시킨다. 이것은 크립 변형이 1%가 되어 보다 개선되었는데, 그러나 아직 충분히 좋지는 않다. 이것이 왜 큰 결정입자 크기-혹은 단결정 입자(SX) – 를 갖는 것을 적용하는 것이 그렇게 중요한가의 이유이다. 5 mm 결정입자 크기(터빈 날개 두께를 효과적으로 관통)는 변형 속도를 2500배 감소시킨다. – 매년 0.04%까지, 이것은 OK이다. 일방향응고재(DS) 혹은 단결정(SX) 날개는 확산 크립을 더욱 억제하여, 터빈 날개를 더 높은 응력에 사용할 수 있도록 해 줄 수도 있다.

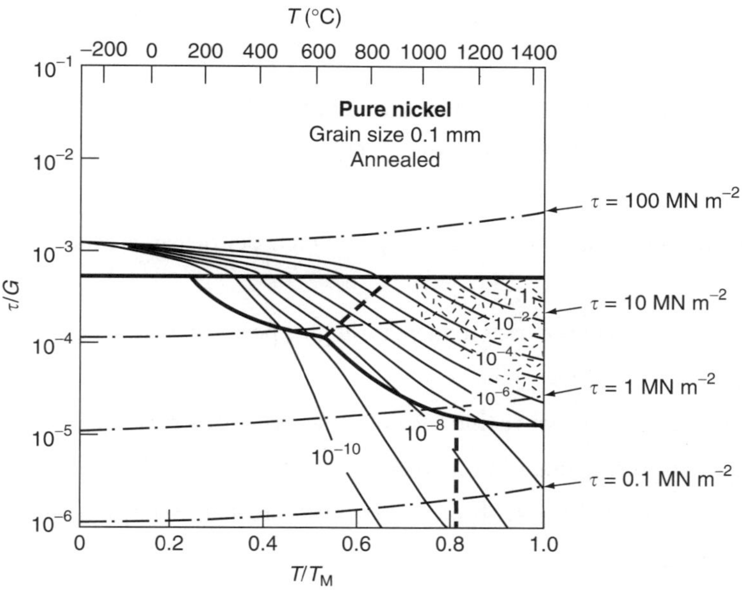
T (°C)
−200 0 200 400 600 800 1000 1200 1400
Pure nickel
Grain size 0.1 mm
Annealed
τ = 100 MN m−2
τ = 10 MN m−2
τ = 1 MN m−2
τ = 0.1 MN m−2
1
10−2
10−4
10−6
10−8
10−10
10−1
10−2
10−3
10−4
10−5
10−6
τ/G
0 0.2 0.4 0.6 0.8 1.0
T/TM

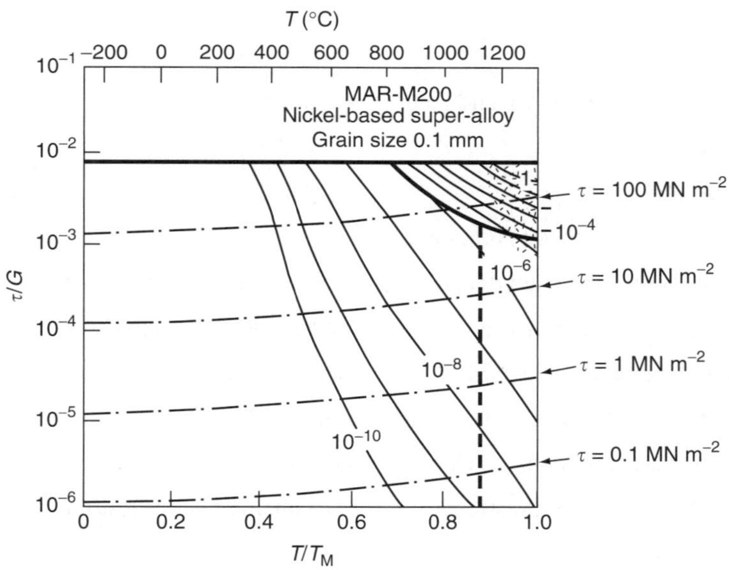
T (°C)
−200 0 200 400 600 800 1000 1200
MAR-M200
Nickel-based super-alloy
Grain size 0.1 mm
τ = 100 MN m−2
τ = 10 MN m−2
τ = 1 MN m−2
τ = 0.1 MN m−2
1
10−4
10−6
10−8
10−10
10−1
10−2
10−3
10−4
10−5
10−6
τ/G
0 0.2 0.4 0.6 0.8 1.0
T/TM

EXAMPLES

24.1 Why is there an incentive to maximize the turbine inlet temperature in aircraft engines?

24.2 Why are DS and single-crystal turbine blades better than conventional investment-cast blades?

24.3 What are the advantages and disadvantages of high-performance ceramics as turbine-blade materials?

24.4 How can blade cooling be used to increase engine performance without changing the blade material?

24.5 How can coating blades with a thin layer of oxide ceramic increase engine performance?

24.6 Referring to the creep maps in the worked example (and also Figure 23.5), why is the yield strength of MAR-M200 nickel-based superalloy more than 10 times greater than that of pure annealed nickel?

ANSWERS

24.1 See Section 24.1.

24.2 See Section 24.3, paragraph 4, and Figures 24.4 and 24.5.

24.3 See Section 24.5.

24.4 See Section 24.4.

24.5 See Section 24.4, next to last paragraph.

24.6 Because of (i) the very high density of hard particles (see Figure 24.3), which generates a huge amount of dispersion strengthening (see Section 11.4), and (ii) the large concentration of dissolved elements (see Table 24.2), which generates a huge amount of solid solution strengthening (see Section 11.3). See also Section 24.3, paragraph 2. Pure annealed nickel has no hard particles, no dissolved elements, and no work hardening (see Section 11.5), so the only contribution to its yield strength is from its intrinsic lattice resistance (Section 11.2) and the presence of grain boundaries (Equation (11.5).

PART G

산화와 부식

CHAPTER 25

재료의 산화와 부식

25.1 개요

앞서 이전 장에서 언급한 바와 같이 터빈 블레이드, 과열기 배관 등에 사용되는 고온재료의 필 수조건 중 하나는 고온 분위기의 가스에 의한 침해(특히, 산화 작용)에 대해서 손상없이 잘 견뎌야 하는 것이었다. 터빈 블레이드는 사용 중 H_2S, SO_2 가스 및 다른 연소물질과 반응하여 산화가 발생하게 된다. 과도한 재료의 산화는 많은 응력을 받는 부품에 대해서 악영향을 미치게 된다. 따라서 재료가 얼마나 산화에 견딜 수 있고 어떻게 하면 가스 침해에 대한 저항력을 향상시킬 수 있는지를 아는 것은 매우 중요하다고 볼 수 있다.

일반적으로 지구의 대기 분위기는 재료의 산화를 유발한다. 따라서 지구를 하나의 실험실로 가정하여, 지구 환경에서 내산화성이 높은 재료를 찾게 되면 재료의 산화 방지에 대한 아이디어를 얻을 수 있다. 우리가 주변에서 볼 수 있는 대표적인 세라믹 재료로 볼 수 있는, 특히 지구를 구성하는 지각은 대부분 산화물, 규산염, 알루민산염 및 다른 종류의 산화물로 이루어져 있으며 이들은 이미 산화가 된 상태이므로 매우 안정적인 상태라고 할 수 있다. 알칼리 할로겐 화합물 역시 매우 안정적이며 대표적으로 NaCl, KCl, NaBr 등은 모두 자연 상태에서 쉽게 찾을 수 있다. 하지만 금속은 화학적으로 불안정한 상태이며 오직 금만이 보통의 대기 환경에서 안정된 자연 상태로 발견되며 금을 제외한 다른 금속들은 공기와 접촉 시 산화가 된다.

고분자재료 역시 불안정한 상태라고 할 수 있다. 일반적으로 우리가 고분자재료에 불을 붙였을 때 쉽게 타버리는 현상을 볼 수 있으며 이러한 현상은 고분자재료가 쉽게 산화된다는 것을 의미한다. 고분자재료의 원자재가 되는 석탄과 석유는 산화되지 않은 자연 상태에서 발견되고 있으므로 이를 바탕으로 제조된 고분자재료 또한 산화에 대해서 안정적이라고 생각할 수도 있지만 실제 석탄과 석유는 지층 내에서 대기와 격리된 밀봉된 상태로 존재하기 때문에 결론적으로는 산화에 대해서 안정적이라고는 볼 수가 없다. 하지만 일부 고분자재료의 경우, 대표적으로 PTFE($-CF_2-$를 기본으로 합성된 고분자재료) 같은 경우 고온에서도 매우 안정적이고 오랜 시간 동안 특성을 유지하지만 이는 특이한 예외의 경우로 간주한다. 또한, 고분자 복합재료에서도 산화 현상은 발생하며 대표적인 고분자 복합재료라고 볼 수 있는 나무의 경우에도 불에 쉽게 타는, 즉 산화가 되는 것을 확인할 수 있다.

25.2 산화 에너지

재료가 산소와 얼마나 잘 반응하는지에 대한 경향은 산화 반응에 필요한 에너지를 실험실에서 측정하여 정량화할 수 있다,

$$\text{재료} + \text{산소} + \text{에너지} \rightarrow \text{재료의 산화물}$$

상기 식에서 산화에 미치는 에너지가 양의 값을 가지게 되면 재료는 산화되지 않고 안정적이며, 반대로 음의 값을 가지게 되면 재료는 산화가 된다. [그림 25.1]에 도시된 그래프는 세라믹, 금속, 고분자, 복합재료에 대해서 산화물 형성 에너지 값을 나타내고 있다.

25.3 산화율

산화가 쉽게 일어날 수 있는 재료를 설계할 때 재료의 산화가 얼마나 빠르게 진행이 될 것이라는 것을 아는 것은 매우 중요하다고 볼 수 있다. 산화 과정에서 방출되는 에너지가 크면 산화율은 큰 값을 가지게 된다. 예를 들어, [그림 25.1]에 나타난 산화 에너지 데이터에서 알루미늄이 철보다 2.5배 빠르게 산화되는 것을 예상할 수 있으며 실제로 자연에서는 알루미늄은 철보다 빠르게 산화된다. 왜 이런 현상이 발생하게 되는 것일까?

만약 가스 화염을 이용하여 철을 가열하게 되면 공기 중 산소는 철의 표면과 반응하여 철의 표면에 얇은 산화막을 생성시켜 철의 표면을 검게 만든다. 산화막의 두께는 처음에는 급격하게 증가하게 되나 이후에는 점차 산화막의 두께 성장은 감소하게 되는데, 이는 철 원자가 공기 중의 산소와 반응하기 위해서는 철의 표면에 형성된 산화막을 통과해야 하기 때문이다.

만일 뜨겁게 가열된 철 조각을 물이 담긴 접시에 떨어뜨리게 되면, 급속냉각 효과에 의해 철 표면의 산화막은 파손되게 될 것이며, 파손된 산화막 조각을 접시에서 볼 수 있을 것이다. 하지만 이러한 철 조각을 다시 가열하게 되면 철의 표면에는 다시 산화막이 형성된다. 산화막은 산소 원자와 철 원자의 접촉을 막는 장애물로서의 역할을 하며 산화막 형성속도를 감소시킨다. 알루미늄을 포함한 대부분의 다른 물질들은 같은 방식으로 산화막이 형성되지만 알루미늄 산화막이 철 산화막에 비하여 훨씬 더 효과적으로 산화에 대한 장애물로 작용한다. 그러면 어떻게 산화율을 계산할 수 있을까? 재료표면은 공기 중의 산소 원자를 흡수하여 산화막을 형성하기 때문에 산화가 된 재료의 무게는 산화된 재료의 양만큼 증가한다. 무게 증가 Δm은 [그림 25.2]에서 도시한 바와 같이 시간 t에 따라 연속적으로 관찰된다. 고온 분위기에 서 일반적으로 두 종류의 산화 거동이 관찰되며 그중 첫 번째는 선형 산화이다.

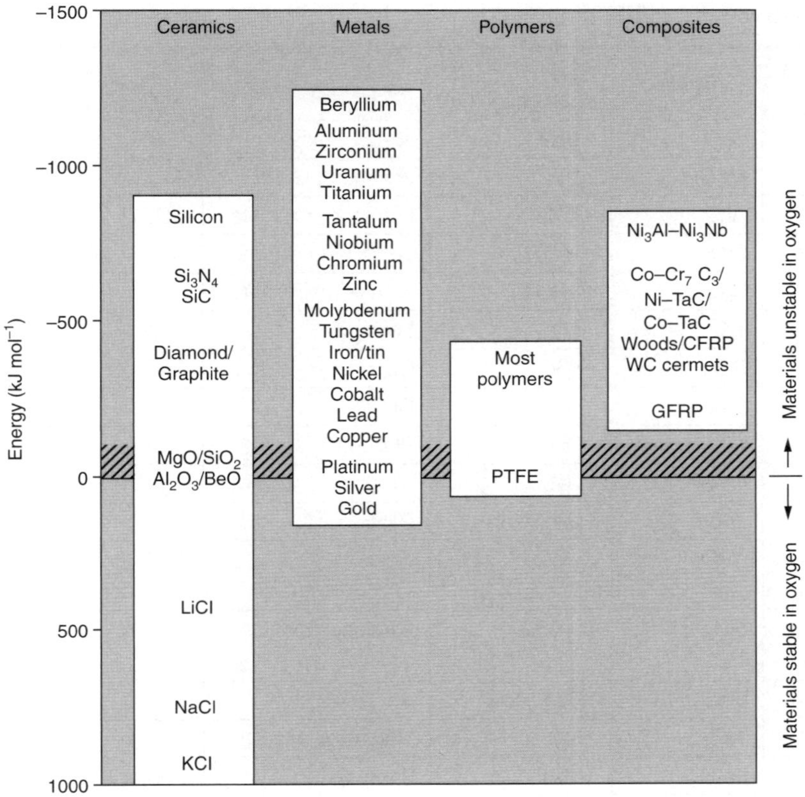

그림 25.1
산소의 273 K/kJmol^{-1}에서의 산화물 형성 에너지

$$\Delta m = k_L t \tag{25.1}$$

여기서 k_L은 반응 상수이며 보통 양의 값을 가지게 된다(하지만 일부 재료는 산화와 동시에 산 화물이 증발해 버리는 경우가 있으며 이 경우 재료의 무게는 감소하게 된다. 이러한 경우 k_L은 음수의 값을 가지게 된다).

두 번째 현상은 포물선형 산화이다.

$$(\Delta m)^2 = k_P t \tag{25.2}$$

여기서 k_P 값은 또 다른 반응 상수이며 항상 양의 값을 가진다. 산화율은 아레니우스 법칙(제 22장 참조)을 따르게 되므로 반응 상수 k_L과 k_P는 아래의 식으로 표현할 수 있다.

$$k_L = A_L e^{-Q_L/RT} \text{ and } k_P = A_P e^{-Q_P/RT} \tag{25.3}$$

| 표 25.1 | 273 K에서의 산화물 형성 에너지

Material	Oxide	Energy(kJ mol^{-1} of Oxygen, O_2)	Material	Oxide	Energy(kJ mol^{-1} of Oxygen, O_2)
Beryllium	BeO	−1182	Woods, most		≈−400
Magnesium	MgO	−1162	polymers, CFRP		
Aluminum	Al_2O_3	−1045	Diamond, graphite	CO_2	−389
Zirconium	ZrO_2	−1028	Tungsten carbide	$WO_3 + CO_2$	−349
Uranium	U_3O_8	≈−1000	cermet(mainly WC)		
Titanium	TiO	−848	Lead	Pb_3O_4	−309
Silicon	SiO_2	−836	Copper	CuO	−254
Tantalum	Ta_2O_5	−764	GFRP		≈−200
Niobium	Nb_2O_5	−757	Platinum	PtO_2	≈−160
Chromium	Cr_2O_3	−701	Silver	Ag_2O	−5
Zinc	ZnO	−636	PTFE		≈zero
Silicon nitride, Si_3N_4	$3SiO_2 + 2N_2$	≈−629	Gold	Au_2O_3	+80
Silicon carbide, SiC	$SiO_2 + CO_2$	≈−580	Alkali halides		≈+400 to ≈+1400
Molybdenum	MoO_2	−534			
Tungsten	WO_3	−510	Magnesia, MgO	Higher	Large and positive
Iron	Fe_3O_4	−508	Silica, SiO_2	oxides	
Tin	SnO	−500	Alumina, Al_2O_3		
Nickel	NiO	−439	Beryllia, BeO		
Cobalt	CoO	−422			

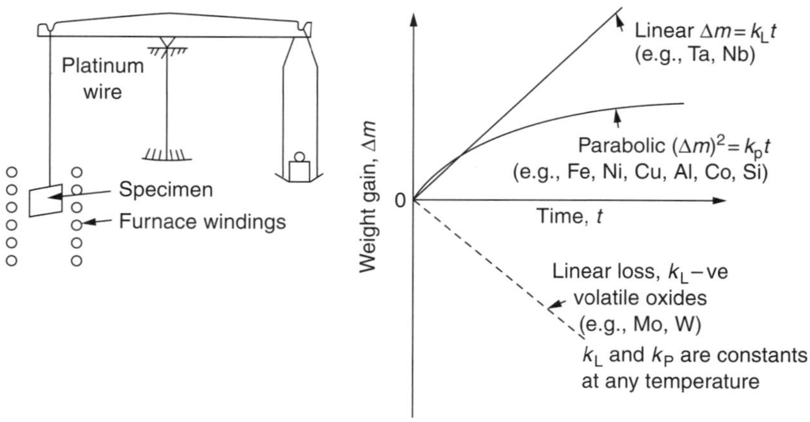

그림 25.2
산화율의 측정

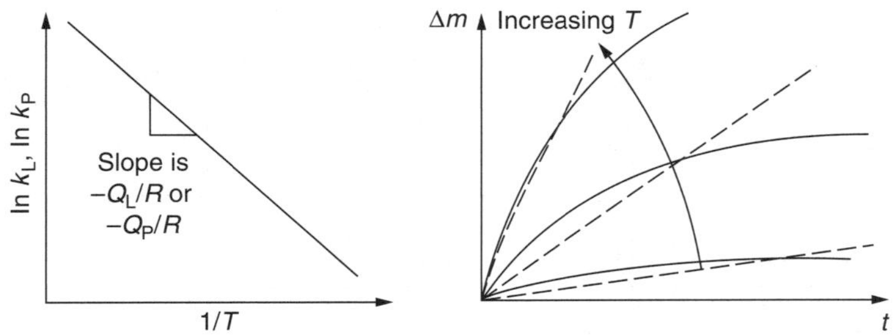

그림 25.3
아레니우스 법칙에 따른 온도 증가에 따른 산화율의 증가

여기서 A_L, A_P, Q_L, Q_P는 상수이므로 최종적으로 반응 상수 k_L과 k_P는 온도가 상승함에 따라 지수적으로 증가하는 것을 알 수 있다. 즉, 온도가 증가하게 되면 산화율은 지수적으로 증가하게 되는 것이다([그림 25.3]).

마지막으로 산화율은 산소의 분압과도 관련이 있으며 일반적으로 산소의 분압이 증가함에 따라 산화율은 증가하게 된다. 예를 들어 가스 터빈의 경우 가스 터빈 내 산소의 분압은 대기 중의 산소 분압과 다르므로 가스 터빈이 작동 시 발생되는 재료의 산화율은 대기 중에서 측정한 산화율과 달라질 수 있다. 따라서 올바른 적정한 조건에서 재료의 산화 시험을 수행하는 하는 것은 매우 중요하다고 볼 수 있다.

25.4 데이터

재료가 산화될 때 재료가 얼마만큼 산화물로 변했는지를 정량적으로 아는 것은 재료 설계 관점에서 매우 중요하다. 일반적으로 산화물은 매우 취성이 강하여 기계적 성질이 취약하기 때문에 산화물 층이 재료 표면에 견고하게 붙어 있을지라도 쉽게 파손될 수 있어서 결과적으로 재료의 유효 단면을 감소시키는 결과를 초래할 수 있다. 산화 시 발생하는 재료의 유효단면 감소는 Δm에 관한 데이터로부터 계산되어 예측할 수 있다.

[표 25.2]는 0.7 T_M(재료 용융온도의 약 70% 온도) 온도 조건에서 재료의 산화 시 재료 표면으로부터 0.1 mm 깊이까지 산화가 발생하는 데 필요한 시간을 나타낸다. 재료에 따라 산화에 필요한 시간은 큰 차이를 나타내는 것을 알 수 있으며, 산화율과 반응에 필요한 에너지 사이의 상관관계는 없는 것을 알 수 있다(예를 들어, 알루미늄의 경우 산소에 대해서 약 −1,045 kJmol의 낮은 에너지 값을 갖지만, 텅스텐의 경우 산소에 대해서 약 −510 kJmol의 높은 에너지값을 가진다. 하지만 산화에 필요한 시간은 텅스텐이 더 적은 시간을 필요로 한다).

| 표 25.2 | 대기 분위기에서 온도가 $0.7T_m$일 경우 재료의 0.1 mm 깊이까지 산화되는 데 필요한 시간

Material	Time	Melting Point(K)	Material	Time	Melting Point(K)
Au	Infinite?	1336	Ni	600	1726
Ag	Very long	1234	Cu	25	1356
Al	Very long	933	Fe	24	1809
Si_3N_4	Very long	2173	Co	7	1765
SiC	Very long	3110	Ti	< 6	1943
Sn	Very long	505	WC cermet	< 5	1700
Si	2×10^6	1683	Ba	$\ll 0.5$	983
Be	10^6	1557	Zr	0.2	2125
Pt	1.8×10^5	2042	Ta	Very short	3250
Mg	$> 10^5$	923	Nb	Very short	2740
Zn	$> 10^4$	692	U	Very short	1405
Cr	1600	2148	Mo	Very short	2880
Na	> 1000	371	W	Very short	3680
K	> 1000	337			

Note : 상기 데이터에 나타난 값은 재료의 순도, 표면 상태 및 황과 같은 외부 환경의 불순물 존재에 의한 영향으로 인하여 크게 달라질 수도 있다.

25.5 마이크로 메커니즘

[그림 25.4]는 포물선형 산화 메커니즘에 대해서 설명하고 있다. 반응은 아래의 식과 같이 진행이 되며

$$M + O \rightarrow MO$$

M은 산화되고 있는 재료 그리고 O는 산소를 의미) 다음과 같이 2단계로 진행이 된다. 먼저 M은 이온이 되어 전자를 방출하게 되며

$$M \rightarrow M^{++} + 2e$$

방출된 전자는 산소와 결합하여 산소 이온이 된다.

$$O + 2e \rightarrow O^{--}$$

이 과정은 이온의 확산과 산화층을 통한 전자의 전도를 포함한다. 이러한 현상이 발생할 수 있는 세 가지 방법은 그림 25.4, 사례 1, 사례 2 및 사례 3을 참조하면 된다.

22장(식(22.2))에서 봤듯이, 확산은 Fick's first law로 정의된다.

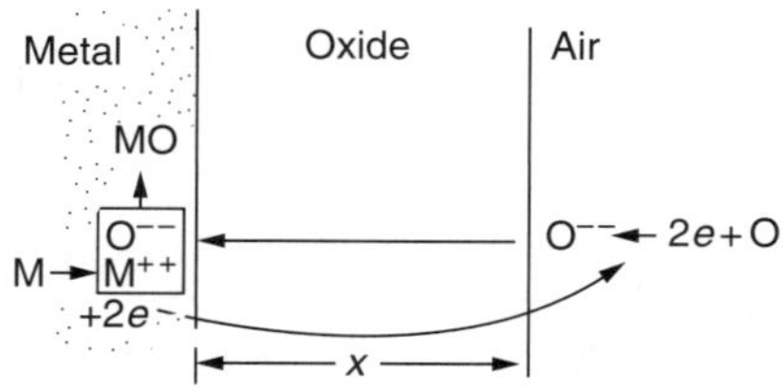

Case 1. M^{++} diffuses very slowly in oxide. Oxide grows at metal–oxide interface.
Examples: Ti, Zr, U

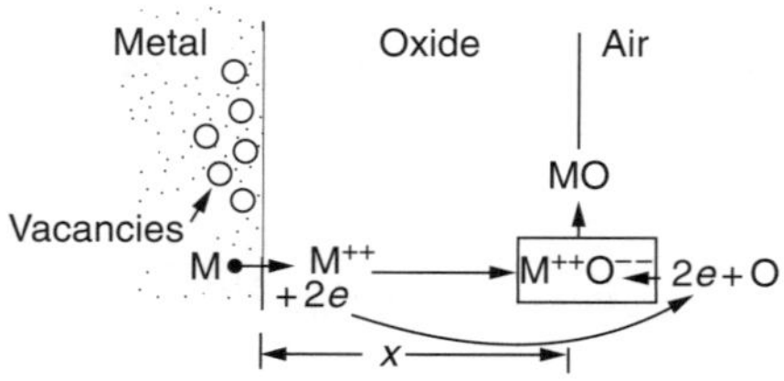

Case 2. O^{--} diffuses very slowly in oxide. Oxide grows at oxide–air interface.
Vacancies form between metal and oxide.
Examples: Cu, Fe, Cr, Co

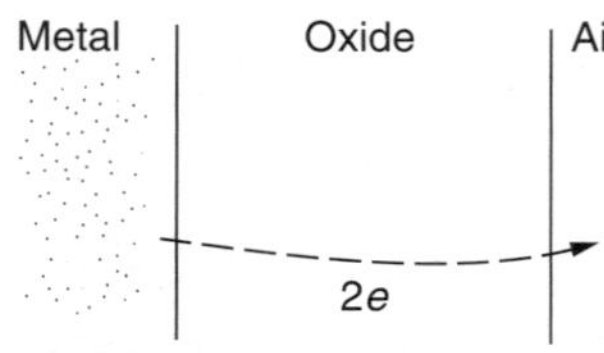

Case 3. Electrons move very slowly. Oxide can grow (slowly) at metal – oxide interface or oxide–air interface depending on whether M^{++} diffuses faster than O^{--} or not.
Example: Al

그림 25.4
포물선형 산화 거동에 의해 형성된 산화층의 성장

$$J = -D\left(\frac{\mathrm{d}c}{\mathrm{d}x}\right)$$

J는 원자(또는 이온)의 유동(단위 면적당, 초당 농도 구배를 따라 확산되는 원자나 이온의 수)이고, D는 확산 계수($D = D_0 e^{-Q/RT}$), x는 유동선을 따라서 난 거리, c는 원자나 이온의 농도(단위 부피당 원자나 이온의 수)를 의미한다. 산화의 경우, 유동은 M^{++} 혹은 O^{--} 중 어느 것이 속도를 결정하는가에 따라 이온으로 구성된다.

산화 속도는 이온의 유동에 비례하므로 시간 δt에서 질량 입자 $\delta(\Delta_m) = AJ\delta t$($A$는 일정)의 식이 만족한다. M^{++} 혹은 O^{--}의 농도 구배는 $(c_1 - c_2)/\mathrm{b}$ (c_1과 c_2는 산화층 양면의 이온 농도, b는 그 층의 두께이다.) 따라서 Fick's law로 부터

$$\delta(\Delta m) = AD\left(\frac{c_1 - c_2}{b}\right)\delta t$$

산화 작용이 진행됨에 따라, 산화층은 처음에는 0의 두께에서 t의 시간 후 초기에서 b 두께로 성장한다. 즉 $b = B(\Delta_m)$(B는 일정)이고, 고로,

$$B\Delta m\delta(\Delta m) = AD(c_1 - c_2)\delta t$$

$t = 0$부터 t까지, $\Delta_m = 0$부터 Δ_m까지 적분한다. c_1과 c_2는 둘다 일정하다고 가정한다.) 그러면

$$(\Delta m)^2 = CDt \tag{25.4}$$

이러한 산화막의 성장 법칙은 식 (25.2)와 유사한 형태를 가지고 있으며, 반응 상수는 식 (25.3)과 유사하다.

$$k_P = CD = CD_0 e^{-Q_P/RT} \tag{25.5}$$

이러한 현상은 몇 종류의 산화막이 재료를 보호하는지, 즉 산화막이 낮은 확산 계수와 높은 용융을 갖게 되는지 나타낸다. 이러한 현상은 왜 Al_2O_3가 알루미늄을 보호하는지, Cr_2O_3가 크롬을 보호하는지, 그리고 SiO_2가 실리콘을 보호하는지를 설명하고, 반면에 Cu_2O와 FeO(상대적으로 낮은 용융점을 갖는 산화막)는 상대적으로 왜 낮은 보호막을 갖는지를 나타낸다. 하지만 이외에도 또한 다른 이유가 있다. 우선 산화가 진행되기 위해서는 전자들이 산화막을 통과하여야 하는데 이러한 산화막은 절연막으로 작용하기 때문에 전자의 이동이 어렵게 된다(Al_2O_3의 비저항은 FeO의 비저항 대비 10^9배 크므로 전자의 이동이 더욱 어렵다).

물론, 단순 산화막 모델이 상기 언급했던 대부분의 실험적 결과를 설명할 수는 있을지라도 선형 법칙에 대해서는 설명을 할 수가 없다. 휘발성이 강한 몇 가지 산화물들(예를 들면 MoO_3 또는 WO_3)의 경우 고온 분위기에서 산화막이 형성됨과 동시에 증발하게 되어 산화막이 추가적인 산화를 방지하는 보호막 역할을 할 수가 없다. 따라서 산화는 시간에 영향을 받지 않고 독립적으로 진행이 되며, 재료는 산화물의 손실에 의하여 무게가 감소하게 된다.

이러한 현상은 [표 25.2]에 나타낸 Mo과 W의 급격한 단면 손실을 설명할 수 있다. 따라서 상기 언급한 바와 같이 산화막의 선형적 성장 현상은 설명하기가 매우 어렵다고 볼 수 있다. 기본적으로 산화막의 두께 증가는 산화막의 균열 또는 재료 표면으로부터 박리를 초래하게 된다. 따라서 이러한 산화막의 균열 및 박리 현상은 산화막 형성에 의한 추가적인 산화 방지 역할을 할 수 없게 된다. [그림 25.5]는 이러한 현상을 설명하고 있다. 만일 산화물의 양이 원재료의 양보다 훨씬 적을 때에는 변형이 이완되어 균열을 발생하게 된다(일반적으로 산화막은 취성이 강하므로 쉽게 파괴가 발생한다). 반대로 산화물의 양이 증가하게 되면 산화물은 재료로부터 박리되므로 변형에너지는 이완하려 할 것이다. 따라서 산화막이 추가적인 산화를 막을 수 있는 보호막 역할을 하려면 산화막의 두께는 나무 표면의 껍질처럼 갈라지지 않게 너무 얇아서도 안 되며, 또한 두께가 너무 두꺼워져 마치 코뿔소의 피부처럼 주름이 잡히지 않도록 적당한 두께를 가져야 한다.

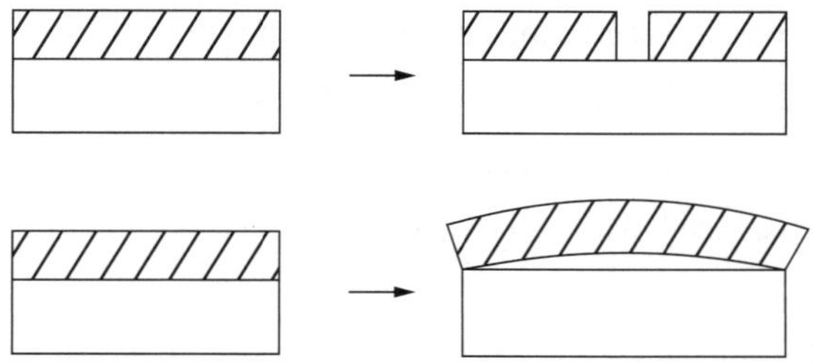

그림 25.5
선형 산화 거동을 발생시키는 산화막의 파괴 현상

EXAMPLES

25.1 The oxidation of a particular metal in air is limited by the outward diffusion of metallic ions through an unbroken surface film of one species of oxide. Assume that the concentration of metallic ions in the film immediately next to the metal is c1, and that the concentration of ions in the film immediately next to the air is c_2, where c_1 and c_2 are constants. Use Fick's law to show that the oxidation of the metal should satisfy parabolic kinetics, with weight gain Δm given by

$$(\Delta m)^2 = k_p t$$

25.2 The oxidation of another metal is limited by the outward flow of electrons through a uniform, unbroken oxide film. Assume that the electrical potential in the film immediately next to the metal is V_1, and the potential immediately next to the free surface is V_2, where V_1 and V_2 are constants. Use Ohm's law to show that parabolic kinetics should apply in this case also.

25.3 The kinetics of oxidation of mild steel at high temperature are parabolic, with

$$k_p(\mathrm{kg}^2\mathrm{m}^{-4}\mathrm{s}^{-1}) = 37\exp\left\{-\frac{138\mathrm{kJ\ mol}^{-1}}{RT}\right\}$$

Find the depth of metal lost from the surface of a mild steel tie bar in a furnace at 500°C after 1 year. You may assume that the oxide scale is predominantly FeO. The atomic weight and density of iron are 55.9 kg kmol^{-1} and 7.87 Mg m^{-3}; the atomic weight of oxygen is 16 kg kmol^{-1}. What would be the loss at 600°C?

25.4 Of the many metals found in the earth's crust, why is gold the only one that is found "native," that is, as pieces of pure metal?

25.5 The energy released when silver reacts with oxygen at room temperature is small—only 5 kJ

mol^{-1} of O_2. At 230°C, the energy is zero, and above 230°C the energy is positive (i.e., silver is stable and does not oxidize). Use this information to explain why small electrical contacts are usually plated with a thin layer of silver. Why is gold not used instead?

25.6 Why does the rate at which a metal oxidizes not necessarily correlate with the energy released in the oxidation reaction?

25.7 Explain why some metals show either a linear weight gain or a linear weight loss with time during oxidation.

ANSWERS

25.1 See Section 25.5, and Equations (25.4) and (25.5).

25.2 Ohm's law is $I = V/R$. Mass gain is proportional to I, and R is proportional to oxide layer thickness. Otherwise, the working is identical to that in Example 25.1.

25.3 $k_P = 1.74 \times 10^{-8}\ kg^2\ m^{-4}\ s^{-1}$. $\Delta m = 0.74\ kg\ m^{-2}$. Δm is due to addition of oxygen to the metal. Weight of *iron* removed as oxide = 2.59 kg m^{-2}. Thickness of metal lost = 0.33 mm (reworking for 600 °C gives 1.13 mm).

25.4 As shown in Table 25.1, gold is the only metal, which *requires* energy to make it react with oxygen (80 kJ mol^{-1} of O_2). It therefore remains as unreacted metal.

25.5 If there is any contact resistance, the contacting surfaces will be heated up by the current. If the temperature goes above 230 °C, any silver oxide will decompose, producing pure metal-to-metal contact. Gold is not used because it is vastly more expensive than silver.

25.6 See Section 25.3 paragraphs 1–3, and Section 25.4.

25.7 See Section 25.3 paragraph 4, Section 25.5 last three paragraphs, Figures 25.2 and 25.5.

CHAPTER 26

건식 산화의 사례연구

26.1 개요

이번 장에서는 내식성 향상을 위해 설계된 스테인리스 스틸 합금에 대해서 살펴보고 그 다음으로 좀 더 복잡한 문제인 가스 분위기에 노출되어 있는 가스 터빈 블레이드의 보호에 대한 문제를 다루고자 한다. 상기 두 경우에 적용할 수 있는 가장 기본적인 산화 방지 방법은 Cr_2O_3 또는 Al_2O_3와 같은 안정한 세라믹으로 철 또는 블레이드 표면에 코팅을 하는 방법이 있다. 또한, 세라믹으로 금속 표면에 보호막을 생성하는 방법은 여러 가지 방법으로 구현할 수 있다.

26.2 사례연구 1 : 스테인리스 합금의 제조

연강은 우수한 구조 재료로서 가격이 경제적이며 가공이 쉬움과 동시에 높은 강도를 지닌다. 하지만 연강은 저온에서도 쉽게 녹이 슬며, 고온에서는 빠르게 산화가 발생하는 문제를 지니고 있다. 산업에서는 화학 반응기부터 과열기 튜브 등에 이르기까지 다양한 응용 분야에서 내식성 재료의 사용은 점차 증가하고 있지만, 연강으로는 이러한 분야에 적용은 불가능하다고 할 수 있다. 따라서 내식성을 향상시키기 위해 스테인리스 합금이 개발되었다. 연강의 경우 뜨거운 공기에 노출되면 빠르게 산화되어 표면에 FeO를 형성한다. 하지만 만일 산화 에너지가 큰 원소([표 25.1]에서 상단에 위치한 원소)가 스틸 합금에 포함되어 있으며, 이 원소가 먼저 산화하여 재료 표면에 산화막(Cr_2O_3, Al_2O_3, SiO_2, BeO)층을 형성하게 되고 이러한 산화막이 재료의 추가적인 산화를 막는 보호막 역할을 하게 되어 스틸을 보호하게 된다.

스틸 합금의 산화 방지를 위해서는 상당히 많은 양의 합금 원소를 필요로 하며, 산화방지에 가장 좋은 원소로는 크롬이며 크롬의 함량이 18%일 때 가장 우수한 보호막을 형성하게 된다. 예를 들면, 900°C 온도 분위기에서 크롬이 18% 함유된 스틸 합금은 크롬이 함유되지 않은 스틸 합금에 비해 산화율이 100배 이상 감소한다.

다른 원소들 역시 스틸의 합금 원소로 사용되면 스틸의 산화율을 저하시킬 수 있다. Al_2O_3와 SiO_2는 FeO([표 25.1])에 비하여 쉽게 보호막으로 형성된다. 알루미늄이 5% 고용된 스틸 합금의 경우 일반 스틸 대비 산화율이 30배가 감소되며 동일하게 5% Si이 고용된 스틸 합금의 경우 산화율이 20배 가까이 감소된다. 이 같은 원리는 스틸뿐만 아니라 다름 금속의 산화 방지에도 적용이 될 수 있다. 다음 사례 연구에서 논의되는 니켈과 코발트 합금 또한 상기와 같은 방법으로 제조될 수 있다. 구리는 Cr_2O_3 산화막을 만들기 위한 크롬이 구리 내에 충분히 고용될 수는 없지만 알루미늄은 상대적으로 많은 양이 구리 내에 고용이 가능하므로 알루미늄-청동이라는 다양한 형태의 내식성 구리 합금을 제조할 수 있다. 또한, 은 역시 알루미늄이나 실리콘이 합금 원소로 첨가되면 Al_2O_3, SiO_2의 보호막을 표면에 형성하여 변색(특히 황화 반응)을 방지할 수 있다.

세라믹 또한 일부 이와 같은 방식으로 산화로부터 보호된다. 실리콘 카바이드(SiC)와 실리콘 나이트라이드(Si_3N_4)는 세라믹 중에서도 산화 에너지가 큰 음의 값을 가지고 있다(즉, 쉽게 산 화가 된다고 볼 수 있다). 하지만 이와 같은 세라믹이 산화하여 표면에 SiO_2를 형성하게 되면 추가적인 산화는 발생하지 않게 된다.

이같은 합금화에 의한 산화 방지는 표면 코팅(크롬 또는 금 도금)에 비하여 큰 장점을 지니고 있는데, 보호막이 손상되어도 스스로 이를 복구한다는 점이다. 만약 보호막이 긁히거나 닳는 등 파괴가 되어 보호막 밑에 존재하는 금속이 노출되어도 금속 내 함유되어 있는 크롬(또는 알루미늄이나 실리콘)이 즉시 산화되어 손상된 보호막을 복구하게 된다.

26.3 사례연구2: 터빈 블레이드의 보호 대책

앞서 제24장에서 살펴본 바와 같이 현재 터빈 블레이드로 사용되는 주재료는 니켈 합금을 사용하며 크립 특성을 향상시키기 위하여 다양한 합금 원소가 첨가된다. DX, SX 블레이드의 출현 과 함께 블레이드용 니켈 합금은 보통 니켈 용융 온도(1,718 K, 1,445°C)의 약 70%에 근접한 950°C에서도 사용이 가능하다. [표 25.2]에 의하면 이 온도에서의 니켈은 600시간 동안 열처리 시 산화에 의하여 표면으로부터 0.1 mm 깊이만 손실된다. 블레이드와 내부 냉각 포트 사이의 금속 두께가 약 1 mm임을 고려하면 600시간 동안 운행한 후의 블레이드는 단면의 약 10%를 손실하게 되는 것이다.

이러한 현상은 기계적 안정성에 있어서 매우 위험한 현상으로 볼 수 있으며 산화율의 불확실성 및 재료 내 결정립계와 같은 부분에서 우선적으로 산화가 발생되어 발생할 수 있는 피팅(pitting) 같은 국부적 산화를 고려할 때에 절대적으로 허용될 수 없는 재료의 손실 양으로 볼 수 있다. 블레이드의 교체비용은 매우 크기 때문에 최소 5,000시간 이상은 사용하여야 한다. 니켈의 산화는 포물선형 반응으로(식 (25.4)) 산화하기 때문에 t_2 시간 후 단면 손실 x_2를 다음 식

$$\frac{x_2}{x_1} = \left(\frac{t_2}{t_1}\right)^{1/2}$$

에 대입하여 구하면

$$x_2 = 0.1\left(\frac{5000}{600}\right)^{1/2} = 0.29\,\text{mm}$$

이다.

이러한 단면 손실 값을 허용하기에는 단면 손실이 매우 크기 때문에 이를 방지할 조치가 필요하다. 그러면 어떤 방법으로 할 수 있을까?

앞서 제24장에서 살펴본 바와 같이 터빈 블레이드에 사용되는 합금에는 많은 양의 크롬이 합금원소로서 니켈 모재 속에 고용되어 있다. [표 25.1]에서 Cr_2O_3의 형성은 NiO(439 $KJmol^{-1}$)보다 상대적으로 높은 에너지를(701 $KJmol^{-1}$) 방출한다. 즉, Cr_2O_3가 NiO보다 더 먼저 니켈 표면에 형성된다는 것을 의미한다. 따라서 니켈 합금 내에 크롬의 함량이 증가할수록 표면이 더 많은 Cr_2O_3가 형성되며 일반적으로 크롬이 합금원소로 약 20% 정도 니켈 합금에 함유될 때에 보호막으로서 충분한 양의 Cr_2O_3 산화막이 니켈 합금 표면에 형성된다.

만약 크롬을 주재료로 가정하였을 때 [표 25.2]에 의하면 Cr은 0.7 T_M에서 1,600시간 동안 단면의 깊이 방향으로 0.1 mm가 손실된다. 여기서 한 가지 고려하여야 할 점은 Cr의 0.7 T_M은 1,504 K(1,231°C)이지만 니켈의 0.7 T_M은 1,208 K(935°C)라는 것이다. 그러므로 Cr_2O_3가 1,504 K이 아닌 1,208 K에서 니켈의 산화를 방지할 수 있는 보호막으로 작용하는지를 다시 분석해 볼 필요가 있다. 크롬의 산화는 330 $KJmol^{-1}$의 활성화 에너지를 가지는 포물선형 반응을 따르므로 블레이드 재료가 0.1 mm 손실되는 데 필요한 시간 t_2는 식 (25.3)으로부터 계산할 수 있으며

$$\frac{t_2}{t_1} = \frac{\exp - (Q/RT_1)}{\exp - (Q/RT_2)} = 0.65 \times 10^3$$

이 된다.

따라서 1,208 K에서의 시간 t_2는

$$\begin{aligned} t_2 &= 0.65 \times 10^3 \times 1600\,\text{h} \\ &= 1.04 \times 10^6\,\text{h} \end{aligned}$$

을 나타내게 된다.

물론, 20%의 크롬이 합금 원소로 함유된 니켈 합금은 표면에 형성된 Cr_2O_3에 의하여 산화로부터 보호가 되지만 실제 실험에 나타난 결과는 크롬은 니켈 합금의 손실 시간을 단지 10배 정도만 증가시키는 것으로 나타났다. 즉 사용 온도에서 블레이드가 0.1 mm 손실되는 데 소요되는 시간은 106시간이 아니라 600 × 10 h = 6,000시간이 된다.

왜 이론상의 값과 실험 결과의 값에 있어서 이러한 큰 차이가 발생하는 것일까? 순 금속에

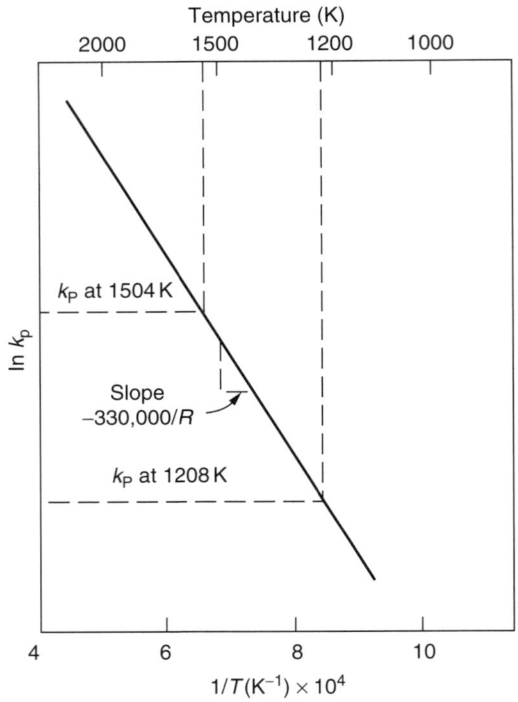

그림 26.1
온도에 따른 k_p의 변화

비하여 합금의 경우 자연 상태에서 생성된 산화막(NiO, Cr_2O_3)과는 달리 합금에 의한 다른 원소를 함유하는 산화막이 형성하게 되며 이러한 합금 원소 중 일부는 산화층의 확산 계수 및 전기전도도를 크게 증가시켜 결론적으로 금속 내부의 이온이 산화막을 통하여 쉽게 확산이 가능하므로 산화 속도가 더 빨라지게 된다.

따라서 순 금속에서 형성된 보호막의 데이터를 합금에 적용할 때에는 각별한 주의가 필요하다. 물론 상기와 같은 접근 방법은 합금이 산화될 때 어떤 현상이 발생하는지에 대한 예상 데이터를 제공하므로 참고를 할 수는 있지만 이를 완전히 신뢰하여서는 안 되며 반드시 실험을 통한 확인을 필수적으로 하여야 한다.

순수 니켈에 비하여 20%의 Cr이 함유된 니켈 합금이 내산화성은 우수하지만 935℃ 온도에서 6,000시간 동안 0.1 mm의 손실이 발생하므로 터빈 블레이드 재료로 사용되기에는 부족하다는 것을 앞서 언급하였다. 또한, 제24장에서 기술한 바와 같이 니켈 합금의 크립 특성을 향상시키기 위해서는 반대로 크롬의 함량을 10% 이하로 감소하여야 하며 이러한 경우에는 크롬의 함량이 부족해지므로 내산화성은 급격히 저하된다. 내산화성과 크립 특성을 동시에 향상시키기 위해서는 크롬만으로는 한계가 있다는 것을 확인할 수 있다. 따라서 이러한 문제점을 해결하기 위한 방법으로는 블레이드의 코팅 처리를 들 수 있다([그림 26.2]). 일반적으로 용융

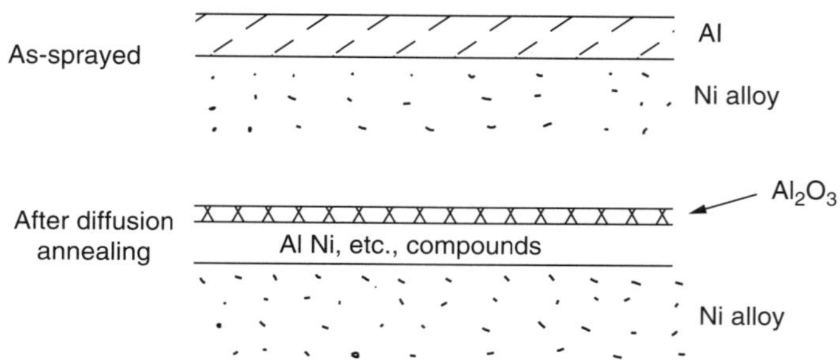

그림 26.2
알루미늄 스프레이 코팅에 의한 터빈 블레이드의 보호 방법

알루미늄을 블레이드 표면 위에 분사시켜 수 마이크로미터 두께의 알루미늄 층을 형성한 후 알루미늄이 니켈의 표면 내로 확산되도록 가열로에서 열처리를 실시한다. 이러한 과정에서 확산된 알루미늄의 일부는 니켈과 결합하여 AlNi와 같은 금속 간 화합물이 표면에 생성되어 산화 방지막으로 작용하게 되며, 또한 반응하지 않은 알루미늄은 Al_2O_3로 산화하여 또 다른 산화 방지막으로 작용하게 된다. 뿐만 아니라 AlNi 층은 낮은 열전도율을 가지므로 외부 고온 분위기의 가스로부터 금속을 단열시킬 수 있는 역할을 하게 되므로 블레이드의 사용 온도를 일부 상승시킬 수도 있는 또 다른 이점이 있다.

비록 적용하기에는 기술적으로 어려운 점이 있지만 다른 코팅 방법 또한 존재한다. 대표적인 예로 Ni-Cr-Al 합금을 블레이드 표면에 확산 접합을 하게 되면 연성이 높으면서도 내산화성이 우수한 보호막을 형성시킬 수가 있다. 또한, 최근에는 지르코늄 산화물을 이용하여 내산화성 확보 및 단열 역할을 할 수 있는 코팅 방법이 사용되고 있다.

기계적 성질에 미치는 코팅의 영향

지금까지 우리는 산화에 의한 금속의 손실을 줄일 수 있는 방법인 산화막의 이점에 대해서 논의하였다. 하지만 이러한 산화막이 때로는 금속 재료에 있어서 악영향을 미치는 경우도 있다.

일반적으로 산화막은 기계적 특성 관점에서 볼 때 취성이 매우 강한 것으로 알려져 있다. 터빈 블레이드가 사용되는 환경은 온도의 변화가 크므로 온도의 변화에 따라서 블레이드 재료는 열에 의한 수축과 팽창을 반복하게 된다. 즉, 열에 의한 수축과 팽창에 의한 열응력이 산화물과 합금 사이의 계면에 작용하여 균열을 발생시켜 산화물의 박리 문제가 발생할 수 있으며, 또한 박리가 일어나지 않을 정도로 산화물과 합금의 계면이 안정되어 있다면 균열은 계면을 지나 금속 내부로까지 전파될 수 있다([그림 26.3]). 따라서 산화막의 기계적 특성은 산화막뿐만 아니라 부품 전체의 피로 특성에도 영향을 미칠 수 있을 정도로 매우 중요하다고 할 수 있다.

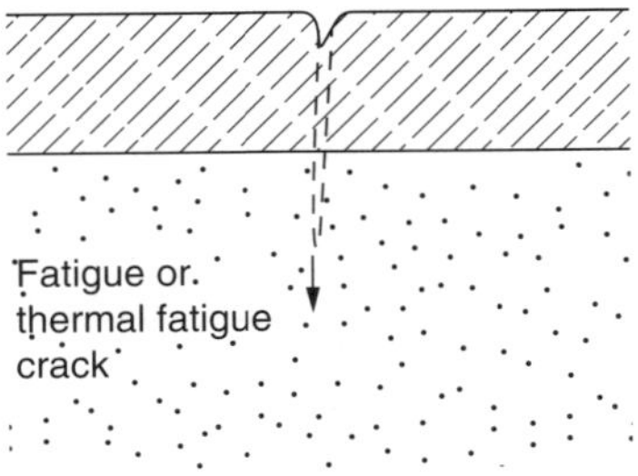

그림 26.3
코팅부에서 발생한 균열은 재료 내부로 전파해 나갈 수 있다.

미래의 블레이드 재료의 보호 대책

이 장에서 터빈 블레이드 재료로서 니오븀, 탄탈, 몰리브덴, 텅스텐과 같은 내화성 금속을 언급하지 않는 점이 궁금할 것으로 생각이 된다. 이들 내화성 금속은 매우 높은 용융 온도와 우수한 크립 특성을 갖고 있으므로 터빈 블레이드용으로 우수한 후보 재료라고 생각할 수 있을 것이다.

Nb	2,740 K
Ta	3,250 K
Mo	2,880 K
W	3,680 K

하지만 이들 금속은 매우 빠르게 산화하게 되므로([표 25.2] 참조) 코팅 없이는 사용이 불가능하다는 문제가 있다. 그리고 이러한 금속에 코팅을 하게 되면 코팅층의 손상이 없는 경우에는 문제가 없으나 코팅층이 손상되면(열응력에 의한 열피로 또는 오염 입자에 의한 침식 등에 의한 손상) 손실된 부분에서 심각한 산화가 발생되어 급격하게 파손에 이를 수가 있다. 이와 같은 불안정성은 우리가 터빈 블레이드 재료로 다른 재료를 선택할 때에도 반드시 고려해야 하는 중요한 문제점이라고 할 수 있다.

하지만 실리콘 카바이드나 실리콘 나이트라이드 같은 세라믹 재료는 이러한 문제에서 자유롭다고 볼 수 있다. 앞에서 언급한 바와 같이 이들 재료는 쉽게 산화하지만([표 25.1] 참조) 표면에 형성된 실리콘 산화막은 1,300°C까지 안정하기 때문이다. 또한, 재료 스스로 산화하여 보호막을 형성하기 때문에 앞서 언급한 내식성 합금과 같이 자체적으로 손상이 복구 가능하다. 하지만 상기 세라믹 재료는 취성이 강하여 깨지기 쉬울 뿐만 아니라 부품으로서 제조하기에는 공정에서 한계가 있다는 문제점이 있다.

26.4 접합 작업

금속 표면에 보호하는 산화막이 항상 좋다고 생각할 수 있지만 그렇지 않다. 솔더링을 이용해 금속들을 접합시킬 경우에 보호막은 문제가 된다.

예를 들어 우리는 PCB의 구리 선로, 튜브 및 배관 설비에서 함께 구리를 "연성"할 필요가 있다. 기존의 "부드러운" 솔더는 녹는점이 섭씨 184~327도 사이의 납과 주석 합금이며 납과 주석의 비율에 의존적이었다(건강상의 위험이 있을 수 있으므로 부드러운 솔더에서 납을 교체해야한다는 압력이 있다).

실온에서도 구리 표면은 매우 얇은 산화층을 가지고 있으며, 구리를 솔더가 녹는 온도로 가열하면 산화물은 성장한다. 구리를 성공적으로 접합시키기 위해서는 응고된 솔더와 구리의 금속/금속 접촉이 필수적이다. 테스트는 솔더가 구리 표면을 녹일 때 솔더링이 되는지의 여부이다. 솔더는 구리 표면에 산화물이 있을 경우에 잘 적셔지지(wet) 않는다.

그림 26.4는 부드러운 솔더의 용해점까지 가열한 다음 그 위에 부드러운 솔더를 녹인 구리 조각을 보여준다. 솔더가 구리 표면에 "볼트업"되어 있음을 알 수 있다. 솔더가 구리를 적시지 않았기 때문에, 솔더는 표면 위로 펼쳐지지 않았다. 솔더가 구리에 달라붙어 금속 대 금속 접촉은 볼 수 없었다. 따라서 이 문제는 다음과 같이 줄어든다. "용융 솔더를 바르기 전에 구리에 있는 산화층을 어떻게 제거해야 하며, 솔더링 동안 산화물이 재성장을 어떻게 막을 것인가?"

그림 26.5는 연마지로 세척한 다음, 플럭스로 코팅한 구리콤퍼넌트에 대해 작업한 것과 동일한 시험을 나타낸다. 플럭스는 소나무에서 추출한 천연수지의 부드러운 페이스트로서 구리가 가열되면 녹아서 표면으로 퍼져 나간다. 플럭스는 산화막을 솔더링 온도에서 '해산'하는 수지산을 함유하고 있으며, 산소의 방어막 역할을 하여 산화물이 역류하는 것을 방지하기도 한다.

구리표면에 잘 적셔진 솔더를 볼 수 있다. 솔더는 구리에 단단히 붙어 있고, 상당한 강도의 접합부를 형성한다. 다른 금속을 연성 납땜하려고 할 때도 같은 문제가 발생한다. 구리 합금,

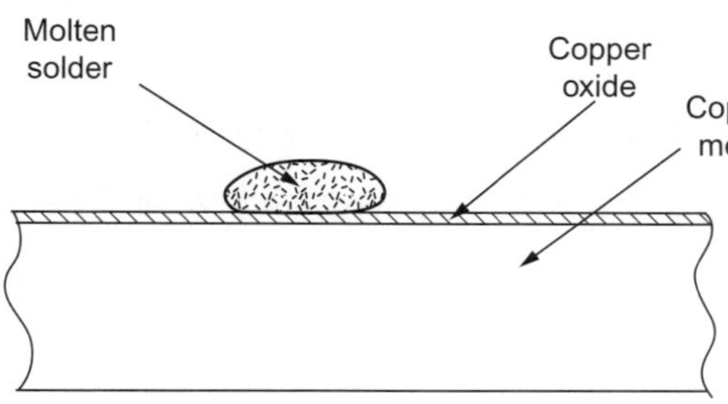

그림 26.4
용융 솔도는 산화구리 막에 잘 적셔지지 않는다.

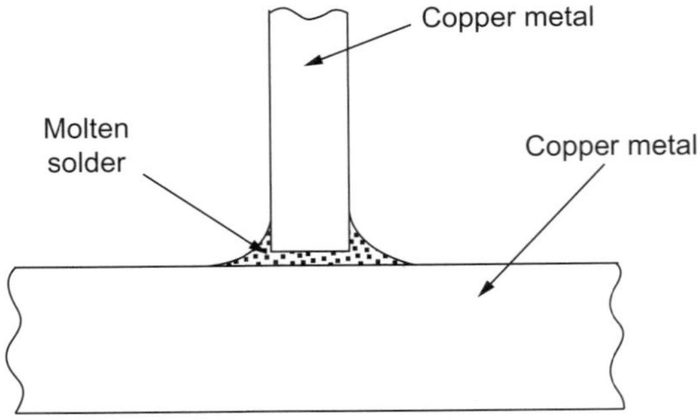

그림 26.5
용융 솔더는 산화층이 제거된 구리 표면에 잘 적셔진다.

연강, 아연 코팅강, 주석 코팅강과 같은 일부 용액은 서로 다른 플럭스를 사용하여 최상의 결과를 얻을 수 있지만, 알루미늄, 크롬, 스테인리스강, 마그네슘, 티타늄, 베릴륨과 같은 많은 다른 금속들은 그들의 산화막은 매우 안정적이기 때문에 공기 중에 부드러운 납땜이 어려우며, 불가능하기도 하다. 그 기술은 플럭스 사용과 납땜 중 기계적으로 산화막을 차단하고 고주파 변환기를 사용하는 것이 포함된다. 고강도 또는 고온 용도의 경우, 금속은 흔히 브레이징이라고 하는 하드 솔더로 땜납된다.

이것들은 일반적으로 합금 조성에 따라 610~950°C 범위에서 녹는다. 일부는 은을 기반으로 하며 팔라듐과 같은 원소를 함유할 수 있는데, 이 경우 매우 비싸다. 이렇게 높은 온도에서는 산화 작용이 훨씬 빠르다. 그러나 구리, 구리 합금, 탄소강은 붕소(sodium byter)와 같은 플럭스를 사용하면 납땜이 쉽다. 물론, 산화물의 형성을 막는 좋은 방법은 산소가 전혀 존재하지 않는 것이다. 이 원리는 진공 브레이징에 사용된다. 브레이징할 부품은 기계적으로 세척한 후, 미리 성형한 고리나 단단한 솔더을 접합부에 놓는다. 그 후 진공로에 놓고, 기압은 0으로 감소시키며, 용해로는 브레이징 합금을 녹이는 데 필요한 온도로 가열된다. 합금이 녹으면 모제표면을 적시고 모세관 작용에 의해 접합부로 빨려 들어간다. 이것은 매우 미세하고 강한 접합부를 형성하며, 공기 중 브레이징을 할 때 접합부에 존재할 수 있는 결함(예: 갇힌 공기 또는 플럭스)은 존재하지 않게 된다. 단단한 금속의 경우, 진공 챔버에 히드로겐가를 주입하여 산화물($MO + H_2 = M + H_2O$)을 적극적으로 줄일 수 있다.

그림 26.6은 전자 장치가 들어 있는 작은 냄비 뚜껑에 의해 제조된 구성 요소의 예를 보여준다. 이 압력은 얇은 코바르 시트(구성 54Fe29Ni17Co 및 용해점 1450°C의 제어 팽창 합금)로 형성되었다. 코바 핀은 그림과 같이 뚜껑의 구멍에 브레이징되어 54Ag25Pd21Cu 및 용해 범위 901~950°C의 Pallabraze 950 − an 합금을 사용했다. 용광로 온도는 1000°C로 설정되었다. 그림 26.6(a)에는 핀이 제자리에 있고 핀 주위에 작은 형태의 팔라브레이즈 링이 있는 가열 전 어셈블리가 표시된다. 핀과 구멍사이에 간격이 작아서 브레이징 합금이 조인트를 통해 흐를 수 있

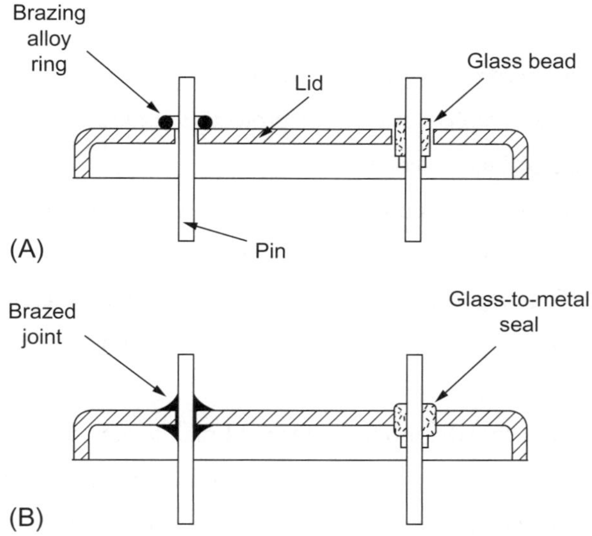

그림 26.6
브레이징 접합부와 유리–금속 밀봉

다. 용광로가 온도로 올라오면 고리가 녹아서 산화물이 없는 코바르 표면을 적셔 관절 안으로 빨려 들어간다(그림 26.6(b)).

EXAMPLES

26.1 Diffusion of aluminum into the surface of a nickel super-alloy turbine blade reduced the rate of high-temperature oxidation. Explain.

26.2 Explain why many high-temperature components, e.g., furnace flues and heat exchanger shells, are made from stainless steel rather than mild steel.

26.3 Give examples of the use of alloying elements to reduce the rate at which metals oxidize.

26.4 Why are the refractory metals (Nb, Ta, Mo, W) of very limited use at high temperature? What special steps are taken to ensure that tungsten electric light filaments can operate for long times at white heat?

26.5 Why is oxidation a problem when soldering or brazing metal parts? Why are the connection tabs on small electrical components usually supplied pre-tinned with electrical solder?

26.6 Why is nichrome wire (Ni + 30Fe + 20Cr), rather than mild steel, used for heating elements in electric fires?

26.7 Explain, giving examples, why ceramics are good at resisting hightemperature oxidation.

ANSWERS

26.1 See Figure 26.2 and accompanying text in Section 26.3.

26.2 See Section 26.2 paragraphs 1 and 2. The protective oxide film is Cr_2O_3, produced by the chromium content of the stainless steel.

26.3 See Sections 26.2 and 26.3. Examples are Cr in stainless steel (Cr_2O_3 film), Cr in Ni alloys (Cr_2O_3 film), Al in aluminum bronzes (Al_2O_3 film).

26.4 See Table 25.2. They oxidize very rapidly in air at high temperature. Lamp filaments are encased in a glass bulb, which is either evacuated or filled with an inert gas, to keep the oxygen out.

26.5 The oxide layer prevents the molten solder or brazing alloy from wetting the surfaces to be joined. When the copper connection tabs are soldered to pretinned copper wire, the pretinning solder melts and this protects the copper surfaces from oxidation.

26.6 The Cr and Ni form a protective oxide layer on the wire, which resists oxidation of the alloy at the high running temperature. Mild steel would oxidize far too rapidly at the running temperature, and would burn out in a matter of days (see Table 25.2).

26.7 Many are oxides already, e.g., MgO, SiO_2, Al_2O_3, BeO (see Table 25.1). Others, e.g., SiC and Si3N4, form protective layers of SiO_2 when exposed to oxygen at high temperature (see Section 26.3, last paragraph).

CHAPTER 27

재료의 습식 부식

27.1 개요

전 장에서 대부분의 금속은 공기 중에서 산소와 결합하여 산화가 되는 현상에 대해서 알아보았다. 산화는 고온 및 건조한 환경에서 금속 이온의 확산 또는 전자의 전도에 의하여 재료 표면에 형성된 산화막을 통과하여 발생하는 것을 알 수 있었다. 또한, 상온에서도 화학적으로 불안정한 금속은 매우 얇은 두께의 산화막이 형성되지만, 고온의 경우에는 확산과 반응과정의 열적 활성화 특성으로 인하여 저온에서 보다 더 큰 산화율을 나타내는 것을 확인할 수 있었다. 이러한 산화막은 재료의 추가적인 산화를 방지하고 보호하는 역할로서도 작용하지만 재료의 변색을 유발하고 재료의 접합성을 저하시키며 앞으로 제29장과 제30장에서도 설명할 예정인 재료의 마찰 계수에도 큰 영향을 미친다. 하지만 일반적으로 건조한 상태에서 발생하는 산화의 경우 재료의 손실은 크지 않은 것으로 알려져 있다.

그림 27.1
대형 수송선의 해수 밸러스터 탱크의 내부를 보여주고 있다. 재료는 연강이 사용되었으며 수평 보강재는 (제작 당시 두께 12 mm) 녹이 슬어 거의 남지 않은 상태이다. 이 연강은 제조 당시 코팅이 되어 있었으나 지금은 코팅이 모두 손상된 상태이다.

그러나 습식 조건에서는 상황이 달라지게 되는데, 연강이 상온에서 산소와 물에 노출되면 급격한 재료의 손실을 유발한다. 따라서 별도의 보호 대책이 마련되지 않게 된다면 자동차, 교량, 선박, 항공기 등 수많은 구조물들의 수명은 습식 부식에 의해 현저히 감소된다. 따라서 습식 부식을 방지하는 것은 매우 중요한 일이며, 실례로 부식이 발생된 부품을 교체하거나 방지하는 데 소요되는 비용은 전 세계적으로 2조 2천억 달러로서 이는 영국 GDP의 3% 이상의 막대한 비용이 소요된다. [그림 27.1]은 부식이 발생된 선박 부위를 보여준다.

27.2 습식 부식

그렇다면 왜 물은 재료의 손실에 큰 영향을 미치는 것일까? 한 예로서 물속에 담긴 철을 보도록 하자([그림 27.2]). 철 원자는 양극 반응에 의해 Fe와 2개의 전자로 이온화되어 물에 용해된다. 철 원자에서 분리된 전자는 음극 반응에 의하여 산소와 결합하게 되며 이에 따라 산소의 양은 감소하게 될 것이다. 이러한 반응에 의해 형성된 이온은 OH^- 이온이며 이후 Fe^{++} 이온과 결합하여 $Fe(OH)_2$를 형성시킨다.

이 산화물은 보호막 역할을 하는 산화막을 표면에 형성하기 보다는 물속에 침전물 상태로 존재하게 된다. 이 반응은 건식 부식의 경우와 같이 다음 식으로 표현할 수 있다.

$$\text{재료} + \text{산소} \rightarrow \text{(수화한) 재료의 산화물}$$

Fe^{++} 이온의 형성과 용해는 건식 산화의 산화막에서 발생하는 m^{++} 이온의 형성 및 확산 과정과 유사하다고 볼 수 있으며, OH^- 이온의 형성 과정은 산화막 표면에서 산소의 농도가 감소하는 현상과 유사하다고 볼 수 있다. 하지만 습식 조건에서 부식에 의한 급격한 재료의 손실은 다음과 같은 현상에 기인한다고 볼 수 있다.

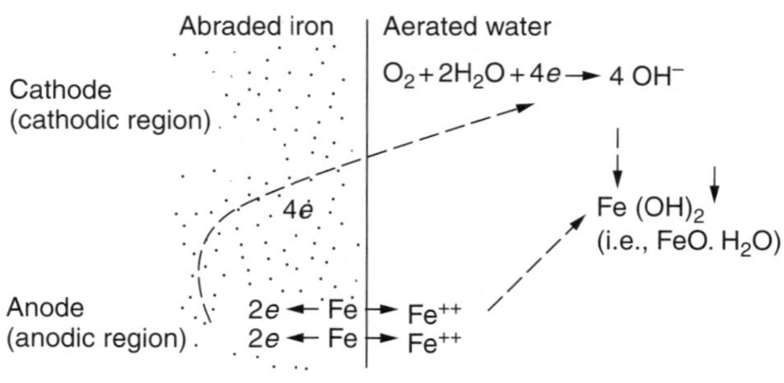

그림 27.2
습식 부식의 모식도

- $Fe(OH)_2$는 부식되는 재료 표면이 아닌 용액 내에서 형성되고, 설령 재료의 표면에 형성되었다 하더라도 쉽게 떨어져 나가기 때문에 실질적으로 보호막의 역할은 수행하지 못한다.
- 결과적으로 m^{++}와 OH^- 이온은 용액 내에서 빠른 속도로 확산된다.
- 또한, 전도성 재료의 경우 전자는 매우 쉽게 이동할 수 있다.

상기와 같은 현상으로 인하여 습식 분위기에 노출된 철은 건식 분위기에 노출된 철보다 매우 빠르게 산화가 진행되는 것이다.

27.3 습식 분위기에서 산화가 발생하기 위한 구동력으로서의 전위차

재료가 건식 분위기에서 산화하는 경향은 재료와 산소가 결합하여 산화물을 형성하는 데 필요한 산소의 에너지($kJmol^{-1}$)로 정량화할 수 있다는 것을 이전 장에서 논의하였다. 반면에 습식분위기에서의 산화는 도체 내에서의 전자 흐름과 관련이 있기 때문에 금속이 산화하는 경향을 에너지보다는 전압으로 표현하는 것이 편리하다.

[그림 27.3]에 나타낸 것처럼 철 조각을 각각 음극과 양극으로 분리했다고 가정하자. 음극에서는 산소와 물이 전자를 흡수하여 OH^- 이온으로 될 것이며, 금속은 전자를 잃게 되어 양전하를 지니게 될 것이다. 이러한 반응은 전위차 +0.8 V에 이를 때까지 진행될 것이다. 이러한

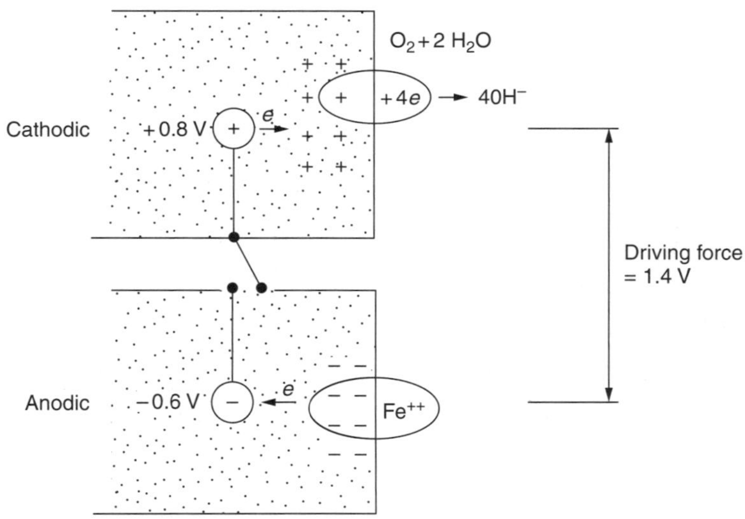

그림 27.3
습식 부식에서의 구동 전압

반응이 계속 진행되면 음의 전하를 갖는 OH^- 이온과 양의 전하를 가지는 금속 사이에 쿨롱 인력이 작용하게 되어 용액 속에 존재하는 OH^- 이온은 다시 양의 전하를 가지는 금속과 결합하여 H_2O와 O_2로 변할 것이다. 즉, 반응이 멈추게 되는 것이다.

양극에서는 Fe 이온을 형성하게 되며 전자가 남겨진 금속은 음의 전하를 가지게 된다. 그리고 양극의 전위가 −0.6 V까지 감소하게 되면, 앞서 설명한 바와 같이 동일한 이유에 의하여 반응이 멈추게 된다. 만약 양극과 음극을 서로 연결하면, 전자가 음극에서 양극으로 이동하게 되며 전위차가 감소하기 때문에 양극과 음극 반응은 다시 시작될 것이다. 1.4 V의 전위차는 산화 반응에 필요한 구동 전위차라고 할 수 있다. 그리고 이러한 전위치가 클수록 산화 경향은 커지게 된다.

27.4 풀베이 다이어그램

[그림 27.4]는 구리의 풀베이 다이어그램(pourbaix diagram)을 나타낸다. 이 다이어그램은 금속이 어느 조건 하에 존재할 때 부식이 발생하는지에 대한 정보를 제공한다.

- 전혀 부식되지 않는 경우 – 전위차에 의한 구동력이 없는 경우(반응이 없는 경우)
- 부식이 발생할 수 있는 경우 – 전위차에 의한 구동력이 있으며 안정한 산화막이 금속 표면에 형성되지 않는 경우(금속이 이온화되어 최종적으로 재료의 손실을 유발하는 경우)
- 부식이 발생할 가능성이 없는 경우 – 전위차에 의한 구동력은 있지만 안정한 산화막이 금속 표면에 형성된 경우(1차적으로 산화가 되어 산화막이 형성되지만 이후 산화막이 보호막 역할을 하여 추가적인 부식을 억제하는 경우)

다이어그램의 가로축은 금속의 전기화학적 전위차(V)와 용액의 수소이온농도(용액이 산성인지 또는 알칼리성인지)를 나타낸다. 또한, 다이어그램에는 불활성상태(Immunity, 부식이 발생하지 않는 경우, 즉 반응이 없는 상태), 부식(Corrosion, 금속이 이온화되어 최종적으로 재료의 손실이 발생하는 경우), 부동태(Passivation, 보호막이 형성되어 추가적인 부식이 발생하지 않는 경우) 세 가지 영역으로 표현된다.

또한, 다이어그램은 산소환원반응에 대한 그래프를 나타낸다. 전위가 +1.23 V(용액의 수소이온농도가 0인 경우)로부터 전위가 +0.4 V(용액의 수소이온농도가 14인 경우)까지의 그래프 변화를 관찰하여 보면 그래프의 기울기가 감소, 즉 수소이온농도에 따라 평형상태가 이동하는 것을 알 수 있다. 산소환원반응은 OH^- 이온을 생성하는 반응으로 결과적으로 용액 속의 이온농도를 증가시키게 된다. 하지만 용액은 기존의 수소이온농도를 유지하려고 하기 때문에 상기 산소환원반응의 평형상태는 변하게 되는 것이다.

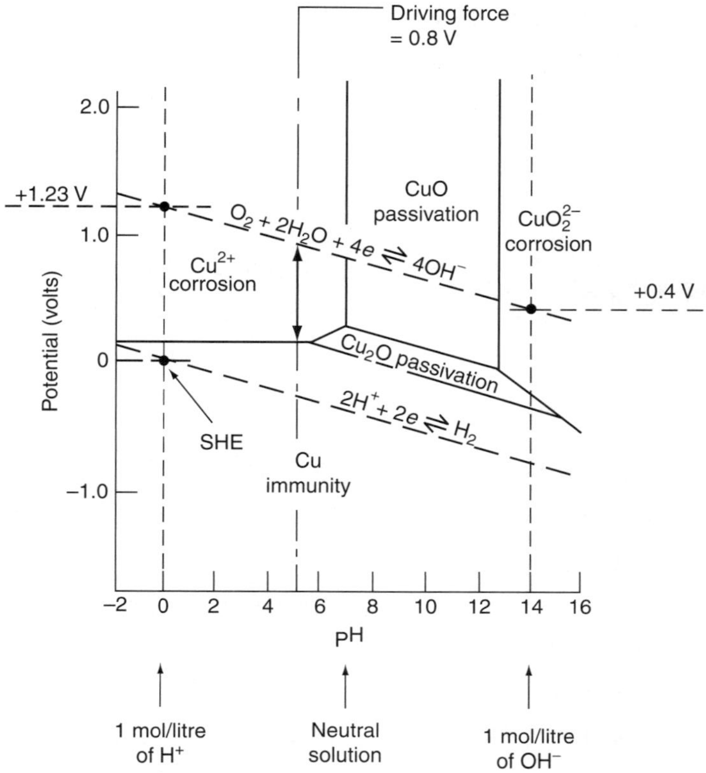

그림 27.4
25℃ 온도에서의 구리의 풀베이 다이어그램. 수직축은 표준 수소 전극과 관련된 전기화학에너지를 의미하며 수평축은 용액의 수소이온농도를 의미한다

[그림 27.4]에서 볼 수 있듯이 구리가 수소이온농도 6~7의 값을 갖는 용액 속에 담겨있을 때 구리의 퍼텐셜이 0.2~0.3 V보다 크게 되면 구리에서는 부식이 발생하게 될 것이다(이때 공기는 접촉하지 않는 상태로 가정한다). 또한, 공기와 접촉되어 있는 용액 속에 구리가 담겨져 있는 경우에는 산화환원반응 그래프가 높은 퍼텐셜 값을 갖기 때문에 구리에서는 부식이 발생하게 된다.

예를 들어, 수소이온농도 5의 용액, 전위 구동력이 0.8 V 조건이라면 안정한 산화막이 형성되지 못하게 되므로 부식이 발생하게 될 것이다. 하지만 수소이온농도가 7~12값을 가지는 용액에 구리가 담긴 경우라면 구리와 산화환원반응의 구동력이 0.8 V의 값을 가지더라도 구리에서는 안정한 산화막이 형성되어 추가적인 부식은 억제가 될 것이다. 하지만 여기서 주의해야 할 점은 풀베이 다이어그램은 주변 환경에 따라 부식의 발생 유무 및 부동태 피막의 형성에 관한 정보만을 제공할 뿐 재료가 부식되는 속도는 제공하지 않는다는 것이다. 또한, 재료의 설계에 있어서 특히 부식 측면에서는 반드시 실험적 데이터와 실제 환경에서의 경험 2가지 모두를 고려하여야 한다. 일반적으로 실제 부식 환경에서는 주변에 존재하는 다른 이온들에 의해서도 부식이 발생될 수 있기 때문이다. 대표적인 예로 염소 이온이 많은 해수의 경우 부식을 더 빨리 촉진시킬 수 있다([그림 27.1]에 나타난 해수에 의해 부식된 선박의 밸러스트 탱크를 참고하기 바란다).

27.5 예시 사례

구리

앞서 풀베이 다이어그램에서 볼 수 있었던 것처럼 구리가 중성 혹은 알칼리성 용액에 노출되는 경우 구리 표면에는 안정한 산화막이 형성되므로 부식 속도는 현저히 감소하게 된다. 이러한 현상을 통하여 수도관 재료로서 왜 구리가 사용되는지를 알 수 있다. 하지만 반대로 물이 조금이라도 산성을 띠는 경우에는 구리로 만든 수도관에서는 핀홀과 같은 미세 균열이 발생할 수 있다(풀베이 다이어그램을 참조하면 수소이온농도가 6 이하에서는 구리는 안정한 산화막을 형 성하지 못하므로 부식이 발생하게 된다).

구리는 미국과 호주에서 건축자재로도 많이 활용이 되고 있다. [그림 27.5]는 일반 가정집의 외벽에 구리가 외장재로 사용한 경우를 보여준다. 외장재로 사용된 구리 판재는 급격하게 부식이 발생되지는 않지만 표면을 관찰하여 보면, 주변 환경에 존재하는 다른 원소들에 노출되어 구리 원재료보다는 많이 어두운 색을 띠는 것을 관찰할 수 있을 것이다. 또한, 오래된 건축

그림 27.5
주택의 외장재로 사용된 구리(Muston Street, Mosman, NSW, Australia. – 33 49 32.50 S 151 14 41.00 E)

그림 27.6
황동으로 제작된 소화전(1 W 75th Street, New York City(corner of Central Park West and W 75th).– 40 46 41.44 N 73 58 28.94 W)

물에 있는 구리를 관찰하여 보면 밝은 녹색을 띠는 것을 관찰할 수 있는데, 이는 공기 중의 이산화탄소와 반응하여 구리 표면에 탄산 구리(copper carbonate) 막을 형성하였기 때문이다. 뿐만 아니라 이산화탄소는 빗물의 수소이온농도를 낮추는 역할을 하므로 이산화탄소는 구리의 부식에 있어서 매우 치명적이라고 할 수 있다. 따라서 이러한 구리의 부식 문제를 해결하기 위하여 황동과 청동같은 내식성이 좋은 구리 합금이 사용이 되고 있다([그림 27.6]을 보게 되면 황동으로 제조된 소화전은 변색이 되지 않고 광택이 나는 것을 알 수 있다).

철

[그림 27.7]에는 철의 풀베이 다이어그램을 나타내고 있다. 풀베이 다이어그램을 관찰하여 보면 용액의 수소이온농도가 9 이상일 때 철의 표면에는 안정한 산화막이 형성이 된다. 하지만 실제로 우리 주변 환경은 중성 또는 약간의 알칼리성 분위기이므로 별도의 방식 대책을 세우지 않으면 철은 바로 녹이 슬게 된다.

철의 내식성을 향상시킬 수 있는 방법으로는 철의 표면에 안정된 산화막을 형성시킬 수 있는 합금 원소를 첨가하여 내식성이 우수한 철 합금을 제조하는 것이다. 가장 대표적인 예로 스테인리스 스틸이 있으며, 일반적으로 스테인리스 스틸에는 약 18%의 크롬이 함유되어 있고 이들은 철의 표면에 눈으로는 보이지 않는 Cr_2O_3 미세 산화막을 형성한다. 철의 표면에 형성된 Cr_2O_3 산화막은 화학적으로 매우 안정된 상태이므로 주변의 어떤 환경에서도 철이 부식되지 않도록 보호막 역할을 하게 된다(앞서 제26장에서도 논의하였듯이 스테인리스 스틸은 건식 산화에서 도 매우 우수한 내산화성을 나타낸다는 것을 알 수 있다).

또 다른 방법으로는 철의 표면을 대기 중에 존재하는 수분 또는 산소와 격리시키는 방법이

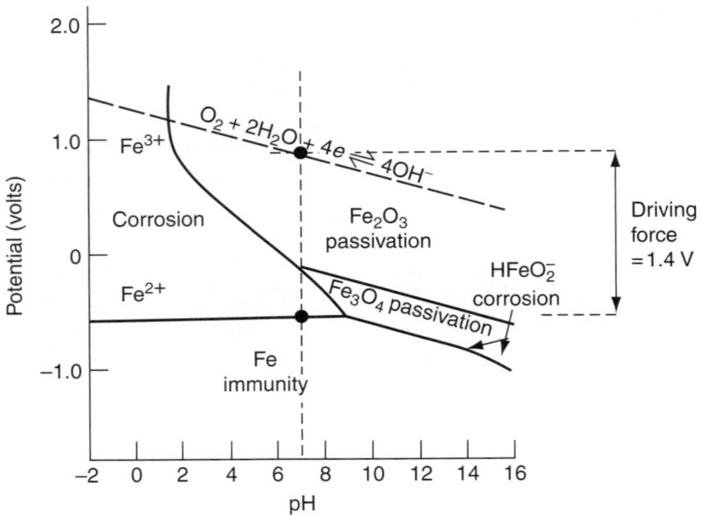

그림 27.7
25℃ 온도에서의 철의 풀베이 다이어그램

다(대표적인 예로 페인트 도장 또는 에폭시 코팅을 들 수 있다). 하지만 페인트 도장 또는 코팅이 불가능한 경우에는 어떤 방법으로 철의 표면을 보호할 수 있을까? Goodwill bridge(호주 브리즈번에 있는 교량으로서 south brisbane과 brisbane city를 연결해준다)에는 이러한 문제를 해결하고자 독창적인 공정이 적용되어 있다. 교량의 상판은 철판재로 제조된 2개의 아치가 지지해주고 있는데, 이 2개의 아치는 교량의 상판에 있는 박스 세트 안으로 용접이 되어 있다.

그림 27.8
Goodwill Bridge(over the Brisbane River in Queensland, Australia. – 27 28 49.20 S 153 01 38.04 E)

그림 26.9
Goodwill Bridge의 박스 세트에 봉입되는 질소 가스

그런데 문제는 박스 세트가 너무 작아서 교량의 조립이 끝난 이후에는 박스 세트 내부에는 페인트 도장이 불가능하다는 것이었다. 반대로 교량의 조립 전에 박스 세트 내부에 미리 페인트 도장을 하게 되면 용접 시 박스 세트 내부에 도장된 페인트가 용접 시 가해지는 열에 의해 타버리게 되어 페인트 도장이 아무 의미가 없어지게 된다. 이러한 문제를 해결하기 위하여 교량 건축 엔지니어들은 새로운 아이디어를 적용하였다. 즉, 박스 세트 내부에 건조 질소 가스를 주입하여 공기 대신 질소 가스가 존재하도록 한 것이다. 박스 세트 내부에 질소 가스만이 존재하게 되면 박스 세트 내부에는 수분, 산소 등의 부식 원인이 되는 물질들을 원천 차단하게 되므로 박스 세트 내부에서는 부식이 발생되지 않는 것이다(이러한 방법은 질소 봉입 건조 보존법이라 하며, 주로 고압, 대용량 보일러의 장기 휴지 보존법으로 많이 사용되고 있다).

알루미늄

[그림 27.10]은 알루미늄의 풀베이 다이어그램을 나타낸다. 그림에서 볼 수 있듯이 용액의 수소 이온농도 4~8.5 사이에서는 안정한 산화막이 형성되어 알루미늄 표면을 보호한다. 순수한 물에 담겨있는 알루미늄의 부식 속도는 현저히 느릴 뿐만 아니라 부식을 위한 구동력 에너지가 2.8 V의 큰 값을 가지므로 부식이 거의 되지 않는다고 볼 수 있다. 하지만 알루미늄 표면에 형성된 산화막은 매우 얇고 취약하여 외부 환경에 의해 쉽게 파손이 될 수 있다는 문제점이 있다. 그리하여 창문 프레임, 지중, 클래딩 등의 외장재로 사용되는 경우 알루미늄 자체로는 사용이 불가능하며 일반적으로 아노다이징 처리(인위적으로 산화막을 생성시켜 알루미늄의 산화막을 두껍게 형성하는 표면처리) 후 사용한다. 아노다이징 공정은 알루미늄의 산화막 형

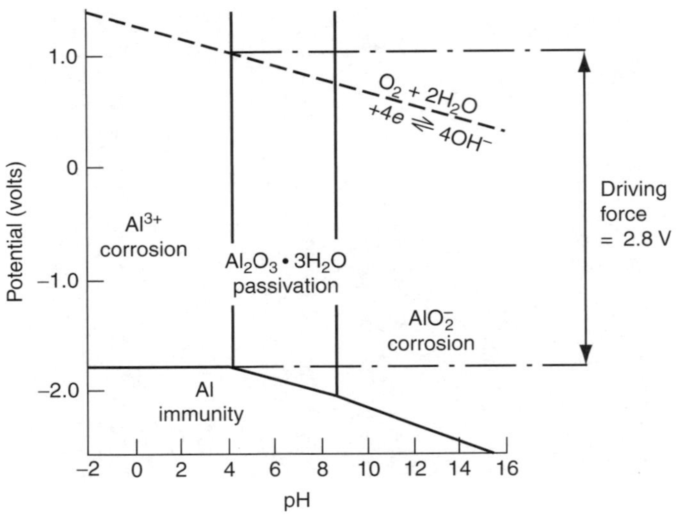

그림 27.10
25℃ 온도에서 알루미늄의 풀베이 다이어그램

성을 촉진시키는 붕산 등과 같은 첨가제가 함유된 전해액 속에 알루미늄을 침지시킨다. 이후 알루미늄 측에 양극을 인가시키면 전해액 속의 산소가 알루미늄과 반응하여 알루미늄 표면에 추가적인 산화막을 형성하게 된다([그림 27.11]). 또한, 아노다이징 공정 마지막 단계에서 색소 물질을 첨가제로 넣게 되면 알루미늄 표면에 산화막을 형성함과 동시에 색을 입힐 수도 있다. 하지만 아노다이징으로 형성된 산화막도 용액 중에 수많은 다른 이온들에 의해 파괴가 일어날 수 있으며 대표적으로 해수에 존재하는 염소 이온은 산화 피막에 매우 악영향을 미치는 것으로 알려져 있다.

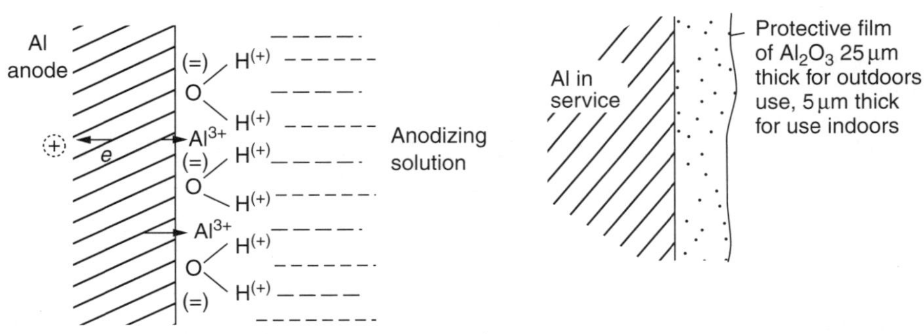

그림 27.11
아노다이징에 의한 알루미늄의 보호

27.6 표준전극전위

많은 책들에서 금속의 표준전극전위가 나타나 있는데([표 27.1] 참조), 표준전극전위는 수용액의 농도가 1 mol/L일 때의 평형 상태의 금속의 전위를 나타낸다. 금속의 표준전극전위 값은 풀 베이 다이어그램에서 나타낸 불활성상태(immunity), 즉 산화막이 전혀 생성되지 않는 영역에서 나타나는 가장 높은 전위값과 동일한 값을 가진다. 부식이 일어날 수 있는 구동력은 산소환원반응에서 해당 금속에 대한 전위를 뺀 값으로 측정할 수 있다. 금, 백금, 팔라듐의 전위는 산소환원반응 전위보다 더 큰 값을 가지므로, 즉 구동력이 없으므로, 이들 금속은 부식이 되지 않는다. 하지만 다른 금속들의 전위는 산화환원에너지보다 낮은 값을 가지므로 이들 금속은 이론적으로 부식이 될 수 있다. 하지만 실질적으로 금속의 부식은 금속 표면에 어떠한 보호막이 있는지에 따라 달라질 수 있으므로 전극 전위 데이터만으로는 금속의 부식 속도를 정확하게 알 수 없다.

표 27.1 표준전극전위

반응	Volts	반응	Volts
$Au = Au^{3+} + 3e$	+1.50	$Ni = Ni^{2+} + 2e$	−0.25
		$Co = Co^{2+} + 2e$	−0.28
$Pt = Pt^{2+} + 2e$	+1.2	$Cd = Cd^{2+} + 2e$	−0.40
$Pd = Pd^{2+} + 2e$	+0.99	$Fe = Fe^{2+} + 2e$	−0.44
$O_2 + 2H_2O + 4e = 4OH^-$	+0.82		
$Ag = Ag^+ + e$	+0.80	$Cr = Cr^{3+} + 3e$	−0.74
		$Zn = Zn^{2+} + 2e$	−0.76
		$Ti = Ti^{2+} + 2e$	−1.63
$Cu = Cu^{2+} + 2e$	+0.34	$Al = Al^{3+} + 3e$	−1.66
		$Mg = Mg^{2+} + 2e$	−2.36
$2H^+ + 2e = H_2$	0	$Na = Na^+ + e$	−2.71
$Pb = Pb^{2+} + 2e$	−0.13	$K = K^+ + e$	−2.93
$Sn = Sn^{2+} + 2e$	−0.14		

Note: 25°C 표준 수소 전극을 기준으로 하였음. 모든 용액은 1 mol/liter 이온이 용해되어 있으며 모든 가스는 1기압의 압력을 가지고 있음. 다만 산소환원반응 에너지는 수소이온농도 7(중성)을 기준으로 함

27.7 국부 손실

부식은 종종 금속을 선택적으로 손상시키는 경우가 있으며 이러한 경우에는 일반적 부식 현상에 기초하여 예측한 것보다 훨씬 빠르게 구조물을 파손시키는 결과를 초래한다. 이중 가

장 중요한 부식에 의한 선택적 손상은 크게 공식(pitting corrosion), 입계부식(intergranuar corrosion), 그리고 응력부식균열(stress corrosion cracking)로 분류할 수 있다([그림 27.12] 참조).

공식은 산화막이 파손된 곳이나 산화막이 상대적으로 약한 영역에서 우선적으로 부식이 발생되는 것을 의미한다(때로는 합금 내에 존재하는 석출물에서 발생되는 부식도 포함된다). 재료에서 공식이 발생하게 되면 이를 인위적으로 부식이 진행되지 않게 할 수는 없다. [그림 27.13]은 대표적인 공식의 예를 보여준다. 지하수 파이프는 외부에서부터 부식이 발생하게 되지만 전체적인 부식 경향으로 고려할 때 부식 속도는 매우 느리다고 할 수 있다(즉, 파이프 전체적으로 균일하게 부식이 진행되면 부식에 의한 파이프의 손실은 크지 않다고 할 수 있다). 하지만 파이프 표면에 수많은 공식이 발생하게 되면 최악의 경우 파이프의 벽을 통하여 균열이 발생하게 되므로 파이프의 손상을 초래할 수 있다.

입계부식은 주로 재료 내에 존재하는 결정립계에서 발생하는 부식의 한 종류로서 일반적으로 결정립보다 더 낮은 내식성을 갖기 때문에 나타나는 현상으로 볼 수 있으며, 극단적인 경우에는 결정립계에서 균열이 발생하여 재료가 결정립계를 경계로 분리될 수 있다.

응력부식균열의 경우, 외부 응력, 재료의 특성, 그리고 주변 부식 환경이 조합하여 정적 응

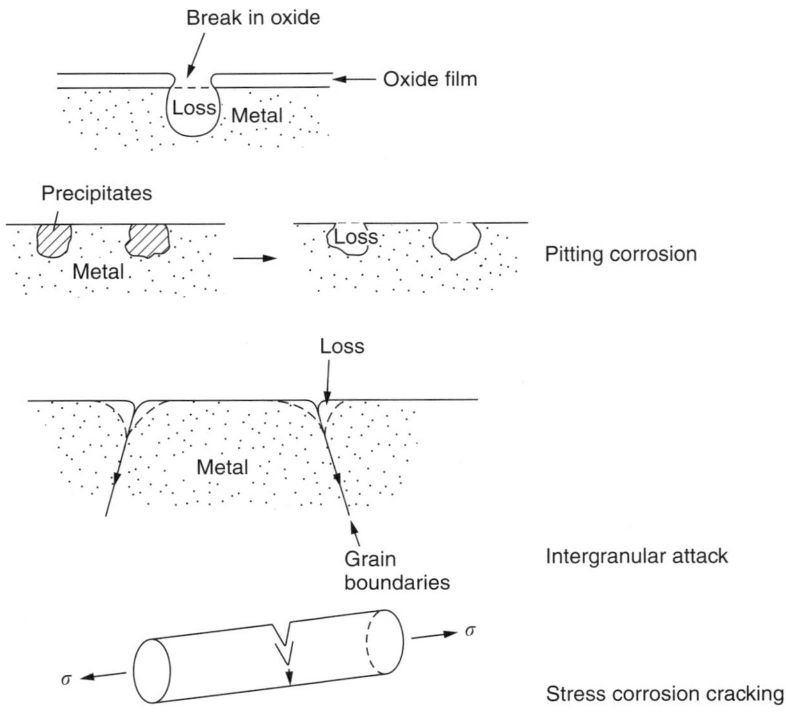

그림 27.12
국부 손상의 예

그림 27.13
파이프의 공식

력(파괴인성 이하의 응력) 이하에서 재료의 파손을 유발하는 부식을 의미한다. 대표적인 예로 암 모니아 속의 황동, 가성소다 속의 연강, 고온의 염화수화물용액 속의 오스테나이트 스테인리스 스틸 등이 있다.

EXAMPLES

27.1 Measurements of the rate of crack growth in brass exposed to ammonium sulfate solution and subjected to a constant tensile stress gave the following data.

Nominal Stress σ (MN m^{-2})	Crack Depth *a* (mm)	Crack Growth Rate *da/dt* (mm $year^{-1}$)
4	0.25	0.3
4	0.50	0.6
8	0.25	1.2

Show that these data are consistent with a relationship of form

$$\frac{da}{dt} = AK^n$$

where $K = Y\sigma\sqrt{\pi a}$ is the stress intensity factor. Find the values of the integer n and the constant A. Assume $Y = 1$.

27.2 The diagram at the top of the next page shows a mild steel pipe which carried water around a sealed central heating system. The pipes were laid in the concrete floor slabs of the building at construction, and thermally insulated with blocks of expanded polystyrene foam. After 15 years, the pipes started to leak. When the floor was dug up, it was found that the pipe had rusted through from the outside. It was known that rainwater had been finding its way into the building along joints between the concrete slabs, and consequently the foam in the pipe ducts would have been wet. Explain why the corrosion occurred, and also why the pipe did not rust from the inside.

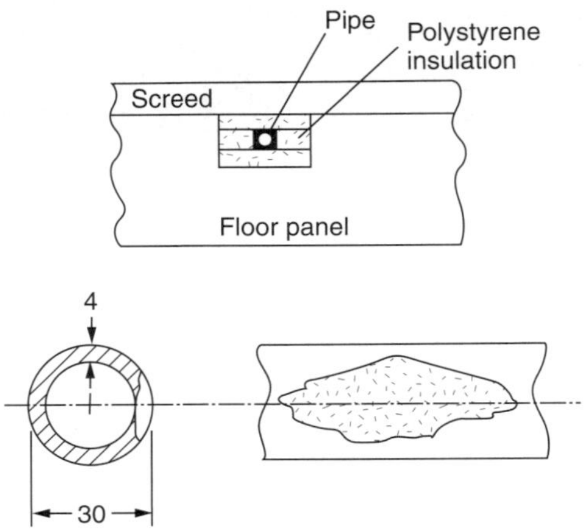

27.3 This photograph shows the inside of a centrifugal pump used for pumping industrial effluent. The material is cast iron. Identify the type of corrosion attack.

27.4 Why is resistance to stress corrosion cracking sometimes more important than resistance to uniform corrosion?

27.5 Because polymer molecules are covalently bonded (so do not ionize in water), plastics are essentially immune to wet corrosion (although they can suffer environmental degradation from UV light, ozone, and some chemicals). Give examples from your own experience where polymers are used in applications where corrosion resistance is one of the prime factors in the choice of material.

27.6 This photograph shows the surface of an expansion bellows made from austenitic stainless steel, which carried wet steam at 184°C. The stress in the steel was approximately 50% of the yield stress. The system had been treated with zinc chloride corrosion inhibitor. Identify the type of corrosion attack.

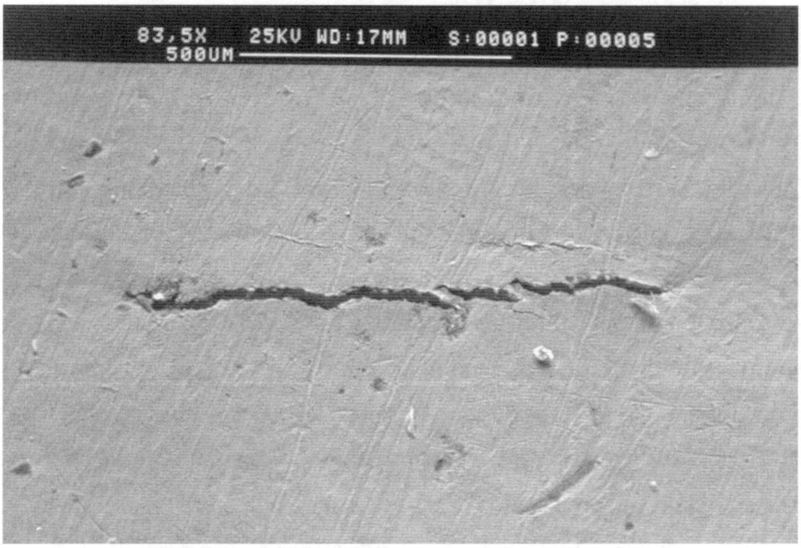

27.7 Explain the following observations.

a. Gold, platinum, and palladium do not corrode in water-based solutions.

b. There is a poor correlation between the standard electrode potential of a metal and its corrosion resistance.

c. Aluminum is only resistant to corrosion when the pH is between 4 and 8.5.

d. Iron is only resistant to corrosion when the pH is between 9 and 14.

27.8 Answer the following questions.

a. On a Pourbaix diagram, what do the terms (i) immunity, (ii) corrosion, (iii) passivation mean?

b. Why is stainless steel generally resistant to corrosion?

c. Why is aluminum anodized for outdoors applications?

d. Why does excluding oxygen prevent corrosion?

ANSWERS

27.1 For constant a, rate varies as σ^2, so $n = 2$. Back substitution into the crack growth equation gives $A = 0.0239$ mm year^{-1} (MPa mm$^{1/2}$)$^{-2}$.

27.2 Water and air were in contact with the outside of the pipe, activating the cathodic oxygen-reduction reaction. This would have been rapid when the temperature was high due to operation of the heating system. There was no air inside the pipe, so no oxygen-reduction reaction (and no corrosion) inside the pipe.

27.3 Pitting attack. See Section 27.7 and Figure 27.12.

27.4 See Section 27.7 and Figure 27.12. SCC can lead to complete fracture even if the surface of the component appears free from corrosion. SCC cracks can also grow by fast fracture (see Section 16.2) or fatigue (see Section 17.3).

27.5 Examples are: water pipes; gas pipes for underground use; hoses in automobile cooling systems and flexible brake hoses; containers for storing water, milk, chemicals, medicines; architectural uses such as window frames, gutters, downpipes; boat hulls (reinforced with glass fiber); domestic appliances—water pumps, hoses, seals.

27.6 Stress corrosion cracking. See Section 27.7 and Figure 27.12. Austenitic stainless steels are prone to SCC in hot chloride solutions. The solution in this example was very hot and contained chloride ions from the corrosion inhibitor. There was also a large tensile stress to drive the initiation and propagation of SCC cracks.

27.7 (a) See Section 26.6 and Table 26.1. The standard electrode potentials for these three metals are all greater than the SEP of the oxygen reduction reaction.
(b) Because of the protective effect of some oxide films—See Section 26.4, last paragraph. (c) See Section 26.5, next to last paragraph, and Figure 26.10. The surface oxide film is only stable between these two pH values. (d) See Section 26.5, paragraph 3, and Figure 26.7. The surface oxide film is only stable between these two pH values.

27.8 (a) See Section 26.4, first paragraph—the three bullet points taken in that order define the terms (i), (ii), and (iii). (b) See Section 26.5, paragraph 3. (c) See Section 26.5, last two paragraphs, and Figure 26.11. (d) Because it eliminates the most common cathodic (electron accepting) reaction—the oxygen reduction reaction.

일반적인 금속의 부식 손실률

- Mils per year(mpy): 1 mpy = 0.0254 mm $year^{-1}$ = 25.4 μm $year^{-1}$
- 부식에 의한 손실률(μm $year^{-1}$) = 87,600($\omega/\rho At$), ω = 부식으로 인한 금속의 질량 감소량(mg), ρ = 금속의 밀도(Mg m^{-3} or g/cm^{-3}), A = 부식된 영역의 넓이(cm^2), t = 부식환경에 노출된 시간(hour)
- 부식에 의한 손실률(μm/년) =3.27($ai/z\rho$), a = 부식된 금속의 원자량, i = 부식된 표면의 전류밀도(μA cm^{-2}), z = 부식에 의하여 잃은 금속의 전자수, ρ = 금속의 밀도(Mg m^{-3} or g cm^{-3})

Metal	Atomic Weight	Density (Mg m23)
Ag	107.9	10.5
Al	26.98	2.70
Au	197.0	19.3
Cd	112.4	8.6
Co	58.93	8.9
Cr	52.00	7.1
Cu	63.54	8.96
Fe	55.85	7.87
K	39.10	0.86
Mg	24.31	1.74
Na	22.99	0.97
Ni	58.71	8.9
Pb	207.2	11.7
Pd	106.4	12.0
Pt	195.9	21.5
Sn	118.7	7.3
Ti	47.90	4.5
Zn	65.37	7.14

CHAPTER 28

습식 부식의 사례연구

28.1 사례연구 1: 선박의 방식 대책

[그림 28.1]은 폐기 처분 직전의 대형 수송선을 나타낸다. 선체가 현재 해변가에 놓여져 있으므로 썰물 시에는 평소에는 우리가 보지 못했던 배의 모습까지도 볼 수가 있다. [그림 28.2]와 [그림 28.3]에서 마그네슘이 선체의 용골을 따라 희생양극으로 부착되어 있는 것을 관찰할 수 있는데, 이러한 양극은 선체의 흘수선 아래에 일정한 간격으로 두고 선체의 길이 방향과 폭 방향으로 배열되어 있다. 왜 마그네슘이 선체에 붙어 있는 것일까?

[그림 28.4]에는 희생양극의 모식도를 나타내고 있다. [표 27.1]에서 볼 수 있듯이 철과 마그네슘의 표준전극전위는 각각 −0.44 V와 −2.36 V 값을 가지며 마그네슘의 표준전극전위는 철의 표준전극전위보다 1.9 V가 낮은 것을 알 수 있다. 만약 이 두 가지 금속이 서로 연결되어 있다면, 마그네슘은 양극으로 작용하여 부식이 될 것이다. 반대로 철은 음극으로 작용하게 될 것이며, 산소환원반응은 여기서 작용하게 되므로 철은 부식이 되지 않는다.

그림 28.1
폐기 직전의 대형 수송선박

그림 28.2
흘수선 아래에 부착된 마그네슘

그림 28.3
희생양극 재료로 사용된 마그네슘의 부식

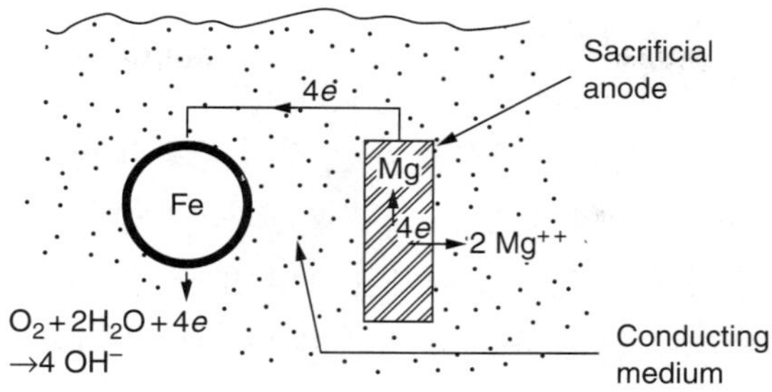

그림 28.4
희생양극 보호의 모식도(일반적으로 희생양극 재료로 마그네슘, 알루미늄, 아연이 사용된다)

물론, 두 물질은 다른 표준전극전위 값을 가지게 되므로 마그네슘은 철을 보호하게 된다. 또한, 마그네슘에서는 부식이 진행되기 때문에 마그네슘 표면에는 안정한 보호막은 형성되지 않게 된다.

[그림 28.5]에서는 왜 철이 보호되는지를 나타내고 있다. 철의 에너지는 마그네슘의 부식에 의해서 더 낮은 에너지를 가지게 되므로 풀베이 다이어그램으로 통하여 볼 때 부식이 되지 않는 안정한 영역에 존재하게 된다. 이때 스틸은 음극에 해당하고 희생양극으로 인하여 부식에

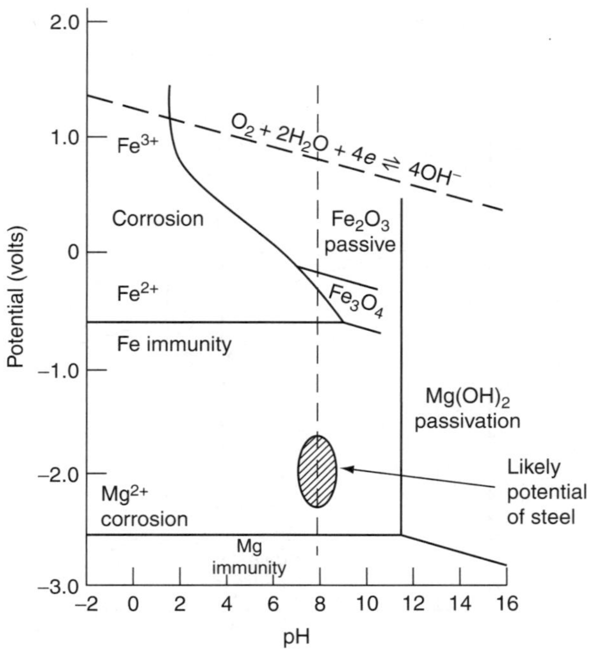

그림 28.5
마그네슘과 철의 풀베이 다이어그램

서 보호되므로 때로는 음극보호라고도 한다.

[그림 28.3]에서 볼 수 있듯이 부식에 의해 양극 재료는 소모가 된다. 양극 재료의 소모를 줄이기 위해서는 선체의 표면에 페인트 도장을 하는 것이 중요한 방법 중 하나이다. 하지만 페인트 도장은 선박의 운행 중 발생할 수 있는 외부 환경과의 마찰 등에 의해서 손상될 수 있으므로 부식으로부터 선체를 완벽히 보호할 수가 없으며, 또한 해수에 장시간 동안 노출될 경우에도 선체를 완벽하게 보호하지는 못한다. 따라서 선체의 보호는 1차적으로 페인트 도장에 의하여 진행이 되며 페인트 도장이 손상된 경우 음극 보호를 이용하여 선체를 부식으로부터 보호한다. 아연 또한 철을 부식으로부터 보호할 수 있는 재료 중 하나이다.

[표 27.1]에서 볼 수 있듯이 철과 아연의 표준전극전위는 각각 −0.44 V 및 −0.76 V로 0.3 V의 전위차가 존재하는 것을 알 수 있으며, 이 정도의 전위차는 철을 음극으로 만들기에 충분할 뿐만 아니라 아연은 수소이온농도 8.5에서는 안정한 보호막을 형성하지 못하기 때문에 충분히 철을 보호할 수 있다. 그렇다면 철보다 훨씬 더 낮은 표준전극전위를 선체 재료로 사용할 수는 없을까? 대표적인 내식성 재료인 알루미늄(표준전극전위 = −1.66 V)이 선체 재료로 사용될 수도 있을 것 같지만 그리 쉬운 일은 아니다. [그림 27.10]에서 본 바와 같이 알루미늄은 수소이온농도 4~8.5 사이에서는 매우 안정한 보호막을 표면에 형성하며 해수의 수소이온농도가 8임을 감안할 때 이론적으로 알루미늄은 선체에 있어서 이상적인 재료로 사용될 수 있다. 하지만 앞 장에서도 언급한 바와 같이 해수에는 다량의 염소 이온이 존재하고 있으며 이러한 염소 이온은 알루미늄이 음극으로 존재한다고 하더라도 손상을 가할 수 있다. 따라서 순

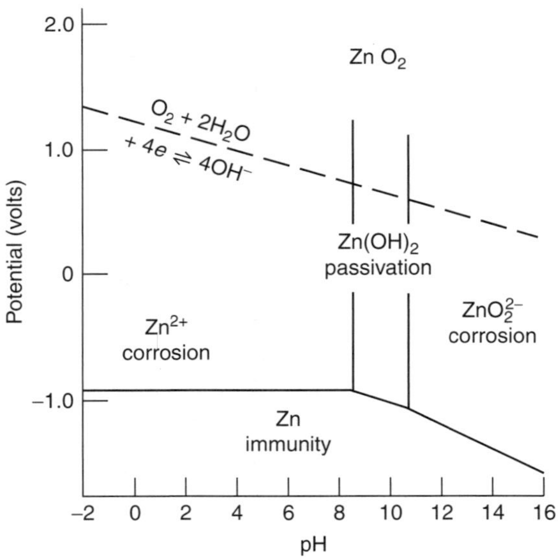

그림 28.6
아연의 풀베이 다이어그램

수한 알루미늄으로는 해수 분위기에서 사용이 제한되며 이러한 문제를 해결하고자 알루미늄에 5% 아연을 합금 원소로 첨가한 알루미늄 합금이 사용된다.

28.2 사례연구 2: 스테인리스 스틸 필터의 부식

[그림 28.7]과 [그림 28.8]은 정수 필터의 부품을 나타내고 있다. 필터는 직경 200 mm의 크기의 원통으로 원통 주변은 물이 지나갈 수 있도록 천공 형태로 제조되었다. 필터의 끝 부분은 나사산 형태의 원통과 용접이 되어 있다. 그림에서 나타난 필터는 관개 사업, 즉 농업용수를 공급하는 용도로 사용이 되었다. 이 부품은 304 오스테나이트 스테인리스 스틸로 제작되었으며 둥근 새장 같은 형태로 조립된 커플링 부분에 먼저 지지대 역할을 하는 스틸 막대를 각각 용접한 뒤 지지대 주변을 철사를 이용하여 나선형 형태로 감아서 최종적으로 그림에서 보는 형태로 완성되었으며, 철사의 고정을 위하여 지지대와 철사 부분을 전기저항점 용접을 하여 고정하였다. 하지만 몇 가지 이유로 인하여 나선의 끝 부분과 커플링 사이의 연결이 양호하지 않아 이를 보완하기 위하여 커플링 외부에 다시 보수 추가적으로 용접을 실시하였으며 최종적으로 용접부 부위를 그라인딩 작업을 통하여 연마하였다.

일반적으로 스테인리스 스틸이 갖는 특성의 기본 범주가 여러 가지 부식 문제를 해결해주는 것으로 알려져 있지만 정확히 표현하자면 '스테인리스(stanless)'의 의미를 '부식이 일어나지 않는다'라는 의미로 해석할 수는 없다. 스테인리스 스틸 내에 존재하는 철은 주변 환경과 반응

그림 28.7
스테인리스 스틸 필터

그림 28.8
연마된 영역에서 발생된 부식

을 하려고 하지만 스테인리스 스틸의 부식 저항성은 표면의 미세하게 형성된 크롬 산화물 층에 의해 결정된다. 만약 부동태 피막이 어떠한 이유로 손상되는 경우에는 스테인리스 스틸은 급격하게 부식이 될 것이다. 필터에서는 컨테이너에서 분리될 때 기체가 응결되는 현상이 관찰되었으며 공기 중에서 포화된 응축수 막에는 대기 중에 존재하는 염소 이온을 포함하고 있다. 이러한 응축수는 부식을 유발할 수 있는, 즉 산소와 충분한 전기전도도를 제공할 수 있는 이상적인 매체라고 할 수 있다. 또한, 염소 이온은 대부분의 금속 표면에 형성된 보호막을 손상시킬 수 있다. 이러한 관점에서 볼 때 필터 위에 형성된 표면막은 매우 취약한 영역이라 하여도 별로 놀라운 일은 아닐 것이다.

스테인리스 스틸이 건조한 대기 상태에 노출되었을 때에는 표면에 부동태 피막이 바로 형성된다. 또한, 질산 등의 산화제로 표면을 인위적으로 산화시켜 보호막을 충분히 두껍게 성장시키면 극심한 환경(예를 들어 원자력 발전소의 배관재)에서도 사용이 가능하다. 다시 말하자면 스테인리스 스틸 자체는 어느 환경에서 사용하여도 부식 문제에 있어서는 자유롭다고 할 수 있다. 하지만 문제는 바로 스테인리스 스틸의 용접 시 발생하게 된다. 용접부의 표면은 용접 시 열에 의한 고온의 대기에 노출되어 산화가 발생하게 되는데, 용접부 표면에는 검은색의 산화물이 형성되게 된다. 불행하게도 이렇게 형성된 고온 산화물은 일반적으로 형성된 부동태 피막보다 낮은 부식 저항성을 가지므로 금속을 충분히 보호하지 못하게 된다. 하지만 이러한 문제는 질산과 불산을 이용하여 용접부 표면에 형성된 고온 산화물을 제거하게 되면 해결할 수 있으며 고온 산화물이 제거된 용접부에서는 다시 부동태 피막이 형성되게 된다.

그렇다면 다시 앞서 언급한 필터 구조물을 생각해 보자. 필터 구조물의 제조 시 용접부에 존재하는 산화물을 제거하였는데 왜 부식이 발생하였을까?

답은 용접부의 표면 상태와 관련이 있다. 연마 작업에 의해 용접부 표면 상태는 매우 거칠게 되며, 또한 연마 공정은 냉간 가공 효과를 유발하므로 이에 따라 표면에는 잔류 응력이 존재하게 된다. 이는 표면이 매끄럽고 잔류 응력이 존재하지 않는 표면보다 상대적으로 부식이 더 많이 발생할 수 있는 조건이다. 그래서 스테인리스 스틸로 제조된 구조물이 극심한 환경에서 사용되는 경우 일반적으로 전해 연마를 통해서 작업을 실시한다. 전해 연마는 냉간 가공에 의해 형성된 표면을 제거하여 잔류 응력이 없는 표면을 형성과 동시에 표면을 매끄럽게 하여 최종적으로 표면에 가장 이상적인 보호막을 형성할 수 있는 공정이라고 할 수 있다. 전해 연마된 스테인리스 스틸은 주로 의료, 제약, 식품 처리 산업과 같은 곳에 많이 사용된다.

304 스테인리스 스틸은 가장 기본 스테인리스 스틸 합금으로 일반적으로 18~20% 크롬을 함유한다(그리고 8~10.5%의 니켈이 함유되어 상온에서도 면심입방구조로 존재한다). 그리고 몰리브덴을 합금 원소로 사용하게 되면 부식 저항성, 특히 공식에 대한 저항성이 향상된다. 몰리브덴을 함유하는 대표적인 스테인리스 스틸은 316 스테인리스 스틸이 있으며, 2~3% 몰리브덴, 16~18% 크롬 그리고 10~14% 니켈이 함금 원소로 사용된다. 최근에는 254 SMO, AL-6XN과 같은 슈퍼 오스테나이트 스테인리스 스틸이 개발되었는데, 이들은 6% 몰리브덴, 20% 크롬, 20% 니켈, 더불어 0.2% 질소를 함유하는 고합금 스테인리스 스틸이다. 특히, 질소가 스테인리스 스틸 내에 고용이 되면 크롬 함유 대비 16배의 공식 저항성을 나타낼 수 있으며, 더불어 고용되어 있는 질소는 전위의 이동을 억제하게 되므로 항복 강도를 25% 이상 향상시킬 수 있다. 또한, 기존 슈퍼 오스테나이트 스테인리스 스틸 대비 크롬의 함량은 25%로 증가하지만 몰리브덴과 니켈 함량이 각각 4%, 7%로 구성된 슈퍼 듀플렉스 스테인리스 스틸이 개발되었으며 대표 적으로 SAF 2507이 있다. 슈퍼 듀플렉스 스테인리스 스틸은 니켈 함량이 7%이므로 이 합금의 조직은 상온에서 페라이트 조직과 오스테나이트 조직이 공존하는 형태로 구성되어 있으며, 이러한 특이한 조직 구성으로 인하여 기존의 304, 316 스테인리스 스틸 대비 2배 이상의 항복 강도를 가진다. 또한, 니켈 함량이 상대적으로 적어 슈퍼 오스테나이트 스테인리스 스틸에 비해 경제적으로 장점이 있는 합금이다.

28.3 사례연구 3: 철근 콘크리트의 부식

[그림 28.9]는 시드니 항구에 있는 철근 콘크리트 기둥을 나타낸다. 지지대로 사용된 철근은 부식이 되었으며, 또한 주변 콘크리트의 손상을 초래하였다(그림에서 보이는 검은색으로 보이는 오염된 영역이 부식이 발생된 영역이다). 왜 이러한 현상이 나타났을까? 일반적으로 철이 부식될 때 철이 손실되는 양보다 더 많은 양의 철 산화물이 생성되며, 또한 철 산화물은 철보다 밀도가 낮은 것으로 알려져 있는데(Fe_2O_3: 5.26 Mg/m , Fe: 7.8 Mg/m), 이러한 이유는 철

그림 28.9
철근 콘크리트 기둥(Inkerman Street Wharf,Mosman, NSW, Australia. – 33 48 59. 08 S 151 14 16.28 E)

산화물은 수화물 형태로 구성되어 있으며(FeO · H_2O) 또한 내부에는 수많은 기공들이 존재하기 때문이다. 예를 들어, 철이 1 mm 두께 만큼 부식이 되었을 때, 이때 생성되는 철 산화물의 두께는 5~10 mm 정도이다. 따라서 만약 콘크리트 안에 있는 철근 구조물에서 부식이 발생하게 되면, 철근 구조물의 부피는 팽창하게 되며, 이는 주변 콘크리트에 대한 응력으로 작용하여 최종적으로는 콘크리트 내에서 파손이 발생하게 되는 것이다.

이와 같은 손상은 일반적으로 철근 구조물을 둘러싸는 콘크리트의 두께가 충분치 못하여 철근 구조물이 외부 환경으로부터 보호되지 못하는 경우, 또는 주변 환경에 염소 이온이 많은 경우에 발생한다. 또한, 시멘트 혼합 시, 특히 염화칼슘이 많이 함유되는 경우에도 문제가 발생할 수 있으며, 주변이 해수 분위기이거나 또는 도로 위에 살포되는 염화칼슘에 의해서도 손상이 발생될 수 있다. 앞에서 보았던 철근 콘크리트 기둥의 경우 상기 언급한 모든 환경이 복합적으로 작용하여 발생된 손상의 예라고 할 수 있다. [그림 28.10]과 [그림 28.11]에는 시드니 사우스 헤드에 설치되어있는 구조물을 예로 나타내었는데, 그림에서 볼 수 있듯이 구조물에

그림 28.10
파손된 철근 콘크리트 구조물(South Head, Sydney. – 33 50 00.48 S 151 16 51.62 E)

그림 28.11
파손된 철근 콘크리트

서는 콘크리트가 분리되었을 뿐만 아니라 파손된 영역에서는 철근 구조물이 외부로 노출될 정도로 심각한 파손이 발생한 것을 알 수 있으며, 이러한 파손의 원인 또한 주변 대기 중에 존재하는 해수에 의해서 발생한 것으로 볼 수 있다.

그렇다면 이와 같은 파손이 발생된 철근 콘크리트의 수리는 가능할까? 다행히도 파손된 구조물의 보수는 기술적으로 가능할 뿐만 아니라 많은 비용이 소요되지는 않는다. 예를 들어, 고속 도로에 건설된 교량의 경우 콘크리트가 심하게 파손되어 구조물로부터 분리가 되었더라도 콘크리트 내 철근 구조물만 심하게 부식이 되지 않았다면 시멘트를 이용하여 다시 파손된 부위를 발생할 수 있는 부식을 막을 수가 있다.

보강하고 더불어 철근 구조물에 대해서 음극 보호 시스템을 설치하면 추후에 참고로 좋은 예가 있는데 1999년 영국의 고속도로에 설치되어 있는 교량의 보수 작업에 관한 내용이다. 당시 음극 보호를 위해 아연을 양극재로 사용하였는데, 10년 뒤인 2009년에 점검한 결과 희생양극으로 사용된 아연은 단지 35%밖에 손실이 되지 않았으며, 이를 바탕으로 추측해 볼 때에 향후 25년 뒤에 희생양극 재료인 아연을 교체할 것으로 보이며, 즉 25년간은 이 철근 콘크리트 구조물은 부식으로부터 안전하다고 볼 수 있다.

28.4 음극 보호 설계 시 참고사항

[그림 28.12]는 잘못된 방식 대책에 대해 나타내고 있는데, 그림에서 볼 수 있는 바와 같이 구

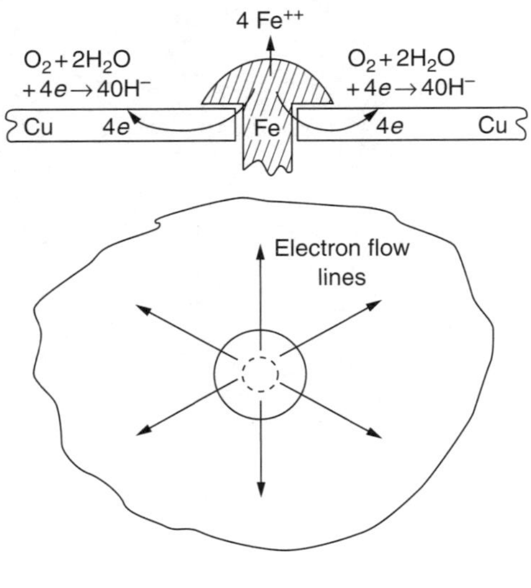

그림 28.12
음극재의 크기가 양극재보다 큰 경우 부식은 더 빨리 발생한다.

리 판재 안에 철 나사를 이용하여 조립한 경우이다. 구리와 철의 표준전극전위는 각각 +0.34 V, −0.44 V이며, 구리와 철이 전기적으로 접촉된 상태에서 부식을 유발할 수 있는 환경에 노출된다면, 철은 양극으로, 구리는 음극으로 작용할 것이다. 이렇게 되면 양극에 해당하는 철에서는 급격히 부식이 발생될 것이며, 이는 구리와 접촉되지 않은 상태보다도 더 많은 부식이 발생할 것이다. 부식 전류는 음극과 양극 모두 동일하지만 양극의 표면적이 상대적으로 작으므로 양극의 전류밀도는 음극보다 훨씬 높은 값을 가지게 될 것이다. 다시 정리하자면 양극에 해당하는 철 나사에서는 전자의 발생이 쉬워지게 되며, 이는 양극에서 부식이 급격히 일어날 수 있음을 의미한다. 즉, 희생양극을 사용하더라도(즉, 양극에 해당하는 재료의 손실을 이용하여) 양극 재료의 급격한 소모를 막는 것 또한 매우 중요하다고 볼 수 있다.

따라서 희생양극법을 이용한 구조물의 방식 설계 시 양극의 급격한 소모를 막기 위해서 음극 에 해당하는 재료에 대해서도 반드시 추가적인 방식 처리(페인트 또는 시멘트 도장)를 하여야 한다.

WORKED EXAMPLES 1

다음 그림은 호주 시드니에 위치하는 한 요트 클럽의 입구를 보여준다. 표면을 잘 관찰하여 보면 이상한 무늬가 존재하는데, 이는 마치 금속의 큰 결정립이 표면을 덮은 것처럼 보인다. 실제 그림에서 보이는 이 철근 구조물은 용융 아연이 담긴 욕에 침지하여 철 표면에 용융 아연이 코팅되면 이를 냉각하여 용융 아연이 철 표면에서 응고가 되도록 한다. 철 표면에서 응고된 아연은 매우 얇은 층으로 형성되지만 응고 시 느린 냉각속도에 의하여 매우 큰 결정립을 갖게 된다. 즉, 이 사진에서 우리가 보는 표면의 형상은 결정립처럼 생긴 것이 아닌 실제 아연의 결정립이라고 할 수 있다.

강철로 제조된 요트 클럽 입구(Cruising Yacht Club of Australia, Rushcutters Bay. – 33 52 27.25 S 151 14 02.37 E)

이와 같이 철의 표면에 균일한 두께의 아연막을 형성하여 철의 부식을 막는 방법을 갈바나이징 방법이라 한다. 아래 모식도에는 왜 철의 표면에 형성된 아연막이 철의 부식을 막는지 나타낸다. 1차적으로 아연은 철이 외부 환경에 노출되지 않도록 물리적으로 막아주는 역할을 하게 된다. 또한, 표면에 손상이 발생되어 철이 외부로 노출이 되더라도 아연은 희생양극으로 작용하게 되며, 철을 부식으로부터 보호하는 역할을 하게 되고, 또한 외부에 노출된 표면적은 아연이 철보다 더 넓으므로 철은 충분히 보호될 수 있는 것이다. 또한, 아연이 자연 상태에서 부식이 발생할 때 재료의 손실은 깊이 방향으로 0.1 mm(20년 기준)이므로, 만약 0.15 mm 두께의 아연막이 철 표면에 형성되어 있다면, 30년 동안 철은 부식이 되지 않는다고 볼 수 있는 것이다.

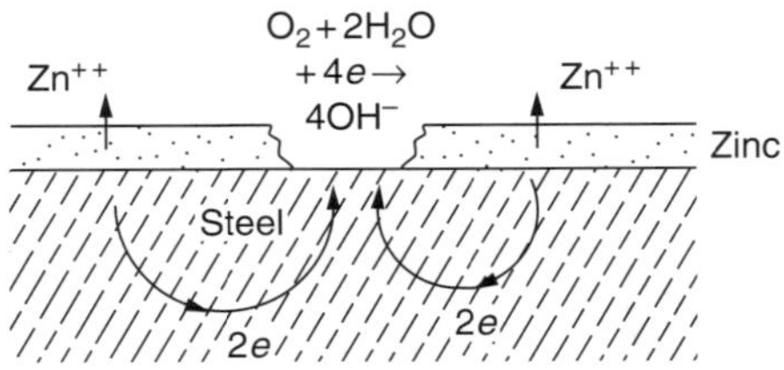

WORKED EXAMPLES 2

다음 사진은 건설 중인 전형적인 목조 요트 딩기(전국 18피트급)의 용기 밑면을 보여주고 있다. 나무로 만든 용골을 기계적 손상으로부터 보호하기 위해 "철근 띠"로 "도금"한다. 사진에서 킬밴드는 반강성 구리, 나사는 실리콘동(추가강도와 기계성 향상을 위해 소량의 실리콘을 함유한 구리합금)이다.

환경은 혹독한 바닷물(염화 이온이 많이 들어 있음), 많은 산소, 때로는 높은 온도(배가 햇볕에 말라버릴 때처럼)이다. 구리 청동과 실리콘 청동 모두 이러한 조건에서 부식에 대한 내성이 매우 강하기 때문에 사용되고 있다. 또한 기본적으로 금속의 전위(표 27.1 참조)를 보면 금속 하나가 다른 금속보다 먼저 부식되는 경향이 없다(섹션 28.4 참조).

대부분의 경우, 켈 밴드는 316개의 나사로 고정된 316개의 스테인리스 스틸 스트립으로 만들어진다(316은 흔히 스테인리스의 "마린 등급"이라고 한다). 초기에는 놋쇠(구리와 아연의 합금)가 띠와 나사 모두에 자주 사용되었다. 두 재료 모두 이 적용에 잠재적으로 심각한 문제가 있을 수 있다.

이미 살펴본 바와 같이(제28.2절) 316절은 매우 얇은 산화크롬 필름에 의해 부식으로부터 보호된다. 그러나 316호의 표면이 (환경의 공기에서) 산소에 노출되지 않는 한 산화막은 분해될 수 있고, 그러면 316호는 보통의 연강만큼 빨리 부식될 것이다. 이는 나사가 용골 띠를 지

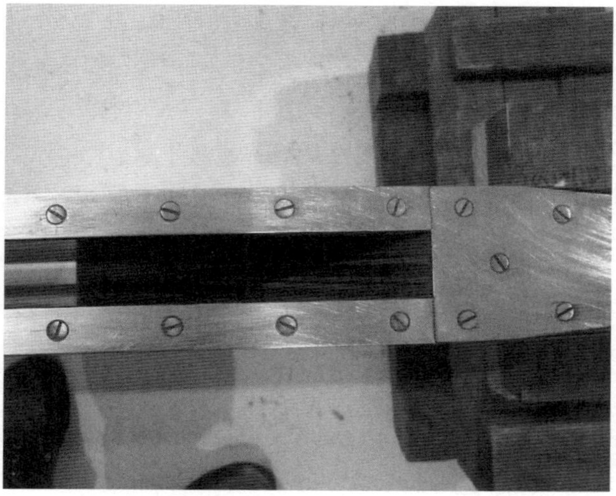

나 나무 용골 속으로 들어갈 때 발생할 수 있으며, 나사의 끝은 짠물에 노출되어 용골 띠와 용골 사이의 얇은 틈새로 스며들지만, 표면 옆에서의 산소 농도는 작을 것이다. 나사는 이 지점에서 부식되는 경향이 있으며, 결국 나사 헤드가 분리될 수 있다. 이러한 상황은 킬밴드의 노출된 넓은 면적(산소 감소 반응의 캐소드)과 스크류의 작은 영역(철의 부식용 양극)에 의해 더욱 악화된다. 이것은 28.4절과 같다. "작은 양극과 큰 음극"

DRHJ는 최근 호주 시드니의 한 주택에 있는 정문의 경첩에서 비슷한 현상을 겪게 되었다. 경첩은 값싼 304 스테인리스 스틸(해상 등급이 아닌)로 만들어 304개의 나사로 나무 대문 기둥에 고정시켰다. 나사를 다시 장착하려면 나사를 제거해야 했지만, 그 과정에서 나사의 절반 정도가 벗겨졌다. 이 나사못들은 바로 머리 바로 밑의 국소적 부식을 심하게 겪었다. 덥고 축축하고 짠 시드니 해안 대기(여름날 종종 급류로 비가 내릴 수 있는 곳)에서는 목재가 304호를 상당히 빨리 부식시킬 정도의 수분과 염분을 함유하고 있었을 것이다. 그러나 부식된 나사는 나무 안에 묻었기 때문에 산화막을 형성하는 데 많은 산소를 필요할 것이다. 경첩 자체는 산소 감소 반응을 뒷받침할 수 있는 큰 음극 영역을 제공했을 것이다.

놋쇠는 구리와 아연이라는 두 가지 물질을 함유하고 있기 때문에 물에서 부식된다. 이것들은 매우 다른 표준 전위를 가지고 있다(표 27.1 참조): 구리의 경우 +0.34 V, 아연의 경우 0.76 V. 그 다음 0.11 V의 구동력이 있어 아연이 구리보다 부식이 잘 된다(Session 28.4 참조). 놋쇠가 충분히 오랫동안 짠 물에 노출되면 구리는 다공성 "스펀지"가 된다. 스펀지의 구멍은 아연이 부식되어 용해된 곳이다. 이런 상태에서는 놋쇠가 힘이 거의 없어 쉽게 골절되거나 심지어 잘게 부스러질 수도 있다. 이 현상을 디진시화라고 한다.

이 때문에 놋쇠는 배에서 물밑에서 절대 사용해서는 안 되며, 증기 보일러의 피팅에는 절대 사용해서는 안 되며, 수도꼭지와 같은 배관 부속품에도 사용해도 문제가 생길 수 있다. 몇

년 후 누출되는 탭의 흔한 경험으로, 이것은 보통 고무 세탁기가 "힘들다"거나 "쓰러졌다"는 탓으로 돌린다. 이는 와셔를 교체하여 "치유"된 것으로, 몇 주 후에 수도꼭지가 다시 떨어지기 시작하는 것을 발견하게 된다. 새롭게 가공된 황동은 밝은 노랑색으로 보이지만, 만약 수돗물이 놋쇠 좌석까지 벗겨진다면, 이것은 색상으로 "꼬리"처럼 보일 것이고, 이것은 아연이 사라졌음을 보여준다. 실제로 떨어지는 물방울은 구리의 다공성 스펀지를 통해 물이 새어 나와 좌석이나, 세정액과 좌석 사이의 접촉 부위에 들어갔기 때문이다.

EXAMPLES

28.1 Mild-steel radiators in a sealed (oxygen free) central-heating system were found to have undergone little corrosion after several years service. Explain.

28.2 To prevent the corrosion of a mild-steel structure immersed in seawater, a newly qualified engineer suggested the attachment of titanium plates in the expectation of powerful cathodic action. They later found that the structure had corroded badly. Explain.

28.3 The corrosion of an underground steel pipeline was greatly reduced when the pipeline was connected to a buried bar of magnesium alloy. Explain.

28.4 Under aggressive corrosion conditions it is estimated that the maximum corrosion current density in a galvanized steel sheet will be 6×10^{-3} A m^{-2}.
Estimate the thickness of the galvanized layer needed to give a rust-free life of at least 5 years. The density of zinc is 7.13 Mg m^{-3}, and its atomic weight is 65.4. Assume that the zinc corrodes to give Zn^{2+} ions.

28.5 A sheet of steel of thickness 0.50 mm is tinplated on both sides and subjected to a corrosive environment. During service, the tinplate becomes scratched, so that steel is exposed over 0.5% of the area of the sheet. Under these conditions it is estimated that the current consumed at the tinned surface by the oxygen-reduction reaction is 2×10^{-3} A m^{-2}. Will the sheet rust through within 5 years in the scratched condition? The density of steel is 7.87 Mg m^{-3}. Assume that the steel corrodes to give Fe^{2+} ions. The atomic weight of iron is 55.9.

28.6 Steel nails used to hold copper roofing sheet in position failed rapidly by wet corrosion. Explain.

28.7 A marine harbor wall was cased with sheet piling made from steel. Five months after the piles had been driven a flaking corrosion product typically 0.8 mm thick had formed on the surface of the piles where they went through the tidal zone. Eight separate flakes were analyzed for iron with the following results.

Sample No.	Area of Flake (mm^2)	Mass of Iron (mg)
1	174	207.9
2	68	43.0
3	68	43.8
4	56	42.6
5	73	39.4
6	149	146.4
7	78	52.2
8	107	92.4

The piling was originally covered with a dense layer of iron oxide mill scale from the hot-rolling operation. The scale was estimated to have been 0.10 mm. thick. It is assumed that the scale was incorporated in the flakes of corrosion product. Estimate the thickness of steel lost by wet corrosion in the marine environment assuming that the mill scale layer is composed of Fe_2O_3, with a density of 5.26 g cm^{-3}. The atomic weight of oxygen is 16.00, the atomic weight of iron is 55.85, and the density of steel is 7.8 g cm^{-3}.

28.8 A pipe 300 mm in diameter was made by forming a long strip of austenitic stainless steel into a helix and butt welding the helical joint. The pipe was used to carry hot nitric acid across a river estuary. The temperature of the acid was 80°C and the pipe was therefore lagged with fiber insulation which was clad with a waterproof skin of aluminum. After several years in service the pipeline supports suffered significant corrosion. In order to repair them the cladding and lagging were removed. Leakage of acid was discovered at a number of locations. Numerous cracks were found in the wall of the pipe. Deposits on the external surface of the pipe were rich in chloride ions. It was also found that rainwater had been seeping under the cladding. Give a likely explanation for the failure. Note that welding introduces large tensile residual stresses. Why was the acid not the cause of the cracking?

28.9 Prove the equation given at the end of Chapter 27, "Rates of uniform metal loss"

$$\text{Penetration rate } (\mu\text{m year}^{-1}) = 3/27\left(\frac{ai}{z\rho}\right)$$

28.10 Prove the equation given at the end of Chapter 27, "Rates of uniform metal loss"

$$\text{Penetration rate } (\mu\text{m year}^{-1}) = 87{,}600\left(\frac{w}{\rho At}\right)$$

28.11 Explain what is meant by dezincification. Why does it happen? Give a practical example of it.

28.12 In the ferry wharf at Mosman Bay, Sydney Harbour, the access ramp consists of aluminum alloy sections connected to 304 stainless steel brackets with 304 nuts and bolts. The aluminum is electrically insulated from the 304 nuts, bolts, and brackets with plastic washers and sleeves. What is the reason for this?

ANSWERS

28.1 See Section 27.2 and Figure 27.2. Without oxygen, the oxygen-reduction reaction could not take place, so the steel could not corrode.

28.2 See Section 28.1, especially last paragraph, last sentence.

28.3 See Section 28.1 and Figure 28.4.

28.4 Use the equation given at the end of Chapter 27, "Rates of uniform metal loss"

$$\text{Penetration rate } (\mu\text{m year}^{-1}) = 3/27\left(\frac{ai}{z\rho}\right)$$

You will need to convert the current density from A m^{-2} to μA cm^{-2} before putting it into the equation (*i* value). The answer is 0.045mmpenetration after 5 years.

28.5 Using the method of Example 28.4, if the steel were lost *uniformly* over a square meter from an anodic current of 2×10^{-3} A, the thickness lost would be 0.0116 mm *on each side of the sheet*. However, since this current is concentrated at the bottom of the scratches (0.5% of the area), the thickness lost at the bottom of the scratches is approximately $0.0116 \times (100/0.5) =$ 2.32 mm *on each side of the sheet*. So the answer is "yes".

28.6 See Section 28.4 and Figure 28.12.

28.7 From the Table, the average mass of iron in the corrosion product *per square millimeter* is 0.784 mg mm^{-2}. The mass of Fe_2O_3 per square millimeter is 0.526 mg, and the mass of iron in this oxide is 0.368 mg. The mass of iron oxidized by the corrosion process is therefore 0.416 mg per square millimeter. As iron, this mass would occupy 0.053 mm^3 per square millimeter, so the thickness of the lost iron is 0.05 mm.

28.8 At temperatures above 70°C, austenitic stainless steel is susceptible to stress corrosion cracking (SCC) in the presence of tensile stress and chloride ions. Failures have been reported even with low levels of stress and chloride ion concentration. In the present case, the tensile stress was provided by the residual stresses from the welding process. In addition, chloride ions were found. These originated from the sea water and were carried under the cladding by leaking rain water. Chloride-induced SCC must have been the cause of the failure. See Section 27.7, last paragraph, and Fig. 27.12. See also Example 27.6. The nitric acid, because it is a powerful oxidizing agent, actually protects the stainless steel by artificially thickening the protective oxide film. See Section 28.2, paragraph 4.

28.11 See Worked Example 2.

28.12 To prevent electrical continuity between the anodes (aluminum) and cathodes (304). If this were not done, the aluminum would corrode rapidly where it is attached to the 304. The 304 would support the oxygen-reduction reaction. The environment is aggressive—wet, salty, and often hot. Also see Table 27.1 for the (very different) SEPs of iron and aluminum.

PART H

마찰과 마모

CHAPTER 29

마찰과 마모

29.1 개요

본장에서는 접촉에 있어서 마찰 특성과 접촉면이 미끄러질 때 발생하는 마모로서 기계를 설계할 때 매우 중요한 성질에 관하여 살펴보기로 한다. 마찰력은 동력을 소모하기 때문에 베어링에 바람직하지 못하고 마모가 발생하면 작동이 원활하지 못하여 결국에 파손에 이르게 된다.

한편 클러치와 브레이크 라이닝용(또는 신발의 밑창용) 재료를 선택할 때 마찰을 최대화하고 마모를 최소화 할 필요가 있다. 그러나 마모가 항상 불리한 것만은 아니다. 연마와 폴리싱 같은 작업에서는 마찰로 소모되는 에너지가 최소가 될 때 최대의 마모를 얻게 된다. 또한 마모가 없다면 칠판에 분필로 쓸 수 없고, 연필로 종이에 쓸 수 없다. 본장과 다음 장에서 마찰과 마모의 원인에 대하여 살펴보고 요소 설계에 있어서 마찰과 마모의 영향에 관하여 설명한다.

29.2 재료사이의 마찰

두 재료가 접촉 상태에 놓여 있을 때 재료 사이의 미끄럼은 마찰력에 의하여 저항을 받는다(그림 28.1). 미끄럼을 야기시키는 힘 F_s는 다음 식과 같이 접촉면에 수직하게 작용하는 힘 P와 관계는 다음과 같다.

$$F_s = \mu_s P \tag{29.1}$$

여기서 μ_s는 정마찰계수이다. 일단 미끄럼이 발생하면, 한계 마찰력은 약간 감소하는데 다음과 같은 식으로 나타낸다.

$$F_k = \mu_k P \tag{29.2}$$

여기서 $\mu_k (< \mu_s)$는 동마찰계수이다(그림 29.1). 동마찰을 통하여 사용된 일은 열로 변환된다. 어떻게 두 표면간의 마찰이 서로를 누르는 힘 P에만 관계가 있고 면적에는 관계가 없을까? 이 거동을 이해하기 위해서는 접촉표면의 기하하적인 형태를 관찰해야만 한다.

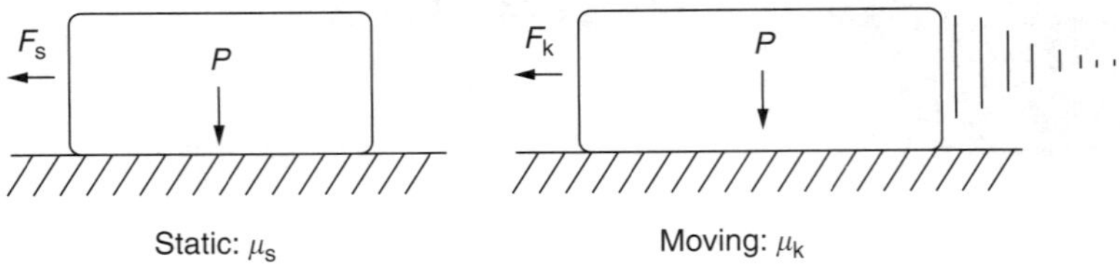

그림 29.1
정마찰계수와 동마찰계수

정밀하게 가공된 금속 봉의 표면을 비스듬하게 얇게 조각내어 관찰한다면(거칠은 면을 확대한 "기울어진 단면"), 또는 그것의 프로파일을 조면계로 조사하면, 표면은 그림 29.2와 같이 보인다. 그림은 대단히 많은 수의 투영이나 요철들을 보여준다 – 스위스를 잘라 놓은 절단면처럼 보인다. 금속을 고운 사포로 다음어도 금속표면의 요철크기는 감소하지만 요철은 사라지는 것이 아니라 단지 작아지는 것이다. 비록 표면이 미세한 금속 광택제를 사용하여 오랜 시간 동안 연마해도 미세-요철들은 여전히 남는다.

따라서 만일 두 표면이 접촉상태에 놓여 있으면, 아무리 정밀하게 가공하고 폴리싱 하였어도 요철 부위가 서로 나게 된다. 표면을 누르는 힘은 접촉한 요철부위에 의하여 한 응력 P/a (힘/면적)는 매우 크다.

처음에는 매우 낮은 하중에서 접촉하여 요철이 탄성적으로 변형되지만 실제의 증가된 하중에 의한 높은 응력은 요철의 산 부위에 광범위한 소성 변형을 일으킨다. 만일 각 요철 부위가 항복되면 두 접촉면이 결합을 형성하는데, 표면으로 전달되는 총 하중은 다음과 같다(그림 29.3).

$$P \approx a\sigma_y \tag{29.3}$$

여기서 σ_y는 압축항복응력이며, 실제 면적은 다음과 같이 계산된다.

$$a \approx \frac{P}{\sigma_y} \tag{29.4}$$

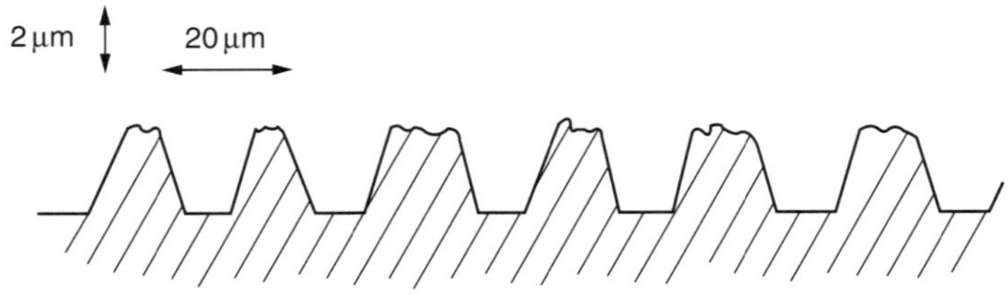

그림 29.2
높은 배율에서의 정밀하게 가공된 금속표면(요철 높이의 배율은 요철간 거리 배율보다 높게 나타내었다)

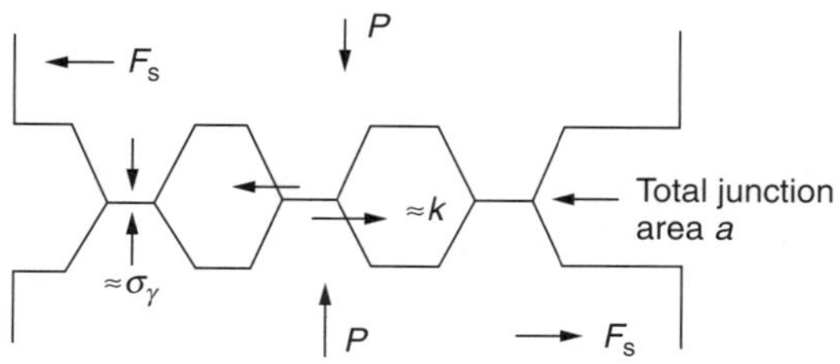

그림 29.3
실제 표면사이의 접촉 면적은 요철부위에서만 접촉하기 때문에 겉보기 면적에 비하여 작다.

만일 P가 두 배가 되면 실제 접촉면적 a도 두 배가 된다.

이제 어떻게 접촉 형상이 마찰에 영향을 미치는지 알아보자. 표면 간에 미끄럼이 발생할 때 전단응력 F_s/a가 요철부에 발생한다. 이 전단응력은 요철부의 절단면 면적이 최소일 때 또는 접촉평면에 가까운 곳에서 최대가 된다. 접촉부에 발생한 큰 소성변형은 요철의 산부위를 크게 밀착시키기 때문에 접촉점에서 원자 간에 압착이 발생한다. 따라서 접촉부는 재료의 전단항복 강도 k 만큼의 전단응력을 견딜 수 있다(12장).

즉, $\frac{F_s}{a} \geq k$일 때 요철부에서 미끄럼이 발생한다. 또한 k $\approx \sigma_y/2$이기 때문에 F_s는 다음과 같은 식으로 표현된다.

$$F_s \approx ak \approx a\sigma_y/2 \tag{29.5}$$

식 (29.5)에 식 (29.3)을 대입하면 다음 식을 얻게 된다.

$$F_s \approx \frac{P}{2} \tag{29.6}$$

위 식은 $\mu_s \approx 1/2$을 갖는 실험식 (29.1)과 일치한다. 그러나 식 (29.6)은 미끄럼 과정에 대한 모델에서 유도한 것으로 실험과 무관한 식이다. $\mu_s \approx 1/2$은 윤활 되지 않은 금속, 세라믹과 유리 표면 사이에 정마찰계수값과 근사한 값이다. 왜 동마찰계수 μ_k가 정마찰계수 μ_s에 비하여 낮은 값을 나타내는 것일까? 일단 표면이 서로 미끄러지면 요철의 접촉면에서 원자와 원자 간의 결합을 위한 시간이 정적인 접촉상태에서보다 작게 된다. 따라서 전단 발생에 장애가 되는 접합 면적이 감소하게 된다. 그러나 미끄럼이 멈추면 크립이 접촉면적을 조금은 증가시키고, 확산이 더욱 더 강한 결합을 형성하므로 μ는 다시 μ_s가 된다.

29.3 마찰계수

만일 금속 표면이 진공상태에서 완전무결이면 서로에 대하여 미끄러뜨리는 것은 매우 어렵다. 왜냐하면 전단력이 접촉점에서 큰 소성을 발생시켜 빠르게 완전 압착($\mu > 5$) 상태로 진행되기 때문이다. 이것은 우주 공간에서만 가능한 것이며, 실제 대기(예: H_2) 중에서는 금속으로부터 표면막을 제거하여 접촉시킨다. 약간의 산소나 H_2O는 산화막을 형성시켜 μ를 크게 감소시키며, 큰 금속 결합을 형성하는 것을 막아준다.

그러나 25장에서 밝힌 바와 같이 금을 제외한 모든 금속은 아무리 얇을지라도 표면에 금속 산화층을 가지고 있다. 실험에 의하면 몇 가지 종류의 금속에 있어서 요철부 첨단에 형성된 산화막 사이의 접합점은 본래의 금속보다 전단력에 더 취약하다(그림 29.4). 이 경우에 접촉면의 미끄러짐은 금속 자체의 응력보다 낮은 응력에서 얇은 산화막에서 발생하며, μ 값은 0.5와 1.5 사이로 감소된다.

부드러운 금속 간의 경우(예를 들면 납과 납, 그림 29.5)에 접합점들은 약하지만 접합면적은 커져서 μ가 증가한다. 단단한 금속 간(예 : 스틸과 스틸)에는 미끄러짐이 발생할 때 접합부의 면적은 작으나 접합부가 강하여 마찰이 커진다(그림 29.5). 많은 베어링들은 두 개의 단단한 금속 사이에 얇은 연성금속 막을 만들어 작은 접합면적과 약한 접합점을 만든다. 예를 들면 화이트 메탈 베어링은 보다 강한 상(phase)의 모재에 의해 지지되는 연한 납이나 주석 합금으로 구성되어 있다. 베어링 청동은 청동모재에 의해 지지된 연한 납 입자(사용 중에 표면으로 스며 나와 윤활막을 형성한다)로 구성된다. 고분자 주입 다공성 베어링은 기공 속에 고분자(보통 PTFE)를 첨가한 구리를 부분적으로 소결하여 만든다. 이 같은 베어링은 건조한 상태에서 사용하도록 설계한 것은 아니지만, 윤활이 멈추어도 연한 성분이 과열이나 고착을 방지하기에 충분할 만큼의 낮은 0.1에서 0.2의 마찰계수 값을 갖는다.

세라믹간의 미끄러짐의 경우(그림 29.5), 마찰은 더 낮다. 대부분의 세라믹은 매우 단단하여 내마모성이 좋고, 공기와 수중에서 안정적이기 때문에(금을 제외한 금속들은 안정적으로 보이더라도 실제로 안정적이지 않다), 결합하는 경향이 작아서 더 쉽게 전단이 발생한다.

금속이 고분자위에서 미끄러지는 경우도 마찰은 고분자 필름이 금속위에 전달되어 형성한 접착부에 의하여 발생한다. 이 때 소성흐름은 고분자 체인을 미끄럼 표면에 평행이 되도록 정

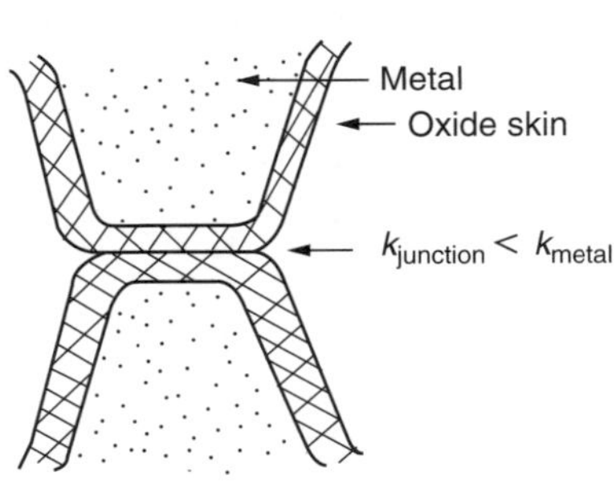

그림 29.4
산화물이 코팅된 접합점은 깨끗한 접합점에 비하여 쉽게 미끄러질 수 있다.

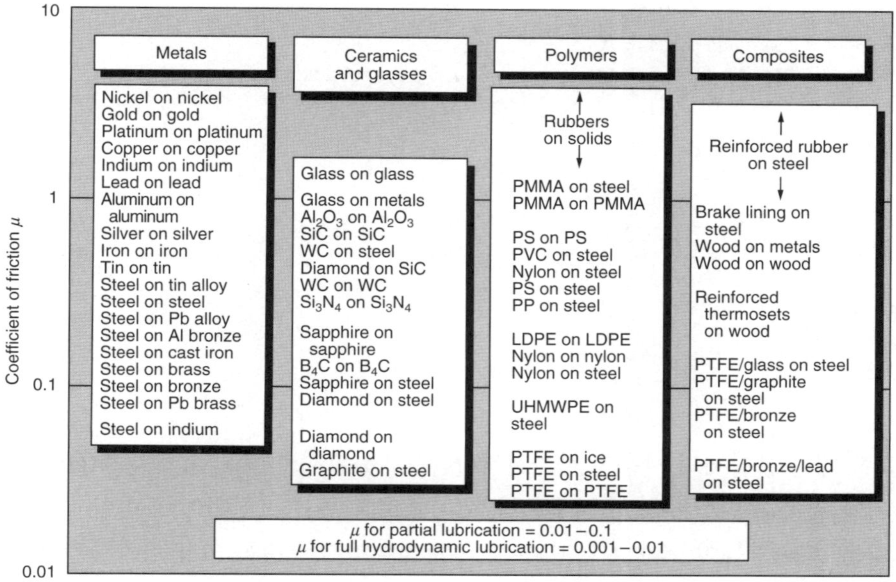

그림 29.5
다양한 재료에 대한 정마찰계수 막대 도표

렬시키는 경향이 있어 이 방향으로 쉽게 전단이 발생하며 μ는 낮아 0.05에서 0.5가 된다(그림 29.5). 고분자 재료는 비록 분자가 표면에서 쉽게 벗겨져 마모되는 단점에도 불구하고 저마찰 베어링에 적합한 재료이다. 또한 크립의 접촉부가 고정적일 때 접촉면적을 증가시키기 때문에 정마찰계수(μ_s)가 경우에 따라 동마찰계수 μ_k보다 훨씬 크게 된다.

복합재료는 그림 29.5에 보인 바와 같이 높은 마찰력(브레이크 라이닝) 또는 반대로 낮은 마찰력(PTFE/청동/납 베어링)을 갖도록 설계될 수 있다.

29.4 윤활

서론에서 언급한 바와 같이 마찰은 기계 사용 중에 많은 일과 동력을 소모한다. 이러한 마찰은 미끄럼 표면을 용융시킬 수 있는 열을 발생시켜서 베어링에 손상을 주며 심지어는 베어링을 녹아내리게 한다. 마찰력을 최소화하기 위하여 표면은 가능한 한 쉽게 미끄러지도록 할 필요가 있다. 이를 위한 확실한 방법은 (a) 베어링 표면이 압력을 잘 견딜 수 있어서 요철 간에 원자와 원자의 접촉을 막거나 (b) 쉽게 전단될 수 있는 물질로 요철의 첨단 부위를 덮는 것이다.

앞서 설명한 바와 같이 고분자 재료와 연성 금속이 이런 기능을 하지만, 이보다 훨씬 작은

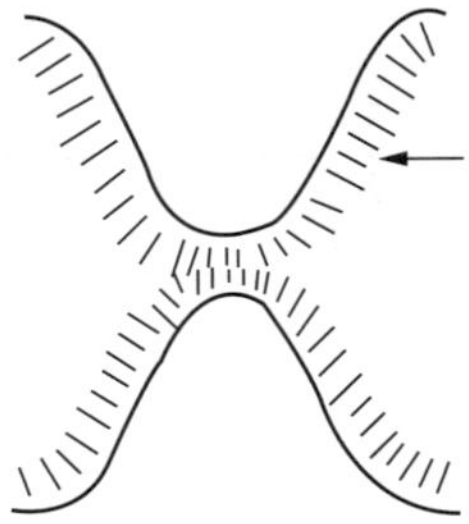

그림 29.6
경계 윤활

μ가 필요할 때는 윤활제의 사용이 불가피하다. 보통 윤활제로는 오일, 그리스(grease), 비누와 동물의 지방 같은 지방성 재료가 사용된다. 이것들로 표면을 포장하여 표면이 서로 접착되지 못하게 얇은 층을 만들어 쉽게 전달될 수 있도록 하여 마찰계수를 크게 감소시킨다. 분명하지 않은 점은 매우 큰 압력이 가해져도 왜 매우 유동적인 오일이 요철 사이로 빠져나오지 않는다는 점이다.

그 이유 중 하나는 오일에 약간($\approx$ 1%)의 활성 유기물 분자가 첨가되어 있어 각 분자의 한 끝단이 금속 산화물 표면과 반응하여 붙고 다른 끝은 서로를 끌어당겨 정렬된 치즈 틀처럼 분자 숲을 형성하기 때문이다(그림 29.6). 이 숲은 표면에 수직한 매우 큰 힘에도 저항할 수 있어(요철 첨단부를 매우 효과적으로 분리할 수 있고), 반면에 두 분자층이 아주 쉽게 서로에 대하여 전단되도록 한다. 이 같은 종류의 윤활을 부분 또는 경계 윤활이라고 하고 μ를 10배까지 감소시킬 수 있다(그림 29.5). 유체역학적 윤활(hydrodynamic lubricant)은 훨씬 더 효과적이다. 이에 대하여는 다음 장에서 설명한다.

한편 가장 좋은 경계 윤활제라도 약 200°C 이상에서는 기능이 상실된다. 위에서 설명한 연성 금속 베어링은 국부적 과열에 잘 대응하는데 과열부에서 재료가 녹아 국부적인 윤활 막을 형성한다. 그러나 전체 베어링이 과열된 상태에서 작동하도록 설계할 때는 특수 윤활제의 사용이 필요하다. 가장 좋은 윤활제는 특수오일에 PTFE가 혼합된 물질(320°C까지 우수), 흑연(600°C까지 우수)과 몰리브덴 이황화물(800°C까지 우수)이 있다.

29.5 재료의 마모

고체표면이 산화막과 경계윤활제에 의하여 보호되어 있어도 기계적 하중이 가해지면 산화막이 파괴된 영역에서 고체간의 접촉이 발생하여 활성화된 경계윤활제의 흡착을 어렵게 하는 경우가 발생한다. 이로 인한 고체와 고체의 직접적 접촉은 일반적으로 마모를 유발시킨다.

보통 마모는 크게 두 종류로 분류할 수 있다: 점착 마모(adhesive wear)와 마멸 마모(abrasive wear)가 있다.

점착 마모

그림 29.7은 A원자와 B원자 간에 점착이 발생했을 때 더 연한 재료에서 마모조각이 탈락하는 것을 나타낸다. 만일 재료 A와 B가 같은 재료라면 마모는 양쪽 표면에서 발생한다. 이 때 마모조각은 떨어져 나와 사라지거나 표면사이에 갇혀 문제를 발생시킨다. 조각의 크기는 전단이 접합점으로부터 얼마나 떨어져 발생하느냐에 의존한다. 만일 가공경화가 요철 내부로 확대되

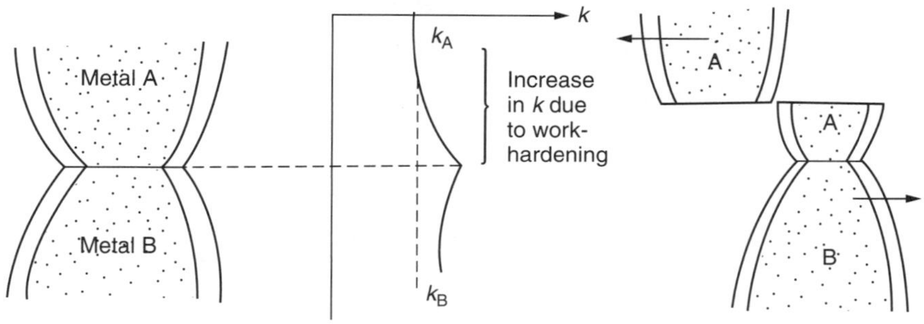

그림 29.7
점착 마모

그림 29.8
점착 마모. Bertoni's cafe의 메뉴판. Balmoral, NSW, Australia : 33 49 36.40S 151 15 05.20E

면 큰 조각이 만들어진다. 마모율을 최소화하기 위해서는 박리되는 조각의 크기를 최소화할 필요가 있다.

이를 위한 방법은 접촉면적 a를 최소화 하는 것이다. 따라서 $a \approx P/\sigma_y$이기 때문에 표면에 작용하는 하중을 감소시키면 마모가 감소하게 된다. 한 예로 칠판에 분필을 사용할 때 압력이 크면 클수록 선이 더 선명해진다(그림 29.8 참조). a를 감소시키는 또 다른 방법은 σ_y, 즉 경도를 증가시키는 것이다. 이는 단단한 연필이 무른 연필에 비하여 흐릿하게 쓰여지는 것과 같다.

마멸 마모

마멸 마모에 의해 만들어진 마모조각은 표면이 미끄러지는 도중에 요철로부터 떨어져 나간다. 산소의 존재는 윤활제에게 바람직하다(미끄럼 금속 사이에 산화물 필름을 유지하게 한다). 떨어져나간 마모조각은 산화하여 사포와 같이 표면을 마멸시키는 단단한 산화물 입자가

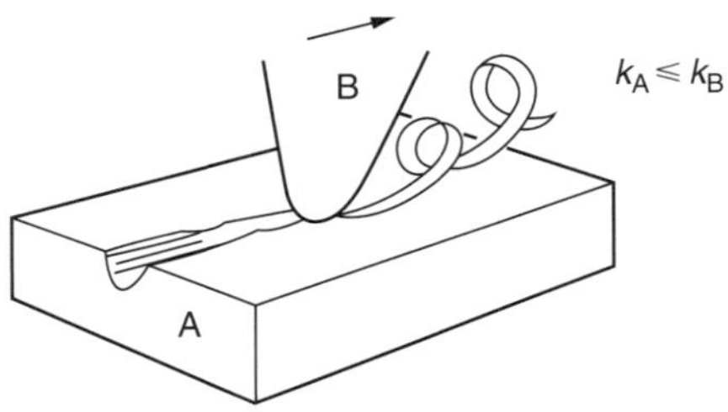

그림 29.9
마멸 마모

그림 29.10
디젤 엔진 선박의 크랭크 핀에 발생한 폭 8 mm, 깊이 0.2 mm의 마멸 마모 트랙

될 수 있다.

그림 29.9는 어떻게 단단한 재료가 더 연한 재료를 조각으로 마모시키는지를 나타낸 것이다. 물론 마멸 마모는 자체적으로 발생한 마모조각뿐만 아니라 시스템, 또는 엔진에서 연소의 부산물로 유입되는 이물질 입자(한 예로 모래)에 의하여 발생할 수 있다. 따라서 오일을 여과하는 것이 중요하다.

마멸 마모율은 하중을 감소시킴으로써 줄일 수 있다는 것을 경도 시험을 통해서 확인할 수 있다. 낮은 하중 하에서 입자는 금속에 덜 박히기 때문에 더 작은 고랑을 파게 된다. 금속의 경도를 증가시키면 같은 효과를 나타낸다. 비록 마멸마모가 기계에는 나쁜 영향을 주지만(그림 29.10), 반대로 이것이 없다면 공구의 가공, 보석의 연마 또는 바위의 천공 같은 일을 할 수 없게 된다.

29.6 표면과 체적 특성

베어링 재료의 선택에는 많은 사항이 고려되어야 한다. 베어링 재료는 하중을 지지하고 열을 전달하기에 충분한 물성을 가지고 있어야 한다. 또한 이 재료는 가공이 가능해야 한다. 즉 성형되어 마무리되고 접합될 수 있어야 한다. 경제성도 맞아야 한다(가격과 조달성). 이상의 조건을 만족시킨다 해도 마모를 최소화하고 부식에 견디는 표면 특성을 가져야 한다.

따라서 베어링 재료는 마모나 마찰 특성(그들의 "마찰공학상"(tribological)의 특성)에 의해서만 선택되는 것이 아니라 전반적인 설계 체계 내에서 고려되어야 한다. 더 나아가 좋은 체적 특성을 갖는 재료를 선택하여 표면처리 또는 코팅으로 표면을 사용목적에 맞게 만들어야 한다. 직접적으로는 표면 아래 부분이 표면 자체를 지지하기 때문에 중요한 것은 대부분의 마찰공학상 반응을 결정하는 것은 표면의 특성들이다.

표면을 처리하는 데는 2가지의 일반적인 방법이 이용된다. 이 두 가지 방법의 목적은 표면의 경도를 향상시키거나 마찰을 감소시키는 것 또는 이 두 가지 모두가 해당된다. 먼저 표면의 화학적 조성에 약간의 변화를 주는 표면처리법이다. 이는 얇은 표면층에 외래원소를 침투시켜 경도를 증가시키는 것이다. 침탄(탄소), 질화(질소), 붕화(붕소) 과정으로 고온의 기체, 액체 또는 고체 분말 상태에서 원소들을 표면으로 확산시켜 경화시킨다. 이미 탄소를 함유하고 있는 강철은 화염, 전자빔 또는 레이저로 표면을 급격히 가열 냉각시킴으로써 표면을 경화시킨다. 이러한 공정들은 일반적으로 정교해서, 폭넓게 사용되는 표준 절차들이 정해져 있으며 매우 좋은 효과를 얻을 수 있다.

다음 방법은 표면코팅으로 이 방법은 더 어렵고 비용도 상대적으로 많이 들지만 그만큼의 가치를 지닌다. 즉, 텅스텐, 코발트, 크롬 또는 니켈을 많이 함유한 단단하고 내부식성 우수한 합금층을 표면 위에 코팅하는 경우다. 그러나 이 경우에 크기 허용오차를 맞추기 위하여 마무리 작업공정이 필요하다. Al_2O_3, Cr_2O_3, TiC 또는 TiN 같은 단단한 코팅막을 플라즈마 처리로 입힐 수 있다. 이것들은 내마모성을 향상시킬 뿐만 아니라 산화 또는 다른 형태의 화학적 침적에 대한 저항력도 증가시킨다. 현재로는 재료를 거의 모든 물질로부터 보호할 수 있도록 표면에 다이아몬드(또는 유사한 물질)를 코팅하는 것도 가능하다.

WORKED EXAMPLE

다음의 사진은 자전거의 브레이크 기구를 보여준다.

원주 둘레에 작용하는 브레이크 힘은 브레이크 블록(고무로 만들어진)과 금속으로 만들어진 바퀴의 테두리 사이의 마찰에 의해 만들어진다. 브레이크 블록들은 핸들바에 장착되어 있는 브레이크 레버에 와이어 케이블로 연결되어 있는 캘리퍼스에 의해 바퀴 둘레(수직력)와 접촉하여 압축된다.

이 구조는 마른 상태에서는 잘 작동된다. 그러나 젖어 있는 상태에서는 브레이크 성능이 좋지 못하다. 이 이유는 물이 고무와 금속 이에서 경계 윤활로 작용하기 때문이다(29.4 참조). 예를 들어 밀폐형 드럼 브레이크(구형 자동차에 적용된 방식), 디스크 브레이크(현대적인 자동차에 적용된 방식) 등과 같이 이러한 문제를 해결하는 다양한 방법들이 있다. 하지만, 이것들은 가격이나 무게 면에서 제약이 따른다.

캘리퍼 브레이크들에 대하여 대체 가능한 재료를 조사하는 것이 가치가 있는 일인가? 브레이크 블록의 고무를 변경하는 것은 큰 차이가 나지 않는다는 실험 결과가 있다. 그러나 둘레의 재료를 금속으로 바꾸는 것은 커다란 차이가 있다. 기존의 자전거들의 바퀴 둘레들은 강으로 만들어졌지만, 크롬으로 덮여있다. 따라서, 마찰 쌍은 고무/크롬이다. 현대의 자전거들은 알루미늄 합금 둘레로 되어 있어서, 마찰 쌍은 고무/알루미늄이다. 고무/크롬은 고무/알루미늄보다 훨씬 더 좋은 건조 브레이킹 성능을 갖는다. 그러나 젖은 조건에서는 고무/크롬의 브레이킹 성능이 매우 취약하다. 젖은 고무/알루미늄은 젖은 고무/크롬 보다 훨씬 더 성능이 좋다.

현대의 자전거들에 적용된 해답은 브레이크 레버와 브레이크 블록 사이에 고무/크롬의 마찰 라인에 고무/알루미늄의 건조 성능을 갖도록 하는 반면에 고무/알루미늄의 합리적인 젖음 성능을 갖도록 접촉 수직력을 약 2배 정도로 하여 기계적인 장점을 증가시키는 것이다. 낮은 접촉 수직력을 갖는 기존의 고무/크롬 자전거들은 건조 조건에서는 성능이 좋지만, 젖은 조건에서는 위험하다.

캘리퍼 브레이크 설계에는 또 다른 2가지 복합적인 문제가 있다. 첫 째는 바퀴 둘레 안쪽으로 구부릴 때 작용하는 힘(그리고, 타이어에 작용하는 힘)과 같은 수직력에 있어서 상한이 있다는 것이다. 두 째는 고무/금속에 대하여 수직력 P, 마찰력 F_k가 매우 일반적인 값에서부터 방정식 29.2로 예측 가능한 값을 벗어나기 시작한다는 것이다. 따라서, 더 큰 수직력의 증가가 빠르게 줄어드는 회복력을 만들어낸다. 다음 장(ch30.4)에서 고무를 포함한 마찰 쌍들의 복합적인 문제를 다룬다.

EXAMPLES

29.1 Explain the origins of friction between solid surfaces in contact.

29.2 The following diagram shows a compression joint for fixing copper water pipe to plumbing fittings. When assembling the joint the gland nut is first passed over the pipe followed by a circular wedge or "olive" made from soft copper. The nut is then screwed onto the end of the fitting and the backlash is taken up. Finally the nut is turned through a specified angle which compresses the olive on to the surface of the pipe. The specified angle is chosen so that it is just sufficient to make the cross-section of the pipe yield in compression over the length L in contact with the olive. Show that the water pressure required to make the pipe shoot out of the fitting is given approximately by

$$p_w = 2\mu\sigma_y\left(\frac{t}{r}\right)\left(\frac{L}{r}\right)$$

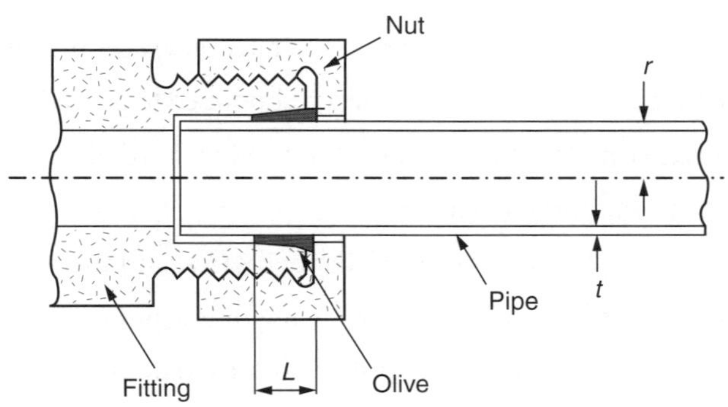

where μ is the coefficient of friction between the olive and the outside of the pipe.

Calculate p_w given the following information: $t = 0.65$ mm, $L = 7.5$ mm, $r = 7.5$ mm, $\mu = 0.15$, $\sigma_y = 120$ MN m^{-2}. Comment on your answer in relation to typical hydrostatic pressures in water systems. The axial load on the joint is $p_w \pi r^2$ and the radial pressure applied to the outside of the pipe by the olive is $P = \sigma_y t/r$.

29.3 Give examples, from your own experience, of situations where friction is (a) desirable, and (b) undesirable.

29.4 Give examples, from your own experience, of situations where wear is (a) desirable, and (b) undesirable

29.5 Bicycle chains often "stretch" during use. Referring to Example 13.4, this cannot be due to plastic extension or creep, because the material is hardened steel, with a factor of safety of 8.5 against yield. The stretch is in fact caused by wear between the links and the pins.

I (DRHJ) find that I need to shorten my bicycle chain by 25 mm (two chain pitches) every five years or so. Estimate the radial wear on the pins and holes, assuming all contacting surfaces wear at the same rate. The number of links in the chain is currently 110. Take other dimensions from Example 13.4.

29.6 Soft metal gaskets are often used for gas-tight or liquid-tight seals between steel surfaces. Examples are the use of soft copper washers under the heads of drain plugs in car engine sumps, or indium gaskets between bolted stainless steel flanges in high-vacuum equipment (indium melts at only 156°C, and is one of the softest metals known). Explain the principle involved in selecting a soft metal for such applications.

29.7 A washer for an oil drain plug has an outside diameter of 22 mm, an inside diameter of 15 mm, and is made from soft copper with a yield strength of 50 MN m^{-2}. The drain plug has a shank 15 mm in diameter, and is made from steel with a yield strength of 280 MN m^{-2}. The drain plug is torqued up until the copper yields. At this level of torque, estimate the ratio of the tensile stress in the shank to the yield stress of the steel. Comment on the practical significance of your answer.

I (DRHJ), being an engineer, change the oil and filter on my car myself, and always reuse the copper washer (it saves me money, and I can't be bothered to go to the garage and buy a new one). But before replacing it, I always soften it by heating it to dull red heat over the gas hob in the kitchen. Why is it important to do this?

29.8 Electrical wiring circuits mainly use soft copper wires, and the ends are wired into plug sockets, switches, distribution boards, etc., using brass connectors fitted with brass grub screws to hold the wires in place. Why is it important to do the screws up tight? What can happen if the screws are not done up tight enough?

29.9 The wheels of railway locomotives, carriages, and wagons are often pressed on to their axles, as shown in this diagram of a pressing operation.

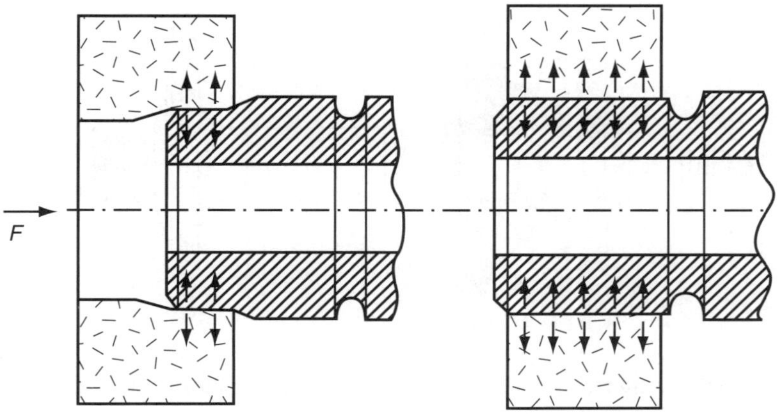

Experiments have been carried out in which steel wheels were repeatedly pressed on and off steel axles. Before the wheel was pressed on each time, the interference of fit was measured (the difference between the diameter of the axle and the diameter of the wheel bore). The results are given in the following table.

Pressing Number	Interference before Each Pressing (μm)
1	330
2	230
7	200
21	180

Which physical process was responsible for the observed decrease in interference?

29.10 In 1951, a new class of steam locomotives built by British Railways (the 70,000, or Britannia class) started failing in service owing to the driving and coupled wheels slipping on their axles. The axles were fitted with roller bearings, which meant that the wheelset (the finished assembly of two wheels, axle, and roller bearings) could not be put into the wheel balancing machine for adjusting the lead balance weights. So instead, the wheels were first pressed on to a dummy axle, the temporary assembly was balanced in the balancing machine, the wheels were then pressed off the dummy axle, and finally were pressed on to the real axle. Why do you think this unusual method of assembly might have made it more likely that the wheels would slip in service?

29.11 The following diagram shows the arrangement of exhaust gas turbine and compressor wheel in a large turbocharger for a marine diesel engine. The compressor wheel is secured to the turbine shaft by an interference fit. The compressor wheel is aluminum alloy and the turbine shaft is steel. The shaft typically runs at 15,000 rpm.

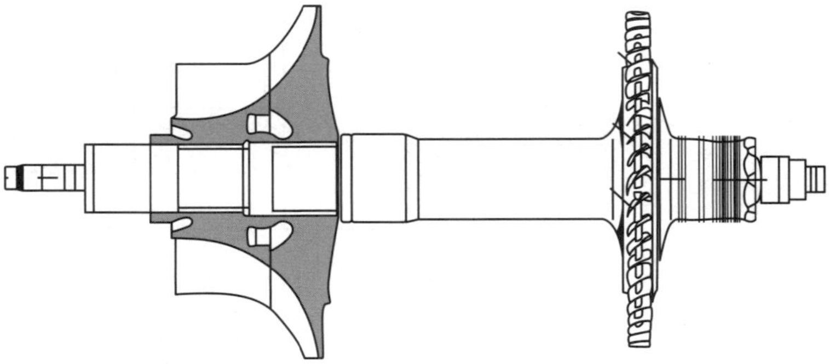

Given that the interference of fit is critical in this application, how would you assemble the compressor wheel to the turbine shaft without losing any interference?

29.12 This photograph shows a cattle grid on a bicycle path in Cambridge, England. There are many such grids in the city. The cross bars over which the cycles pass were originally round steel bars, galvanized so that they would not rust. In wet weather cyclists had to be very careful when crossing the grids, or they would skid sideways and fall off. Imagine that you are the City Engineer. Do you know what is causing this problem, and should you have foreseen it? How would you put this design error right—quickly and cheaply, of course? [A design feature, that they did get right, is the little ramp from the bottom of the pit to the upper edge of the cattle grid. It is to allow hedgehogs to escape if they have been unlucky enough to fall into the pit.]

52 11 41.85 N 0 07 00.22 E

ANSWERS

29.1 See Section 29.2.

29.2 See Example 7.5 for the hoop stress in a pressurized tube, $\sigma = pr/t$.

3.1 MN m^{-2}, or 31 bar. The hydrostatic head of water at the top of a 7-floor building is about 2 bar, so there is a large factor of safety on static pressure (see Chapter 3, Worked Example 2 and Example 3.4). However, when water taps are shut off quickly (especially the quarter-turn type with ceramic washers), this will create a substantial dynamic pressure peak, called "water hammer", which can exceed the static pressure by many times – hence the large factor of safety.

29.5 0.06 mm, or 2 thou (thousandths of an inch). This is not a great deal of wear for a poorly lubricated mechanism exposed to hard particles of road dust. Another "urban myth" busted!

29.6 The seal is only perfectly gas-tight or liquid-tight when there is atom-toatom contact between the surfaces over the whole of the nominal area of contact. In this case, Equation (29.3) is modified to $P_y = A\sigma_y$, where A is the nominal area of contact, and P_y – the normal force – is also the yield load. This obviously needs to be as small as possible; otherwise, the bolts will not be able to deliver enough normal force.

29.7 Tensile stress in shank = 0.21 × yield stress of steel. It appears that the drain plug has plenty of spare load capacity, but some of this is used up because the washer *work hardens* as it is compressed.

The next time the washer is used, it will not yield when the bolt is torqued up. So it is heated to dull red heat to *anneal* it – to remove the work hardening, and restore the yield strength to its original value.

29.8 To make sure that there is a large enough real area of contact, a, to carry the current without overheating. If the screws are not done up tight, overheating at the contacts can lead to oxidation of the metal surfaces, which in turn increases the contact resistance even more, resulting in still higher temperatures, and yet more oxidation, until the contacts burn out. Only with gold (which does not oxidize) and silver (see Example 25.5) is this not a problem.

29.9 Adhesive wear (see Section 29.5).

29.10 Because the interference of fit was reduced by the additional pressing-on and pressing-off operations.

29.11 Use a thermal expansion assembly process. Position the shaft with its axis vertical, and the compressor wheel seat uppermost. Heat the compressor wheel with gas torches, to expand the bore until it is larger than the shaft. Then drop the compressor wheel down over the shaft.

29.12 The water acts as a boundary lubricant between the steel rods and the tire (see Section 29.4).

You should have foreseen this. The answer is to make the surface of the steel bars as rough as possible. The solution adopted was to remove each bar, and replace it with a bar that had a coarse screw thread machined along its length.

CHAPTER 30

마찰과 마모에서 사례연구

30.1 개요

이 장에서는 마찰과 마모와 관련된 매우 다른 세 가지의 문제를 살펴본다. 첫 번째의 경우는 제29장에서 설명했던 내용과 관련이 있는 원통형 베어링의 원형축과 저널에 관한 것이다. 저널 베어링은 회전 또는 왕복 운동하는 기계류에 공통적으로 사용되는데 자동차 크랭크축 베어링이 좋은 예이다. 두 번째 사례는 스키와 썰매의 설계로써 얼음의 마찰 특성과 관계가 있고 세 번째 사례는 고분자 재료의 마찰 특성에 관한 것으로 타이어 미끄럼 방지를 위한 고무의 선택법에 관한 것이다.

30.2 사례연구 1 : 저널 베어링의 설계

잘 윤활된 저널 베어링의 작동은 놀랍게도 재료의 마모 특성과 전혀 관계가 없다. 왜냐하면 서로 이웃한 표면이 직접 접촉하는 경우가 발생하지 않기 때문이다. 표면들은 유체역학적 윤활 조건하에서 형성된 얇은 오일 막에 의하여 서로 분리되어 있다. [그림 30.1]은 유체역학적으로 작동하는 베어링의 단면을 나타낸 것이다. 저널에 작용하는 하중은 축을 한쪽방향으로

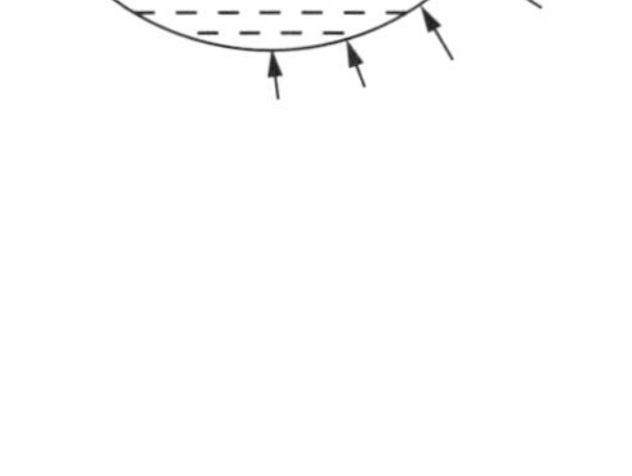

그림 30.1
유체역학적 윤활

밀어 서로의 간격이 거의 한쪽으로 치우치게 된다. 오일의 점성 때문에 회전축은 오일을 끌고 회전하는데 이웃한 표면간격이 가장 작은 영역 쪽으로 오일 흐름이 수렴되어 오일의 압력을 증가시킨다. 이 압력이 축을 베어링 표면으로부터 들어올리게 된다.

10에서 100 기압의 압력이 이 같은 조건에서 발생한다. 만일 오일의 점성이 크면 얇은 오일막이라도 이웃한 표면을 서로 완전히 분리할 만큼의 두께가 된다. 이상적인 유체역학적 조건하에서는 요철간의 접촉이나 마모는 발생하지 않는다. 이웃한 표면의 미끄럼은 유체 오일의 전단에 의해 발생하므로 마찰계수는 0.001에서 0.005 범위 내에 있게 된다.

유체역학적 윤활은 올바르게 작동되면 매우 효과적이다. 그러나 엔진을 시동걸 때 또는 고하중에서 천천히 운전되고 있을 때 유체역학적 윤활은 효과적이지 않다. 따라서 경계윤활에 의존해야만 한다(제29장 참조).

이 같은 조건하에서는 이웃한 표면에서 접촉과 마모가 발생하게 된다(이것이 왜 자동차 엔진이 장거리보다 단거리에서 사용되었을 때 수명이 단축되는지에 대한 이유이다). 크랭크축은 마모되면 교체하기 어렵고 비용이 많이 든다. 이에 반해서 베어링은 [그림 30.2]에 보인 바와 같이 교체하기 쉽고 비용이 저렴하다. 이것은 베어링에 가능한 한 많은 양의 마모를 집중시키는 좋은 방법이다. 따라서 앞 장에서 “점착 마모”에 대하여 설명하였듯이, 저널 재료보다 베어링 재료를 더 부드러운 것을 사용하거나, 베어링 재료보다 저널 재료를 더 단단한 것을 사용하면 원하는 마모를 유도 할 수 있다.

크랭크축 저널은 표면 경도를 증가시키기 위해서 특별한 화학처리 또는 열처리(제29장)를 이용하여 표면 경화될 수 있다(이것은 재료를 취성으로 만들 수 있고, 충격 하중 하에서 깨질 수 있기 때문에 전체 축을 경화시키지 않는 것이 중요하다). 베어링 재료들은 이러한 목적으로 개발된 표준 합금들로부터 선택할 수 있다([표 30.1] 참조).

상대적으로 부드러운 베어링 재료들은 각각 서로 다른 장점들을 가지고 있다. 이에 대한 설명은 다음과 같다.

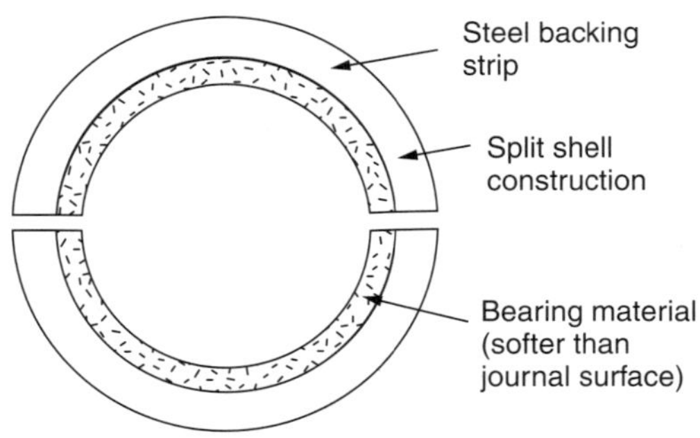

그림 30.2
교체 가능한 베어링 셸

표 30.1 전형적인 베어링 합금

Alloy	σ_y (MN m^{-2})	Fatigue Strength
White metal (lead based)		
Pb – 10% Sb, 6% Sn	30	Low
White metal (tin based)		
Sn – 8% Sb, 4% Cu	60	Low
Aluminum based		
Al – 40% Sn	40	Low
Al – 6% Sn, 1% Ni	50	Medium
Al – 11% Si, 1% Cu	90	Good
Copper based		
Cu – 30% Pb	60	Medium
Cu – 20% Pb, 5% Sn (leaded bronze)	125	Good
Cu – 10% Sn, 1% P (phosphor bronze)	230	Good

매몰성(embeddability)

실제 베어링은 이산화규소 같은 작고 단단한 입자들로 오염 물질도 포함한다. 만약 입자들이 기름막보다 더 두껍다면, 마멸 마모를 일으킬 것이다. 그러나 베어링 표면은 충분히 부드럽기 때문에 이러한 입자들은 베어링 표면에서 속으로 매몰되기 때문에 회전을 통해서 제거된다 ([그림 30.3]).

순응성(conformability)

베어링의 약간의 잘못된 정렬은 베어링 금속의 소성유동이 쉽게 일어난다면 스스로 교정될

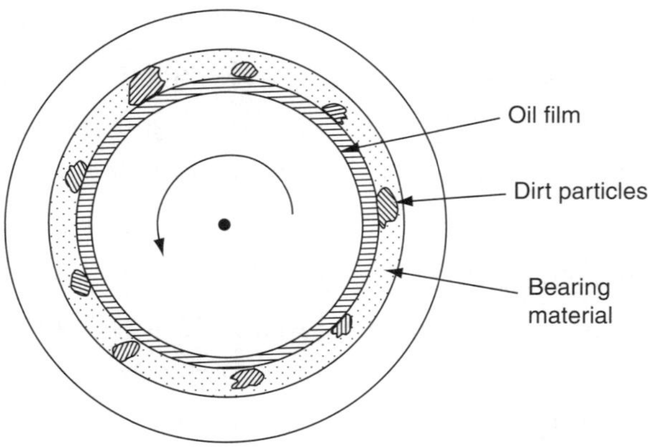

그림 30.3
오염 입자들은 부드러운 베어링 재료에 매몰된다.

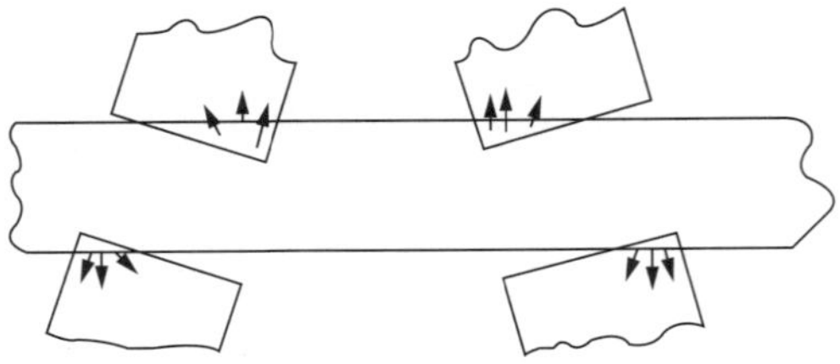

그림 30.4
베어링의 작은 잘못된 정렬은 베어링 재료의 유동에 의해 교정될 수 있다.

수 있다([그림 30.4]). 그러나 하중 전달 능력과 순응성 사이에서 적절한 선택이 필요하다.

고착 방지(preventing seizure)

오일 공급에 문제가 있다면, 마찰열은 베어링의 온도를 빠르게 증가시킬 것이며, 이것은 저널과 베어링 사이에 확연한 금속 간 접촉과 큰 원자 결합으로 이어지고 고착될 것이다. 저융점의 부드러운 베어링 재료는 적용된 하중들에 대하여 전단을 일으킬 수 있으며, 또한 국부적으로 용융될 수 있다. 이러한 현상은 더욱 더 심각한 손상으로부터 저널을 보호하는 것을 도울 뿐만 아니라, 구동 부품의 갑작스런 멈춤으로 인해 발생하는 주요한 요소 파괴를 막는데 도움이 된다. [그림 30.5]와 [그림 30.6]은 선박용 디젤 엔진의 메인 크랭크축 베어링에 과열 손상을 일으키는 전형적인 예를 보여준다. 화이트 메탈 베어링은 심하게 긁혔고, 얼룩졌으며, 산화되었지만 크랭크축 저널에 손상은 없었다.

특별한 응용을 위해 베어링을 설계할 때는 베어링이 안전하게 작동할 수 있도록 내부의 압력-속도("PV")에 대하여 고려하는 것이 유용한다([그림 30.7]). 재료가 항복([표 30.1] 참조)되거나 열 손상을 입지 않도록 사용 중에 작용하는 최대 압력과 미끄럼 속도를 확실히 파악해야 한다. PV 선도는 베어링 재료의 물성은 간단하지도 않으며, 또한 적용된 하중, 윤활 조건들 그리고 베어링의 구조적인 세부사항들의 특성도 간단하지가 않다. 비록 유체역학적 윤활이 표면들 사이의 간격을 유지시켜 주지만, 심지어 이상적인 윤활 조건하에서도 약간의 마찰열이 발생될 수 있다. 윤활 조건들이 경계 윤활로 돌아가거나 더 나빠질 수도 있다면, 더욱 더 많은 열이 발생될 수 있다.

모범적인 예로 125.9 mph의 증기 철도 기관차 세계 속도 기록을 지키고 있는 Mallard 철도 기관차를 들 수 있다(http://en.wikipedia.org/wiki/LNER_Class_A4_4468_Mallard). 1938년 7월 3일에 기록을 깨는 주행 동안에, 내부 실린더의 크랭크핀이 과열되었다. 거리 측정이 완료된 후에 바로 증기가 꺼졌고, 기관차는 역 근처에서 멈춰야만 했다. 의심할 여지 없이 높은 미끄럼 속도와 가혹함 그리고 왕복 하중의 조합이 베어링을 PV 선도의 한계를 넘어서게 만들었다.

그림 30.5
선박용 디젤 엔진의 손상된 메인 크랭크축 베어링

그림 30.6
그림 30.5에서 베어링 표면의 확대도

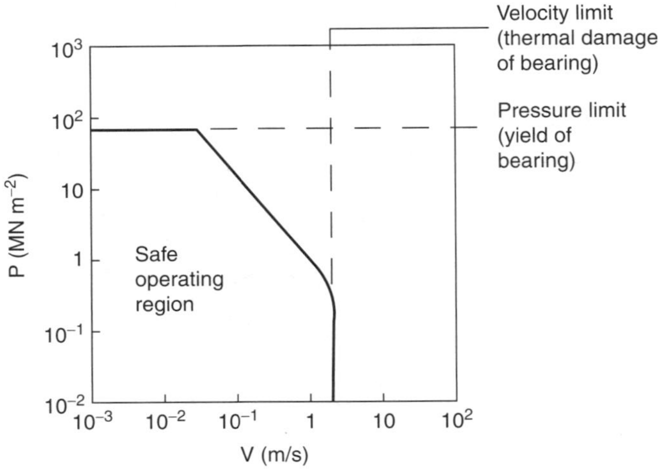

그림 30.7
PTFE가 침윤된 소결 주석 청동에 대한 압력-속도 선도(추가적인 윤활이 없음. http://www.glycodur.de/en/lieferprogramm/gleitlagerwerkstoff/index.htm; http://www.glycodur.de/en/lieferprogramm/gleitlagertechnik/lager_pvbereich.htm).

예를 들면, 휘발유와 디젤 엔진에 있어서 요동치는 하중이 발생하는데, 특히 디젤 엔진 크랭크핀과 크로스헤드 베어링에서 나타난다. 따라서, PV 선도에 베어링 재료의 피로를 고려할 필요가 있다. 이것은 베어링 표면에 미세 균열을 만들어내고, 궁극적으로 베어링 금속 조각의 분리를 야기시킨다. [그림 30.8]은 선박용 엔진 크랭크핀 베어링의 전형적인 피로 손상의 예를

그림 30.8
선박용 디젤 엔진 크랭크핀 베어링(상부 덮개). 피로 균열 때문에 사라진 화이트 메탈

보여준다. [표 30.1]에서와 같이, 피로 강도는 베어링 재료의 종류에 크게 의존한다.

30.3 사례연구 2 : 스키와 썰매날 재료

스키는 사람용, 항공기용 모두 왁스가 칠해진 나무로 만든다. −10°C에서도 눈과 왁스가 칠해진 나무의 마찰계수는 매우 낮다(μ는 약 0.02). 만약 그렇지 않다면 스키가 장착된 비행기들은 눈 쌓인 활주로에서 이륙할 수 없으며, 스위스에 겨울 관광객들을 실어 나를 수 없을 것이다. −10°C 이하에서는 마찰계수가 약 0.4까지 급격히 상승하는 안좋은 점들이 나타나기 시작한다([그림 30.9]). 극지 탐험가들이 이런 현상을 자주 목격하게 된다. 1911~1913년의 Scott 탐험대의 일원이었던 Wright는 "0°F(−18°C) 아래에서 썰매를 타는 사람들이 느끼는 체감 온도가 계속해서 낮아진다"고 기록한다. 그것은 원정대에게 상당한 곤란을 야기시켰다. 무엇이 눈 위에서의 스키 마찰을 결정하는 것일까?

얼음은 압축하면 용융점이 감소하는 점에서 대부분의 다른 재료들과 구별된다. 그러나 스키의 압력이 눈을 녹인다는 것은 상식적으로 합당치 않다. 왜냐하면 몸집이 큰 사람에 의해 스키에 전달되는 압력은 얼음의 용융점을 약 0.0001°C 낮추는 효과가 있다. 만일 체중이 스키 면적에 단지 10^{-3}인 요철부에 의하여 지탱되고 있다고 하여도 용융점은 단지 0.1°C 감소해야 한다. 따라서 압력에 의한 용융점 감소는 [그림 30.9]에 나타낸 마찰현상을 설명할 수 없다. 그러나 스키가 슬로프를 내려가기 시작하면 마찰력에 의하여 미끄럼 면에 열이 발생하여 [그림 30.9]의 '속도 한계'를 초과한다. 마찰열은 얼음층을 녹여 요철과 스키의 접촉면에 얇은 수막을 형성하게 된다. 사람이 마찰로 발생된 물의 층을 따라 수상을 활주하는 것과 같다. 이 원리는

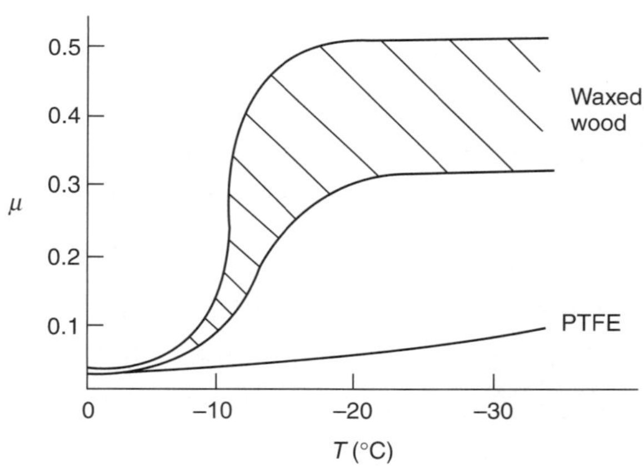

그림 30.9
다양한 온도에 따른 얼음에서의 재료의 마찰

국부적으로 납을 녹여 액체 윤활 막을 생성시켜 더 낮은 마찰계수를 갖도록 하여 베어링을 보호하는 원리와 동일하다.

−10℃ 이하에서는 열이 너무 빠르게 전도되어 사라지기 때문에 얼음을 녹일 수 없다. 알루미늄이나 스틸 모서리를 갖는 스키 장비들이 열전도도가 높기 때문에 낮은 온도에서 더 느리다. 낮은 온도에서의 마찰의 원리는 금속의 경우와 동일하다. 얼음의 요철부는 스키가 미끄러질 때 전단되어야 한다. μ의 값(0.4)은 28장에서 전단 모델로 계산한 값에 근접한다. 이 큰 마찰계수값(비행기가 이륙하기에 매우 힘들 정도의 충분한 값)은 짐이 실린 썰매를 끄는데 필요한 값의 10배 이상의 값으로 증가한다. 이 값을 감소시키는 방법은 무엇일까?

이것은 표준 마찰 문제이다. [그림 29.5]는 금속과 세라믹 위에서 고분자 재료가 미끄러질 때 μ가 0.04로 낮아질 수 있음을 나타낸다. 가장 낮은 마찰계수를 갖는 고분자 재료 중에 PTFE(테프론)와 폴리에틸렌이 있다. 이 같은 재료들로 스키 또는 썰매 날을 코팅함으로써 마찰열이 경계 수막을 만들 수 없을 정도의 낮은 온도에서조차도 마찰계수를 작게 만들 수 있다. 항공기와 스포츠 스키는 현재 폴리에틸렌 또는 테프론으로 코팅된 표면을 가지고 있다. 올림픽 조직위는 표면의 마찰계수가 작은 봅슬레이 경기에서 이러한 코팅 재료들의 사용을 금지하였다.

30.4 사례연구 3 : 높은 마찰 고무

지금까지 마찰을 감소시키는 방법에 대하여 설명하였다. 그러나 많은 경우에(브레이크 패드, 클러치 라이닝, 등산화, 특히 자동차 타이어 등) 마찰이 크면 클수록 유익한 경우가 있다. 고무의 마찰 거동은 금속의 경우와 매우 다르다. 제29장에서 금속표면이 서로를 압박하면 접촉점에서 소성변형이 발생하고 접촉면적에서 접합점을 전단시키는데 필요한 표면사이의 마찰이 증가한다.

그러나 고무는 탄성적으로 매우 큰 변형률까지 변형된다. 따라서 고무가 어떤 표면과 접촉하고 있어도 접촉점에서의 변형은 탄성적이다. 이 탄성력은 접촉면의 원자들을 압박하여 서로 접착시키기 때문에 표면이 미끄러지려면 전단이 필요하다. 이런 사실이 왜 자동차 타이어가 건조한 상태에서 잘 제동되는지에 대한 이유이다. 습한 조건에서의 상황은 전혀 다르다. 물이나 진흙으로 된 얇은 윤활막이 고무와 도로 사이에 형성되면, 건조한 상태와 다르게 매우 낮은 응력에서 서로 전단되어 위험한 결과를 발생시킨다. 이러한 상황 하에서 미끄럼을 방지하는데 도움이 되는 또 다른 마찰의 원리가 있다. [그림 30.10]에서 설명된 것처럼 모든 도로는 매우 거친 표면을 갖고 있어 거친 도로의 높은 부분이 타이어를 속으로 밀고 들어가 매우 큰 국부적인 탄성변형을 야기시킨다. 타이어가 미끄러져 도로의 거친 부분 위를 미끄러져 지나가면 거친 부분에 의하여 탄성적으로 변형되었던 고무부분이 회복된다. 반면에 후방에 있

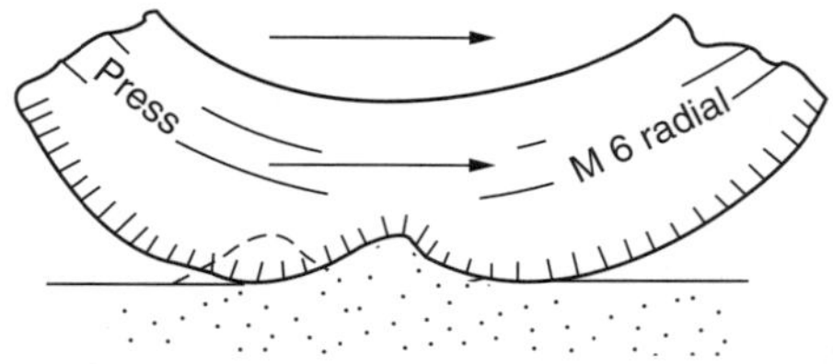

그림 30.10
거친 도로 표면에서의 미끄러짐은 타이어 재료를 탄성 변형시킨다.

던 고무는 거친 노면에 도달하여 압축된다. 모든 고무는 비탄성 거동을 나타내기 때문에 응력-변형율 곡선은 [그림 30.11]과 같다. 고무의 압축으로 인한 일은 그림에서 상부곡선의 아래면적과 같지만, 만약 응력이 제거 되어도 수행한 일은 전부 회복되지는 않는다. 소모된 일의 일부는 열로 변환된다(하중 곡선과 비하중 곡선 사이의 빗금친 부분의 면적은 소모된 일을 나타

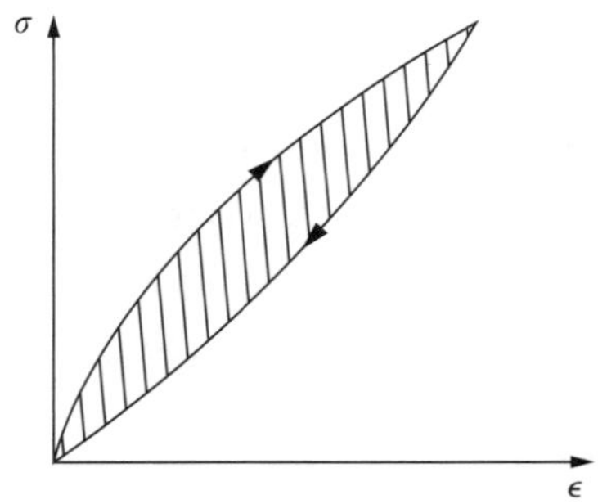

그림 30.11
고무 탄성 사이클에 필요한 일

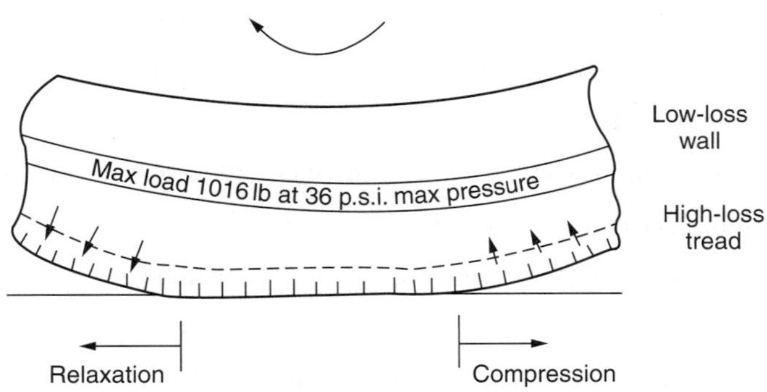

그림 30.12
고-히스테리시스 고무로 쌓인 저-히스테리시스 미끄럼 방지 타이어

낸다). 따라서 타이어가 거친 노면 위에서 미끄러지게 하려면 윤활이 잘 되어 있을 때에도 일이 필요하다. 즉 마찰이 존재해야 한다는 것이다. 따라서 고-히스테리시스를 갖는 특수 고무는 습한 조건에서조차 큰 미끄럼 저항을 갖게 된다.

그러나 고-히스테리시스 고무의 단점은 주행 중에 타이어 벽에 상당히 큰 탄성 변형을 발생시켜 연료를 많이 소모하고 상당한 열을 발생시킨다는 점이다. 이에 대한 해결 방안은 고-히스테리시스 고무로 싸인 저-히스테리시스 타이어를 사용하는 것이다(복합재료를 이용한 또 다른 설계의 예)([그림 30.12] 참조).

EXAMPLES

30.1 How does lubrication reduce friction?

30.2 It is observed that snow lies stably on roofs with a slope of less than 24°, but that it slides off roofs with a greater slope. Skiers, on the other hand, slide on a snow-covered mountainside with a slope of only 2°. Why is this?

30.3 A person of weight 100 kg standing on skis 2 m long and 0.10 m wide slides on the 2° mountain slope, at 0°C. Calculate the loss of potential energy when the ski slides a distance equal to its own length. Hence calculate the average thickness of the water film beneath each ski. (The latent heat of fusion of ice is 330 MJ m^{-3}.)

30.4 How can friction between road and tire be maintained even under conditions of appreciable lubrication?

30.5 In countries that have cold winters (e.g. Sweden) it is usual for road vehicles to be fitted with special tires in the winter months. These tires have hard metal studs set into the tread. Why is this necessary?

30.6 Explain the principle behind hydrodynamic lubrication. Under what conditions is hydrodynamic lubrication likely to break down? What then saves the bearing?

30.7 Why do plain bearings often consist of a hardened shaft running in a soft shell?

30.8 Modern gas and diesel engines use multilayered bearing shells as shown in the following diagram. Tight machining and assembly tolerances mean that the bearing material can be made very thin, since conformability is no longer much of an issue. This also means that the bearing can stand a much greater pressure without the soft material yielding.

With reference to Example 12.2, modify the analysis for the situation where there is no friction between the bar and the upper anvil, but there is sticking friction between the bar and the lower anvil. This models the situation in the bearing (bar = soft bearing material, upper anvil = oil film, lower anvil = steel backing strip). Hence show that

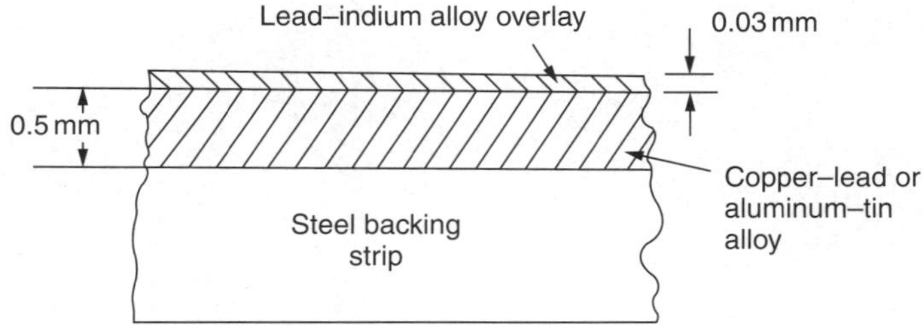

$F \leq 2.5wLk$

Verify that the general formula now becomes

$$F \leq 2wLk\left(1+\frac{w}{8d}\right)$$

For a bearing layer 0.5 mmthick, and a bearing shell 40 mmwide, find the ratio between the yield load of the bearing layer, and the yield load of an unconstrained sample of bearing material.

30.9 The photographs at the top of the next page show the propeller shaft bearing from a large cargo vessel which was put into dry dock for repairs. The white metal lining of the bearing has suffered considerable damage in service. List the main features of the damage. What mechanism of failure would you suggest to explain these features?

Cargo vessel in dry dock for repairs. Note propeller and propeller shaft removed (just forward of the rudder). Lisnave shipyard, Setubal, Portugal. – 38 28 40 N 8 47 21 W

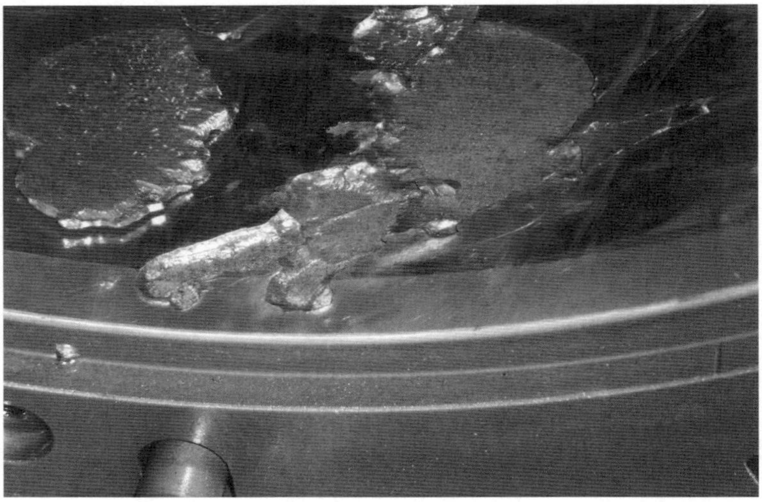

Propeller shaft white metal bearing

30.10 The YouTube link shows a steam locomotive on the famous Darjeeling Himalaya 2 ft gauge line in India (New Jalpaiguri to Darjeeling, West Bengal – 27 01 00 N 88 14 51 E); see *http://en.wikipedia.org/wiki/Darjeeling_Himalayan_Railway and http://www.youtube.com/watch?v¼LwnmaB4OaIo&feature¼related*

At the start of the clip, the driving wheels of the loco can be seen slipping on the rail because it is damp from the overnight dew. Shortly afterward, the two "sand boys" can be seen dropping sand on to the rails just in front of the loco to help the wheels get a grip. Why was the loco slipping in the first place, and why should sand stop the loco slipping?

ANSWERS

30.1 See Sections 29.4 and 30.2, paragraph 1.

30.2 The coefficient of static friction is tan 24° = 0.45. When the ski is moving, it is the sliding friction which counts, with μ_k = tan 2° = 0.035.

30.3 Loss of potential energy = mgh = 68 J. This melts a volume of water of 2.1×10^{-7} m^3. If spread uniformly over the underside of the two skis, this would give a film thickness of 0.5 μm.

30.4 See Section 30.4.

30.5 As shown in Example 30.3, as soon as the tire starts to slide on the ice, it will melt the surface of the ice, reducing the friction coefficient to zero. The hard studs bite into the ice, and the (non-zero) friction coefficient is determined by the resistance of the ice to plowing (see Figure

29.9).

30.6 See Section 30.2, paragraphs 1 and 2.

30.7 See Section 30.2, paragraphs 4 to 9.

30.8 When only one interface has sticking friction,

$$Fu \le 2wLku + 2 \times \frac{wL}{2} \times k \times \frac{u}{2} = 2.5\,wLku$$

This result was derived for the case of $w/d = 2$ (see Example 12.2). Inserting this value of w/d into the general formula gives $F \le 2.5wLk$.

For $d = 0.5$ mm and $w = 40$ mm, $F \le 22wLk$. The yield load of the unconstrained sample is obtained by setting $w/8d = 0$. The ratio of the constrained to unconstrained yield loads = 11. This is a huge gain in the effective strength of the bearing material.

30.9 Large thin "pancakes" of white metal have come away from the bearing. Extensive cracks have formed parallel to the bearing surface, at a relatively small distance below the surface. Other cracks have initiated at the bearing surface and propagated into the white metal at right angles to the surface. These cracks have allowed the detachment of the white metal pancakes. The likely mechanism of cracking is fatigue (see Section 30.2, last paragraph).

30.10 When the rails are damp, the contact areas between the wheels and the rail are partially separated by a thin film of water (which probably also contains oily residues dropped from locomotives which have passed over the track before). The contact areas are effectively lubricated byboundary lubrication(see Section 29.4, paragraph 3). Sand particles are small and hard, and tend to "bite" through the surface film. Any slipping between wheels and rail will be resisted by the "plowing" action of the sand over the metal surfaces (see Section 29.4, paragraphs 8 to 10, and Figure 29.9). Sand is still used on modern diesel and electric locomotives to gain traction on slippery rails when pulling heavy trains, but is fed onto the rails through small pipes mounted in front of the wheels.

PART

열 특성

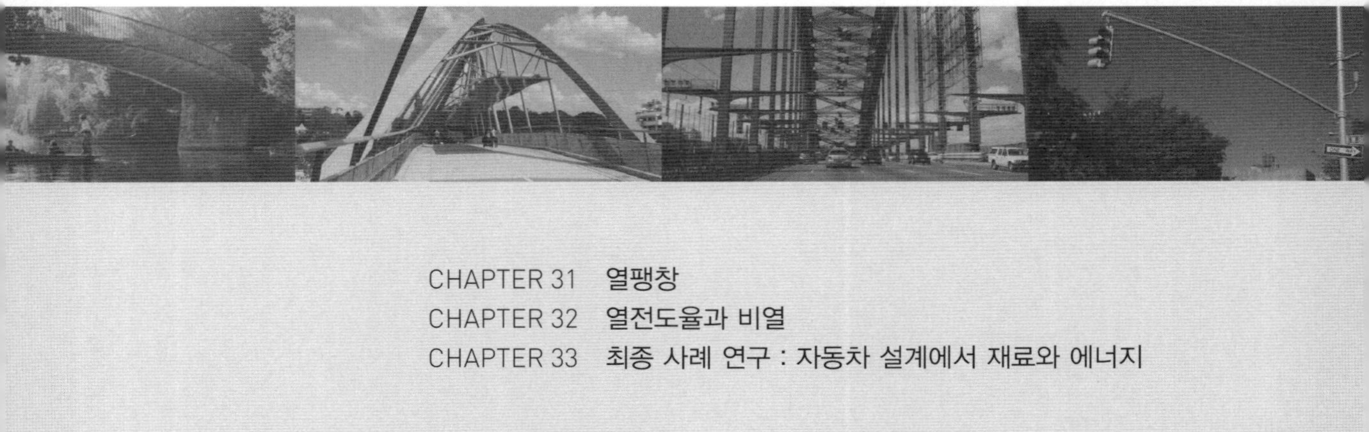

CHAPTER 31

열팽창

31.1 개요

고체 재료들이 가열될 때 대부분은 팽창한다(일부 매우 유연한 고무들은 실제로는 수축하지만). 이러한 팽창은 선팽창계수 α로 정의된다. 봉 모양의 시편(초기 길이 L_0, 최종 길이 L)이 온도 변화 ΔT 만큼 가열된다면 다음과 같은 관계가 된다.

$$L - L_0 = L_0 \alpha \Delta T \tag{31.1}$$

이 방정식은 다음과 같이 재정의될 수 있다.

$$\varepsilon = \frac{L - L_0}{L_0} = \alpha \Delta T \tag{31.2}$$

여기에서 ε은 (선형) 열 변형률이다.

등방성 재료에 대하여, 체적 변형률은 다음과 같다.

$$\Delta = \frac{\Delta V}{V} = 3\varepsilon = 3\alpha \Delta T \tag{31.3}$$

이미 앞 장들의 여러 곳에서 열팽창을 이해하였다 : 제17.4절 폴리우레탄(PUR) 발포 절연 판넬의 열 균열. 제18장 수행예제 1(구리로 된 수냉 강판의 열피로), 예제 18.7 보일러에서의 열피로, 제19.5절 용접에서의 잔류 응력, 예제 29.11 압축기 바퀴의 수축 끼움.

α는 매우 넓은 범위의 응용 분야를 갖는 중요한 재료 특성이다.

WORKED EXAMPLES 1

제17.4절에서 폴리우레탄 발포재에 있어서 열응력 σ는 다음과 같았다.

$$\sigma = \frac{\alpha \Delta T E}{(1 - \upsilon)}$$

여기에서 E는 영률, υ는 푸아송 비. 그러나 이것을 어떻게 증명할 것인가?

예제 7.11에서 알 수 있듯이, 등방성 재료의 탄성 응력-변형률 관계는 다음과 같다.

$$\varepsilon_1 = \frac{\sigma_1}{E} - \upsilon\frac{\sigma_2}{E} - \upsilon\frac{\sigma_3}{E}$$
$$\varepsilon_2 = \frac{\sigma_2}{E} - \upsilon\frac{\sigma_1}{E} - \upsilon\frac{\sigma_3}{E}$$
$$\varepsilon_3 = \frac{\sigma_3}{E} - \upsilon\frac{\sigma_1}{E} - \upsilon\frac{\sigma_2}{E}$$

각각의 변형률 항목에 열변형률을 더함으로써 열팽창의 효과를 포함한 관계식으로 변형이 가능하다.

$$\varepsilon_1 = \frac{\sigma_1}{E} - \upsilon\frac{\sigma_2}{E} - \upsilon\frac{\sigma_3}{E} + \alpha\Delta T$$
$$\varepsilon_2 = \frac{\sigma_2}{E} - \upsilon\frac{\sigma_1}{E} - \upsilon\frac{\sigma_3}{E} + \alpha\Delta T$$
$$\varepsilon_3 = \frac{\sigma_3}{E} - \upsilon\frac{\sigma_1}{E} - \upsilon\frac{\sigma_2}{E} + \alpha\Delta T$$

발포재의 자유 표면([그림 17.7])을 고려하자. 표면의 평면에 대한 주축 1_p, 2_p를 설정하고, 표면에 직각 방향으로 3_p를 설정한다. $\sigma_3 = 0$(자유 표면은 응력을 지지할 수 없음), $\varepsilon_1 = \varepsilon_2 = 0$(강판에 고정되어 있기 때문에 표면은 측면으로 수축할 수 없음). 따라서, 식은 다음과 같이 정리된다.

$$0 = \frac{\sigma_1}{E} - \upsilon\frac{\sigma_2}{E} + \alpha\Delta T$$
$$0 = \frac{\sigma_2}{E} - \upsilon\frac{\sigma_1}{E} + \alpha\Delta T$$
$$\varepsilon_3 = -\upsilon\frac{\sigma_1}{E} - \upsilon\frac{\sigma_2}{E} + \alpha\Delta T$$

이 식으로부터 $\sigma_1 = \sigma_2 = 0$(동일 이축)이므로, $0 = \frac{\sigma}{E} - \upsilon\frac{\sigma}{E} + \alpha\Delta T$, $\sigma = -\frac{\alpha\Delta TE}{(1-\upsilon)}$를 얻을 수 있다(발포재의 자유 표면은 냉각되었기 때문에 ΔT는 마이너스이다. 따라서, σ는 인장 응력이다). ■

α를 어떻게 측정할 수 있을까? 많은 금속들과 세라믹들에 대한 대략의 근사치로, 100℃ 온도 상승에 1/1000의 열변형률을 나타낸다(1000/inch와 동등).

How do we measure α? As a rough approximation for many metals and ceramics, a temperature rise of 100°C produces a thermal strain of one in a thousand (equivalent to 1 thou per inch). Measuring α for these materials there-

이러한 재료들에 대한 따른 α 측정은 매우 정밀한 길이 측정과 온도 제어가 필요하다. 이 점은 상당한 도전이 필요함을 나타내며, 특별히 측정할 때 고온에서 이뤄져야만 한다. 만약 전통적 기계적인 방법들(예, 마이크로미터, 변위 변환기)이 사용된다면, 측정 장비 자체가 팽창하지 않도록 세심한 주의가 필요하다(만약 팽창한다면 교정이 이뤄져야만 한다). 이러한 문제점들의 대부분은 레이저 간섭측정(매우 높은 정밀도를 갖는)과 같은 비접촉식을 사용하여 해결되었다.

31.2 열팽창계수

α에 대한 자료를 [표 31.1]에 나타내었다. 비록 금속과 세라믹에 대한 값들의 범위가 매우 같지만, 각 재료들의 분류 값 안에서 많이 다양하다. 주지해야 할 것은 폴리머(일부 폴리머 기반 합성물)에 대한 매우 큰 값이다 – 전형적으로 금속과 세라믹에 5~10배의 값을 갖는다. α 자체는 온도에 민감하다 – 표에 나타낸 값들은 유한한 온도 범위(종종 25~125°C)에 대한 평균 값들이다. 정확한 활용을 위해서 자료는 수백도 이상 높은 상대온도 범위에 대해서 얻어져야만 한다.

그러나, 무엇이 대부분의 재료들의 양의 열팽창을 야기하는가? 그리고, 금속/세라믹, 폴리머/복합재료 사이에 커다란 차이는 무엇 때문인가?

표 31.1 열팽창계수 α 자료(예, 표에 나타낸 "6"은 $6\times10^{-6}\ K^{-1}$을 의미)

Material	α
Metals	
Zinc	31
Zinc die-casting alloy	27
Magnesium	26
Aluminum	22.5
Aluminum alloys	20–24
Copper	17
Copper alloys	18–20
Iron, carbon steel, low-alloy steel	12
High-alloy steels	10–18
Stainless steels	17
Nickel	13
Superalloys	12
Titanium	9
Ti-6Al4V	8

| 표 31.1 | 열팽창계수 α 자료(예, 표에 나타낸 "6"은 $6\times10^{-6}\ K^{-1}$을 의미)(계속)

Material	α
Controlled–expansion alloys	
Kovar (Nilo–K), 54Fe29Ni17Co	6
Invar, 64Fe36Ni	1.3
Ultra–pure Invar (<0.001Co)	0.6
Ceramics and glasses	
Cement and (unreinforced) concrete	10–14
Soda glass	8.5
Alumina	8.5
Zirconia	8
Limestone	8
Granite	8
Silicon carbide	4.3
Borosilicate glass	4
Silicon nitride	3.2
Porcelain	3
Diamond	1.2
Polymers (thermoplastics)	
Polypropylene (PP)	170
Polyethylene, high density (HDPE)	140
PTFE	130
Nylons	110–120
Polyurethane (PU)	80
Polystyrene (PS)	70–100
Polycarbonate (PC)	70
PMMA (Perspex)	55–70
Polyvinylchloride, unplasticized (UPVC)	50–70
Polyetheretherketone (PEEK)	50
Polymers (thermosets/resins)	
Epoxies	55–90
Polyesters	50–100
Phenol formaldehyde	26–60
Polymers (rubbers/elastomers)	
Silicone	250–300
Fluorosilicone	200
Nitrile butadiene (NBR)	200
Fluorocarbon (Viton)	200
Polychlorotrifluoroethylene (PCTFE)	150
Polyisoprene, polybutadiene, polychloroprene	≈600
Polymer–matrix composites	
Glass–filled nylons	50–60
Tufnol (paper or woven cloth laminated phenolic resin)	18–22

31.3 열팽창의 물리적 기본원리

제4장에서 영률에 대한 근원을 설명하기 위하여 원자간 결합의 물리학에 관하여 검토하였다. 원자간 결합력은 열팽창의 근원을 이해하는 데에도 중요한 열쇠 역할을 한다.

[그림 31.1]은 [그림 4.6]의 결합에 대한 순수 에너지/거리의 $U(r)$ 곡선을 보여주는 버전이다. 제22장(제22.2절)에서 언급하였듯이, 고체에서 원자들은 그들의 평균 위치에서 진동한다. 주어진 절대 온도 T에서, 진동하는 원자의 열에너지는 시간에 대한 평균치인 3 kT이다(k : 볼츠만 상수). [그림 31.1]은 원자의 평균 열에너지가 "전위 우물"의 최소보다 위에 있는 수평선 아래로 그려짐을 보여준다. 전위 우물의 두 측면 사이에 있는 이 선의 길이는 원자의 평균 진동 진폭을 나타낸다.

온도 T가 증가함에 따라, 원자들의 열에너지 3 kT도 비례하여 증가하고, 진동 에너지 준위는 전위 우물 내에서 위쪽으로 이동한다. 원자들의 진동 진폭 또한 증가한다(선은 조금 더 길어진다). 그러나, 제일 관심가는 것은 원자들의 진동의 중심이 바깥쪽으로 향한다는 것이다 – 고체에서 원자들은 모두 서로 서로로부터 떨어졌다는 것이며, 이것이 열팽창을 일으킨다는 것이다. 이것은 모두 $U(r)$ 곡선의 비대칭의 결과이고, 그 다음으로 원자간 전위에서의 반발 항은 일반적으로 인력 항보다 더욱 더 가파르다는 사실에 기인한다(식 4.4 참조).

그러나, 예를 들어, 알루미늄의 α는 $22.5 \times 10^{-6}\ K^{-1}$일 때 왜 다이아몬드는 단지 $1.2 \times 10^{-6}\ K^{-1}$일까? 이것은 $U(r)$ 곡선으로 설명된다 : 알루미늄의 전위 우물이 다이아몬드보다 넓고 얕다. 이것은 이러한 두 재료들(다이아몬드의 공유 결합, 알루미늄 금속 결합)에 있어서 원자간 결합크기의 차이의 결과이다.

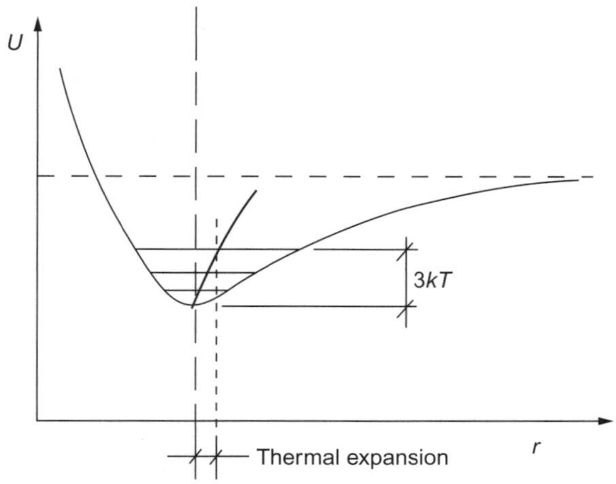

그림 31.1
고체에서의 열팽창

WORKED EXAMPLES 2

[그림 4.11]로부터 알 수 있듯이, 좁은 전위 우물(작은 $r_D - r_0$ 값)은 평형 분리 r_0에서 큰 기울기 dF/dr을 나타내고, 넓은 전위 우물(큰 $r_D - r_0$ 값)은 r_0에서 작은 기울기 dF/dr을 나타낸다. 결합 강도를 나타내는 식은 다음과 같다(식 4.7, 4.8 참조).

$$S_0 = \left(\frac{\mathrm{d}F}{\mathrm{d}r}\right)_{r_0}$$

영률은 $E = S_0/r_0$(식 6.5 참조). 따라서, 영률과 연결하여 어떤 재료의 열팽창을 예측할 수 있다. 이것은 널리 사용되는 방법이다 : 다이아몬드의 E(1000 GN m^{-2})는 알루미늄의 E(69GN m^{-2})보다 대략 15배나 더 크다 ; 열팽창계수는 α는 다이아몬드가 알루미늄보다 대력 19배 작다. 사실, 재료들(많은 폴리머를 포함하여)의 넓은 범위에 있어서 α는 다음의 식으로 표현된다.

$$\alpha \approx \frac{C}{E^2} \tag{31.4}$$

이 식에서 C는 상수이다. ■

폴리머들을 살펴보면([표 31.1] 참조), α는 열경화성수지 26×10^{-6} K^{-1}에서 열가소성수지 170×10^{-6} K^{-1}까지 유리 온도 T_G 위에서 변화한다. 이것은, 다시 말해서 결합의 본질에 반대되는 것이다([그림 5.10], [그림 6.2] 참조) : 열경화성수지인 경우에 매우 단단한 공유 가교결합을 갖는다. 열가소성수지의 경우에는 T_G 위에서는 더욱 더 약한 구속력을 갖는다(결정 지역과 일부 가지나 꼬인 지역은 약하지만 반데르발스 결합 지역은 약하지 않음).

고무들도 관심의 대상이다. [표 31.1]에 나타낸 것과 같이, 고무들의 α는 PCTFE의 경우 150×10^{-6} K^{-1}에서 폴리이소프렌의 경우 600×10^{-6} K^{-1}까지의 범위를 갖는다. 폴리머 사슬은 간헐적 공유 가교결합에 의해 서로 고정된다([그림 5.10(a)] 참조). 그러나 이러한 가교결합 사이에 사슬 부분들은 응력이 작용하는 쪽으로 이동할 수 있다. 만약 고무가 첨가된다면, 사슬 부분들은 약간 똑바로 펴지고 고무는 늘어난다. 사슬 부분들은 똑바로 펴짐에 따라 더욱 정돈되고, 이러한 정돈을 만들어내는데 일이 필요하게 된다. 이 사슬 펴짐은 고무의 낮은 영률의 근원이다([그림6.2] 참조). 이러한 낮은 강성은 커다란 α 값과 연관된다.

그러나, 일부(매우 유연한) 고무들은 음의 α 값을 갖는다 − 가열될 때 수축한다. 이 현상은 집에서도 쉽게 볼 수 있다([그림 31.2] 참조). 조금 큰 고무 밴드들을 길이 방향으로 하나로 묶는다. 편하게 지지할 수 있는 곳에 한 쪽 끝을 걸고, 다른 쪽에는 가벼운 무게추를 매단다. 그런 다음 헤어 드라이기로 고무를 가열한다. 고무의 길이 방향으로 어느 부분도 과열되지 않도록 천천히 위에서 아래로 드라이기를 계속해서 이동한다. 매달린 무게추가 고무가 가열됨에

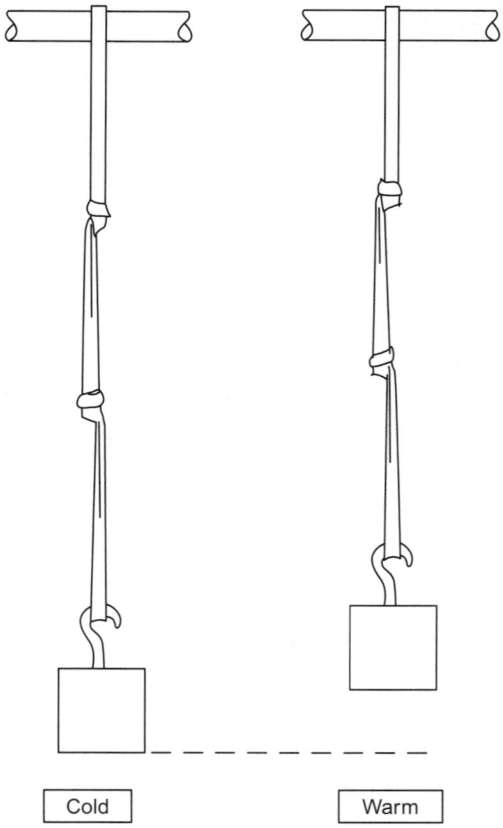

그림 31.2
유연한 고무의 음의 열팽창

따라 수축되면서 몇 cm 위로 움직이는 것을 관찰할 수 있다. 부드러운 고무는 약간의 가교결합을 가지고 있기 때문에, 사슬 부분들은 매우 길다. 부분들에서 원자들이 진동할 때, 부분들은 실제적으로 측면에서 물러나고, 이것이 상호간에 끝부분을 향하여 잡아당기는 것이다.

31.4 복합재료의 열팽창

[그림6.3(b)]에 나타낸 복합재료의 기하학적 구조를 살펴본다면, 섬유조직들에 대해 직각 방향의 전체 팽창 계수는 개별 팽창 계수들의 가중된 평균치에 의해 주어짐을 알 수 있다.

$$\alpha_c \approx V_f \alpha_f + (1 - V_f)\alpha_m \tag{31.5}$$

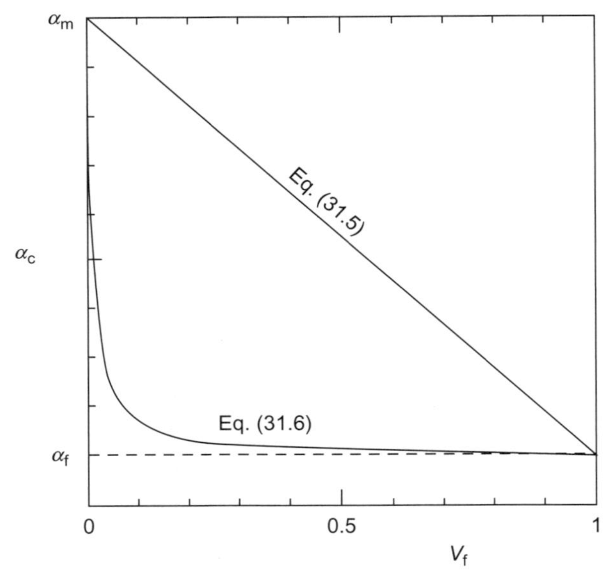

그림 31.3
정렬된 복합재료의 열팽창

섬유조직들에 대해 평행한 방향의 전체 팽창 계수([그림6.3(a)])는 다음의 식과 같다.

$$\alpha_c \approx \frac{V_f E_f \alpha_f + (1 - V_f) E_m \alpha_m}{V_f E_f + (1 - V_f) E_m} \tag{31.6}$$

이 결과를 증명하지는 않을 것이지만, 섬유들과 매트릭스 사이의 열팽창 차이 때문에 서로 반대의 탄성 처짐으로 인해 중화 되어야하기 때문에 영률에 있는 항은 나타난다(만약 증명을 원하는 독자가 있다면, 섬유들에 평행하게 작용하는 순수 내력은 0이 되어야 한다는 조건을 이용하여 식 (31.6)을 증명할 수 있다). [그림 31.3]에 식 (31.5), 식 (31.6)을 나타내었다. 식 (31.6)의 그래프는 $\alpha_m = 10\alpha_f$, $E_f = 100E_m$의 값들을 이용하였다. 입자성 복합재료의 α_c 값은 이 두 선들 사이에 놓인다.

[표 31.1]을 보면, 유리 첨가 나일론의 α는 $50\sim60 \times 10^{-6}$ K^{-1}인 반면, 나일론의 α는 $110\sim120 \times 10^{-6}$ K^{-1}로 차이가 남을 알 수 있다. α에 있어서 이러한 감소는 식 (31.5)와 식 (31.6)을 통하여 예측 가능하다. 많은 응용 분야에서, 폴리머들은 열팽창을 감소시키기 위해서 사용된다. Tufnol 역시 비강화(페놀계) 수지($26\sim60 \times 10^{-6}$ K^{-1})의 반값에 해당하는 α($18\sim22 \times 10^{-6}$ K^{-1}) 값을 갖는다.

31.5 사례 연구

온도 스위치

전기 토스터, 주전자와 같은 기기들은 미리 설정해 놓은 온도에 도달할 때 가열 요소에 전력을 끊기 위해서 바이메탈을 사용한다. 서로 다른 α 값을 갖는 두 개의 금속들은 얇은 빔 형태로 결합된다([그림31.4]). 온도가 증가할 때, 빔은 구부러진다. 빔을 반지름 R로 구부릴 때 어떤 현상이 생기는지 이미 확인하였다([그림7.1]참조). 곡선의 안쪽이 조금 더 짧다는 것을 알 수 있으며, 바깥쪽은 조금 더 길다. 바이메탈 빔의 한 쪽 면이 다른쪽 보다 팽창하기 때문에, 바이메탈 빔은 열응력을 완화하기 위해서 반드시 반지름 R로 구부려야만 한다. 이 움직임은 전기적 스위치를 작동시키는데 사용된다. 바이메탈의 매우 재치 있는 형태는 '스냅스루 디스크'이다. 이것은 상온에서는 약간 반구형이다([그림 31.6] 참조). 온도가 증가할수록, 디스크의 형상을 유지하지만, 두 금속의 차등 팽창이 고정된 열응력을 만들어낸다. 궁극적으로, 반구형 디스크는 더 이상 열응력을 지탱하지 못하고, [그림 31.5]에서와 같이 '스냅스루' 상태가 된다. 이러한 형태의 바이메탈의 이점은 (a) 특별한 온도에서 매우 정밀하게 작동할 수 있다. (b) 순간적으로 스위치를 완전히 열 수 있도록 충분한 움직임과 힘을 전달 할 수 있다. 바이메탈이 다시 차가워지면, 디스크가 원래의 형상으로 돌아갈 때까지 열응력은 반대 방향으로 작용한다. 다시 전기 주전자를 끓이려고 할 때, 디스크가 움직이는 소리를 매우 주의 깊게 계속해서 들어보면, 한 번 물이 끓는 것이 멈춘다. 몇 분 후에는 조용하지만 확실하게 '찰칵'하는 소리를 들을 수 있을 것이다. 이것은 바이메탈 디스크가 원래의 형상으로 되돌아갈 때 나는 소리이다.

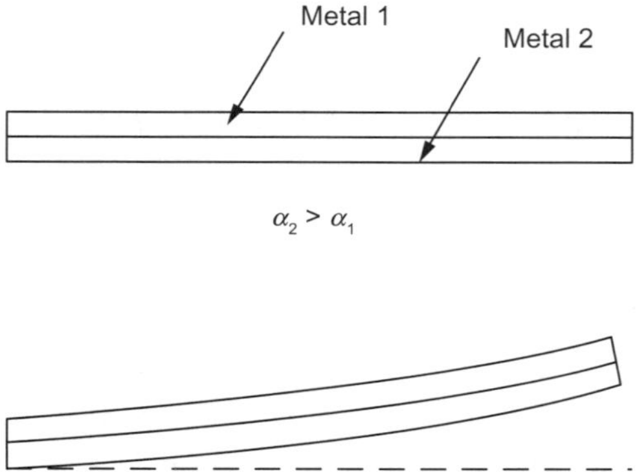

그림 31.4
바이메탈 빔

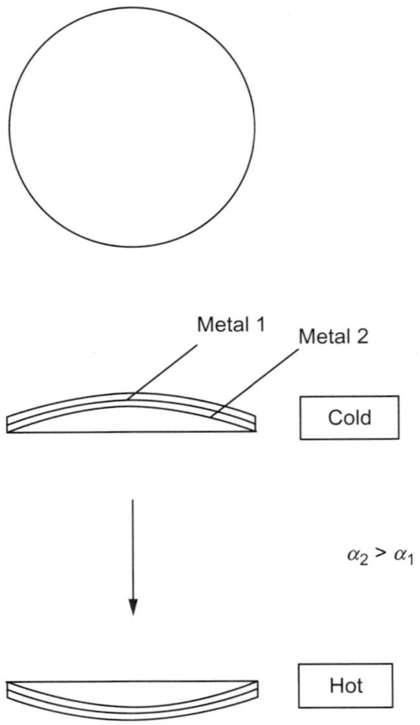

그림 31.5
스냅스루 디스크

연속 용접된 철길

전통적인 철길은 제강 공장에서 올바른 단면으로 열간 압연으로 생산되고, 쉬운 운송을 위해서 표준 길이로 잘려진다. 철길이 놓여 질 때, 각각의 길이들은 '이음매 판'을 이용하여 끝부분들이 결합된다 – 강판의 짧은 길이들을 연결부에 겹친 후에, 철길의 끝을 볼트로 체결한다 ([그림 31.6] 참조).

각 연결부의 철로 끝과 끝 사이는 온도가 높은 낮에 길이 방향 열팽창을 허용하기 위하여 짧은 간격(약 1/8″ = 3.175 mm)을 유지해야만 한다. 이음매 판 연결부들은 고속 철길에는 부적합하며, 요즘에는 연속 용접된 철길(CWR)을 사용한다. 길게 미리 용접된 철길 상태로 공장에서부터 기차로 현장까지 운반되며, 콘크리트 끈으로 강화되고, 마지막으로 용접되어 더욱 더 긴 철길로 설치된다(수 km 길이). [그림 31.7]은 묶음과 스프링 클립으로 철길을 묶어 놓은 모습을 확대하여 보여준다.

철길은 가장 차가운 온도의 겨울에서 가장 뜨거운 여름날까지의 온도 범위를 견딘다. 미국이나 유럽 대륙에서는 쉽게 −10°C~30°C(ΔT = 40°C)가 될 수 있으며, 열 변형률 $\alpha\Delta T$가 $12\times 10^{-6}\times 40$ 또는 0.48×10^{-3}이 된다(강의 α 값은 [표 31.1] 참조). 이러한 변형률은 3 km 이상의

그림 31.6
이음매 판 연결부 – 팽창 간격에 주의

그림 31.7
연속 용접된 철길

CWR이 1.44 m의 길이 변화를 만들어낼 수 있다! 분명하게, 철길의 팽창/수축을 멈추게 하기 위해 조치가 반드시 필요하다.

철길 km마다 대략적으로 2000개의 묶음이 설치되어 있고, 또한 2000개의 클립들이 철길을 아래로 묶어둘 수 있도록 설치되어 있다. 이 클립들 모두의 조합된 마찰이 철길이 묶음 위로 미끄러지지 않도록 잡아준다. 묶음 자체는 매우 무겁고, 깨진 돌의 자동 잠김 부스러기들로 구성된 자갈들(예 : 화강암) 속에 단단히 설치된다. 이것은 묶음들이 땅 위를 움직이지 않는다는 것을 의미하며, 철길이 확장 또는 수축될 수 없음을 의미한다. 열 변형률은 식 (31.7)로 주어지는 고정된 열응력을 만들어내는 같거나 반대의 탄성 변형률에 의해 중화된다.

$$\sigma = E\alpha\Delta T \tag{31.7}$$

ΔT = 40°C에 대해서, $\sigma = 200\times10^3$ MN m$^{-2}\times0.48\times10^{-3} = 96$ MN m^{-2}이다([표 3.1]의 페라이트계 강에 대한 계산). 이것은 강의 항복 응력보다 훨씬 작기 때문에 철길은 탄성 영역에 머무른다.

여기에는 하나의 복잡한 문제가 있다. 매우 뜨거운 날에, 철길에 걸리는 압축력은 좌굴을 야기할 수 있다 – 철길은 측면으로 움직여 꽉 조여진 뱀 모양의 곡선이 되어 기차의 탈선을 야기할 것이다. 이미 제7장에서 보의 탄성 좌굴에 대하여 다루었다. 임계 좌굴 하중은 다음의 식으로 계산된다.

$$F_{cr} = C\left(\frac{EI}{L^2}\right)$$

현대의 철길 단면들은 커다란 면적에 대한 2차 모멘트(I) 값을 갖기 때문에 좌굴을 방지하는데 효과적이다. 그러나, 철길은 매우 길기 때문에, 만약 철길이 좌우로의 움직임이 방지되지 않는다면, 매우 쉽게 좌굴이 일어날 것이다. 실제로, 무거운 묶음들과 강한 자갈들은 일반적으로 철길을 좌우뿐만이 아니라 길이 방향으로도 움직이는 것을 잡아주어서 좌굴의 위험은 작다. 하지만, 실제로 이러한 위험은 인장 시에 많은 시간이 소요되기 때문에 훨씬 더 줄어든다. 끝단이 용접되기 전에 또한 클립들로 묶여지기 전에, 철길이 놓여진 후에 강력한 유압잭으로 초기 장력이 가해진다. 물론, 더운 날씨(철길 제품이 데워지기에 충분한 시간을 가질 때)의 긴 제품들에 대해서는 초기 장력은 필요하지 않다. 철길이 팽창하거나 수축하지도 않는 사용 온도를 "영점 응력 온도"라고 하고, 최저 설계 온도에서 스프링 클립들이 풀리지 않도록 보장하는 반면에 최대 설계 온도에서 좌굴의 위험을 낮추기 위하여 공학자가 선택하는 일반적인 온도이다.

유리–금속 차단

[그림 26.5]에서, 전도체로부터 케이스를 절연하도록 설계된 케이스와 전선 사이의 유리-금속 차단의 문제에 대하여 알아보았다. 케이스와 전선 모두 코바(Kovar : Fe 54%, Ni 29%, Co 17%의 페르니코계의 합금의 상품명)로 만들어졌다(조절된 팽창 합금, $\alpha = 6\times10^{-6}$ K^{-1}, [표 31.1] 참조). 낮은 팽창 붕규산 유리($\alpha = 4\times10^{-6}$ K^{-1}, [표 31.1] 참조)의 작은 구슬들은 케이스와 전도체 사이에 채워지고, 진공 로가 1000°C가 될 때, 유리는 흘러서 무산소 금속 표면들을 덮는다. 이때 로에 공급되는 출력은 차단되며, 조립품은 상온까지 냉각된다. 1000°C에서 20°C까지 냉각하는 동안에, 케이스, 유리와 전도체 모두 $\alpha\Delta T$ 만큼 수축한다. 코바와 붕규산 유리의 α값

은 작고 매우 유사하기 때문에 상온에서 차단부의 열응력들도 작을 것이다. 이것은 인장 열응력에 대해서 쉽게 균열이 발생하는 취성 재료인 유리의 경우에 특별하게 중요하다.

EXAMPLES

31.1 Referring to Example 29.11 (shrink fitting of compressor wheels), the specified interference of fit at room temperature is 8 thou on a shaft diameter of 4" (this strains the aluminum alloy by a maximum of 0.20%, of the same order as the 0.2% proof stress). There needs to be a slack of 4 thou in order to drop the compressor wheel over the shaft. Calculate the temperature rise required to produce this amount of slack.

31.2 Explain the origin of thermal expansion in solids.

31.3 Explain why $\alpha \propto 1/E^2$ for a wide range of materials.

31.4 What is unusual about the expansion of very flexible rubbers?

31.5 Why is borosilicate glass (Pyrex) used for laboratory glassware, not soda glass?

31.6 Why is α for glass-filled nylon half that for nylon?

31.7 How are bridges designed to allow for thermal expansion?

ANSWERS

31.1 Use Equation (31.2) and α for Al from Table 31.1. Then $\Delta T = 133°C$.

31.2 See Section 31.3.

31.3 See Section 31.3.

31.4 See Section 31.3.

31.5 α for borosilicate glass is small (and less than half that for soda glass—see Table 31.1). Because of this, borosilicate glass is unlikely to crack when heated (low thermal stresses).

31.6 See Section 31.4.

31.7 See internet sources. Spans are supported on rolling bearings, and there are expansion joints between spans.

CHAPTER 32

열전도율과 비열

32.1 개요

22장에서 이온(또는 원자)이 충분히 움직일 수 있다면 농도 구배 아래로 확산 될 수 있음을 보았다. 이 과정은 식 (22.2)에 의해 설명되었다.

$$J = -D\frac{\mathrm{d}c}{\mathrm{d}x} \tag{32.1}$$

dc/*dx*는 농도 구배를 의미하며 m^{-4} 단위를 갖고, J는 $m^{-2}\ s^{-1}$ 단위를 갖고 이온 또는 원자의 플럭스(단위 면적에 초당 농도 구배에 따라 확산하는 이온 또는 원자의 수)를 의미하며, D는 $m^2\ s^{-1}$의 단위를 갖는 확산 계수이다.

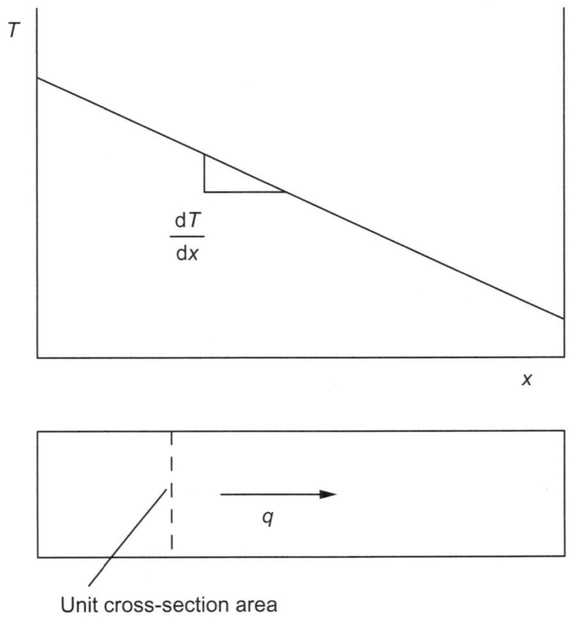

그림 32.1
1차원적 열 흐름 (정상 상태 조건)

같은 종류의 방정식을 사용하여 열이 온도 구배에 따라 흐른다는 것을 설명할 수 있다 (그림 32.1 참조).

$$q = -K\frac{\mathrm{d}T}{\mathrm{d}x} \tag{32.2}$$

dT/dx는 온도 구배를 의미하고 K m^{-1} 단위를 갖고, q는 J m^{-2} s^{-1} 단위의 열 유속(단위 면적에서 초당 온도 구배에 따라 흐르는 열)을 의미하며, K는 열전도도를 의미하고 W m^{-1} K^{-1} (W = J s^{-1})의 단위를 갖는다.

30.3절에서 눈과 스키(혹은 눈과 썰매)가 미끄러지는 계면에서의 열의 전도를 통해 열 전도성의 적용사례를 살펴보았다. 17.4절에서는 단열재(고분자 폼과 미네랄 울)를 사용하여 주변 환경으로부터 −162°C의 액체메탄으로 열전달 속도를 낮추는 것을 통해 다른 예를 보았다. K는 건물의 단열에서부터 우주선의 열 차폐에 이르기까지 광범위한 응용 분야에서 중요한 매개변수이다.

식 (32.2)는 정상상태 조건하의 고체에서 열의 1차원적인 흐름을 설명한다. − 고체내의 어떠한 특정 지점의 온도도 시간에 따라 변화하지 않는다(예를 들어 17.4절). 비정상상태 조건에서는 고체내의 모든 지점의 온도는 시간에 따라 변화하며, 열의 흐름은 다음과 같이 표현된다.

$$\frac{\partial T}{\partial t} = \lambda\frac{\partial^2 T}{\partial x^2} \tag{32.3}$$

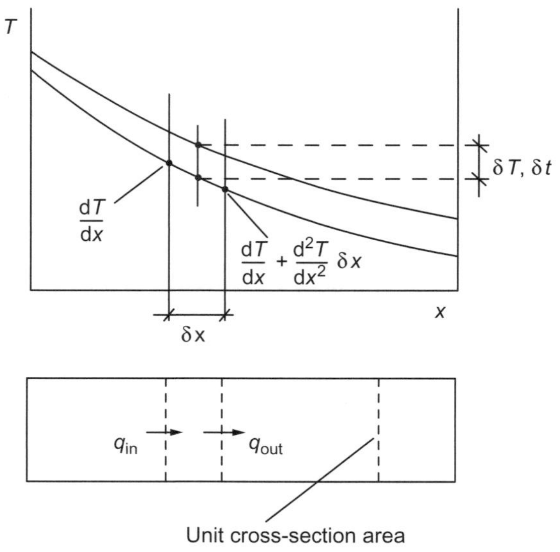

그림 32.2
1차원적 열의 흐름 (비정상상태 조건)

이때, τ는 시간, $\lambda = K/\rho C$는 재료의 열확산도를 의미하고 $m^2\ s^{-1}$의 단위를 갖는다. ρ는 kgm^{-3} 단위를 갖는 밀도이고, C는 $J\ kg^{-1}\ K^{-1}$의 단위를 갖는 비열이다.

WORKED EXAMPLES 1

그림 32.2로부터 식 32.3을 쉽게 도출할 수 있다. 이때 $1 \times \delta x$의 부피 요소를 취한다("1"은 전도체의 단면이 단위면적을 갖기 때문). δt의 시간동안, $q_{in}\delta t$의 열이 왼편에서 부피요소로 들어가고, $q_{out}\delta t$의 부피 요소에서 우측으로 빠져나간다. 이때, 요소 내로 들어가는 온도 구배가 빠져나오는 것보다 크기 때문에 $q_{in}\delta t > q_{out}\delta t$이 된다. $q_{in}\delta t - q_{out}\delta t$ 만큼의 열의 차는 부피요소를 δT만큼 데운다. 즉, 고체를 통과하는 열의 일부는 고체를 가열하기 위해 전환된다. 이때 식은 다음과 같이 표현된다.

$$(q_{in} - q_{out})\delta t = \rho C \delta T \delta x$$

이때, 부피를 데우는 필요한 열을 계산하기 때문에 질량이 아닌 밀도가 필요하다(C는 질량에만 사용이 가능하다). ρC는 $J\ m^{-3}\ K^{-1}$의 단위를 갖는다. 양변을 정리하면,

$$\frac{\delta T}{\delta t} = (q_{in} - q_{out})\frac{1}{\rho C \delta x}$$

식 (32.3)으로부터,

$$(q_{in} - q_{out}) = -K\left(\frac{dT}{dx} - \frac{dT}{dx} - \frac{d^2T}{dx^2}\delta x\right) = K\frac{d^2T}{dx^2}\delta x$$

$(q_{in} - q_{out})$를 대치하면, 식 (32.3)이 된다.

32.2 열전도도와 비열

K, C, λ에 대한 대략적인 실험 값은 표 32.1과 같다. 이 값들은 일반적으로 300 K 혹은 300 K에 가까운 온도에서 측정한다. K, C, λ의 값이 온도에 따라 변할 수 있기 때문에, 모든 열 디자인 문제에서 특정 온도범위에서의 실험 값을 얻는 것이 필요하다.

일부 순수 금속들(예: silver, copper, aluminum)은 큰 K 값을 갖으나, 다른 금속들과 합금하면 일반적으로 K 값이 상당히 감소한다(예: 일부 copper alloys, 일부 high-alloy와 stainless steels, nickel-based superalloys, Ti-6Al4V). 세라믹과 유리의 K 값은 일반적으로 금속에 비해 두 지수크기(10^2)가 작다(금속으로 둘러싼 alumina, silicon carbide, cilicon nitride도). 폴리머의 K

값은 세라믹보다 한 지수크기(10^1)이 작고, 다공성 재료는 한 지수크기(10^1)가 더 작다. 폴리머가 다른 재료보다 대략 2~4 배의 C 값을 갖지만, 비열의 변화는 훨씬 적다. λ 값은 $\approx 10^{-7}$ (폴리머)부터 $\approx 10^{-4}$(일부 순수 금속)의 범위를 갖는다(매우 고순도의 천연 다이아몬드는 copper 혹은 silver보다 K 값은 5배, λ 값은 10배 높은 특이점이 있다).

32.3 비열

고체내의 원자가 평균위치에서 진동하는 것을 챕터 22(22.2절)에서 보았다. 주어진 절대 온도 T에서, 진동하는 원자의 열에너지(운동 에너지 + 위치 에너지)는 시간에 평균적으로 3 kT이다(k = Bolzmann's constant = 1.38×10^{-23} J atom^{-1} K^{-1}). 또한, $R = N_A k$임을 알고 있다(이때, R은 기체상수(8.314 Jmol^{-1} K^{-1}), N^A는 아보가드로 수(6.022×10^{23} atoms mol^{-1}). 따라서, 1몰 원자의 열 에너지는 $N_A \times 3\ kT = 3\ RT$이다.

▌표 32.1▌ Data for Thermal Conductivity(K, in W m^{-1} K^{-1}), Specific Heat(C, in J kg^{-1} K^{-1}), and Thermal Diffusivity($\lambda = K/\rho C$, in m^2 s^{-1} ; ρ = Density in kg m^{-3})

Material	K	C	λ (Average)
Metals			
Silver	425	234	1.7×10^{-4}
Zinc	120	390	4.3×10^{-5}
Zinc die–casting alloy	110	420	3.9×10^{-5}
Magnesium	156	1040	8.6×10^{-5}
Aluminum	240	917	9.7×10^{-5}
Aluminum alloys	130–180	900	6×10^{-5}
Copper	397	385	1.2×10^{-4}
Copper alloys	20–210	400	3×10^{-5}
Iron, carbon steel, low–alloy steel	40–78	480	1.6×10^{-5}
High–alloy steels	12–30	500	5×10^{-6}
Stainless steels	12–45	480	8×10^{-6}
Nickel	89	450	2×10^{-5}
Superalloys	11	450	3.1×10^{-6}
Titanium	22	530	9.2×10^{-6}
Ti–6Al 4V	6	610	2.2×10^{-6}
Controlled–expansion alloys			
Kovar (Nilo–K), 54Fe29Ni17Co	17	460	4×10^{-6}
Invar, 64Fe36Ni	13	515	3×10^{-6}
Ceramics and glasses			
Cement and (un–reinforced) concrete	1.8–2	1550	5×10^{-7}

표 32.1 Data for Thermal Conductivity(K, in W m^{-1} K^{-1}), Specific Heat(C, in J kg^{-1} K^{-1}), and Thermal Diffusivity($\lambda = K/\rho C$, in m^2 s^{-1} ; ρ = Density in kg m^{-3})(계속)

Material	K	C	λ (Average)
Soda glass	1	990	4×10^{-7}
Alumina	25.6	795	8×10^{-6}
Zirconia	1.5	670	4×10^{-7}
Limestone	2.1	920	8×10^{-7}
Granite	3	800	1.4×10^{-6}
Silicon carbide	4–20	740	5×10^{-6}
Borosilicate glass	1	800	6×10^{-7}
Silicon nitride	10	650	6×10^{-6}
Porcelain	1	800	5×10^{-7}
Diamond (natural, high purity)	2500	510	1.4×10^{-3}
Polymers (thermoplastics)			
Polypropylene (PP)	0.2	1900	1×10^{-7}
Polyethylene, high density (HDPE)	0.4	2100	2×10^{-7}
PTFE	0.25	1050	1×10^{-7}
Nylons	0.2–0.25	1900	1×10^{-7}
Polystyrene (PS)	0.1–0.15	1400	8×10^{-8}
Polycarbonate (PC)	0.2	1100	1×10^{-7}
PMMA (Perspex)	0.2	1500	1×10^{-7}
Polyvinylchloride, unplasticized (UPVC)	0.15	1000	1×10^{-7}
Polyetheretherketone (PEEK)	0.25	320	6×10^{-7}
Polymers (thermosets/resins)			
Epoxies	0.2–0.5	1800	2×10^{-7}
Polyesters	0.2–0.24	2000	1×10^{-7}
Phenol formaldehyde	0.12–0.24	1600	1×10^{-7}
Polymers (rubbers/elastomers)			
Silicone	0.14	1200	1×10^{-7}
Nitrile butadiene (NBR)	0.24	1350	1×10^{-7}
Fluorocarbon (Viton)	0.2	950	1×10^{-7}
Polyisoprene, polybutadiene	0.1	2000	5×10^{-8}
Polymer–matrix composites			
Glass–filled nylons (30% glass by weight)	0.3	1600	1×10^{-7}
Tufnol (paper or woven cloth laminated phenolic resin)	0.36	1500	2×10^{-7}
Porous materials			
Wood	0.05–0.25	2500	2×10^{-7}
Cork	0.04	1900	1×10^{-7}
Mineral wool	0.04	1000	2×10^{-6}
Foams (PUR, phenolic)	0.02	1650	3×10^{-7}
Expanded PS	0.036	1400	1×10^{-7}

비열은 다음식으로 정의된다.

$$dQ = CdT \tag{32.4}$$

dT는 고체에 dQ의 열의 유입으로 인해 증가한 온도이다. 이때, 등압에서의 열 유입($dQ_P = C_P dT$)과 등적에서의 열 유입($dQ_V = C_V dT$)이 있다.

등적에서의 열은 원자의 열에너지 증가로 모두 사용된다. 등압에서의 열은 원자의 열에너지 증가와 주변에 "$p\delta V$"의 일을 하는데 사용된다(고체는 온도가 상승함에 따라 팽창). 이것은 $C_P > C_V$를 의미한다. 이상기체에서는 $C_P - C_V = R$이고 큰 차이이다(기체는 가열되면 크게 팽창). 그러나, 고체에서는 $C_P = C_V$가 매우 정확하다. 고체에서의 C 값은 등적이 아닌 등압조건에서 결정되므로 훨씬 단순해진다(단순하게 금속 조각의 열팽창을 억제해보아라!).

C는 이론적으로 1몰의 원자에 대해 $C = dQ/dT \approx 3R \approx 3 \times 8.314 \approx 25$ J mol^{-1} K^{-1}이다. 예를 들어, 1몰의 silver, copper 등등. ≈300 K에서 순수 금속의 실험값은 이론적 예측값과 매우 근사하다(참고 예시 32.4).

한발 더 나아가면, 두 종의 원자로 이루어진 결정(예시 : sodium chloride, NaCl, Silicon carbide, SiC)의 C 값은 두배로 예측된다(즉 ≈50 Jmol^{-1} K^{-1}). ≈300 K에서의 NaCl의 C 값은 ≈51 Jmol^{-1} K^{-1}로 이론적 예측값과 매우 근사하다. 그러나, 300 K에서의 SiC의 C 값은 27 Jmol^{-1} K^{-1}이다. 그 후, C 값은 온도가 상승함에 따라 급격히 증가하고, 결국 1000 K 이상의 온도에서 ≈50 Jmol^{-1} K^{-1}로 수평을 이룬다.

이러한 거동은 일반적으로 결정고체에 작용한다. 그림 32.3에서 보듯, 절대영도(T = 0)에서 C = 0이고, T에 따라 급격히 증가하다가 $T = T_D$일 때, ≈25 Jmol^{-1} K^{-1}에 수렴한다(1몰의 원

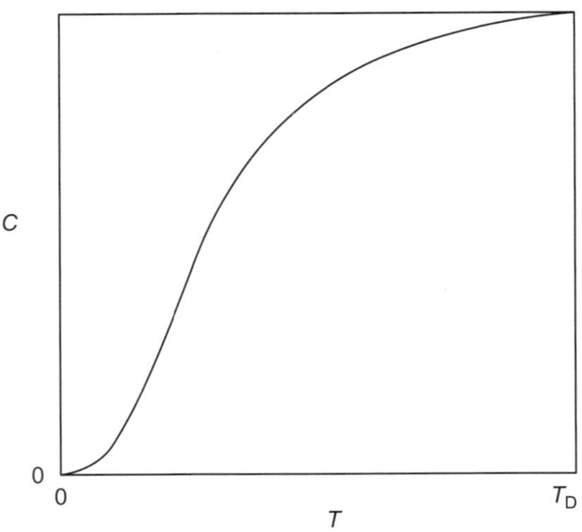

그림 32.3
T/TD 함수를 갖는 고체의 비열

자). T_D는 Debye temperature를 의미하고, 재료에 따라 다르다. 거의 모든 금속에서 $T_D < 300$ K이고, 이것은 원자 진동의 단순 모델이 300 K 이상에서 측정되는 데이터와 잘 일치하는 이유이다. 그러나, SiC의 T_D 값은 1000 K 이상이 되어야 하고, 이는 단순 모델이 300 K에서 C 값을 예측하는데 실패하는 이유이다.

이러한 온도 의존성의 이유는 원자 진동이 잠재적으로 많은 수의 불연속한 (양자화된) 에너지 레벨을 가질 수 있기 때문이다. 이러한 에너지 레벨은 hv의 인접한 레벨의 차이로 균등하게 존재한다(h는 Planck's constant, v는 진동수(참고 수식 22.4)). 주어진 에너지가 점유될 확률은 다음과 같다.

$$p = e^{-nh\nu/kT} \tag{32.5}$$

위 식은 식 22.3과 같은 형태이다. nhv는 n번째 에너지 레벨의 에너지이다(정수 n은 "양자수"로 불린다). T가 증가하면 진동이 높은 에너지를 점유할 확률이 증가하고, 이는 평균 진동 에너지를 증가시킨다. 충분히 높은 온도($= T_D$)에서 평균 진동 에너지는 각각 진동의 3개의 독립적 방향인 kT의 상한에너지에서 수평을 이룬다(예, 총 3 kT).

32.4 열전도율의 물리적 기초

열이 온도구배 를 따라 흐르는 것은 열 에너지가 되는 고체를 통해 "전송"되기 때문이다. 전송 메커니즘에는 두가지가 있다.

첫 번째(모든 재료 에서 발생)는 고체에서 원자(또는 이온 또는 분자)의 열진동에 의존하며, 이는 이미 비열을 설명하면서 설명하였다(Session 32.3 참조). 진동은 원자 변위 이동의 "wave"리며, 진동의 속도는 소리의 속도이다. 우리는 (Session 3.5)에서 wave 속도에 대해서 횡파는 $(E/\rho)^{1/2}$, 종파의 경우 $(G/\rho)^{1/2}$임을 확인하였다. 이 파도는 또한 (모멘텀을 갖는) 입자와 같고, 포논이라고 칭한다.

포논이 고체를 통과 할 때, 이들은 다른 포논 및 결점과(결정질 고체에서는 빈자리, 이탈, 용해된 원자, 입계, 침전물, 자유 표면 일 수 있음)도 충돌한다. 포논은 충돌하는 곳에서 에너지를 "덤핑(dump)"하는데, 이것이 열 에너지가 온도 구배 아래로 전달되는 방식입니다. K는 포논의 속도 및 포논이 충돌하기 전에 이동하는 평균 거리("평균 자유 경로")에 대략 비례합니다.

WORKED EXAMPLES 2

다이아몬드는 전기 절연체이므로 열은 포논으로만 전달된다. 고품질 천연 다이아몬드(2500 W m^{-1} K^{-1})를 위한 매우 큰 K를 갖는데, 이는 두 가지 이유 때문이다. 첫번 째는, E는 매우 클

때, 1,000 GN m^{-1}(표 3.1 참조)일 때이다. 이때, G(≈3 E/8, 방정식 (3.9) 참조). ρ(3.51 Mg m^{-3})는 매우 작다. 따라서 포논 속도는 $(E/\rho)^{1/2}$ 또는 $(G/\rho)^{1/2}$으로 매우 크다. 둘째, 고품질의 천연 다이아몬드로 매우 천천히 성장하는 단결정 경우이다. 이 경우 입자 경계가 없고 탈구가 거의 없으며 용해된 원자가 거의 없다. 따라서 포논은 열을 빠르게 전달하며 평균 자유 경로는 포논-포논 충돌에 의해 좌우된다.

WORKED EXAMPLES 3

에폭시 수지는 전기 절연체이므로 열은 포논에 의해서만 전달된다. 이것은 E(≈3 GN m^{-2}, 참조 표 3.1)가 작고, ρ(≈1.2 Mg m^{-3}, 표 5.1 참조)이 작을 때이다. 에폭시의 포논속도는 다이아몬드의 1/10이다. 그러나 에폭시에 대한 K(≈0.2 W m^{-1} K^{-1})는 다이아몬드에 비해 12,500배 더 작다. 이것은 에폭시의 포논 평균 자유 경로 가 다이아몬드보다 10^3배 작아야 함을 의미합니다. 에폭시의 비정질 가교 구조와 관련된 장애를 감안할 때 이는 놀라운 일이 아니다. 특히, 가교는 포논의 진행을 정지함에 있서 매우 효과적이다. 그래서 우리는 가교 사이의 거리, 즉, 몇 나노 미터 정도의 평균 자유 경로가 아닌, 다이아몬드 의 평균 자유 경로 가 수 μm 정도임을 예상할 수 있다. ■

2번째 수송 메커니즘(전기 전도성 물질, 주로 금속에서 발생)은 물질의 전도성 전자에 의존한다. 4.2절(그림 4.8)에서 금속의 전도 전자 가 금속 이온에 강하게 부착되지 않은 전자의 “바다”를 형성한다는 것을 알았다. 이때, 전기장에 따라 그들은 전압 구배(전자는 네거티브 전하를 띔)를 따라 흐르며, 이는 금속의 전기전도도의 원인이 된다.

전자는 또한 열 에너지를 가지고 있다. 이것은 모두 운동 에너지의 형태이다(전자는 잠재적 벽이 있지 않기 때문에. 포텐셜 에너지가 없다. 열에너지의 절반은 원자의 진동에 의한 에너지이고, 이는 모든 시간에 대해서 평균적으로 3/2 KT이다. 전자는 온도구배를 따라 아래로 흐르며, 운동에너지는 그들을 따라 흐른다. 반면, 포논과 충돌 할 때 운동 에너지를 전달, 자신의 운동 에너지가 감쇄된다. 순수한 금속에서 평균 자유 경로는 50−100 nm이다. 매우 순수하지 못한 금속 (합금)에서 평균 자유 경로는 이보다 훨씬 작으며, 열전도도도 훨씬 작다.

순수한 금속에서 전자는 거의 모든 열 흐름을 전달한다. 매우 순수하지 못한 금속 (합금)에서 전자와 포논은 비슷한 양의 열을 전달한다. 따라서 우수한 열 전도체 인 재료도 우수한 전기 전도체 라는 것은 놀라운 일이 아니다.

WORKED EXAMPLES 4

순수 구리의 K는 397 W m^{-1} K^{-1}(참조 : 표 32.1)를 갖으며, IACS의 전기전도도의 102%이다. 구리가 2% 베릴륨과 합금되고 열처리될 때, 매우 강한 구리-베릴륨 화합물 형태의 침전물이 형성된다. 이 상태에서 인장 강도는 300 MN m^{-2}(완전 가공경화된 순수한구리)에서 1,400 MN m^{-2}(이유는 섹션 11.4 참조)으로 증가한다. 침전물의 존재는 입자크기가 매우 작고, 열전도도와 전기전도도를 ($\approx$95 W m^{-1} K^{-1}, 20%IACS) 감소한다.

20 % IACS). 고강도의 Cu-Be는 플라스틱 사출 성형용 금형에 사용된다. 이의 매우 큰 경도 값은 마모를 감소하고, 긴 수명시간을 의미하지만, 충분히 큰 열 전도성을 지니고 있어, 신속하게 용융 플라스틱(수단 짧은 사이클 시간, 빠른 처리량)으로부터 열이 빠져나간다. 반면, 유사한 강도의 저 합금철은 Cu-Be K값의 1/3와 비슷한 K($\approx$33 W m^{-1} K)를 갖는다.

32.5 사례 연구

열교환기의 변형 및 균열

그림 32.4를 보면 열교환지 고온단부의 팽창 벨로우즈를 볼 수 있다. 벨로우즈는 뜨거운

그림 32.4
스테인레스 스틸 팽창 벨로우즈의 열 변형

tubeplate의 주변부으로, 2900에서 1600 mm이다. 순수가스는 800°C의 온도에서 튜브를 따라 공급되고, 오염 가스는 600°C의 온도에서 tube를 따라 외부로 전달이 된다. 벨로우즈는 주위 온도에서 평균 작동 온도까지 가열된 때 튜브의 큰 축 방향의 열팽창을 흡수하는 것을 목적으로하고 있다.

벨로우즈는 크게 왜곡되고 있다. 그 소재 304 스테인레스 스틸이다. 304는 고온 산화 및 크리프에 대한 저항성이 크고, 용접이 가능하며 저렴하기 때문에 사용된다. 그러나 표 32.1은 스테인리스 열전도율이 12~45 W m^{-1} K^{-1}의 범위으로 매우 낮은 것을 보여준다. 304(K = 15 W m^{-1} K^{-1})는 이 범위 중 낮은 값을 지닌다. 비교를 위해 구리의 K는 397 W m^{-1} K^{-1}으로 26배이다. 304의 열 확산율은 (4×10^6 m^2 s^{-1})으로 구리의 열 확산율(1.2×10^4 m^2 s^{-1})의 30배 적다. 이러한 K와 λ의 값이 낮기 때문에 304은 매우 열 변형을 받기 쉬워진다. 열교환기를 작동시키면 벨로우즈 유닛은 균일하게 가열되지 않고, 열 평형에 도달하는 시간이 오래 걸린다. 그동안 한 위치에서 다른 위치로의 열팽창에 큰 차이는 왜곡의해 완화된다.

그림 32.5는 벨로우즈의 고배율으로 국소 왜곡을 보여준다. 이러한 위치에서 반복 열 사이클은 열 피로의 또 다른 예시로 균열이 생긴다.

큰 구리 부품을 납땜하는 경우, 구리는 반대의 문제가 발생합니다. 모델 증기 엔진 용 구리 보일러를 납땜하는 좋은 예이다. 여기에서 문제는 납땜 솔기에 가스 토치를 돌리면 구리의 K

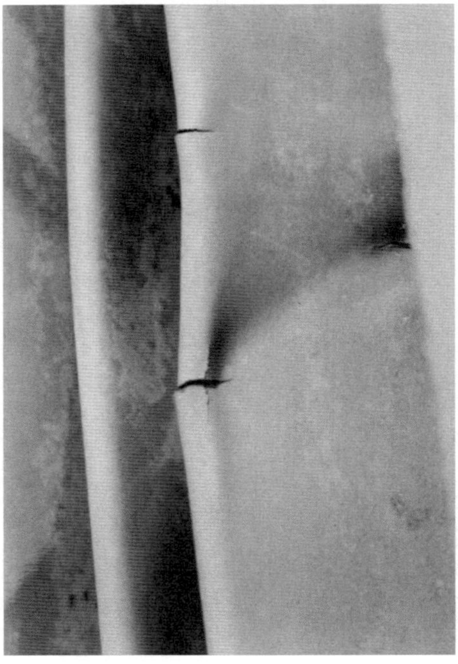

그림 32.5
열 피로 균열을 보여주는 벨로우즈

가 매우 크기 때문에 열이 보일러를 따라 대부분 사라진다. 열 왜곡을 발생시키는 것은 사실상 불가능하다. 문제는 필요한 온도(약 610°C)까지 온도를 올리는 것입니다. 먼저 큰 보일러의 나머지에 온도를 높이기 위하여 토치 전체를 따뜻하게 다음 그것을 따뜻하게 유지하기 위해 뜨거운 벽돌로 덮은 "back-fill"을 해야 한다. 그렇게 해야 솔기 자체를 잘 가열 할 수 있습니다.

마찰열 제거

윤활되지 않은 표면이 서로 미끄러지면, 일이 행해지고, 미끄러지는 면에서 열이 발생합니다(29장 및 30장 참조). 열이 모재로 전도되어 빠져나가지 않으면, 미끄러지는 면의 온도가 급격히 상승합니다. 우리는 이미 저널 베어링에서 윤활 실패가 발생했을 때를 보았는데, 이는 베어링 금속의 급격한 부분 용융을 초래할 수 있습니다(30.5장 및 30.6장 참조). 이 베어링에서, 강철 샤프트와 화이트 메탈 베어링은 미끄러지는 면으로부터 마찰열을 전도하기 충분한 *K*를 갖지 않았습니다. 이 현상에 대한 많은 예시가 있습니다. 만약 당신이 항해를 떠난다면, 항상 장갑을 껴야 한다는 것을 알게 될 것입니다(손끝이 잘려서 매듭을 묶거나 걸쇠를 풀 수 있는 종류). DRHJ는 29 ft의 항해 장갑을 끼기 전에 클래식 경주 요트를 정박시키는 것을 돕던 중 밧줄이 그의 손끝을 태우는 경험을 한 적 있습니다. 계류용 로프는 그의 손을 불과 몇 인치 미끄러졌고, 마찰열이 화상을 발생시켰습니다. 로프가 피부를 마모시킨 것이 아니라, 미끄러진 면에서 발생한 열이 피부를 태운 것입니다. 폴리머 섬유 로프와 사람의 살은 모두 열전도에 불리하므로, 마찰열이 전도되어 방출되지 않습니다.

암벽등반과 등산의 경우도 마찬가지이다. 항상 장갑을 착용하지 않으면, 낙하를 저지해야 할 때 피부의 일부분을 잃을 수 있습니다. 하지만 더욱 큰 위험이 있습니다. 등산가들은 등산 로프를 폴리머 섬유 슬링에 걸어서는 안 된다는 것을 알아야 합니다(e.g., 빌레이 포인트). 그들은 항상 알루미늄 합금 카라비너에 걸어야 합니다. 왜냐하면 당신이 등산 로프를 슬링에 걸고, 낙하를 저지해야 할 때, 로프와 슬링 사이의 마찰열이 방출되지 않고, 종종 치명적인 결과와 함께 슬링을 녹입니다(DRHJ는 낙하를 저지할 때 카라비너에 흡수된 마찰열이 등산 로프가 정지된 후에 녹일 수 있는지 모릅니다. 그는 그렇지 않다고 추정합니다).

우주항공분야에서 몇몇 항공기들은 기체 내에 몇몇 항공기들은 기체 밑에 승객들에게 화면으로 실시간 풍경을 보여주는 카메라를 탑재하고 있습니다. 당신은 착륙 중 앞바퀴가 활주로에 닿는 장면을 볼 수 있고, 바퀴에서 연기가 나는 것을 볼 수 있을 것입니다. 바퀴가 활주로 속도로 가속되기 전까지, 타이어와 활주로 사이에 (주로 건조한) 마찰이 생기고 마찰열을 발생시킵니다; 이것은 타이어와 활주로의 (낮은 *K*) 물질로 충분히 소산되지 않고, 타이어의 표면을 태웁니다. 그리고 급제동하는 무거운 트럭의 뒤를 보면, 바퀴에서 연기가 나는 것도 볼 수 있을 것입니다. 빠른 차의 운전자들이 "고무를 태우는" 유일한 사람은 아닙니다.

마지막으로, 미끄러진 면에서 마찰열을 유지하는 것이 더 종종 유용합니다. 안전 성냥은 이것 없이는 빛을 내지 못합니다; 그리고 고대 문명은 수백만 년 동안 불리 마찰열에서 시작하는 것을 알았습니다 (e.g., 나무 축과 블록의 열전도도를 이용하는 "활과 회전하는 축" 방식) .

"온기"를 느끼게 하는 의자와 "냉기"를 느끼게 하는 의자

공공장소의 야외 좌석을 위한 전통적인 물질은 나무였습니다(그림 32.6을 보세요). 이들은 당신이 앉았을 때, 추운 날에도 "온기"를 느끼게 해줍니다. 그들은 또한 친환경 재료로 만들어져 있습니다. 하지만, "현대의" 시 당국은 대신에 종종 강철이나 알루미늄으로 만든 좌석을 제공합니다(그림 32.7을 보세요).

특히 알루미늄으로 만들었다면, 그런 좌석은 앉았을 때 매우 "춥게" 느끼게 합니다. 아마 당국들은 사람들이 빠르게 움직이게 하고 싶을 것입니다. 그렇지 않다면 아마 그들은 나무, 강철, 알루미늄의 열적 특성 차이를 모르는 것입니다(도표 32.1을 보세요). 만약 당신이 "현대의" 재료를 사용해야 한다면, 대신 폴리머를 고르세요(도표 32.1을 보세요). 또는 항상 신문을 가지고 다니면서, 그 위에 앉을 수 있습니다 − 겹친 종이는 훌륭한 단열재입니다.

WORKED EXAMPLES 5

식 22.13에서 시간 t동안 원자가 확산하는 거리를 아래식과 같이 살펴보았다.

$$x \approx \sqrt{Dt}$$

같은 방식으로, 시간 t동안 열이 흐른 거리는 다음식과 같이 주어진다.

그림 32.6
나무로 만든 벤치

그림 32.7
강철로 만든 벤치

$$x \approx \sqrt{\lambda t}$$

주어진 시간 t 동안 알루미늄과 나무로 열이 흐른 거리를 비율로 비교할 수 있다.

$$\frac{x_{\mathrm{Al}}}{x_{\mathrm{Wood}}} = \sqrt{\frac{\lambda_{\mathrm{Al}}}{\lambda_{\mathrm{Wood}}}} = \sqrt{\frac{10^{-4}}{10^{-7}}} = \sqrt{10^3} = 31.6$$

표면적이 A로 주어진 재료의 부피 Ax를 가열하기위해 표면에 인가되어야 하는 필요한 열의 양은 $Ax\rho C\Delta T$이다(ΔT는 부피의 평균 온도 상승량). 따라서

$$\frac{Q_{\mathrm{Al}}}{Q_{\mathrm{Wood}}} = 31.6 \times \frac{\rho_{\mathrm{Al}}}{\rho_{\mathrm{Wood}}} \times \frac{C_{\mathrm{Al}}}{C_{\mathrm{Wood}}}$$

(A와 ΔT의 값은 상쇄된다.)

표 32.1의 값을 이용해, 아래식을 얻을 수 있다.

$$\frac{Q_{\mathrm{Al}}}{Q_{\mathrm{Wood}}} = 31.6 \times \frac{2700}{400} \times \frac{917}{2500} = 78$$

다른말로, 같은 시간동안 알루미늄 벤치는 나무벤치보다 앉은 사람으로부터 열을 78배 더 얻는다 – 차갑게 느끼는 것이 당연하다.

이것으로 강철과 나무의 비교(ratio = 48), polycarbonate와 나무(ratio $\approx$ 1)을 비교할 수 있다. 따라서 강철은 알루미늄보다 낮고, polycarbonate는 나무와 비슷하게 좋다.

EXAMPLES

32.1 The handles of teapots made from stainless steel rarely get too hot to handle. Antique teapots made from silver are far too hot to handle, unless they are fitted with a separate wooden handle. Explain.

32.2 Windows fitted to homes in the 1930s and 1940s were often set in steel frames. The insides of these frames get very cold in winter (so cold that condensation forms on them). Wooden window frames are much warmer, and never suffer from condensation. Explain.

32.3 Why are the heat sinks for many electronic devices made from aluminum?

32.4 Explain why the specific heat of pure solid metals is $\approx 25\ \text{J mol}^{-1}\ \text{K}^{-1}$. Convert this value to J $\text{kg}^{-1}\ \text{K}^{-1}$ for the following pure solid metals (the rounded atomic weight is given in brackets after each metal): silver (108), zinc (65), magnesium (24), aluminum (27), copper (64), nickel (59), titanium (48). How well do your values compare with the experimental values given in Table 32.1?

32.5 Why are the heat-transfer elements in automobile radiators made from aluminum?

ANSWERS

32.1 Referring to Table 32.1, the values of K and λ for silver are roughly 20 times greater than for stainless steel. In addition, wood is a good thermal insulator (see Table 32.1).

32.2 *K* for steel is $\approx$ 200 times *K* for wood (see Table 32.1). The temperature at the inner surface of the steel window frame goes below the dew point of the humid air inside the room.

32.3 Because they have a large thermal conductivity (see Table 32.1), are cheap, light, nonmagnetic, and easily extruded to produce cooling fins.

32.4 See Section 32.3. The theoretical values in J $\text{kg}^{-1}\ \text{K}^{-1}$ are: silver 232, zinc 385, magnesium 1042, aluminum 926, copper 391, nickel 424, titanium 521. These are generally in remarkably good agreement with the experimental values in Table 32.1, the largest discrepancy being titanium, with 521 (theoretical) compared to 450 (experimental).

32.5 Because you need a material with a high thermal conductivity so the flow of air over the radiator can extract heat as fast as possible from the circulating coolant. Aluminum is also cheap—much cheaper than copper, which was originally used in this application. Copper has a much larger value of K than aluminum (397 as against 240), but aluminum is still adequate because the elements have very thin walls.

CHAPTER 33

최종 사례 연구 : 자동차 설계에서 재료와 에너지

33.1 개요

차체의 생산을 위해 선택되는 원자재로서 철강의 위치는 주로 그 가격에 있다. 이것은 이미 차체 대량 생산에 필요한 강도, 강성, 성형성, 용접성을 만족시키는 가장 값이 3싼 재료이다.

최근까지 납의 2/3의 밀도를 가진 철은 그 중요성이 다소 감소되었다. 그러나 환경피해를 입히는 배출 가스와 연료 효율성에 대한 인식이 엄격한 환경에 관한 법률의 제정으로 인하여 인식이 바뀌고 있다. 따라서 자동차 업체들은 강철을 대신할 강한 재료를 찾고 있다.

33.2 에너지와 탄소 배출

에너지는 자동차를 만들고 운행하는데 사용된다. 기름값의 급등은 자동차의 수명 기간 동안에 소비된 석유 비용과 자동차 자체 비용이 서로 비교될 수 있다는 것을 의미한다. 따라서, 소비자는 지금보다 더욱더 연료 효율이 좋은 자동차와 환경오염이 적은 차를 원한다.

이러한 경향은 일부 정부의 세금 정책들에 의해 확대되고 있다. 연료 효율 의무가 증가되면, 자동차 운전자들은 사용 연료를 줄임으로써 부가적인 연료 세금의 영향을 상쇄시킬 수 있다. 그러나, 이러한 정책은 탄소 배출과 관련되어 차량의 매년 부과되는 자동차세와 일부 상충될 수 있다. 이것은 운전자에게 엔진 동력을 줄이게끔(효율적으로 차량 크기를 줄임) 작용한다. 정부가 실제로 환경 오염 방지와 탄소 배출에 대한 관심 규모는 의문의 여지가 있다(또는 정부가 아직 더 많은 세금 수입을 목적으로 위장하여 이용하고 있다). 또한 이 문제는 소비자들도 똑같이 공감하고 있으며, 시간이 갈수록 더 나빠질 가능성이 있다.

33.3 에너지 절약을 이룰 수 있는 방법

[표 33.1]에 나타낸 것과 같이 자동차 자체의 에너지 부분은 스틸, 고무, 유리와 제작 공정 등으

표 33.1 자동차 제조와 이용에너지

년간 자동차 생산 에너지	= 국가에서 소비되는 총 에너지의 0.8%에서 1/5%
년간 자동차 운행 에너지	= 국가에서 소비되는 총 에너지의 15%
년간(사람과 물건 이동, 총 이송)	= 국가에서 소비되는 총 에너지의 24%

로 미미하다. 자동차를 움직이는데 필요한 기름 소비의 10% 보다 적다. 여기서 에너지를 줄일 수 있는 방법은 거의 없다는 것을 의미한다. 우리가 예상하는 바와 같이 정말로 연료 소비를 감소시키기 위해 스틸 대신 알루미늄을 사용하는 차를 만들기 위해서는 더 많은 에너지를 사용해야할지도 모른다. 자동차를 움직일 때 필요한 에너지를 줄이는 것에 초점을 맞춰야만 한다. 그 2가지 해결책은 다음과 같다.

- 엔진 효율 개선: 엔진은 이미 상당히 고효율화 되어 있다. IC/전기 하이브리드와 모든 전기 장치들에서 진보가 이루어졌음에도 불구하고 내부 연소 엔진의 효율을 높이는 데는 한계가 있다.
- 자동차 무게 절감: [그림 33.1]은 자동차 무게에 따른 연료 소비율과 연비가 자동차의 에너지 소비에 미치는 영향을 보여준다. 자동차의 무게와 연비는 선형적인 관계이다. 이것이 소형차가 큰 차보다 더 경제적인 이유이다. 엔진 크기와 성능은 약간의 영향을 미치나, 중요한 것은 연료 소비에 있어서 자동차 무게이다.

생산자는 자동차의 크기를 줄일 수 있지만, 소비자는 그것을 좋아하지 않는다. 우리는 보다

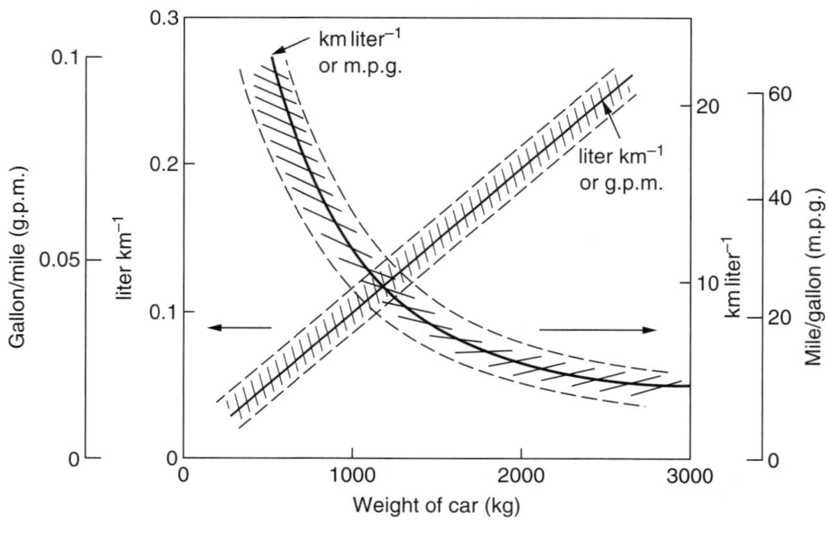

그림 33.1
자동차 생산의 연료 소비량

가벼운 재료를 사용함으로써 자동차의 무게를 줄일 수 있다. 가벼운 차는 연료를 적게 사용할 뿐만 아니라 탄소 배출양도 적다. 그러므로 가벼운 차량을 제작하는 것에 관심을 가져야 한다.

33.4 자동차의 재료 범위

[그림 33.1]에서 알 수 있듯이 대부분의 차 무게는 400 kg과 2500 kg 사이의 값을 갖는다. 전형적으로 현대의 자동차 생산에 있어서([그림 33.2]), 자동차는 [표 33.2]에 보인 것으로 만들어졌다.

그림 33.2
폭스바겐사 Passat : 각 부위가 분리되지 않은 전형적인 현대화 압연강 차체. 주어진 재료에 대해 이러한 "모노코크" 생산품은 최소의 무게 대비 강도를 제공해 준다.

그림 33.3
모리스 사 : 차체 외부의 조립 부품으로 나무가 사용되었다.

표 33.2 자동차 무게에 연관된 재료

Material	Component
71% steel	Body shell; panels
15% cast iron	Engine block; gear box; rear axle
4% rubber	Tires; hoses
Balance	Glass, zinc, copper, aluminum, polymers

33.5 대체 재료

역학적인 중요한 물성들

대체할 수 있는 후보 재료는 스틸보다 가벼워야 하지만 구조적으로는 같아야 한다. 엔진 블럭의 경우에 있어서, 선택은 하나뿐이다. 알루미늄(밀도 27M gm^{-3})이거나 마그네슘(밀도 1.8 M gm^{-3})이 같은 체적의 주철(밀도 7.7 M gm^{-3})의 대체 재료로서 이 성분에 있어 직접적인 무게 감소가 2.8~4.3배이다. 생산하는 방법들은 거의 변동이 없다. 많은 제조업체들은 이미 이 변화를 받아들였고, [그림 33.3]에 나타낸 자동차들은 과거의 자동차들이다.

그러나 무게를 줄일 수 있는 가장 큰 방법은 자동차 무게의 60%를 차지하고 있는 차체 패널의 무게를 줄이는 것이다. 이 선택은 실로 더 어려움이 따른다. 사용될 수 있는 후보 재료들이 [표 33.3]에 주어져 있다.

어떻게 자동차 무게를 줄일 수 있는 가능성을 평가할 것인가? 스틸 패널을 같은 두께의 알루미늄 합금 또는 유리섬유로 대체하는 것은 현실적이지 않다. 대체 가능한 이 두 재료는 매우 낮은 탄성계수를 가지며, 또한 이것은(주어진 하중 하에서) 아주 많이 휘며, 그 중 하나는 너무 낮은 항복 강도를 가지며 소성 변형이 생길수도 있다.

만약 차체 패널이 탄성 처짐이 중요한 점이라고 하면, 논리적인 비교는 같은 강성의 패널에 대한 것이 된다. 그리고 소성 흐름에 대한 저항이 중요한 점이라고 한다면, 소성 변형에 대한 동등한 저항을 가진 단면을 비교하는 것이어야 한다. 힘 F를 받는 패널([그림 33.4])의 탄성

표 33.3 차체에 대한 후보 재료의 물성들

Material	Density ρ (Mg m^{-3})	Young's modulus, E (GN m^{-2})	Yield strength, σ_y (MN m^{-2})	$(\rho/E^{1/3})$	$(\rho/\sigma_y^{1/2})$
Mild steel } High-strength steel	} 7.8	207	220 }	1.32	0.53
		up to	500 }		0.35
Aluminum alloy	2.7	69	193	0.66	0.19
GFRP(chopped fiber, molding grade)	1.8	15	75	0.73	0.21

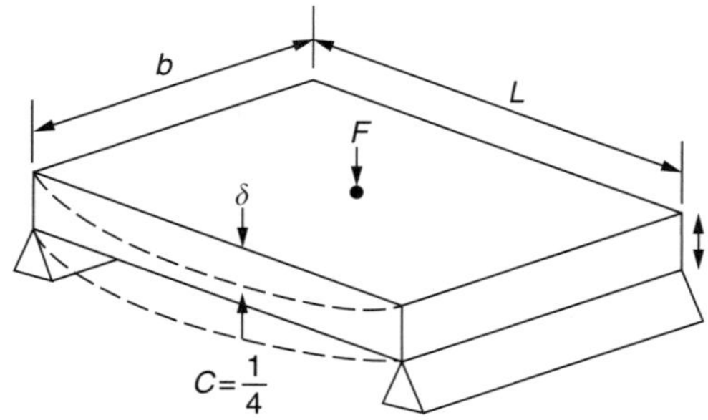

그림 33.4
차체 패널의 처짐 정도

처짐 δ는 다음과 같다.

$$\delta = \frac{CL^3F}{Ebt^3} \tag{33.1}$$

여기서, t는 판 구께, l은 길이, b는 패널의 너비이다.

상수 C는 패널이 어떻게 고정되는지에 따라 다르다. 2개의 모서리, 4개의 모서리 등등 – 이것은 우리의 선택에 영향을 미치지 않는다.

패널의 질량은 다음과 같다.

$$m = \rho btL \tag{33.2}$$

b와 l은 설계에 의해 결정된다(문, 트렁크 뚜껑 등등의 크기). 강성을 조절하는 변수는 오직 t이다. 식 (33.1)로부터 다음을 얻는다.

$$t = \left(\frac{CL^3F}{\delta Eb}\right)^{1/3} \tag{33.3}$$

식 (33.2)에 t에 대한 식을 대입하여 정리하면 다음과 같다.

$$m = \left\{C\left(\frac{F}{\delta}\right)L^6b^2\right\}^{1/3}\left(\frac{\rho}{E^{1/3}}\right) \tag{33.4}$$

따라서 주어진 강성(F/δ), 패널 치수(l, b) 그리고 가장 가벼운 패널의 모서리 구속조건(C)에 대하여 가장 가벼운 패널은 $\rho/E^{1/3}$의 값 중에서 가장 작은 값이다.

우리는 소성 항복에 대해 비슷한 분석을 할 수 있다. [그림 33.5]에서 보여준 단면을 가진 패널이 식 (33.5)의 하중으로 항복이 발생하였다고 가정하자.

$$F = \left(\frac{Cbt^2}{L}\right)\sigma_y \tag{33.5}$$

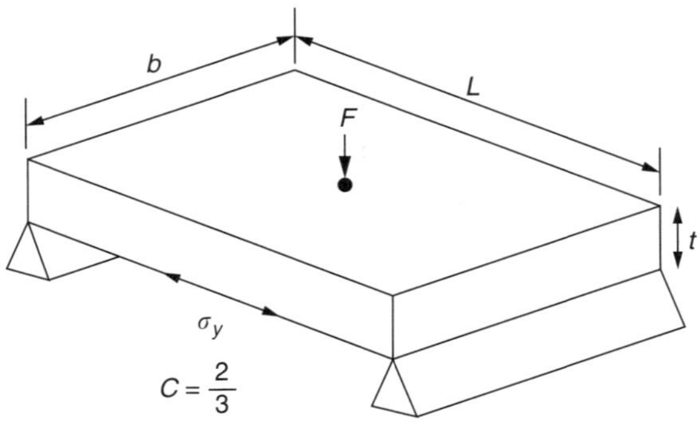

그림 33.5
차체 패널의 항복

식 (33.2)에 의해서 패널 질량은 계산될 수 있다. 변수는 오직 t이며 식 (33.5)로부터 t를 유도할 수 있다.

$$t = \left(\frac{FL}{Cb\sigma_y}\right)^{1/2} \tag{33.6}$$

식 (33.2)에 식 (33.6)을 대입하여 다음을 얻는다.

$$m = \left(\frac{FbL^3}{C}\right)^{1/2}\left(\frac{\rho}{\sigma_y^{1/2}}\right) \tag{33.7}$$

우리는 $\rho/\sigma_y^{1/2}$의 값이 가장 작은 패널을 원한다.

우리는 이제 [표 33.3]에 주어진 데이터에 기초해서 더욱 합리적인 후보 재료를 평가할 수 있다. 물성치 그룹의 값들은 마지막 두 개의 열과 같다. 대부분의 차체 패널에 대하여(탄성 처짐은 설계로 결정된다) 고강도강이 쓰이며 연강은 유리한 점이 없다. 둘의 $\rho/E^{1/3}$는 같은 값을 갖는다. GFRP는 더 우수하다(낮은 $\rho/E^{1/3}$와 무게), 그리고 알루미늄 합금도 여전히 우수하다. 이것이 항공기가 알루미늄 재료로 만들어지는 이유 중의 하나이다. 그러나 스틸에서 알루미늄 패널로 대체되는데 있어서 무게의 절감은 비율 3(밀도의 비)이 아니고 비율 2의 값을 갖는 이유는 알루미늄 패널이 낮은 E 값으로 이를 보상하기 위하여, 더 두꺼워야 하기 때문이다. 고강도강은 강도 제한 부품들로 무게를 줄일 수 있다. 범퍼들, 앞뒤 헤더 패널들, 엔진 고정대, 칸막이벽 등등, 무게를 줄이는 부품들의 $\rho/\sigma_y^{1/2}$ 값은 비율 1.5의 값을 갖는다. 알루미늄 합금과 유리섬유는 이러한 부품들에 대하여 최고 3배($\rho/\sigma_y^{1/2}$)까지의 무게를 줄일 수 있다. 이것은 차량의 무게에 있어서 적어도 30% 줄이는 것을 가능하게 한다. 게다가 알루미늄 엔진 블럭을 사용한다면, 전체 무게의 감소는 훨씬 더 커질 것이다. 이러한 방법들은 상당히 무게를 줄일 수 있는 실제적 설계 방안이다. 엔진 효율의 증가나 자동차의 크기의 어떠한 감소도 없이 연비를 증가시켜서 50%의 무게 감소에 충분히 도달할 수 있도록 해준다. 따라서 알루미늄 합금과 GFRP에 대하여 조사를 할 만한 가치가 충분히 있다. 그 당시 이러한 대체 재료에 요구되는 다른 물성들은 무엇인가?

두 번째 물성들

처짐과 소성 항복에 대한 저항은 대체 재료를 선택함에 있어서 첫 번째로 중요한 것은 분명하지만, 다른 물성들도 재료 선택에 고려되어야 한다. [표 33.4]는 운행 환경에 의해 고려되는 조건들을 나타낸다.

표 33.4 평균 차의 운행 환경

Environment	Condition	
Loading	Static → Elastic or plastic deflection Impact → Elastic or plastic deflection Impact → Fracture Fatigue → Fatigue fracture Long-term static → Creep	
Physical	−40°C < T < 60°C 10% < relative humidity < 100%	
Chemical	UV light Dust particles Water Oil Brake fluid Transmission fluid	 Gas Antifreeze Salt Air

탄성과 소성 처짐에 대해서는 이미 다루었다. 스틸의 인성은 아주 커서 스틸 패널의 파괴는 거의 문제가 되지 않는다. 그러나 다른 재료들은 어떤가? 인성에 대한 자료들이 [표 33.5]에 나타내었다.

표 33.5 차체 패널 재료의 성질 : 인성, 피로, 크리프

Material	Toughness G_c (kJ m^{-2})	Tolerable Crack Length(mm)	Fatigue	Creep
Mild steel	≈100	≈140	OK	OK
High-strength steel	≈100	≈26		OK
Aluminum alloy	≈20	≈12	OK	Creep
GFRP (chopped fiber, molding grade)	≈37	≈30	OK	above 60°C

그러나 인성 값을 사용하는 적절한 방법은 무엇인가? 패널이 항복 하중까지 하중을 받는다고 가정하자(하중이 항복강도보다 커지면 소성 변형이 일어나 파괴가 시작될 것이다. 따라서, 다른 파괴 기구가 나타날 것인지는 문제가 되지 않는다). 균열이 발생해도 안전할 수 있는 최대 균열 크기는 얼마인가? 만약 균열이 충분히 크지만 운행 중에 나타나지 않는다면 문제되지 않는다. 그렇지 않다면 단면을 증가시켜야만 한다. 이러한 균열 크기는 다음의 식으로 구할 수 있다.

$$a_{\max} = \frac{EG_c}{\pi \sigma_y^2}$$

$$\sigma_y \sqrt{\pi a} = K_c = \sqrt{EG_c}$$

균열 길이들에 대한 결과값은 [표 30.5]와 같다. 더 긴 균열을 가진 패널은 “찢어짐”에 의해 파손된다. 짧은 균열을 가진 재료들은 일반적인 항복에 의해 파손되어 영구 굽힘이 일어날 것이다. 비록 균열 길이가 스틸에서 보다 대체 재료 보다 작다고 하더라도, 균열들은 대체 재료 사용 시 충분히 발생할 수 있다.

피로(제18장)는 변동 하중을 받는 구조에 잠재적인 문제가 된다. 엔진 진동으로 인해 야기되는 문 가까운 부분은 하중으로 인하여 파손에 도달한다. 모든 재료들의 피로강도는 충분히 커야 한다.

크립(제21장)은 통상적으로 금속 차체를 설계할 때 설계자가 고려해야 하는 문제가 아니다. 도달될 수 있는 최대 운행 온도는 60°C이며, 스틸뿐만 아니라 알루미늄 합금도 이 온도에서는 크립은 발생하지 않는다. 그러나 GFRP는 크립이 발생하므로, 60°C 이상의 온도가 발생하는 곳에는 추가적인 강화 또는 더 두꺼운 단면이 필요하다.

최근의 자동차 설계에서는 크립이나 피로 보다 더 중요한 것이 환경의 영향이다. 차 가격의 중요한 부분은 녹을 방지할 수 있도록 설계된 생산 공정이 차지한다. 그리고 이러한 공정들은 단지 부분적으로 적용된다. 기계적인 부품들(브레이크 디스크 등)은 상대적으로 쉽게 대체될 수 있기 때문에 차에 치명적인 손상을 입히는 것은 차체에 발생하는 녹이다.

스틸은 이러한 관점에서 녹에 특별히 더 문제다. 일반적인 환경 하에서 알루미늄이 훨씬 더 녹에 대한 저항성이 좋다. 비록 알루미늄이 소금에는 약하지만, 두꺼운 양극산화 피막은 허용되는 수준에 대하여 안정적이다(예를 들면, 요트들의 돛대들은 양극산화 알루미늄 합금으로 만들어진다).

그래서 알루미늄 합금은 우수하다. 알루미늄 합금은 접하는 모든 유체에 대하여 저항한다. GFRP는 무엇인가? GFRP의 강도는 대부분의 유체에 계속 잠겨 있을 때 최고 20% 정도 줄어들게 되며 – 심지어 소금물에서 조차 – 접촉 시에도 줄어들게 된다. 그러나, 우리가 유리섬유 보트에서 아는 바와 같이, 강도의 저하는 그리 심각하지 않으며, 그것은 눈에 보이는 부식이나 단면 감소 없이 발생한다. 사실상, GFRP는 스틸보다 단면 감소의 일반적 의미에 있어서 부식에 대한 매우 큰 저항력을 갖는다.

33.6 생산 방법

재료를 대체할 때에 지불해야만 하는 가장 큰 대가는 더 높은 강도의 재료와 제품 생산을 위한 비용일 것이다. 물론 고강도강은 거의 문제가 없다. 항복 강도가 더 높지만 단면은 얇아지게 되며, 따라서 펀치와 다이의 다소 변화가 생기므로 프레스가 필요하게 되어 추가적인 비용이 생기게 된다.

또한, 알루미늄 합금의 경우도 같다. 그러나 그것들은 중합금(고항복강도를 가지므로)이기 때문에 연성은 낮다. 만일 비용이 중요치 않으면, 이것은 문제가 되지 않는다. 일부 초기의 롤스로이스 차([그림 33.6])는 연성을 본래 상태로 되돌리기 위해 여러 번 열처리한 알루미늄을 수작업으로 두드려서 복잡한 형체로 성형한 알루미늄 차체로 만들었었다. 그러나 대량 생산에서는 한 번에 딥드로잉 작업으로 차체의 패널을 완성해야 한다. 그러므로 낮은 연성 재료들은 더욱 심각하다. 결과적으로 설계의 유연성에 있어서는 실패한 셈이다. 스틸을 사용하는 것보다 알루미늄 합금의 사용에 있어서 더 많은 제약이 따른다. 즉, 가격 측면보다 작업공정 차원에서는 알루미늄의 대량 사용에 대한 가장 큰 장애요소가 된다.

GFRP는 마치 그것이 생산성에 문제가 있는 것처럼 보인다. 당신은 유리섬유로 보트나 카

그림 33.6
1932년 롤스로이스. James Mulliner의 유명한 코치 빌딩 회사에 의해 만들어진 알루미늄으로 수작업으로 두들겨 만든 차체는 분리된 스틸 섀시에 설치된다. 알루미늄 사용의 무게 이점은 분리된 섀시 구조의 강도 대비 무게의 비가 낮아서 아주 우수하다. 그러나 차체는 80년의 연속 사용 후에도 여전히 깔끔하게 남아있다.

그림 33.7
GFRP 차체로 이루어진 Lotus Espit(스틸 섀시에 설치되어 있다. 이것은 모든 GFRP 모노코크 구조를 가진 차종에서 무게 감소 이외에 다른 이점은 없다).

누를 만들기 위하여 요구되는 지루한 수작업 공정에 익숙해져 있는지도 모른다. 그러나 대량 생산의 방법이 이제는 GFRP를 다루기 위하여 개발되어 있다. 대부분의 현대의 자동차들은 (휀더, 퍼시아 패널, 내부 패널 등) GFRP 부품들을 가지고 있고, 몇몇 자동차들은 GFRP 차체를 가지고 있으며([그림 33.7]), 보통 스틸 섀시에 설치하였다. 만일 전체 하중-베어링 구조가 GFRP로 만들어지면 전체의 무게를 줄이는 것이 실현될 수 있을 것이다. GFRP 자동차의 패널들을 생산하는데 있어, 짧게 자른 유리섬유로 혼합된 폴리에스터 수지의 슬러그를 녹여서 가열된 분리 금형 속으로 넣는다([그림 33.8]).

사용된 폴리에스터가 열경화성수지임을 감안하여 뜨거운 금형에서 단숨에 방출되어 성형된 후 고체 금형이 분리될 수 있다. 현대적인 방법은 프레스 하나가 분당 하나의 금형에서 한 개의 주조물을 생산하는 것과 같은 것이다. 이것은 여전히 스틸 생산보다 느리지만 유용한 방

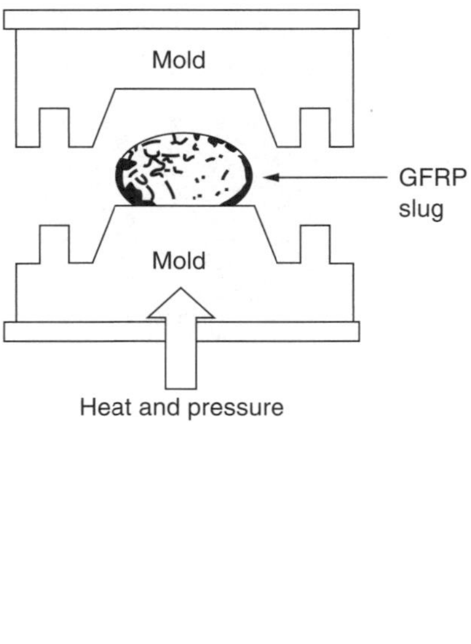

그림 33.8
차체 구성 부품들의 압축 성형

법이다. 금형은 임의의 이점이 있다. 그것은 아주 유용한 설계 유연성을 제공한다. 특히 단면의 변화, 날카로운 상세 모습들은 스틸로는 쉽게 얻어질 수 없다. 그리고 GFRP 주조물들은 종종 구성 부품들의 통합을 가능하게 하며 결국 조립품 가격을 낮춰준다.

33.7 결론

결론은 다음 표들과 같다.

A. 고강도강

For	Against
모든 기존의 기술 유지	소성의 흐름에 대하여 설계할 때 무게 절감의 이점

선택되었던 적용들의 사용 - 그러나 피로는 문제가 될 수 있음

B. 알루미늄 합금

For	Against
차체와 엔진 블록에서 큰 무게 절감 많은 현존 기술의 유지 우수한 부식저항	높은 단위 비용 취약한 딥드로잉 물성 – 유연한 설계 불가

알루미늄 합금은 자동차 무게 전체의 40%를 줄일 수 있다. 늘어난 단위 비용은 더 가벼운 차량의 더 낮은 운전비용으로 상쇄되고 또한 알루미늄은 재활용이 크다는 잠재력도 있다.

C. 유리섬유강화플라스틱(GFRP)

For	Against
차체 외각에 있어 큰 무게 절감 탁월한 부식저항 설계 유연성과 부품 통합의 이득	높은 단위 비용 제조 기술에 있어 많은 변화 설계자는 크리프 발생에 대처해야 함

새로운 장비에 대한 많은 시설 투자와 단위 비용의 증가로 GFRP는 전체 자동차 무게의 30%까지 절감할 수 있다. 재활용 문제점들은 여전히 극복되어야 할 문제점들이다.

APPENDIX

기호 및 공식

주요 기호 목록

주석: 기본적 단위의 배수 또는 약수는 단위 접미사를 물질 데이터와 함께 전형적으로 사용된 것을 표시한다.

a	입방체 단위 세포의 면(nm)
a	균열 길이(mm)
A	피로 균열-증가 법칙의 상수
A	크리프 법칙의 상수 $\dot{\varepsilon}_{ss} = A\sigma^n e^{-Q/RT}$
b	Burgers의 벡터(nm)
c	집중(m^{-3})
D	확산계수($m^2\ s^{-1}$)
D_0	확산계수에서 선-지수 상수($m^2\ s^{-1}$)
E	Young의 탄성계수(GN m^{-2})
f	전위선의 단위길이에 작용하는 힘(Nm^{-1})
F	힘(N)
g	지구표면에 대한 중력가속도(m s^{-2})
G	전단 탄성계수(GN m^{-2})
G_c	인성(또는 임계 변형률 에너지 해방률) (kJ m^{-2})
H	경도(MN m^{-2} 또는 kg mm^{-2})
J	확산 유동($m^{-2}\ s^{-1}$)
k	전단 항복 강도(MN m^{-2})
k	Boltzmann의 상수 $\overline{R}/N_A$(JK^{-1})
K	체적탄성계수(GN m^{-2})
K	응력 확대계수(MN $m^{-3/2}$)
K_c	파괴 인성(임계응력 강도 계수) (MN $m^{-3/2}$)
D_K	피로 사이클에서 K 범위(MN $m^{-3/2}$)
m	피로 균열 성장 법칙의 상수(무차원)

n	$\dot{\varepsilon}_{ss} = A\sigma^n e^{-Q/RT}$에서 크리프 지수
N	피로사이클의 수
N_A	아보가드로의 수(mol^{-1})
N_f	파손에 이르는 피로사이클의 수(무차원)
Q	몰 당 활성화 에너지(kJ mol^{-1})
r_0	평형 원자 간의 거리(nm)
R	일반적인 가스 상수(JK^{-1} mol^{-1})
S_0	결합 강성(Nm^{-1})
t_f	파손 시간(s)
T	전위 선 인장(N)
T	절대온도(K)
T_M	절대 용융 온도(K)
U^{el}	탄성변형률 에너지(J)
γ	(진) 공학 전단 변형률(무차원)
Δ	팽창(무차원)
ε	진(대수의) 변형률(무차원)
ε_f	파괴 이후의(공칭) 변형률 ; 인장의 연성(무차원)
ε_n	공칭(선형) 변형률(무차원)
ε_0	자유 공간의 강성(Fm^{-1})
$\dot{\varepsilon}_{ss}$	크리프에서 정상 상태 인장 변형률(s^{-1})
μ_k	동마찰계수(무차원)
μ_s	정마찰계수(무차원)
κ	전단 항복 강도(MN m^{-2})
υ	Poisson의 비(무차원)
ρ	밀도(Mg m^{-3})
σ	진응력(MN m^{-2})
σ_n	공칭응력(MN m^{-2})
σ_{TS}	(공칭) 인장강도(MN m^{-2})
σ_y	(공칭) 항복강도(MN m^{-2})
$\tilde{\sigma}$	이상 강도(GN m^{-2})
$\Delta\sigma$	피로에서 응력 범위(MN m^{-2})
τ	전단응력수(MN m^{-2})

OTHER SYMBOLS

a	true contact area (mm^2)
a	side of square cross section (mm)
a	external diameter of thick-walled tube (mm)
a	atomic weight of element ($g\ mol^{-1}$, $kg\ kmol^{-1}$)
A	area (mm^2)
A_0	initial area (mm^2)
b	breadth or width of cross section (mm)
b	internal diameter of thick-walled tube (mm)
b	constant in fatigue equations (dimensionless)
c	height of hexagonal unit cell (nm)
c	maximum distance from neutral axis of cross section (mm)
c	constant in fatigue equations (dimensionless)
C	specific heat ($J\ kg^{-1}\ K^{-1}$)
C	consumption rate ($ton\ year^{-1}$)
d	depth of cross section (mm)
d	minor diameter of shouldered shaft (mm)
d	grain size (μm)
D	major diameter of shouldered shaft (mm)
E_c	Young's modulus of composite material ($GN\ m^{-2}$)
E_f	Young's modulus of fibers/reinforcement ($GN\ m^{-2}$)
E_m	Young's modulus of matrix ($GN\ m^{-2}$)
E_t	tangent modulus in plastic buckling ($MN\ m^{-2}$)
f	frequency (s^{-1}, Hz)
F_{cr}	critical buckling force (N)
F_s	shear component of force (N)
g	throat dimension for Class W weld(mm)
g_S	"standard" value of g ($9.807\ m\ s^{-2}$)
h	Planck's constant (J s)
h	vertical distance (m)
i	electrical current density ($\mu A\ cm^{-2}$)
I	electrical current (A)
I	second moment of area of cross section (mm^4)
k_L	constant in linear oxidation equation ($g\ s^{-1}$)
k_P	constant in parabolic oxidation equation ($g^2\ s^{-1}$)
K	thermal conductivity ($W\ m^{-1}\ K^{-1}$)
L	length, spacing (mm)
L_0	initial length (mm)
m	mass (kg)
m	Weibull modulus (dimensionless)
m	(with subscripts 1, 2, b, etc.) materials index (various units)
Δm	mass gain in oxidation (g)
M	bending moment (N m)
M_p	fully plastic bending moment (N m)
M_r	bending moment at rupture (N m)
n	number (dimensionless)
p	pressure ($kN\ m^{-2}$)
p	probability (dimensionless)
P	contact force (N)
P_f	failure probability (dimensionless)
P_s	survival probability (dimensionless)
q	heat flux ($W\ m^{-2}\ s^{-1}$)
q	ionic charge (C)
Q	heat (J)
r	growth rate (percent per year)
r	radius (mm)
r	radius of plastic zone at crack tip (mm)
r	distance between atoms/ions (nm)
r_D	dissociation distance between atoms/ions (nm)
r_0	equilibrium distance between atoms/ions (nm)
R	electrical resistance (Ω)
S	notch sensitivity factor (dimensionless)
S	safety factor (dimensionless)
S	stiffness ($N\ m^{-1}$)
SCF	stress concentration factor (dimensionless)
SCF_{eff}	effective stress concentration factor (dimensionless)

t	time (s, hour, year)
t	thickness (mm)
t_D	doubling time (s, hour, year)
T	torque (N m)
T_D	Debye temperature (K)
T_G	glass transition temperature (K)
ΔT	temperature difference (K)
u	small displacement; extension/ compression (mm)
U	energy; energy of deformation (J)
V	electrical potential difference (V)
V	volume (mm^3)
V	volume fraction (dimensionless)
V_f	volume fraction of fibers/reinforcement (dimensionless)
V_m	volume fraction of matrix (dimensionless)
V_0	specimen volume in Weibull equation (mm^3)
w	small displacement (mm)
w	width (mm)
w	weight (kg)
W	work (J)
x	distance (mm)
Y	crack stress intensity factor (dimensionless)
z	distance from neutral axis of cross section (mm)
z	number of electrons exchanged in unit reaction (dimensionless)
α	thermal expansion coefficient (10^{-6} K^{-1})
α_c	thermal expansion coefficient of composite (10^{-6} K^{-1})

α_f	thermal expansion coefficient of fiber (10^{-6} K^{-1})
α_m	thermal expansion coefficient of matrix (10^{-6} K^{-1})
β	constant in Hall-Petch equation (MN $m^{-3/2}$)
δ	deflection (mm)
$\Delta\varepsilon$	strain range in fatigue cycle (dimensionless)
ε'_f	true fracture strain (dimensionless)
$\varepsilon_{1,2,3}$	principal strain components (dimensionless)
λ	thermal diffusivity (m^2 s^{-1})
ν	vibration frequency (s^{-1})
ρ_f	density of fibers/reinforcement (Mg m^{-3})
ρ_m	density of matrix (Mg m^{-3})
σ_f	nominal fracture stress (MN m^{-2})
σ'_f	true fracture stress (MN m^{-2})
σ_m	tensile mean stress in fatigue cycle (MN m^{-2})
σ_r	modulus of rupture (MN m^{-2})
$\sigma0$	normalizing stress in Weibull equation (MN m^{-2})
$\sigma_{1,2,3}$	principal stress components (MN m^{-2})
$\sigma_{0.1\%}$	0.1% proof stress (MN m^2)
$\Delta\sigma$	stress range in fatigue cycle (MN m^{-2})
τ_y	dislocation (shear) yield strength (MN m^{-2})
ω	angular velocity (s^{-1})
Ω	atomic volume (nm^3)

() individual plane in cubic system (Miller indices)

{} family of symmetry-related planes in cubic system

[] individual direction in cubic system (direction indices)

h i family of symmetry-related directions in cubic system

주요 공식의 요약

Chapter 2

지수의 증가

$$\frac{dC}{dt}=\frac{r}{100}C,\ t_D=\frac{100}{r}In2$$

C =소비율(ton/년)

r = 분수의 증가율(%/년)

t = 시간

t_D = 배가 시간

Chapter 3

응력, 변형률, Poisson의 비, 탄성계수

$$\sigma=\frac{F}{A},\quad \tau=\frac{F_s}{A},\quad p=-\frac{F}{A},\quad \nu=-\frac{\text{횡 변형률}}{\text{인장 변형률}}$$

$$\varepsilon_n=\frac{u}{L},\quad \gamma=\frac{w}{L},\quad \Delta=\frac{\Delta V}{V}$$

$$\sigma=E\varepsilon_n,\quad \tau=G\gamma,\quad p=-K\Delta$$

ν = 1/3일 때, $K = E$, $G = (3/8)E$

$F(F_s)$ = 힘의 수직(전단력) 성분

A = 면적

$u(w)$ = 변위의 수직(전단력) 성분

$\sigma(\varepsilon_n)$ = 진 인장 응력(공칭 인장 변형률)

$\tau(\gamma)$ = 진 전단 응력(진 공학 전단 변형률)

$p(\Delta)$ = 외부 압력(팽창)

υ = Poisson의 비

E = 탄성계수

G =전단 탄성계수

K = 체적 탄성계수

Chapter 6

단일 방향 요소의 Young의 계수(길이 방향)

$$E_c = V_fE_f + (1 - V_f)E_m$$

단일 방향 요소의 Young의 계수(가로 방향)

$$E_c = 1/\left\{\frac{V_f}{E_f} + \frac{(1-V_f)}{E_m}\right\}$$

f = 강화, m = 행렬, V = 부피율

Chapter 7

3차원에서의 응력, 변형률

$$\varepsilon_1 = \frac{\sigma_1}{E} - \nu\frac{\sigma_2}{E} - \nu\frac{\sigma_3}{E}$$

$$\varepsilon_2 = \frac{\sigma_2}{E} - \nu\frac{\sigma_1}{E} - \nu\frac{\sigma_3}{E}$$

$$\varepsilon_3 = \frac{\sigma_3}{E} - \nu\frac{\sigma_1}{E} - \nu\frac{\sigma_2}{E}$$

$$\Delta = \varepsilon_1 + \varepsilon_2 + \varepsilon_3$$

내압을 받는 얇은 벽의 관에서의 응력
원주 응력

$$\sigma = \frac{pr}{t}$$

축응력(관이 길이 방향 하중을 전달할 때)

$$\sigma = \frac{pr}{2t}$$

보에서의 굽힘 응력

$$\sigma = \frac{Mz}{I}$$

보의 굽힘 처짐

$$\delta = C_1\left(\frac{FL^3}{EI}\right)$$

보의 진동 주파수

$$f = C_2\sqrt{\frac{EI}{ML^3}}$$

보의 좌굴 하중

$$F_{cr} = C_3\left(\frac{EI}{L^2}\right)$$

$\varepsilon_1, \varepsilon_2, \varepsilon_3(\sigma_1, \sigma_2, \sigma_3)$ = 1, 2, 3 방향의 주 변형률(응력) 성분
r = 관 반지름
t =벽 두께
M = 굽힘 모멘트
z = 중립축으로부터의 거리
I = 보 단면의 면적에 대한 2차 모멘트
C_1 = 기하학적 지지점과 하중에 따른 상수
L = 보의 길이
C_2 = 기하학적 질량 분포와 하중에 따른 상수
M = 진동하는 질량
C_3 = 기하학적 질량 분포와 하중에 따른 상수

Chapter 9

공칭/진 응력-변형률

$$\sigma_n = \frac{F}{A_0},\ \sigma = \frac{F}{A},\ \varepsilon_n = \frac{u}{L_0} = \frac{L - L_0}{L_0},\ \varepsilon = \int_{L_0}^{L}\frac{dL}{L} = \ln\left(\frac{L}{L_0}\right)$$

소성 변형에 대해서는 A_0L_0 =AL 또는 ν = 0.5일 때 탄성 또는 탄성/소성 변형에 대해서 A_0L_0 =AL

따라서,

$$\sigma = \sigma_n(1 + \varepsilon_n)$$

또한,

$$\varepsilon = \ln(1 + \varepsilon_n)$$

단위 체적당 변형일

$$U = \int_{\varepsilon_{n,1}}^{\varepsilon_{n,2}} \sigma_n d\varepsilon_n = \int_{\varepsilon_1}^{\varepsilon_2} \sigma d\varepsilon$$

선형-탄성 변형에 대해서만

$$U = \frac{\sigma_n^2}{2E}$$

경도

$H = F/A$

σ_n = 공칭 응력
$A_0(L_0)$ = 초기 면적(길이)
$A(L)$ = 현재 면적(길이)
ε = 진 변형률

Chapter 10, 11

전위 항복-강도

$$\tau_y = \frac{2T}{bL} \approx \frac{Gb}{L}$$
$$\sigma_y = 3\tau_y$$

입자-크기 효과

$$\tau_y = \beta d^{-1/2}$$

T = 선 인장(약 $Gb^2/2$)
b = Burgers 벡터
L = 장애 간격
σ_y = 항복 강도
d = 입자 크기
β = 상수

Chapter 12

전단 항복응력

$$k = \sigma_y/2$$

경도

$$H \approx 3\sigma_{TS}$$

네킹이 시작되는 때

$$\frac{d\sigma}{d\varepsilon} = \sigma$$

단면의 완전 소성 굽힘 모멘트

$M_p = \sigma_y a^3/4$(한 변의 길이 a인 정사각형)
$M_p = \sigma_y bd^2/4$(폭 b, 깊이 d인 직사각형)
$M_p = 4\sigma_y r^3/3$(반지름 r인 둥근 봉)
$M_p = 4\sigma_y(r_1^3 - r_2^3)/3$(바깥 반지름 r_1, 안쪽 반지름 r_2인 관)
$M_p = 4\sigma_y tr^2$(얇은 벽으로 된 관)

전단-항복 토크

$T = 2pkr^3/3$(둥근 봉)
$T = 2pk(r_1^3 - r_2^3)/3$(관)
$T = 2pkr^2t$(얇은 벽으로 된 관)

Chapter 14, 15

응력 강도

$$K = Y\sigma\sqrt{\pi a}$$

빠른 파과기 일어날 때

$$K = K_c = \sqrt{EG_c}$$

a = 균열 길이
Y = 무차원 상수
K_c = 임계응력 강도 또는 파괴 인성
G_c = 임계변형률 에너지 해방률 또는 인성

Chapter 16

취성 재료의 인장 강도

$$\sigma_{TS} = \frac{K_c}{\sqrt{\pi a_m}}$$

파단 계수

$$\sigma_r = \frac{6M_r}{bd^2} = \frac{3FL}{2bd^2}$$

$$\sigma_{TS} = \frac{\sigma_r}{\{2(m+1)^2\}^{1/m}}$$

Weibull 식

$$P_s(V) = \exp\left\{-\frac{V}{V_0}\left(\frac{\sigma}{\sigma_0}\right)^m\right\} \text{(일정한 응력)}$$

$$P_s(V) = \exp\left\{-\frac{1}{\sigma_0^m V_0}\int_V \sigma^m \mathrm{d}V\right\} \text{(변하는 응력)}$$

$$P_s = 1 - P_f = 1 - (j - 0.375)/(n + 0.25)$$

K_c = 파괴 인성
a_m = 가장 긴 미세균열의 길이(표면 균열의 균열 깊이, 묻힌 균열의 반 균열 길이)
M_r = 파괴를 일으키기 위한 굽힘 모멘트
b, d = 보의 너비와 깊이
F, L = 보의 파괴 하중과 길이
P_s = 요소의 생존 확률
P_f = 요소의 파괴 확률
V = 요소의 체적
V_0 = 시험 시편의 체적
σ = 요소의 인장 응력
σ_0 = 수직 응력(P_s = 1/e = 0.37)
m = Weibull 계수
n = 시험 결과의 수
j = 랭크

Chapter 18, 19

총 변형률 크기와 파괴에 이르는 반전 수($2N_f$)의 관계

$$\frac{\Delta\varepsilon^{\text{tot}}}{2} \approx \frac{\sigma'_{\text{f}}(2N_{\text{f}})^b}{E} + \varepsilon'_{\text{f}}(2N_{\text{f}})^c$$

Basquin의 법칙(고 사이클)

$$\frac{\Delta\sigma}{2} \approx \sigma'_{\text{f}}(2N_{\text{f}})^b$$

인장 평균 응력의 영향(변형률 접근)

$$\frac{\Delta\varepsilon^{\text{tot}}}{2} \approx \frac{(\sigma'_{\text{f}} - \sigma_{\text{m}})(2N_{\text{f}})^b}{E} + \varepsilon'_{\text{f}}(2N_{\text{f}})^c$$

인장 평균 응력의 영향(응력 접근)

$$\frac{\Delta\sigma_{\sigma\text{m}}}{2} \approx \frac{\Delta\sigma(\sigma'_{\text{f}} - \sigma_{\text{m}})}{2\sigma'_{\text{f}}}$$

균열 성장 법칙

$$\Delta K = Y \Delta\sigma\sqrt{\pi a}$$

$$\frac{\mathrm{d}a}{\mathrm{d}N} = A(\Delta K)^m$$

균열 성장에 의한 파손

$$N_\mathrm{f} = \int_{a_0}^{a_\mathrm{f}} \frac{\mathrm{d}a}{A(\Delta K)^m}$$

$$\mathrm{SCF_{eff}} = S(\mathrm{SCF} - 1) + 1$$

$\sigma'_f(\varepsilon'_f)$ = 진 파괴 응력(변형률)
b, c = 상수($b \approx -0.05$~-0.12, $c \approx -0.5$~-0.7)
$\Delta\sigma$ = 응력 범위
σ_m = 인장 평균 응력
ΔK = 응력 강도 범위
A, m = 상수
SCF_{eff} = 유효응력집중계수
SCF = 응력집중계수
S = 노치 민감도 계수

Chapter 21

크리프율

$$\dot{\varepsilon}_\mathrm{ss} = A\sigma^n \mathrm{e}^{-Q/RT}$$

$\dot{\varepsilon}_{ss}$ = 정상 상태 인장 변형률
Q = 활성화 에너지
R = 일반적인 가스 상수
T = 절대온도
A, n = 상수

Chapter 22

Fick의 법칙

$$J = -D\frac{\mathrm{d}c}{\mathrm{d}x}$$

Arrhenius의 법칙

Rate $\propto e^{-Q/RT}$

확산 계수

$D = D_0 e^{-Q/RT}$

확산 거리

$x \approx \sqrt{Dt}$

J = 확산 유동
D = 확산 계수
c = 농도
x = 거리
D_0 = 지수 앞 계수
t = 시간

Chapter 23

확산 크리프율

$$\dot{\varepsilon}_{ss} = \frac{C' \sigma e^{-Q/RT}}{d^2}$$

C' = 상수
d =입자 크기

Chapter 25

산화작용을 위한 선형 성장 법칙

$\Delta m = k_L t; \quad k_L = A_L e^{-Q_L/RT}$

산화작용을 위한 포물선 성장 법칙

$(\Delta m)^2 = k_p t; \quad k_p = A_p e^{-Q_P/RT}$

Δm =단위면적당 질량 획득량
k_L, k_P, A_L, A_P = 상수

Chapter 27

μm/년 단위의 일정한 손실률

$87{,}600(w/\rho A t) = 3.27(ai/z\rho)$

w = 손실 금속 질량(mg)

r = 금속 밀도(Mg m^{-3}, g cm^{-3})

A = 부식 면적(cm^2)

t = 노출 시간(h)

a = 금속의 원자량

i = 노출 표면의 전류 밀도(μA cm^{-2})

z = 금속 원자당 잃어버리는 전자 수

Chapter 29

진접촉 면적

$a \approx P/\sigma_y$

P = 접촉력

Chapter 31

Linear thermal strain $\varepsilon = \dfrac{L - L_0}{L_0} = \alpha \Delta T$

Volume strain $\Delta = 3\alpha\Delta T$

α = linear coefficient of thermal expansion

ΔT = temperature interval

L_0 = original length

L = final length

Expansion coefficient (transverse) of unidirectional composite

$\alpha_c \approx V_f\alpha_f + (1 - V_f)\alpha_m$

Expansion coefficient (longitudinal) of unidirectional composite

$$\alpha_c \approx \frac{V_f E_f \alpha_f + (1 - V_f)E_m\alpha_m}{V_f E_f + (1 - V_f)E_m}$$

Subscripts f and m = reinforcement and matrix, respectively

V = volume fraction

Chapter 32

Heat flow equation (unidirectional, steady state)

$$q = -K\frac{dT}{dx}$$

dT/dx = temperature gradient

q = heat flux

K = thermal conductivity

Heat flow equation (unidirectional, unsteady state)

$$\frac{\partial T}{\partial t} = \lambda \frac{\partial^2 T}{\partial x^2}$$

t = time

$\lambda = K/\rho C$ = thermal diffusivity

ρ = density

C = specific heat

Specific heat

$dQ = CdT$

dT = temperature increase

dQ = heat input

Heat-flow distance

$x \approx \sqrt{\lambda t}$

x = distance

특성의 크기

대부분 구조상 물질에 대해 제시된 물체의 특성이 다음 범위 표 안에 있다.

탄성계수, E	2-200 GN m^{-2}
밀도, ρ	1-10 Mg m^{-3}
항복 강도, σ_y	20-200 MN m^{-2}
인성, G_c	0.2-200 kJ m^{-2}
파괴 인성, K_c	0.2-200 MN $m^{-3/2}$

참고문헌

Ashby, M.F., 2005. Materials selection in mechanical design, third ed. Elsevier.

Ashby, M.F., Cebon, D., 1996. Case studies in materials selection. Granta Design.

Ashby, M.F., Johnson, K., 2002. Materials and design—the art and science of material selection in product design. Elsevier.

ASM, 1999. Metals handbook, 2nd desktop edition ASM.

Bowden, F.P., Tabor, D., 1950. The friction and lubrication of solids, Part 1. Oxford University Press.

Bowden, F.P., Tabor, D., 1965. The friction and lubrication of solids, Part 2. Oxford University Press.

British Standards Institution, 1993. BS 7608: Code of practice for fatigue design and assessment of steel structures. BSI.

Broek, D., 1989. The practical use of fracture mechanics. Kluwer.

Calladine, C.R., 1985. Plasticity for engineers. Ellis Horwood.

Chapman, P.F., Roberts, F., 1983. Metal resources and energy. Butterworths.

Charles, J.A., Crane, F.A.A., Furness, J.A.G., 1997. Selection and use of engineering materials, third ed. Butterworth-Heinemann.

Cottrell, A.H., 1964. The mechanical properties of matter. Wiley.

Cottrell, A.H., 1977. Environmental economics. Edward Arnold.

Crawford, R.J., 1998. Plastics engineering, third ed. Butterworth-Heinemann.

Davies, G., 2004. Materials for automotive bodies. Elsevier.

Fontana, M.G., 1987. Corrosion engineering, third ed. McGraw-Hill.

Frost, H.J., Ashby, M.F., 1982. Deformation mechanism maps. Pergamon.

Gale, W., Totemeier, T., 2003. Smithells metals reference book, eighth ed. Elsevier.

Gordon, J.E., 1988. The new science of strong materials, or why you don't fall through the floor, second ed. Princeton University Press.

Gordon, J.E., 2003. Structures: Or why things don't fall down. Da Capo Press.

Hertzberg, R.W., 1996. Deformation and fracture of engineering materials, fourth ed. Wiley.

Hull, D., 2001. Introduction to dislocations, fourth ed. Butterworth-Heinemann.

Hull, D., Clyne, T.W., 1996. An introduction to composite materials, second ed. Cambridge University Press.

Hutchings, I.M., 1992. Tribology: Functions and wear of engineering materials. Butterworth-Heinemann.

Kittel, C., 1996. Introduction to solid state physics, seventh ed. Wiley.

Kubaschewski, O., Hopkins, B.E., 1962. Oxidation of metals and alloys, second ed. Butterworths.

Lawn, B.R., 1993. Fracture of brittle solids, second ed. Cambridge University Press.

Lewis, P.R., Reynolds, K., Gagg, C., 2003. Forensic materials engineering: Case studies. CRC Press.

Llewellyn, D.T., Hudd, R.C., 1998. Steels: Metallurgy and applications, third ed. Butterworth-Heinemann.

McEvily, A.J., 2002. Metal failures. Wiley.

Murakami, Y., 1987. Stress intensity factors handbook. Pergamon.

Polmear, I.J., 1995. Light alloys, third ed. Butterworth-Heinemann.

Powell, P.C., Ingen Housz, A.J., 1998. Engineering with polymers, second ed. Stanley Thornes.

Schijve, J., 2001. Fatigue of structures and materials. Kluwer.

Seymour, R.B., 1987. Polymers for engineering applications. ASM International.

Shewmon, P.G., 1989. Diffusion in solids, second ed. TMS Publishers.

Tabor, D., 1991. Gases, liquids and solids, third ed. Cambridge University Press.

Ward, I.M., 1983. Mechanical properties of solid polymers, second ed. Wiley.

Young, W.C., Budynas, R.G., 2001. Roark's formulas for stress and strain, seventh ed. McGraw-Hill.

찾아보기

CONVERSION OF UNITS – STRESS AND PRESSURE*

	MN m^{-2}	dyn cm^{-2}	lb in^{-2}	kgf mm^{-2}	bar	long ton in^{-2}
MN m^{-2}	1	10^7	1.45×10^2	0.102	10	6.48×10^{-2}
dyn cm^{-2}	10^{-7}	1	1.45×10^{-5}	1.02×10^{-8}	10^{-6}	6.48×10^{-9}
lb in^{-2}	6.89×10^{-3}	6.89×10^4	1	7.03×10^{-4}	6.89×10^{-2}	4.46×10^{-4}
kgf mm^{-2}	9.81	9.81×10^7	1.42×10^3	1	98.1	63.5×10^{-2}
bar	0.10	10^6	14.48	1.02×10^{-2}	1	6.48×10^{-3}
long ton in^{-2}	15.44	1.54×10^8	2.24×10^3	1.54	1.54×10^2	1

CONVERSION OF UNITS – ENERGY*

	J	erg	cal	eV	BThU	ft lbf
J	1	10^7	0.239	6.24×10^{18}	9.48×10^{-4}	0.738
erg	10^{-7}	1	2.39×10^{-8}	6.24×10^{11}	9.48×10^{-11}	7.38×10^{-8}
cal	4.19	4.19×10^7	1	2.61×10^{19}	3.97×10^{-3}	3.09
eV	1.60×10^{-19}	1.60×10^{-12}	3.83×10^{-20}	1	1.52×10^{-22}	1.18×10^{-19}
BThU	1.06×10^3	1.06×10^{10}	2.52×10^2	6.59×10^{21}	1	7.78×10^2
ft lbf	1.36	1.36×10^7	0.324	8.46×10^{18}	1.29×10^{-3}	1

1 kWh = 3.600 MJ. 1 ton coal = 8000 kWh (thermal) = 2500 kWh (electric)
1 barrel oil (0.133 ton) = 0.23 tce (ton coal equivalent). 1 ton oil = 1.7 tce

CONVERSION OF UNITS – POWER*

	kW	erg s^{-1}	hp	ft lbf s^{-1}
kW (kJ s^{-1})	1	10^{10}	1.34	7.38×10^2
erg s^{-1}	10^{-10}	1	1.34×10^{-10}	7.38×10^{-8}
hp	7.46×10^{-1}	7.46×10^9	1	5.50×10^2
ft lbf s^{-1}	1.36×10^{-3}	1.36×10^7	1.82×10^{-3}	1

*To convert row unit to column unit, multiply it by the number at the row–column intersection: for example, 1 MN m^{-2} = 10 bar